CAD/CAM/CAE 工程应用丛书 · AutoCAD 系列

AutoCAD 2012 建筑与室内装饰设计实例精解

第 2 版

李　波　覃才华　等编著

机械工业出版社

为了使读者能够在快速掌握建筑与装饰绘图知识的同时，又能深刻理解 AutoCAD 2012 的应用技巧，本书在实例的挑选和结构上进行了精心的编排，且再版中进行了相应的增删修改，使之更加符合读者的需要。

全书共分 10 章，内容包括建筑设计概述与制图标准、建筑基本图块的概述与绘制、室内装饰设计概述和基本图块、绘制总平面图、绘制建筑平面图、绘制建筑立面图、绘制建筑剖面图、绘制建筑详图、绘制室内装饰设计图、绘制室内给排水和电气图等。本书图文并茂、讲解深入浅出、通俗易懂、专业性强、实例实用，同时兼顾了各类建筑和装饰图的绘制技巧和绘制方法。

本书附送超值 DVD 一张，包括本书涉及的所有素材、案例及视频文件，还包括海量成套图样、图库、字体、TArch 8.0 天正部分视频实例设计教程等。

本书适合建筑装饰设计、建筑设计、展示设计及家具设计等爱好者学习，也适合高职高专相关院校作为教学辅导用书。

图书在版编目（CIP）数据

AutoCAD 2012 建筑与室内装饰设计实例精解 / 李波等编著. —2 版. —北京：机械工业出版社，2012.4

（CAD/CAM/CAE 工程应用丛书 • AutoCAD 系列）

ISBN 978-7-111-38056-6

Ⅰ. ①A… Ⅱ. ①李… Ⅲ. ①建筑设计：计算机辅助设计－AutoCAD 软件②室内装饰设计：计算机辅助设计－AutoCAD 软件 Ⅳ. ①TU201.4 ②TU238-39

中国版本图书馆 CIP 数据核字（2012）第 070124 号

机械工业出版社（北京市百万庄大街 22 号 邮政编码 100037）

策划编辑：丁 诚 张淑谦

责任编辑：张淑谦

责任印制：杨 曦

保定市中画美凯印刷有限公司印刷

2012 年 6 月第 2 版 • 第 1 次印刷

184mm×260mm • 24.75 印张 • 615 千字

0001－4000 册

标准书号：ISBN 978-7-111-38056-6

ISBN 978-7-89433-451-0（光盘）

定价：65.00 元（含 1DVD）

凡购本书，如有缺页、倒页、脱页，由本社发行部调换

电话服务

社服务中心：（010）88361066

销售一部：（010）68326294

销售二部：（010）88379649

读者购书热线：（010）88379203

网络服务

门户网：http://www.cmpbook.com

教材网：http://www.cmpedu.com

出版说明

随着信息技术在各领域的迅速渗透，CAD/CAM/CAE 技术已经得到了广泛的应用，从根本上改变了传统的设计、生产、组织模式，对推动现有企业的技术改造、带动整个产业结构的变革、发展新兴技术、促进经济增长都具有十分重要的意义。

CAD 在机械制造行业的应用最早，使用也最为广泛。目前其最主要的应用涉及机械、电子、建筑等工程领域。世界各大航空、航天及汽车等制造业巨头不但广泛采用 CAD/CAM/CAE 技术进行产品设计，而且投入大量的人力、物力及资金进行 CAD/CAM/CAE 软件的开发，以保持自己技术上的领先地位和国际市场上的优势。CAD 在工程中的应用，不但可以提高设计质量，缩短工程周期，还可以节省大量建设投资。

各行各业的工程技术人员也逐步认识到 CAD/CAM/CAE 技术在现代工程中的重要性，掌握其中的一种或几种软件的使用方法和技巧，已成为他们在竞争日益激烈的市场经济形势下生存和发展的必备技能之一。然而，仅仅知道简单的软件操作方法是远远不够的，只有将计算机技术和工程实际结合起来，才能真正达到通过现代的技术手段提高工程效益的目的。

基于这一考虑，机械工业出版社特别推出了这套主要面向相关行业工程技术人员的《CAD/CAM/CAE 工程应用丛书》。本丛书涉及 AutoCAD、Pro/ENGINEER、UG、SolidWorks、Mastercam、ANSYS 等软件在机械设计、性能分析、制造技术方面的应用，以及 AutoCAD 和天正建筑 CAD 软件在建筑和室内配景图、建筑施工图、室内装潢图、水暖、空调布线图、电路布线图以及建筑总图等方面的应用。

本套丛书立足于基本概念和操作，配以大量具有代表性的实例，并融入了作者丰富的实践经验，使得本丛书内容具有专业性强、操作性强、指导性强的特点，是一套真正具有实用价值的书籍。

机械工业出版社

前　言

AutoCAD 是由美国 Autodesk 公司于 20 世纪 80 年代初为微型计算机上应用 CAD（Computer Aided Design，计算机辅助设计）技术而开发的绘图程序软件包，于 2011 年 4 月推出 AutoCAD 2012 版本。AutoCAD 经过不断地完善，现已成为国际上流行的绘图工具，被广泛应用于建筑、机械、电子、航天、造船、石油化工、木土工程、冶金、地质、气象、纺织、轻工、商业等领域。

修改内容

本书自 2009 年 5 月第 1 版问世后，得到了读者和市场的基本肯定，也多次重印，并作为许多大专院校相关专业的教材使用。但针对 AutoCAD 软件的不断更新，以及建筑和室内设计相关学员和读者的一致肯定和要求，本书在原版的基础上，进行了一些改进。

这次再版有以下几个特点。

- AutoCAD 软件升级为 AutoCAD 2012 最新版。
- 升级《房屋建筑制图统一标准》为 GB/T 50001—2010 最新版。
- 新增了建筑和室内装饰设计人体尺度。
- 新增了室内各种配景图块的绘制。
- 新增了建筑设备管理施工图的概述与绘制方法。
- 删减了别墅建筑三维模型图的绘制，但已经将此内容制作为 PDF 和 AVI 附赠在 DVD 中。
- DVD 中附赠了大量的图样、图库、字体，以及制作为 PDF 和 AVI 的视频教程。

图书内容

为了使读者能够在快速掌握建筑与装饰绘图知识的同时，又能深刻理解 AutoCAD 2012 软件的应用技巧，本书在实例的挑选和结构上进行了精心的编排。全书共分 10 章，其讲解的内容大致如下：

第 1～3 章，讲解了建筑设计基础，室内装饰设计基础和建筑设计制图规范（2010 版）；建筑基本图块的作用、种类和特点，图块的创建、插入和编辑，各种常用建筑图块的创建实例；室内装饰设计的概述，室内装饰设计的制图规范，各种常用室内装饰设计配景元素的绘制实例等。

第 4～8 章，讲解了建筑总平面图的概述和某学校总平面图的绘制方法及技巧；建筑平面图的概述和某住宅楼二层平面图的绘制方法及技巧；建筑立面图的概述和某住宅楼南立面图的绘制方法及技巧；建筑剖面图的概述和某住宅楼 1-1 剖面图的绘制方法及技巧；建筑详图概述和某建筑檐口详图、楼梯剖面与平面详图的绘制方法及技巧等。

第 9～10 章，讲解了住宅室内装饰设计的概述，住宅原始平面图、平面布置图、顶棚平面图、客厅 A 立面图、卧室 E 立面图和卫生间 P 立面图和绘制方法及技巧；建筑给排水施工图的概述和某卫生间给排水平面图的绘制方法及技巧；建筑电气施工图的概述和某室内灯具开关布置图的绘制方法及技巧等。

读者对象

本书通过典型实例讲解了工程图绘制前的运筹规划和绘制操作的次序与技巧，能够开拓读者思路，提高知识的综合运用能力。为了方便读者的学习，书中所有实例和练习的源文件，以及用到的素材都能够直接在 AutoCAD 2012 环境中运行或修改。本书最主要的读者对象有以下几类：

◆ 具有一定 AutoCAD 基础知识的中级读者；
◆ 从事建筑或室内设计的广大工程管理、设计人员、工程技术人员；
◆ 建筑和室内装饰等专业的在校大中专学生；
◆ 相关单位和各培训机构的学员。

附赠光盘

本书附送超值 DVD 一张，包含海量成套图样、图库、字体、PDF 经典教程、TArch 8.0 天正视频实例设计教程等，用户可将 DVD 中“附赠内容”文件夹中的内容复制到计算机中，以方便学习。DVD 中包括下列内容。

- 1300 多种 CAD 字体
- 各种 CAD 填充图案
- 超值 CAD 图库王（DWG）
- 5 套 CAD 多层住宅施工图样（DWG）
- 10 套 CAD 电气施工图样（DWG）
- 16 套 CAD 别墅施工图样（DWG）
- 20 套 CAD 土建结构施工图样（DWG）
- AutoCAD 常见快捷命令（PDF）
- AutoCAD 使用技巧精华（PDF）
- TArch 8.0 天正建筑设计部分视频教程（AVI）
- 建筑别墅三模型图教程与视频（AVI）
- 教师专用 PPT

本书主要由李波、覃才华编著，参与编写的还有郝德全、王任翔、刘冰、王敬艳、朱从英、郎晓娇、汪琴、尹兴华、刘霜霞、刘升婷、王利、师天锐、倪雨龙、吕开平、姜先菊、李友、王红令和何娟。

感谢您选择了本书，希望我们的努力对您的工作和学习有所帮助，也希望您把对本书的意见和建议告诉我们，我们的邮箱是 Helpkj@163.com。

另外，书中难免有疏漏与不足之处，敬请专家与读者批评指正。

李波

2012 年 1 月

目　录

第 1 章　建筑设计概述与制图标准

本章讲解建筑设计和室内装饰设计的基础知识，介绍 AutoCAD 在建筑设计过程中的应用。随着 CAD 的广泛应用，使绘图工作变得越来越方便也越来越准确，但绘图仍须遵守国家制图标准和规范。

1.1　专业讲解——建筑设计基础知识

房屋建造是人类最早进行的生产活动之一。随着社会的进步以及生产力的发展，房屋早就不仅用于居住，其建筑类型和造型已发生了巨大的变化。建筑已成为人们为生活、生产或其他活动的需要而创造的物质和有组织的空间环境。

房屋建设需要两个过程，即设计与施工。建筑工程设计过程中用来研究和比较建筑功能组合的图样，称为设计图。施工时根据具体实际情况进行施工的图样，称为施工图。

1.1.1　建筑设计概述

一座建筑从立项到建成使用须经过一个完整的工作过程。首先要编制设计任务书，其次是选择修建地址并进行场地勘测，提供地质、气象、水文等相关资料，最后进行设计和施工。

建筑工程设计是指设计建筑物所要做的全部工作，包括建筑设计、结构设计、设备设计三个方面的内容。但是人们习惯上将这三部分统称为建筑设计。确切地说，建筑设计是指建筑工程设计中由建筑师承担的那部分设计工作。

1．设计内容

建筑设计在整个工程设计中起着主导和先行的作用。它是指在满足总体规划的前提下，根据建设单位提供的任务书，综合考虑基地环境、建筑艺术、使用功能、材料设备、结构施工及建筑经济等问题，重点解决建筑物内部使用功能和使用空间的合理安排，建筑物与各种外部条件、周围环境的协调配合，内部和外表的艺术效果，各个细部的构造方式，等等，最终提出建筑设计方案，并将此方案绘制成建筑施工图，如图 1-1 所示。

结构设计的主要任务是配合建筑设计选择可行的结构方案，进行结构计算及构件设计，结构布置及构造设计等，并用结构设计图表示，如图 1-2 所示，一般由结构工程师来完成。

设备设计主要包括建筑物的给水排水、电气照明、采暖通风、动力等方面的设计，由有关工程师配合建筑设计来完成，并分别以水、暖、电等设计图表示。建筑设备图如图 1-3 所示。

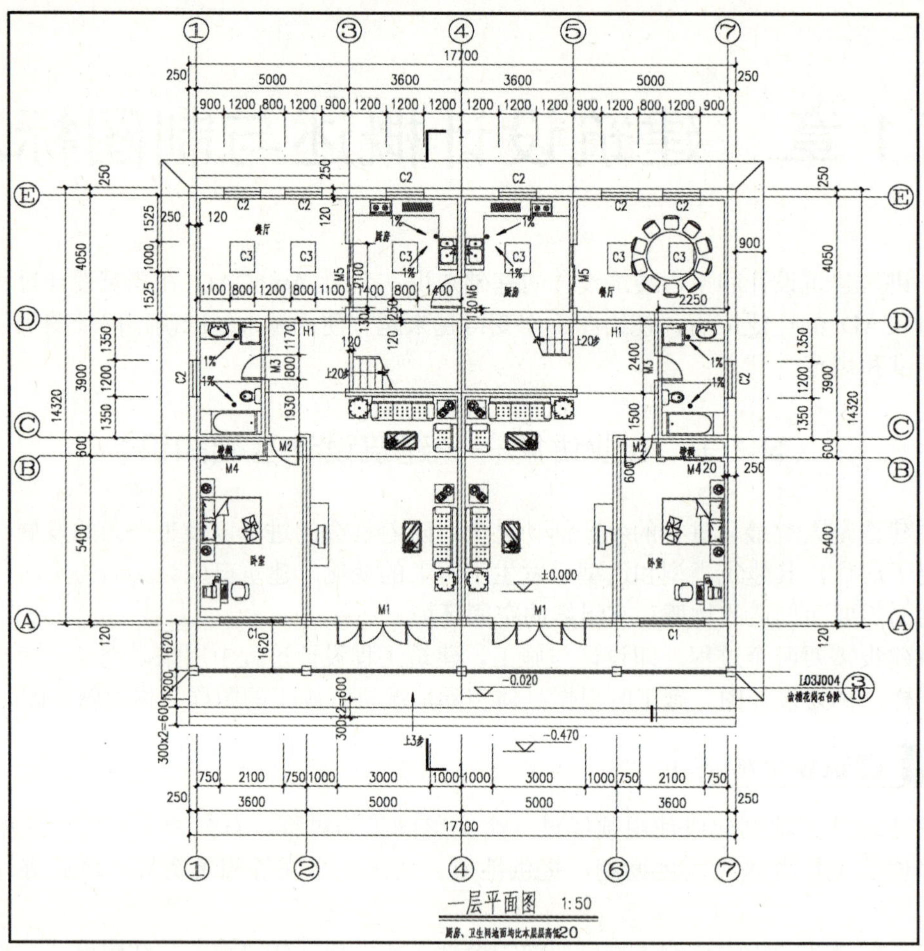

图 1-1　建筑施工图

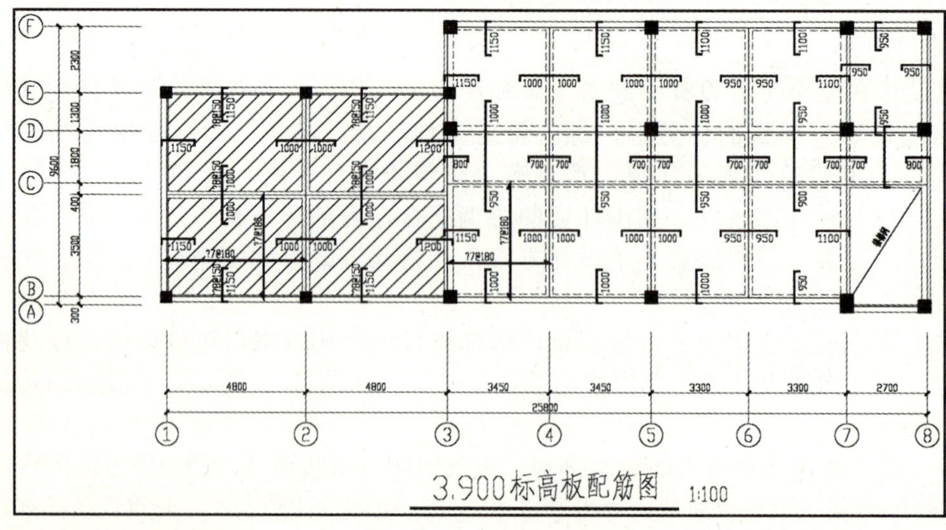

图 1-2　建筑结构图

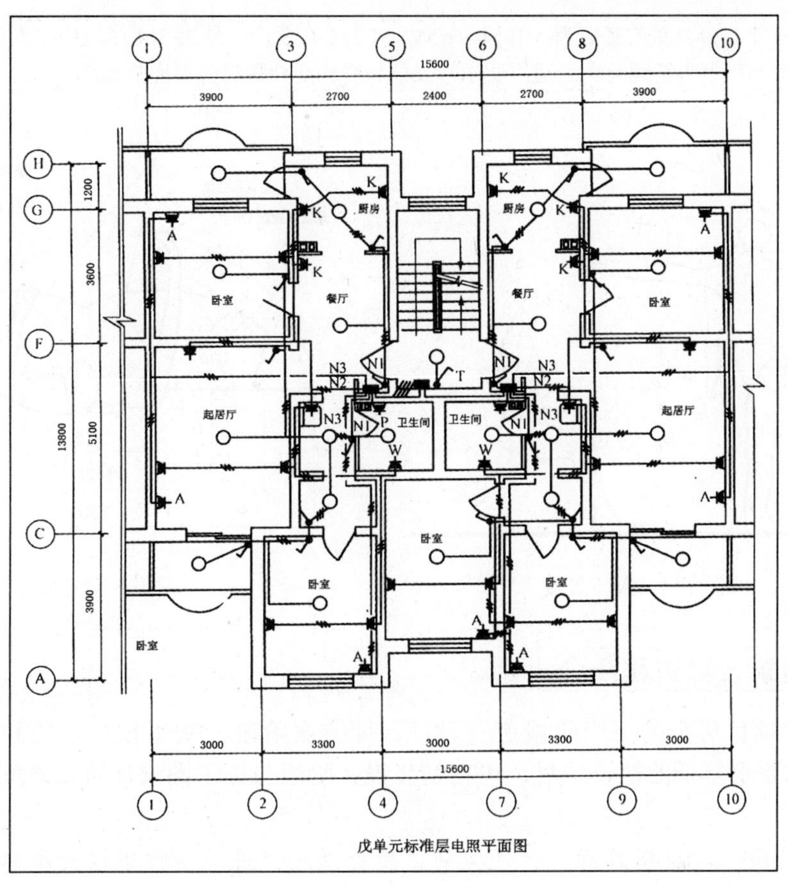

图 1-3 建筑设备图

以上各个过程既有分工又需要密切配合，形成一个整体。各专业的图样、计算书、说明书等汇在一起构成完整的文件，作为建筑工程施工的依据。

2. 设计依据

建筑设计主要应遵循以下依据：

◎ 人体尺度及人体活动的空间尺度是确定民用建筑内部各种空间尺度的主要依据。我国中等人体地区成年男子平均身高及活动尺度如图 1-4 所示。

◎ 家具、设备尺寸和使用它们所需的必要空间，是确定房间内部使用面积的重要依据，如图 1-5 所示。

◎ 根据当地的温度、湿度、日照、雨雪、风向、风速等气候条件来进行设计。

◎ 以综合的地形、地质条件和地震烈度进行设计。

◎ 遵循我国的建筑模数和模数制。

提示

建筑模数指建筑设计中选定的标准尺寸单位，它是建筑设计、建筑施工、建筑材料与制品、建筑设备、建筑组合件等各部门进行尺度协调的基础。目前我国采用的基本模数数值规定为 100mm，以 M 表示，即 1M= 100mm。导出模数分为扩大模数和分模数，扩大模数的基数为 3M、6M、12M、15M、

30M、60M 共 6 个；分模数的基数为 1/10M、1/5M、1/2M 共 3 个。使用 3M 是《中华人民共和国国家标准建筑统一模数制》中为了既能满足适用要求，又能减少构配件规格类型而规定的。

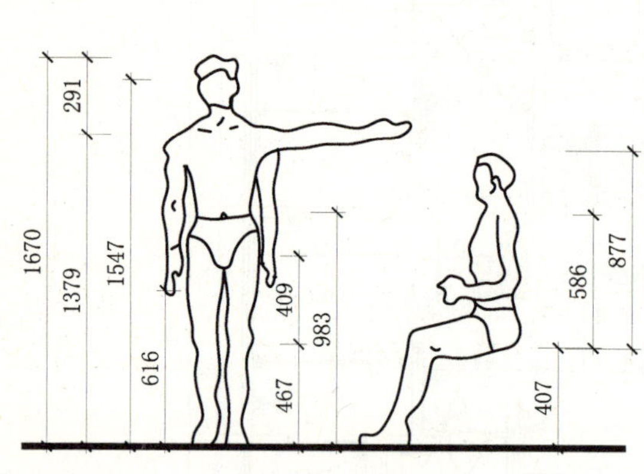

图 1-4　人体尺度

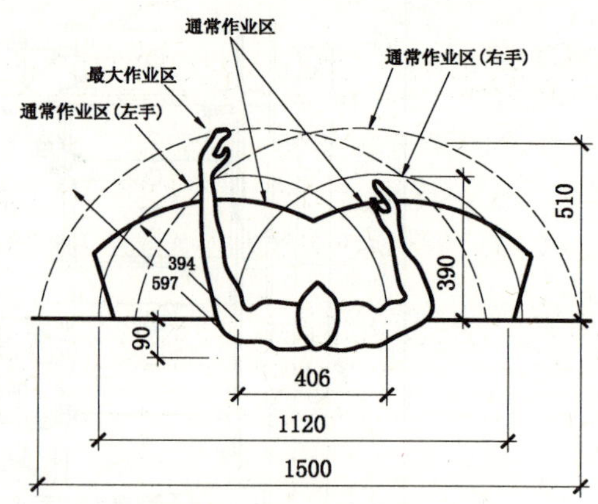

图 1-5　空间尺度

1.1.2 建筑设计过程简介

一般建设项目可分为三个阶段进行设计，即方案阶段、初步设计阶段和施工图设计阶段。对于技术要求复杂的建设项目，可在初步设计阶段与施工图设计阶段之间增加技术设计阶段。

◎ 方案阶段：应重新熟悉设计任务书、踏勘现场，进一步收集设计中有用的资料。在进行异地操作时，详细了解项目所在地的环境情况，如气候条件、抗震设防烈度、建筑现状、周边的人文环境以及施工条件等；了解当地的有关地方性法规，以便在设计中予以充分的重视。

◎ 初步设计阶段：要求建筑专业的图样文件一般包括：总平面图、建筑平面图、立面、剖面，标明建筑的定位轴线和轴线尺寸、总尺寸、建筑标高、总高度以及与技术工种有关的一些定位尺寸。在设计说明中则应标明主要的建筑用料和构造做法；结构专业的图样需要提供房屋结构的布置方案图和初步计算说明以及结构构件的断面基本尺寸；各设备专业也应提供相应的设备图样、设备估算数量及说明书。根据这些图样和说明书，工程概算人员应当在规定的期限内完成工程概算以及主要材料用料。

◎ 施工图设计阶段：施工图设计阶段的图样和设计文件，要求建筑专业的图样应提供所有构配件的详细定位尺寸及必要的型号、数量等资料，还应绘制工程施工中所涉及的建筑细部详图。其他各专业则亦应提交相关的详细设计文件及其设计依据，例如结构专业的详细计算书等，并且协同调整各专业的设计以达到完全一致。

提示

在施工图文件完成后，设计单位应当将其经由建设单位报送有关施工图审查机构，进行强制性标准、规范执行情况等内容的审查。审查内容主要涉及建筑物的稳定性、安全性，包括地基基础和主体结构是否安全可靠；是否符合消防、卫生、环保、人防、抗震、节能等有关强制性标准、规范；施工图是否达到规定的深度要求；是否损害公共利益等几个方面。施工图经由审图单位认可或按照其意见修改，并通过复审且提交规定的建设工程质量监督部门备案后，施工图设计阶段则算全部完成。

1.1.3 AutoCAD 在建筑工程中的应用

建筑行业是最早使用 AutoCAD 的行业之一，目前的建筑设计过程已经全部实现了计算机化。能熟练运用 CAD 软件进行设计或绘图，是建筑行业从业者必备的专业技能。目前 AutoCAD 的最新中文版本为 AutoCAD 2012，其界面效果如图 1-6 所示。

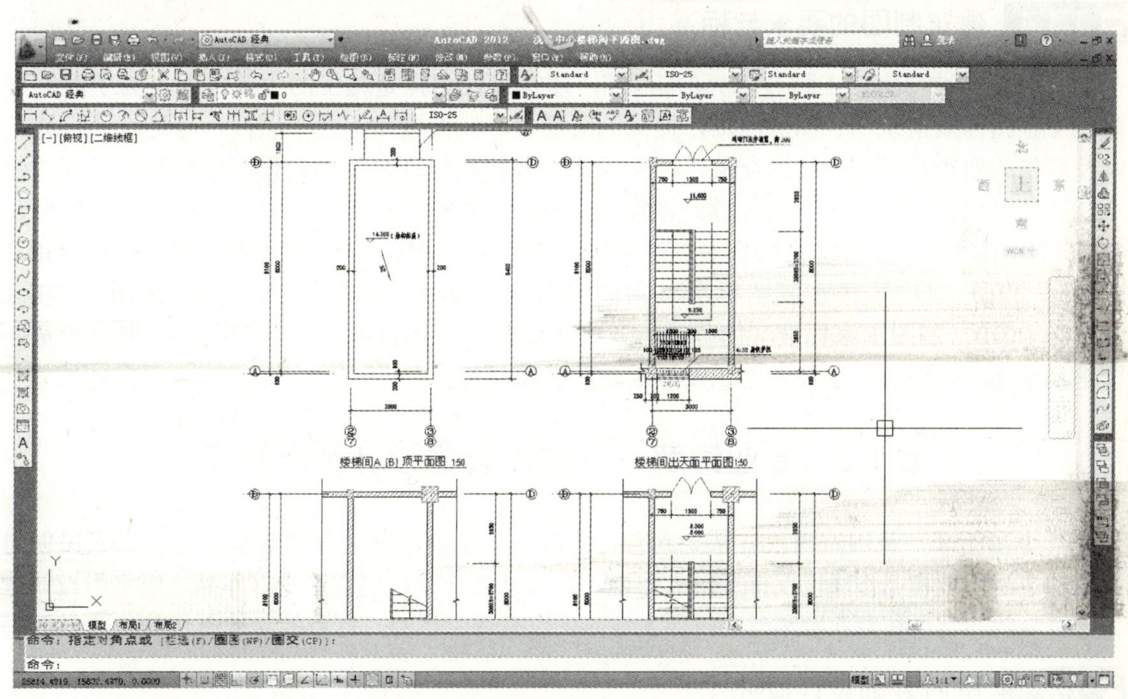

图 1-6 AutoCAD 2012 界面效果

1. 建筑设计和室内装饰设计的应用

在建筑设计方面，AutoCAD 可用于图样的绘制、修补、合并及打印输出，是专业 CAD 软件必需的基础和补充。专业 CAD 软件有很多，如 AutoCAD 的系列产品土木工程软件包 Autodesk Civil 3D、Autodesk Revit Building；国内软件开发商以 AutoCAD 为图形平台开发的天正建筑 TArch、建筑之星 ArchStar、园方等建筑设计软件；使用自主图形平台，但也提供 AutoCAD 文件转换功能的建筑结构设计软件 PKPM 等。由于工程设计产品千变万化，设计人员不可能用专业 CAD 软件完成所有设计工作，因此 AutoCAD 就成了不可或缺的必备设计绘图软件。另外，AutoCAD 的三维绘图和动态观察功能，可以清楚、直观地反映设计者所设计对象的最终效果，这在建筑方案构思和室内装饰设计方面尤其必要。

2. 建筑施工企业的应用

在建筑施工企业，AutoCAD 可用于绘制招标文件的插图、施工总平面和网络图、施工模板设计图、竣工交底图等。尽管目前也有专门用于绘制施工网络图、施工平面图的专业软件，如PKPM的施工管理软件，但是在大多数情况下，用这些软件绘制图形也需要专门的学习或者转到AutoCAD中进行编辑修改。

3. 文档的精准插图

AutoCAD 还可以用于绘制论文、图书等文档资料的精准插图。目前，文档的制作大多通过办公软件进行，由于办公软件的主要功能是文字处理，其绘图功能相对较弱，借助AutoCAD来绘制精准的插图将为文档制作带来很大的方便。

1.1.4 建筑制图的要求与标准

工程图样被称为“工程技术界的语言”。建筑工程图样是施工的主要依据，为了能够使建筑工程图样规格统一、图面清晰，提高制图质量和制图效率，便于阅读，满足设计、施工以及存档的要求，又便于技术交流，国家质量监督检验检疫总局和建设部联合发布了有关建筑制图的 6 种国家标准：《房屋建筑制图统一标准》GB/T 50001—2010、《总图制图标准》GB/T 50103—2010、《建筑制图标准》GB/T 50104—2010、《建筑结构制图标准》GB/T 50105—2010、《给水排水制图标准》GB/T 50106—2010 和《暖通空调制图标准》GB/T 50114—2010。制图国家标准（简称国标）中详细规定了图样的画法、图线的线型及线宽、图中尺寸标注、图例、字体等，供设计绘图时参照执行。

1.2 专业讲解——室内装饰设计基础知识

二十多年来，我国室内设计从无到有，并展现了空前活跃之发展势头，为广大人民创建美好的生活环境和工作环境发挥了巨大作用，在设计创作中也出现不少好作品。但室内设计作为一种专门的学科和专业刚刚建立，人才培养还没有跟上形势，行业的兴起更是基础薄弱。

1.2.1 室内装饰设计概述

室内设计在现代科学技术高速发展的推动下，正以其技术与艺术、实用与审美密切结合的独特风貌，跻身于当今国际热门学科之列。它是从建筑设计中分离出来的一门新兴的交叉学科与专业。

人们在各种不同的环境空间中生活，而室内空间是与人们的生活、工作与学习关系最密切的一种空间形式。对于室内设计的研究，受到若干新兴科学发展的影响，如环境艺术、行为科学、环境心理学、环境物理学和现代室内设计工程管理等。这门学科最广泛地包罗了人的各种生活和生产活动内容，反映了人与人的相互交往关系和人与自然的关系。在进行室内设计时，应充分体现人的价值特征，必须以人为主体确立设计依据，研究人的生理和心理特征，寻找与其相适应的环境形态结构。研究室内环境问题，要研究人的多种生活体验，研究人的感觉、知觉、习惯、智能和各种生活与活动规律，以及人对于室内环境的各种反映等。

室内设计又是一种文化活动过程，是社会文明的一种标志。建筑室内空间往往以自身形象（包括空间形式、节奏和秩序）和相关的装饰手段来反映时代和社会特征，不同的室内空间表现不同的环境气氛和具有不同的艺术感染力。

1.2.2 室内装饰设计中的风格特点

室内设计的风格主要分为传统风格、现代风格、后现代风格、自然风格以及混合型风格等。

传统的观点认为，室内装饰是对装饰主体的美化加工。室内装饰如果单从字面上理解即是打扮、修饰的意思。室内装饰被看做是一种实用的艺术样式，像我们平常所说的装饰图案、纹样，都被视为装饰物品上的一种“文采”，是装饰物的附加成分。这种解释主要是从室内装饰的应用性上得出的结论，它强调了装饰图案的依附性和从属地位，模糊了装饰纹样和装饰物的一体化概念和共生的审美价值。

现代主义设计的观点认为，室内装饰是一种具有独特意味的艺术形式。由于它在形式上具有较为完整的形式美的规律性，又常被视为一种艺术技巧、意匠和艺术手法。比如装饰性的油画、装饰性的版画、装饰性的中国画等，即是装饰性绘画。由此可以看出，室内装饰的概念有着更宽泛的内涵。从室内装饰的应用范围上讲，室内装饰是实用性的艺术设计种类。如建筑中的室内外设计、家具设计、壁画设计、室内陈设物设计、雕塑、纺织品设计、各种器具的设计都离不开装饰因素的运用。而从室内装饰设计的形式上讲，室内装饰设计是按照对称、均衡、节奏、韵律、调和的形式美规律和法则，运用夸张、变形、抽象的方式，进行设计的艺术形式，在秩序化的审美空间中，作为创造艺术的基本结构。其形式元素主要指装饰图案、装饰纹样、装饰性空间结构和色彩组合等几个方面的因素和各种装饰设计手法。

综合前面两个不同观点可以看出，室内装饰设计是一种独特的艺术设计方式，是研究艺术形式特殊性和规律性的一种艺术门类，它不仅具有视觉上的形式美，而且具有文化上的精神美，它贯穿于艺术、生活的方方面面；是文化、精神和美的象征。

室内设计与建筑设计之间的关系极为密切，相互渗透，通常建筑设计是室内设计的前提，正如城市规划和城市设计是建筑单体设计的前提一样。室内设计与建筑设计有许多共同点，即都要考虑物质功能和精神功能的要求，都需遵循建筑美学的原理，都受物质技术和经济条件的制约。

1.2.3 室内装饰设计的依据和内容

为了创造一个理想的室内空间环境，应了解室内设计的依据和要求，并知道现代室内设计所具有的特点及其发展趋势。室内设计是环境设计系列中的一环，因此室内设计者事先必须对设计对象——建筑物的功能特点、设计意图、结构构成、设施设备等情况有充分了解，并对建筑物所在地区的室外环境等也有所了解。

首先是人体的尺度和动作域所需的尺寸和空间范围，人们交往时符合心理要求的人际距离，以及人们在室内通行时，各处有形无形的通道宽度。人体的尺度，是确定室内诸如门扇的高宽度、踏步的高宽度、窗台阳台的高宽度、家具的尺寸及其相间距离，以及楼梯平台、室内净高等的最小值的基本依据。涉及人们在不同性质的室内空间内，从人们的心理感受考虑，还要顾及满足人们心理感受需求的最佳空间范围。

在室内空间里，除了人的活动外，主要占有空间的内含物即是家具、灯具、设备（指设置于室内的空调器、热水器、散热器、排风机等）、陈设之类，在有的室内环境里，如宾馆的门厅、高雅的餐厅等，室内绿化和水石小品等的所占空间尺寸，也应成为组织、分隔室内空间的依据条件。

对于灯具、空调设备、卫生洁具等，除了有本身的尺寸以及使用、安置时必需的空间范围之外。值得注意的是，此类设备、设施，由于在建筑物的土建设计与施工时，对管网布线等都已有一整体布置，所以室内设计时应尽可能在它们的接口处予以连接、协调。诚然，对于出风口、灯具位置等从室内使用合理和造型等要求，适当在接口上做些调整也是允许的。

室内空间的结构体系、柱网的开间间距、楼面的板厚与梁高、风管的断面尺寸以及水电管线的走向和敷设要求等，都是组织室内空间时必须考虑的。有些设施内容，如风管的断面尺寸、水管的走向等，在与有关工机房的各种电缆管线常敷设在架空地板内，室内空间的竖向尺寸，就必须考虑这些因素。

1.2.4 室内装饰设计的方法步骤

室内设计根据设计的进程，通常可以分为四个阶段，即设计准备阶段、方案设计阶段、施工图设计阶段和设计实施阶段。

1. 设计准备阶段

设计准备阶段主要是接受委托任务书，签订合同，或者根据标书要求参加投标；明确设计期限并制订设计计划进度安排，考虑各有关工种的配合与协调。

明确设计任务和要求，如室内设计任务的使用性质、功能特点、设计规模、等级标准、总造价，根据任务的使用性质所需创造的室内环境氛围、文化内涵或艺术风格等。

熟悉有关的设计规范和定额标准，收集和分析必要的资料与信息，包括对现场的调查勘踏以及对同类型实例的参观等。

在签订合同或制定投标文件时，还包括设计进度安排，设计费率标准，即室内设计收取业主设计费占室内装饰总投入资金的百分比（由设计单位根据任务的性质、要求、设计复杂程度和工作量，提出收取设计费率数，通常为4%～8%，最终与业主商议确定）。

2. 方案设计阶段

方案设计阶段是在设计准备阶段的基础上，进一步收集、分析、运用与设计任务有关的资料与信息，构思立意，进行初步方案设计，深入设计，进行方案的分析与比较。

确定初步设计方案，提供设计文件。室内初步方案的文件通常包括以下内容。

1）平面图（包括家具布置），常用比例为1∶50和1∶100。

2）室内立面展开图，常用比例为1∶20和1∶50。

3）平顶图或仰视图（包括灯具、风口等布置），常用比例为1∶50和1∶100。

4）室内透视图（彩色效果）。

5）室内装饰材料实样板面（墙纸、地毯、窗帘、室内纺织面料、墙地面砖及石材、木材等均用实样，家具、灯具、设备等用实物照片）。

6）设计意图说明和造价概算。

3. 施工图设计阶段

施工图设计阶段需要补充施工所必要的有关平面布置图、室内立面图和平顶图等，还需包括构造节点详图、细部大样图以及设备管线图，编制施工说明和造价预算。

4. 设计实施阶段

设计实施阶段，即工程的施工阶段。室内工程在施工前，设计人员应向施工单位进行设计意图说明及图样的技术交底；工程施工期间需按图样要求核对施工实况，有时还需根据现场实况提出对图样的局部修改或补充（由设计单位出具修改通知书），施工结束时，会同质检部门和建设单位进行工程验收。

1.3 专业讲解——建筑制图标准总则与常用术语

建筑制图标准是为了统一房屋建筑制图规则，保证制图质量，提高制图效率，做到图面清晰、简明，符合设计、施工、审查、存档的要求，适应工程建设的需要而制定的。

该标准是房屋建筑制图的基本规定，适用于总图、建筑、结构、给水排水、暖通空调、电气等各专业制图。

该标准适用于下列制图方式绘制的图样：

1）计算机制图。

2）手工制图。

该标准适用于各专业下列工程制图：

1）新建、改建、扩建工程的各阶段设计图、竣工图。

2）原有建筑物、构筑物和总平面的实测图。

3）通用设计图、标准设计图。

房屋建筑制图除应符合该标准的规定外，尚应符合国家现行有关标准的规定。

提示

根据住房和城乡建设部《关于印发(2008 年工程建设标准规范制订计划（第一批）)的通知》（建标[2008]102 号）的要求，由中国建筑标准设计研究院会同有关单位在原《房屋建筑制图统一标准》GB/T 50001—2001 的基础上修订而成。

该标准在修订过程中，编制组经过广泛调查研究，认真总结工程实践经验，参考有关国际标准和国外先进标准，并在广泛征求意见的基础上，最后经审查定稿。

该标准共分 14 章和 2 个附录，主要技术内容包括：总则、术语、图纸幅面规格与图样编排顺序、图线、字体、比例、符号、定位轴线、常用建筑材料图例、图样画法、尺寸标注、计算机制图文件、计算机制图文件图层、计算机制图规则。

该标准修订的主要技术内容是：增加了计算机制图文件、计算机制图图层和计算机制图规则等内容；调整了图样标题栏和字体高度等内容；增加了图线等内容。

在房屋建筑统一标准中，用户应掌握下列常用的术语。

1）图纸幅面（Drawing Format）：指图纸宽度与长度组成的图面。

2）图线（Chart）：指起点和终点间以任何方式连接的一种几何图形，形状可以是直线或曲线，连续和不连续线。

3）字体（Font）：指文字的风格式样，又称书体。

4）比例（Scale）：指图中图形与其实物相应要素的线性尺寸之比。

5）视图（View）：将物体按正投影法向投影面投射时所得到的投影称为视图。

6）轴测图（Axonometric Drawing）：用平行投影法将物体连同确定该物体的直角坐标系一起沿不平行于任一坐标平面的方向投射到一个投影面上，所得到的图形，称做轴测图。

7）透视图（Perspective Drawing）：根据透视原理绘制出的具有近大远小特征的图像，以表达建筑设计意图。

8）标高（Elevation）：以某一水平面作为基准面，并作零点（水准原点）起算地面（楼面）至基准面的垂直高度。

9）工程图样（Project Sheet）：根据投影原理或有关规定绘制在纸介质上的，通过线条、符号、文字说明及其他图形元素表示工程形状、大小、结构等特征的图形。

10）计算机制图文件（Computer Aided Drawing File）：利用计算机制图技术绘制的，记录和存储工程图样所表现的各种设计内容的数据文件。

11）计算机制图文件夹（Computer Aided Drawing Folder）：在磁盘等设备上存储计算机制图文件的逻辑空间，又称为计算机制图文件目录。

12）协同设计（Synergitic Design）：通过计算机网络与计算机辅助设计技术，创建协作设计环境，使设计团队各成员围绕共同的设计目标和对象，按照各自分工，并行交互式地完成设计任务，实现设计资源的优化配置与共享，最终获得符合工程要求的设计成果文件。

13）计算机制图文件参照方式（Reference of Computer Aided Drawing File）：在当前计算机制图文件中引用并显示其他计算机制图文件（被参照文件）的部分或全部数据内容的一种计算机技术。当前计算机制图文件只记录被参照文件的存储位置和文件名，并不记录被参照文件的具体数据内容，并且随着被参照文件的修改而同步更新。

14）图层（Layer）：计算机制图文件中相关图形元素数据的一种组织结构。属于同一图层的实体具有统一的颜色、线型、线宽、状态等属性。

1.4 专业讲解——图纸幅面规格与编排顺序

在进行建筑工程制图时，其图纸的幅面规格、标题栏、签字栏以及图纸的编排顺序，都是有特别规定的。

1.4.1 图纸幅面

图纸幅面及图框尺寸，应符合表1-1的规定及图1-1～图1-3的格式。

表1-1 幅面及图框尺寸 （单位：mm）

图纸幅面 尺寸代号	A0	A1	A2	A3	A4
$b \times l$	841×1189	594×841	420×594	297×420	210×297
c	10			5	
a	25				

提示

对于需要微缩复制的图纸，其一个边上应附有一段准确米制尺度，四个边上均附有对中标志，米制尺度的总长应为 100mm，分格应为 10mm。对中标志应画在图纸内框各边长的中点处，线宽为 0.35mm，应伸入内框边，在框外为 5mm。对中标志的线段，于 l_1 和 b_1 范围取中。

图纸的短边一般不应加长，长边可以加长，但加长的尺寸应符合国标规定，如表 1-2 所示。

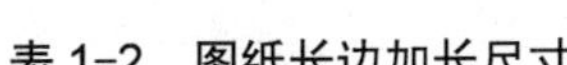

表 1-2 图纸长边加长尺寸 （单位：mm）

幅面尺寸	长边尺寸	长边加长后尺寸
A0	1189	1486 1635 1783 1932 2080 2230 2378
A1	841	1051 1261 1471 1682 1892 2102
A2	594	743 891 1041 1189 1338 1486 1635
A3	420	630 841 1051 1261 1471 1682 1892

注：有特殊需要的图样，可采用 $b \times l$ 为 841mm×891mm 与 1189mm×1261mm 的幅面。

图纸以短边作为垂直边应为横式，以短边作为水平边应为立式。A0～A3 图纸宜横式使用；必要时，也可立式使用。在一个工程设计中，每个专业所使用的图纸，不宜多于两种幅面，不含目录及表格所采用的 A4 幅面。

1.4.2 标题栏与会签栏

图纸中应有标题栏、图框线、幅面线、装订边线和对中标志。图纸的标题栏及装订边的位置，应符合下列规定。

横式使用的图纸，应按图 1-7 和图 1-8 所示的形式进行布置；立式使用的图纸，应按图 1-9 和图 1-10 所示的形式进行布置。

标题栏应按如图 1-11 和图 1-12 所示，根据工程的需要选择确定其尺寸、格式及分区。签字栏应包括实名和签名，并应符合下列规定：

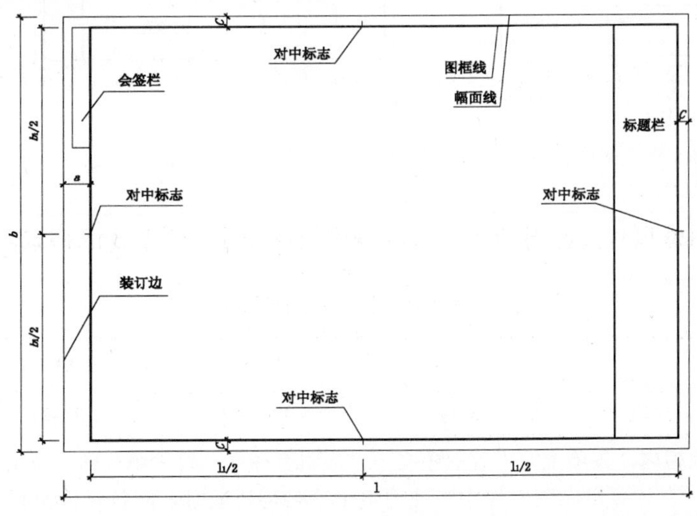

图 1-7 A0～A3 横式幅面（一）

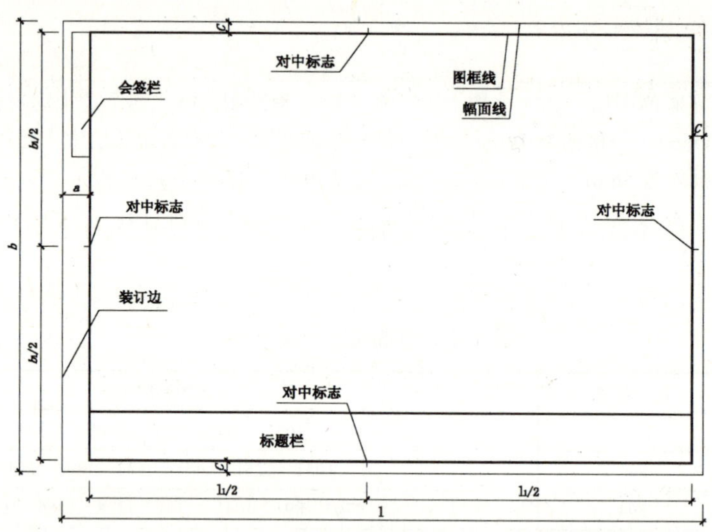

图 1-8　A0～A3 横式幅面（二）

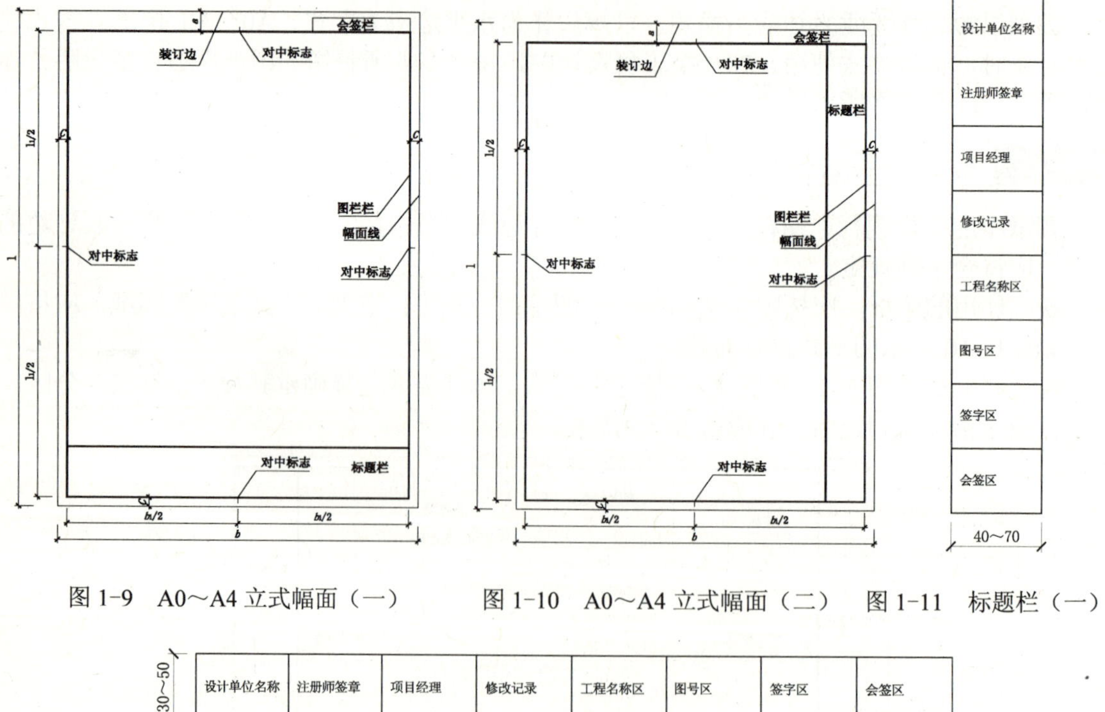

图 1-9　A0～A4 立式幅面（一）　　图 1-10　A0～A4 立式幅面（二）　　图 1-11　标题栏（一）

图 1-12　标题栏（二）

提示

涉外工程的标题栏内，各项主要内容的中文下方应附有译文，设计单位的上方或左方，应加“中华人民共和国”字样。在计算机制图文件中当使用电子签名与认证时，应符合国家有关电子签名法的规定。

1.4.3 图样编排顺序

一套简单的房屋施工图就有一二十张图样，一套大型复杂建筑物的图样至少也得有几十张，上百张甚至会有几百张之多。因此，为了便于看图，易于查找，就应把这些图样按顺序编排。

工程图样应按专业顺序编排，应为图样目录、总图、建筑图、结构图、给水排水图、暖通空调图、电气图等。

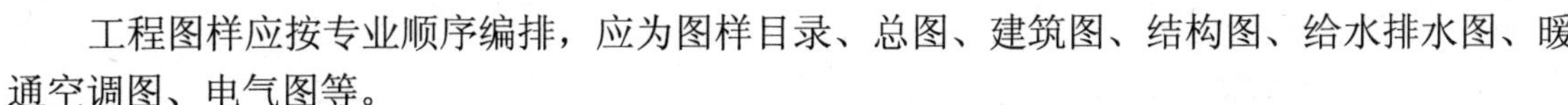

另外，各专业的图样，应按图样内容的主次关系、逻辑关系进行分类排序。

1.5 专业讲解——图线

1）图线的宽度 *b*，宜从 1.4、1.0、0.7、0.5、0.35、0.25、0.18、0.13mm 线宽系列中选取，但图线宽度不应小于 0.1mm。每个图样，应根据复杂程度与比例大小，先选定基本线宽 *b*，再选用表 1-3 中相应的线宽组。

表 1-3 线宽组 （单位：mm）

线宽比	线宽组			
b	1.4	1.0	0.7	0.5
0.7*b*	1.0	0.7	0.5	0.35
0.5*b*	0.7	0.5	0.35	0.25
0.25*b*	0.35	0.25	0.18	0.13

注：1 需要微缩的图样，不宜采用 0.18mm 及更细的线宽。
2 同一张图样内，各不同线宽中的细线，可统一采用较细的线宽组的细线。

2）在工程建设制图时，应按表 1-4 选用图线。

表 1-4 图线的线型、宽度及用途

名称		线型	线宽	一般用途
实线	粗		*b*	主要可见轮廓线 剖面图中被剖着部分的主要结构构件轮廓线、结构图中的钢筋线、建筑或构筑物的外轮廓线、剖切符号、地面线、详图标志的圆圈、图样的图框线、新设计的各种给水管线、总平面图及运输中的公路或铁路线等
	中		0.5*b*	可见轮廓线 剖面图中被剖着部分的次要结构构件轮廓线、未被剖面但仍能看到而需要画出的轮廓线、标注尺寸的尺寸起止 45° 短画线、原有的各种水管线或循环水管线等
	细		0.25*b*	可见轮廓线、图例线 尺寸界线、尺寸线、材料的图例线、索引标志的圆圈及引出线、标高符号线、重合断面的轮廓线、较小图形中的中心线
虚线	粗		*b*	新设计的各种排水管线、总平面图及运输图中的地下建筑物或构筑物等
	中		0.5*b*	不可见轮廓线 建筑平面图运输装置（例如桥式吊车）的外轮廓线、原有的各种排水管线、拟扩建的建筑工程轮廓线等
	细		0.25*b*	不可见轮廓线、图例线
单点长画线	粗		*b*	结构图中梁或框架的位置线、建筑图中的吊车轨道线、其他特殊构件的位置指示线
	中		0.5*b*	见各有关专业制图标准

（续）

名称		线型	线宽	一般用途
单点长画线	细		0.25*b*	中心线、对称线、定位轴线 管道纵断面图或管系轴测图中的设计地面线等
双点长画线	粗		*b*	预应力钢筋线
	中		0.5*b*	见各有关专业制图标准
	细		0.25*b*	假想轮廓线、成型前原始轮廓线
折断线			0.25*b*	断开界线
波浪线			0.25*b*	断开界线
加粗线			1.4*b*	地平线、立面图的外框线等

3）同一张图样内，相同比例的各图样，应选用相同的线宽组。

4）图样的图框和标题栏线，可采用如表 1-5 所示的线宽。

表 1-5　图框线、标题栏线的宽度　　（单位：mm）

幅面代号	图框线	标题栏外框线	标题栏分格线、会签栏线
A0、A1	*b*	0.5*b*	0.25*b*
A2、A3、A4	*b*	0.7*b*	0.35*b*

5）相互平行的图线，其间隙不宜小于其中的粗线宽度，且不宜小于 0.7mm。

6）虚线、单点长画线或双点长画线的线段长度和间隔，宜各自相等。

7）单点长画线或双点长画线，当在较小图形中绘制有困难时，可用实线代替。

8）单点长画线或双点长画线的两端，不应是点。点画线与点画线交接或点画线与其他图线交接时，应是线段交接。

9）虚线与虚线交接或虚线与其他图线交接时，应是线段交接。虚线为实线的延长线时，不得与实线连接。

10）图线不得与文字、数字或符号重叠、混淆，不可避免时，应首先保证文字等的清晰。

1.6　专业讲解——字体

在一幅完整的工程图中用图线方式表现得不充分和无法用图线表示的地方，就需要进行文字说明，例如材料名称、构配件名称、构造方法、统计表及图名等。

文字说明是图样内容的重要组成部分，制图规范对文字标注中的字体、字的大小、字体字号搭配等方面作了一些具体规定：

1）图样上所需书写的文字、数字或符号等，均应笔画清晰、字体端正、排列整齐；标点符号应清楚正确。

2）文字的字高以字体的高度 h（单位为 mm）表示，最小高度为 3.5mm，应从如下系列中选用：3.5、5、7、10、14、20mm。如需书写更大的字，其高度应按$\sqrt{2}$的比值递增。

3）图样及说明中的汉字，宜采用长仿宋体，宽度与高度的关系应符合如表 1-6 所示的规定。大标题、图册封面、地形图等的汉字，也可书写成其他字体，但应易于辨认。

表 1-6 长仿宋体字高宽关系 （单位：mm）

字高	20	14	10	7	5	3.5
字宽	14	10	7	5	3.5	2.5

4）汉字的简化字书写，必须符合国务院公布的《汉字简化方案》和有关规定。

5）拉丁字母、阿拉伯数字与罗马数字的书写与排列，应符合如表 1-7 所示的规定。

表 1-7 拉丁字母、阿拉伯数字与罗马数字书写规则

书写格式	一般字体	窄字体
大写字母高度	*h*	*h*
小写字母高度（上下均无延伸）	7/10*h*	10/14*h*
小写字母伸出的头部或尾部	3/10*h*	4/14*h*
笔画宽度	1/10*h*	1/14*h*
字母间距	2/10*h*	2/14*h*
上下行基准线最小间距	15/10*h*	21/14*h*
词间距	6/10*h*	6/14*h*

6）拉丁字母、阿拉伯数字与罗马数字，如需写成斜体字，其斜度应是从字的底线逆时针向上倾斜 75°。斜体字的高度与宽度应与相应的直体字相等。

7）拉丁字母、阿拉伯数字与罗马数字的字高，应不小于 2.5mm。

8）数量的数值注写，应采用正体阿拉伯数字。各种计量单位凡前面有量值的，均应采用国家颁布的单位符号注写。单位符号应采用正体字母。

9）分数、百分数和比例数的注写，应采用阿拉伯数字和数学符号，例如：四分之三、百分之二十五和一比二十，应分别写成 3/4、25%和 1∶20。

10）当注写的数字小于 1 时，必须写出个位的“0”，小数点应采用圆点，齐基准线书写，例如 0.01。

11）长仿宋汉字、拉丁字母、阿拉伯数字或罗马数字，应符合国家现行标准《技术制图——字体》GB/T 14691—1993 的有关规定，即写成竖笔铅垂的直体字或竖笔与水平线成 75° 的斜体字，如图 1-13 所示。

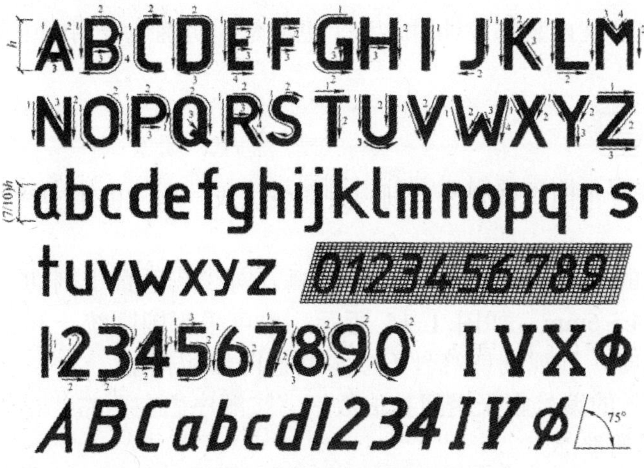

ABCDEFGHIJKLM
NOPQRSTUVWXYZ
abcdefghijklmnopqrs
tuvwxyz 0123456789
1234567890 IVXφ
ABCabcd1234IVφ 75°

图 1-13 字母和数字示例

1.7 专业讲解——比例

工程图样中图形与实物相对应的线性尺寸之比称为比例。比例的大小，是指其比值的大小，如 1∶50 大于 1∶100。

1）比例的符号为“：”，不是冒号“:”，比例应以阿拉伯数字表示，如 1：1、1：2、1：100 等。

2）比例宜注写在图名的右侧，字的基准线应取平；比例的字高宜比图名的字高小一二号，如图 1-14 所示。

三层平面 1:100

图 1-14 比例的注写

3）绘图所用的比例，应根据图样的用途与被绘对象的复杂程度从表 1-8 中选用，并优先用表中的常用比例。

表 1-8 绘图所用的比例

常用比例	1：1、1：2、1：5、1：10、1：20、1：50、1：100、1：150、1：200、1：500、1：1000、1：2000、1：5000、1：10000、1：20000、1：50000、1：100000、1：200000
可用比例	1：3、1：4、1：6、1：15、1：25、1：30、1：40、1：60、1：80、1：250、1：300、1：400、1：600

一般情况下，一个图样应选用一种比例。根据专业制图需要，同一图样可选用两种比例。

特殊情况下也可自选比例，这时除应注出绘图比例外，还必须在适当位置绘制出相应的比例尺。

1.8 专业讲解——符号

在进行各种建筑和室内装饰设计时，为了更清楚、明确地表明图中的相关信息，将以不同的符号来表示。

1.8.1 剖切符号

剖视的剖切符号应由剖切位置线及剖视方向线组成，均应以粗实线绘制。剖视的剖切符号应符合下列规定。

1）剖切位置线的长度宜为 6～10mm；剖视方向线应垂直于剖切位置线，长度应短于剖切位置线，宜为 4～6mm，如图 1-15 所示。也可采用国际统一和常用的剖视方法，如图 1-16 所示。绘制时，剖视剖切符号不应与其他图线相接触。

2）剖视剖切符号的编号宜采用阿拉伯数字，按顺序由左至右、由下至上连续编排，并应注写在剖视方向线的端部。

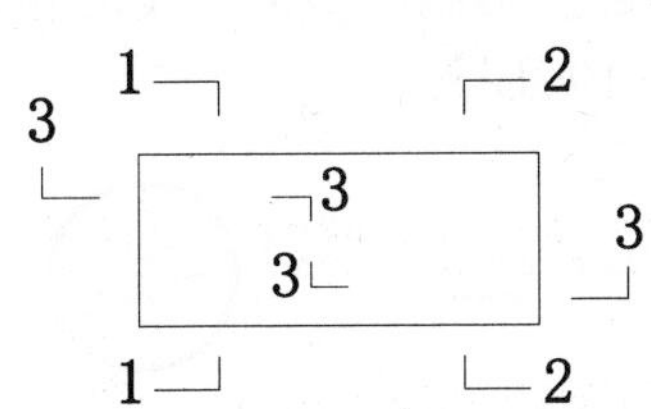

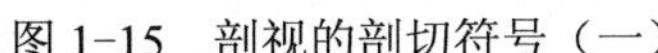
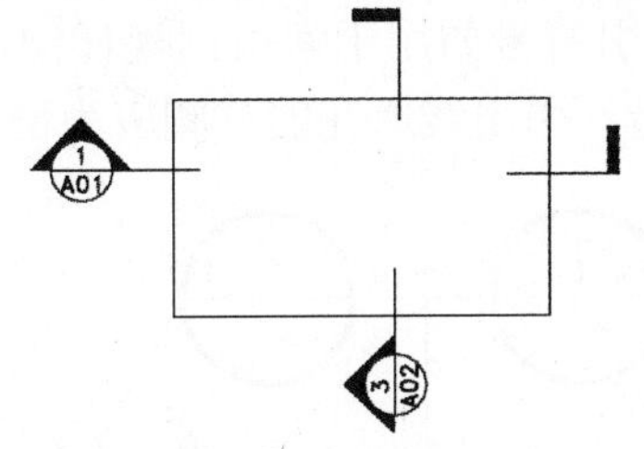

图 1-15 剖视的剖切符号（一）

图 1-16 剖视的剖切符号（二）

3）需要转折的剖切位置线，应在转角的外侧加注与该符号相同的编号。

4）建（构）筑物剖面图的剖切符号宜注在±0.00 标高的平面图上。

断面的剖切符号应符合下列规定：

1）断面的剖切符号只用剖切位置线表示，并以粗实线绘制，长度宜为 6～10mm。

2）断面剖切符号的编号宜采用阿拉伯数字，按顺序连续编排，并应注写在剖切位置线的一侧；编号所在的一侧应为该断面的剖视方向，如图 1-17 所示。

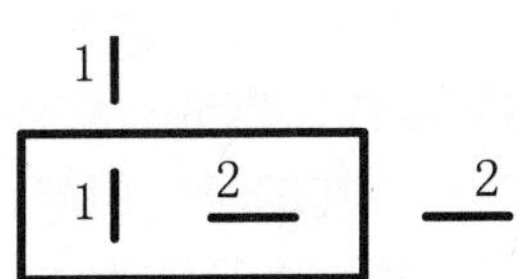

图 1-17 断面的剖切符号

剖面图或断面图，如与被剖切图样不在同一张图内，可在剖切位置线的另一侧注明其所在图样的编号，也可以在图上集中说明。

1.8.2 索引符号与详图符号

图样中的某一局部或构件，如需另见详图，应以索引符号索引（见图 1-18a）。索引符号是由直径为 8～10mm 的圆和水平直径组成的，圆及水平直径应以细实线绘制。索引符号应按下列规定编写：

1）索引出的详图，如与被索引的详图同在一张图样内，应在索引符号的上半圆中用阿拉伯数字注明该详图的编号，并在下半圆中间画一段水平细实线，如图 1-18b 所示。

2）索引出的详图，如与被索引的详图不在同一张图样内，应在索引符号的上半圆中用阿拉伯数字注明该详图的编号，在索引符号的下半圆用阿拉伯数字注明该详图所在图样的编号，如图 1-18c 所示。数字较多时，可加文字标注。

3）索引出的详图，如采用标准图，应在索引符号水平直径的延长线上加注该标准图册的编号，如图 1-18d 所示。需要标注比例时，文字在索引符号右侧或延长线下方，与符号下对齐。

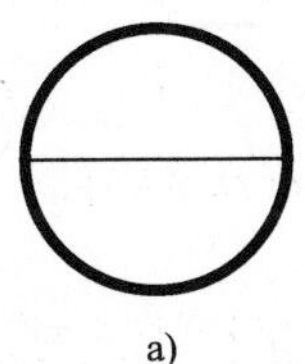
a)

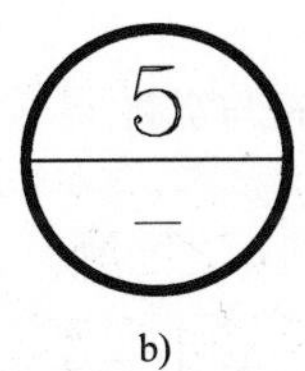

b)

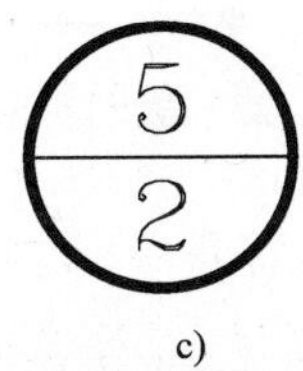

c)

d)

图 1-18 索引符号

4）索引符号如用于索引剖视详图，应在被剖切的部位绘制剖切位置线，并以引出线引出索引符号，引出线所在的一侧应为剖视方向，如图 1-19 所示。

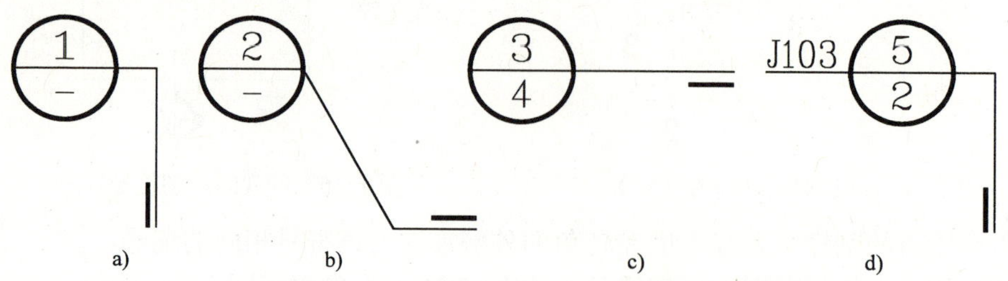

a)　b)　c)　d)

图 1-19　用于索引剖面详图的索引符号

5）零件、钢筋、杆件、设备等的编号直径宜以 5～6mm 的细实线圆表示，同一图样应保持一致，其编号应用阿拉伯数字按顺序编写，如图 1-20 所示。消火栓、配电箱、管井等的索引符号，直径宜为 4～6mm。

详图的位置和编号，应以详图符号表示。详图符号的圆应以直径为 14mm 的粗实线绘制。详图应按下列规定编号：

1）详图与被索引的图样同在一张图样内时，应在详图符号内用阿拉伯数字注明详图的编号，如图 1-21 所示。

2）详图与被索引的图样不在同一张图样内时，应用细实线在详图符号内画一水平直径，在上半圆中注明详图编号，在下半圆中注明被索引的图样的编号，如图 1-22 所示。

图 1-20　零件、钢筋等的编号

图 1-21　与被索引图样同在一张图样内的详图符号

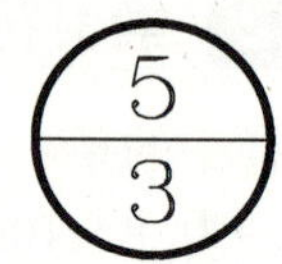

图 1-22　与被索引图样不在同一张图样内的详图符号

在 AutoCAD 的索引符号中，其圆的直径为ϕ12mm（在 A0、A1、A2 图纸）或ϕ10mm（在 A3、A4 图纸），其字高为 5mm（在 A0、A1、A2 图纸）或为 4mm（在 A3、A4 图纸），如图 1-23 所示。

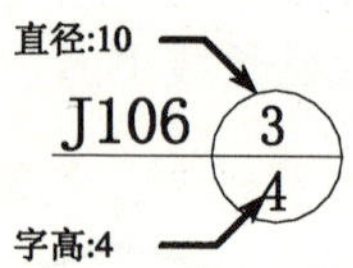

直径:14

字高:10

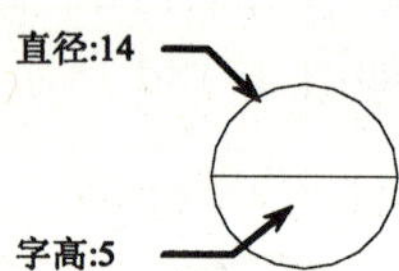

图 1-23　索引符号圆的直径与字高

1.8.3 引出线

引出线应以细实线绘制，宜采用水平方向的直线、与水平方向成 30°、45°、60°、90°的直线，或经上述角度再折为水平线。文字说明宜注写在水平线的上方，也可注写在水平线的端部，索引详图的引出线，应与水平直径线相连接，如图 1-24 所示。

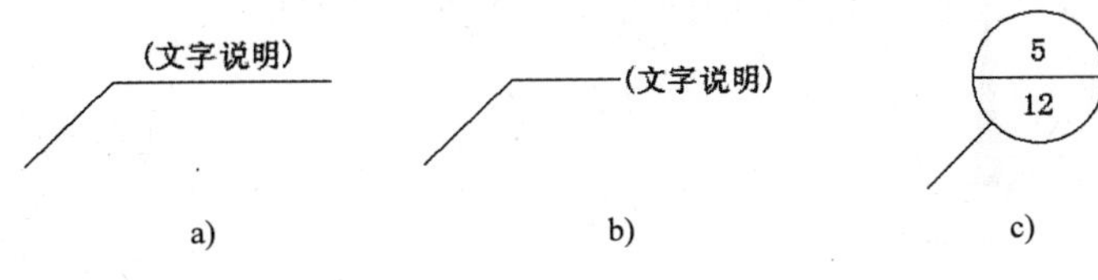

图 1-24 引出线

同时引出几个相同部分的引出线，宜互相平行，也可画成集中于一点的放射线，如图 1-25 所示。

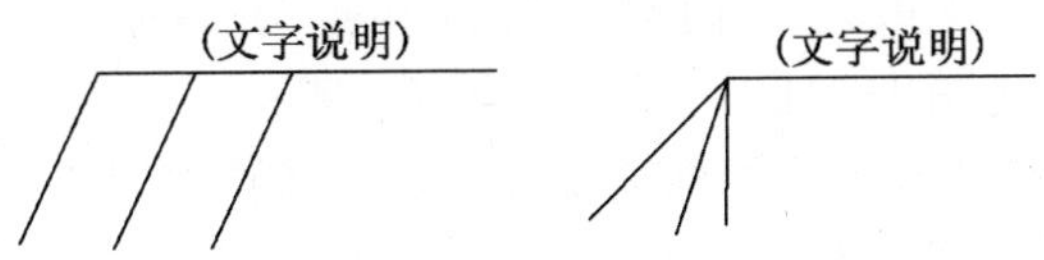

图 1-25 共用引出线

多层构造或多层管道共用引出线，应通过被引出的各层。文字说明宜注写在水平线的上方，或注写在水平线的端部，说明的顺序应由上至下，并应与被说明的层次相互一致；如层次为横向排序，则由上至下的说明顺序应与由左至右的层次顺序相一致，如图 1-26 所示。

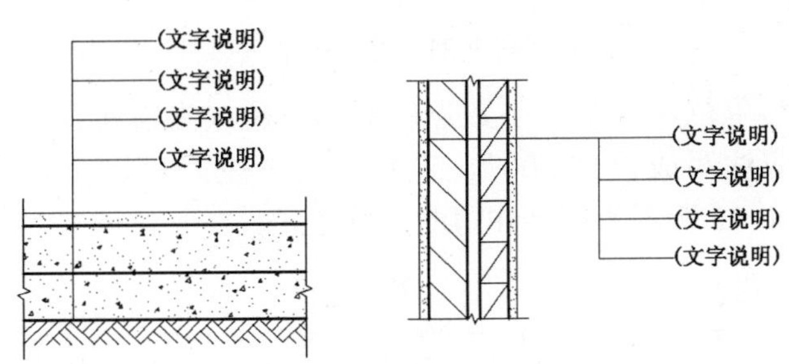

图 1-26 多层构造引出线

1.8.4 其他符号

对称符号由对称线和两端的两对平行线组成。对称线用细点画线绘制；平行线用细实线绘制，其长度宜为 6～10mm，每对的间距宜为 2～3mm；对称线垂直平分于两对平行线，两端超出平行线宜为 2～3mm，如图 1-27 所示。

指北针的形状如图 1-28 所示，其圆的直径宜为 24mm，用细实线绘制；指针尾部的宽度宜为 3mm，指针头部应注“北”或“N”字。需用较大直径绘制指北针时，指针尾部宽度宜为直径的 1/8。

连接符号应以折断线表示需连接的部位。两部位相距过远时，折断线两端靠图样一侧应标注大写拉丁字母表示连接编号。两个被连接的图样必须用相同的字母编号，如图 1-29 所示。

对图样中局部变更部分宜采用云线，并宜注明修改版次，如图 1-30 所示。

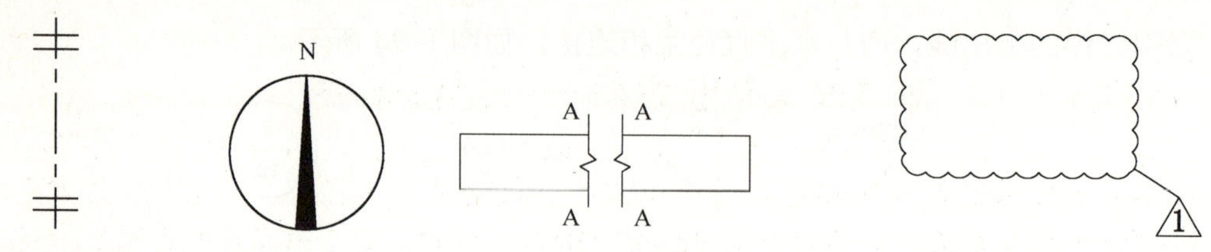

图 1-27 对称符号 图 1-28 指北针 图 1-29 连接符号 图 1-30 变更云线（注:1 为修改次数）

1.8.5 标高符号

标高是用来表示建筑物各部位高度的一种尺寸形式。标高符号用细实线画出，短横线是需注高度的界线，长横线之上或之下注出标高数字（见图 1-31a）。总平面图上的标高符号，宜用涂黑的三角形表示（见图 1-31b），标高数字可注明在黑三角形的右上方，也可注写在黑三角形的上方或右面。不论哪种形式的标高符号，均为等腰直角三角形，高 3mm。如图 1-31c 和图 1-31d 所示用以标注其他部位的标高，短横线为需要标注高度的界限，标高数字注写在长横线的上方或下方。

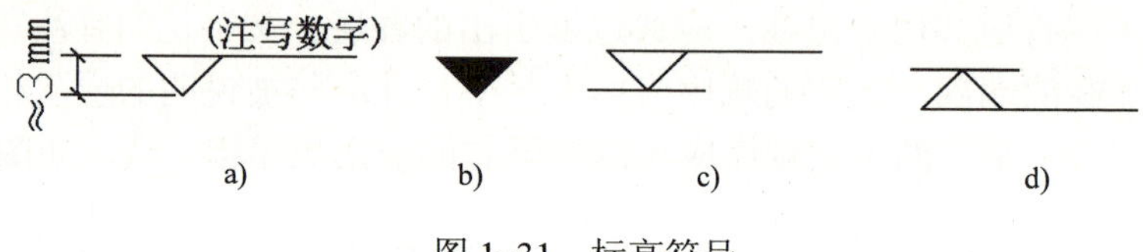

图 1-31 标高符号

标高数字以 m 为单位，注写到小数点以后第三位（在总平面图中可注写到小数点后第二位）。零点标高应注写成“±0.000”，正数标高不注“+”，负数标高应注“-”，例如 3.000、-0.600。如图 1-32 所示为标高注写的几种格式。

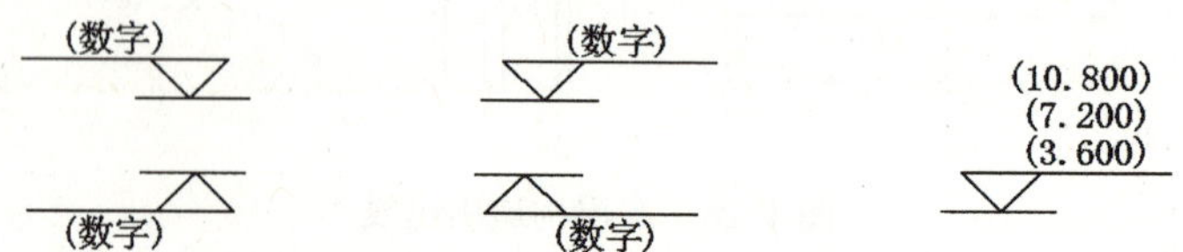

图 1-32 标高数字注写格式

标高有绝对标高和相对标高两种。绝对标高是指把青岛附近黄海的平均海平面定为绝对标高的零点，其他各地标高都以它作为基准。如在总平面图中的室外整平标高即为绝对标高。

相对标高是指在建筑物的施工图上要注明许多标高，用相对标高来标注，容易直接得出各部分的高差。因此除总平面图外，一般都采用相对标高，即把底层室内主要的地坪标高定为相对标高的零点，标注为“±0.000”，而在建筑工程图的总说明中说明相对标高和绝对标高的关系，再根据当地附近的水准点（绝对标高）测定拟建工程的底层地面标高。

提示

在 AutoCAD 室内装饰设计标高中，其标高的数字字高为 2.5mm（在 A0、A1、A2 图纸）或字高为 2mm（在 A3、A4 图纸）。

1.9 专业讲解——定位轴线

定位轴线是用来确定建筑物主要结构及构件位置的尺寸基准线。在施工时凡承重墙、柱、大梁或屋架等主要承重构件都应画出轴线以确定其位置。对于非承重的隔断墙及其他次要承重构件等，一般不画轴线，只需注明它们与附近轴线的相关尺寸以确定其位置。

1）定位轴线应用细点画线绘制。定位轴线一般应编号，编号应注写在轴线端部的圆内。圆应用细实线绘制，直径为 8～10mm。定位轴线圆的圆心，应在定位轴线的延长线上或延长线的折线上。

2）平面图上定位轴线的编号，宜标注在图样的下方与左侧。横向编号应用阿拉伯数字，从左至右顺序编写，竖向编号应用大写拉丁字母，从下至上顺序编写，如图 1-33 所示。

3）拉丁字母的 I、O、Z 不得用做轴线编号。如字母数量不够使用，可增用双字母或单字母加数字注脚，如 AA，BA，…，YA 或 A1，B1，…，Y1。

4）组合较复杂的平面图中定位轴线也可采用分区编号，如图 1-34 所示，编号的注写形式应为“分区号—该分区编号”，分区号采用阿拉伯数字或大写拉丁字母表示。

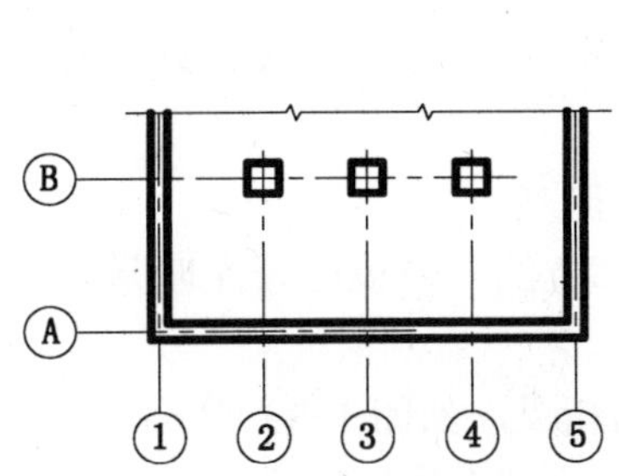

图 1-33 定位轴线及编号

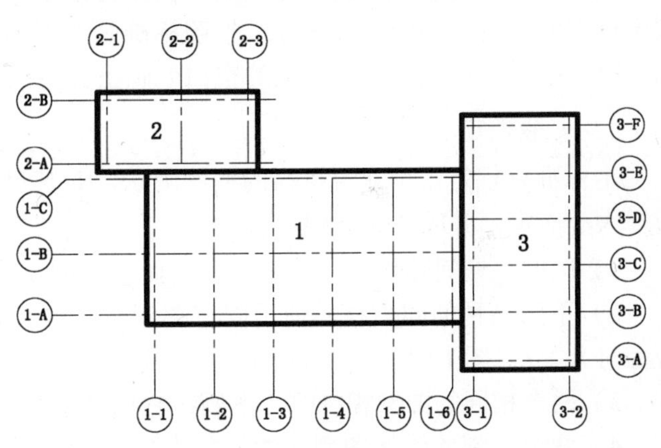

图 1-34 分区定位轴线及编号

5）附加定位轴线的编号，应以分数形式表示。两根轴线间的附加轴线，应以分母表示前一轴线的编号，分子表示附加轴线的编号，编号宜用阿拉伯数字顺序编写，如图 1-35 所示。1 号轴线或 A 号轴线之前的附加轴线的分母应以 01 或 0A 表示，如图 1-36 所示。

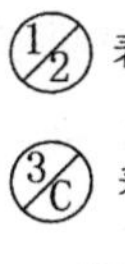

1/2 表示2号轴线之后附加的第一根轴线

3/C 表示C号轴线之后附加的第三根轴线

图 1-35 在轴线之后附加的轴线

1/01 表示1号轴线之前附加的第一根轴线

3/0A 表示A号轴线之前附加的第三根轴线

图 1-36 在 1 或 A 号轴线之前附加的轴线

6）通用详图中的定位轴线，应只画圆，不注写轴线编号。

7）圆形平面图中定位轴线的编号，其径向轴线宜用阿拉伯数字表示，从左下角开始，按逆时针顺序编写；其圆周轴线宜用大写拉丁字母表示，从外向内顺序编写，如图 1-37 所示。折线形平面图中的定位轴线如图 1-38 所示。

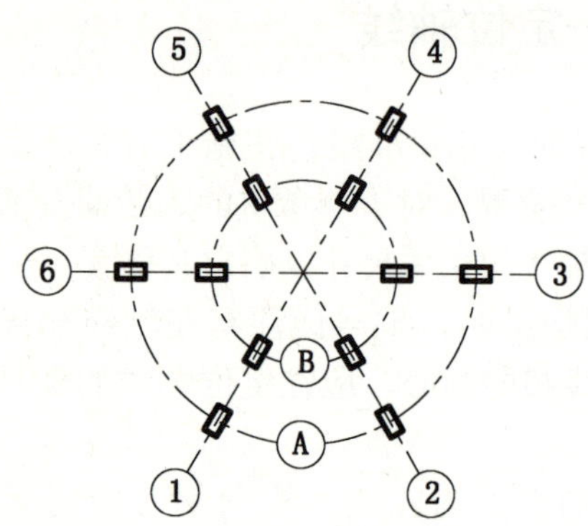

图 1-37　圆形平面图定位轴线及编号

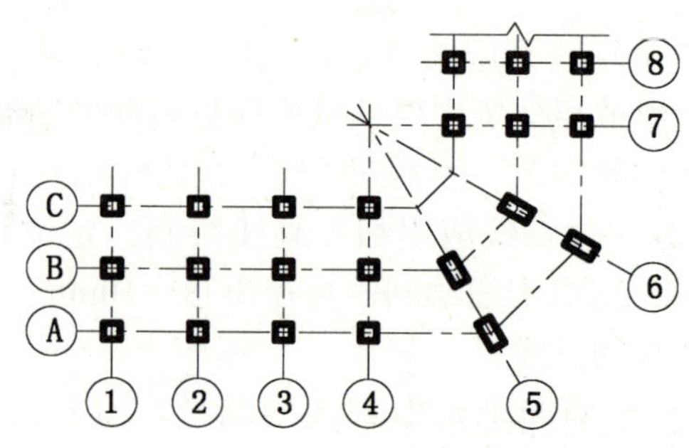

图 1-38　折线形平面图定位轴线及编号

1.10　专业讲解——常用建筑材料图例

建筑物或构筑物需要按比例绘制在图纸上，对于一些建筑物的细部节点，无法按照真实形状表示，只能用示意性的符号画出。国家标准规定的正规示意性符号，都称为图例。凡是国家批准的图例，均应统一遵守，按照标准画法表示在图形中，如果有个别新型材料还未纳入国家标准，设计人员要在图纸的空白处画出并写明符号代表的意义，方便对照阅读。

1. 一般规定

本标准只规定常用建筑材料的图例画法，对其尺度比例不作具体规定。使用时，应根据图样大小而定，并应注意下列事项。

1）图例线应间隔均匀，疏密适度，做到图例正确，表示清楚。

2）不同品种的同类材料使用同一图例时（如某些特定部位的石膏板必须注明是防水石膏板时），应在图上附加必要的说明。

3）两个相同的图例相接时，图例线宜错开或使倾斜方向相反，如图 1-39 所示。

4）两个相邻的涂黑图例（如混凝土构件、金属件）间，应留有空隙，其宽度不得小于 0.7mm，如图 1-40 所示。

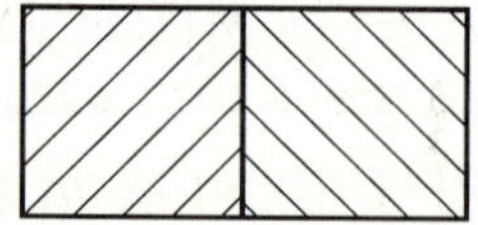
图 1-39　相同图例相接时的画法

图 1-40　相邻涂黑图例的画法

下列情况可不加图例，但应加文字说明。

1）一张图纸内的图样只用一种图例时。

2）图形较小无法画出建筑材料图例时。

需画出的建筑材料图例面积过大时，可在断面轮廓线内，沿轮廓线作局部表示，如图 1-41 所示。

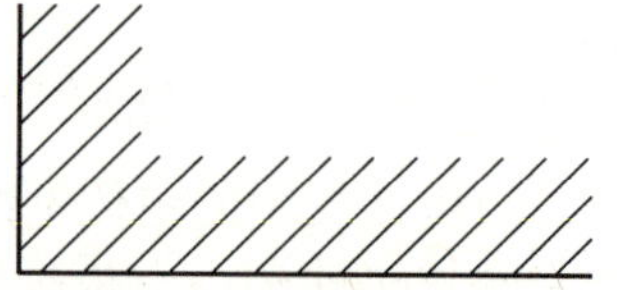
图 1-41　局部表示图例

当选用标准中未包括的建筑材料时，可自编图例，但不得与标准所列的图例重复。绘制时，应在适当位置画出该材料图例，并加以说明。

2．常用建筑材料图例

常用建筑材料应按表 1-9 所示图例画法绘制。

表 1-9 常用建筑材料图例

图 例	名 称	图 例	名 称
	自然土壤		素土夯实
	砂、灰土及粉刷		空心砖
	砖砌体		多孔材料
	金属材料		石材
	防水材料		塑料
	石砖、瓷砖		夹板
	钢筋混凝土	12厚玻璃系数5.345 10厚玻璃系数4.45 3厚玻璃系数1.33 5厚玻璃系数2.227	镜面、玻璃
	混凝土		软质吸音层
	砖		硬质吸音层
	钢、金属		硬隔层
	基层龙骨		陶质类
	细木工板、夹芯板		石膏板
	实木		层积塑材

1.11 专业讲解——图样的画法

在日常生活中，人们经常会看到人或物体被阳光照射后在地面上呈现影子的现象，但是这个影子只反映了物体某一二面的外形轮廓，而其他几个侧面的轮廓却未反映出来。假设光线通透过形体，而将形体的各个点和各条线都投影到平面上，这些点和线的影就能反映出形体各部分形状的图形。

1.11.1 投影法

房屋建筑的视图，应按正投影法并用第一角画法绘制。自前方 A 投影称为正立面图，自上方 B 投影称为平面图，自左方 C 投影称为左侧立面图，自右方 D 投影称为右侧立面图，自下方E投影称为底面图，自后方F投影称为背立面图，如图1-42所示。

当视图用第一角画法绘制不易表达时，可用镜像投影法绘制（见图 1-43a）。但应在图名后注写“镜像”二字（见图1-43b），或按如图1-43c所示画出镜像投影识别符号。

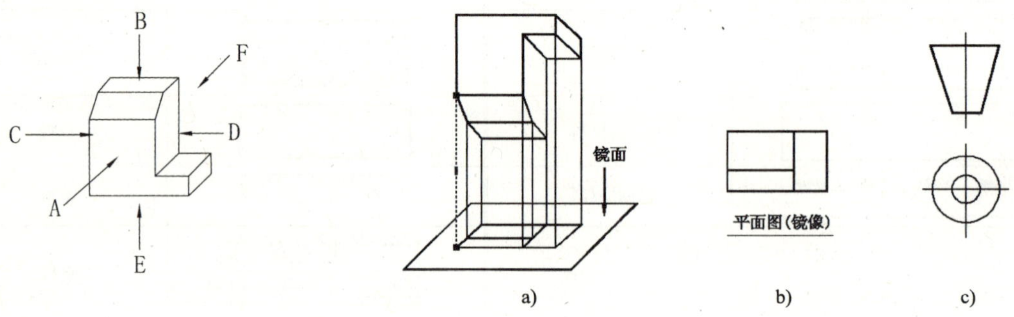

图1-42　第一角画法　　图1-43　镜像投影法

1.11.2 视图配置

如在同一张图纸上绘制若干视图时，各视图的位置宜按如图1-44所示的顺序进行配置。

每个视图一般均应标注图名。图名宜标注在视图的下方或一侧，并在图名下用粗实线绘一条横线，其长度应以图名所占长度为准。但在使用详图符号作图名时，符号下不再画线。

分区绘制的建筑平面图，应绘制组合示意图，指出该区在建筑平面图中的位置。各分区视图的分区部位及编号均应一致，并应与组合示意图一致，如图1-45所示。

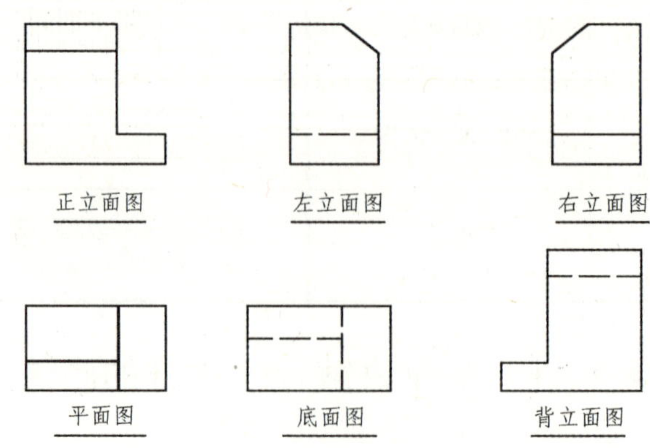

图1-44　视图配置

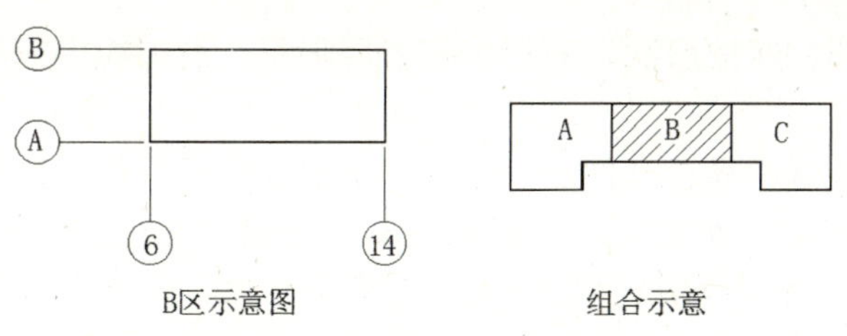

图 1-45　分区绘制建筑平面图

同一工程不同专业的总平面图，在图纸上的布图方向均应一致；单体建（构）筑物平面图在图纸上的布图方向，必要时可与其在总平面图上的布图方向不一致，但必须标明方位；不同专业的单体建（构）筑物平面图，在图纸上的布图方向均应一致。

建（构）筑物的某些部分，如与投影面不平行（如圆形、折线形、曲线形等），在画立面图时，可将该部分展至与投影面平行，再以正投影法绘制，并应在图名后注写“展开”字样。

1.11.3 剖面图和断面图

剖面图除应画出剖切面切到部分的图形外，还应画出沿投射方向看到的部分，被剖切面切到部分的轮廓线用粗实线绘制，剖切面没有切到但沿投射方向可以看到的部分，用中实线绘制；断面图则只需（用粗实线）画出剖切面切到部分的图形，如图 1-46 所示。

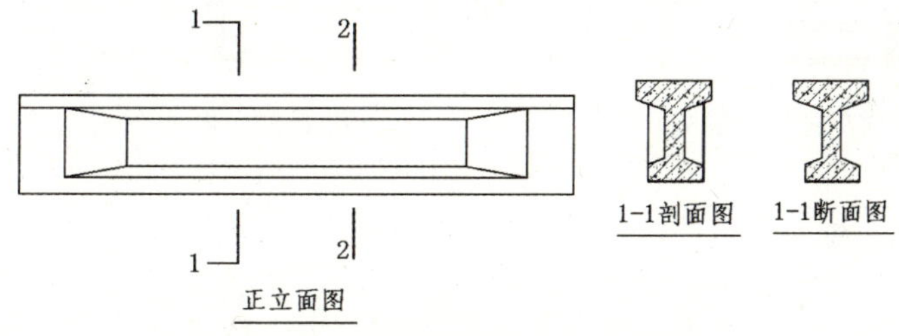

图 1-46　剖面图与断面图的区别

剖面图和断面图应按下列方法剖切后绘制。

1）用 1 个剖切面剖切，如图 1-47 所示。

2）用 2 个或 2 个以上平行的剖切面剖切，如图 1-48 所示。

3）用 2 个相交的剖切面剖切，如图 1-49 所示。用此法剖切时，应在图名后注明“展开”字样。

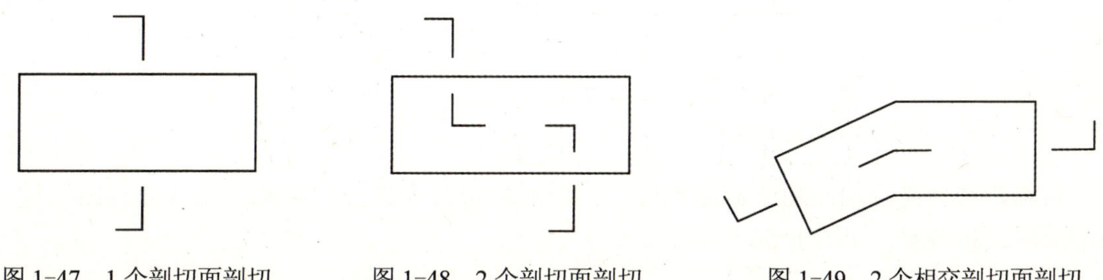

图 1-47　1 个剖切面剖切　　图 1-48　2 个剖切面剖切　　图 1-49　2 个相交剖切面剖切

分层剖切的剖面图，应按层次以波浪线将各层隔开，波浪线不应与任何图线重合，如图1-50所示。

杆件的断面图可绘制在靠近杆件的一侧或端部处并按顺序依次排列，如图 1-51 所示；也可绘制在杆件的中断处，如图 1-52 所示；结构梁板的断面图可画在结构布置图上，如图 1-53 所示。

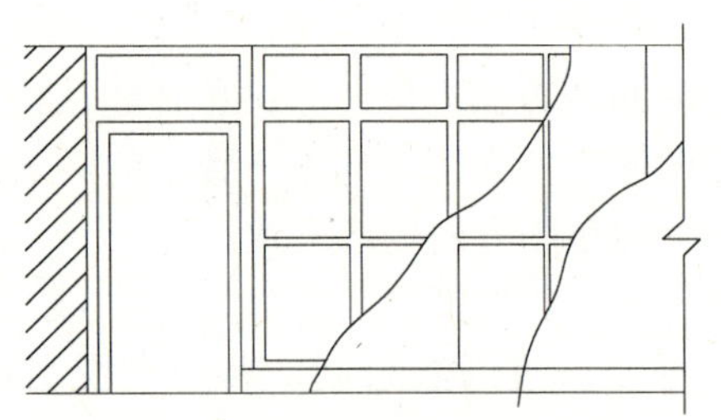

图 1-50　分层剖切的剖面图

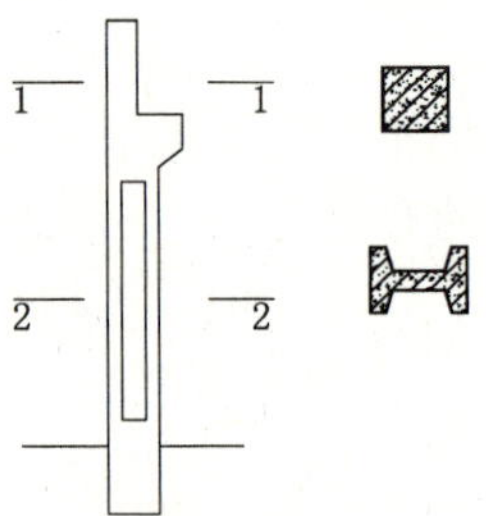

图 1-51　断面图按顺序排列

图 1-52　断面图画在杆件中断处

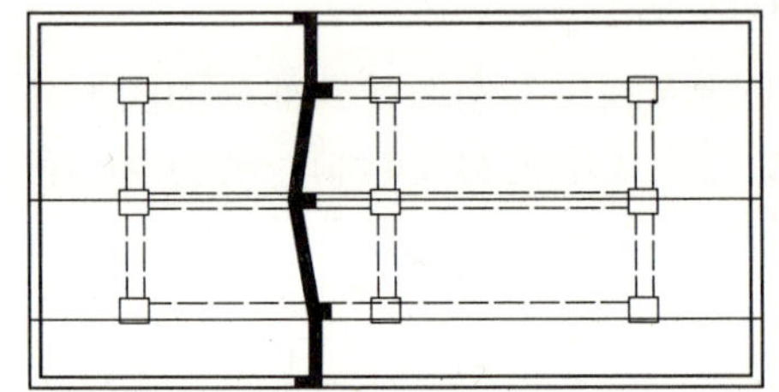

图 1-53　断面图画在布置图上

1.11.4 简化画法

构配件的视图有 1 条对称线，可只画该视图的一半；视图有 2 条对称线，可只画该视图的 1/4，并画出对称符号，如图 1-54 所示。图形也可稍超出其对称线，此时可不画对称符号，如图 1-55 所示。

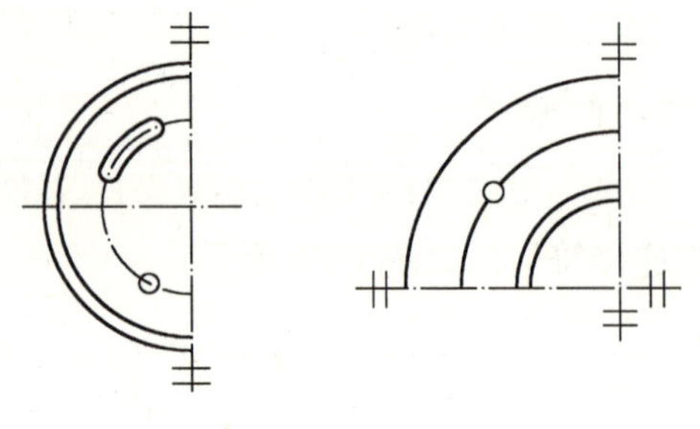

图 1-54　画出对称符号

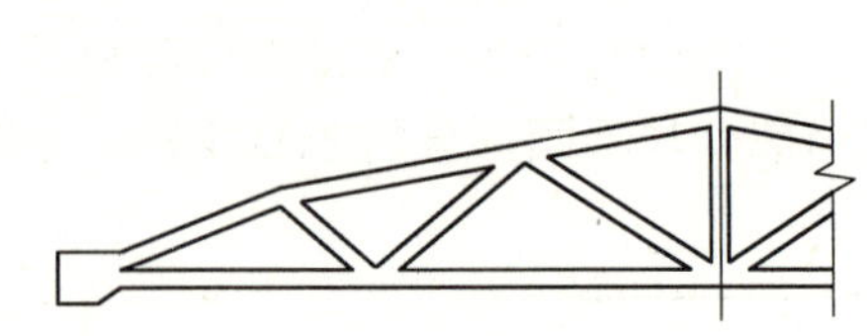

图 1-55　不画对称符号

对称的形体需画剖面图或断面图时，可以对称符号为界，一半画视图（外形图），一半画剖面图或断面图，如图 1-56 所示。

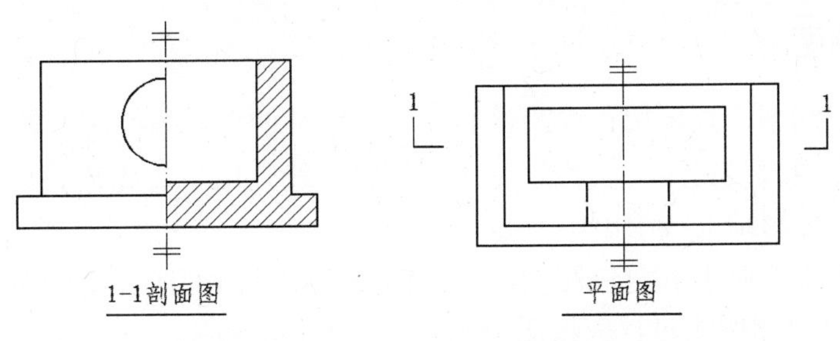

图 1-56　一半画视图一半画剖面图

构配件内多个完全相同而连续排列的构造要素，可仅在两端或适当位置画出其完整形状，其余部分以中心线或中心线交点表示，如图 1-57a 所示。当相同构造要素少于中心线交点，则其余部分应在相同构造要素位置的中心线交点处用小圆点表示，如图 1-57b 所示。

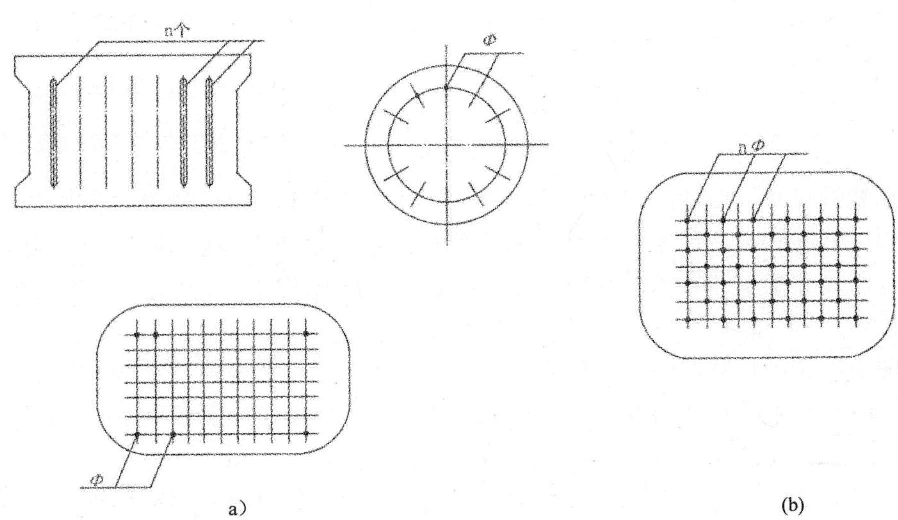

图 1-57　相同要素简化画法

较长的构件，如沿长度方向的形状相同或按一定规律变化，可断开省略绘制，断开处应以折断线表示，如图 1-58 所示。

一个构配件，如绘制位置不够，可分成几个部分绘制，并应以连接符号表示相连。

一个构配件如与另一构配件仅部分不相同，该构配件可只画不同部分，但应在两个构配件的相同部分与不同部分的分界线处，分别绘制连接符号，如图 1-59 所示。

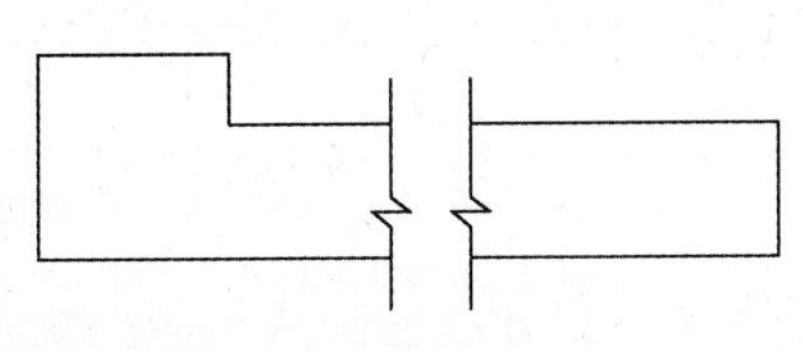

图 1-58　折断简化画法

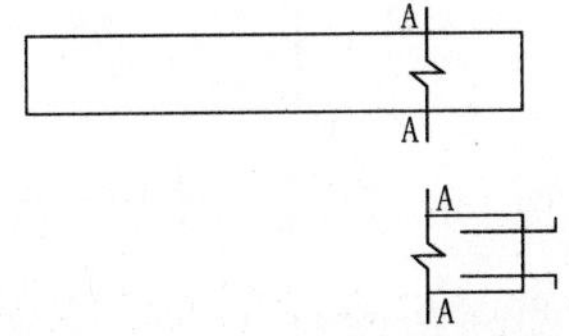

图 1-59　构件局部不同的简化画法

1.11.5 轴测图

房屋建筑的轴测图，宜采用正等测投影并用简化轴伸缩系数绘制，如图 1-60 所示。

轴测图的可见轮廓线宜用中实线绘制，断面轮廓线宜用粗实线绘制。不可见轮廓线一般不绘出，必要时，可用细虚线绘出所需部分。

轴测图的断面上应画出其材料图例线，图例线应按其断面所在坐标面的轴测方向绘制。如以 45° 斜线为材料图例线时，应按图 1-61 所示的规定绘制。

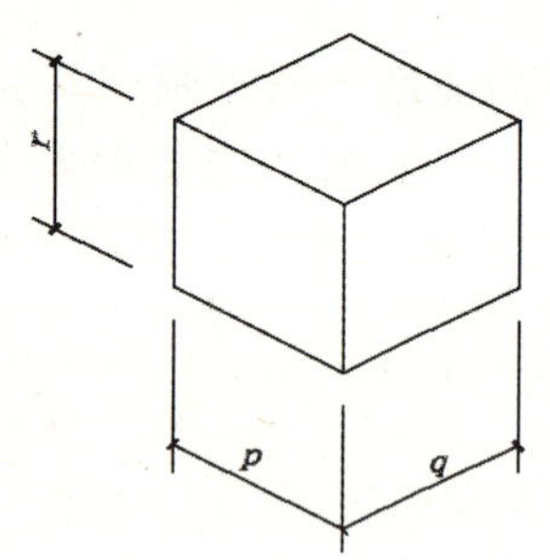

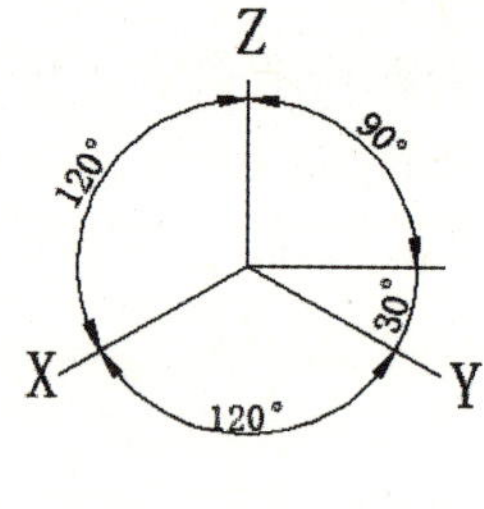

图 1-60　正等测的画法（p=q=r）

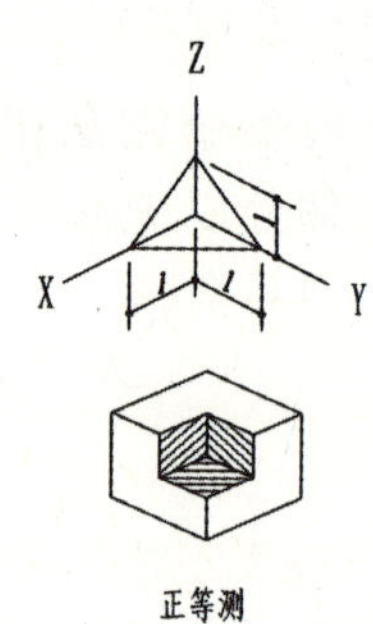

图 1-61　轴测图断面图例线画法

轴测图线性尺寸，应标注在各自所在的坐标面内，尺寸线应与被注长度平行，尺寸界线应平行于相应的轴测轴，尺寸数字的方向应平行于尺寸线，如出现字头向下倾斜时，应将尺寸线断开，在尺寸线断开处水平方向注写尺寸数字。轴测图的尺寸起止符号宜用小圆点，如图 1-62 所示。

轴测图中的圆径尺寸，应标注在圆所在的坐标面内；尺寸线与尺寸界线应分别平行于各自的轴测轴。圆弧半径和小圆直径尺寸也可引出标注，但尺寸数字应注写在平行于轴测轴的引出线上，如图 1-63 所示。

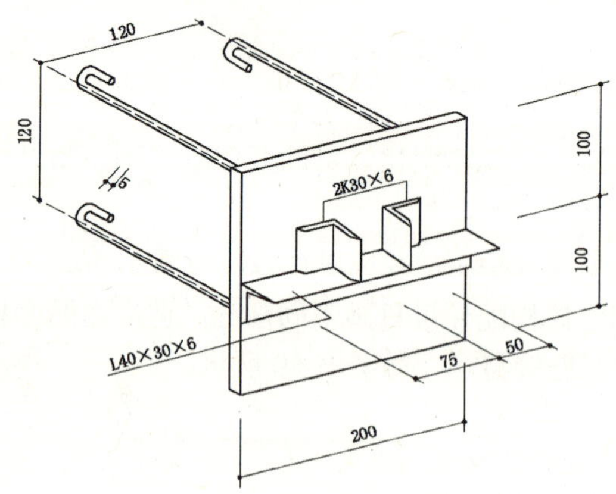

图 1-62　轴测图线性尺寸的标注方法

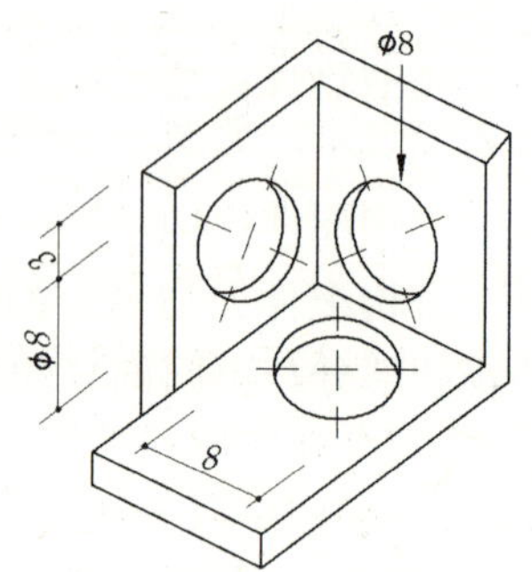

图 1-63　轴测图圆直径标注方法

轴测图的角度尺寸，应标注在该角所在的坐标面内，尺寸线应画成相应的椭圆弧或圆弧。尺寸数字应水平方向注写，如图 1-64 所示。

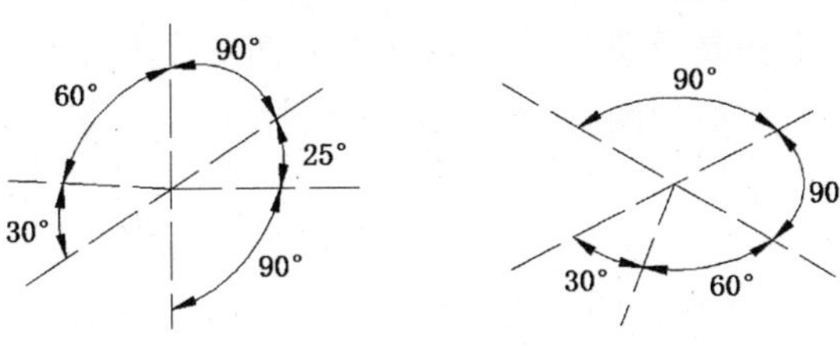

图 1-64 轴测图角度的标注方法

1.11.6 透视图

房屋建筑设计中的效果图，宜采用透视图。透视图中的可见轮廓线，宜用中实线绘制。不可见轮廓线一般不绘出，必要时，可用细虚线绘出所需部分。

1.12 专业讲解——尺寸标注

图样只能表示物体各部分的外部形状，表达不出各个部分之间的联系及变化。所以必须准确、详尽、清晰地表达出其尺寸，以确定大小，作为施工的依据。绘制图形并不仅仅只是为了反映对象的形状，对图形对象的真实大小和位置关系描述更加重要，而只有尺寸标注能反映这些大小和关系。AutoCAD 包含了整套的尺寸标注命令和实用程序，用户使用它们足以完成图纸中尺寸标注的所有工作。

1.12.1 尺寸界线、尺寸线及尺寸起止符号

图样上的尺寸，包括尺寸界线、尺寸线、尺寸起止符号和尺寸数字，如图 1-65 所示。

尺寸界线应用细实线绘制，一般应与被注长度垂直，其一端应离开图样轮廓线不小于 2mm，另一端宜超出尺寸线 2～3mm。图样轮廓线可用做尺寸界线，如图 1-66 所示。

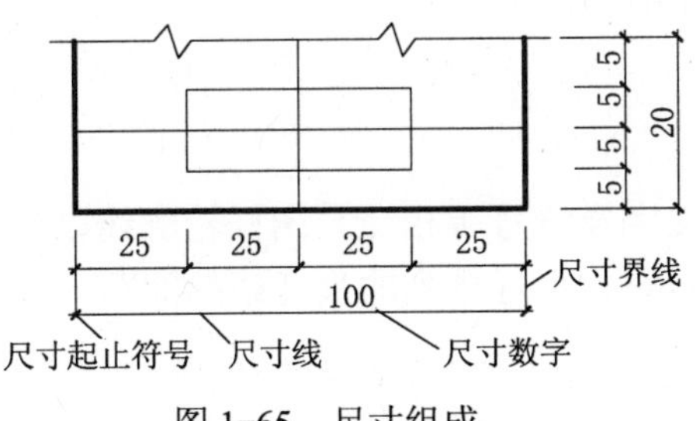

图 1-65 尺寸组成

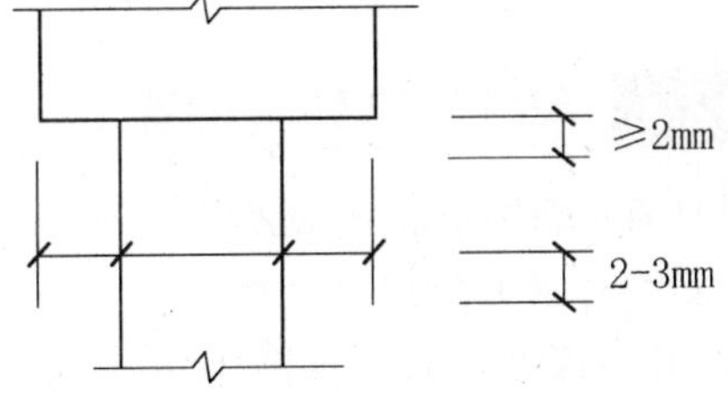

图 1-66 尺寸界线

尺寸线应用细实线绘制，应与被注长度平行。图样本身的任何图线均不得用做尺寸线。

尺寸起止符号一般用中粗斜短线绘制，其倾斜方向应与尺寸界线成顺时针 45°角，长度宜为 2～3mm。半径、直径、角度与弧长的尺寸起止符号，宜用箭头表示，如图 1-67 所示。

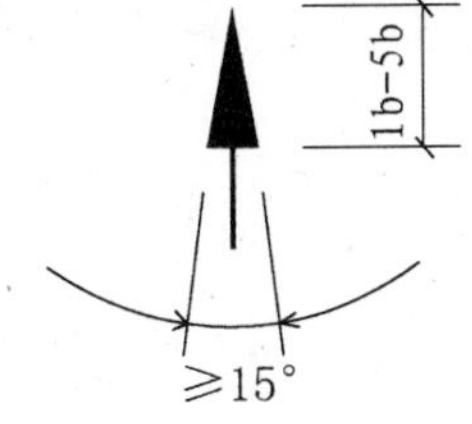

图 1-67 箭头尺寸起止符号

1.12.2 尺寸数字

图样上的尺寸，应以尺寸数字为准，不得从图上直接量取。

图样上的尺寸单位，除标高及总平面以 m 为单位外，其他必须以毫米（mm）为单位。

尺寸数字的注写方向，应按如图 1-68a 所示的规定注写。若尺寸数字在 30°斜线区内，宜按如图 1-68b 所示的形式注写。

尺寸数字一般应依据其方向注写在靠近尺寸线的上方中部。如没有足够的注写位置，最外边的尺寸数字可注写在尺寸界线的外侧，中间相邻的尺寸数字可错开注写，如图 1-69 所示。

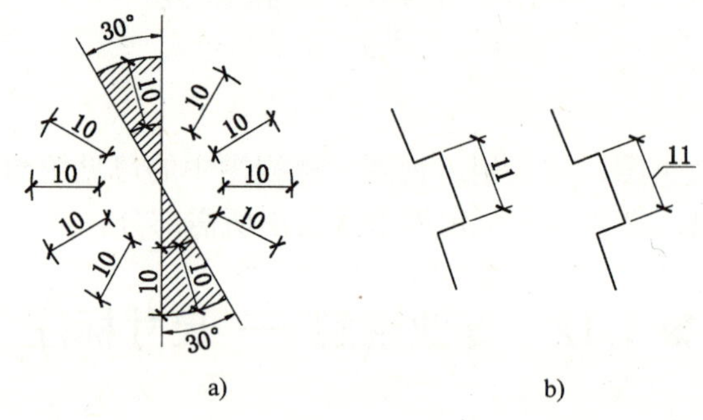

图 1-68 尺寸数字的注写方向

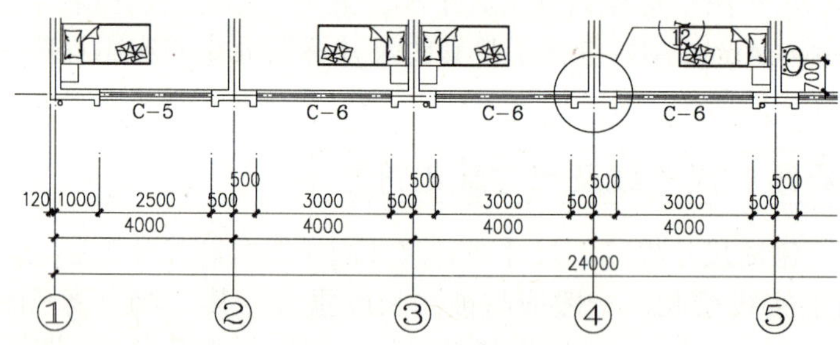

图 1-69 尺寸数字的注写位置

1.12.3 尺寸的排列与布置

尺寸宜标注在图样轮廓以外，不宜与图线、文字及符号等相交。图样轮廓线以外的尺寸界线，距图样最外轮廓之间的距离，不宜小于 10mm。平行排列的尺寸线的间距，宜为 7～10mm，并应保持一致，如图 1-70 所示。

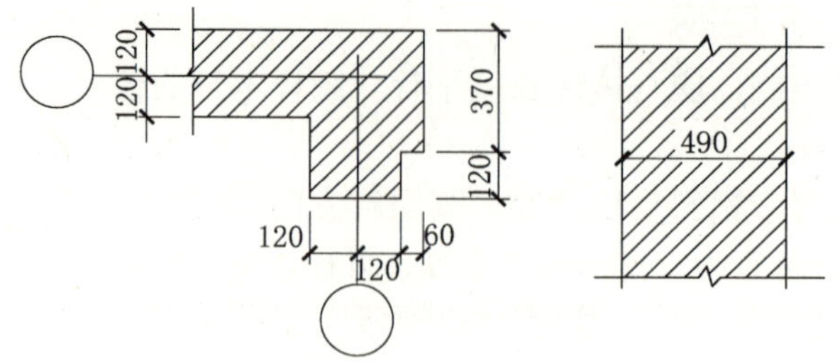

图 1-70 尺寸数字的注写

互相平行的尺寸线，应从被注写的图样轮廓线由近向远整齐排列，较小尺寸应离轮廓线较近，较大尺寸应离轮廓线较远，如图 1-71 所示。总尺寸的尺寸界线应靠近所指部位，中间的分尺寸的尺寸界线可稍短，但其长度应相等。

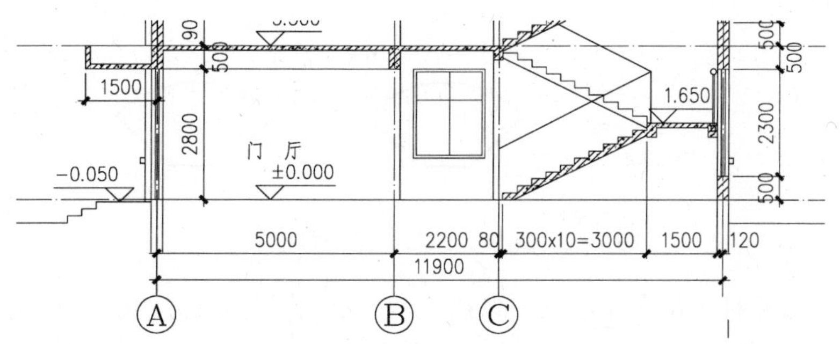

图 1-71　尺寸的排列

1.12.4 半径、直径、球的尺寸标注

标注半径、直径和球，尺寸起止符号不用 45° 斜短线，而用箭头表示。半径的尺寸线一端从圆心开始，另一端画箭头，指向圆弧。半径数字前应加半径符号“R”。标注直径时，应在直径数字前加符号“ϕ”。在圆内标注的直径尺寸线应通过圆心，两端画箭头指至圆弧。当圆的直径较小时，直径数字可以用引出线标注在圆外。直径标注也可以用尺寸起止短线是 45° 斜短线的形式标注在圆外，如图 1-72 所示。标注球的半径和直径时，应在尺寸数字前面加注符号“SR”或是“S ϕ”。注写方法与圆弧半径和圆直径的尺寸标注方法相同。

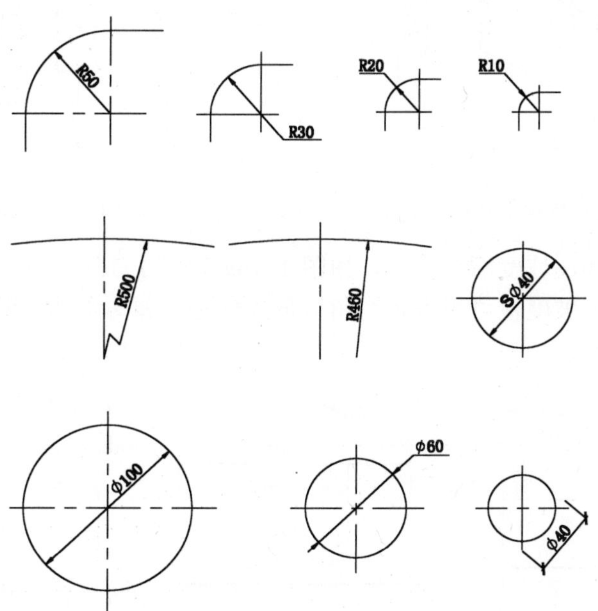

图 1-72　半径、直径的标注方法

1.12.5 角度、弧长、弦长的标注

角度的尺寸线以圆弧线表示，以角的顶点为圆心，角度的两边为尺寸界线，尺寸起止符

号用箭头表示，如果没有足够的位置画箭头，也可以用圆点代替，角度数字一律水平方向书写，如图 1-73 所示。

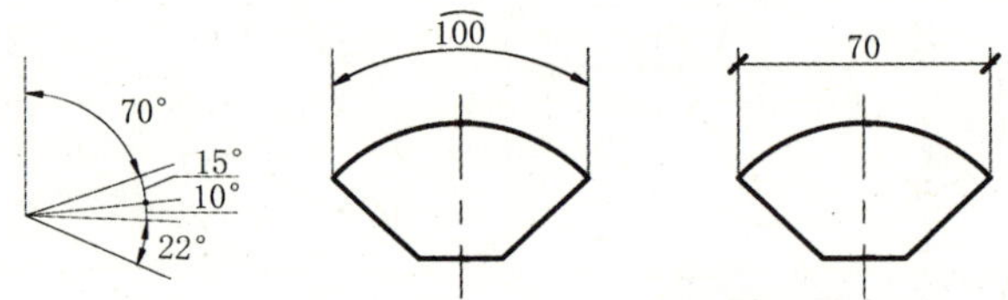

图 1-73　角度、弧长、弦长的标注方法

标注圆弧的弧长时，尺寸线应以圆弧线表示，该圆弧与被标注圆弧为同心圆，尺寸界线应垂直于该圆弧的弦，尺寸起止符号应用箭头表示，弧长数字的上方应加注圆弧符号“⌒”。标注圆弧的弦长时，尺寸线应以平行于该弦的直线表示，尺寸界线垂直于该弦，尺寸起止符号用中粗斜短线表示。

1.12.6 薄板厚度、正方形、坡度等尺寸标注

在薄板板面标注板厚尺寸时，应在厚度数字前加厚度符号“t”，如图 1-74 所示。

标注正方形的尺寸，可用“边长×边长”的形式，也可在边长数字前加正方形符号“□”，如图 1-75 所示。

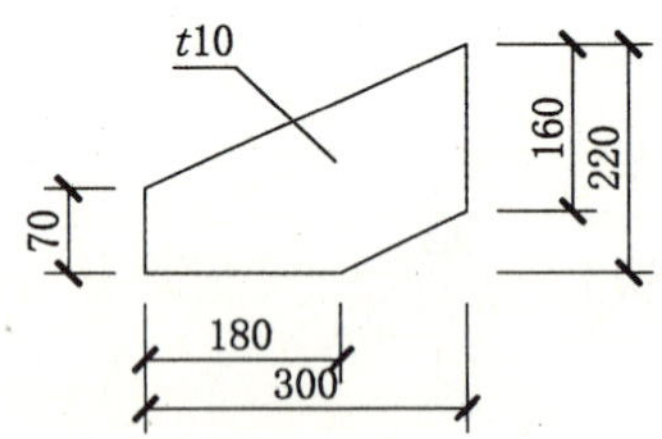

图 1-74　薄板厚度标注方法

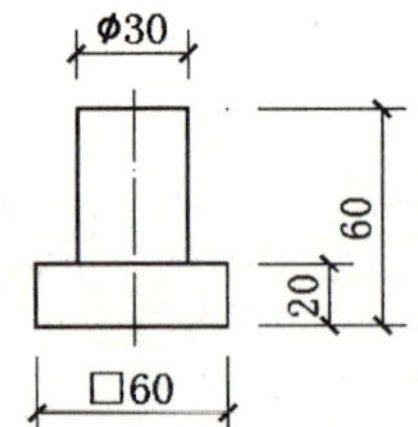

图 1-75　标注正方形尺寸

标注坡度时，应加注坡度箭头符号，如图 1-76a 和图 1-76b 所示，该符号为单面箭头，箭头应指向下坡方向。坡度也可用直角三角形形式标注，如图 1-76c 所示。

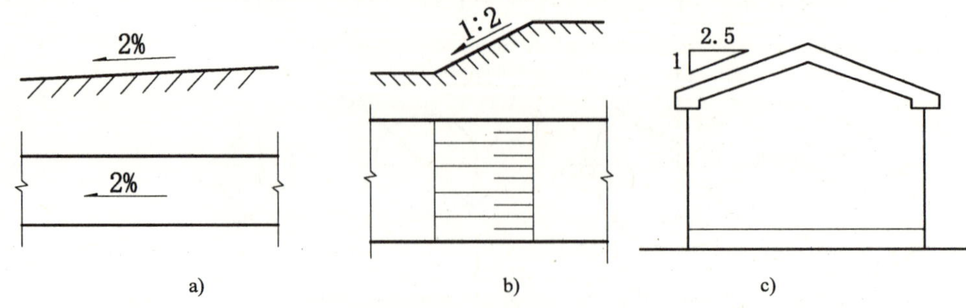

图 1-76　坡度标注方法

外形为非圆曲线的构件，可用坐标形式标注尺寸，如图 1-77 所示。复杂的图形，可用网格形式标注尺寸，如图 1-78 所示。

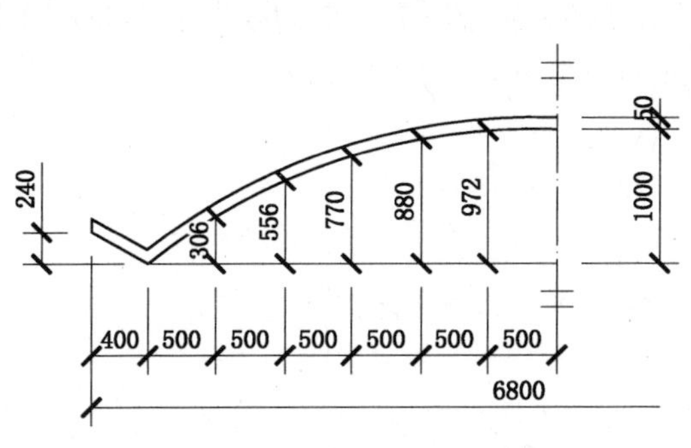

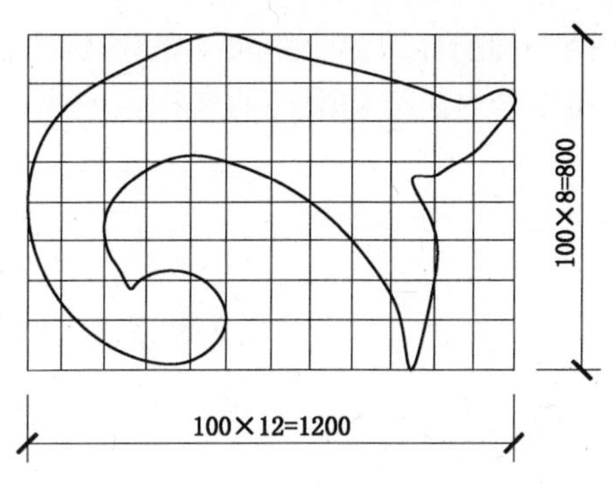

图 1-77　坐标法标注曲线尺寸

图 1-78　网格法标注曲线尺寸

1.12.7 尺寸的简化标注

杆件或管线的长度，在单线图（桁架简图、钢筋简图、管线简图）上，可直接将尺寸数字沿杆件或管线的一侧注写，如图 1-79 所示。

连续排列的等长尺寸，可用“个数×等长尺寸=总长”的形式标注，如图 1-80 所示。

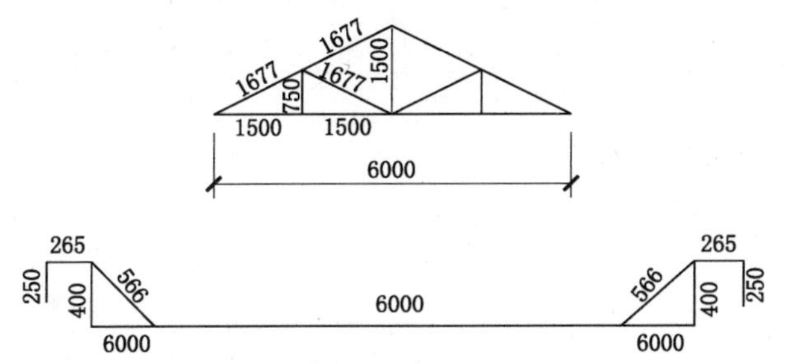

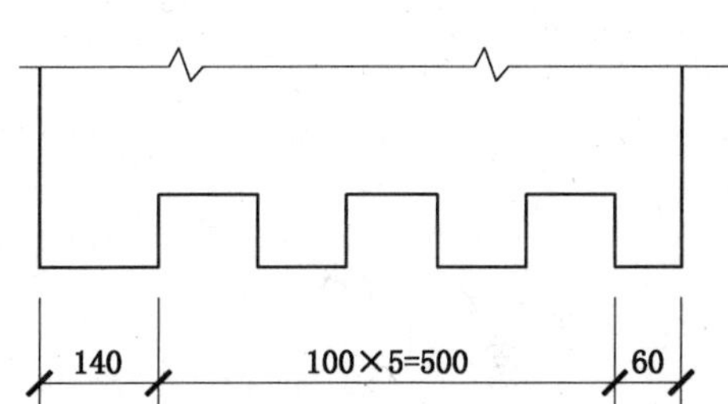

图 1-79　单线图尺寸标注方法

图 1-80　等长尺寸简化标注方法

构配件内的构造因素（如孔、槽等）如相同，可仅标注其中一个要素的尺寸，如图 1-81 所示。

对称构配件采用对称省略画法时，该对称构配件的尺寸线应略超过对称符号，仅在尺寸线的一端画尺寸起止符号，尺寸数字应按整体全尺寸注写，其注写位置宜与对称符号对齐，如图 1-82 所示。

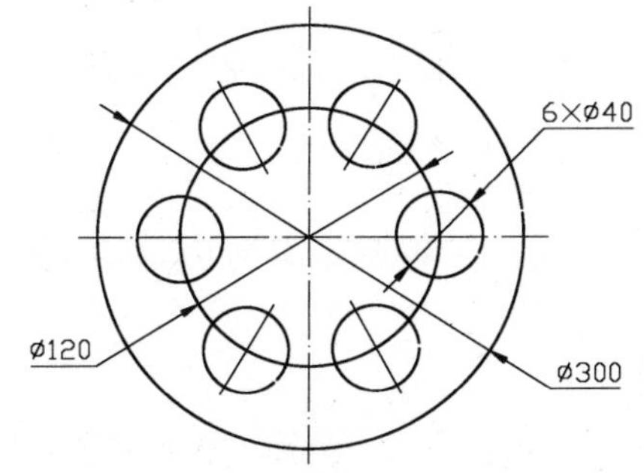

图 1-81　相同要素尺寸标注方法

图 1-82　对称构件尺寸标注方法

两个构配件，如个别尺寸数字不同，可在同一图样中将其中一个构配件的不同尺寸数字注写在括号内，该构配件的名称也应注写在相应的括号内，如图 1-83 所示。

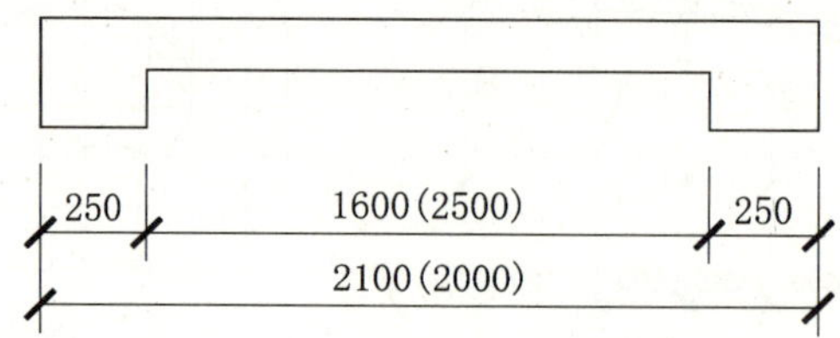

图 1-83　相似构件尺寸标注方法

数个构配件，如仅某些尺寸不同，这些有变化的尺寸数字，可用拉丁字母注写在同一图样中，另列表格写明其具体尺寸，如图 1-84 所示。

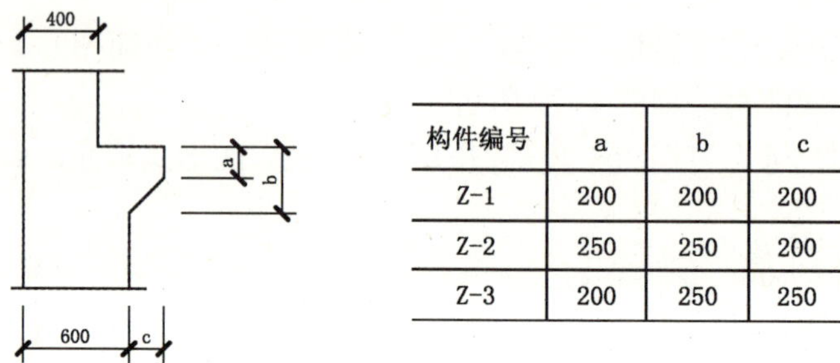

构件编号	a	b	c
Z-1	200	200	200
Z-2	250	250	200
Z-3	200	250	250

图 1-84　相似构配件尺寸表格式标注方法

1.13　专业讲解——计算机制图文件

计算机制图文件可分为工程图库文件和工程图纸文件，工程图库文件可在一个以上的工程中重复使用；工程图纸文件只能在一个工程中使用。建立合理的文件目录结构，可对计算机制图文件进行有效的管理和利用。

1.13.1　工程图纸的编号

（1）工程图纸编号规定

工程图纸编号应符合下列规定。

1）工程图纸根据不同的子项（区段）、专业、阶段等进行编排，宜按照设计总说明、平面图、立面图、剖面图、大样图（大比例视图）、详图、清单、简图的顺序编号。

2）工程图纸编号应使用汉字、数字和连字符“-”的组合。

3）在同一工程中，应使用统一的工程图纸编号格式，工程图纸编号应自始至终保持不变。

（2）工程图纸编号格式

工程图纸编号格式应符合下列规定。

1）工程图纸编号可由区段代码、专业缩写代码、阶段代码、类型代码、序列号、更改代码和更新版本序列号等组成，如图 1-85 所示，其中区段代码、专业缩写代码、阶段代码、类型代码、序列号、更改代码和更新版本序列号可根据需要设置。区段代码与专业缩写代码、阶段代码与类型代码、序列号与更改代码之间用连字符“-”分隔开；2 区段代码用于工程规模较大、需要划分子项或分区段时，区别不同的子项或分区，由 2～4 个汉字和数字组成。

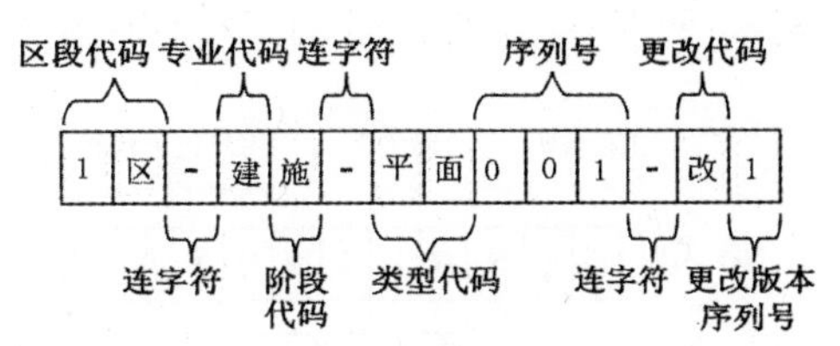

图 1-85 工程图纸编号格式

2）专业缩写代码用于说明专业类别（如建筑等），由 1 个汉字组成；宜选用本标准附录 A 所列出的常用专业缩写代码。

3）阶段代码用于区别不同的设计阶段，由 1 个汉字组成；宜选用本标准附录 A 所列出的常用阶段代码。

4）类型代码用于说明工程图纸的类型（如楼层平面图），由 2 个字符组成；宜选用本标准附录 A 所列出的常用类型代码。

5）序列号用于标识同一类图纸的顺序，由 001～999 中的任意 3 位数字组成。

6）更改代码用于标识某张图纸的变更图，用汉字“改”表示。

更改版本序列号用于标识变更图的版次，由 1～9 中的任意一位数字组成。

1.13.2 计算机制图文件的命名

（1）工程图纸文件命名

工程图纸文件命名应符合下列规定。

1）工程图纸文件可根据不同的工程、子项或分区、专业、图纸类型等进行组织，命名规则应具有一定的逻辑关系，便于识别、记忆、操作和检索。

2）工程图纸文件名称应使用拉丁字母、数字、连字符“-”和井字符“#”的组合。

3）在同一工程中，应使用统一的工程图纸文件名称格式，工程图纸文件名称应自始至终保持不变。

（2）工程图纸文件命名格式

工程图纸文件命名格式应符合下列规定。

1）工程图纸文件名称可由工程代码、专业代码、类型代码、用户定义代码和文件扩展名组成，如图 1-86 所示，其中工程代码和用户定义代码可根据需要设置，专业代码与类型代码之间用连字符“-”分隔开；用户定义代码与文件扩展名之间用小数点“.”分隔开。

2）工程代码用于说明工程、子项或区段，可由 2～5 个字符和数字组成。

3）专业代码用于说明专业类别，由 1 个字符组成；宜选用标准附录 A 所列出的常用专业代码。

4）类型代码用于说明工程图纸文件的类型，由 2 个字符组成；宜选用标准附录 A 所列出的常用类型代码。

5）用户定义代码用于进一步说明工程图纸文件的类型，宜由 2～5 个字符和数字组成，其中前两个字符为标识同一类图纸文件的序列号，后两位字符表示工程图纸文件变更的范围与版次，如图 1-87 所示。

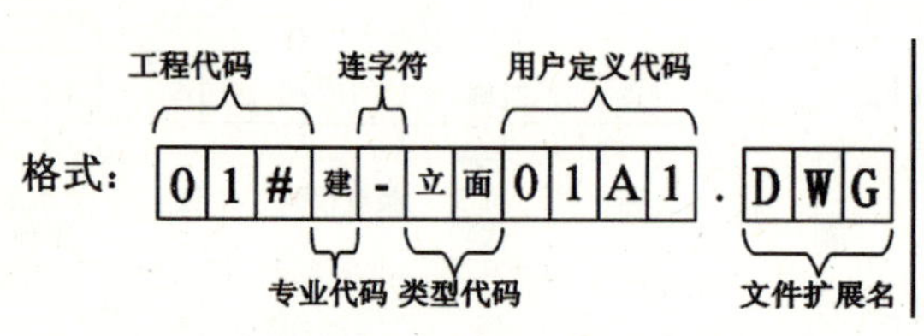

图 1-86 工程图纸文件命名格式

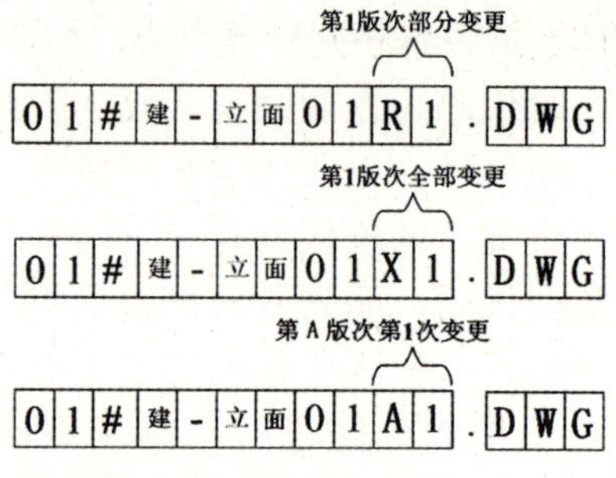

图 1-87 工程图纸文件变更表示方式

6）小数点后的文件扩展名由创建工程图纸文件的计算机制图软件定义，由3个字符组成。

（3）工程图库文件命令

工程图库文件命名应符合下列规定。

1）工程图库文件应根据建筑体系、组装需要或用法等进行分类，便于识别、记忆、操作和检索。

2）工程图库文件名称应使用拉丁字母和数字的组合。

3）在特定工程中使用工程图库文件，应将该工程图库文件复制到特定工程的文件夹中，并应更名为与特定工程相适合的工程图纸文件名。

1.13.3 计算机制图文件夹

计算机制图文件夹可根据工程、设计阶段、专业、使用人和文件类型等进行组织。计算机制图文件夹的名称可以由用户或计算机制图软件定义，并应在工程上具有明确的逻辑关系，便于识别、记忆、管理和检索。

计算机制图文件夹名称可使用汉字、拉丁字母、数字和连字符“-”的组合，但汉字与拉丁字母不得混用。

在同一工程中，应使用统一的计算机制图文件夹命名格式，计算机制图文件夹名称应自始至终保持不变，且不得同时使用中文和英文的命名格式。

为了满足协同设计的需要，可分别创建工程、专业内部的共享与交换文件夹。

1.13.4 计算机制图文件的使用与管理

工程图纸文件应与工程图纸一一对应，以保证存档时工程图纸与计算机制图文件的一致性。计算机制图文件宜使用标准化的工程图库文件。

文件备份应符合下列规定：

1）计算机制图文件应及时备份，避免文件及数据的意外损坏、丢失等。

2）计算机制图文件备份的时间和份数可根据具体情况自行确定，宜每日或每周备份一次。

3）应采取定期备份、预防计算机病毒、在安全的设备中保存文件的副本、设置相应的文件访问与操作权限、文件加密，以及使用不间断电源（UPS）等保护措施，对计算机制图文件进行有效保护。

4）计算机制图文件应及时归档。

5）不同系统间的图形文件交换应符合现行国家标准《工业自动化系统与集成产品数据表达与交换》GB/T 16656.34—2002 的规定。

1.13.5 协同设计与计算机制图文件

（1）协同设计的计算机制图文件组织

协同设计的计算机制图文件组织应符合下列规定。

1）采用协同设计方式，应根据工程的性质、规模、复杂程度和专业需要，合理、有序地组织计算机制图文件，并据此确定设计团队成员的任务分工。

2）采用协同设计方式组织计算机制图文件，应以减少或避免设计内容的重复创建和编辑为原则，条件许可时，宜使用计算机制图文件参照方式。

3）为满足专业之间协同设计的需要，可将计算机制图文件划分为各专业共用的公共图纸文件、向其他专业提供的资料文件和仅供本专业使用的图纸文件。

4）为满足专业内部协同设计的需要，可将本专业的一个计算机制图文件分解为若干零件图文件，并建立零件图文件与组装图文件之间的联系。

（2）协同设计的计算机制图文件参照

协同设计的计算机制图文件参照应符合下列规定。

1）在主体计算机制图文件中，可引用具有多级引用关系的参照文件，并允许对引用的参照文件进行编辑、剪裁、拆离、覆盖、更新、永久合并的操作。

2）为避免参照文件的修改引起主体计算机制图文件的变动，主体计算机制图文件归档时，应将被引用的参照文件与主体计算机制图文件永久合并（绑定）。

1.14 专业讲解——计算机制图文件的图层

（1）图层命名

图层命名应符合下列规定。

1）图层可根据不同的用途、设计阶段、属性和使用对象等进行组织，但在工程上应具有明确的逻辑关系，便于识别、记忆、软件操作和检索。

2）图层名称可使用汉字、拉丁字母、数字和连字符“-”的组合，但汉字与拉丁字母不得混用。

3）在同一工程中，应使用统一的图层命名格式，图层名称应自始至终保持不变，且不得同时使用中文和英文的命名格式。

（2）图层命名格式

图层命名格式应符合下列规定。

1）图层命名应采用分级形式，每个图层名称由2～5个数据字段（代码）组成，第一级为专业代码，第二级为主代码，第三、四级分别为次代码1和次代码2，第五级为状态代码；其中专业代码和主代码为必选项，其他数据字段为可选项；每个相邻的数据字段用连字符“-”分隔开。

2）专业代码用于说明专业类别，宜选用标准附录A所列出的常用专业代码。

3）主代码用于详细说明专业特征，主代码可以和任意的专业代码组合。

4）次代码1和次代码2用于进一步区分主代码的数据特征，次代码可以和任意的主代码组合。

5）状态代码用于区分图层中所包含的工程性质或阶段，但状态代码不能同时表示工程状态和阶段，宜选用标准附录B所列出的常用状态代码。

6）中文图层名称宜采用如图 1-88 所示的格式，每个图层名称由 2～5 个数据字段组成，每个数据字段为1～3个汉字，每个相邻的数据字段用连字符“-”分隔开。

7）英文图层名称宜采用如图 1-89 所示的格式，每个图层名称由 2～5 个数据字段组成，每个数据字段为 1～4 个字符，每个相邻的数据字段用连字符“-”分隔开；其中专业代码为1个字符，主代码、次代码1和次代码2为4个字符，状态代码为1个字符。

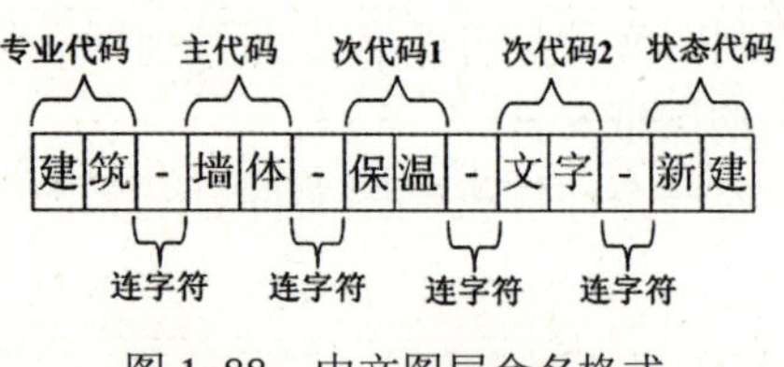

图 1-88　中文图层命名格式

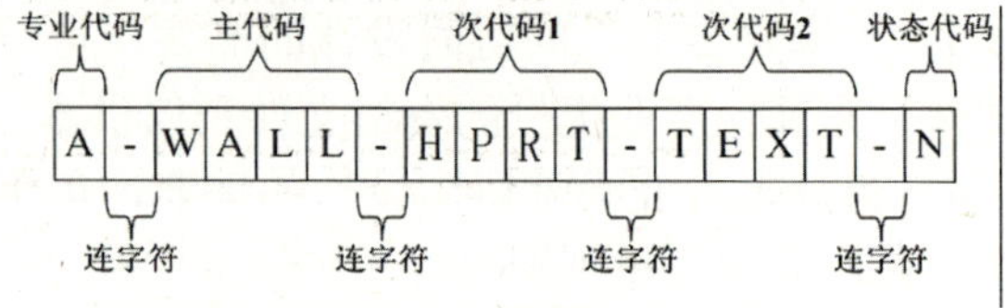

图 1-89　英文图层命名格式

8）图层名宜选用标准附录A和附录B所列出的常用图层名称。

1.15　专业讲解——计算机制图规则

（1）计算机制图的方向与指北针

计算机制图的方向与指北针应符合下列规定。

1）平面图与总平面图的方向宜保持一致。

2）绘制正交平面图时，宜使定位轴线与图框边线平行，如图 1-90 所示。

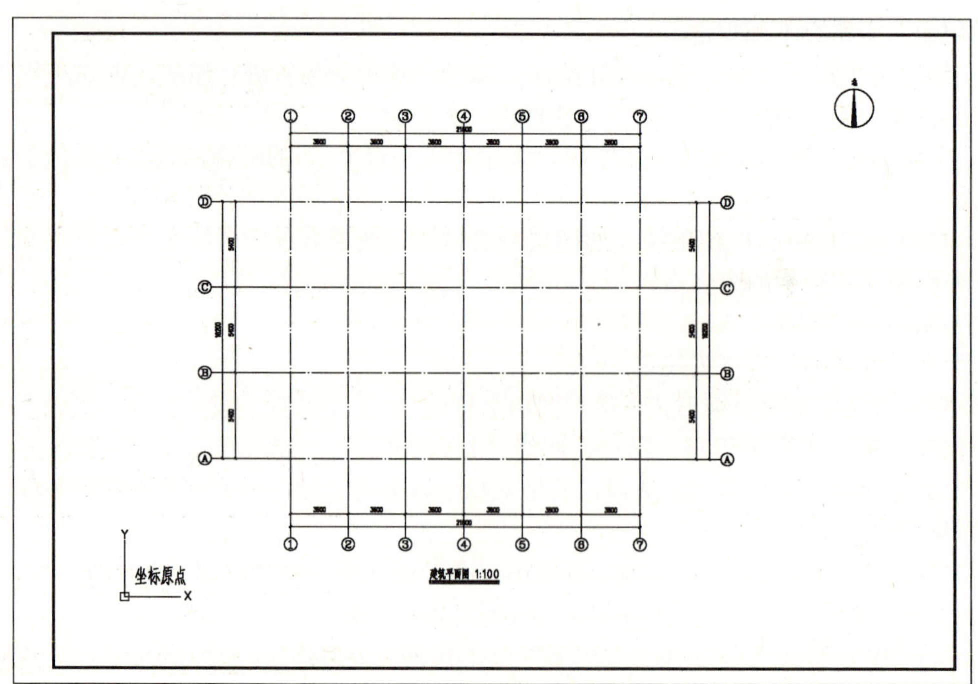

图 1-90　正交平面图方向与指北针方向示意

3）绘制由几个局部正交区域组成且各区域相互斜交的平面图时，可选择其中任意一个正交区域的定位轴线与图框边线平行，如图 1-91 所示。

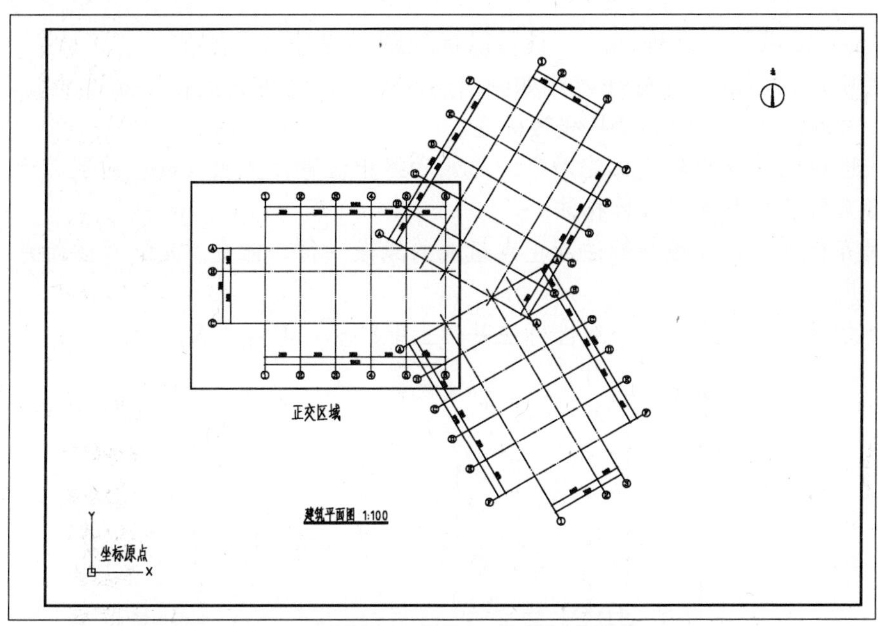

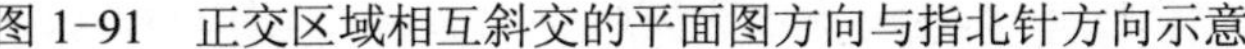
图 1-91　正交区域相互斜交的平面图方向与指北针方向示意

4）指北针应指向绘图区的顶部，如图 1-91 所示，在整套图纸中保持一致。

（2）计算机制图的坐标系与原点

计算机制图的坐标系与原点应符合下列规定。

1）计算机制图时，可以选择世界坐标系或用户定义坐标系。

2）绘制总平面图工程中有特殊要求的图样时，也可使用大地坐标系。

3）坐标原点的选择，应使绘制的图样位于横向坐标轴的上方和纵向坐标轴的右侧并紧邻坐标原点。

4）在同一工程中，各专业宜采用相同的坐标系与坐标原点。

（3）计算机制图的布局

计算机制图的布局应符合下列规定。

1）计算机制图时，宜按照自下而上、自左至右的顺序排列图样；宜优先布置主要图样（如平面图、立面图、剖面图），再布置次要图样（如大样图、详图）。

2）表格、图纸说明宜布置在绘图区的右侧。

（4）计算机制图的比例

计算机制图的比例应符合下列规定。

1）计算机制图时，采用 1∶1 的比例绘制图样时，应按照图中标注的比例打印成图；采用图中标注的比例绘制图样，则应按照 1∶1 的比例打印成图。

2）计算机制图时，可采用适当的比例书写图样及说明文字，但打印成图时应符合标准的相关规定。

1.16 专业讲解——AutoCAD 的尺寸标注

AutoCAD 提供了十余种标注工具用以标注图形对象，分别位于“标注”菜单或“标注”工具栏中，常用的尺寸标注方式如图 1-92 所示，使用它们可以进行角度、直径、半径、线性、对齐、连续、圆心及基线等标注。

- 线性标注：通过确定标注对象的起始和终止位置，依照其起止位置的水平或竖直投影来标注的尺寸叫线性标注。
- 对齐标注：尺寸线与标注起止点组成的线段平行，能更直观地反映标注对象的实际长度。
- 连续标注：是在前一个线性标注基础上继续标注其他对象的标注方式。

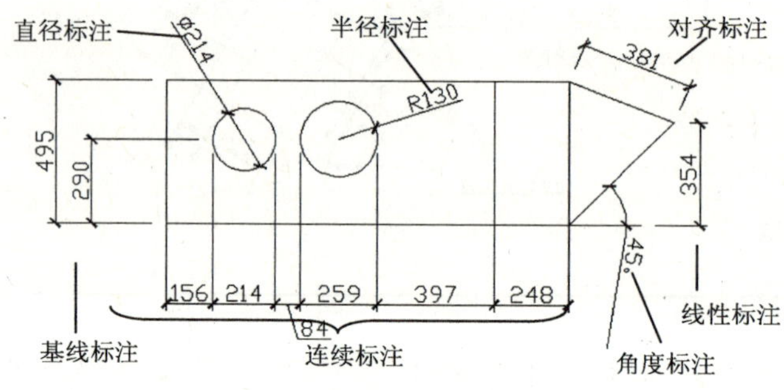

图 1-92　标注的类型

1.16.1 AutoCAD 尺寸标注的组成

在建筑工程图中，一个完整的尺寸标注是由标注文字、尺寸线、尺寸界线、尺寸线起止符号（尺寸线的端点符号）及起点等组成，如图 1-93 所示。

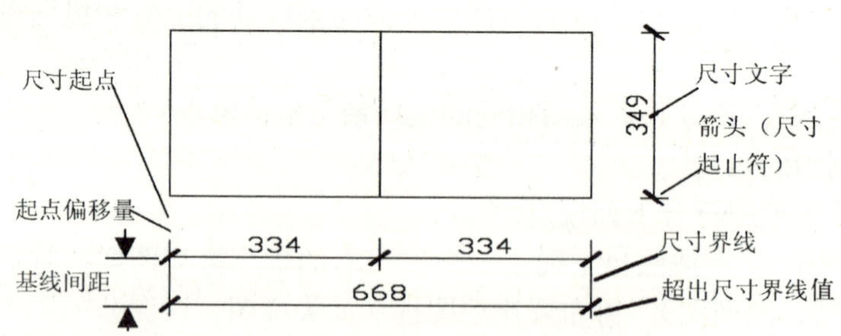

图 1-93　AutoCAD 尺寸标注的组成

- 标注文字：表明图形对象的标识值。标注文字可以反映建筑构件的尺寸。在同一张图纸上，不论各个部分的图形比例是否相同，其标注文字的字体、高度必须统一。施工图纸上尺寸文字高度需满足制图标准的规定。
- 箭头（尺寸起止符）：建筑工程图纸中，尺寸起止符必须是 45°中粗斜短线。尺寸起止符绘制在尺寸线的起止点，用于指出标识值的开始和结束位置。

◎ 起点：尺寸标注的起点是尺寸标注对象标注的起始定义点。通常，尺寸的起点与被标注图形对象的起止点重合，如图 1-93 中尺寸起点离开矩形的下边界，是为了表述起点的含义。

◎ 尺寸界线：从标注起点引出的表明标注范围的直线，可以从图形的轮廓、轴线、对称中心线等引出。尺寸界线是用细实线绘制的。

◎ 超出尺寸界线值：尺寸界线超出尺寸线的大小。

◎ 起点偏移量：尺寸界线离开尺寸线起点的距离。

◎ 基线间距：使用 AutoCAD“基线标注”时，基线尺寸线与前一个基线对象尺寸线之间的距离。

1.16.2 AutoCAD 尺寸标注的基本步骤

AutoCAD 的尺寸标注命令都被归类在“标注”菜单下，进入 AutoCAD 后随意绘制几条直线，单击“标注”工具栏下的尺寸标注命令，就可以进行尺寸标注。

尺寸标注的尺寸线是由多个尺寸线元素组成的匿名块，该匿名块具有一定的“智能”，当标注对象被缩放或移动时，标注该对像的尺寸线就像粘附其上一样，也会自动缩放或移动，且除了尺寸文字内容会随标注对象图形大小变化而变化之外，能自动控制尺寸线的其他外观保持不变。

但对以上过程进行分析后，可以发现还存在这样一些问题：

◎ 尺寸起止符是箭头，不符合制图标准规定，不知道打印到图纸上的箭头到底多大。

◎ 不知道打印到图纸之后，尺寸文字的高度是否符合制图标准的要求。

◎ 图形放大后，尺寸文字的内容也从 500 变为 1000，这也可能不是用户所希望的。

◎ 图形放缩后，尺寸标注（箭头大小、文字高度等）的外观没有变化。

必须解决这些问题，才能保证尺寸标注的效果。那么，到底该如何进行尺寸标注，才能解决这些问题呢？

文字标注的效果是由“文字样式”控制的，尺寸标注的效果是由“标注样式”决定的。在进行图纸打印时，尺寸标注的所有几何外观（尺寸文字内容保持不变）会和文字一样，都会按打印比例进行缩放并输出到图纸上。因此，要保证尺寸标注的图面效果和准确度，必须深入了解尺寸标注的基本构成规律以及各种变比操作对标注的影响，遵循合乎 AutoCAD 要求的操作进行尺寸的标注。

在 AutoCAD 中，使用“标注样式”命令可以控制标注的格式和外观，并便于对标注进行修改。从 AutoCAD 2008 开始，为了使尺寸标注自动适应图纸的打印及缩放，新增加了注释性标注，这样 AutoCAD 2012 就有两种尺寸标注样式：非注释标注（以往版本所具有的）和注释标注（自 AutoCAD 2008 起新增的）。

另外，在进行尺寸标注操作时可以分为三种。

◎ 在模型卡的图形窗口中标注尺寸。此时的工作空间是模型空间，尽管对象显示会发生大小变化，但是其本质仍是实际对象本身。

◎ 在布局卡上激活视口，在视口内标注尺寸。此时的工作空间本质上也是模型空间。

◎ 在布局卡上不激活视口，直接在布局上（与视口无关）标注尺寸。此时的工作空间为图纸空间，此时对象显示的是图纸上的情况，与实际对象大小相比，相差打印比例或视口比例的倍数。

那么，在 AutoCAD 中对图形进行尺寸标注的基本步骤如下。

1）确定打印比例或视口比例。

2）创建一个专门用于尺寸的标注文字样式。

3）创建标注样式，依照是否采用注释标注及尺寸标注操作类型，设置标注参数。

4）进行尺寸标注。

1.16.3 AutoCAD 尺寸标注的设置

1．标注样式名称

选择“格式”→“标注样式”菜单命令，打开“标注样式管理器”对话框，再单击“新建”按钮，AutoCAD 会打开“创建新标注样式”对话框，在这个对话框里给新建的标注样式进行命名后，单击“继续”按钮，则进入“新建标注样式”对话框，设置具体的标注样式参数。

提示

标注样式的命名要遵守“有意义，易识别”的原则，如“1-100 平面”表示该标注样式是用于标注1∶100 绘图比例的平面图，又如“1-50 大样”表示该标注样式是用于标注大样图的尺寸。

新样式要选择一个基础样式，新样式标注参数先套取基础样式的参数，用户可在“新建标注样式”对话框中对其进行具体的修改。第一个新建的标注样式的基础样式只能选择 AutoCAD 的默认样式 ISO-25，在第一个标注样式建立之后，后续建立的用于标注同一图纸不同内容的其他样式，一般选择自己新建的标注样式为基础样式，这样会减少后面的标注参数修改量。

2．尺寸线参数的设置

尺寸标注的几何参数在“新建标注样式”对话框中包括“线”和“符号和箭头”等两个选项卡上的多个参数，它们控制着尺寸标注的外观特性。下面详细介绍尺寸参数的设定原则。

（1）“线”选项卡

在“线”选项卡内，用于设置尺寸线、尺寸界线、超出尺寸线长度值、起点偏移量等。

- “超出尺寸线”值，制图规范规定输出到图纸上的值为 2～3mm。在如图 1-94 所示中，其“超出尺寸线”值设定为 2。
- “起点偏移量”值，制图标准规定离开被标注对象距离不能小于 2mm。绘图时应依据具体情况设定，一般情况下，尺寸界线应该离开标注对象一定距离，以使图面表达清晰易懂。比如在平面图中有轴线和柱子，标注轴线尺寸时一般是通过单击轴线交点确定尺寸线的起止点，为了使标注的轴线不和柱子平面轮廓冲突，应根据柱子的截面尺寸设置足够大的“起点偏移量”，从而使尺寸界线离开柱子一定距离。
- “基线间距”用于限定“基线”标注命令标注的尺寸线离开基础尺寸标注的距离，在建筑图标注多道尺寸线时有用，其他情况下也可以不进行特别设置。如果要设置的话，应设置在 7～10mm 之内。
- 线的颜色、线型、线宽：在 AutoCAD 中，每个图形实体都有自己的颜色、线型、线宽。颜色、线型、线宽可以设置具体的真实参数，以颜色为例，可以把某个图形实体的颜色设置为红、蓝或绿等物理色。另外，为了实现绘图的一些特定要求，AutoCAD 还允许对图形对象的颜色、线型、线宽设置成 ByLayer 或 ByBlock 两种逻辑值。ByLayer 是与图层的颜色设置一致，或 ByBlock 是指随图块定义的图层，对于这两种逻辑值的运用与涵义，将在以后章节中详细介绍。

提示

通常情况下，对尺寸标注“线”参数的颜色、线型、线宽，无需进行特别的设置，采用 AutoCAD 默认的 ByBlock 即可。

（2）“符号和箭头”选项卡

在如图 1-95 所示的“箭头”选项组中，可以设置尺寸线和引线箭头的类型及尺寸大小等。通常情况下，尺寸线的两个箭头应一致。

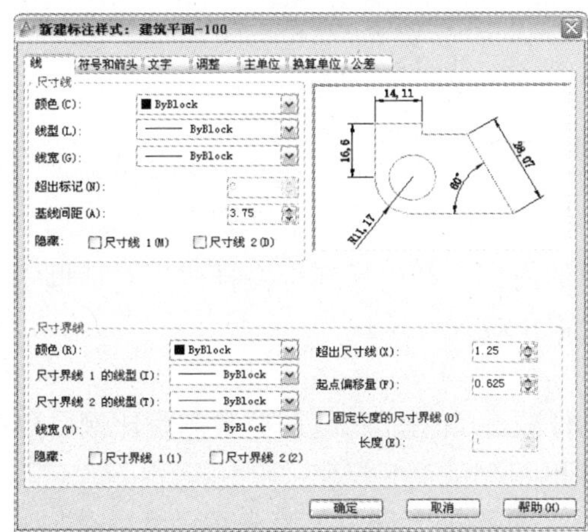

图 1-94　标注样式“线”参数设置

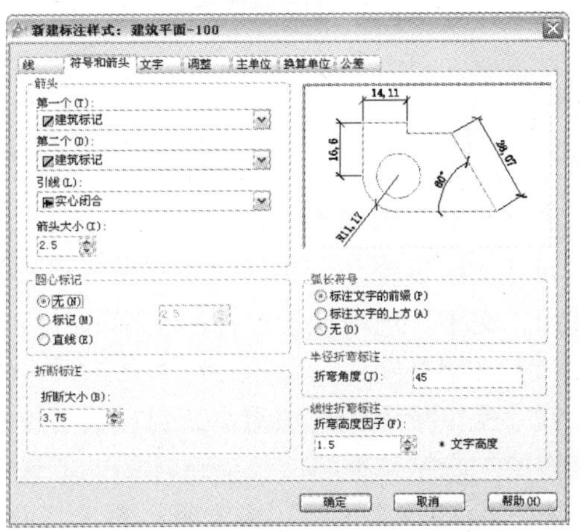

图 1-95　标注样式“箭头和符号”参数设置

◎ 在“箭头”选项组中，为了适用于不同类型的图形标注需要，AutoCAD 设置了 20 多种箭头样式。在 AutoCAD 中，其“箭头”标记就是建筑制图标准里的尺寸线起止符，制图标准规定尺寸线起止符应该选用中粗 45° 角斜短线，短线的图纸长度为 2 ~ 3mm。在如图 1-94 所示中，其“箭头大小”定义的值指箭头的水平或竖直投影长度，如值为 1.5 时，实际绘制的斜短线总长度为 2.12。“引线”标注在建筑绘图中也时常用到，制图规范规定引线标注无需箭头。

提示

也可以使用自定义箭头，此时可在下拉列表框中选择“用户箭头”选项，打开“选择自定义箭头块”对话框。在“从图形块中选择”文本框内输入当前图形中已有的块名，然后单击“确定”按钮，AutoCAD 将以该块作为尺寸线的箭头样式，此时块的插入基点与尺寸线的端点重合。

◎ 在“圆心标记”选项组中用于标注圆心位置。在图形区任意绘制两个大小相同的圆后，分别把圆心标记定义为 2 或 4，选择“标注 | 圆心标记”菜单命令后，分别标记刚绘制的两个圆，如图 1-96 所示。

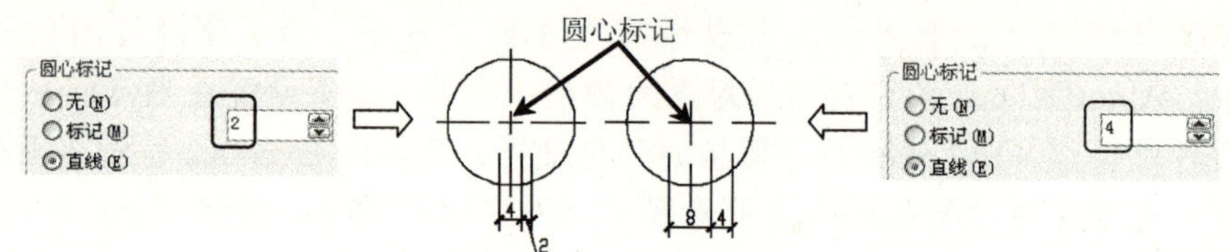

图 1-96　圆心标记设置

◎ “折断标注”为尺寸线在所遇到的其他图元处被打断后，其尺寸界线的断开距离。“线性弯折标注”为把一个标注尺寸线进行折断时绘制的折断符高度与尺寸文字高度的比值。“折断标注”和“折弯线性”都是属于 AutoCAD 中“标注”菜单下的标注命令，执行这两个命令后，被打断和弯折的尺寸标注效果如图 1-97 所示。

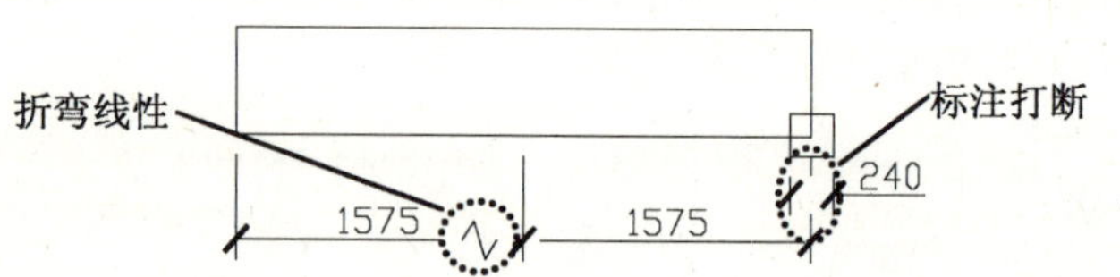

图 1-97　折断标注或线性弯折标注设置

3.“尺寸”选项卡

尺寸文字设置是标注样式定义的一个很重要的内容。在“新建标注样式”对话框中，可以使用“文字”选项卡设置标注文字的外观、位置和对齐方式。

（1）文字外观

在“文字外观”选项组中，可以设置文字的样式、颜色、高度和分数高度比例，以及控制是否绘制文字边框等。部分选项的功能说明如下。

◎ “分数高度比例”文本框：当采用分数制（而不是十进制）来表示尺寸数值时将激活该选项，在建筑制图中不用分数作为单位。

◎ “绘制文字边框”复选框：设置是否给标注文字加边框，建筑制图一般不用。

◎ “文字样式”：应使用仅供尺寸标注的文字样式，如果没有，可单击按钮[...]，打开“文字样式”对话框新建尺寸标注专用的文字样式，之后回到“新建标注样式”对话框的“文字”选项卡选用这个文字样式，如图 1-98 所示。尺寸文字样式的高度应设置为 0，宽度因子可设为 0.7～0.85。

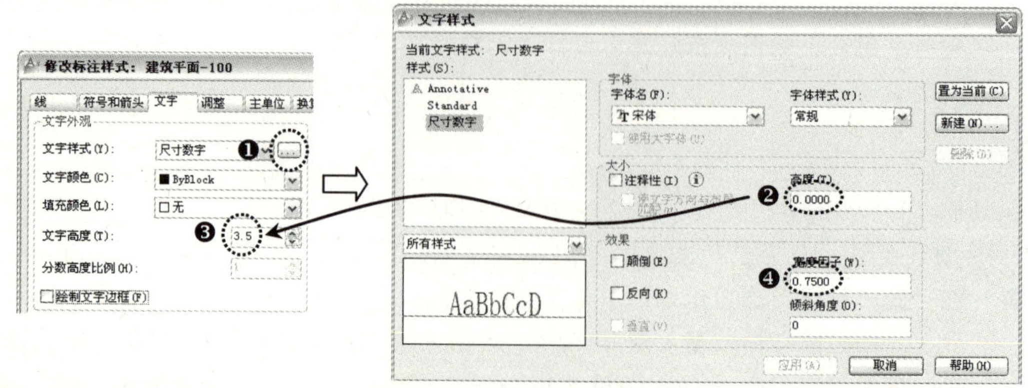

图 1-98　标注样式文字设置

提示

在进行“文字”参数设置中，标注用的文字样式中文字高度必须设置为 0，而在“标注样式”对话框中设置尺寸文字的高度为图纸高度，否则容易导致尺寸标注设置混乱。其他参数可以不管，可直接选用 AutoCAD 默认设置。

（2）文字位置和对齐

建筑制图依据《建筑制图标准》的规定，文字垂直位置选择居于尺寸线的“上方”，文字水平位置选择“居中”。建筑制图依据《建筑制图标准》的规定，文字对其方向应选择“与尺寸线对齐”，如图 1-99 所示。

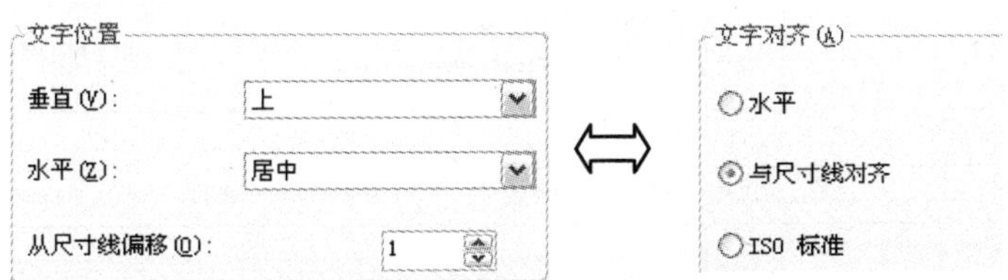

图 1-99　标注样式文字位置

4．“调整”选项卡

对“调整”选项卡上的参数进行设置，可以对标注文字、尺寸线、尺寸箭头等进行调整，如图 1-100 所示，在“标注特征比例”选项组中，“标注特征比例”是标注样式设置过程中的一个很重要的参数。

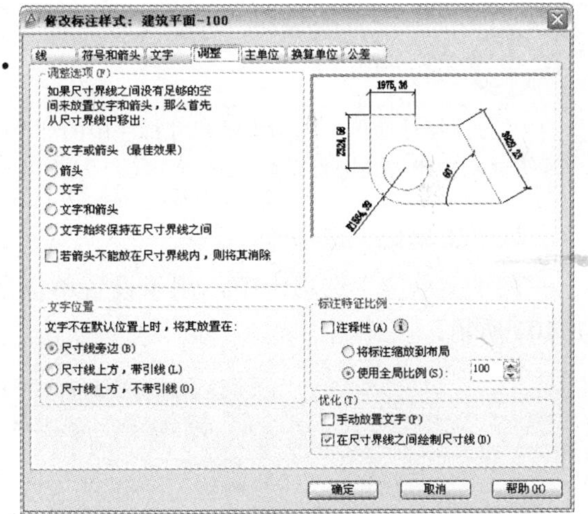

图 1-100　标注样式的“调整”选项卡

（1）调整选项

当尺寸界线之间没有足够的空间同时放置标注文字和箭头时，可通过“调整选项”选项组设置，移出到尺寸线的外面。

（2）文字位置

当尺寸文字不能按“文字”选项卡设定的位置放置时，尺寸文字按这里设置的调整“文字位置”放置。选择“尺寸线旁边”调整方式，容易和其他尺寸文字混淆，建议不要使用。在实际绘图时，一般可以选择在“尺寸线上方，带引线”调整方式。

（3）标注特征比例

- “注释性”：注释性标注时需要勾选。
- “将标注缩放到布局”：在布局卡上激活视口后，在视口内进行标注，按此项设置。标注时，尺寸参数将自动按所在视口的视口比例放大。
- “使用全局比例”：全局比例因子的作用是把标注样式中的所有几何参数值都按其因子值放大后，再绘制到图形中，如文字高度若为 3.5，全局比例因子为 100，则图形内尺寸文字高度为 350。在模型卡上进行尺寸标注时，应按打印比例或视口比例设置此项参数值。

为了更加清晰地理解标注特征比例的设置，把各种标注样式类型和标注操作方式下的“标注特征比例”的设置列于如表 1-10。

表 1-10　不同标注方式下的标注特征比例设置

非注释标注		
模型卡图形窗口标注（模型空间）	布局卡激活视口内标注	布局卡视口外（与打印比例无关）
标注特征比例 ☐注释性(A) ○将标注缩放到布局 ⊙使用全局比例(S): 100 打印比例 比例(S): 1:100	标注特征比例 ☐注释性(A) ⊙将标注缩放到布局 ○使用全局比例(S): 0 视口比例: 1:100 ▾ 注释比例: 1:100 ▾	标注特征比例 ☐注释性(A) ○将标注缩放到布局 ⊙使用全局比例(S): 1
注释标注		
模型卡图形窗口标注	布局卡激活视口标注	布局卡视口外标注
标注特征比例 ☑注释性(A) ○将标注缩放到布局 ⊙使用全局比例(S): 1 打印比例 比例(S): 1:100	标注特征比例 ☑注释性(A) ○将标注缩放到布局 ⊙使用全局比例(S): 1 视口比例: 1:100 ▾ 注释比例: 1:100 ▾	标注未激活的视口的图形对象，“测量单位比例因子”为视口比例的倒数。

提示

“标注特征比例”选项组是尺寸标注中的一个关键设置，在建立尺寸标注样式时，应依据具体的标注方式和打印方式进行设置。

5.“主单位”选项卡

在“主单位”选项卡中，用于设置单位格式、精度、比例因子及消零等参数设置，如图 1-101 所示。

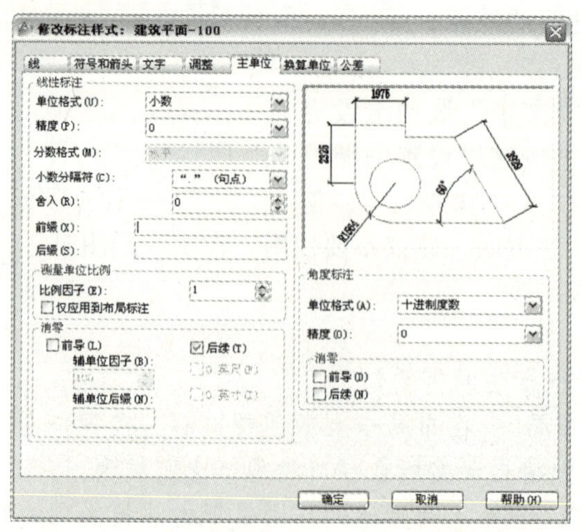

图 1-101　标注样式的“主单位”选项卡

（1）“线性标注”选项组

绘制建筑图时，在“线性标注”选项组中主要设置如下参数。

◎ “单位格式”下拉列表：设置除角度标注之外的其余各标注类型的尺寸单位，建筑绘图选“小数”方式。

◎ “精度”下拉列表：设置除角度标注之外的其他标注的尺寸精度，建筑绘图取0。

提示

依据《建筑制图标准》规定，建筑工程图样除标高采用 m 为度量单位外，其他所有标注长度的度量单位均为 mm。因此，建筑绘图的“单位格式”选择“小数”，“精度”取 mm 整数即为 0。

（2）“测量单位比例”选项组

◎ “比例因子”：尺寸标注长度为标注对象图形测量值与该比例的乘积。

◎ “仅应用到布局标注”：在没有视口被激活的情况下，在布局卡上直接标注尺寸时，如果勾选了“仅应用到布局标注”复选框，则此时标注长度为测量值与该比例的积（见表1-11）。而在激活视口内或在模型卡上的标注值与该比例无关。

各种标注样式类型操作方式下的“测量单位比例因子”设置列于如表 1-11 所示，该表设置时应与表 1-11 所示的方式相对应。

表 1-11　不同标注方式下的标注特征比例设置

非注释标注		
模型卡图形窗口标注（模型空间）	布局卡激活视口内标注	布局卡视口外（与打印比例无关）
测量单位比例 比例因子(E):　=图形SCALE放大比例的倒数 □ 仅应用到布局标注		
注释标注		
模型卡图形窗口	布局卡激活视口	布局卡视口外
测量单位比例 比例因子(E):　=图形SCALE放大比例的倒数 □ 仅应用到布局标注		测量单位比例 比例因子(E):　=图形SCALE放大比例的倒数×视口比例的倒数 ☑ 仅应用到布局标注

表 1-11 中，如果图形没有被 SCALE 缩放过，则单位比例测量因子值为 1。

（3）角度标注

在“角度标注”选项组中，可以使用“单位格式”下拉列表设置标注角度单位，使用“精度”下拉列表设置标注角度的尺寸精度，使用“消零”选项组设置是否消除角度尺寸的前导和后续零。

6. 设置换算单位格式和公差

通常情况下，建筑绘图不需设置此选项卡上的任何内容。

通过前面对“标注特征比例”和“测量单位比例因子”的学习可以发现由于不同的标注方式和标注样式的存在，导致这两个参数设置变得十分难以理解。建议初学者，只要掌握其中一种或者尽量避免那些会使问题复杂化的标注操作。对于单一比例图纸的尺寸标注时尺寸标注方法及标注样式主要参数设置情况，汇总于表 1-12。

表 1-12 单一比例图纸尺寸标注参数设置

	标注方法	标注特征比例	单位测量比例因子	其他参数
单一比例图纸，图形不必放大缩小	模型卡图形窗口内注释标注	打印比例的倒数	1	以图纸上的大小设置
	模型卡图形窗口内注释标注	选注释性	1	同上
	布局卡视口内注释或非注释标注	选将标注缩放到布局	1	同上
	在布局卡视口外标注	1	视口比例的倒数	同上

多比例图纸，部分图形需要进行缩放（初学者可以暂时不研究此内容，在后面章节的工程实例中继续学习），则图纸上有几种比例就需要创建几个标注样式，这样尺寸标注时就会稍显复杂，如表 1-13 所示。

表 1-13 多比例图纸尺寸标注参数设置

标注方法	标注特征比例	单位测量比例因子	其他参数
模型卡图形窗口内非注释标注	打印比例的倒数	未缩放部分：1	以图纸上的大小设置
		缩放部分：缩放比例的倒数	
模型卡图形窗口内注释标注	选注释性	未缩放部分：1	同上
		缩放部分：缩放比例的倒数	
布局卡视口内注释或非注释标注	选将标注缩放到布局	多个视口比例：1	同上
在布局卡视口外标注	（建议不用）		

第 2 章　建筑基本图块的概述与绘制

在建筑与室内装饰设计中，经常需要绘制相同的内容，比如说图框、标题栏、标准构件、符号、门窗、楼梯等，通常的做法是画好一个后采取复制粘贴的方式。这种方法确实比较快捷，但如果用户对建筑图块操作了解的话，就会发现插入图块会比复制粘贴的方式更加高效，并且可以多人协同参照性的绘制，从而大大提高工作效率。

2.1　专业讲解——建筑基本图块概述

块也称图块，是 AutoCAD 图形设计中的一个重要概念。用户在绘制图形时，如果图形中有很多相同或相似的对象，或者所绘制的图形与已绘制的图形对象相同，这时可以将重复绘制的图形对象创建为块，然后在需要时插入即可。若在另一个文件中需要使用已有图形文件中的图层、块、文件样式等，则可以通过“设计中心”来进行复制操作，从而达到高效制图的目的。

当然，也可以使用外部参照功能，把已有的图像文件以参照的形式插入到当前图形中。在绘制图形时，如果一个图形需要参照其他图形或者图像来绘图，而又不希望占用太多的储存空间，这时可以使用 AutoCAD 的外部参照功能。

2.1.1　建筑图块的作用

在 AutoCAD 中，块是一个或多个对象组成的对象集合，常用于绘制复杂、重复的图形。使用块可以提高绘图速度、节省储存空间、便于修改图形并能够为其添加属性。

图 2-1 所示为某建筑物相应立面平面门窗表及图块对象。

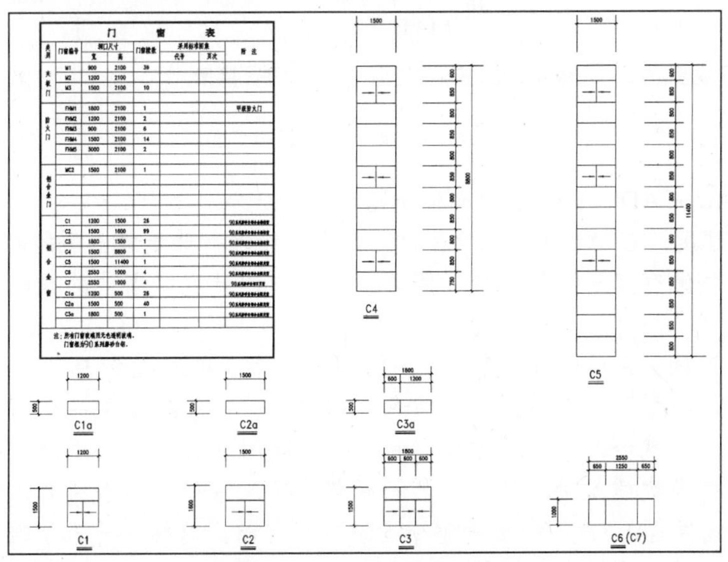

图 2-1　门窗表及门窗大样

图 2-2 所示为各种不同类型平开门的块效果。

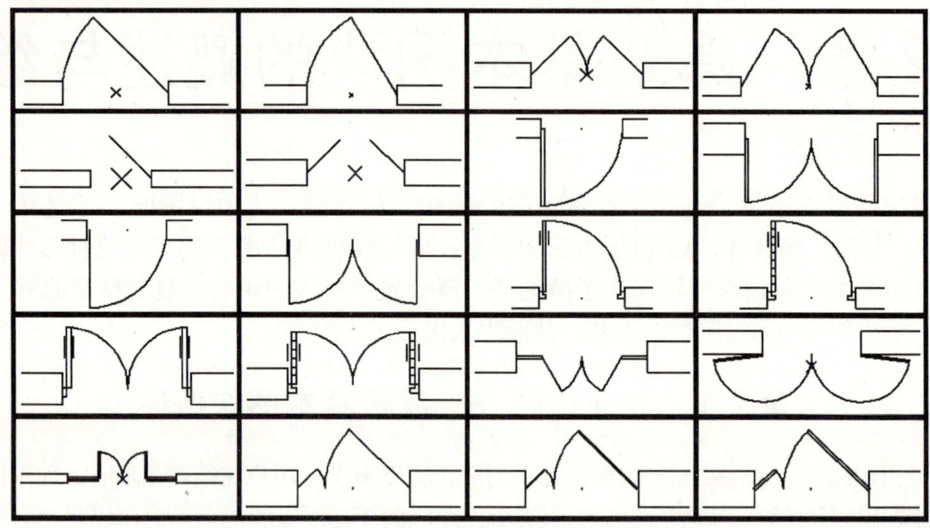

图 2-2　平开门的块效果

图 2-3 所示为双跑楼梯不同楼层的平面图块效果。

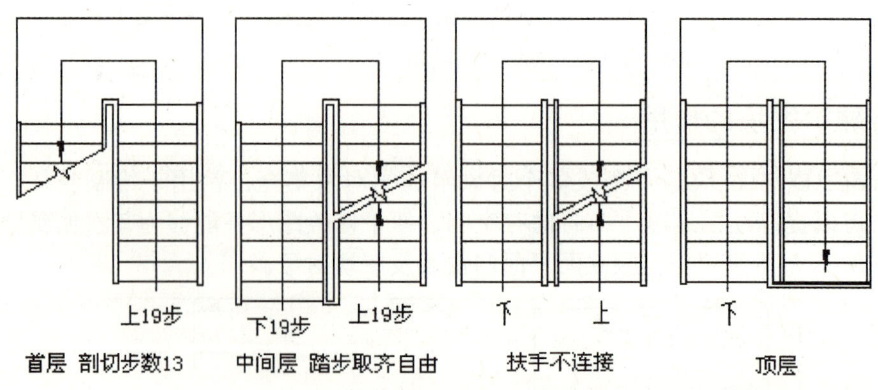

图 2-3　双跑楼梯不同楼层的平面图

总的来说，AutoCAD 中的图块具有以下特点。

◎ 提高绘图速度：在 AutoCAD 绘图时，常常会绘制一些重复出现的图形，如果把这些图形做成块保存起来，就形成了图块。绘制它们就可以用块的方法实现，从而提高工作效率。

◎ 节省储存空间：AutoCAD 要保存图纸每一个对象的相关信息，如对象的类型、位置、图层、线型及颜色等。这些信息要占用储存空间。如果一个图形对象包含大小相同的图形，就会占用大量储存空间。但是使用块命令，每个块在图形文件中只储存一次，在多次插入时，计算机只保留有关插入信息（即图块名、插入点、缩放比例、旋转角度等），而不需要把整个图块重复存储，这样就节省了磁盘的存储空间。

◎ 便于图形修改：当某个图块修改后，所有原先插入图形中的图块全部随之更新，这样就使图形的修改更加方便。

◎ 可以添加属性：很多块还要求有文字信息以进一步解释用途。AutoCAD 允许用户为块创建这些文字属性，并可在插入的块中指定是否显示该属性。此外，还可以从图中提取这些信息并将它们传送到数据库中。

2.1.2 建筑图块的种类

在绘图过程中，要插入的图块来自当前绘制的图形之内，这种图块为“内部图块”。“内部图块”可以用 WBLOCK 命令保存到磁盘上，这种以文件的形式保存与计算机磁盘上，可以插入到其他图形文件中的图块为“外部图块”。一个已经保存在磁盘的图形文件也可以被当成“外部图块”，用“插入”命令插入到当前图形中。

另外，在 AutoCAD 中还有一种块是匿名块。匿名块是使用 AutoCAD 绘制“标注”命令绘制的一些图元组合，如多线、尺寸线、引出线等，这些图形元素之所以被称之为匿名块，是因为它们不像真正的图块那样有明确的命名过程，但是又具有图块的基本特性。

2.1.3 建筑图块的特点

要在绘图过程中高效率地使用已有建筑图块，首先需要了解 AutoCAD 图块的特点。

内部图块的特点：内部块只能在定义图块的图形文件中调用，而不能在其他文件中调用。

外部图块的特点：WBLOCK 可以将图形文件中的整个图形、内部块或某些实体写入一个新的图形文件，其他图形文件均可以将它作为块调用。WBLOCK 命令定义的图块是一个独立存在的图形文件，相对于 WBLOCK | BMAKE 命令定义的内部图块，它被称为外部图块。

1. “随层”（ByLayer）块特性

如果由某个层的具有“随层”设置的实体组成一个内部块，这个层的颜色和线型等特性将设置并储存在块中，以后不管在哪一层插入都保持这些特性。如果在当前图形中插入一个具有“随层”设置的外部块，块的特性和块的定义一致；如果当前图形中存在与之同名而特性不同的层，当前图形中该图层的特性将覆盖块原有的特性。

要进行“随层”块的设置，其操作步骤如图 2-4 所示。

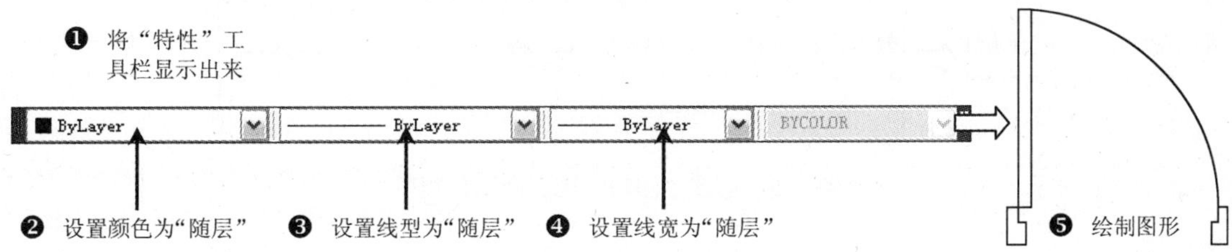

图 2-4 创建“随层”图块

提示

在通常情况下，AutoCAD 会自动把绘制图形时的绘图特性设置为“ByLayer”（随层），除非在前面的绘图操作中修改了这种设置方式。

一个“随层”图块在制作过程中，会有相关的图层、颜色、文字样式、标注样式等很多图形特征属性，当图块被保存的时候，这些特征也同时被保存下来。那么，在新的文件中插入这个图块的时候，这些特征也同时加入到新的文件中，这是图块的一个很重要的特点。所以，用户在制作图块的时候要留意到当前层是否正确，以及在制作图块的环境中是不是存在用户并不需要的其他特征属性，比如一些并不用的标注样式。

例如，要制作一个 2100mm×1500mm 高的窗图块，假定原先是在 Window 图层中制作的，现在将这个图块插入到一个并没有 Window 层的新文件中的当前层，这个文件就会新增一个 Window 层。如果关闭当前层，则插入当前层的窗户块不会随当前层中的其他图形一起从图形窗口中消失，也就是说当前层对这个图块起不到控制作用；同样，如果改变当前层的颜色、线型等，也不会改变窗子图块，这是因为窗图块的特性受控于 Window 层。如果新文件中已经存在一个中文的“窗”层，即使把图块插入到“窗”层中，Window 层也会加入，并且不能被删除。

“随层”块一般用于创建具有多种颜色、线型、线宽的复杂图块，如有不同线宽、线型、颜色的楼梯图块。

提示

在绘图时，要建立很多层，要建立多种标注、文字样式，要插入很多块，如果要想自己的图层清晰明了，颜色线型统一，标注样式简单实用，就时刻留意制作图块的创建及插入环境。

2．“随块”（ByBlock）特性

如果组成块实质的实体采用“随块”设置，则块在插入前没有任何层，颜色、线型、线宽设置为白色连续线。当块被插入到当前图形时，块的特性按当前绘图环境的层（颜色、线型、线宽）进行设置。

要进行“随块”的设置，其操作步骤如图 2-5 所示。

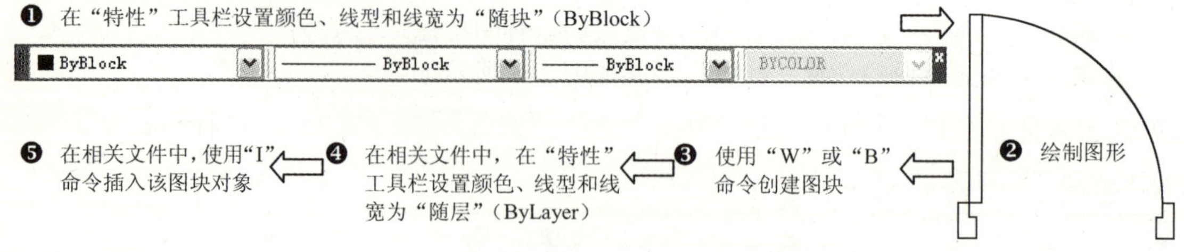

图 2-5　创建“随块”图层的操作顺序

3．在“0”层上创建的图块具有浮动特征

在进入 AutoCAD 绘图环境之后，AutoCAD 默认的图层是“0”层。如果组成块的实体是在“0”层上绘制的，并且用“随层”设置特性，则该块无论插入哪一层，其特性都采用当前插入层的设置。

创建具有浮动特征的图块操作顺序如图 2-6 所示。

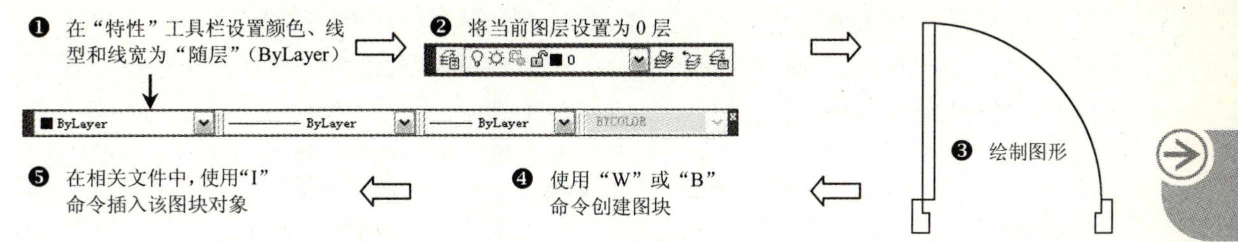

图 2-6 创建浮动图块的操作顺序

例如，当前层为“1”层，“1”层的颜色为蓝色，线型为 CENTER，线宽为 0.5mm，当插入在“0”层创建的随层块时，不管先前图块是那种颜色、线型和线宽，其颜色、线型和线宽都会变为“1”层的特性，其颜色会变为蓝色，线型则会变为 CENTER，线宽会变为 0.5mm 线宽。“0”层创建图块所具有的这种浮动特性，可以使图块自动与插入图层的图形颜色、线宽、线型特性相匹配。利用“0”层图块的浮动特性，可以大大提高标准图块的使用效率。

在创建“标高符号”、“轴线符号”等标准图块时，可以充分利用图块的这种浮动特性来创建浮动图块，进而提高绘图效率。

提示

创建图块之前的图层设置及绘图特性设置是很重要的一个环节，在具体绘图工作中，要根据图块是建筑图块还是标准图块，来考虑图块内图形的线宽、线型、颜色的设置，并创建需要的图层，选择适当的绘图特性。在插入图块之前，还要正确选择要插入的图层及绘图特性。

4. 关闭或选定层上的块

当非“0”层块在某一层插入时，插入块实际上仍处于创建该块的图层中（“0”层块除外），因此不管它的特性怎样随插入层或绘图环境变化，当关闭该插入层时，图块仍会显示出来，只有将建立该块的层关闭或插入层冻结，图块才不再显示。

而“0”层上建立块，无论它的特性怎样随插入层或绘图环境变化，当关闭插入层时，插入的“0”层块随着关闭，即“0”层上建立的块是随各插入层浮动的，插入哪层，“0”层块就置于哪层上。

2.1.4 建筑基本图块的文字和尺寸

在实际绘图过程中，对图形进行尺寸标注、填写文字说明是经常遇到的绘图操作。在建筑基本图块（如楼梯、阳台等）中，尺寸标注也是不可缺少的。

1. 图块的文字与主图文字的一致性

图块内文字与主图不匹配时，首先需要把图块分解，再要检查图块文字所采用的文字样式。选中图块文字，图块文字所用的文字样式即会显示在“文字”工具栏的“选择文字样式”下拉列表框中。

单击“修改 | 特性”菜单，打开“特性”窗口，单击“特性”窗口中的“快速选择”按钮，快速选取图块的文字，通过“特性”管理器把图块文字样式修改成与主图一致的文字样式。具体操作过程如图 2-7 所示。

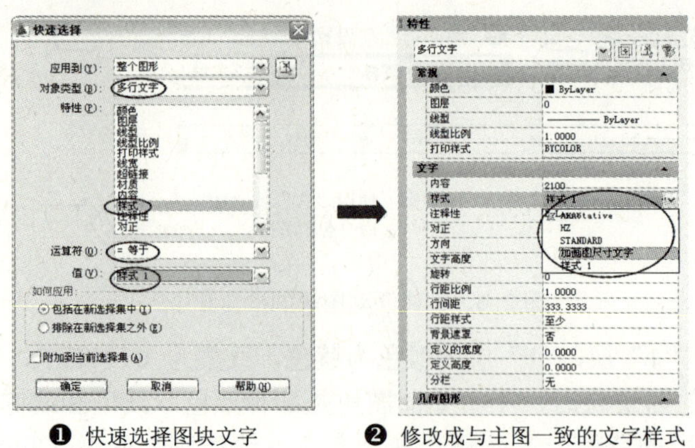

❶ 快速选择图块文字　　❷ 修改成与主图一致的文字样式

图 2-7　修改文字样式

2. 图块的尺寸标注与主图的一致性

在建筑制图中，有的建筑基本图块是主图的一些基本单元，如在建筑平面图中插入已有的家具、厨卫设备等基本建筑图块，这些图块我们称之为同比例图块。还有一些建筑图块，如某部分的建筑详图，当把它们插入到建筑主图时，往往它与主图具有不同的绘图比例，如建筑平面图的绘图比例是 1∶100，建筑详图的绘图比例是 1∶20，这类图块我们称之为异比例图块。考虑到建筑制图标准要求在同一张图之中，图面文字需要按同一个标准和大小，因此在进行图块的创建和插入时需要特别注意图面文字的一致性。

（1）同比例内部图块的尺寸标注

同比例内部图块的尺寸标注，应该选择与主图相同的标注样式，这样即可保证同一张图纸内尺寸标注的一致性。

（2）异比例内部图块的尺寸标注

图内异比例图块的标注，首先要在图块图线绘制完成之后进行。图块图线的绘制一般首先按照 1∶1 的比例进行绘制，之后对将要创建到这个异比例图块内的所有图线缩放一个比例后再进行尺寸标注。缩放比例取图块与主图绘图比例之间的相对值。如果主图的最后绘图比例是 1∶100，图块的比例是 1∶50，则图块图线的缩放比例为 2。

（3）同比例外部图块的尺寸标注

当一个同比例外部图块插入到当前图形之后，如果外部图块有尺寸标注，首先需要观察插入后的外部图块的尺寸文字是否与当前图具有一致性。如果不一致，则需要把图块分解，之后选中图块的尺寸线后，再单击“标注”工具栏的“选择标注样式”下拉列表框，把外部图块的标注样式修改成当前主图所用的标注样式，操作过程如图 2-8 所示。

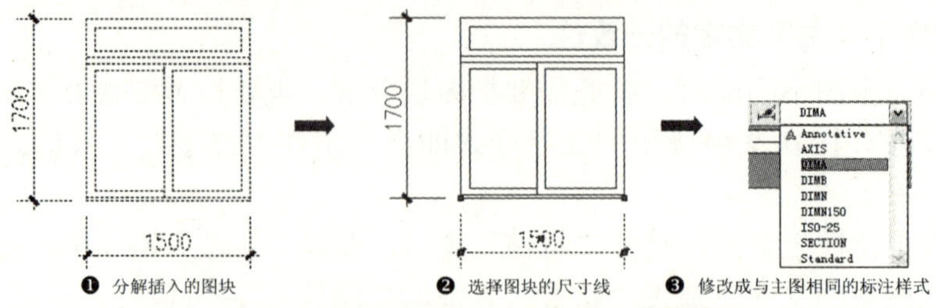

❶ 分解插入的图块　　❷ 选择图块的尺寸线　　❸ 修改成与主图相同的标注样式

图 2-8　同比例外部图块不同尺寸标注的修改

（4）异比例外部图块的尺寸标注

如果插入的异比例图块尺寸标注与主图不统一，不能按照前面的同比例外部图块的修改方式进行修改。异比例外部图块的尺寸标注修改比较复杂，这里要区分两种情况。

第一种情况是图块插入后没有变比插入，异比例图块与主图的比例不同是其绘制创建图块之前造成的。这种情况可以以主图的尺寸标注样式为基础样式，创建一个新的标注样式，之后修改标注样式参数的测量比例因子与原图块所用的测量比例因子相同。之后按照前面（3）所述的方式修改图块的尺寸标注样式为新建的标注样式即可。

第二种情况是图块的变比插入导致图块成为异比例图块。由于绘图比例或图形尺寸的变化，经常需要对插入的图块进行放缩。图块变比插入后，图块内的所有图形元素作为一个整体，都将按照插入时的缩放比例做统一的缩放，但是图元的内容不变。

例如，如果一个图块内包括一个长度为 100 的直线及对应这个直线的尺寸线（尺寸文字样式高度为 3，尺寸文字内容为 100），图块变比 2 倍插入后，图块内的直线和尺寸线外观都变为原来的 2 倍，尺寸文字高度也是原来的 2 倍，但是尺寸文字内容仍为 100。此时如果对插入的图块进行分解，尺寸线从块内分解出来后变成了真正的尺寸线，则情况又会发生变化，分解后的图形大小仍是原来的 2 倍，但是尺寸文字高度按标注样式规定变为 3，尺寸文字内容变为 200。

变比插入的异比例外部图块应按照第一种情况，把测量比例因子修改成插入比例的倒数。

提示

> 由于同一幅图中文字高度及文字高宽比必须一致，而图块变比插入后会使得这些图面元素发生变化，因此，必须对其进行一致性编辑。为了找到方便有效的图形编辑方法，首先需要深入理解块变比插入时其内部图元所表现的特性。

2.2 专业讲解——建筑图块的创建、插入与编辑

在 AutoCAD 中，为用户提供了创建图块的三种方法，一是创建外部图块（W），二是创建内部图块（B），三是创建带属性属块；同时还为用户提供了插入图块的两种方法，一是插入图块，二是插入外部参照的方式。当用户插入了图块对象过后，还可以对其所创建或者插入的图块对象进行编辑，以及修改图块的属性等。

2.2.1 图块的创建

图块的创建就是将图形中选定的一个或几个图形对象组合成一个整体，并为其取名保存，这样它就被作为一个实体对象在图形中随时进行调用和编辑，即所谓的“内部图块”。

创建图块主要有以下三种方式：

◎ 菜单栏：选择“绘图 | 块 | 创建”命令。

◎ 工具栏：在“绘图”工具栏上单击“创建块”按钮。

◎ 命令行：在命令行中输入或动态输入 block（快捷键“B”）。

启动创建图块命令之后，系统将弹出“块定义”对话框，单击“选择对象”按钮切换到绘图区中选择构成块的对象后返回，单击“拾取点”按钮选择一个点作为特定的基点后返回，再在“名称”文本框中输入块的名称，然后单击“确定”按钮即可，如图 2-9 所示。

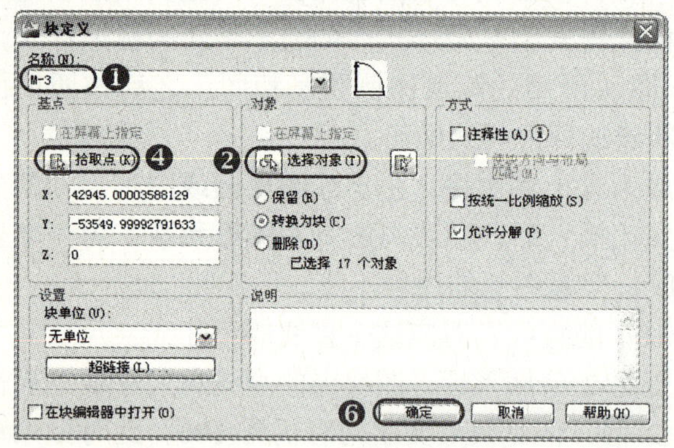
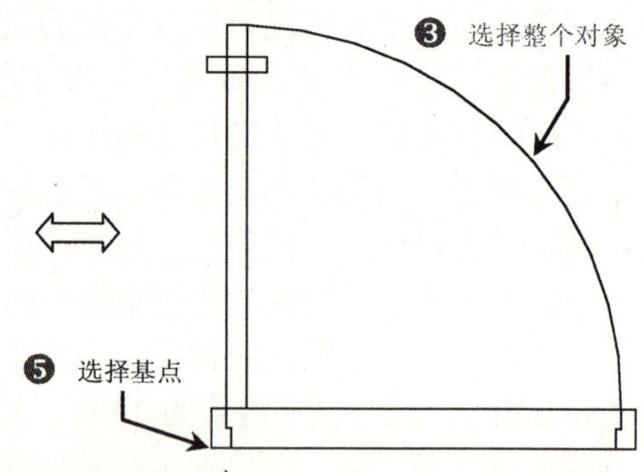

图 2-9　创建图块的方法

在“块定义”对话框中各选项的含义如下：

◎ “名称”文本框：输入块名称，最多可以使用 255 个字符。当行中包含多个块时，还可以在下拉列表框中选择已有的块。

◎ “基点”选项区域：设置块的插入基点位置，用户可以直接在 X、Y、Z 文本框中输入，也可以单击“拾取点”按钮，切换到绘图窗口并选择基点。一般基点选在块的对称中心、左下角或其他特征位置。

◎ “对象”选项区域：设置组成块的对象。其中，单击“选择对象”按钮，可切换到绘图窗口选择组成图块的对象；单击“快速选择”按钮，可以使用弹出的“快速选择”对话框设置所选择对象的过滤条件；选择“保留”单选按钮，创建块仍在绘图窗口上保留组成块的各对象；选择“转换为块”单选按钮，创建块后将组成块的各对象保留并把它们转换成块；选择“删除”单选按钮，创建块后删除绘图窗口上组成块的原对象。

◎ “方式”选项区域：设置组成块的对象的显示方式。选择“按统一比例缩放”复选框，设置对象是否以统一的比例进行缩放单位；选择“允许分解”复选框，设置对象是否允许被分解。

◎ “设置”选项区域：设置块的基本属性。单击“块单位”下拉列表框，可以选择从 AutoCAD 设计中心拖动时缩放单位；单击“超链接”按钮，将打开“插入超链接”对话框，在该对话框中可以超链接的文档如图 2-10 所示。

◎ “说明”文本框：用来输入当前块的说明部分。

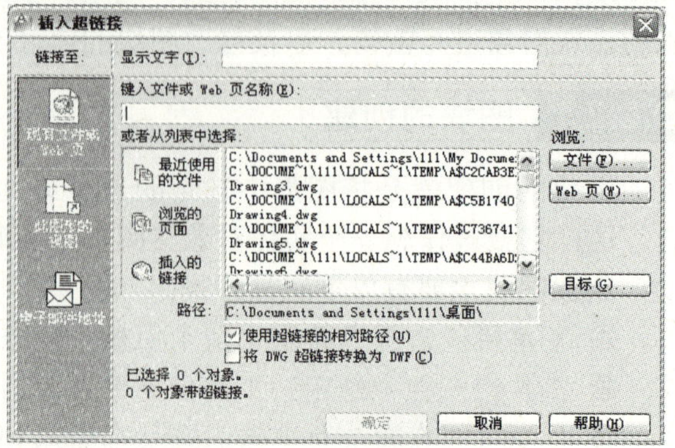

图 2-10　“插入超链接”对话框

2.2.2 图块的存储

前面介绍了图块的创建和插入的内容，读者已基本掌握了图块的应用方法。但是用户创建图块后，只能在当前图形中插入，而其他图形文件无法引用，这将很不方便。为解决这个问题，使实际工程设计绘图时创建的图块实现共享，AutoCAD 为用户提供了图块的存储命令，通过该命令可以将已创建的图块或图形中的任何一部分（或整个图形）作为外部图块进行保存。用图块存储命令保存的图块与其他的图形文件并无区别，同样可以打开和编辑，也可以在其他的图形文件中进行插入。

要进行图块的存储操作，在命令行输入或动态输入 WBLOCK 命令（快捷键“W”），将弹出“写块”对话框，利用该对话框可以将图块或图形对象存储为独立的外部图块，如图 2-11 所示。

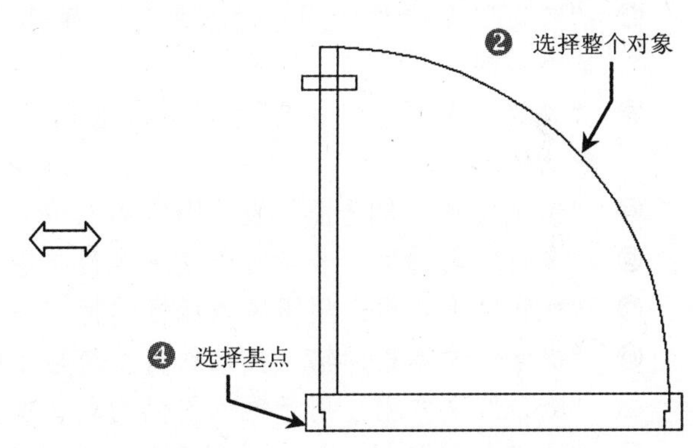

图 2-11　存储图块的方法和步骤

提示

用户可以使用 SAVE 或 SAVEAS 命令创建并保存整个图形文件，也可以使用 E×PORT 或 WBLOCK 命令从当前图形中创建选定的对象，然后保存到新图形中。不论使用哪一种方法创建一个普通的图形文件，它都可以作为块插入到任何其他图形文件中。如果需要作为相互独立的图形文件来创建几种版本的符号，或者要在不保留当前图形的情况下创建图形文件，建议使用 WBLOCK 命令。

2.2.3 属性图块的定义

AutoCAD 允许为图块附加一些文本信息，以增强图块的通用性，这些文本信息称为属性。如果某个图块带有属性，那么用户在插入该图块时可根据具体情况，通过属性来为图块设置不同的文本信息。特别对于那些经常要用到的图块来说，利用属性尤为重要。

要创建属性，首先创建包含属性特征的属性定义。特征包括标记（标识属性的名称）、插入块时显示的提示、值的信息、文字格式、块中的位置和所有可选模式（不可见、常数、验证、预设、锁定位置和多行）。

要定义图块对象的属性主要有以下两种方式：

◎ 菜单栏：选择“绘图 | 块 | 定义属性”命令。

◎ 命令行：在命令行中输入或动态输入 attded（快捷键“ATT”）。

当启动定义对象属性命令之后，将弹出“属性定义”对话框，如图 2-12 所示。

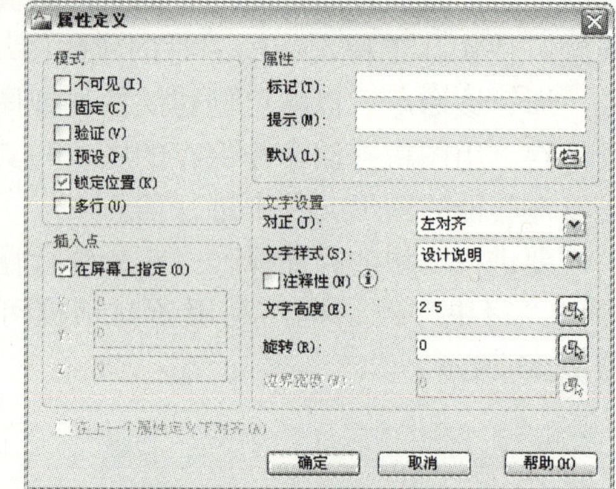

图 2-12 “属性定义”对话框

下面将“属性定义”对话框中各选项的含义讲解如下。

◎ “不可见”复选框：表示插入块后是否显示其属性值。

◎ “固定”复选框：设置属性是否为固定值。当为固定值时，插入块后该属性值不再发生变化。

◎ “验证”复选框：用于验证所输入属性值是否正确。

◎ “预设”复选框：表示是否将该值预置为默认值。

◎ “锁定位置”复选框：表示固定插入块的坐标位置。

◎ “多行”复选框：表示可以使用多行文字来标注块的属性值。

◎ “标记”文本框：用于输入属性的标记。

◎ “提示”文本框：输入插入块时系统显示的提示信息内容。

◎ “默认”文本框：用于输入属性的默认值。

◎ “文字位置”栏：用于设置属性文字的对正方式、文字样式、高度值、旋转角度等格式。

提示

在通过“属性定义”对话框定义属性后，还要使用前面的方法来创建或存储图块。

例如，要定义一个带属性的轴号对象，其操作步骤如图 2-13 所示。同样，再使用创建图块（B）和存储图块（W）命令对其进行操作。

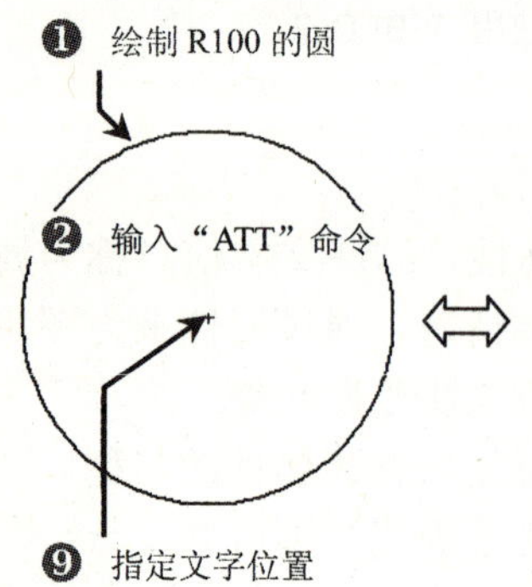

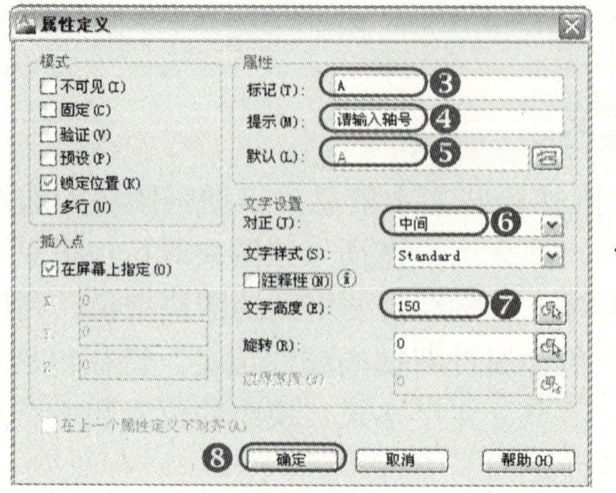

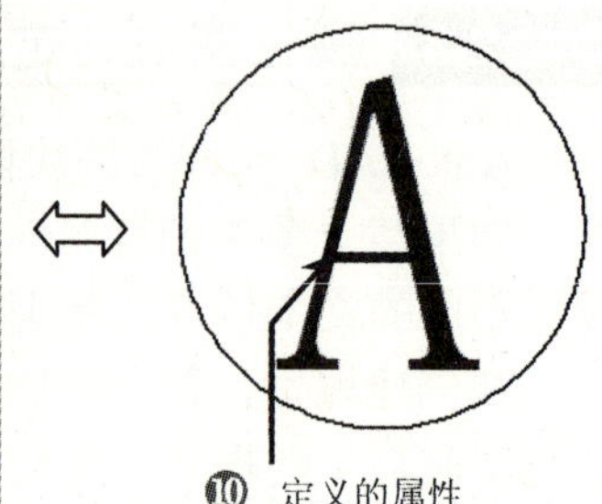

图 2-13 定义属性对象的方法和步骤

2.2.4 建筑图块的插入与外部参照

在 AutoCAD 中将其他图形调入到当前图形中有两种方法。

1. 块的插入

选择“插入 | 块”命令，将打开“插入”对话框，如图 2-14 所示。使用该对话框，可以在图形中插入块或其他图形，在插入的同时还可以改变所插入块或图形的比例与旋转角度。

图 2-14 “插入”对话框

“插入”对话框中各主要选项的功能说明如下。

- ◎ “名称”下拉列表框：用于选择块或图形名称。也可以单击其后的“浏览”按钮，打开“选择图形文件”对话框，选择保存的块和外部图形。
- ◎ “插入点”选项区域：用于设置块的插入点位置。可直接在 X、Y、Z 文本框中输入点坐标，也可以通过选中“屏幕上的指定”复选框，在屏幕上指定插入点位置。
- ◎ “比例”选项区域：用于设置块的插入比例。可直接在 X、Y、Z 文本框中输入块在 3 个方向的插入比例；也可以通过选中“在屏幕上指定”复选框，在屏幕上指定。此外，该选项区域中的“统一比例”复选框用于确定所插入块在 X、Y、Z 3 个方向的插入比例是否相同，选中时表示比例将相同，用户只需要在 X 文本框中输入比例即可。
- ◎ “旋转”选项区域：用于设置块插入时的旋转角度。可直接在“角度”文本框中输入角度值，也可以选择“在屏幕上指定”复选框，在屏幕上指定旋转角度。
- ◎ “分解”复选框：选择该复选框，可以将插入的块分解成组成块的各基本对象。

2. 外部参照

外部参照与块有相似的地方，但它们主要的区别是：一旦插入了块，该块就永久性地插入到当前图形中，称为当前图形的一部分。而以外部参照方式将图形插入到某一图形时（称之为主图形）后，被插入图形文件的信息不直接加入到主图形中，主图形只是记录参照的关系。例如，参照图形文件的路径等信息。另外，对主图形的操作不会影响外部参照图形文件的内容。当打开具有外部参照的图形时，系统会自动把各外部参照图形文件重新调入内存并在当前图形中显示出来。

在 AutoCAD 中，可以使用“参照”工具栏和“参照编辑”工具栏编辑和管理外部参照，如图 2-15 所示。

图 2-15　“参照”和“参照编辑”工具栏

用户可通过以下几种方法进行外部参照操作。

◎ 下拉菜单：选择“插入 | 外部参照”命令。

◎ 工具栏：在“参照”工具栏上单击“外部参照”按钮。

◎ 输入命令名：在命令行中输入或动态输入 × REF，并按 Enter 键。

启动外部参照命令之后，系统将弹出“外部参照”选项板，如图 2-16 所示。在该面板上单击左上角的“附着 DWG”按钮，选择参照文件后，将打开“附着外部参照”对话框，利用该对话框可以将图形文件以外部参照的形式插入到当前图形中，如图 2-17 所示。

图 2-16　“外部参照”选项板

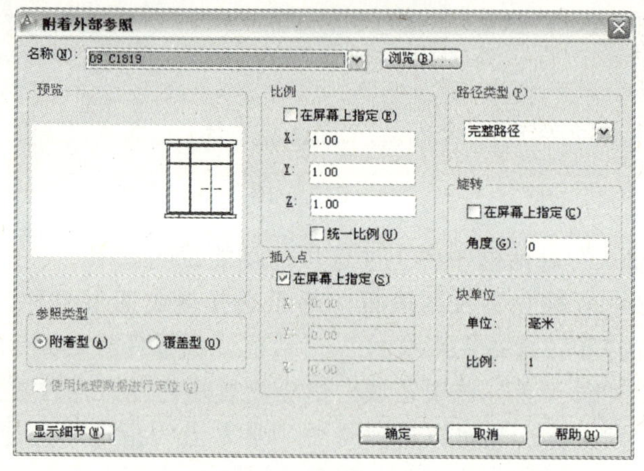

图 2-17　“附着外部参照”对话框

从图 2-17 可以看出，在图形中插入外部参照的方法与插入块的方法相同，只是在“附着外部参照”对话框中多了几个特殊选项。

在“参照类型”选项区域中，可以确定外部参照的类型，包括“附着型”和“覆盖型”两种类型。如果选择“附着型”单选按钮，将显示出嵌套参照中的嵌套内容。选择“覆盖型”单选按钮，则不显示嵌套参照中的嵌套内容。

在 AutoCAD 中，可以使用相对路径附着外部参照，它包括“完整路径”、“相对路径”、和“无路径”3 种类型。各选项功能如下。

◎ “完整路径”选项：当前使用完整路径附着外部参照时，外部参照的精确位置将保存到主图形中。此选项的精确度高，但灵活性小。如果移动工程文件夹，AutoCAD 将无法融入任何使用完整路径附着的外部参考。

◎ “相对路径”选项：使用相对路径附着外部参照时，将保存外部参照相对于主图形的位置。此选项的灵活性大。如果移动工程文件夹，只要此外部参照相对主图形的位置未发生变化，AutoCAD 仍可以融入使用相对路径附着的外部参照。

◎ “无路径”选项：在不使用路径附着外部参照时，AutoCAD 首先在主图形的文件夹中查找外部参照。当外部参照文件与主图形位于同一个文件夹时，此选项非常有用。

2.2.5 编辑图块的属性

当用户在插入带属性的对象后，可以对其属性值进行修改操作。编辑图块的属性主要有以下 3 种方式。

◎ 菜单栏：选择“修改 | 对象 | 属性 | 单个”命令。

◎ 工具栏：在“修改 II”工具栏上单击“编辑属性”按钮，如图 2-18 所示。

◎ 命令行：在命令行中输入或动态输入 ddatte（快捷键“ATE”）。

启动编辑块属性命令之后，系统提示“选择对象：”后，用户使用鼠标在视图中选择带属性块的对象，系统将弹出“增强特性编辑器”对话框，根据要求编辑属性块的值即可，如图 2-19 所示。

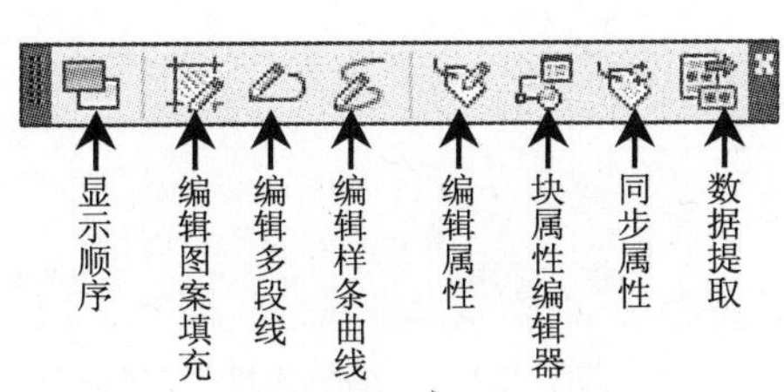

图 2-18 “修改 II”工具栏

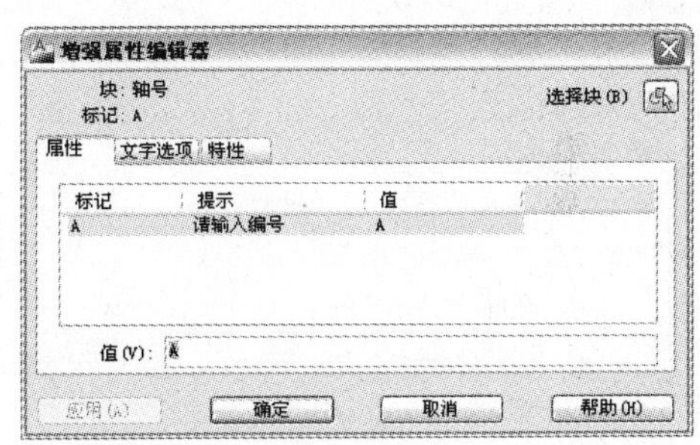

图 2-19 “增强特性编辑器”对话框

1. “属性”选项卡

“属性”选项卡的列表框显示了块中每一个属性的标识、提示和值。在列表框中选择某一属性后，在“值”文本框中将显示出该属性对应的属性值，用户可以通过它来修改属性值。

2. “文字选项”选项卡

“文字选项”选项卡用于修改属性文字的格式，该选项卡如图 2-20 所示。可以在“文本样式”下拉列表框中设置文字样式，在“对正”下拉列表框中设置文字的对齐方式，在“高度”文本框中设置文字高度，在“旋转”文本框中设置文字的旋转角度，使用“反向”复选框来确定文字行是否反向显示，使用“倒置”复选框确定是否上下颠倒显示，在“宽度因子”文本框中设置文字的宽度系数，以及在“倾斜角度”文本框中设置文字的倾斜角度等。

图 2-20 “文字选项”选项卡

3.“特性”选项卡

“特性”选项卡用于修改属性文字的图层以及线宽、线型、颜色及打印样式等，该选项卡如图2-21所示。

在“增强属性编辑器”对话框中，除上述3个选项卡外，还有“选择块”和“应用”等按钮。单击“选择块”按钮，可以切换绘图窗口并选择要编辑的块对象。单击“应用”按钮，可以确认已进行的修改。

此外，用户也可以使用ATTEDIT（属性）命令编辑块属性。执行该命令并选择需要编辑的块对象后，系统将打来“编辑属性”对话框，如图2-22所示，在其中即可编辑或修改块属性值。

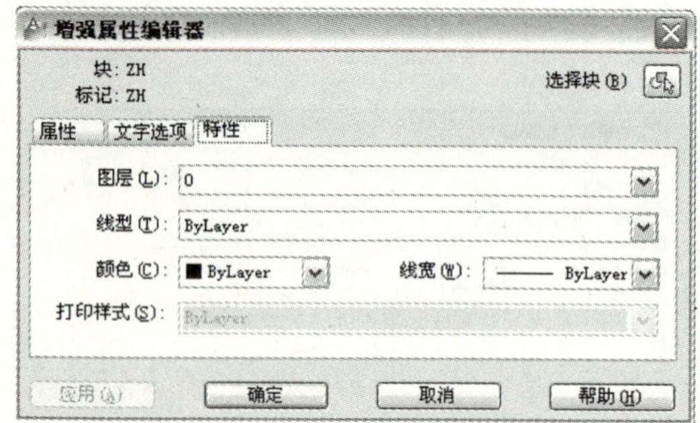

图2-21 “特性”选项卡

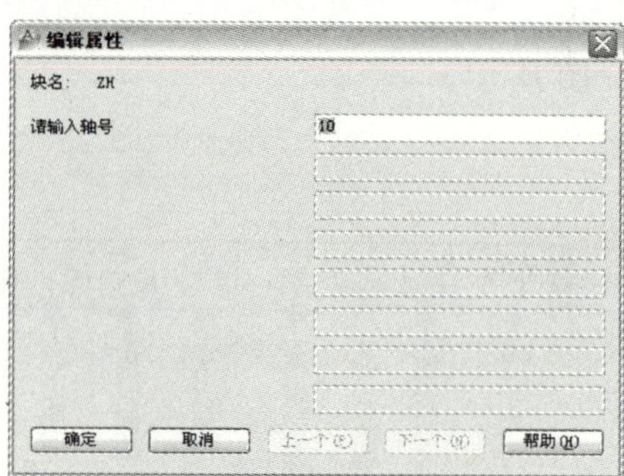

图2-22 “编辑属性”对话框

在绘图过程中，如果需要对块进行分解，单击“分解”按钮。

2.2.6 修改图块的属性

选择“修改|对象|文字|编辑”命令（DDEDIT）或双击块属性，打开“增强属性编辑器”对话框。在“属性”选项卡的列表框中选择文字属性，然后可以在下面的“值”文本框中编辑块中定义的“标记”和“值”属性，如图2-23所示。

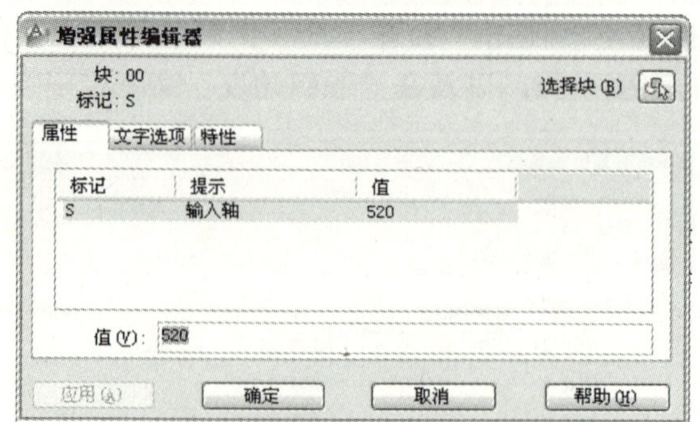

图2-23 “增强属性编辑器”对话框

选择“修改|对象|文字|比例”命令（SCALETE×T），或在“文字”工具栏中单击“缩放文字”按钮，可以按同一比例因子同时修改多个属性定义比例。

选择“修改 | 对象 | 文本 | 对正”命令（JUSTIFYTE×T），或在“文字”工具栏中单击“对正”按钮A，可以在不改变属性定义位置的前提下重新定义文字插入基点，命令提示如下。

2.3　实例精解——绘制推拉门对象

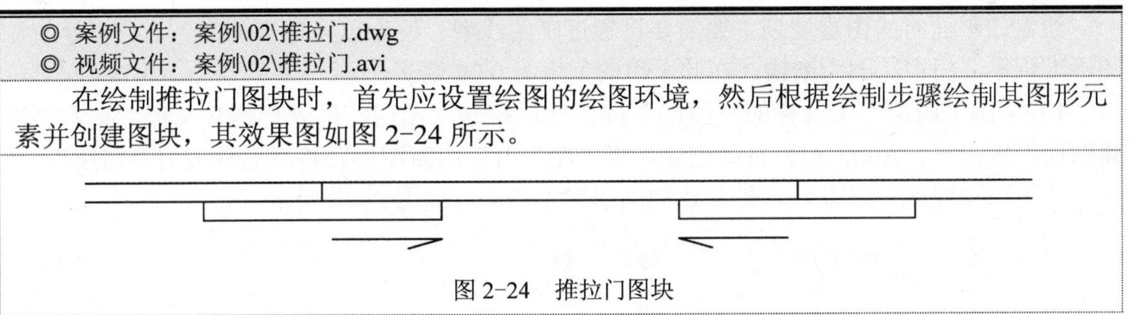

◎ 案例文件：案例\02\推拉门.dwg

◎ 视频文件：案例\02\推拉门.avi

在绘制推拉门图块时，首先应设置绘图的绘图环境，然后根据绘制步骤绘制其图形元素并创建图块，其效果图如图 2-24 所示。

图 2-24　推拉门图块

2.3.1 绘图区的设置

在开始绘制推拉门平面之前，首先要设置与所绘图形相匹配的绘图环境。推拉门平面没有文字和尺寸标注，仅有图线，因此它的绘图环境主要包括绘图区设置、图层设置，然后再使用 AutoCAD 的相关命令来绘制推拉门块。

绘图区设置包括绘图单位和图形界限的设定。根据建筑制图标准的规定，推拉门图使用的长度单位为毫米，角度单位是度、分、秒。图形界限是指所绘制图形对象的范围。在绘制图形时，为了使得绘图方便，应该以 1∶1 的比例直接绘制图形。AutoCAD 中默认的图形界限为 A3 图纸大小，如果不修正该默认值，有时可能会使按实际尺寸绘制的图形不能全部显示在窗口之内。由于门平面尺寸相对较小，可以设置绘图极限为 5000×5000 的矩形范围。

1）正常启动 AutoCAD 2012 软件，单击工具栏上的“新建”按钮，打开“选择样板”对话框，然后选择“acadiso”作为新建的样板文件，如图 2-25 所示。

2）选择“格式 | 单位”菜单命令，打开“图形单位”对话框。把长度单位类型设定为“小数”，精度为“0.000”，角度单位类型设定为“十进制”，精度精确到小数点后两位“0.00”，如图 2-26 所示。

图 2-25　“选择样板”对话框

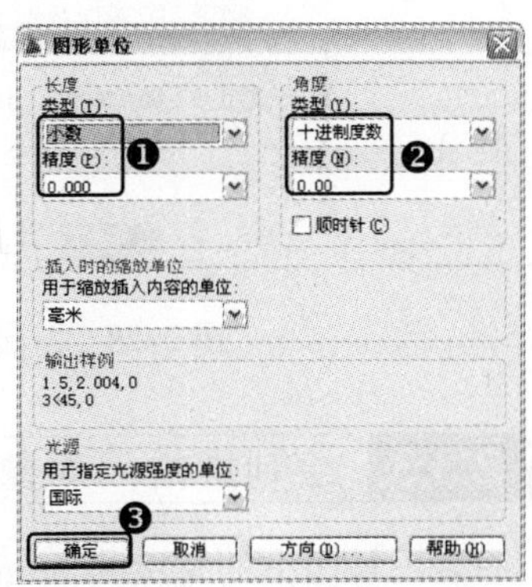

图 2-26　图形单位设置

3）选择“格式|图形界限”菜单命令，依照提示，设定图形界限的左下角为（0，0），右上角为（5000，5000）。

4）在命令行输入命令“Z/空格/A”，使输入的图形界限区域全部显示在图形窗口内。

2.3.2 图层的规划

绘制门平面时的图层规划主要需要设置正确的线型、线宽以及适当的颜色。依据建筑制图标准规定，门窗轮廓为细线，在此采用的宽度为0.09毫米。

1）单击“图层”工具栏的“图层”按钮，打开“图层特性管理器”面板，单击“新建图层”按钮，AutoCAD 自动创建名为“图层 1”的新图层，将其名称改为“门块”，再单击“图层管理器”按钮，把新建的图层置为当前，如图2-27所示。

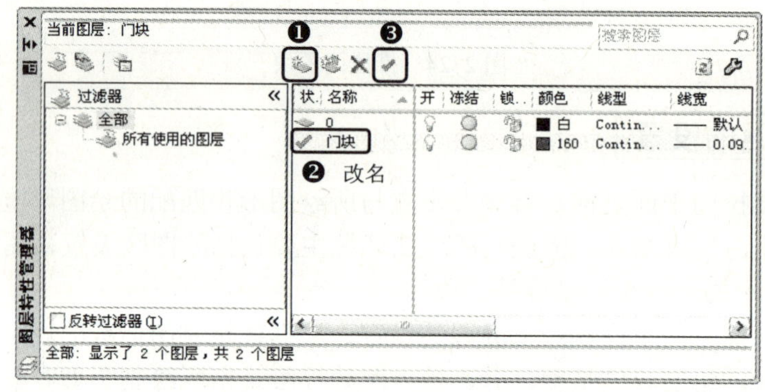

图2-27 “图层特性管理器”面板

2）单击图层状态行的颜色项，打开“选择颜色”对话框，选取红色，然后单击“确定”按钮完成颜色设置，如图2-28所示。

3）单击图层状态行的线宽项，打开“线宽”对话框，选取0.09毫米，然后单击“确定”按钮完成线宽设置，如图2-29所示。然后关闭“图层特性管理器”面板。

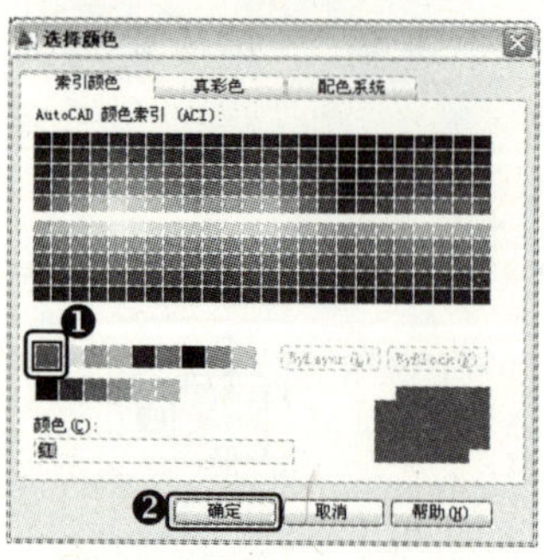

图2-28 图层颜色设置

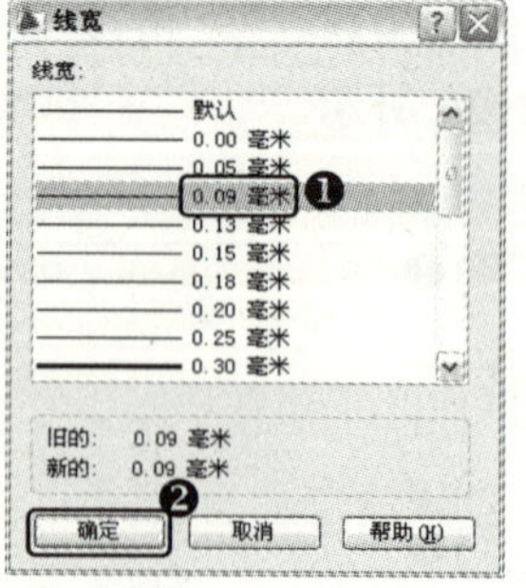

图2-29 图层线宽设置

2.3.3 绘制推拉门对象

现已知门框的宽度为60mm，门的总宽度为3000mm，门两边为750mm的固定扇，中间为两扇750mm的推拉扇，其绘制的步骤如下。

1）单击图形区下方的“正交”按钮，采用正交绘图模式，单击“绘图”工具栏的“矩形”按钮，开始绘制 750×60 的矩形。

2）单击“修改”工具栏的“复制”按钮，把矩形依次向右侧连续复制 3 次，如图 2-30 所示。

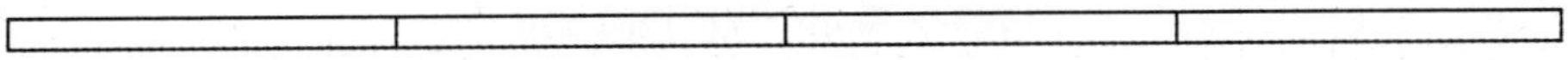

图 2-30 绘制矩形并复制

3）右击状态栏的“对象捕捉”按钮，从弹出的浮动菜单中选择“设置”命令，打开“草图设置”对话框，勾选“中点”对象捕捉方式。关闭操作设置对话框，单击图形区下方“对象捕捉”按钮，进入对象捕捉绘图状态。中点捕捉方式设置如图 2-31 所示。

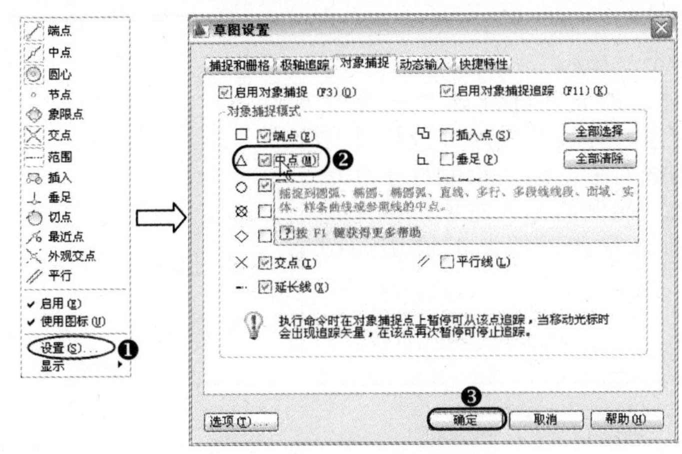

图 2-31 选择中点对象捕捉方式

4）单击“移动”按钮，选择中间的一个矩形后右击鼠标结束选择，然后按照如图 2-32 所示分别给出移动基点和目的点，把矩形向左下方移动。

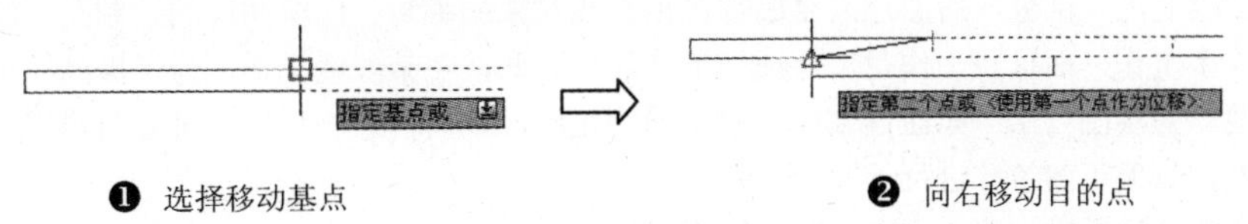

❶ 选择移动基点　　❷ 向右移动目的点

图 2-32 移动矩形

5）用同样的方法，把中间的另一个矩形向右下方移动。

6）用直线命令再分别在两边的矩形之间绘制两条直线后，单击图形区下方的“对象追踪捕捉”按钮后，再用直线命令在门下方适当位置绘制开启指示箭头，门最后绘制完成，如图 2-33 所示。

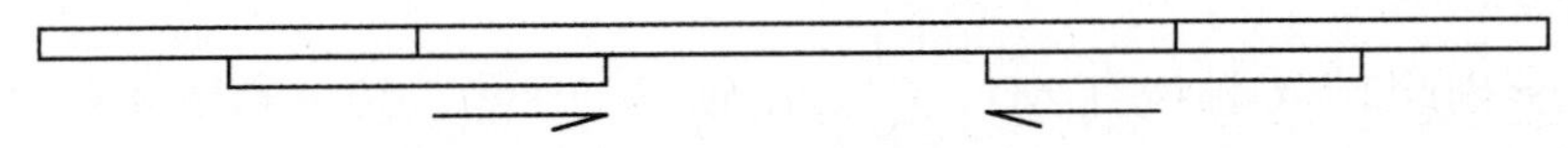

图 2-33 推拉门平面图

7）输入命令 base，选择门框左下角为图块基点，如图 2-34 所示。

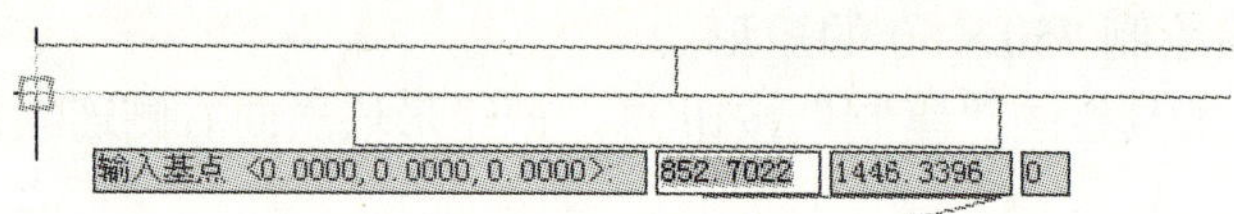

图 2-34　给出外部图块的基点

8）单击 AutoCAD 2012 左上角的“保存”按钮，把图形以“推拉门.dwg”文件名保存到磁盘适当文件夹“案例\02”，以备后用。

2.4　实例精解——绘制墙体对象

◎ 案例文件：案例\02\墙体.dwg
◎ 视频文件：案例\02\墙体.avi

在绘制墙块时，首先新建建筑平面图文件，再设置图层对象，并设置其尺寸及标注样式，以及绘制辅助线对象，然后绘制柱子和墙体对象，最后插入同比例的图块对象，以及进行尺寸和文字的标注操作。绘制的墙块如图 2-35 所示。

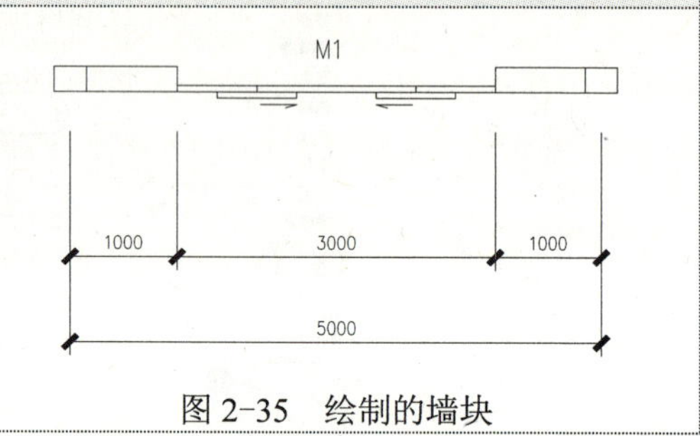

图 2-35　绘制的墙块

提示

建筑平面图的墙线绘制可以通过“绘图｜多线”命令进行，在绘制多线之前，首先需要通过“格式｜多线样式”菜单命令，建立绘制墙线的多线样式。在用多线绘制好建筑平面的墙线之后，仅仅完成了建筑平面图绘制的一部分，后面还需要进行包括多线对象的编辑、门窗洞口的绘制及墙线的剪裁、尺寸的标注等很多工作，而这些工作是十分烦琐复杂的。因此，在某些情况下，为了提高绘图速度，应该考虑采用其他一些绘图方法：如通过轴线偏移出墙线轮廓，之后再绘制窗户并进行剪裁修改，或者通过其他的绘图软件如天正建筑等进行。

本实例介绍一种通过创建墙块来绘制建筑平面图的绘图方法。该方法可以和偏移命令联合，完成其他没有门窗洞口墙线的绘制来完成整个建筑平面图。

2.4.1　建筑平面图的规律分析

从如图 2-36 所示建筑平面图可以发现，在 A 轴线有两个通往阳台的房间都是含有推拉门 M1 的墙和两个有窗户 C1 的墙体，在 E 轴线分别是两对开间分别为 3600 和 5400 的两个对称有窗户的墙。

如果事先分别绘制 A 轴线有 M1、C1，E 轴线①～③、③～④等 4 端墙，并把它们制作成图块，就可以很方便地把它们插入到建筑平面图中，而不必重复进行烦琐的剪裁工作。

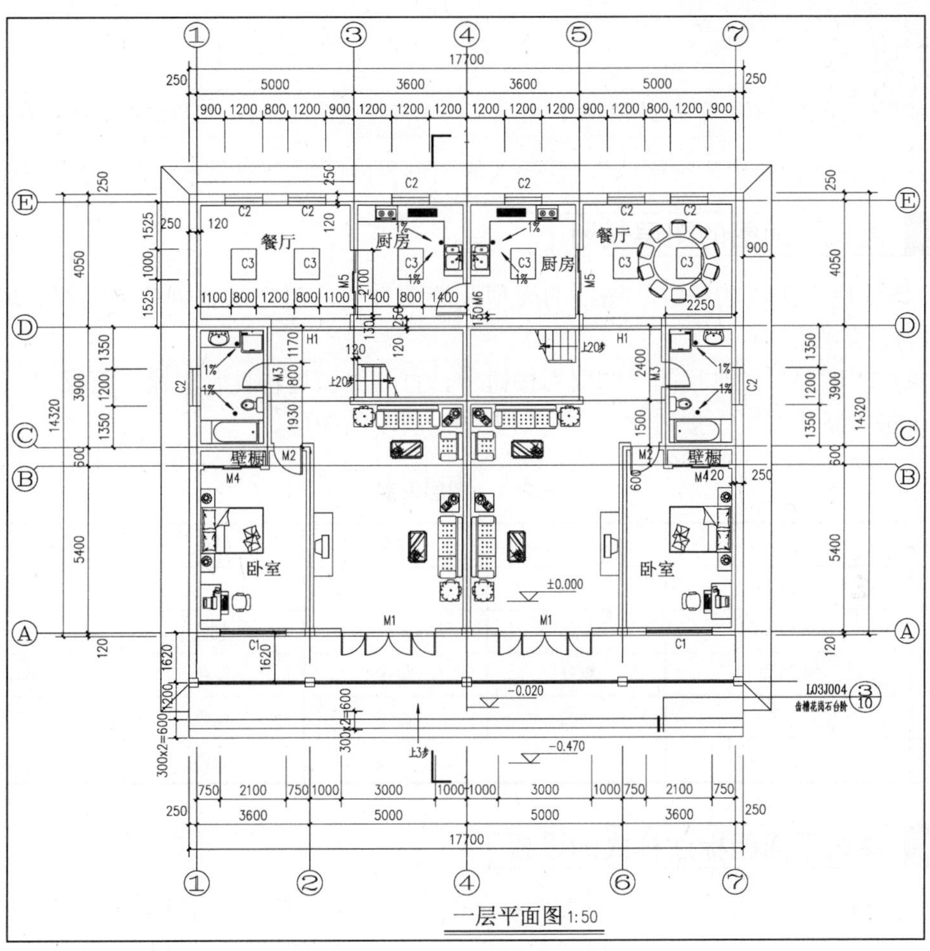

图 2-36　招待所辅楼示意图

2.4.2 建筑平面图文件的创建

依据制图标准，建筑平面图中的墙体轮廓线要用中粗线，门窗及尺寸标注需要用细线，因此需要创建不同的图层。同时为了加快绘图效率，在绘制的墙体块中同时要进行尺寸标注，需要进行尺寸标注样式设定。

绘图环境设置包括设置绘图比例、图形极限等，在实际绘图时，需要根据实际情况决定是否执行此步操作。

1）正常启动 AutoCAD 2012 软件，单击“标准”工具栏上的“新建”按钮，打开“选择样板”对话框，然后选择“acadiso”作为新建的样板文件。

2）选择“格式 | 单位”菜单命令，打开“图形单位”对话框，将长度单位类型设定为“小数”，精度为“0.000”，角度单位类型设定为“十进制”，精度精确到小数点后两位“0.00”。

3）选择“格式 | 图形界限”菜单命令，依照提示，设定图形界限的左下角为（0，0），右上角为（420000，297000）。

提示

图形界限的设置不必拘泥于与图形大小相同的值，在实际绘图过程中，可以设置一个大致区域。

在命令行输入命令“Z/空格/A”，使输入的图形界限区域全部显示在图形窗口内。

2.4.3 建筑平面图的图层规划

考虑墙体块中图线的线宽、图线的类型及绘图方便，用户需要创建辅助线、墙线、门窗、尺寸标注等图层。

1）单击“图层”工具栏的“图层”按钮，打开“图层特性管理器”面板。

2）单击“新建图层”按钮，创建如表2-1所示的图层。

表2-1 图层设置

序号	图层名	线宽	线型	颜色	打印属性
1	墙线	0.18	实线	灰色	打印
2	柱	0.18	实线	灰色	打印
3	辅助线	默认	实线	红色	不打印
4	门窗	0.09	实线	蓝色	打印
5	尺寸标注	0.09	实线	黑色	打印

2.4.4 建筑平面图标注样式的设置

尺寸标注样式的设置是依据建筑制图标准的有关规定，对尺寸标注各组成部分的尺寸进行设置，主要包括尺寸线、尺寸界线参数的设定，尺寸文字的设定，全局比例因子、测量单位比例因子的设定。

1）单击“标注”工具栏的“标注样式”按钮，打开“标注样式管理器”对话框，单击“新建”按钮，打开“创建新标注样式”对话框，新建样式名定义为“建筑平面标注”，单击“继续”按钮，则进入“新建标注样式”对话框，如图2-37所示。

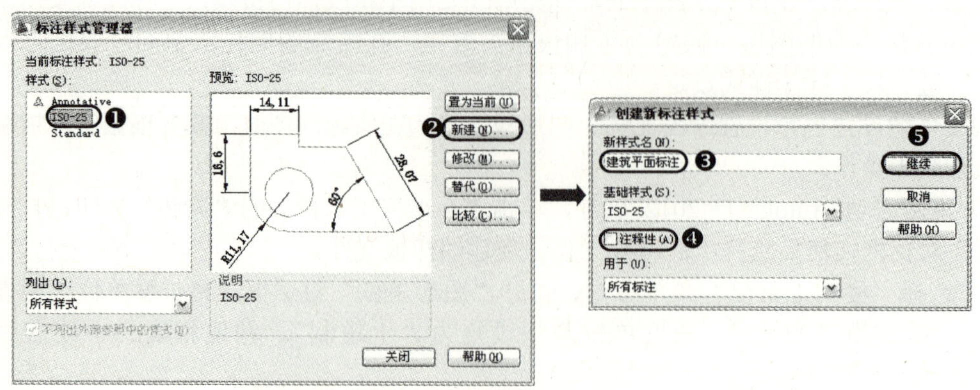

图2-37 创建新标注样式

2）单击“线”选项卡，设置尺寸线、尺寸界线的参数。在“尺寸线”区，各选项的内容一般不需作任何修改，在“尺寸界线”区，前 4 个选项的内容一般不作修改，将“超出尺寸线”的数值设为 2～3mm，“起点偏移量”的数值设为 5，如图 2-38 所示。

提示

“起点偏移量”值，制图标准规定离开被标注对象的距离不能小于 2mm，绘图时应根据选取尺寸线起止点位置而设定。

3）单击“符号和箭头”选项卡，将“箭头”区前两个选项的内容都选为“建筑标记”，第四个选项“箭头大小”的数值设为 2，“圆心标记”、“弧长符号”、“折断标注”等选项区的内容一般不需设置，如图 2-39 所示。

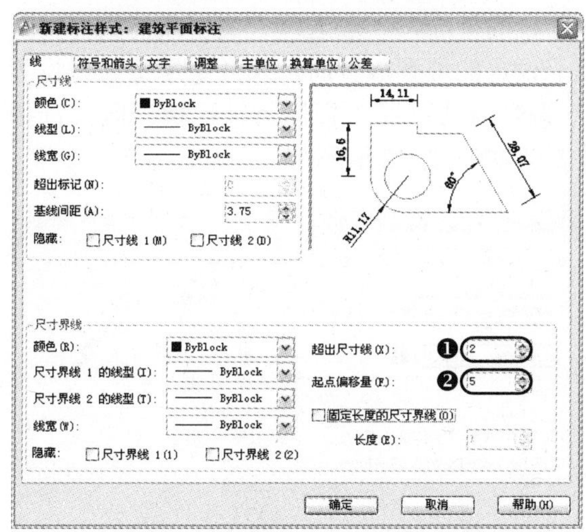

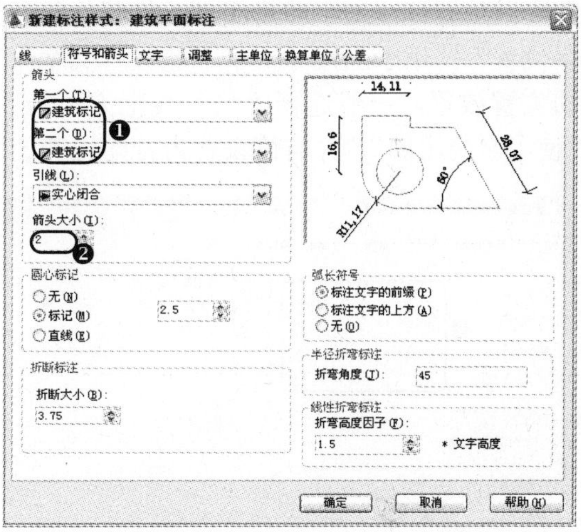

图 2-38 尺寸线及尺寸界线的设置

图 2-39 符号和箭头的设置

4）进入“文字”选项卡，单击“文字外观”区中的“文字样式”下拉列表右侧的□按钮，打开“文字样式”对话框，创建标注尺寸用的文字样式，如图 2-40 所示。

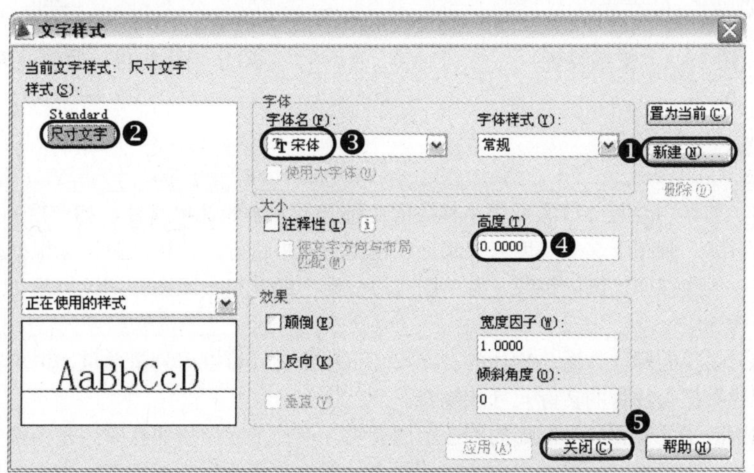

图 2-40 创建标注尺寸用的文字样式

5）同时创建文字样式“门窗名称”，设置字体为“simplex.shx”，字体高度为175。

提示

“门窗名称”文字用来通过单行文字命令在图形内书写门窗名称，由于门窗名称文字打印到图纸上的高度是3.5mm，此时图形的打印比例预设为1∶50，所以文字样式内的文字高度为3.5×50=175。

6）选择前面专门为尺寸标注设置的文字样式“尺寸文字”，“文字颜色”和“填充颜色”内容不作修改，设置“文字高度”为3.5；在“文字位置”区，“垂直”栏选择“上”，“水平”栏选择“居中”，“从尺寸线偏移”的数值可不作修改；在“文字对齐”区，选择“与尺寸线对齐”，如图2-41所示。

7）单击“调整”选项卡，其中“调整选项”区用于设置当尺寸界线之间没有足够的空间同时放置标注文字和箭头时，将其如何移到尺寸线的外面，一般选择“文字或箭头”；“文字位置”区用于当尺寸文字不能按“文字”选项卡设定的位置放置时，尺寸文字按这里设置的位置放置，一般选择“尺寸线上方，带引线”调整方式；在“标注特征比例”区，选择“使用全局比例”，并将值设置为打印比例的倒数50，如图2-42所示。

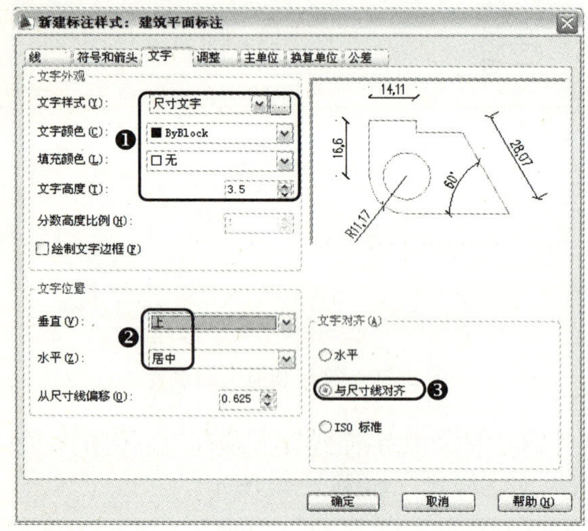

图2-41　文字设置

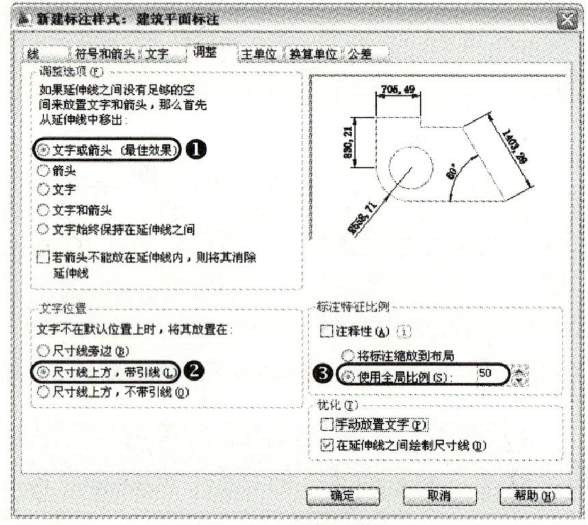

图2-42　调整设置

提示

全局比例因子的作用是整体放大或缩小标注的全部基本元素的几何尺寸，如文字高度设定为3.5，全局比例因子为100，则图形文字高度为350。在模型空间中进行尺寸标注时，应根据打印比例设置此项参数值，其值一般为打印比例的倒数。本节图2-36给出的建筑平面图打印比例是1∶50，则本实例的全局比例因子为50。

当标注实物时获得的标注数据与物体的实际尺寸不相符时，可以用测量单位比例对标注数据进行放大或缩小，使标注数据与物体的实际尺寸相吻合。

测量单位比例因子的设置只与图形的缩放比例有关。不管是模型空间打印还是图纸空间打印，只要对图形进行了缩放，都要在缩放图形对应的标注样式中调整测量单位比例因子。测量单位比例因子的值与图形的缩放比例成反比，如果一个图形放大了5倍，则对应标注样式的测量单位比例就是1|5，对

于同比例内部图块或同比例外部图块，此数值设为 1。

8）单击“主单位”选项卡，在“线性标注”区中的“单位格式”下拉框中选择小数，精度为 0。在“角度标注”区中的“单位格式”下拉框中选择十进制度数，精度也选为 0，本例在绘图时不存在图形缩放问题，所以测量单位比例因子设为 1，如图 2-43 所示。

9）在建筑制图中一般不需设置“换算单位”和“公差”选项卡上的任何内容。

10）单击“关闭”按钮，关闭“标注样式管理器”对话框，完成尺寸标注样式的设置。

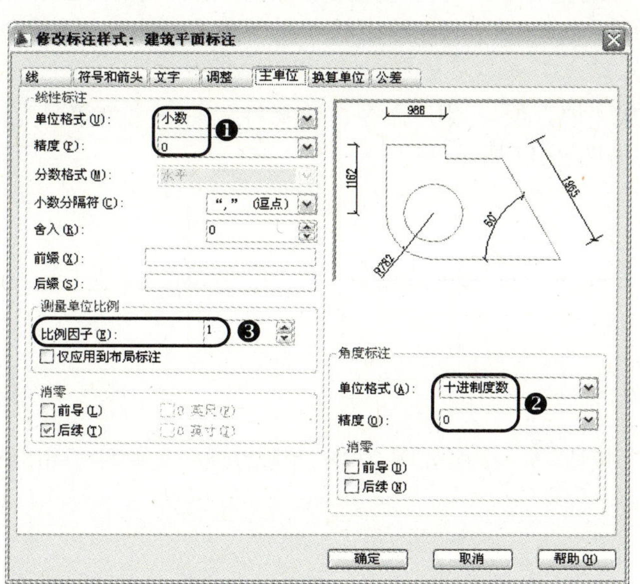

图 2-43 “主单位”选项卡设置

2.4.5 建筑平面图辅助线的绘制

在绘制墙块时，为了便于墙体定位，首先需要绘制相应的辅助线。辅助线主要根据建筑轴线绘制，其长度和位置不需十分准确，选择适当的位置和长度即可。

1）单击“图层”工具条的“图层控制”下拉列表框，将“辅助线”置为当前层，如图 2-44 所示。

2）按 F8 键打开“正交”模式，利用“直线”命令或“偏移”命令，在图形窗口的适当位置绘制辅助线。辅助线的绘制方法是用 line 命令绘制第一条垂直直线，再用 offset 命令偏移 5000 生成第二条竖直辅助线，之后用 line 命令绘制一条水平辅助线，如图 2-45 所示。

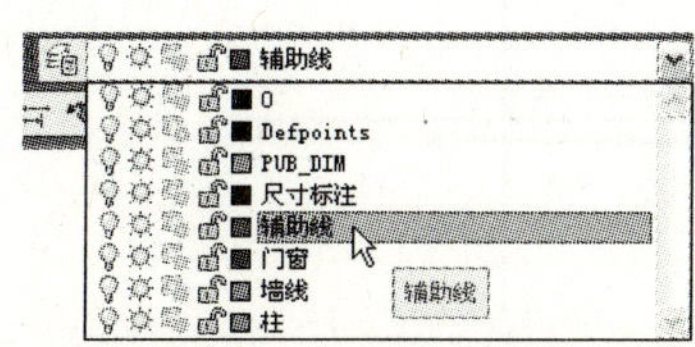

图 2-44 图层选择

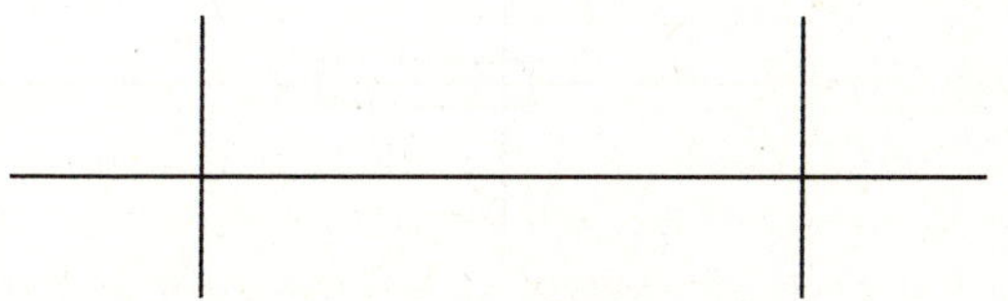

图 2-45 绘制辅助线

2.4.6 建筑平面图柱和墙体的绘制

墙体和柱子可以通过绘制矩形命令进行，在这里运用透明命令 from，很方便地通过辅助线交点为绘图参考基点进行墙体和柱子定位。另外在绘制墙体和柱子过程中，可以通过复制命令，加快绘图速度。

1）单击“图层”工具条的“图层控制”下拉框，将“柱”置为当前层，并单击“线宽”显示按钮，打开线宽显示。单击“矩形”按钮后，输入 from 透明命令，选择辅助线交点为基点，之后输入(@-150,-120)给出柱子左下角第一点，再输入（@300,240）绘制柱子，如图 2-46 所示。

2）把当前层改成“墙”层，用命令，选择柱子右下角为第一点，以（@850，240）为第二点绘制墙体，如图 2-47 所示。

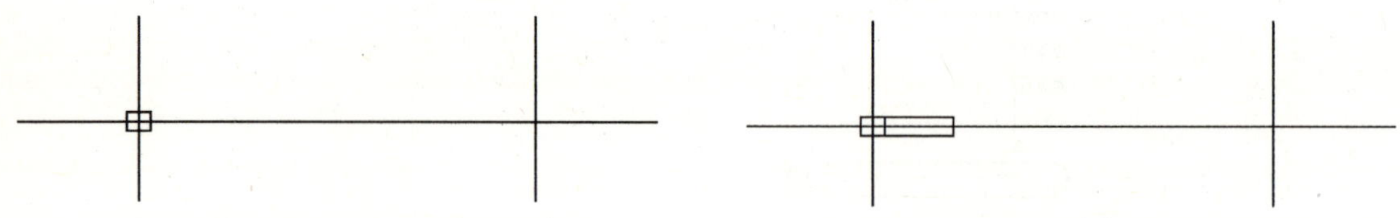

图 2-46　绘制柱子　　　　图 2-47　绘制墙体

3）单击“复制”按钮，按照如图 2-48 所示的顺序复制柱子和墙体到另一端，得到如图 2-49 所示的图形。

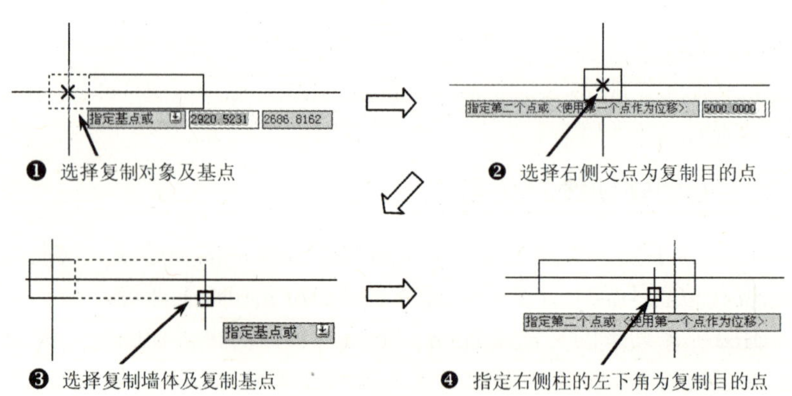

图 2-48　复制柱子和墙体

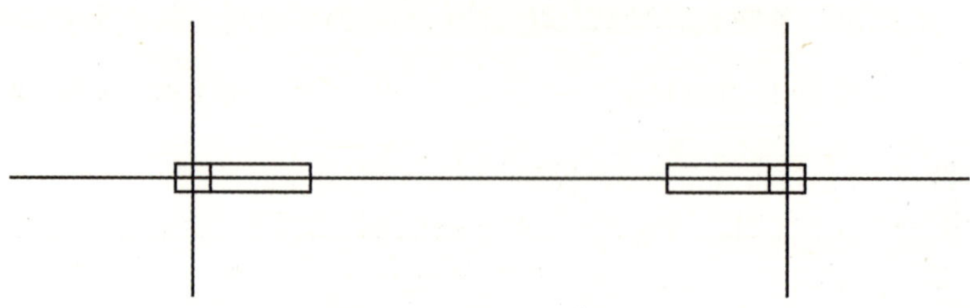

图 2-49　复制后的图形

2.4.7 外部同比例图块的插入

通过插入已经绘制好的图块可以加快绘图速度。图块插入之前需要检查当前工作图层，本例中插入的推拉门图块是建立在“推拉门”图层上的，所以插入到当前图层后，当前图层对它没有控制效应。如果“推拉门”是建立在浮动图层”0”层上，则要特别注意当前工作图层对浮动图块的控制效应。

单击“插入”按钮，从磁盘上找到文件“推拉门.dwg”，把它插入到前面绘制的图形中，图块插入比例取为 1∶1，得到如图 2-50 所示的图形。

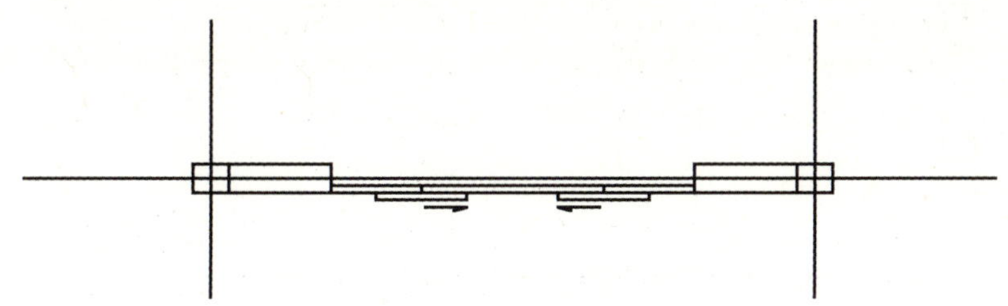

图 2-50　插入推拉门后的图形

2.4.8 建筑平面图尺寸及文字的标注

标注文字和尺寸是要注意选择适当的尺寸标注和文字标注样式，同时采用适当的尺寸标注方式。

1）单击“标注样式”按钮，打开“标注样式管理器”，把“墙体尺寸”标注样式设置为当前样式，之后通过“线型标注”标注如图 2-51 所示左边的第一道 1000 尺寸线，再通过“连续标注”标注 3000 和 1000 尺寸线，最后用标注轴线尺寸 5000。

2）单击“文字”工具栏的“选择文字样式”下拉框，把“门窗名称”设置为当前文字样式，如图 2-52 所示。单击“单行文字”按钮，在图形的推拉门上方选择文字输入点及文字行角度为 0 之后，输入“M1”，按 Enter 键结束门窗名称输入。

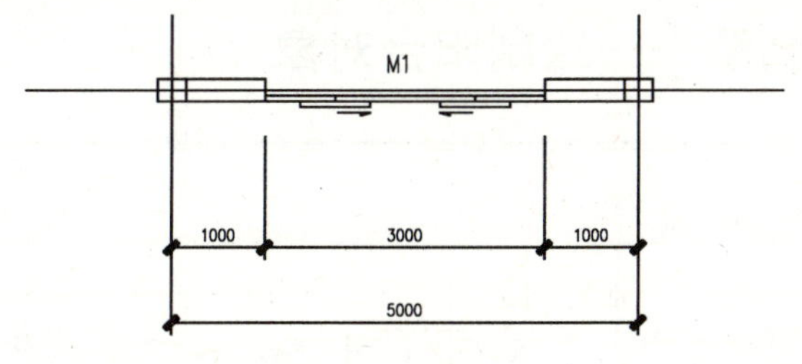

图 2-51　标注尺寸

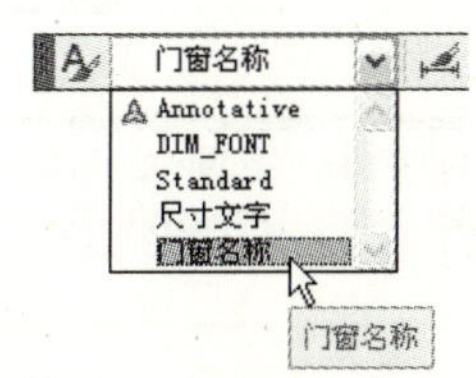

图 2-52　选择当前文字样式

3）输入 base 命令，选择辅助线左边交点为图块基点。

4）单击“图层”工具栏的“图层管理器”按钮，打开“图层特性管理器”面板，如图 2-53 所示，单击“辅助线”图层对应的 把它变成 ，把“辅助线”图层关闭。操作完毕关闭“图层特性管理器”面板，可以见到图形窗口内看不到红色辅助线了，如图 2-54 所示图形。

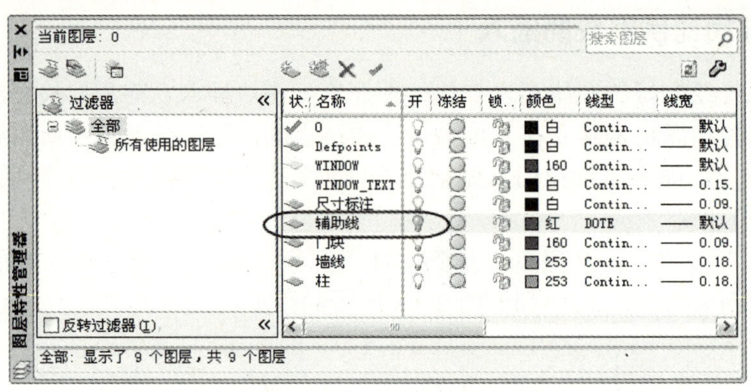

图 2-53　关闭“辅助线”图层

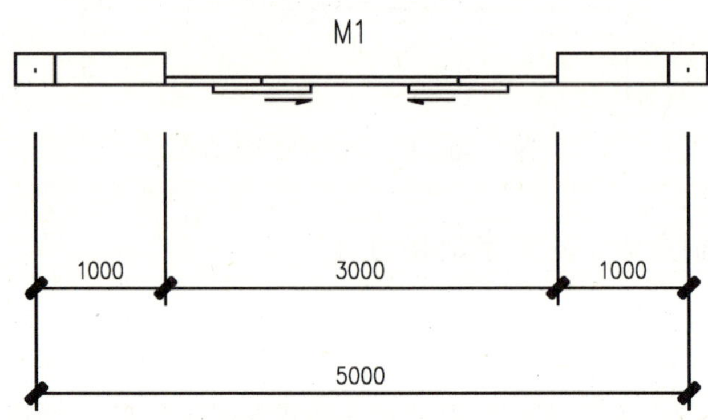

图 2-54　关闭辅助线图层之后的图形

5）单击“绘图”工具栏的“创建块”按钮，打开图块创建对话框，创建名称为“M1”的内部图块。

6）把图形以“墙体.dwg”为文件名，将外部图块保存到磁盘以备后用。

2.5　实例精解——绘制阳台对象

◎ 案例文件：案例\02\阳台.dwg
◎ 视频文件：案例\02\阳台.avi

与墙体块一样，如果一个建筑平面有多个相同的阳台，也可以先绘制一个阳台并把它制作成图块，之后插入到其他有同样的阳台的房间。本部分将在前面墙体块的基础上，利用墙体块已有的绘图环境及绘图设置，通过创建图层分组以及图案填充，实现阳台块的快速绘制。绘制的阳台块如图 2-55 所示。

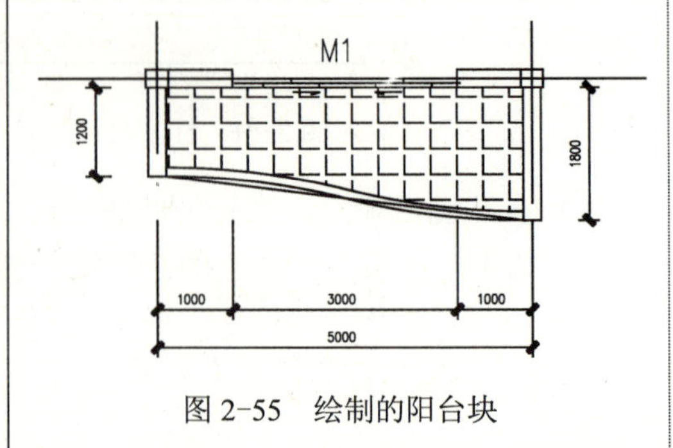

图 2-55　绘制的阳台块

2.5.1 创建层分组过滤器

在绘图过程中，如果创建的图层过多或图层来源十分复杂，为了便于实现对图层的管理，应该使用图层分组过滤器来进行管理。通过图层分组，可以把在绘图时需要统一管理的图层分到一个组，这样就可以方便地实现图层的关闭、冻结等操作。

1）单击 AutoCAD 2012 界面左上角的“打开”按钮，打开“案例\02\墙体.dwg”文件。

2）单击“图层”工具栏的“图层特性”按钮，打开“图层特性管理器”面板后，单击位于面板框左上位置的“新建组过滤器”按钮，创建名称为“参考图组”的层组。同样操作，建立“阳台”图层组，如图 2-56 所示。

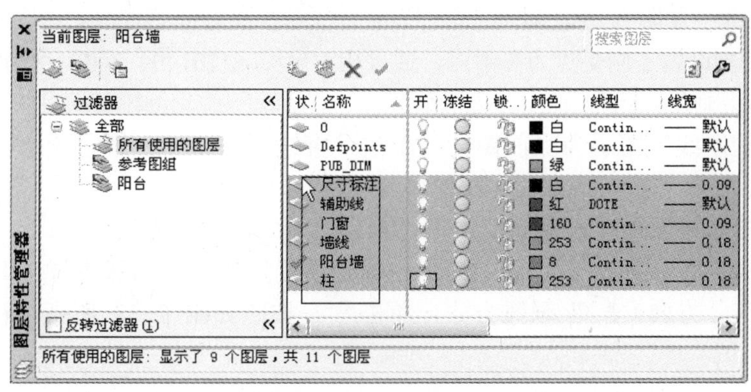

图 2-56 创建图层分组

3）先选中“图层特性管理器”左侧“过滤器”栏目下的“所有使用的图层”，之后在“图层特性管理器”右边图层列表下方，按下鼠标左键后不要抬起，向左上方移动鼠标选中所有图层，继续向左移动到“过滤器”的“参考图组”上，抬起鼠标左键。此时选中的图层就会被划分到“参考图组”，如图 2-56 所示。

4）选取如图 2-56 所示的“阳台”层组后，再单击“新建图层”按钮，创建用于绘制阳台的图层，对图层的线宽、颜色进行设定，并把“阳台墙”图层设置为当前层，设定结果如图 2-57 所示。

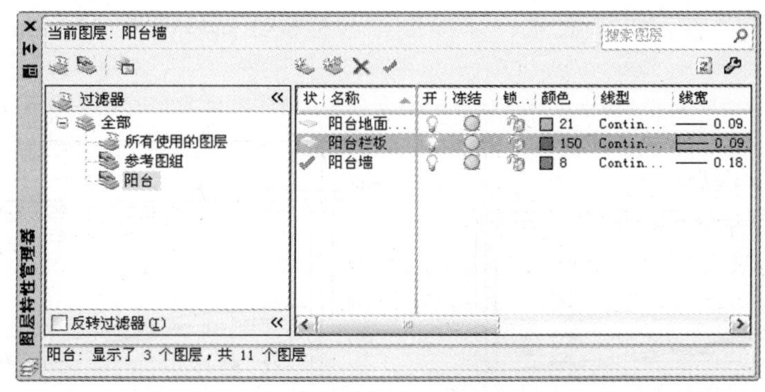

图 2-57 阳台图层分组中的新建图层列表

2.5.2 绘制阳台墙体对象

阳台墙体的绘制包括用直线和圆弧命令绘制直线墙和弧形栏板。在绘制阳台两端直墙时用到选择基点透明命令 from、相对坐标画线方式、对象捕捉方式确认两线垂足等操作。弧形栏板绘制用到（起点、端点、方向）弧线的画法，以及通过偏移命令得到栏板的另一面弧线。

1）确认图形区下方的“对象捕捉”按钮被按下，进入对象捕捉绘图方式。

2）单击绘制“直线”按钮后，输入 from 命令，选中红色辅助线左边的交点为绘制前提参考基点，之后一次输入相对坐标（-120，0）、（0，-1200）、（-240，0）后，移动鼠标到交点附近的柱子轮廓之上，AutoCAD 会自动捕捉到正在绘制的直线段与柱子轮廓的垂足后，按下鼠标左键绘制阳台左边墙体。

3）同样选择辅助线右侧交点为参考点，通过相对坐标（120，0）、（0，-1800）、（-240，0）以及通过自动捕捉垂足，绘制阳台右边墙体。

4）选择“辅助线”图层为当前图层，单击“直线”按钮，通过阳台两端墙的角点绘制一条参考直线。

5）通过“图层特性管理器”面板，把“阳台栏板”图层置为当前层。

6）单击“画弧”按钮右边的按钮，展开被遮挡的其他画弧方式工具栏，选中其中的“（起点、端点、方向）”画弧方式，单击，按照如图 2-58 所示过程绘制阳台栏板弧线。

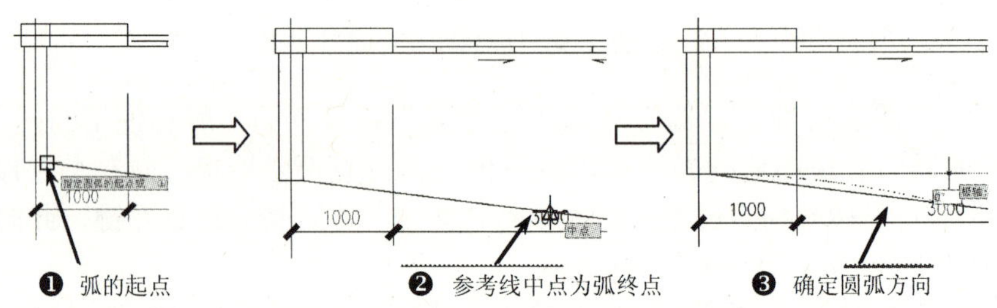

图 2-58　绘制阳台栏板的第一条弧线

7）用同样的方法，绘制另一条弧线，得到如图 2-59 所示的图形。

8）单击“偏移”按钮，把上一步绘制阳台栏板线向里偏移 120mm，得到如图 2-60 所示的图形。

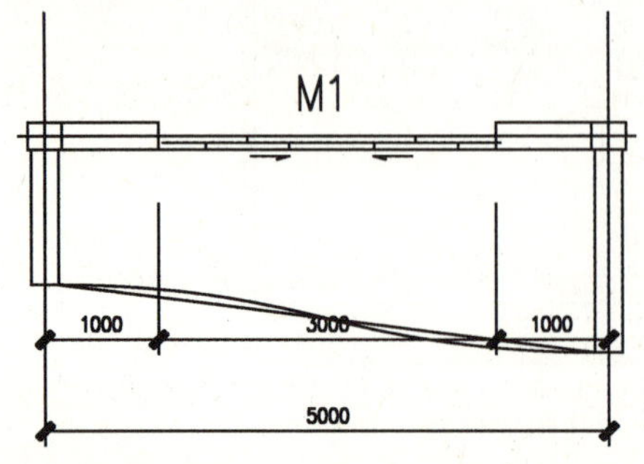

图 2-59　绘制阳台栏板的另一条弧线

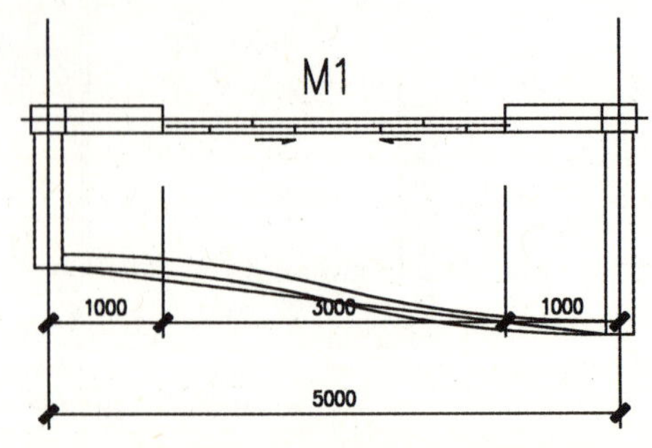

图 2-60　偏移阳台栏板弧线

2.5.3 布置阳台地面图案

阳台地面面砖图案可以通过图案填充来实现。图案填充的关键是选择填充图案和设定填充比例，图案填充是必须保证填充区域是密闭的，在填充比例不好确定的情况下，可以通过填充预览观察填充效果，当预览效果不佳时，可以继续用鼠标左键单击填充区域，回到“图案填充和渐变色”对话框修改填充比例。

1）单击“绘图”工具栏的“图案填充”按钮，打开“图案填充和渐变色”对话框，如图 2-61 所示，选择填充图案为“ANGLE”，填充比例设为 50 后，单击该对话框的“边界”栏的“添加：拾取点”按钮，对话框会自动隐藏，之后在阳台地面内任意点位置单击鼠标左键，AutoCAD 自动捕捉到的填充区域边界会用虚线显示出来，此时可以继续单击其他填充区域，填充区域选择完毕，右击鼠标，在弹出的浮动菜单中单击“预览”，观察填充效果，如果效果适当，右击鼠标结束填充。填充后的图形如图 2-62 所示。

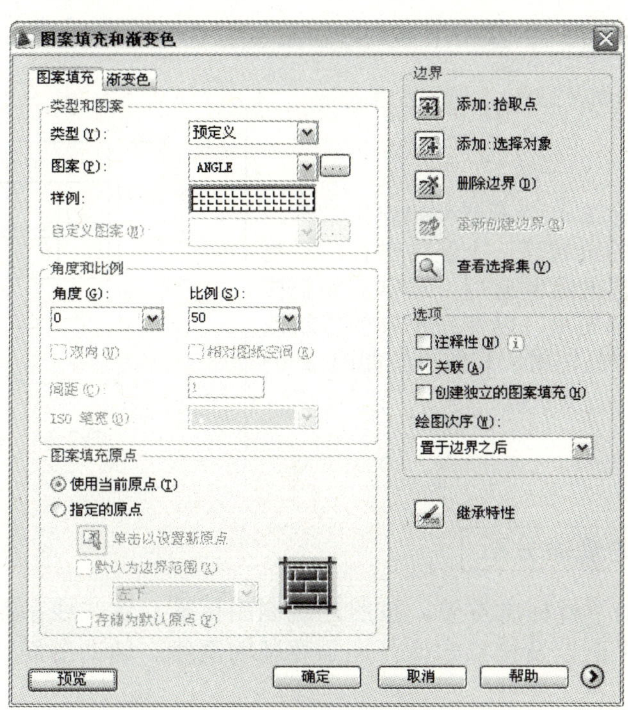

图 2-61 “图案填充和渐变色”对话框

2）选择“阳台尺寸标注”图层为当前图层，选择“墙体尺寸”标注样式为当前标注样式，标注阳台墙尺寸，如图 2-62 所示。

3）通过 base 命令设置左侧辅助线交点为图形基点。

4）打开“图层特性管理器”面板，选中“参考图组”图层分组过滤器，选中“参考图层”图层分组所有图层，单击 图标，关闭该组所有图层。

5）选择“文件 | 保存”命令，将图形以“案例\02\阳台.dwg”文件名保存到磁盘。

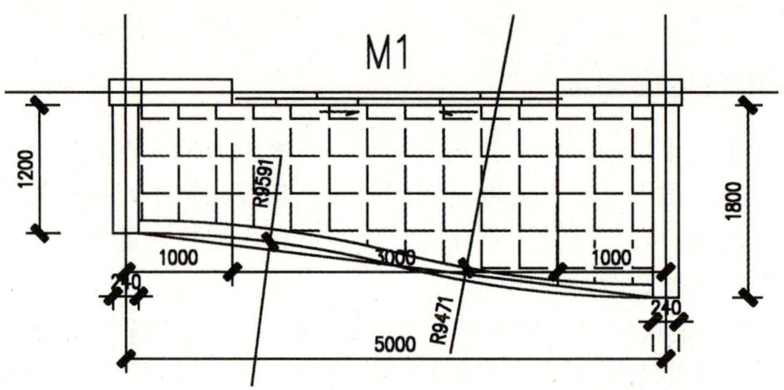

图 2-62　阳台地面面砖填充及尺寸标注

2.6　实例精解——绘制楼梯对象

◎ 案例文件：案例\02\楼梯.dwg
◎ 视频文件：案例\02\楼梯.avi

楼梯是多高层建筑中必不可少的建筑部件，在建筑制图中楼梯的绘制是一个经常进行的重要工作。为了加快图样的绘制速度，通常需要把楼梯绘制成内部或外部图块，以便在不同的建筑或建筑的不同楼层中重复使用，其效果图如图 2-63 所示。

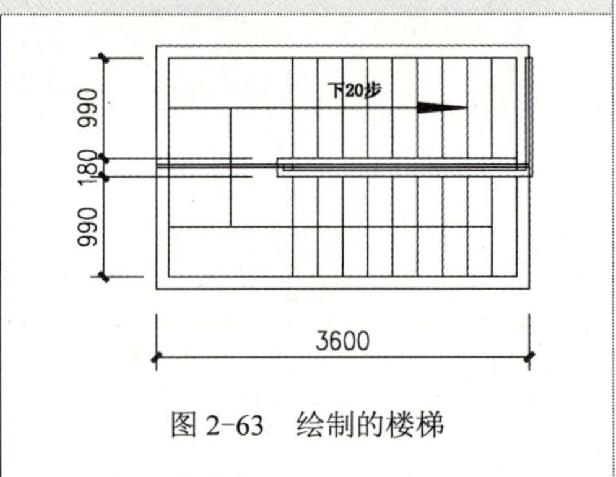

图 2-63　绘制的楼梯

2.6.1　楼梯图的规律分析

梯段折断线、上下行标志符等，按照建筑制图标准，这些线条都是实细线。另外，为了便于绘制楼梯平面以及楼梯定位，还需要辅助图线。辅助图线通常是与楼梯间的轴线重合。

楼梯剖面图包括楼梯踏步及楼梯板的剖面图线、楼梯踏步及楼梯段的投影线、楼梯栏杆、楼梯平台板等。楼梯剖面图线按制图标准，包括中粗实线、细实线等。必要的尺寸及标高符号，也要以细线绘制。绘制楼梯剖面的辅助线按楼梯轴线及楼面等所在位置绘制。

依据制图标准，楼梯平面图中的踏步及栏杆投影等要用细实线，还有绘图用的辅助线等。为了加快绘图效率，保证楼梯图块插入时不随插入图层的图线设置，需要创建不同的图层，把不同的图线绘制于相应的图层上。下面开始绘制如图 2-64 所示建筑平面图中的楼梯，并创建内部图块。

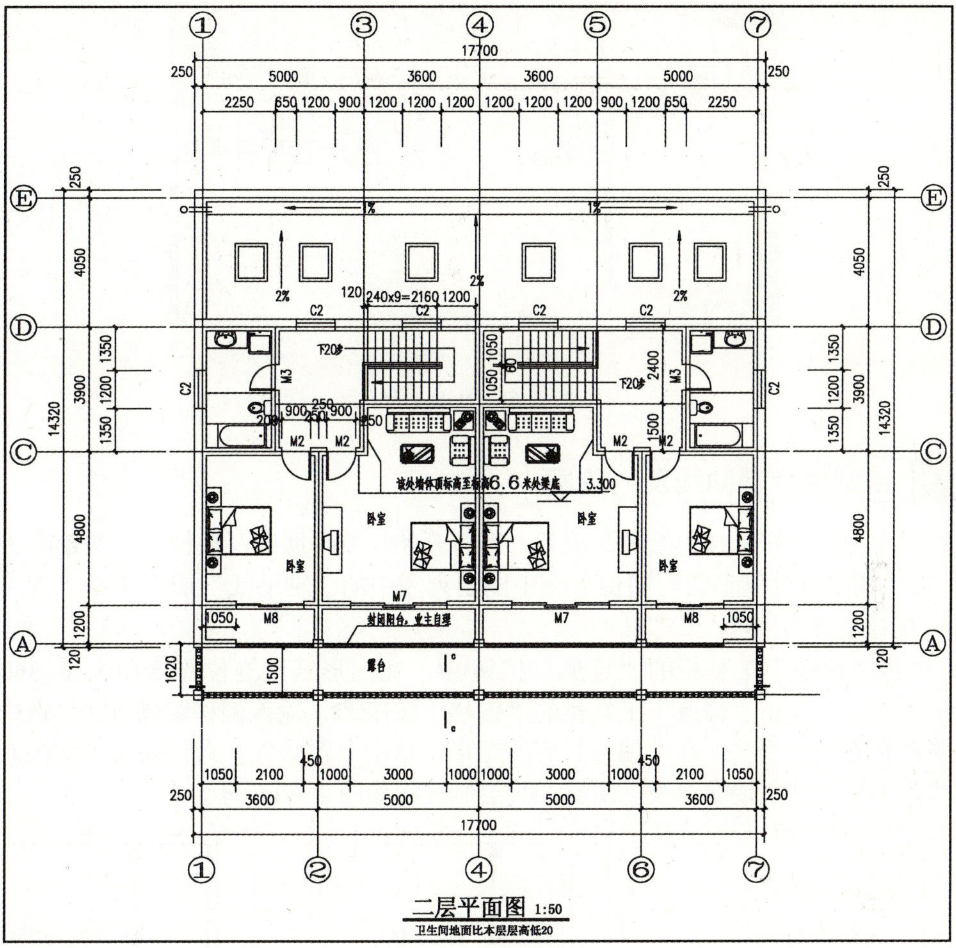

图 2-64　某建筑平面图

2.6.2 楼梯绘图环境的设置

如果是在绘制建筑平面图之前，单独创建楼梯图块，则需要进行包括设置绘图比例、图形极限等的绘图环境设置。在实际绘图时，需要根据实际情况决定是否执行此步操作。

1）正常启动 AutoCAD 2012 软件，单击工具栏上的“新建”按钮，打开“选择样板”对话框，然后选择“acadiso”作为新建的样板文件。

2）选择“格式 | 单位”菜单命令，打开“图形单位”对话框。把长度单位类型设定为“小数”，精度为“0.000”，角度单位类型设定为“十进制”，精度精确到小数点后两位“0.00”。

3）选择“格式 | 图形界限”菜单命令，依照提示，设定图形界限的左下角为（0，0），右上角为（420000，297000）。图形界限的设置不必拘泥于与图形大小相同的值，在实际绘图过程中，可以设置一个大致区域。

4）在命令行输入命令“Z | 空格 | A”，使输入的图形界限区域全部显示在图形窗口内。

5）参照前面的方法，创建如图 2-65 所示图层。

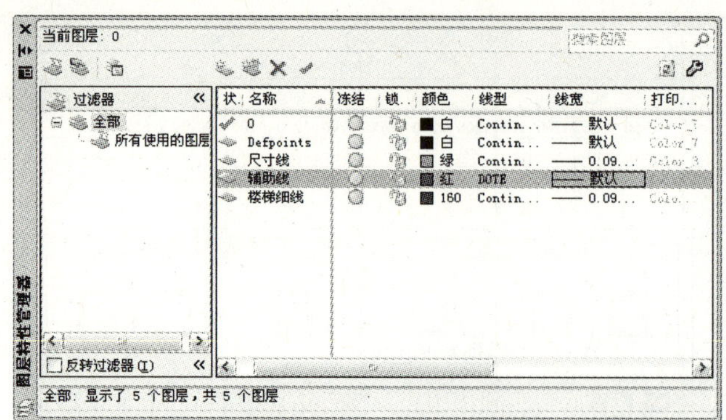

图 2-65　创建图层

2.6.3 绘制楼梯辅助线及内轮廓

在前面已经设置好楼梯的绘图环境后，即可开始绘制辅助线及楼梯内部的轮廓图形。

1）在“图层特性管理器”面板上选中图层列表中的“辅助线”层，单击“置为当前”按钮，把该层置为当前。

2）单击“绘图”工具栏的“矩形”按钮，在图形区适当位置绘制大小 3600mm×2400mm 的矩形。单击“修改”工具栏的“偏移”按钮，输入偏移距离 120，选中前面绘制的矩形并把它向内偏移。选中偏移之后的矩形，单击“图层”工具栏的“图层控制”下拉框，把该矩形修改到“楼梯细线”图层，其绘制过程如图 2-66 所示。

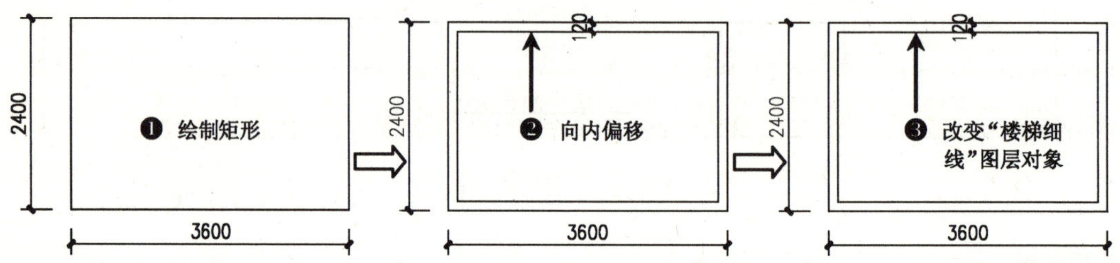

图 2-66　绘制辅助线及楼梯内轮廓

2.6.4 绘制楼梯平面右侧栏杆

1）把图层转换到“辅助线图层”，单击图形窗口下方的“对象捕捉”按钮后，取矩形辅助线的二个竖线中点为端点，绘制一条直线。单击“修改”工具栏的“偏移”按钮，把刚绘制的水平辅助线分别按 30 和 60 距离向上和向下偏移后，把偏移后得到的线改为“楼梯细线”图层，得到如图 2-67 所示图形。

2）执行“分解”命令（X），分解红色辅助矩形。

3）单击“修改”工具栏的“偏移”按钮，分别按 90 和 150 距离把分解后的辅助矩形右侧竖线向右偏移，得到如图 2-67 所示图形。

4）用鼠标左键选中如图 2-68 所示的虚线后，再选中红色夹点，向右移动鼠标到显示“×”型交点标记，按下鼠标左键，把图线快速拉伸，最后图形如图 2-67 所示。

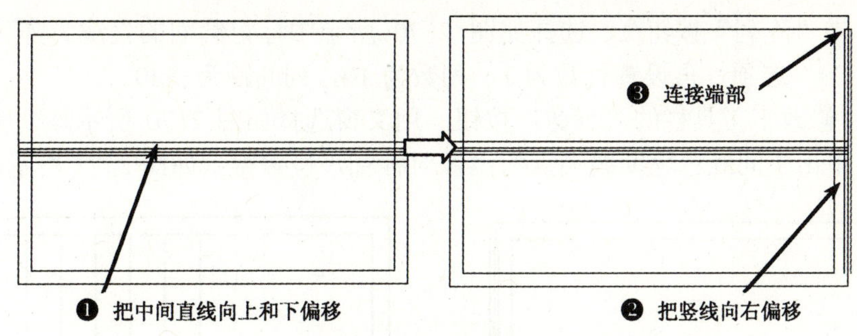

图 2-67　绘制楼梯栏杆

5）用直线连接如图 2-68 所示中右侧栏杆顶部两个端点。

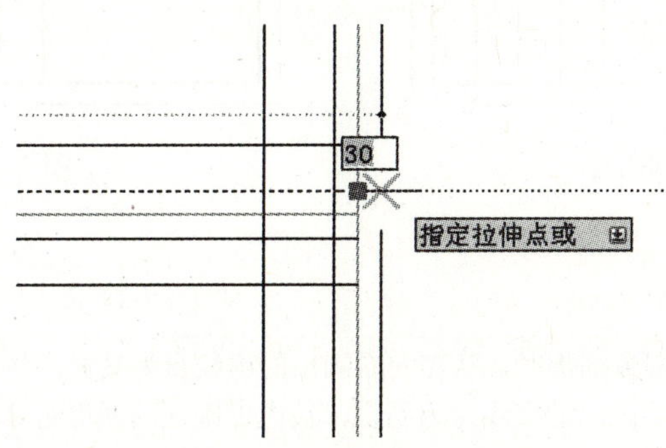

图 2-68　快速编辑拉伸操作

6）单击“修改”工具栏的“修剪”按钮后，选择如图 2-69 所示标有圆圈的图线为剪裁边界后，剪掉标记有“×”号的图线段，得到的图形如图 2-69 所示。

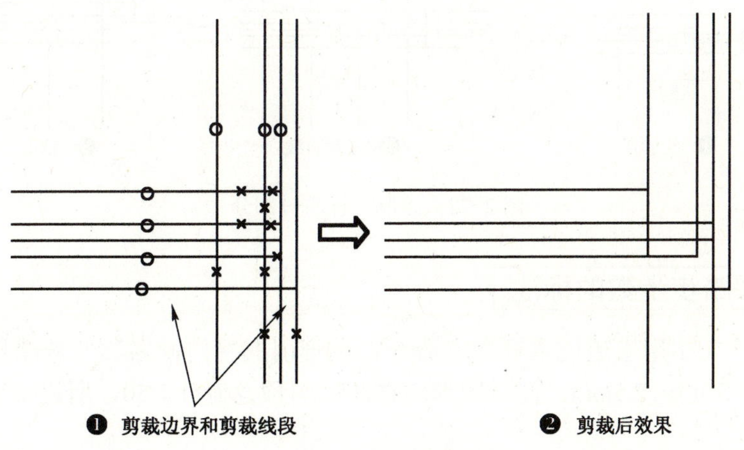

图 2-69　图形剪裁

2.6.5 绘制楼梯踏步

1）用矩形阵列命令绘制下方踏步板投影线。单击“修改”工具栏下侧的符号，展开

该工具栏，单击“阵列”按钮，选择如图 2-70 所示中标记圆圈的直线为阵列对象后，再选择“计数（C）”选项，再设置行数为 1，列数为 10，列间距为-240。

2）单击“修改”工具栏的“镜像”按钮，用叉窗选择如图 2-70 所示阵列所得图线为镜像对象后，再单击中间红色辅助线端点为镜像对称轴，镜像得到如图 2-71 所示的图形。

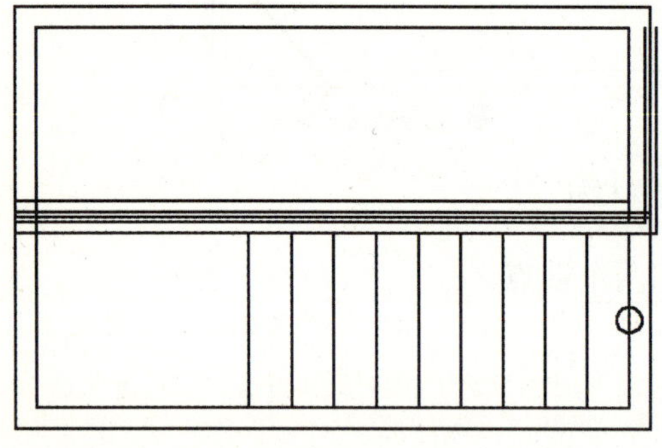

图 2-70 阵列图形

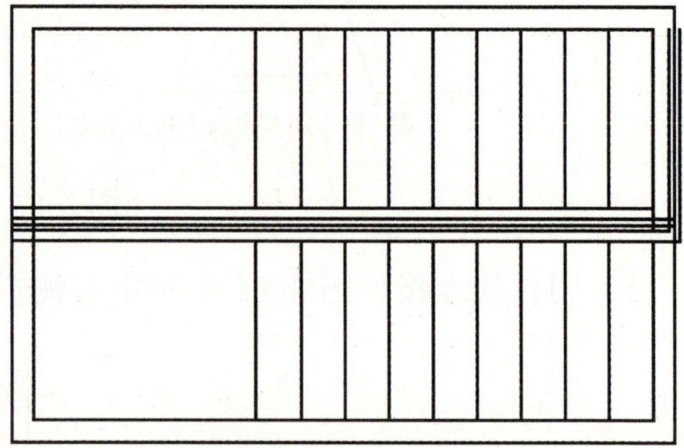

图 2-71 镜像图形

提示

在用窗口捕捉方式进行对象捕捉时，从左向右画出的虚线窗为叉窗，与叉窗相交以及被叉窗围住的图形对象将被选中。从左向右画出的实线窗为围窗，被围窗围住的图形对象将被选中。

3）使用“直线”命令绘制直线，并分别把直线向左偏移 90 及 180，之后修剪得到如图 2-72 所示最后的图形。

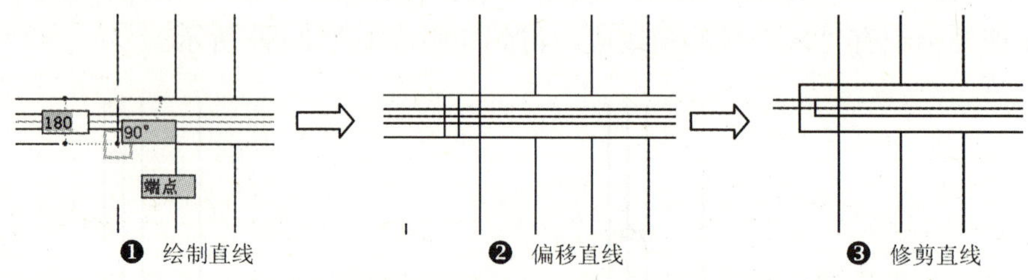

图 2-72 绘制栏杆右侧部分

2.6.6 楼梯踏步步数的标注

“门窗名称”文字用来通过单行文字命令在图形内书写门窗名称，若踏步步数标注文字打印到图纸上的高度是 2.5mm，此时图形的打印比例预设为 1∶50，所以文字样式内文字高度为 2.5×50=125。

1）同时创建文字样式“门窗名称”，设置字体为 simplex.shx，字体高度为 125。

2）选择前面专门为尺寸标注设置的文字样式“尺寸文字”，其“文字颜色”和“填充颜色”内容不做修改，单击“文字”工具栏的“文字样式”按钮，打开“文字样式”对话框，创建“楼梯步数”文字样式，并设置文字字体和文字高度，如图 2-73 所示，并把“楼梯步数”文字样式设为当前样式。

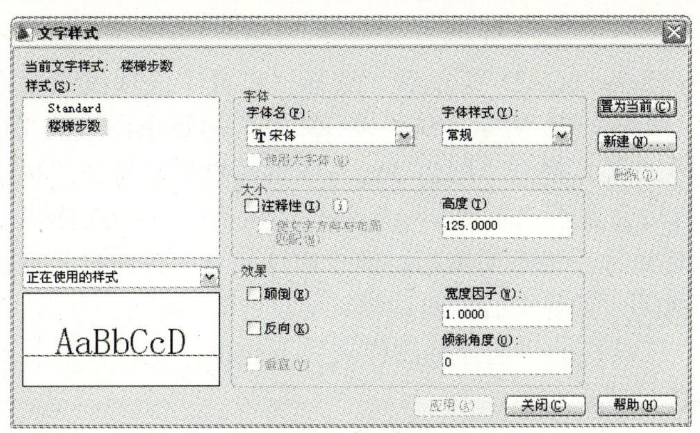

图 2-73　创建文字样式

3）单击“正交模式”按钮进入正交绘图模式，并确认处于“对象捕捉”状态。

4）把当前图层改为“辅助线”，单击“直线”按钮，从右向左绘制水平辅助线，如图 2-74 所示。

5）把当前图层改成“楼梯细线”，单击“绘图｜多段线”按钮，从楼梯平面下方楼梯踏步任意投影线中点以及辅助线中点向左到楼梯平台适当位置绘制多段线。最后箭头绘制之前输入“W”后，输入多段线最后一段起始宽度为 100，终止宽度为 0，绘制箭头。

提示

多段线箭头线宽的按图形打印比例与打印到图样上箭头宽度的乘积，若打印到图样上箭头宽度为 2mm，打印比例为 1∶50，则线宽为 100。

6）单击“文字”工具栏的“选择文字样式”下拉框，选择“楼梯步数”文字样式后，单击文字样式“单行文字”按钮，在楼梯平面上标注文字“下 20 步”，如图 2-75 所示。

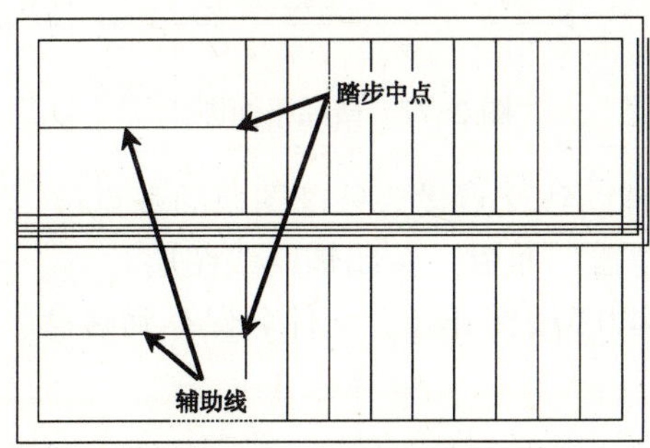

图 2-74　绘制辅助线

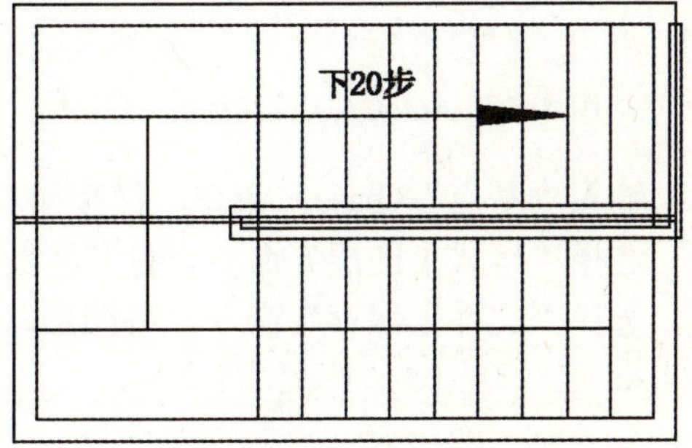

图 2-75　标注文字

2.6.7 楼梯的尺寸标注

标注尺寸首先需要定义尺寸标注样式。尺寸标注样式的创建及标注参数设定在前面绘制“阳台”的实例中有详细叙述。由于本实例绘制的“楼梯”图块的标注参数及打印比例设置与“阳台”实例相同，所以下面可以通过 AutoCAD 设计中心，把“阳台.dwg”的尺寸标注样式复制过来。

1）单击按钮打开 AutoCAD 菜单后，选择“工具 | 选项板 | 设计中心”命令，打开“设计中心”对话框，如图 2-76 所示。从“设计中心”对话框左边的“文件夹列表”中找到磁盘上的“阳台.dwg”文件，展开“阳台.dwg”图形特性树，选择“标注样式”特性，则在“设计中心”对话框右边会显示“阳台.dwg”包含的所有尺寸标注样式。用鼠标选中“墙体尺寸”标注样式后按住鼠标左键不要抬起，把“墙体尺寸”标注样式拖拽到“楼梯”图形窗口内抬起鼠标，最后关闭“设计中心”对话框。

2）单击“标注”工具栏的“选择标注样式”下拉框，把已经复制过来的“墙体尺寸”标注样式设为当前标注样式。

3）单击“标注”工具栏的“线性标注”和“连续标注”按钮，标注尺寸，得到如图 2-77 所示图形。

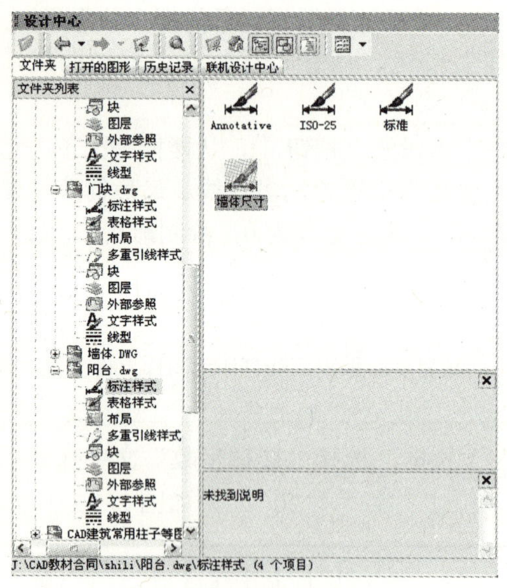

图 2-76　AutoCAD 设计中心

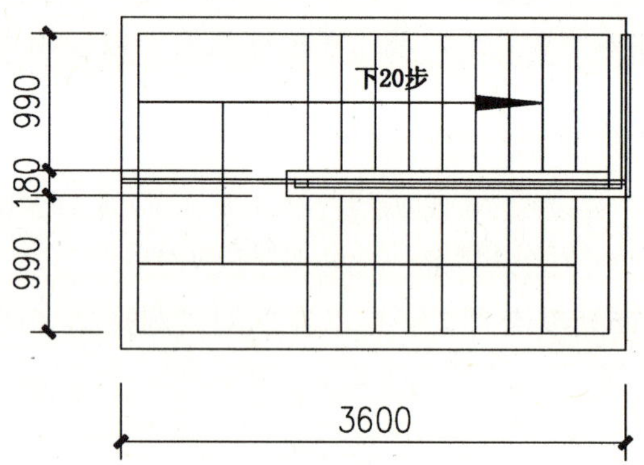

图 2-77　楼梯平面图

4）输入“基点”（base）命令，把楼梯左上角辅助线交点设为外部图块的基点。

5）选择“格式 | 图层”命令，打开“图层管理器”面板，关闭辅助线图层。

6）选择“文件 | 保存”命令，将图形以“案例\02\楼梯.dwg”文件名保存到磁盘。

第 3 章　室内装饰设计概述和基本图块

室内设计是人类创造更好的生存和生活环境条件的重要活动，它通过运用现代的设计原理进行“适用、美观”的设计，使空间更加符合人们的生理和心理的需求，同时也促进了社会中审美意识的普遍提高，从而不仅对社会的物质文明建设有着重要的促进作用，而且对于社会的精神文明建设也有了潜移默化的积极作用。

3.1　专业讲解——室内设计理论概述

室内设计是根据建筑物的使用性质、所处环境和相应标准，运用物质技术手段和建筑设计原理，创造功能合理、舒适优美、满足人们物质和精神生活需要的室内环境。现代室内设计是综合的室内环境设计，它包括视觉环境和工程技术方面的问题，也包括声、光、热等物理环境以及氛围、意境等心理环境和文化内涵等内容。

3.1.1 室内设计的含义

室内设计，是指将人们的环境意识与审美意识相互结合，从建筑内部把握空间的一项活动，可以从以下几个方面来理解。

1）室内设计的具体含义：指根据室内的使用性质和所处环境，运用物质材料、工艺技术及艺术的手段，创造出功能合理、舒适美观、符合人的生理、心理需求的内部空间；赋予使用者愉悦的、便于生活、工作、学习的理想的居住与工作环境。从这一点来讲，室内设计便是改善人类生存环境的创造性活动。

2）几个相关定义的区别：室内装潢、室内装修、室内设计。

- 室内装潢：侧重外表，是从视觉效果的角度来研究问题，如室内地面、墙面、顶棚等各界面的色彩处理，装饰材料的选用、配置效果等。
- 室内装修：着重于工程技术、施工工艺和构造做法等方面的研究。
- 室内设计：则是综合的室内环境设计，它既包括工程技术方面及声、光、热等物理环境的问题，也包括视觉方面的设计，还包括氛围、意境等心理环境和个性特色等文化环境等方面的创造。

3）室内设计的价值：室内设计将实用性、功能性、审美性与符合人们内心情感的特征等有机结合起来，强调艺术设计的语言和艺术风格的体现，从心理、生理角度同时激发人们对美的感受，对自然的关爱与生活质量的追求，使人在精神享受、心境舒畅中得到健康的心理平衡，这正是室内设计的价值所在。

4）与其他设计之间的关系：相辅相成的枝、叶与大树的关系。其他设计是室内设计的子系统，是室内空间的一个有机组成部分；虽是子系统，但能表达一个完整的概念。

室内设计包括物品的挑选、设置、设计，室内物理环境的研究，与建筑风格的紧密融合，以及综合把握等。

其他设计，即在室内设计的大体创意下进一步深入细致具体，体现出文化层次，增添光彩。其他设计主要指色彩设计、陈设设计、质感设计、造型设计等。

3.1.2 室内设计的内容

在讲解室内设计时，用户可通过图 3-1～图 3-4 来掌握室内设计的内容。

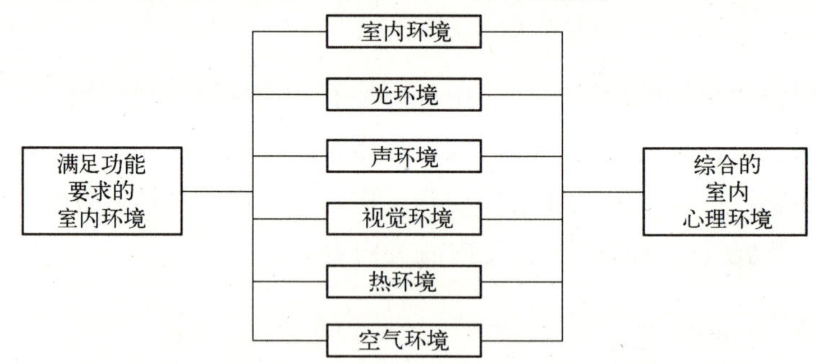

图 3-1　室内设计的功能需求与环境

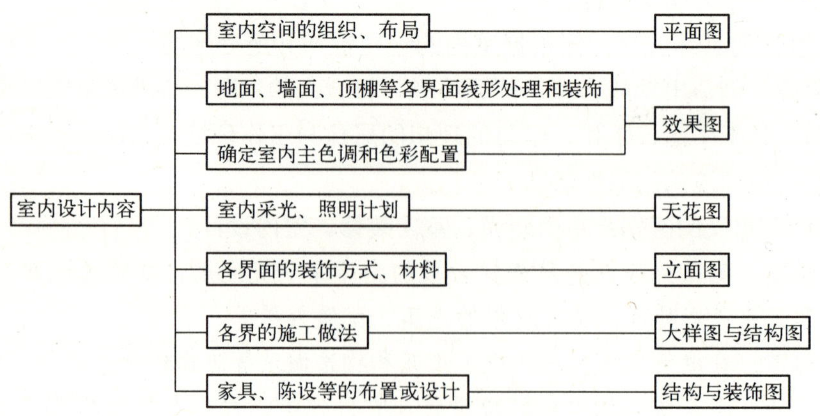

图 3-2　室内设计的相关图纸

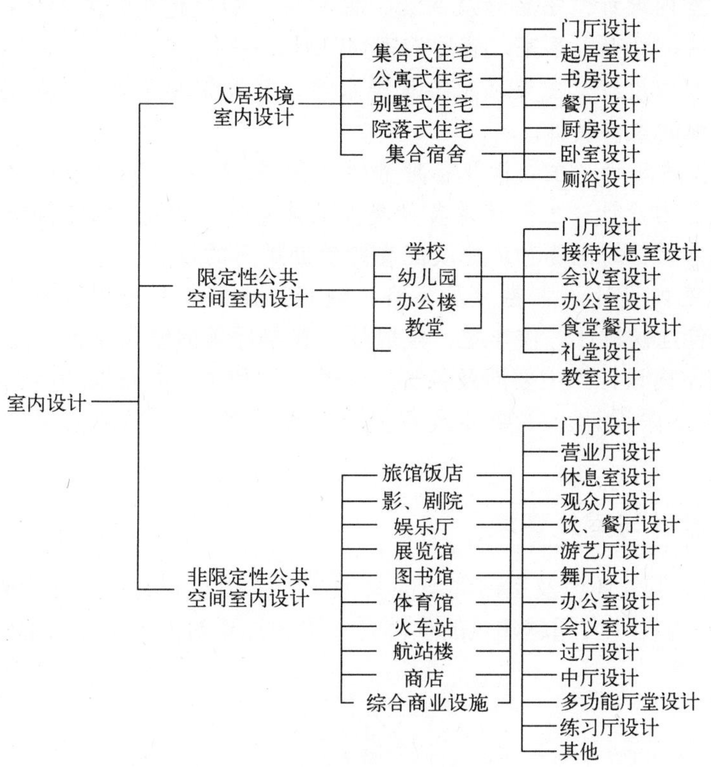

图 3-3 环境与空间的室内设计

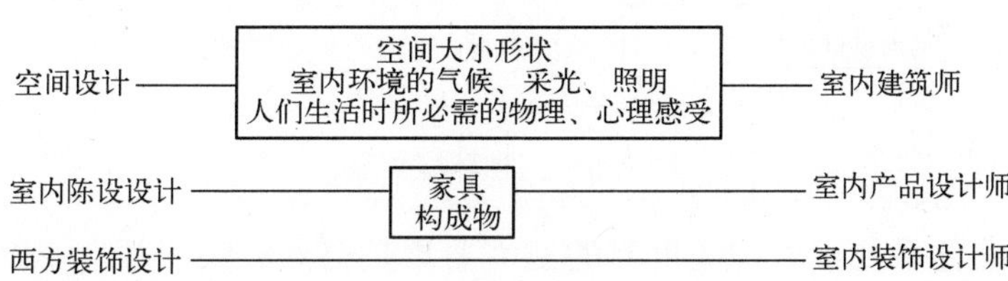

图 3-4 相关室内设计师的定位

3.1.3 室内设计的分类

根据建筑物的使用功能，可对室内设计做如下分类。

1）居住建筑室内设计。主要涉及住宅、公寓和宿舍的室内设计，具体包括前室、起居室、餐厅、书房、工作室、卧室、厨房和浴厕设计。

2）公共建筑室内设计。

◎ 文教建筑室内设计：主要涉及幼儿园、学校、图书馆、科研楼的室内设计，具体包括门厅、过厅、中庭、教室、活动室、阅览室、实验室、机房等室内设计。

◎ 医疗建筑室内设计：主要涉及医院、社区诊所、疗养院的建筑室内设计，具体包括门诊室、检查室、手术室和病房的室内设计。

◎ 办公建筑室内设计：主要涉及行政办公楼和商业办公楼内部的办公室、会议室以及报告厅的室内设计。

◎ 商业建筑室内设计：主要涉及商场、便利店、餐饮建筑的室内设计，具体包括营业厅、专卖店、酒吧、茶室、餐厅的室内设计。

◎ 展览建筑室内设计：主要涉及各种美术馆、展览馆和博物馆的室内设计，具体包括展厅和展廊的室内设计。

◎ 娱乐建筑室内设计：主要涉及各种舞厅、歌厅、KTV、游艺厅的建筑室内设计。

◎ 体育建筑室内设计：主要涉及各种类型的体育馆、游泳馆的室内设计，具体包括用于不同体育项目的比赛和训练及配套的辅助用房的设计。

◎ 交通建筑室内设计：主要涉及公路、铁路、水路、民航的车站、候机楼、码头建筑，具体包括候机厅、候车室、候船厅、售票厅等的室内设计。

3）工业建筑室内设计。主要涉及各类厂房的车间和生活间及辅助用房的室内设计。

4）农业建筑室内设计。主要涉及各类农业生产用房，如种植暖房、饲养房的室内设计。

3.1.4 室内设计与室外环境

1）自然环境、室外环境及室内环境的关系。一是相互制约，相互影响，要养成环境的整体意识；二是室内设计应超越建筑的整体性，更加注重对人的生活方面细微要求的考虑。如图3-5所示。

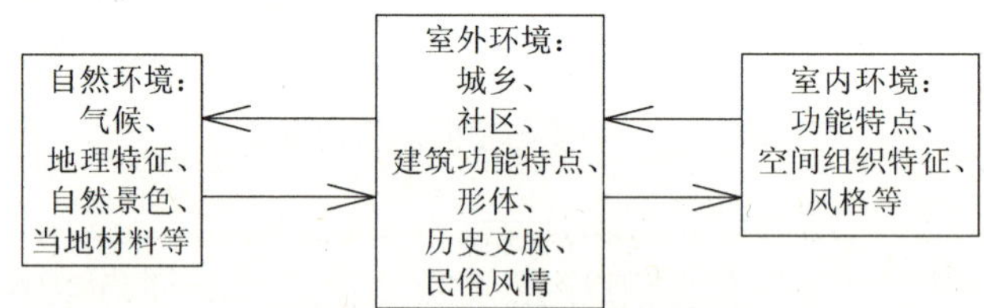

图3-5　三种环境关系

2）室内设计的体系要素。构成世界的三大要素是自然、人、社会。针对设计这三者之间的基本体系如图3-6所示。

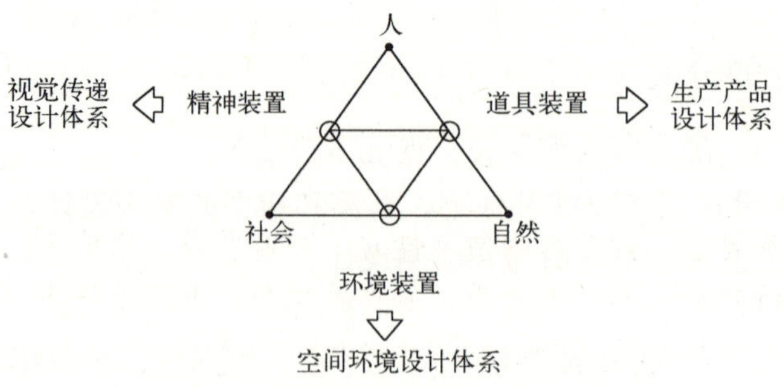

图3-6　室内设计各体系之间的关系

视觉传达设计体系是维系社会这个大环境的人与人、人与社会的意志疏通和情报、信息交流装置设计。生产产品设计体系，确切地说，就是环境装置及生活用品设计。空间环境设计体系包含了城市及地区规划设计、建筑设计、园林、广场设计、雕塑、壁画等环境艺术作品设计和室内设计。

3.1.5 室内设计的程序

室内设计根据设计的进程，通常可以分为四个阶段，即设计准备阶段、方案设计阶段、施工图设计阶段和设计实施阶段，各设计阶段示意图如图3-7所示。

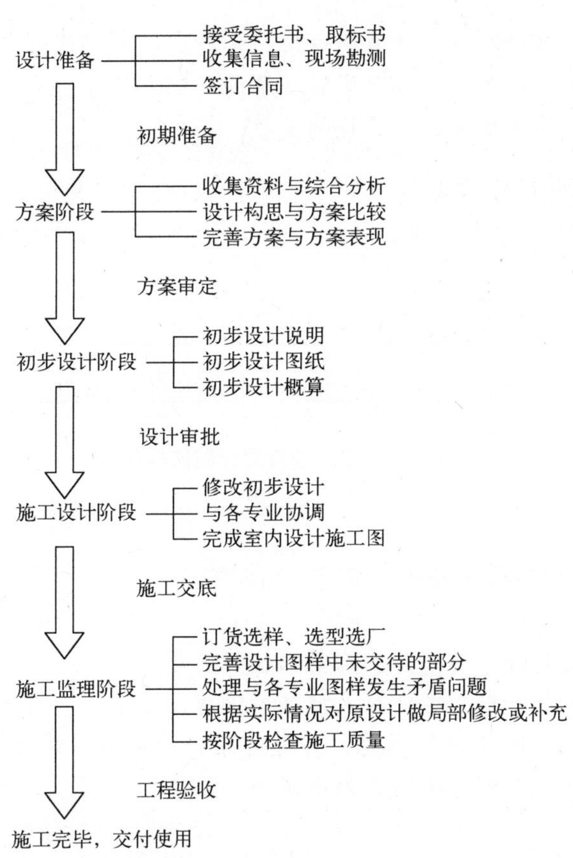

图3-7 室内设计程序示意图

1. 设计准备阶段

◎ 接受委托任务书，或根据标书要求参加投标；
◎ 明确设计期限，制定设计计划进度表，考虑各工种的配合；
◎ 明确设计任务和要求，如室内的使用性质、功能要求、造价等；
◎ 收集分析有关的资料信息，熟悉设计的有关规范，现场勘测等；
◎ 签订合同，设计进度安排，与业主商议确定设计费率。

2. 方案设计阶段

◎ 进一步收集、分析资料与信息，构思立意，进行初步方案设计；
◎ 确定初步方案，提供设计文件，包括平面图、天花图、立面展开图、色彩效果图、装饰材料实样、设计说明与造价概算；
◎ 初步设计方案的修改与确定。

3. 施工图设计阶段

◎ 补充施工所必要的有关平面布置、室内立面等图样；
◎ 构造节点详图、细部大样图、设备管线图；
◎ 编制施工说明和造价预算。

4. 设计实施阶段

◎ 设计人员向施工单位进行设计意图说明、图样的技术交底；
◎ 按图样检验施工现场实况，有时要做必要的局部修改或补充；
◎ 会同质检部门和委托单位进行工程的验收。

3.1.6 家装的详细流程说明

整个家庭装修的流程如图3-8所示。

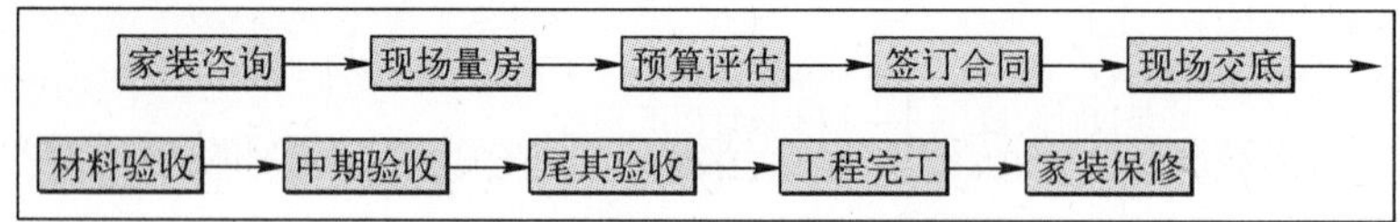

图3-8 家庭装修的详细流程图

1. 家装咨询

客户向设计师咨询家装设计风格、费用、周期等。

（1）洽谈

◎ 用户请装修公司装修，要把自己的要求告诉公司。
用户提出的要求最好事先经全家人详细讨论过，尽量一次性告诉装修公司。
装修公司会仔细聆听用户的意见，并做记录。如果事后装修公司发觉有不清楚的地方，会与用户联络直到完全明了为止。

（2）设计

◎ 装修公司收到用户的平面图之后，会由设计师亲自到现场度量及观察现场环境，研究用户的要求是否可行，并且获取现场设计灵感。初步选出一些材料样品介绍给用户，如果用户表示同意，设计师会进一步提供详细的工程图和逐项分列的报价单，这时用户要向装修公司提供准备采用的家具、设备资料，以便配合设计。
◎ 装修公司最后提供的图样和报价单，应表达清楚每个部位的尺寸、做法、用料（包括品牌、型号）、价钱，而不能用笼统一句“厨房组合柜一套”来概括详细项目。如果有些组合柜是由许多小组合柜组成的，用户应清楚这些小组合柜的型号、尺寸、相关配件等内容。
◎ 用户收到工程图和报价单后，一定要仔细阅读，查看您所要求的装修项目，装修公司是否已全部提供，有没有漏掉项目。往往许多用户，关心的只是最后一个总报价。假若这总报价并不包括用户需要的项目，那您将会受到经济损失。
◎ 如果你不清楚这件家具做好后是什么样子，可要求装修公司提供该件家具的立体图。不明白就要问，不合适就要改，直到认为满意为止。由洽谈到设计完成，中小型住宅的设计时间通常需 2～4 周。

2．现场量房

由设计师到客户拟装修的居室进行现场勘测，并进行综合考察，以便更加科学、合理地进行家装设计。

1）定量测量：主要测量室内的长、宽，计算出每个用途不同的房间面积。

2）定位测量：主要标明门、窗、暖气罩的位置（窗户要标量数量）。

3）高度测量：主要测量各房间的高度。

在测量后，按照比例绘制出室内各房间平面图，平面图中标明房间长、宽尺寸，并详细注明门、窗、暖气罩的位置，同时标明新增设家具的摆放位置。

3．预算评估

根据客户选择的设计风格，设计师进行家装设计，并有客户反馈，最终确定设计方案、图样及相关预算。

包工包料是指将购买装饰材料的工作委托给装饰公司，由装饰公司统一报出材料费和工费。而包清工，是指用户自己来买材料，由工人来施工，工费付给装饰公司，许多用户担心采用包工包料这种形式，会给装饰公司提供以次充好、虚报冒领的机会，所以想采用“包清工”的形式，自己去购买装饰材料。

其实“包清工”这种做法存在着不少弊端。

1）装修一般需 30～40 天，用户自己购买材料，要花费很大的精力和很多时间，如果购买装饰材料不及时，容易延误工期。

2）用户自己购买装饰材料，材料的质量不好保证，因为最贵的并不是最好的；客户往往对如何挑选装饰材料一知半解，对材料的质地、用途了解甚少，容易买质次价高的材料。

3）用户购买自家的材料，因为数量少，往往不是批发价格。

4）一旦工程质量出现问题，不易分清是工艺质量问题，还是材料质量问题。

5）用户自己买材料，极易造成浪费，因为用户不懂计算用量，一般都是工人让买多少就买多少。

6）用户自己要雇车来运料，往往不止一次，不仅运费高，而且车的利用率较低。

7）材料剩下后，自己没法处理，造成一定浪费。

既然“包清工”有这么多弊端，为什么还有不少用户愿意自己购买装饰材料呢？因为这些消费者往往对装饰公司缺乏应有的信任，认为装饰公司购买装饰材料会用劣质材料来蒙骗自己，所以宁愿自己跑腿去买材料，这样做不仅省不了多少钱，而且还会费力不讨好，给施工留下不少隐患。

包工包料是装饰公司采用的比较普遍的做法，这种做法可以省去客户很多麻烦。正规的装饰公司透明度很高，施工采用的各种材料的质地、规格、等级、价格、收费、工艺都会给用户一一列举清楚。

另外，装饰公司常与材料供应商打交道，都有自己固定的供货渠道、相应的检验手段，因此很少买到假冒伪劣的材料。供料商很清楚，在目前买方市场的形势下，能保住一个固定的大客户是相当不容易的，稍有不慎就会失掉一个客户。装饰公司对于常用材料都会大批购买，能拿到很低的价格。

4. 签订合同

在双方对设计方案及预算确认的前提下，签订当地工商行政管理局监制统一印刷的《××市家庭居室装饰装修工程施工合同》，明确双方的权利与义务。

在家庭装修时，变更项目即通常所说的增减项目，只是在原有合同的基础上，就增减的工程项目进行详细的说明，合同双方共同协商每一个增减项目，并且详细地说明每一个增减项目的做法、收费标准，直到双方确认共同签字认可方为有效。

签订变更合同应注意以下两点。

1）双方在增减项目时，不要以口头达成的协议为准，一定要及时签订书面变更合同。

2）签订变更合同及时通过市场鉴证，以避免日后纠纷的发生。

5. 现场交底

由客户、设计师、工程监理、施工负责人四方参与，在现场由设计师向施工负责人详细讲解预算项目、图样、特殊工艺，协调办理相关手续。

6. 材料验收

家居装修装饰是采用对人体无害装饰材料，按照能体现实用、安全、经济、美观原则的装饰设计要求，以科学的技术工艺方法，对家庭居室内部固定的六面体进行装饰装修，塑造出一个美观实用、具有整体舒适效果的室内环境。一般它主要包括以下一些内容。

1）地面装修。地面是家居的重要部分，对它进行装修，主要在色彩、质地图案等方面加以装饰改观。

2）墙面装修。墙面装修即立面装修，它可以采用抹灰、粉刷、涂饰、镶贴、屏挂等多种方法进行装饰施工。

3）顶棚装修。顶棚的装修是采用各种材料进行各种无吊顶顶棚或吊顶顶棚的施工。同时，还要设置必要的水暖、通风、照明、音响等设备。

4）家具及其他家居设备的设置。家具、各种家用电器、卫生设备等的设置也是家居装修的一个重要内容。

5）其他物品的设置。主要包括家居摆设、字画、盆花等的设置。有时，这些物品对室内装修能起到很好的装饰效果。

7. 中期验收

由客户、设计师、工程监理、施工负责人参与，验收合格后在质量报告书上签字确认。

近年来因家庭装修引发的纠纷日益增多，为了使装饰公司与消费者双方都满意，消费者就要懂得如何验收。消费者可根据当地建筑装饰行业协会编制的《××市家庭装饰工程质量验收规定》去验收自己的居室装修是否合格。

验收除了鉴定装修整体效果外，主要还是看手工质量是否令人满意。验收可以从以下几个方面进行。

1）照明电路敷设要符合规程，插座、灯具开关、总闸、漏电开关等要有一定的高度，厨房、空调要专线敷设，电视天线和电话专线要安装在便于维修的位置。

2）排水要顺畅，无渗漏、回流和积水现象，高档水件无钳痕及擦花现象。

3）新砌墙体要垂直，砖体水平面一致，接缝均匀整齐，砖缝不超过 1mm，瓷片整体误差不超过 0.8mm。

4）平面天花板整体误差不超过 0.5mm，板与板夹缝不超过 0.3mm，塑料天花板误差不超过 0.5mm。

5）木封口线、角线、腰线饰面板碰口缝不超过 0.2mm，线与线夹口角缝不超出 0.3mm，饰面板与板碰口不超过 0.2mm，推拉门整面误差不超出 0.3mm。

6）油漆要光滑、手感好，无扫痕裂缝，1m 内无色差和钉眼。

7）墙身面平线直，1m 内无明显的凸感和色差，用于摸、抹无甩灰。

提示

施工质量与施工队伍素质有关，又与施工项目单价有关。最好的办法就是动工前双方签订合同，明确装修要求和验收标准。

8．尾期验收

由客户、设计师、工程监理、施工负责人四方参与，对工程材料、设计、工艺质量进行整体验收，合格后签字确认。

尾期验收的标准和方法，同中期验收的七条鉴定方法进行。

9．工程完工

家装工程全部完工，施工现场清洁、整理。

10．家装保修

按合同约定，由家装公司负责一定期限的家装工程的维修工作。

用户在使用过程中如发现质量问题，先同装饰公司取得联系，把发生的质量问题向装饰公司说明，凡是由装饰公司所做的装修，都可以进行保修，保修期为二年。如由于季节温差造成的开裂、变形（包括饰面板、墙地砖、木材、成品等），由施工质量造成的问题，如水管漏水、电路短路等，都属于家装保修的范畴。

提示

保修期内出现质量问题应如何解决：在保修期内出现质量问题，用户可直接找到原施工队所在公司的负责人，如证实属于施工质量问题后，装饰公司必须无条件地为用户换工换料，不可拖迁。如果装饰公司拒绝为用户保修，这时用户可以直接向家装市场的质检部投诉，由市场管理部门出面勒令装饰公司为用户无条件保修或直接由市场为用户保修。

3.1.7 室内装饰材料的分类

室内装饰材料种类繁多，按材质分类有塑料、金属、陶瓷、玻璃、木材、无机矿物、涂料、纺织品、石材等种类；按功能分类有吸声、隔热、防水、防潮、防火、防霉、耐酸碱、耐污染等种类；按装饰部位分类则有墙面装饰材料、顶棚装饰材料、地面装饰材料。

1．内墙装饰材料

- 墙面涂料：墙面漆、有机涂料、无机涂料、有机无机涂料。
- 墙纸：纸面纸基壁纸、纺织物壁纸、天然材料壁纸、塑料壁纸。
- 装饰板：木质装饰人造板、树脂浸渍纸高压装饰层积板、塑料装饰板、金属装饰板、矿物装饰板、陶瓷装饰壁画、穿孔装饰吸音板、植绒装饰吸音板。

◎ 墙布：玻璃纤维贴墙布、麻纤无纺墙布、化纤墙布。

◎ 石饰面板：天然大理石饰面板、天然花岗石饰面板、人造大理石饰面板、水磨石饰面板。

◎ 墙面砖：陶瓷釉面砖、陶瓷墙面砖、陶瓷锦砖、玻璃马赛克。

2．地面装饰材料

◎ 地面涂料：地板漆、水性地面涂料、乳液型地面涂料、溶剂型地面涂料。

◎ 木、竹地板：实木条状地板、实木拼花地板、实木复合地板、人造板地板、复合强化地板、薄木敷贴地板、立木拼花地板、集成地板、竹质条状地板、竹质拼花地板。

◎ 聚合物地坪：聚醋酸乙烯地坪、环氧地坪、聚酯地坪、聚氨酯地坪。

◎ 地面砖：水泥花阶砖、水磨石预制地砖、陶瓷地面砖、马赛克地砖、现浇水磨石地面。

◎ 塑料地板：印花压花塑料地板、碎粒花纹地板、发泡塑料地板、塑料地面卷材。

◎ 地毯：纯毛地毯、混纺地毯、合成纤维地毯、塑料地毯、植物纤维地毯。

3．吊顶装饰材料

◎ 塑料吊顶板：钙塑装饰吊顶板、PS 装饰板、玻璃钢吊顶板、有机玻璃板。

◎ 木质装饰板：木丝板、软质穿孔吸声纤维板、硬质穿孔吸声纤维板。

◎ 矿物吸声板：珍珠岩吸声板、矿棉吸声板、玻璃棉吸声板、石膏吸声板、石膏装饰板。

◎ 金属吊顶板：铝合金吊顶板、金属微穿孔吸声吊顶板、金属箔贴面吊顶板。

3.1.8 室内常用装饰材料规格及计算

1．实木地板

常见规格有 900mm×90mm×18mm，750mm×90mm×18mm，600mm×90mm×18mm，如图 3-9 所示。

粗略的计算方法：房间面积÷地板面积×1.08=使用地板块数。

精确的计算方法：（房间长度÷地板长度）×（房间宽度÷地板宽度）=使用地板块数。

以长 5m、宽 3m 的房间为例：选用 900mm×90mm×18mm 规格地板，房间长 5m÷板长 0.9m=6 块；房间宽 3m÷板宽 0.09m=34 块；长 6 块×宽 34 块=用板总量 204 块。但实木地板铺装中通常要有 5%～8%的损耗。

图 3-9 实木地板

提示

木地板的施工方法主要有架铺、直铺和拼铺三种，但表面木地板数量的核算都相同，只需将木地板的总面积再加上 8%左右的损耗量即可。但对架铺地板，在核算时还应对架铺用的大木方条和铺基面层的细木工板进行计算。核算这些木材可从施工图上找出其规格和结构，然后计算其总数量。如施工图上没有注明其规格，可按常规方法计算数量。架铺木地板常规使用的基座大木方条规格为 60mm×80mm、基层细木工板规格为 20mm，大木方条的间距为 600mm。每 100m^2 架铺地板需大木方条 0.94m^3、细木工板 1.98m^3。

2．复合地板

图 3-10 复合地板

常见规格有 900mm×90mm×18mm，750mm×90mm×18mm，600mm×90mm×18mm，如图 3-10 所示。

粗略的计算方法：房间面积÷0.228×1.05=地板块数。

以长 5m、宽 3m 的房间为例：房间长 5m÷板长 1.2m=5 块；房间宽 3m÷板宽 0.19m=16 块；长 5 块×宽 16 块=用板总量 80 块。

提示

复合木地板在铺装中常会有 3%～5%的损耗，如果以面积来计算，千万不要忽视这部分用量。它通常采用软性地板垫以增加弹性，减少噪声，其用量与地板面积大致相同。

3．涂料乳胶漆

涂料乳胶漆的包装基本分为 5L 和 15L 两种规格，如图 3-11 所示。

以家庭中常用的 5L 容量为例，5L 的理论涂刷面积为两遍 35m^2。

粗略的计算方法：地面面积×2.5÷35=使用桶数。

精确计算方法：（长+宽）×2×房高=墙面面积长×宽=顶面面积。

（墙面面积+顶面面积-门窗面积）÷35=使用桶数。

以长 5m、宽 3m、高 2.6m 的房间为例，室内的墙、顶涂刷面积计算：墙面面积为（5m+3m）×2×2.6m=41.6m^2；顶面面积为（5m×3m）=15m^2；涂料量为（41.6m^2+15m^2）÷35m^2=1.4 桶。

提示

以上只是理论涂刷量，因在施工过程中涂料要加入适量清水，所以以上用量只是最低涂刷量。

4．地砖

常见地砖规格有 600mm×600mm、500mm×500mm、400mm×400mm、300mm×300mm。地砖拼图效果如图 3-12 所示。

图 3-11 涂料乳胶漆

图 3-12 地砖拼图效果

粗略的计算方法：房间面积÷地砖面积×1.1=用砖数量。

精确的计算方法：（房间长度÷砖长）×（房间宽度÷砖宽）=用砖数量。

以长 3.6m、宽 3.3m 的房间，采用 300mm×300mm 规格的地砖为例：房间长 3.6m÷砖长 0.3m=12 块；房间宽 3.3m÷砖宽 0.3m=11 块；长 12 块×宽 11 块=用砖总量 132 块。

提示

地面地砖在核算时，考虑到切截损耗，搬运损耗，可加上 3%左右的损耗量。铺地面地砖时，每平方米所需的水泥和砂要根据原地面的情况来定。通常在地面铺水泥砂浆层，其每平方米需普通水泥 12.5kg，中砂 34kg。

5. 地面石材

地面石材耗量与瓷砖大致相同，只是地面砂浆层稍厚。在核算时，考虑到切截损耗，搬运损耗，可加上 1.2%左右的损耗量。铺地面石材时，每平方米所需的水泥和砂要根据原地面的情况来定。通常在地面铺 15mm 厚水泥砂浆层，其每平方米需普通水泥 15kg，中砂 $0.05m^3$。

6. 墙面砖

对于复杂墙面和造形墙面，应按展开面积来计算。每种规格的总面积计算出后，再分别除以规格尺寸，即可得各种规格板材的数量（单位是块）。最后加上 1.2%左右的损耗量。墙面砖贴图效果如图 3-13 所示。

图 3-13 墙面砖效果

瓷砖的品种规格有很多，在核算时，应先从施工图中查出各种品种规格瓷片的饰面位置，再计算各个位置上的瓷片面积。然后将各处相同品种规格的瓷片面积相加，即可得各种瓷片的总面积，最后加上 3%左右的损耗量。

一般墙面用普通工艺镶贴各种瓷片，每平方米需普通水泥 11kg、中砂 33kg、石灰膏 2kg。柱面上用普通工艺镶贴各种瓷片需普通水泥 13kg、中砂 27kg、石灰膏 3kg。

墙面镶贴瓷片时，水泥中常加入 107 胶，用这种方法镶贴墙面，每平方米需普通水泥 12kg、中砂 13kg、107 胶水 0.4kg。如用这种方法镶贴柱面，每平方米需普通水泥 14kg、中砂 15kg、107 胶水 0.4kg。

提示

镶贴后需要擦缝处理的白水泥，每平方米瓷片约需 0.5kg 左右。擦洗瓷片面用的棉维丝用量约为每 100 平方米 1 千克。

7. 墙纸

常见墙纸规格为每卷长 10m，宽 0.53m。如图 3-14 所示为墙纸效果。

粗略计算方法：地面面积×3=墙纸的总面积÷（0.53×10）=墙纸的卷数。

精确的计算方法：墙纸总长度÷房间实际高度=使用的分量数÷使用单位的分量数=使用墙纸的卷数。

因为墙纸规格固定，在计算它的用量时，要注意墙纸的实际使用长度，通常要以房间的实际高度减去踢角板以及顶线的高度。

另外，房间的门、窗面积也要在使用的分量数中减去。

这种计算方法适用于素色或细碎花的墙纸。墙纸的拼贴中要考虑对花，图案越大，损耗越大，因此要比实际用量多买10%左右。

8．窗帘

普通窗帘多为平开帘，计算窗帘用料前，首先要根据窗户的规格来确定成品窗帘的大小。成品帘要盖住窗框左右各 0.15m，并且打两倍褶，安装时窗帘要离地面 1～2cm，如图 3-15 所示。

图 3-14 墙纸效果

图 3-15 窗帘效果

计算方法：（窗宽+0.15×2）×2=成品帘宽度÷布宽×窗帘高=窗帘所需布料。

窗帘帘头计算方法：帘头宽×3 倍褶÷1.50m 布宽=幅数，（帘头高度+免边）=所需布料米数。

假如窗帘帘头宽 1.92m×0.48m，用料米数为 1.92m×3 倍÷1.50m=3.84，即 4 幅布，4×（0.48m+0.2m)=2.72m。

9．木线条

木线条的主材料即为木线条本身，核算时将各个面上木线条按品种规格分别计算。所谓按品种规格计算，即把木线条分为压角线、压边线和装饰线三类，其中又分为角线、半圆线、指甲线、凹凸线、波纹线等品种，每个品种又可能有不同的尺寸。计算时就是将相同品种和规格的木线条相加，再加上损耗量。一般对线条宽度为 10～25mm 的小规格木线条，其损耗量为 5%～8%；宽度为 25～60mm 的大规格木线条，其损耗量为 3%～5%。对一些较大规格的圆弧木线条，因为需要定做或特别加工，所以一般都需单项列出其半径尺寸和数量。

木线条的辅助材料是钉和胶。如用钉枪来固定，每 100m 木线条需 0.5 盒，小规格木线条通常用 20mm 的钉枪钉。如用普通铁钉（俗称 1 寸圆钉），每 100m 需 0.3kg 左右。木线条的粘贴用胶，一般为白乳胶、309 胶、立时得等，每 100m 木线条需用量为 0.4～0.8kg。

3.1.9 室内装饰的构造

在进行室内设计时，设计人员应掌握室内装饰的基本构造结构，以及掌握基本构造的功能和特点。图 3-16 所示为室内装饰的部分构造概念。

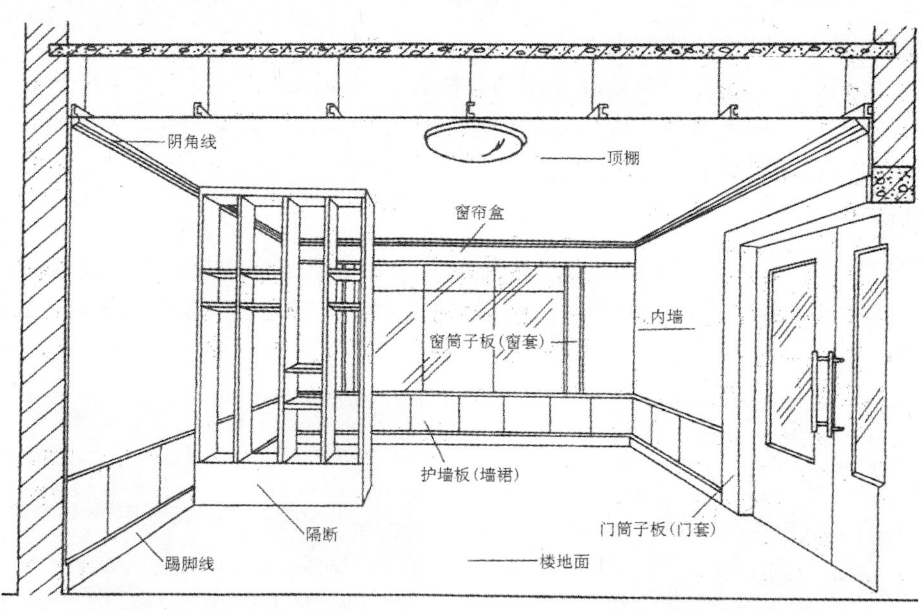

图 3-16　室内装饰构造概念

3.1.10 室内设计制图的常用材料图例

室内设计中经常应用材料图例来表示材料，在无法用图例表示的地方，也采用文字说明。为了方便读者，将常用的材料图例汇集于表 3-1。

表 3-1　常用建筑与室内材料图例

图　　例	名　　称	图　　例	名　　称
	自然土壤		素土夯实
	砂、灰土及粉刷		空心砖
	砖砌体		多孔材料
	金属材料		石材
	防水材料		塑料
	石砖、瓷砖		夹板
	钢筋混凝土	12厚玻璃系数5.345 10厚玻璃系数4.45 3厚玻璃系数1.33 5厚玻璃系数2.227	镜面、玻璃
	混凝土		软质吸音层

（续）

图　例	名　称	图　例	名　称
	砖		硬质吸音层
	钢、金属		硬隔层
	基层龙骨		陶质类
	细木工板、夹芯板		石膏板
	实木		层积塑材

3.1.11 室内设计的常用软件概述

设计师们在进行室内设计过程中，常用到的软件包括有 AutoCAD、3ds max、Lightscape 和 Photoshop。

◎ AutoCAD 用来设计平面图、平面布置图和后期的施工图（施工图是签合同后才出的）。

◎ 3ds max 用来建模（就是依照 CAD 的平面图建立起相应的立体模型）。

◎ Lightscape 用来渲染（从 3D 倒出 LP 文件，Lightscape 主要是渲染材质和灯光的效果）。

◎ Photoshop 用来处理平面效果图（Lightscape 渲染完成后可以导出 JPG 等格式的图片，大多数会有点小毛病（如阴影等），Photoshop 就是处理这样的毛病的）。

3.2 实例精解——绘制索引符号

◎ 案例：案例\03\索引符号的绘制.dwg
◎ 视频：案例\03\索引符号.avi

首先打开样板文件并另存为新的图形文件，再根据索引符号的要求绘制圆和直线对象，再定义详图号及详图所在图的图号数值属性，以便在索引符号图块时能够输入新的索引值，其效果如图 3-17 所示。

1
P01

图 3-17　索引符号效果

1）启动 AutoCAD 2012 软件，选择“文件 | 打开”菜单命令，将“案例\03\室内设计样板文件.dwt”文件打开，再执行“文件 | 另存为”菜单命令，将其另存为“案例\03\索引符号.dwg”文件。

2）执行“圆”命令（C），绘制半径为 10mm 的圆；再执行“直线”命令（L），绘制一条穿过圆心的直线，如图 3-18 所示。

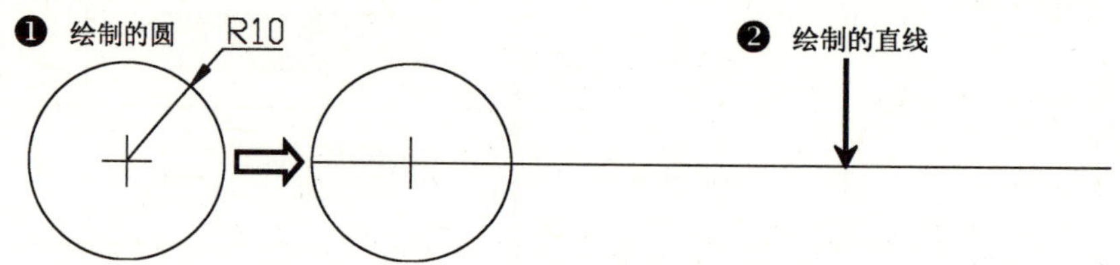

图 3-18 绘制的圆和直线

3）执行“多段线”命令（PL），在直线的下方绘制两条多段线，多段线的长度为 10mm，宽度为 1.2，如图 3-19 所示。

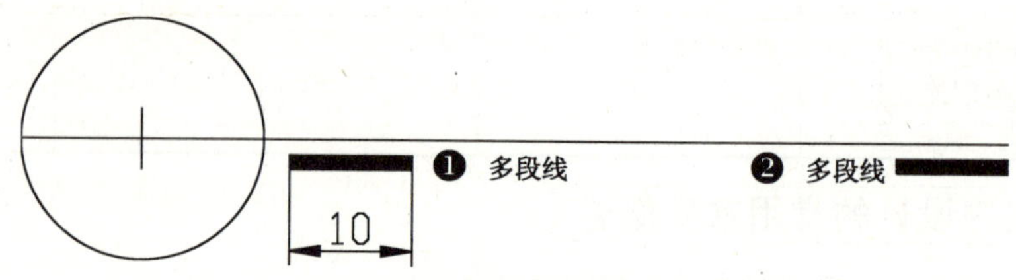

图 3-19 绘制多段线

4）执行“绘图｜块｜定义属性”命令，打开“属性定义”对话框，在“属性”参数栏中设置“标记”为“1”，设置“提示”为“请输入详图号:”，设置“默认”为“1”；在“文字设置”参数栏中，设置“对正”为“居中”，设置“文字样式”为“仿宋 2”，勾选“注释性”复选框，然后单击“确定”按钮，将文字放置在前面绘制索引符号的中上侧处，如图 3-20 所示。

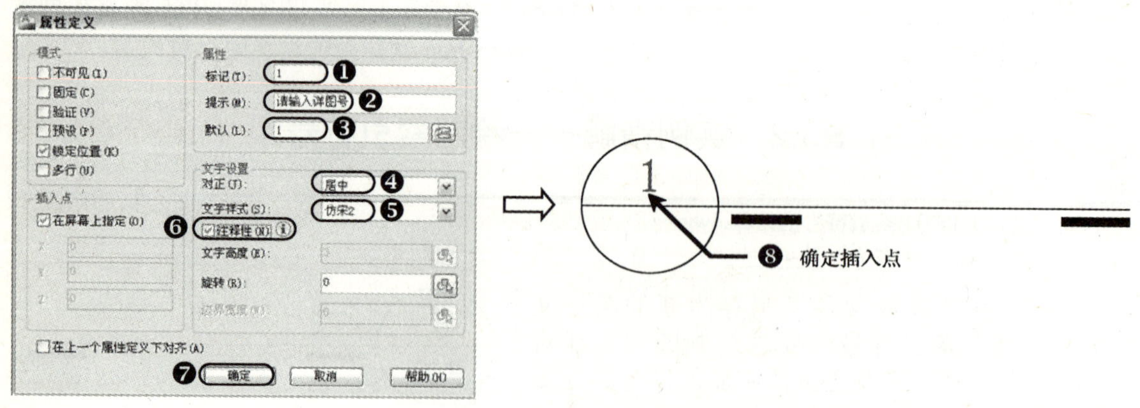

图 3-20 定义详图号属性

5）执行“复制”命令（CO），将详图号为 1 的属性垂直向下复制在水平直线的下侧，再双击复制的属性对象，从弹出的对话框中修改属性，然后单击“确定”按钮，从而定义详图所在图的图号属性，如图 3-21 所示。

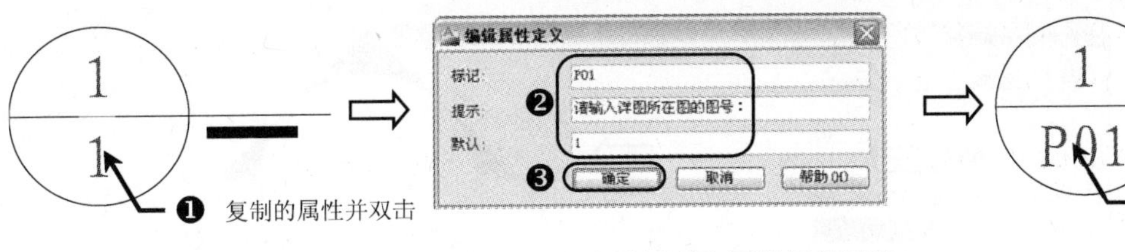

图 3-21　定义详图所在图的图号属性

6）执行“基点”命令（base），捕捉圆下侧象限点作为整个图形的基点。

7）至此，其索引符号已经绘制完成，按〈Ctrl+S〉组合键进行保存。

3.3　实例精解——绘制立面内视符号

◎ 案例：案例\03\立面内视符号的绘制.dwg
◎ 视频：案例\03\立面内视符号.avi

首先打开样板文件并另存为新的图形文件，再根据立面内视符号的要求绘制等腰直角三角形和圆，再将其进行修剪和图案填充，以及输入单行文字，从而完成单向内视图符号；再根据复制、旋转等要求，来依次绘制双向内视图符号、三视内向符号和四向内视符号，其效果如图 3-22 所示。

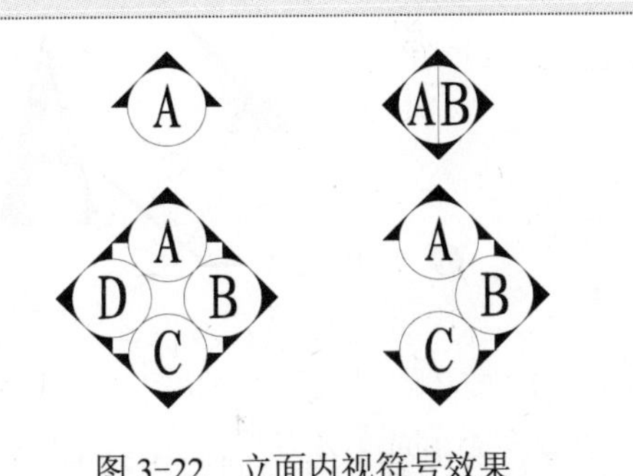

图 3-22　立面内视符号效果

1）启动 AutoCAD 2012 软件，选择“文件 | 打开”菜单命令，将“案例\03\室内设计样板文件.dwt”文件打开，再执行“文件 | 另存为”菜单命令，将其另存为“案例\03\立面内视符号.dwg”文件。

2）执行“多段线”命令（PL），绘制等腰直角三角形，其直角边长为 10mm。

3）执行“圆”命令（C），捕捉下侧边的中点作为圆心点，绘制与直角边中点相切的圆。

4）执行“修剪”命令（TR），将与圆相交的直线段进行修剪。结果如图 3-23 所示。

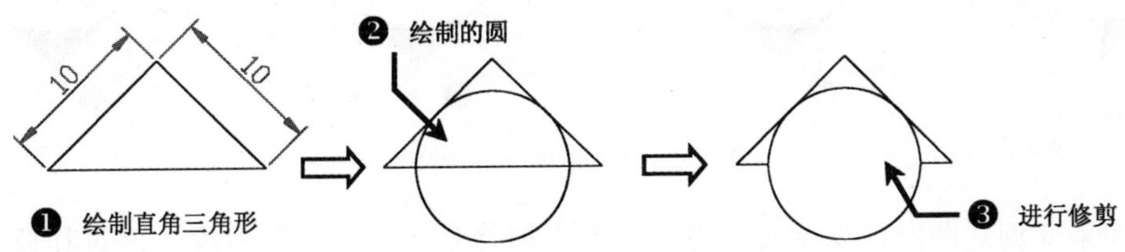

图 3-23　绘制三角形和圆

5）执行“图案填充”命令（BH），使用“SOLD”图案填充指定的区域，如图 3-24 所示。

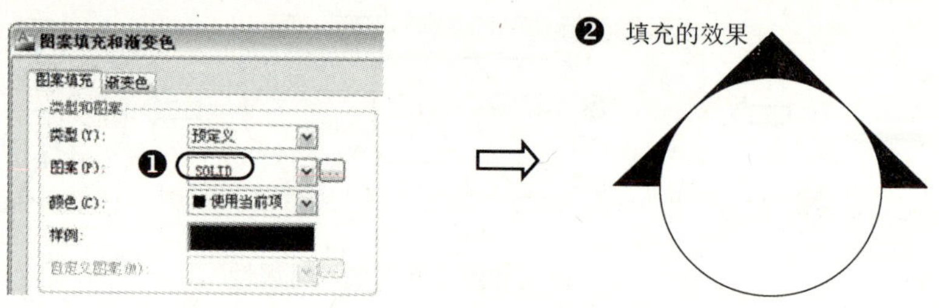

图 3-24 图案填充

6）单击“单行文字”按钮 AI，根据命令行提示选择“对正（J）”选项，再选择“正中（MC）”选项，再捕捉圆心点作为文字的起点，然后输入文字 A，且在“特性”面板中设置文字的高度为 12，如图 3-25 所示。

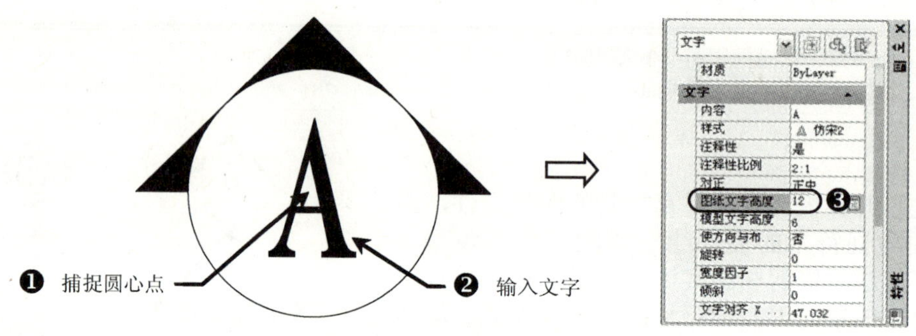

图 3-25 输入内视符号文字

7）内视符号有单向内视符号、双向内视符号、三向内视符号和四向内视符号。如果要绘制双向内视图号，将前面绘制的单向内视图号中的文字删除，再执行“旋转”命令（RO）将其旋转 90°，将直角三角形和填充对象进行垂直镜像，然后绘制一条过中点的垂直线段；最后将输入文字对象，且左中和右中对齐，如图 3-26 所示。

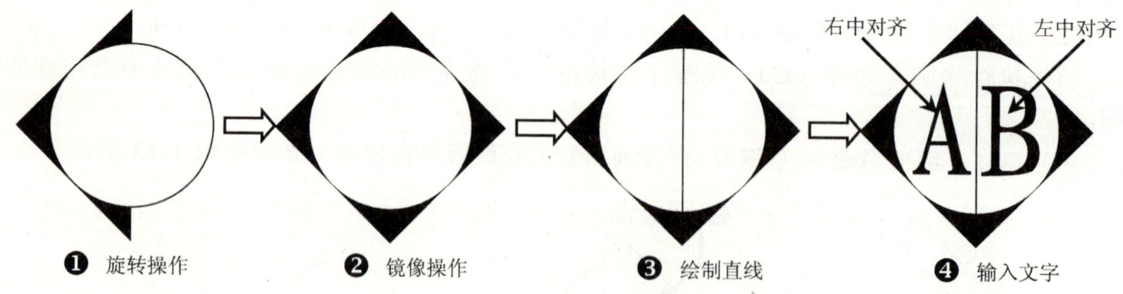

图 3-26 创建双向内视符号

8）如果要创建四向内视符号，将其单向内视符号再复制三个对象，再对其每个单向内视符号进行旋转操作，然后对其进行拼合以及输入文字内容，如图 3-27 所示。

9）如果要创建三向内视图号，只需在四向内视符号的基础上，删除其中一向即可，如图 3-28 所示。

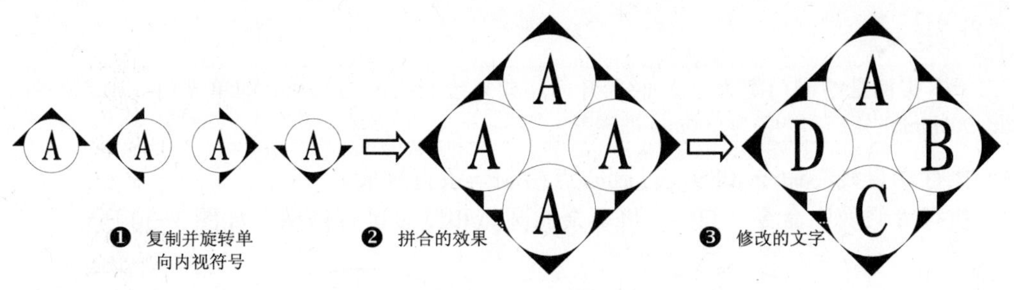

图 3-27 创建四向内视符号

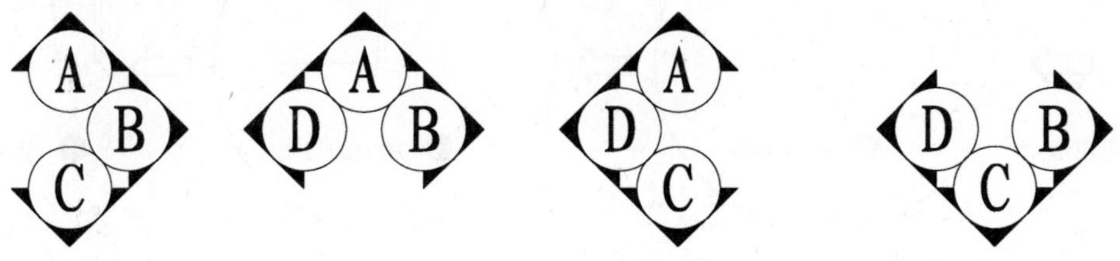

图 3-28 各种三向内视符号

10）至此，其立面内视符号已经绘制完成，按〈Ctrl+S〉组合键进行保存。

提示

内视符号标注在平面图中，包含视点位置、方向和编号三个信息，可建立平面图和室内立面图之间的联系；其图中立面图编号可用英文字线或阿拉伯数字表示，黑色的箭头指向表示立面的方向。

3.4 实例精解——绘制单开门符号

◎ 案例：案例\03\单开门符号的绘制.dwg
◎ 视频：案例\03\单开门符号.avi

首先打开样板文件并另存为新的图形文件，再根据单开门符号的要求绘制 40mm×1000mm 的矩形和 1000mm 的圆，然后对其进行修剪操作，其效果如图 3-29 所示。

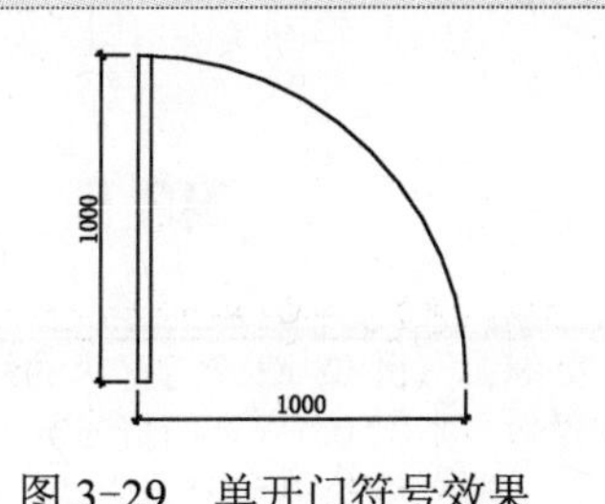

图 3-29 单开门符号效果

1）启动 AutoCAD 2012 软件，选择“文件 | 打开”菜单命令，将“案例\03\室内设计样板文件.dwt”文件打开，再执行“文件 | 另存为”菜单命令，将其另存为“案例\03\单开门符号.dwg”文件。

2）执行“矩形”命令（REC），绘制 40mm×1000mm 的矩形。

3）执行“圆”命令（C），捕捉矩形矩形左下角点作为圆心点，绘制半径为 1000mm 的圆。

提示

由于本实例是绘制门宽为 1m 的单开门，如果绘制门宽为 0.9m 的单开门，则此处应绘制 40mm×900mm 的矩形和半径为 900mm 的圆弧。

4）执行“直线”命令（L），过圆心点绘制一条直线段。

5）执行“修剪”命令（TR），将多余的圆弧和线段进行修剪。如图 3-30 所示。

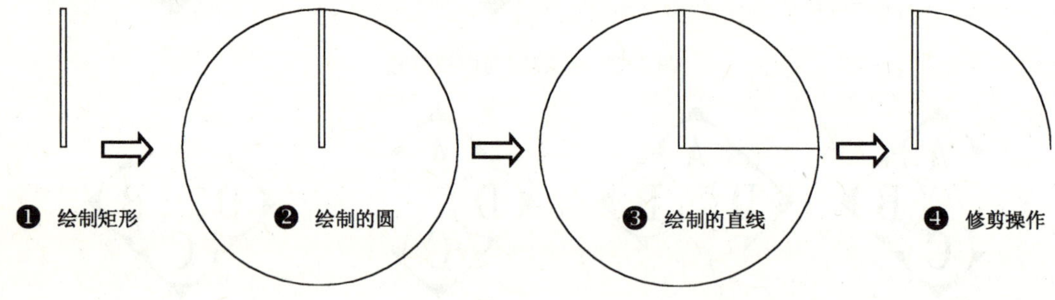

图 3-30　绘制单开门符号

6）执行“基点”命令（base），捕捉矩形左下侧的角点作为整个图形的基点。（基点命令）

7）至此，单开门符号已经绘制完成，按〈Ctrl+S〉组合键进行保存。

提示

在室内装饰设计中，其单开门的形式有多种多样，如图 3-31 所示。

图 3-31　各种单开门样式

3.5　实例精解——绘制双开门符号

◎ 案例：案例\03\双开门符号的绘制.dwg
◎ 视频：案例\03\双开门符号.avi

首先打开样板文件并另存为新的图形文件，再根据双开门符号的要求绘制 30mm×600mm 的矩形和 600mm 的圆弧，完成单开门的绘制，再对其单开门进行垂直镜像操作，其效果如图 3-32 所示。

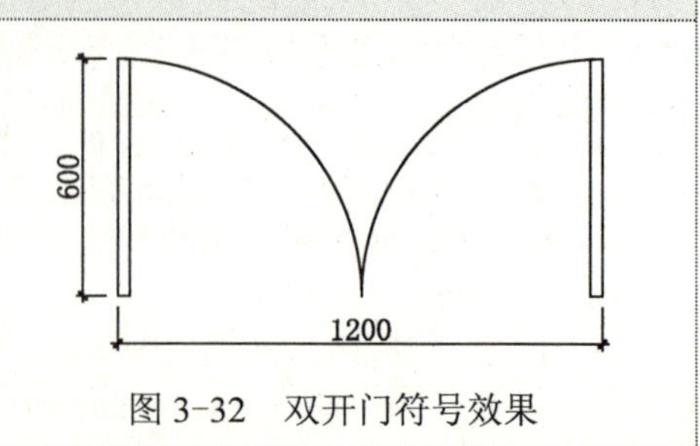

图 3-32　双开门符号效果

1）启动 AutoCAD 2012 软件，选择“文件 | 打开”菜单命令，将“案例\03\室内设计样板文件.dwt”文件打开，再执行“文件 | 另存为”菜单命令，将其另存为“案例\03\双开门符号.dwg”文件。

2）执行“矩形”命令，绘制 30mm×600mm 的矩形。

3）执行“圆”命令，捕捉矩形矩形左下角点作为圆心点，绘制半径为 600mm 的圆；再执行“修剪”命令，将多余的圆弧进行修剪。

4）执行“镜像”命令（MI），将矩形和圆弧进行垂直镜像操作，从而双开门的绘制，如图 3-33 所示。

提示

由于本实例是绘制门宽为 1.2m 的双开门，如果绘制门宽为 1.5m 的双开门，则此处应绘制 30mm×750mm 的矩形和半径为 750mm 的圆弧。

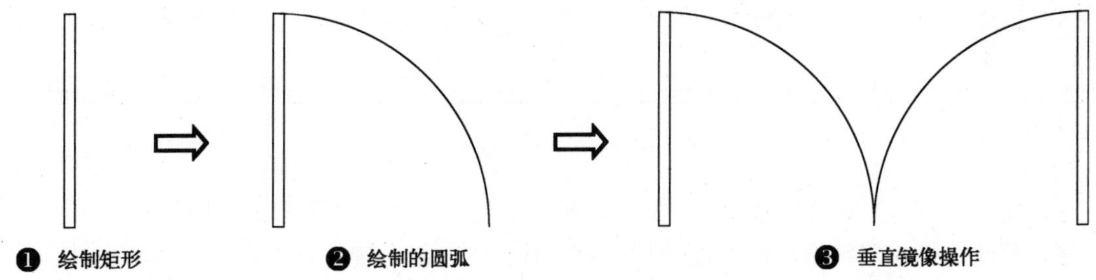

图 3-33 绘制单开门符号

5）执行“基点”命令（base），捕捉矩形左下侧的角点作为整个图形的基点。

6）至此，其双开门符号已经绘制完成，按〈Ctrl+S〉组合键进行保存。

3.6 实例精解——绘制推拉门符号

◎ 案例：案例\03\推拉门符号的绘制.dwg
◎ 视频：案例\03\推拉门符号.avi

打开样板文件并另存为新的图形文件，再根据要求绘制门宽为 3000mm 的四扇推拉门符号。首先绘制两个矩形对象，然后绘制推拉门的方向箭头，再对其矩形和箭头对象进行水平镜像操作，从而完成四扇推拉门符号的绘制，其效果如图 3-34 所示。

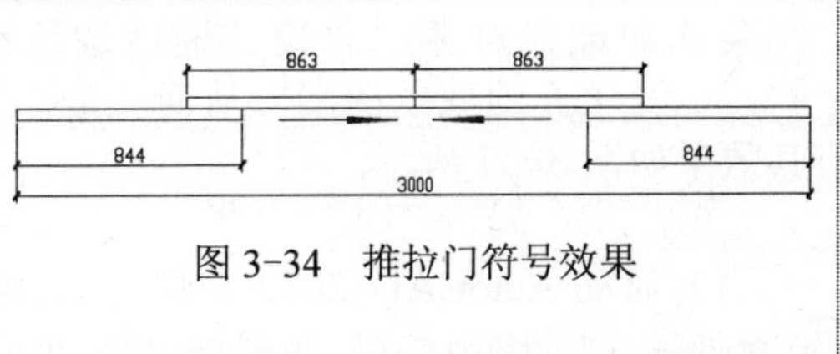

图 3-34 推拉门符号效果

1）启动 AutoCAD 2012 软件，选择“文件 | 打开”菜单命令，将“案例\03\室内设计样板文件.dwt”文件打开，再执行“文件 | 另存为”菜单命令，将其另存为“案例\03\推拉门符号.dwg”文件。

2）执行“矩形”命令，绘制 844mm×34mm 和 863mm×34mm 的两个矩形对象，并调整到相应的位置。

3）执行“多段线”命令，首先绘制长度为 260mm 的直线段，再设置起点宽度为 17、终点为 0 的宽线，且宽线的长度为 190mm，如图 3-35 所示。

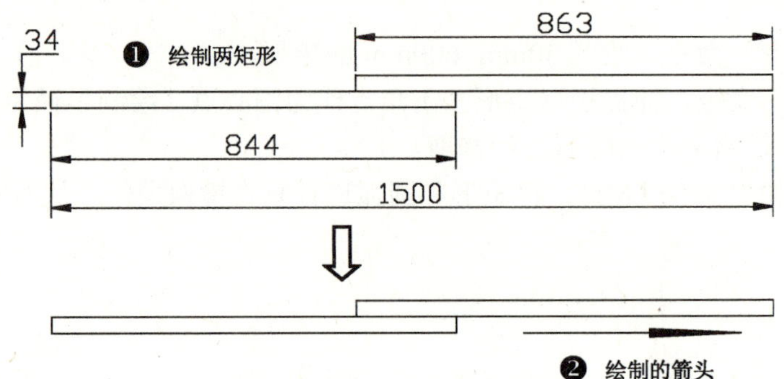

图 3-35　绘制两矩形和箭头

4）执行“镜像”命令，将绘制的矩形和箭头对象进行水平镜像，如图 3-36 所示。

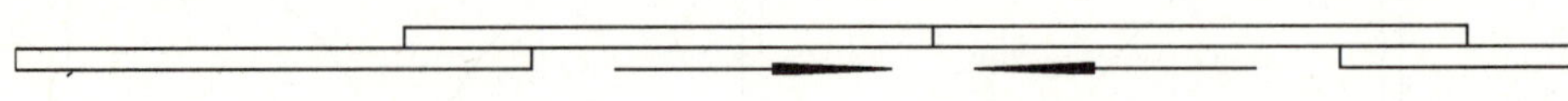

图 3-36　镜像操作

5）执行“基点”命令（Base），捕捉矩形左下角点作为整个图形的基点。

6）至此，推拉门符号已经绘制完成，按〈Ctrl+S〉组合键进行保存。

3.7　实例精解——绘制组合沙发

◎ 案例：案例\03\组合沙发的绘制.dwg

◎ 视频：案例\03\组合沙发.avi

打开样板文件并另存为新的图形文件，再根据要求绘制组合沙发的要求，首先绘制单座沙发（靠背、扶手、座垫），再根据单座沙发来组装多座沙发，再对其镜像另一侧的单座沙发，然后绘制茶几和地毯对象，并设置地毯边缘线型及比例，以及填充地毯的图案，从而完成组合沙发，其效果如图 3-37 所示。

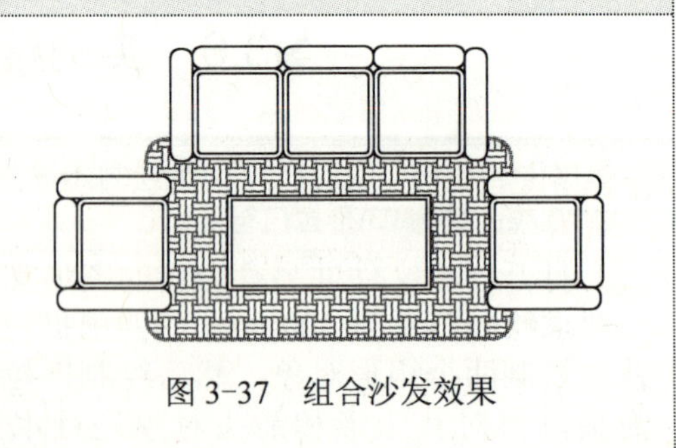

图 3-37　组合沙发效果

1）启动 AutoCAD 2012 软件，选择“文件｜打开”菜单命令，将“案例\03\室内设计样板文件.dwt”文件打开，再执行“文件｜另存为”菜单命令，将其另存为“案例\03\组合沙发.dwg”文件。

2）执行“矩形”命令，绘制尺寸为 162mm×671mm、半径为 67mm 的圆角矩形，作为沙发靠背。

3）使用同样的方法，绘制尺寸为 837mm×162mm、半径为 67mm 的圆角矩形，作为扶手。

4）使用“镜像”命令，将下侧的扶手对象进行垂直镜像，得到另一侧的扶手。绘制的沙发靠背和扶手如图 3-38 所示。

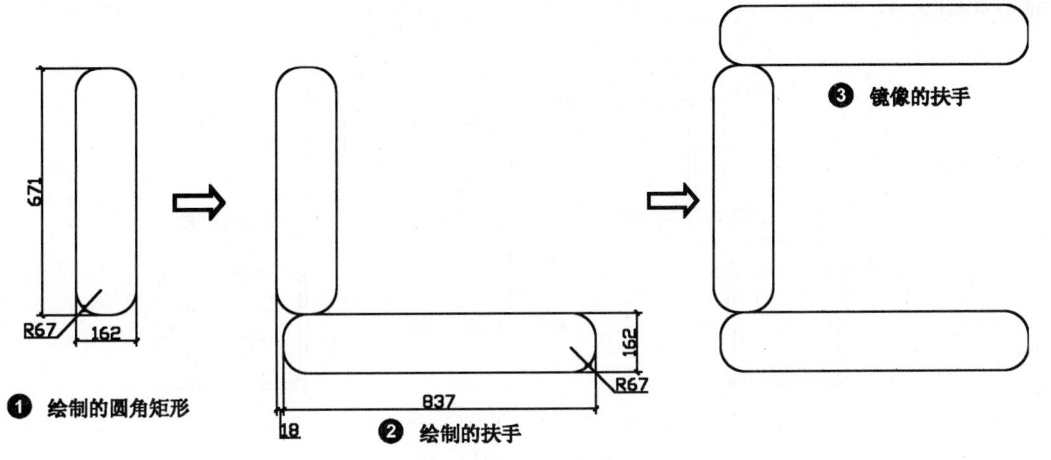

图 3-38 绘制沙发靠背和扶手

5）执行“矩形”命令，绘制尺寸为 675mm×671mm、半径为 67mm 的圆角矩形；执行“偏移”命令（O），将圆角矩形向内偏移 38mm，从而形成沙发座垫，如图 3-39 所示。

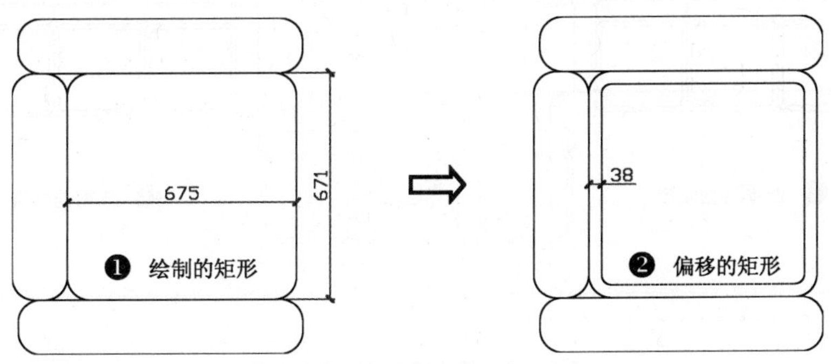

图 3-39 绘制沙发座垫

6）执行“复制”命令（CO），将前面绘制的单座沙发垂直向上复制一份；再执行“旋转”命令（RO），将复制的沙发旋转 270°。

7）执行“复制”命令，将沙发靠背和座垫复制，从而形成三座沙发，如图 3-40 所示。

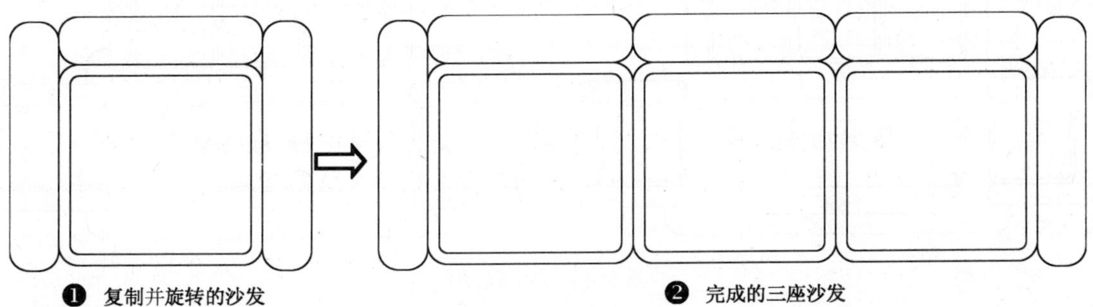

图 3-40 绘制三座沙发

8）执行“镜像”命令，将左侧的单座沙发进行水平镜像，从而完成右侧的单座沙发的绘制，如图 3-41 所示。

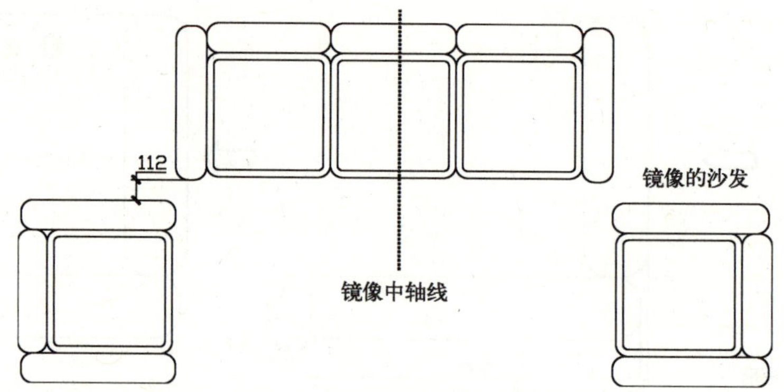

图 3-41　镜像沙发

9）执行“矩形”命令，绘制尺寸为 2700mm×1500mm、半径为 150mm 的圆角矩形。

10）执行“修剪”命令，将沙发“遮挡”的圆角矩形线段进行修剪。如图 3-42 所示。

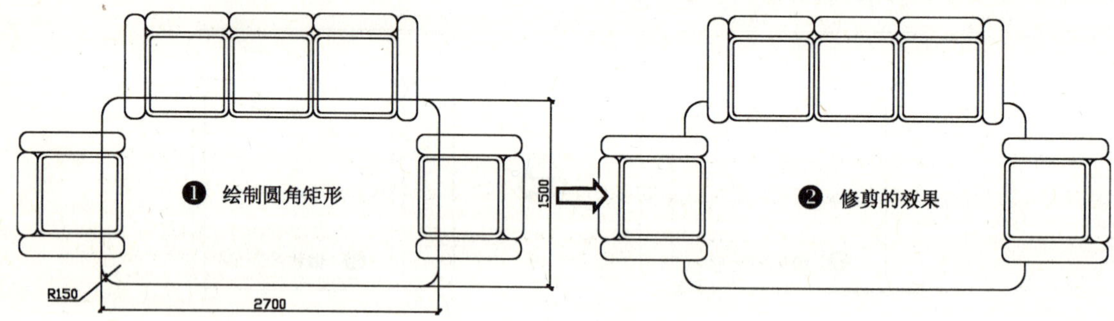

图 3-42　绘制圆角矩形并修剪

11）执行“矩形”命令，绘制尺寸为 1500mm×700mm 的直角矩形；再执行“偏移”命令，将其直角矩形内向偏移 30mm，从而形成茶几，如图 3-43 所示。

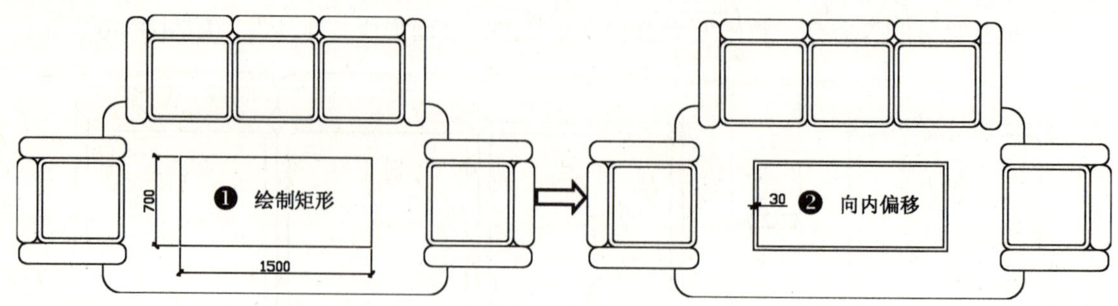

图 3-43　绘制茶几

12）选择被修剪的圆角矩形对象，在“特性“工具栏中设置线型为“TRACKS”，在“特性”面板中设置线型比例为 0.01；再执行“图案填充”命令（BH），将指定区域按照

"EARTH"图案进行填充，填充的比例为 0，从而完成地毯的绘制，如图 3-44 所示。

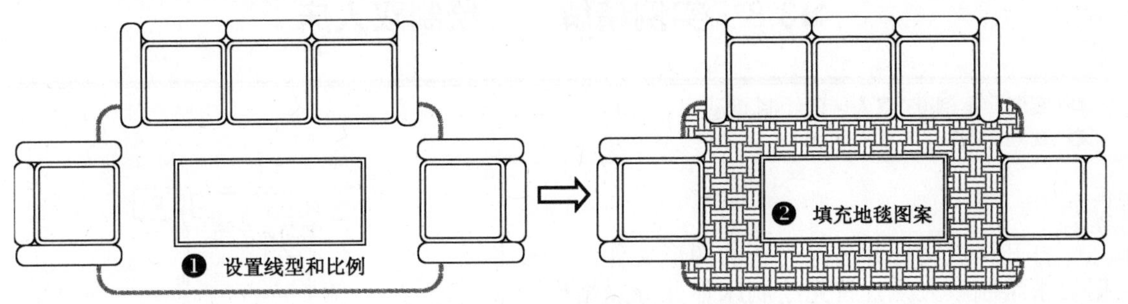

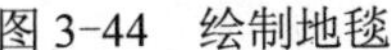
图 3-44　绘制地毯

13）执行"基点"命令（Base），捕捉上侧中间靠背的中点作为整个图形的基点。

14）至此，组合沙发已经绘制完成，按〈Ctrl+S〉组合键进行保存。

提示

组合沙发的形式多种多样，其绘制的方法：先绘制其中的单个沙发造型，再按相同的方法绘制多座的沙发，再绘制茶几，再绘制地毯，最后绘制小柜及台灯等。在"案例\03\多种组合沙发.dwg"文件中有各种不同样式的组合沙发，用户在布置沙发对象时，可以直接调用其中的组合沙发即可，如图 3-45 所示。

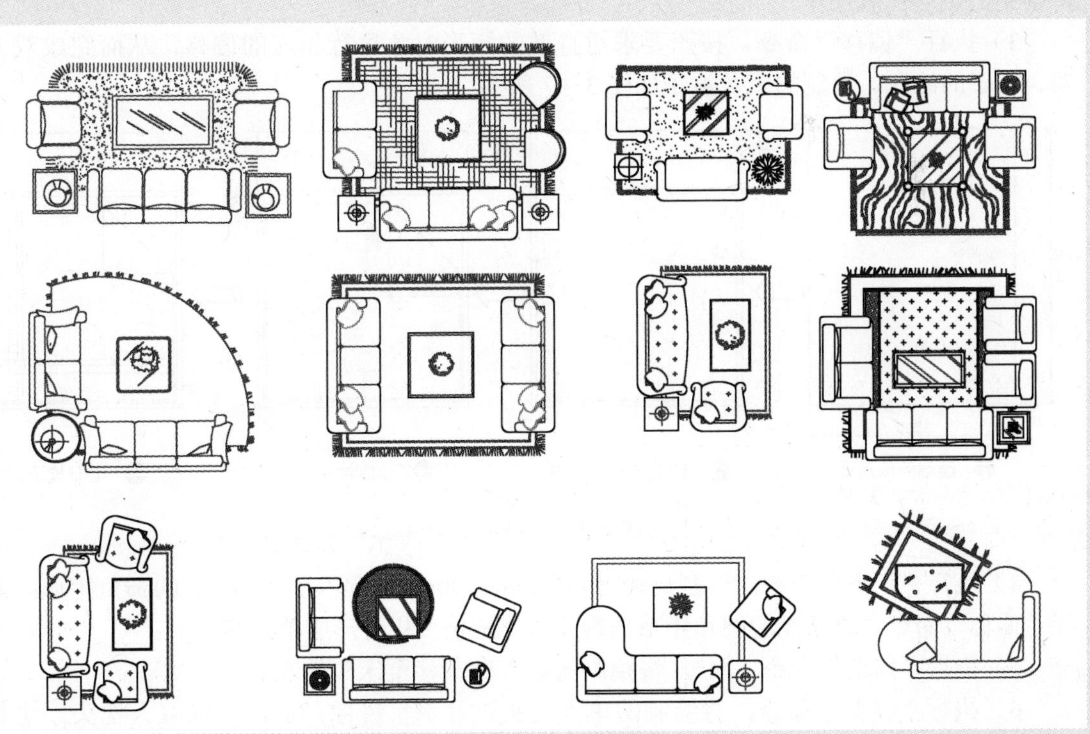

图 3-45　各种组合沙发效果

3.8 实例精解——绘制双人床

◎ 案例：案例\03\双人床的绘制.dwg
◎ 视频：案例\03\双人床.avi

打开样板文件并另存为新的图形文件，再根据要求绘制双人床。首先绘制床体并分隔结构，再绘制被子对象，然后绘制双人枕头，绘制左、右床头柜，再绘制地毯，从而完成双人床的绘制，其效果如图3-46所示。

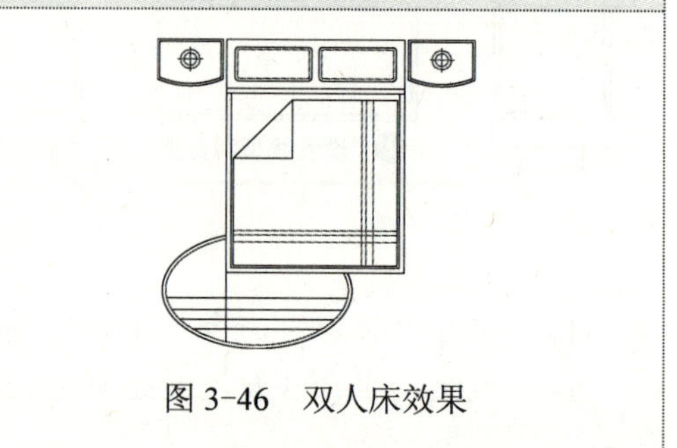

图3-46 双人床效果

1）启动AutoCAD 2012软件，选择“文件丨打开”菜单命令，将“案例\03\室内设计样板文件.dwt”文件打开，再执行“文件丨另存为”菜单命令，将其另存为“案例\03\双人床.dwg”文件。

2）执行“矩形”命令，绘制1500mm×2000mm的矩形；再执行“分解”命令（EX），将绘制的矩形打散操作。

3）执行“偏移”命令，按照要求对打散的矩形对象进行相应的偏移，从而完成双人床架、被子的绘制。绘制的床及被子如图3-47所示。

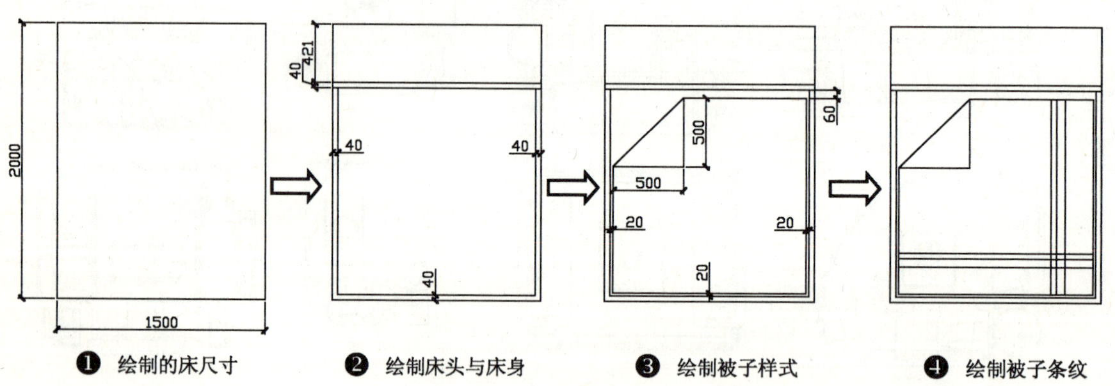

图3-47 绘制床及被子

4）执行“矩形”命令，绘制尺寸为650mm×290mm、圆角为33mm的圆角矩形；再执行“偏称”命令，将绘制的圆角矩形向内偏移22mm，从而形成单人枕头。

5）执行“移动”命令（M），将绘制的单人枕头移至床头的左侧。

6）执行“镜像”命令，将绘制的单人枕头进行水平镜像，从而形成双人枕头。绘制的枕头如图3-48所示。

7）执行“矩形”命令，绘制尺寸为558mm×340mm的直角矩形；再执行“分解”命令（EX）将该矩形打散；再执行“删除”命令（E），将下侧的水平线段删除。

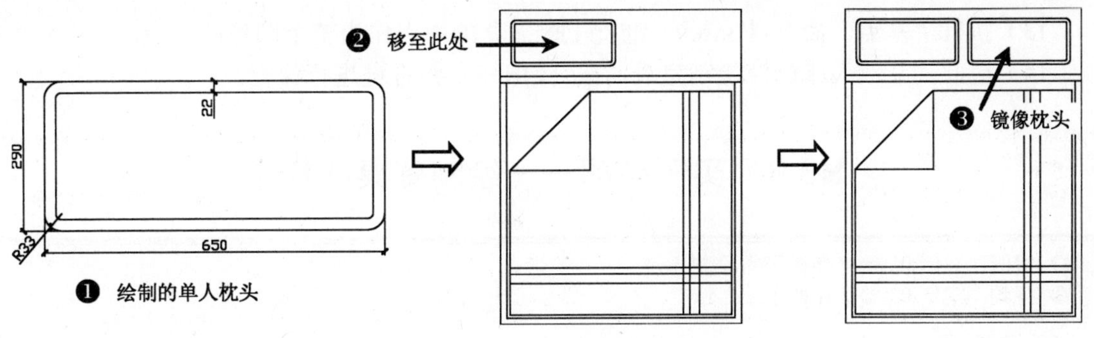

图 3-48 绘制枕头

8）执行“圆弧”命令，绘制下侧半径为 679mm 的圆弧；再执行“修改 | 对象 | 多段线”菜单命令，将直线段和圆弧转换为多段线并合并，从而形成封闭的对象。

9）执行“偏移”命令，将封闭对象向内偏移 20mm。

10）执行“圆”命令，绘制直径为 160mm 和 108mm 的两个同心圆；再执行“直线”命令，分别过中心点绘制水平和垂直的线段，从而完成床头柜的绘制。绘制的床头柜如图 3-49 所示。

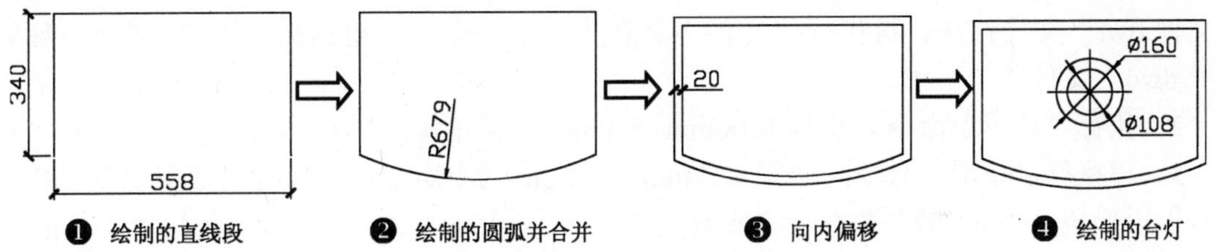

图 3-49 绘制床头柜

11）执行“移动”命令，将绘制的床头柜移至床的左上侧；再执行“镜像”命令，将左侧的床头柜进行水平镜像，完成右侧床头柜的绘制。

12）执行“椭圆”命令（EL），绘制 1600mm×1000mm 的椭圆对象；再执行“偏移”命令（O），将该椭圆对象向内偏移 30mm；再绘制相应的直线段；然后移至床的左下角，并将多余的线段进行修剪，从而完成地毯地绘制。如图 3-50 所示。

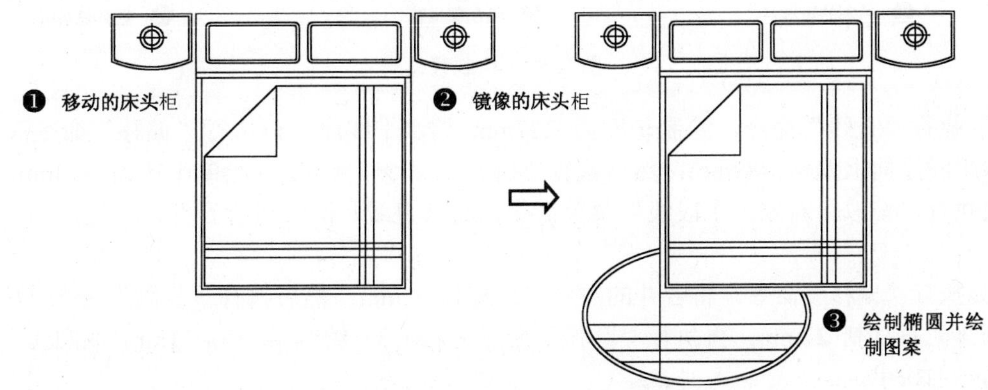

图 3-50 移动床头柜及绘制地毯

13）执行“基点”命令（Base），捕捉上侧靠背的中点作为整个图形的基点。

14）至此，其双人床已经绘制完成，按〈Ctrl+S〉组合键进行保存。

3.9 实例精解——绘制餐桌和椅子

◎ 案例：案例\03\餐桌和椅子的绘制.dwg
◎ 视频：案例\03\餐桌和椅子.avi

打开样板文件并另存为新的图形文件，再根据要求绘制餐桌和椅子。首先绘制餐桌面和餐桌脚，再绘制单座椅子，然后移至餐桌的相应位置，并对其进行镜像、旋转等操作，将绘制的单座椅子定位在餐桌的左右、上下侧，从而完成餐桌和椅子图形对象的绘制，其效果如图 3-51 所示。

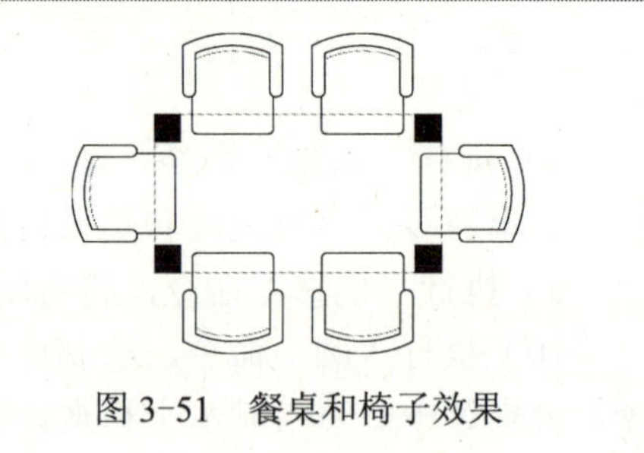

图 3-51 餐桌和椅子效果

1）启动 AutoCAD 2012 软件，选择“文件｜打开”菜单命令，将“案例\03\室内设计样板文件.dwt”文件打开，再执行“文件｜另存为”菜单命令，将其另存为“案例\03\餐桌和椅子.dwg”文件。

2）执行“矩形”命令，绘制 1400mm×800mm 的直角矩形。

3）再执行“矩形”命令，绘制 127mm×139mm 的小矩形；并执行“图案填充”命令，对其小矩形填充“SOLD”图案，完成餐桌腿。

4）执行“复制”命令，将绘制的餐桌腿复制到四个角处，从而完成餐桌的绘制。绘制的餐桌如图 3-52 所示。

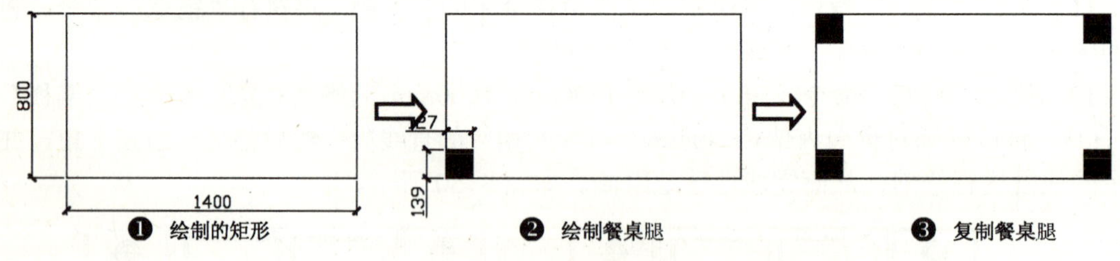

图 3-52 绘制餐桌

5）执行“直线”命令，绘制长度为 227mm 的水平线段；再执行“偏移”命令（O），将其水平线段向上偏移 489mm；然后执行“圆弧”命令（ARC），绘制半径为 513mm 的圆弧；再执行“修改｜对象｜多段线”菜单命令，将其直线和圆弧进行合并，使之成为一个整体。

6）执行“偏移”命令，将合并的对象向内偏移 62mm；然后执行“复制”命令（CO），将其圆弧向右复制 27mm；再执行“圆弧”命令（ARC），绘制半径为 31mm 的圆弧，从而形成椅子的扶手。

7）执行“直线”命令，绘制“コ”形直线段，长度分别为 190mm 和 400mm；再执行

“圆角”命令（F），对其拐角处按照半径为 27mm 进行圆角处理；然后移至相应的位置，从而完成单座椅子的绘制。绘制的单座椅子如图 3-53 所示。

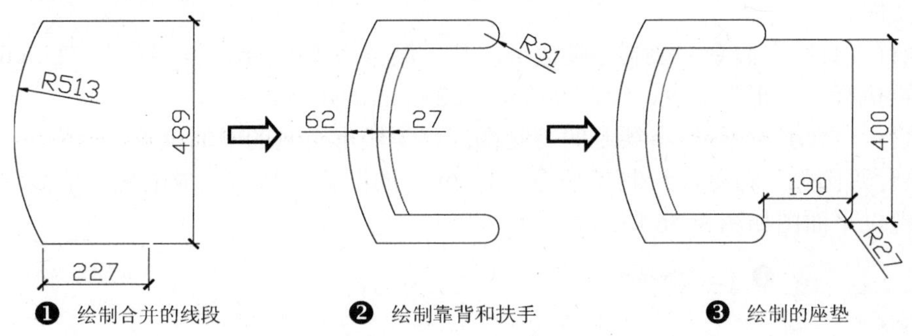

❶ 绘制合并的线段　❷ 绘制靠背和扶手　❸ 绘制的座垫

图 3-53　绘制单座椅子

8）执行“移动”命令，将绘制的单座椅子移至餐桌左侧的相应位置；再通过镜像在餐桌的右侧插入椅子；再复制一份在餐桌的上侧，且通过旋转，然后对其调整至相应的位置，且最后垂直镜像，完成餐桌上、下两侧的椅子定位，如图 3-54 所示。

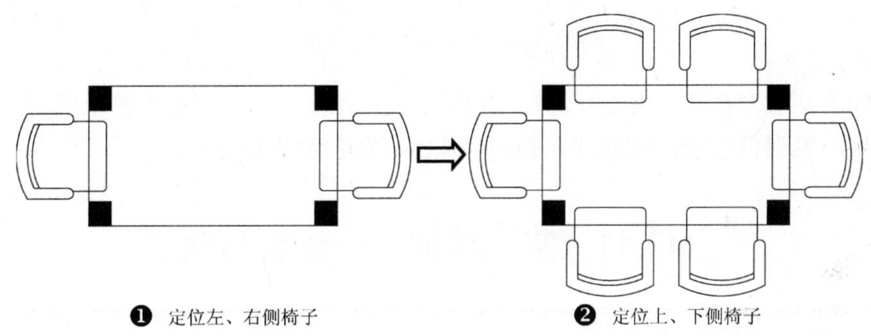

❶ 定位左、右侧椅子　❷ 定位上、下侧椅子

图 3-54　定位餐桌椅子

9）执行“基点”命令（Base），捕捉餐桌左下侧角点作为整个图形的基点。

10）至此，餐桌和椅子已经绘制完成，按〈Ctrl+S〉组合键进行保存。

3.10　实例精解——绘制电视机

◎ 案例：案例\03\餐电视机的绘制.dwg
◎ 视频：案例\03\电视机.avi

打开样板文件并另存为新的图形文件，再根据要求绘制电视机。首先绘制电视机面板轮廓，再绘制后盖轮廓，再绘制凸屏圆弧，然后调整到相应的位置即可，其效果如图 3-55 所示。

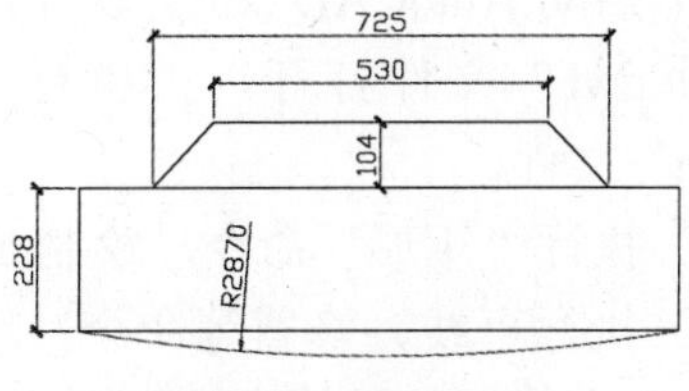

图 3-55　电视机效果

1）启动 AutoCAD 2012 软件，选择“文件 | 打开”菜单命令，将“案例\03\室内设计样板文件.dwt”文件打开，再执行“文件 | 另存为”菜单命令，将其另存为“案例\03\电视机.dwg”文件。

2）执行“直线”命令，绘制等腰梯形，其上侧宽为 530mm，下侧宽为 725mm，高度为 104mm；再执行“矩形”命令，绘制 955mm×228mm 的矩形。

3）执行“移动”命令，将绘制的等腰梯形移至矩形上侧的中间位置。

4）执行“圆弧”命令，绘制半径为 2870mm 的圆弧，从而完成电视机平面图的绘制。绘制的电视机平面图如图 3-56 所示。

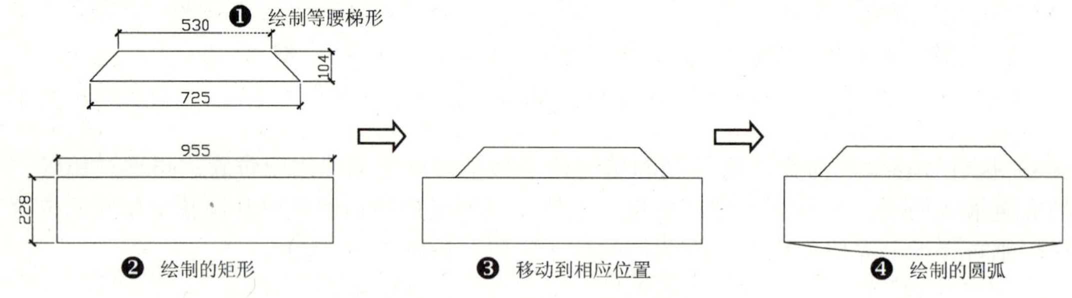

图 3-56　绘制电视机平面图

5）执行“基点”命令（base），捕捉电视机下侧直线段的中点作为整个图形的基点。

6）至此，电视机已经绘制完成，按〈Ctrl+S〉组合键进行保存。

3.11　实例精解——绘制马桶

◎ 案例：案例\03\马桶的绘制.dwg
◎ 视频：案例\03\马桶.avi

打开样板文件并另存为新的图形文件，再根据要求绘制马桶。首先绘制矩形及直线段，再对其进行修剪，以及绘制开水阀，从而完成马桶水箱的绘制；再绘制椭圆、圆弧、直线等对象，从而完成马桶盖的绘制；最后将其移至相应的位置，且绘制连接的圆弧效果，从而完成整个马桶的绘制，其效果如图 3-57 所示。

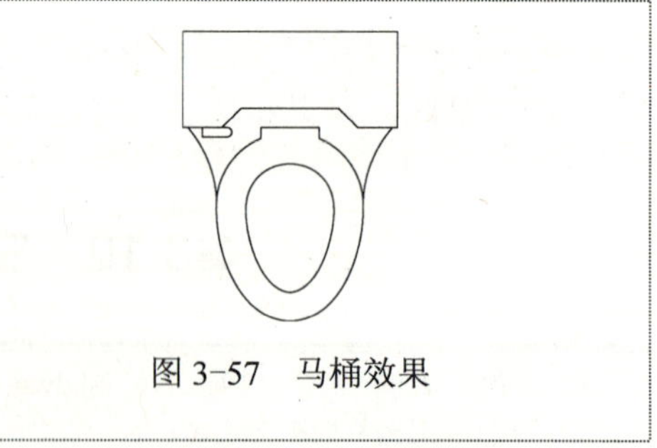

图 3-57　马桶效果

1）启动 AutoCAD 2012 软件，选择“文件 | 打开”菜单命令，将“案例\03\室内设计样板文件.dwt”文件打开，再执行“文件 | 另存为”菜单命令，将其另存为“案例\03\马桶.dwg”文件。

2）执行“矩形”命令，绘制 559mm×254mm 的矩形。

3）执行直线、修剪等命令，绘制相应的轮廓，以及绘制马桶开水阀，从而完成马桶水箱的绘制。绘制的马桶水箱如图 3-58 所示。

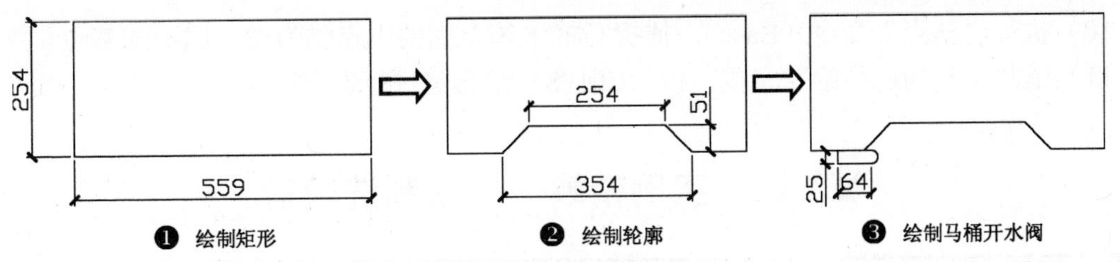

图 3-58 绘制马桶水箱

4）执行“椭圆”命令，绘制 381mm×600mm 的椭圆。

5）执行“直线”命令，过左右两侧的象限点绘制一条水平线段；再执行“偏移”命令（O），将其水平线段向上偏移 181mm 和 29mm。

6）执行“直线”命令，绘制相应的直线段；再执行“修剪”命令，将多余的圆弧进行修剪；再执行“圆弧”命令，绘制半径为 191mm 的两段圆弧。

7）执行“偏移”命令，将圆弧向内偏移 76mm，从而完成马桶盖的绘制。绘制的马桶面板如图 3-59 所示。

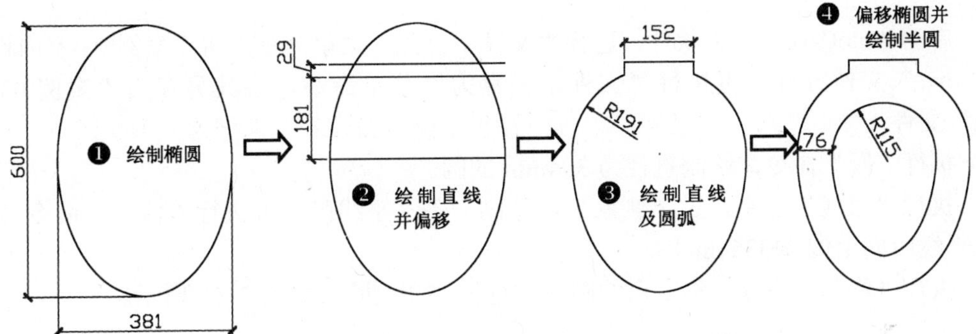

图 3-59 绘制马桶面板

8）再执行“移动”命令，将绘制的马桶面板移至马桶水箱的中点位置。

9）执行“圆弧”命令，在左侧绘制半径为 317mm 的圆弧；再执行“镜像”命令（MI），将其圆弧进行水平镜像。如图 3-60 所示。

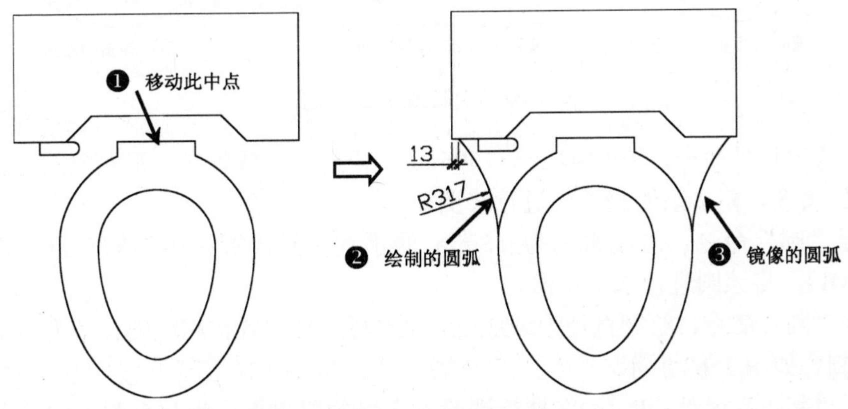

图 3-60 移动马桶盖并绘制圆弧

10）执行“基点”命令（Base），捕捉马桶水箱上侧的中点作为整个图形的基点。

11）至此，马桶已经绘制完成，按〈Ctrl+S〉组合键进行保存。

3.12 实例精解——绘制洗脸盆

◎ 案例：案例\03\洗脸盆的绘制.dwg
◎ 视频：案例\03\洗脸盆.avi

打开样板文件并另存为新的图形文件，再根据要求绘制洗脸盆。首先绘制圆并进行修剪，再绘制矩形作出水管，再绘制两个圆作为冷、热水开关，最后绘制大圆，作为洗脸盆的外轮廓，从而完成整个洗脸盆的绘制，其效果如图 3-61 所示。

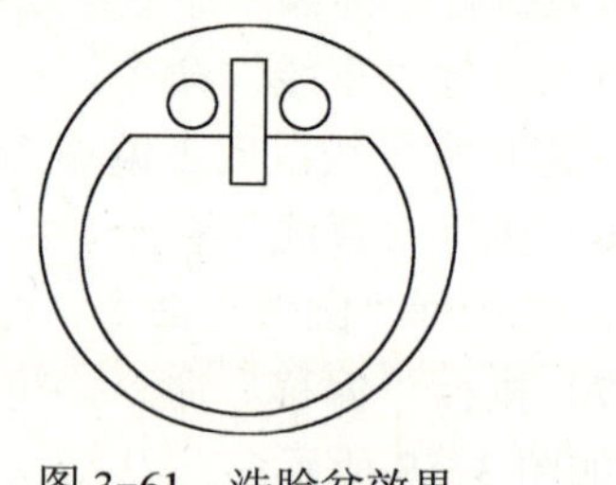

图 3-61 洗脸盆效果

1）启动 AutoCAD 2012 软件，选择“文件｜打开”菜单命令，将“案例\03\室内设计样板文件.dwt”文件打开，再执行“文件｜另存为”菜单命令，将其另存为“案例\03\洗脸盆.dwg”文件。

2）执行“圆”命令，绘制直径为 394mm 的圆。

3）执行“直线”命令，过下侧象限点绘制一条水平线段；再执行“偏移”命令（O），将其水平线段向上偏移 335mm。

4）执行“修剪”命令，将多余的圆弧进行修剪和删除。如图 3-62 所示。

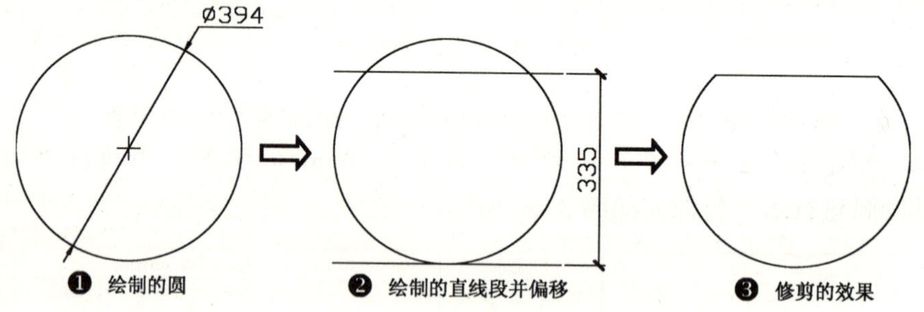

图 3-62 绘制圆并进行修剪

5）执行“矩形”命令，绘制 41mm×150mm 的矩形，并放置在图形对象的中央位置；再执行“修剪”命令，将多余的直线段进行修剪。

6）执行“圆”命令，绘制直径为 58mm 的小圆，且放置在矩形的左侧；再执行“镜像”命令（MI），将该圆进行水平镜像。

7）执行“圆”命令，绘制直径为 493mm 的大圆，且放置在相应的位置，从而完成整个洗脸盆的绘制。如图 3-63 所示。

8）执行“基点”命令（Base），捕捉洗脸盆上侧的限象点作为整个图形的基点。

9）至此，洗脸盆已经绘制完成，按〈Ctrl+S〉组合键进行保存。

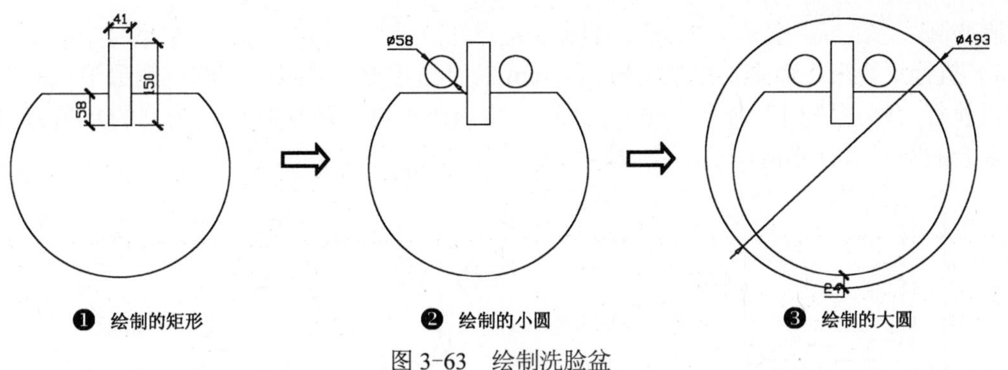

图 3-63 绘制洗脸盆

3.13 实例精解——绘制天燃气灶

◎ 案例：案例\03\天燃气灶的绘制.dwg
◎ 视频：案例\03\天燃气灶.avi

打开样板文件并另存为新的图形文件，再根据要求绘制天燃气灶。首先绘制矩形并偏移，完成燃气灶外轮廓的绘制；再绘制圆角矩形、同心圆和小矩形，完成灶芯的绘制；再绘制小矩形、圆等，完成开关的绘制；然后将灶芯移至相应的位置，从而完成天燃气灶的绘制，其效果如图 3-64 所示。

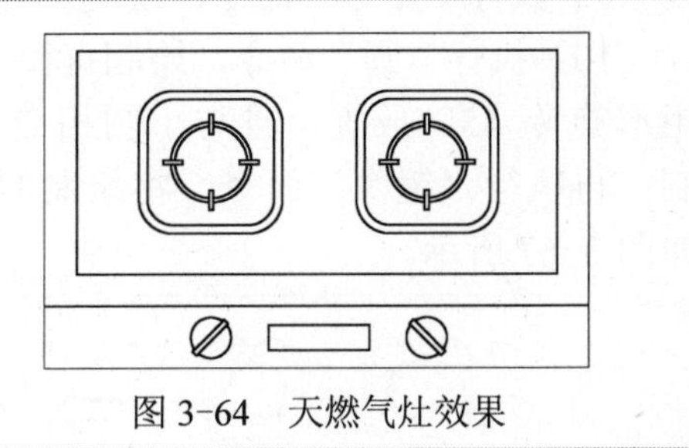

图 3-64 天燃气灶效果

1）启动 AutoCAD 2012 软件，选择“文件｜打开”菜单命令，将“案例\03\室内设计样板文件.dwt”文件打开，再执行“文件｜另存为”菜单命令，将其另存为“案例\03\天燃气灶.dwg”文件。

2）执行“矩形”命令，绘制 650mm×400mm 的矩形；再执行“分解”命令（EX），将该矩形进行打散操作。

3）执行“偏移“命令，将下侧的水平线段向上偏移 75mm。

4）执行“矩形”命令，绘制 572mm×266mm 的矩形，且放置在中间位置，从而完成天燃气灶的外轮廓。如图 3-65 所示。

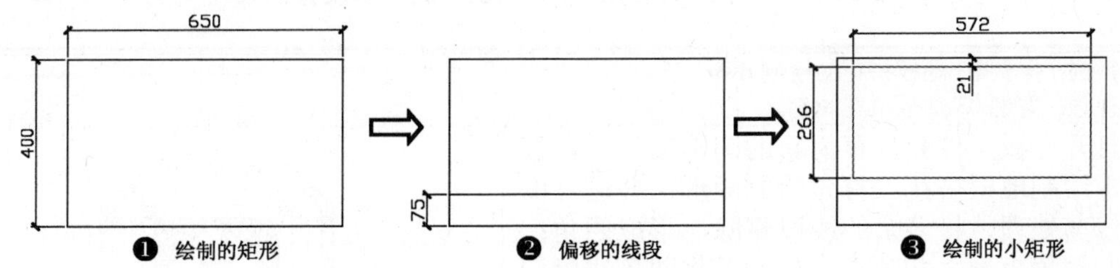

图 3-65 绘制天燃气灶的外轮廓

5）执行“矩形”命令，绘制尺寸为 170mm×170mm、半径为 40mm 的圆角矩形；再执行“偏移”命令，将其向内偏移 10mm。

6）执行“圆”命令，以圆角矩形的中心点作为圆心点，绘制直径为 96mm 和 86mm 的两个同心圆。

7）执行“矩形”命令，绘制23mm×5mm的直角矩形，且放置在圆左侧象限点的中央位置；再执行“环形阵列”命令（arraypolar），将该矩形进行环形阵列，阵列的数量为4，然后将多余的圆弧进行修剪，从而完成燃气灶芯的绘制。如图3-66所示。

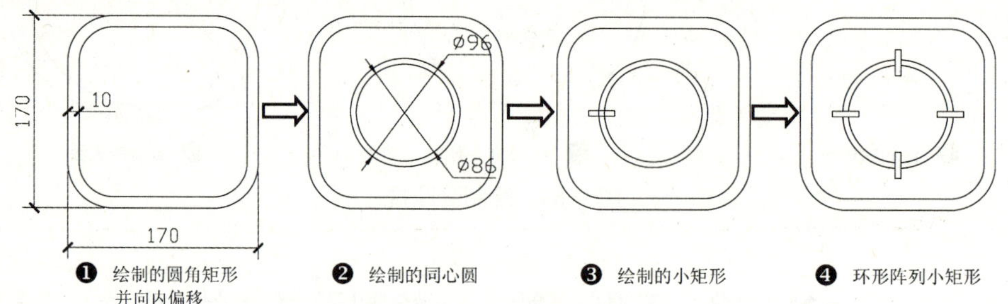

图3-66 绘制天燃气灶芯

8）执行“移动”、“镜像”等命令，将绘制的灶芯移至天燃气上侧的相应左、右两侧。

9）执行“矩形”命令，绘制120mm×30mm的直角矩形，且放置在下侧的中间位置。

10）执行“圆”命令，绘制直径为48mm的圆；再绘制53mm×7mm的小矩形，并将该矩形旋转45°放置，且与小圆相交，然后将多余的线段进行修剪，完成燃气灶开关的绘制；再执行“镜像”命令，将绘制的开关进行水平镜像，从而完成整个天燃气灶的绘制。如图3-67所示。

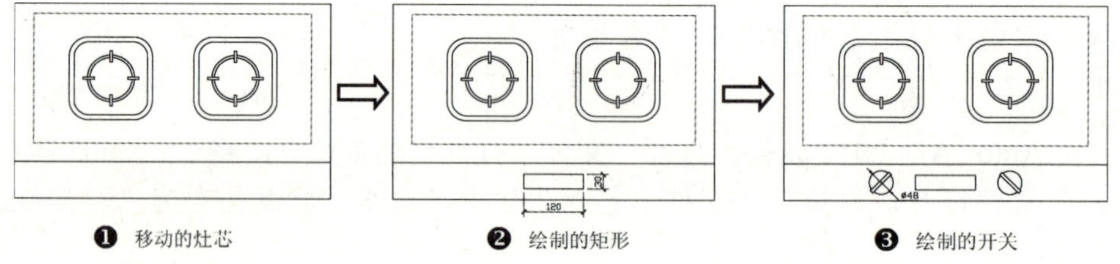

图3-67 完成的天燃气灶

11）执行“基点”命令（Base），捕捉燃气灶上侧的中点作为整个图形的基点。

12）至此，天燃气灶已经绘制完成，按〈Ctrl+S〉组合键进行保存。

3.14 实例精解——绘制地板拼花

◎ 案例：案例\03\地板拼花的绘制.dwg
◎ 视频：案例\03\地板拼花.avi

打开样板文件并另存为新的图形文件，再根据要求绘制地板拼花。首先绘制矩形，并进行倒角不修剪处理，将多余的线段删除，形成四角；再绘制倒角矩形，并向内偏移，且将四条线段均向内偏移两次；连接中点的四条斜线段，再绘制矩形，且连接中点线段；然后进行图案填充，从而完成地板拼花的绘制，其效果如图3-68所示。

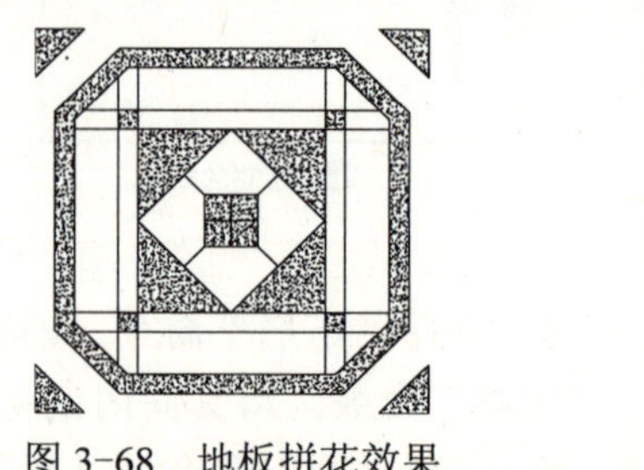

图3-68 地板拼花效果

1）启动 AutoCAD 2012 软件，选择“文件｜打开”菜单命令，将“案例\03\室内设计样板文件.dwt”文件打开，再执行“文件｜另存为”菜单命令，将其另存为“案例\03\地板拼花.dwg”文件。

2）执行“矩形”命令，绘制 2000mm×2000mm 的直角矩形；再执行“直线”命令（L），分别过水平和垂直线段的中点绘制两条互相垂直的辅助线段。

3）执行“倒角”命令（CHA），选择“不修剪（N）”选项，并选择倒角的距离均为 250mm。

4）执行“修剪”命令，将多余的线段进行修剪。如图 3-69 所示。

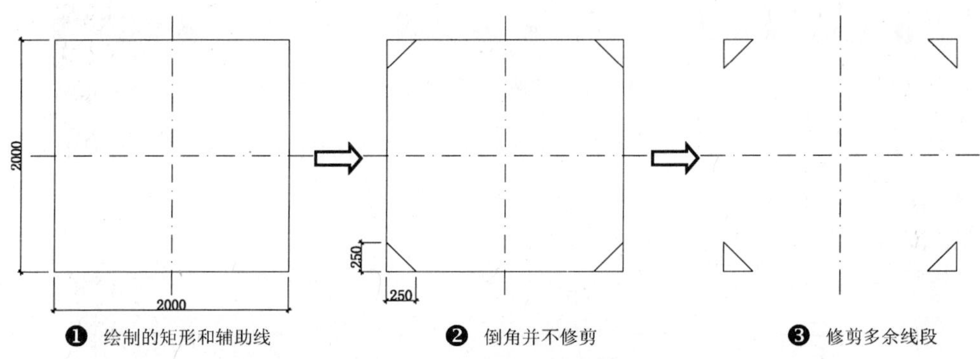

图 3-69　绘制矩形并倒角操作

5）执行“矩形”命令，选择“倒角”选项，输入倒角距离均为 333mm，再输入倒角矩形的尺寸为 1800mm×1800mm 的直角矩形，且将其放置在中央位置。

6）执行“偏移”命令，将倒角矩形向内偏移 100mm。

7）执行“分解”命令，将外侧的倒角矩形打散，再执行“偏移”命令，分别将上下、左右的线段向内偏移 324mm 和 100mm；再执行“延伸”命令（EXT），分别将偏移的线段延伸至内侧的倒角矩形。如图 3-70 所示。

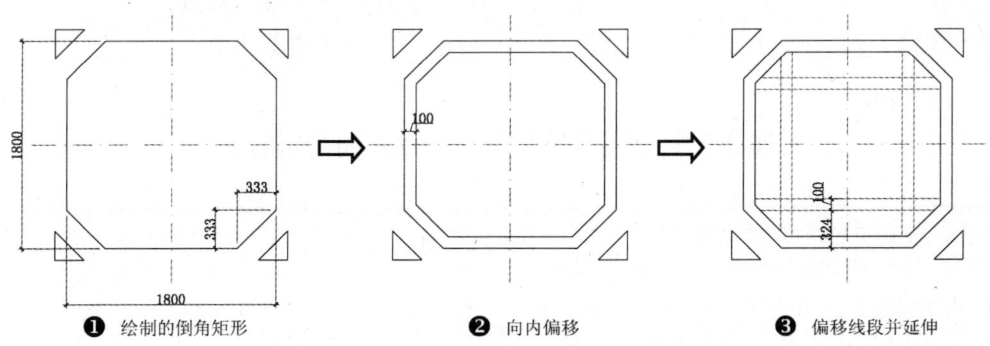

图 3-70　绘制倒角矩形并偏移和延伸线段

8）执行“直线”命令，分别过指定线段的中点绘制 4 条斜线段，从而围成一个封闭的正四边形。

9）执行“矩形”命令，绘制 269mm×269mm 的矩形，并放置在中央位置。

10）执行“直线”命令，分别连接相应的中点直线段；再执行“删除”命令（E），将绘制的辅助线段进行删除。如图 3-71 所示。

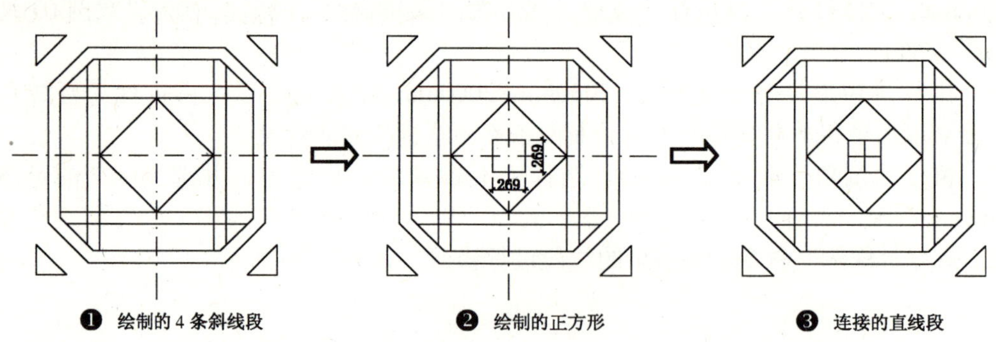

图 3-71　绘制正四边形和正方形

11）执行“图案填充”命令，对指定的区域按照“AR-CONC”图案进行填充，填充的比例为 0.3，从而完成整个地板拼花的绘制，如图 3-72 所示。

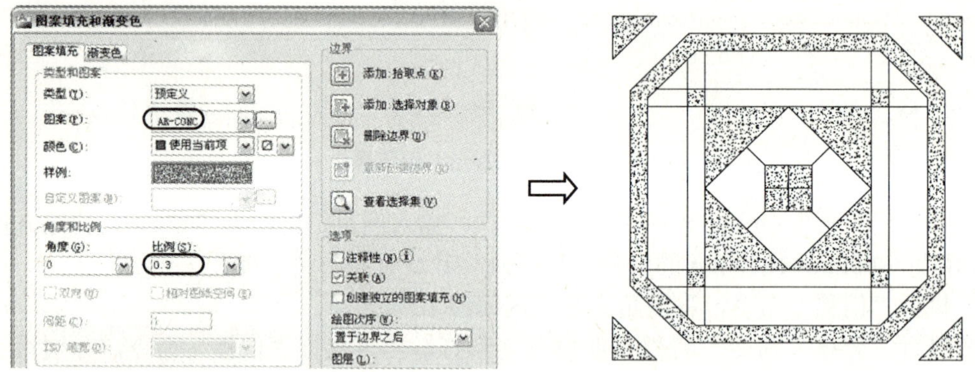

图 3-72　填充图案

12）执行“基点”命令（Base），捕捉左下角点作为整个图形的基点。

13）至此，地板拼花已经绘制完成，按〈Ctrl+S〉组合键进行保存。

3.15　实例精解——绘制立面床

◎ 案例：案例\03\立面床的绘制.dwg
◎ 视频：案例\03\立面床.avi

打开样板文件并另存为新的图形文件，再根据要求绘制立面床。首先绘制两个矩形并进行圆角处理，从而完成床架及沙发；再绘制上侧的直线、圆弧、圆角矩形，从而完成床靠背的绘制；再绘制床头柜及台灯对象，并移至床左侧的相应位置，然后进行水平镜像。从而完成整个立面床的绘制，其效果如图 3-73 所示。

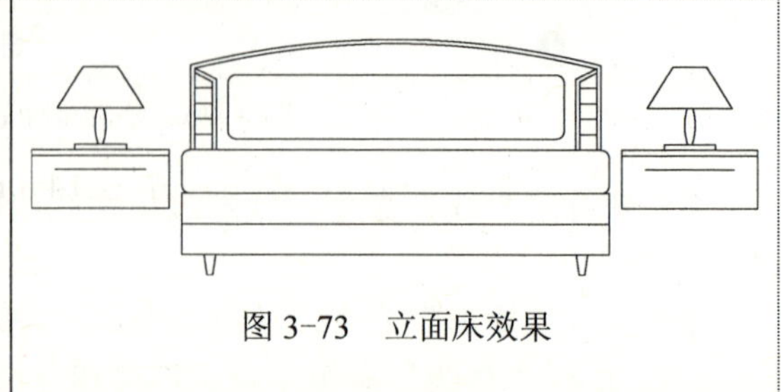

图 3-73　立面床效果

1）启动 AutoCAD 2012 软件，选择“文件 | 打开”菜单命令，将“案例\03\室内设计样板文件.dwt”文件打开，再执行“文件 | 另存为”菜单命令，将其另存为“案例\03\立面床.dwg”文件。

2）执行“矩形”命令，分别绘制 1500mm×220mm 和 1500mm×156mm 的两个矩形，且以中线放齐；再执行“直线”命令，过中点绘制一条垂直辅助线。

3）执行“直线”命令，过下侧矩形的中点绘制一条水平线段，完成床底座的轮廓。

4）执行“圆角”命令，按照半径为 30mm 对上侧矩形的四角进行圆角处理，形成床垫效果。如图 3-74 所示。

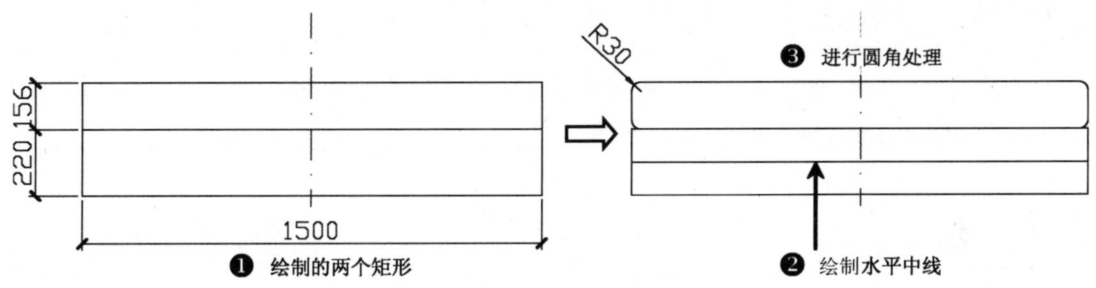

图 3-74 绘制矩形并进行圆角处理

5）执行“矩形”命令，绘制 1440mm×400mm 的矩形；再执行“分解”命令（EX），将绘制的矩形打散。

6）执行“偏移”命令，将上侧的水平线段向下偏移 94mm。

7）执行“圆弧”命令，捕捉左侧、上侧和右侧的交点作为圆弧的起点、第二点、端点，来绘制一段圆弧；再执行“修剪”命令，将多余的线段进行修剪处理。如图 3-75 所示。

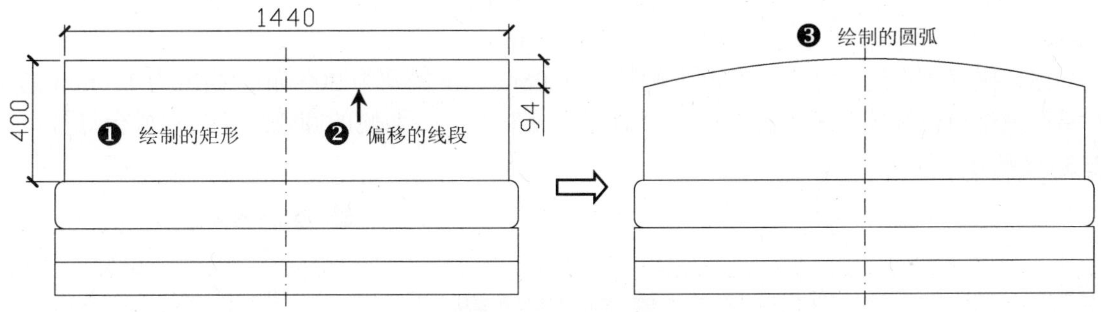

图 3-75 绘制的矩形和圆弧

8）执行“修改 | 对象 | 多段线”命令，将上侧的直线段和圆弧转换为多段线，并进行合并；再执行“偏移”命令，将其合并的多段线向内偏移 15mm；

9）执行“矩形”命令，绘制尺寸为 1440mm×400mm、半径为 30mm 的圆角矩形，且放置在中央位置。如图 3-76 所示。

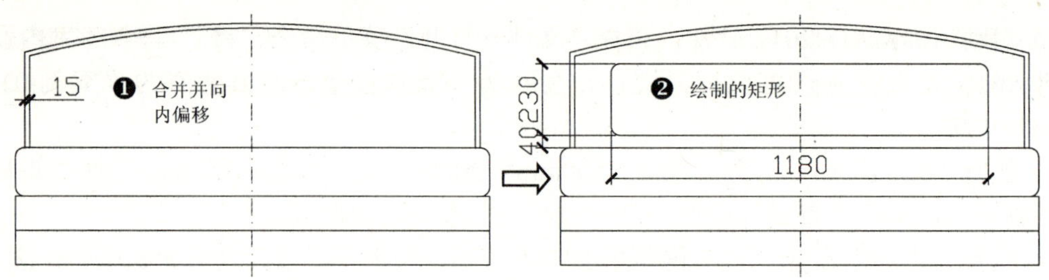

图 3-76　偏移合并线段并绘制圆角矩形

10）执行“直线”命令，绘制左侧的装饰轮廓线条。

11）再执行“镜像”命令，将左侧的装饰轮廓线条进行水平镜像。

12）执行“直线”命令，绘制上侧宽为 40mm、下侧宽为 20mm、高度为 75mm 的等腰梯形来作为床腿，并水平镜像到右侧。如图 3-77 所示。

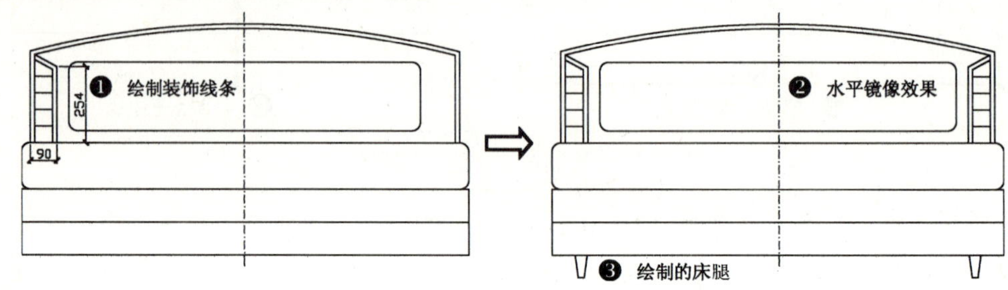

图 3-77　绘制装饰线条和床腿并水平镜像

13）执行“矩形”命令，绘制 480mm×210mm 的矩形；再执行“分解”命令（EX），将绘制的矩形打散；再执行“偏移”命令，将上侧的水平线段向下偏移 20mm 和 50mm。

14）执行“矩形”命令，绘制 180mm×20mm 的矩形，且放置在上侧的中央位置；执行“偏移”命令，将指定的水平线段向上偏移 150mm。

15）执行“直线”命令，绘制上侧宽为 120mm、下侧宽为 300mm、高度为 150mm 的等腰梯形来作为台灯罩；再执行“圆弧”命令，绘制左、右两侧的圆弧对象，完成台灯柱。如图 3-78 所示。

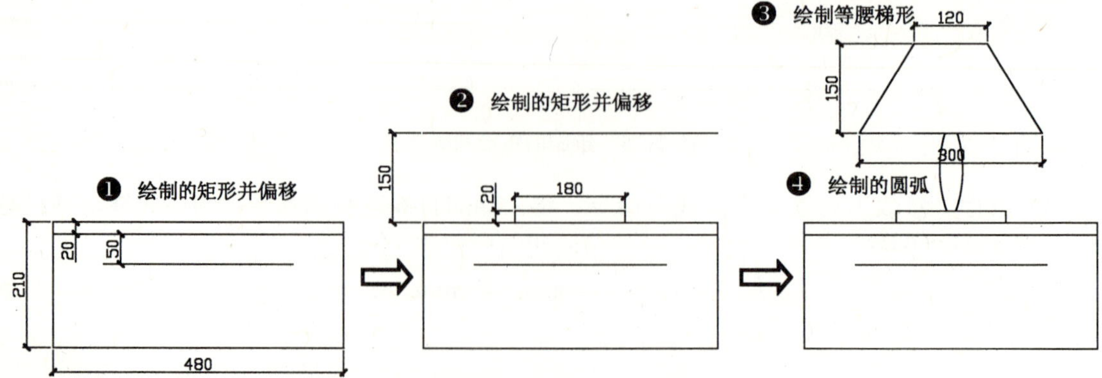

图 3-78　绘制的床头柜及台灯

16）执行“移动”命令，将绘制的床头柜及台灯对象移至床的左侧；再执行“镜像”命令，将床头柜及台灯进行水平镜像，从而完成整个立面床的绘制，如图 3-79 所示。

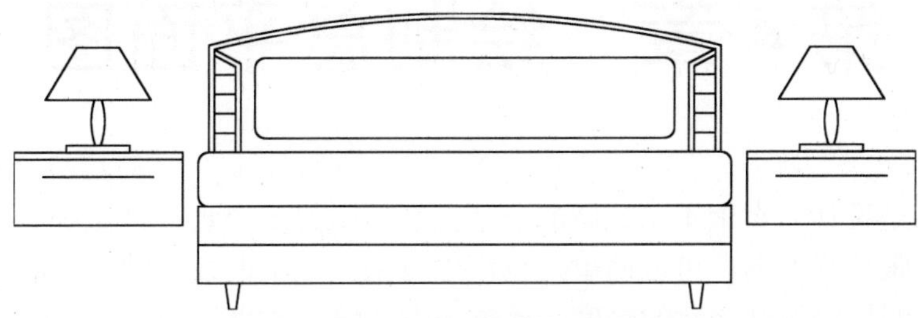

图 3-79 移动床头柜并镜像操作

17）执行“基点”命令（Base），捕捉下侧水平线段的中点作为整个图形的基点。

18）至此，立面床已经绘制完成，按〈Ctrl+S〉组合键进行保存。

第4章　绘制总平面图

总平面图，是设计方案中不可或缺的一环，想要做好一个设计，做好一张总平面图是必不可少的。而一张总平面图，可以简单，也可以复杂，完全取决于它处在制图的哪个阶段。只要能够在合适的阶段做到合适的深度，适时地表达出需要表达的内容即可。

4.1　专业讲解——建筑总平面图概述

总平面图亦称“总体布置图”，按一般规定比例绘制，表示建筑物、构筑物的方位、间距以及道路网、绿化、竖向布置和基地临界情况等。图上有指北针，有的还有风向玫瑰图。

建筑总平面图是表明新建房屋所在基础有关范围内的总体布置，它反映新建、拟建、原有和拆除的房屋、构筑物等的位置和朝向，室外场地、道路、绿化等的布置，地形、地貌、标高等以及原有环境的关系和邻接情况等，如图4-1所示。

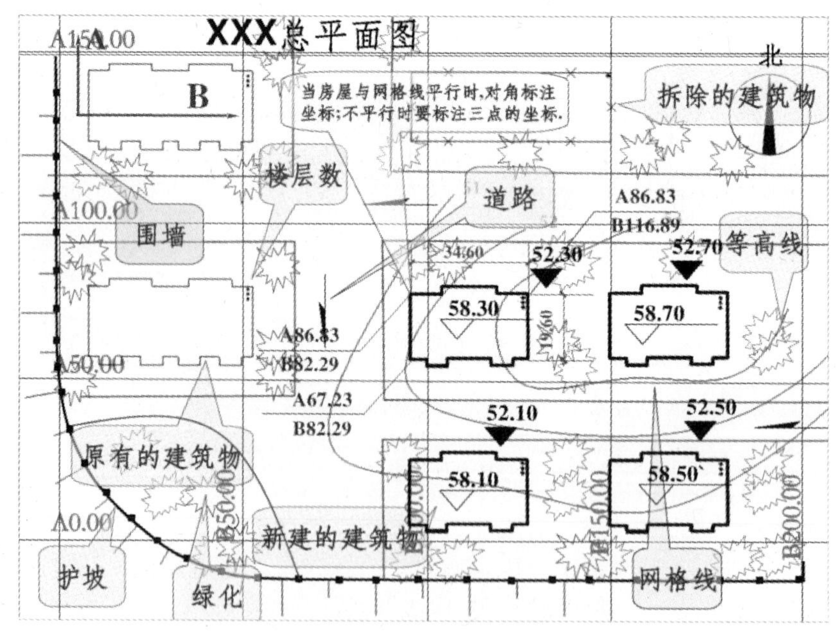

图4-1　建筑总平面图

同时，建筑总平面图也是房屋及其他设施施工的定位、土方施工以及绘制水、暖、电等管线总平面图和施工总平面图的依据。

4.1.1　总平面图的图示内容

图4-2所示为某办公楼的总平面图，用户可以按以下步骤来识读此图。

1）先看图样的比例、图例以及文字说明。图中绘制了指北针、风向频率玫瑰图。该营房坐北朝南，施工总平面图的比例为 1∶500。西侧大门为该区主要出入口，并设有门卫传达室。

2）了解新建建筑物的基本情况、用地范围、地形地貌以及周围的环境等。该营房紧邻西侧马路，楼前为停车场与训练场。楼房东侧为绿化带，紧邻东墙外侧的排洪沟。总平面图中新建的建筑物用粗实线画出外形轮廓。从图中可以看出，新建建筑物的总长为 36.64m，总宽为 14.64m。建筑物层数为 4 层，建筑面积为 2150m^2。本例中，新建建筑物位置根据原有的建筑物及围墙定位：从图中可以看出新建建筑物的西墙与西侧围墙的距离为 8.8m，新建建筑物北墙体与门卫房距离 27m。

3）了解新建建筑物的标高。总平面图标注的尺寸一律以米（m）为单位。图中新建建筑物的室内地坪标高为绝对标高 88.20m，室外整坪标高为 87.60m。图中还标注出西侧马路的标高 87.30m。

4）了解新建建筑物的周围绿化等情况。在总平面图中还可以反映出道路围墙及绿化的情况。

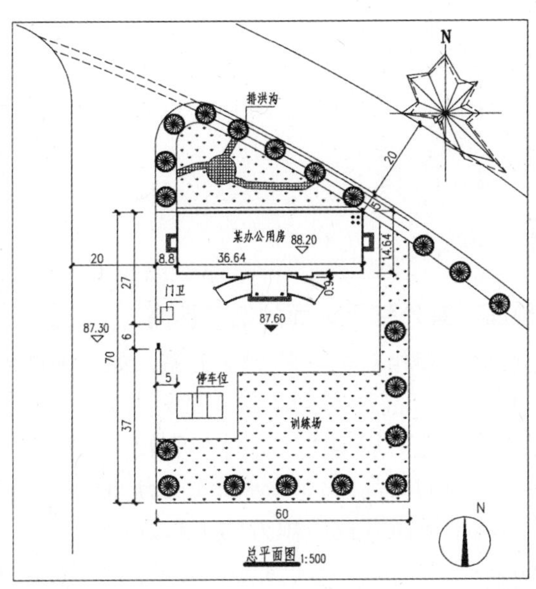

图 4-2 建筑总平面图

综合上例可以知道，建筑总平面图应包括以下几个方面的内容。

1．表明新建区的总体布局

用地范围、各建筑物及构筑物（原有建筑、拆除建筑、新建建筑、拟建建筑）的位置、道路、交通等的总体布局。新建建筑物用粗实线框表示，并在线框内，用数字表示建筑层数。

2．确定新建建筑物的平面位置

根据原有房屋和道路定位若新建房屋周围存在原有建筑、道路，此时新建房屋定位是以新建房屋的外墙到原有房屋的外墙或到道路中心线的距离。

修建成片住宅、规模较大的公共建筑、工厂或地形较复杂时，可用坐标定位。

◎ 测量坐标定位：在与总平面图采用相同比例的地形图，绘出 100m × 100m 或 50m × 50m 的坐标网格，纵轴为 X 轴，代表南北方向，横轴为 Y 轴，代表东西方向，如图 4-3 所示。对于一般建筑物定位应标明两个墙角的坐标，若为南北朝向的建筑，可只标明一个墙角的坐标即可。放线时，根据现场已有的导线点的坐标，用测量仪导测出新建房屋的坐标。

◎ 建筑坐标定位：将新建房屋所在的地区具有明显标志的地物定为“O”点，以水平方向为 B 轴，垂直方向 A 轴，按 100m × 100m 或 50m × 50m 绘制坐标网格，绘图比例与地形图相同，用建筑物墙角距“O”点的距离确定新建房屋的位置。如图 4-4 所示，甲点坐标为 $\dfrac{A=240}{B=170}$，乙点坐标为 $\dfrac{A=270}{B=410}$。

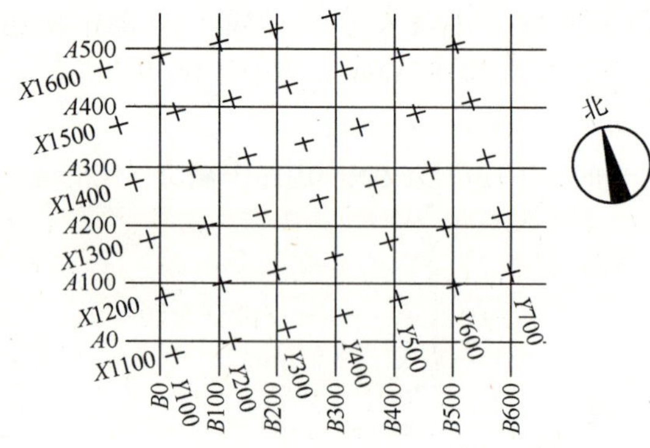

图 4-3 测量坐标定位

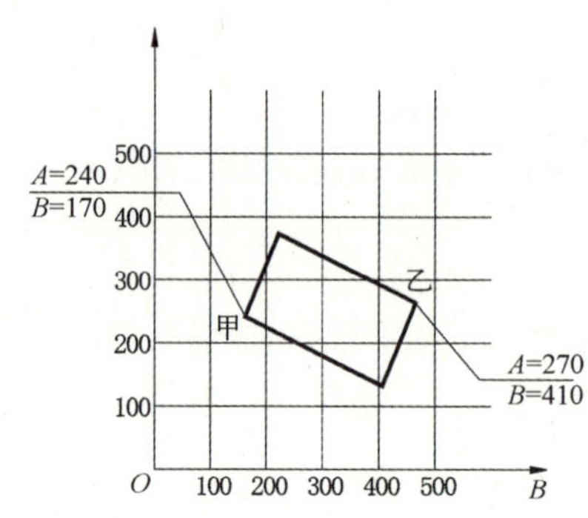

图 4-4 建筑坐标定位

3．建筑物首层室内地面、室外整平地面的绝对标高

要标注室内地面的绝对标高和相对标高的相互关系，如±0.000=48.25，室外整平地面的标高符号为涂黑的实心三角形，标高注写到小数点后两位，单位为米（m），可注写在符号上方、右侧或右上角。若建筑基地的规模大，且地形有较大的起伏时，总平面图除了标注必要的标高外，还要绘出建设区内的等高线，从等高线的分布可知建设区内地形的坡向，从而确定建筑物室外的排水方向及平场需开挖、填方的土石方量。

4．指北针和风向玫瑰图

根据图中所绘制的指北针可知新建建筑物的朝向，风向玫瑰图可了解新建房屋地区常年的盛行风向（主导风向）以及夏季风主导风方向。有的总平面图中绘出风向玫瑰图后就不绘指北针。

◎ 指北针：是用来确定新建房屋的朝向的。其符号应按国标规定绘制，如图 4-5 所示，细实线圆的直径为 24mm，箭尾宽度为圆直径的 1/8，即 3mm。圆内指针涂黑并指向正北，在指北针的尖端部写上“北”字，或“N”字。

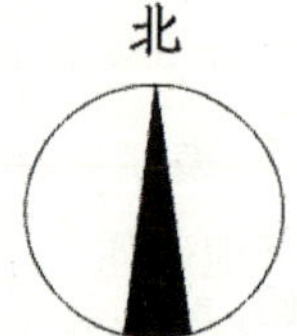

图 4-5 指北针

◎ 风向玫瑰图：根据某一地区多年统计，各个方向平均吹风次数的百分数值，按一定比例绘制的，是新建房屋所在地区风向情况的示意图。如图 4-6 所示，一般多用 8 个或 16 个罗盘方位表示，玫瑰图上表示风的吹向是从外面吹向地区中心，图中实线为全年风向玫瑰图，虚线为夏季风向玫瑰图。

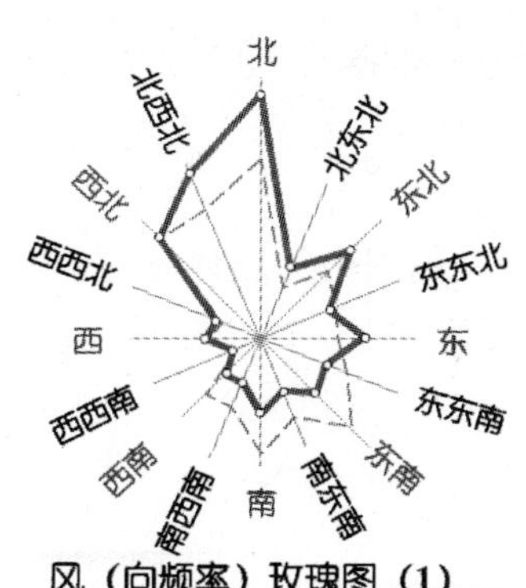

风（向频率）玫瑰图（1）

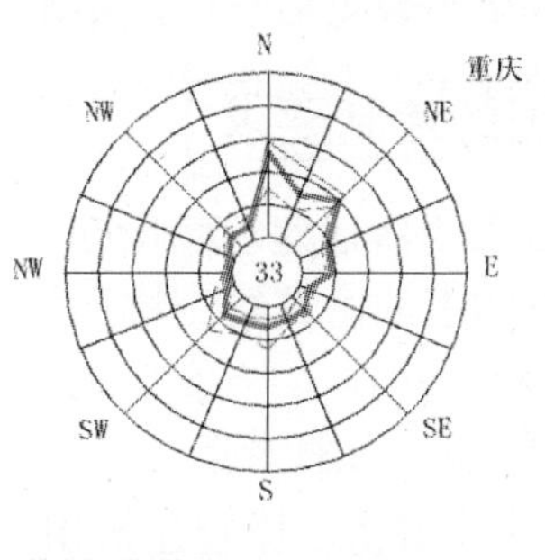

风（向玫瑰）频率图（2）

图 4-6　风向玫瑰图

提示

由于风向玫瑰图也能表明房屋和地物的朝向情况，所以在已经绘制了风向玫瑰图的图样上则不必再绘制指北针。在建筑总平面图上，通常应绘制当地的风向玫瑰图。没有风向玫瑰图的城市和地区，则在建筑总平面图上画上指北针。风向频率图最大的方位为该地区的主导风向。

5．水、暖、电等管线及绿化布置情况

给水管、排水管、供电线路尤其是高压线路，采暖管道等管线在建筑基地的平面布置。

提示

以上内容并不是在所有总平面图上都是必需的，可根据具体情况加以选择。

4.1.2　总平面图的图线

在建筑施工图中，为了表达工程图样的不同内容并分清主次，必须选用不同的线宽和线型来绘制。

◎ 粗实线：新建建筑物 ± 0.00 高度的可见轮廓线。

◎ 中实线：新建构筑物、道路、桥涵、围墙、边坡、挡土墙等的可见轮廓线、新建建筑物 ± 0.00 高度以外的可见轮廓线。

◎ 细实线：原有建筑物、构筑物、道路、围墙等可见轮廓线。

◎ 中虚线：计划扩建建筑物、构筑物、预留地、道路、围墙、运输设施、管线的轮廓线。

◎ 单点长画细线：中心线、对称线、定位轴线。

◎ 折断线：与周边分界。

4.1.3　总平面图的比例及计量单位

总平面图的常用比例为 1∶500、1∶1000、1∶2000，单位为米(m)，并至少取至小数点后两位，不足时以“0”补齐。

建筑物、构筑物、铁路、道路方位角（方向角）和铁路、道路转向角等角度的度数，宜注写到“秒（″）”。铁路纵坡度宜以千分计，道路纵坡、场地平整坡度、排水沟沟底纵坡度值宜以百分计，并取至小数点后一位，不足以“0”补齐。

4.1.4 总平面图的绘制要求

建筑总平面图是表明新建建筑物所在基地有关范围内的总体布置的图形，因此复杂的总平面图是绘制在地形图上的，其绘制过程如下：

1）设置绘图环境。

2）绘制总平面图的基本地形轮廓。

3）绘制各种新建建筑物、原有建筑物。

4）绘制绿化景观、外部设施等。

5）添加尺寸标注和文字说明。

6）添加图框和标题栏，并打印输入。

4.1.5 总平面图的常用图例

在建筑绘图中，有一些固定的图形代表固定的含义，在《总图制图标准》（GB/T50103—2001）中有专门的图例规定。由于总平面图中的图例符号比较多，表4-1所示中只给出了较常用的建筑总平面图图例。

表4-1 常用的总平面图图例

图 例	名 称	图 例	名 称
8F	新建建筑物 右上角以点数或数字表示层数		原有建筑物
	计划扩建的建筑物		拆除的建筑物
151.00	室内地坪标高	143.00	室外整坪标高
	散状材料露天堆场		原有的道路
	公路桥		计划扩建道路
	铁路桥		护坡
	草坪		指北针

提示

当标准图例不能表达图中的内容时，可以自行设置图例，但必须在建筑总平面图中画出来，并详细注明其名称，以便于识图。

4.2 实例精解——绘制教学楼总平面图

◎ 案例文件：案例\04\中学教学楼总平面图.dwg
◎ 视频文件：案例\04\中学教学楼总平面图.avi

绘制如图 4-7 所示的中学教学楼总平面图时，首先设置总平面图的绘图环境，再根据要求绘制校园总平面图的外围轮廓，再绘制教学楼的轮廓效果，以及绘制其他附属建筑物轮廓，然后将其建筑物轮廓对象分别插入到校内总平面图的相应位置，再绘制操场体育设施并布置在相应的位置，再进行校园内绿化的布置，然后进行文字、尺寸及图名的标注。

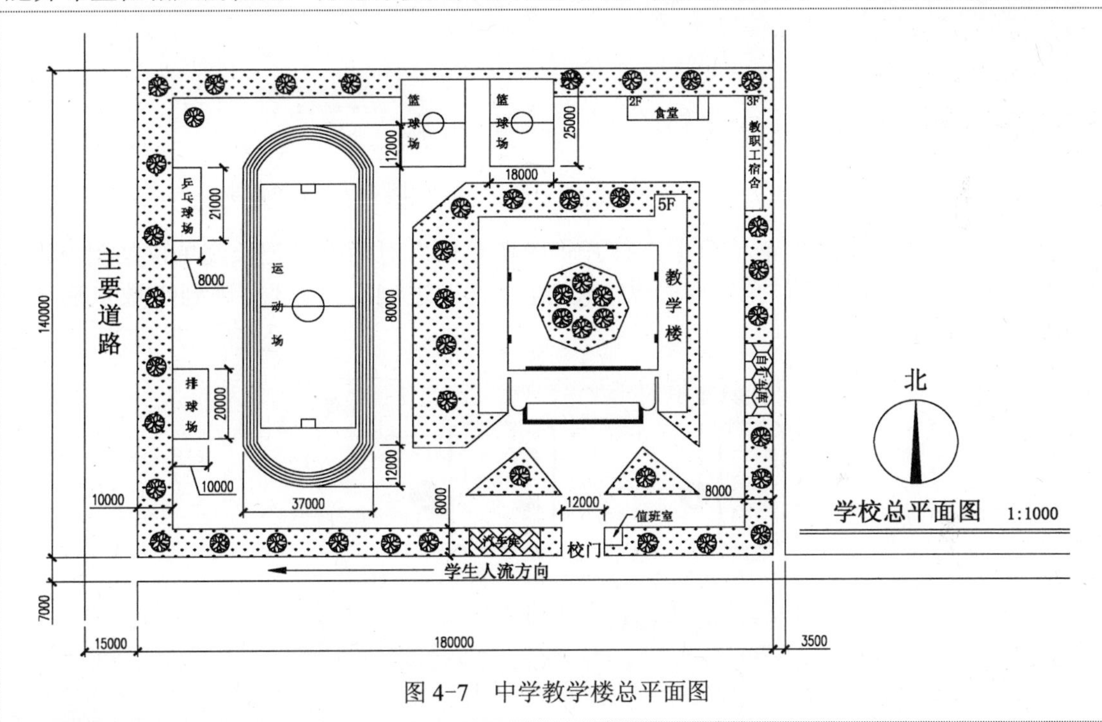

图 4-7 中学教学楼总平面图

4.2.1 设置绘图环境

在绘制教学楼建筑总平面图之前，首先要设置与所绘图形相匹配的绘图环境，包括绘图区的设置、图层的规划、文字样式与标注样式的设置等。

1. 绘图区的设置

绘图区设置包括绘图单位和图形界限的设定。根据建筑制图标准的规定，建筑总平面图使用的长度单位为米，角度单位是度、分、秒。图形界限是指所绘制图形对象的范围，AutoCAD 中默认的图形界限为 A3 图纸大小，如果不修正该默认值，可能会使按实际尺寸绘制的图形不能全部显示在窗口之内。

依据图 4-7 所示，可知该建筑总平面图的实际长度约为 235m，宽度为 170m，绘图比例为 1∶1000，打印到 A3 图纸，图形界限可直接将 A3 图纸幅面放大 1000 倍，即长×宽为 420000mm×297000mm。

1）正常启动 AutoCAD 2012 软件，单击工具栏上的“新建”按钮，打开“选择样板”对话框，选择“acadiso.DWT”样板文件，然后单击“打开”按钮，如图 4-8 所示。

2）选择“文件|另存为”菜单命令，打开“图形另存为”对话框，将文件另存为“案例\04\中学教学楼总平面图.dwg”图形文件，如图 4-9 所示。

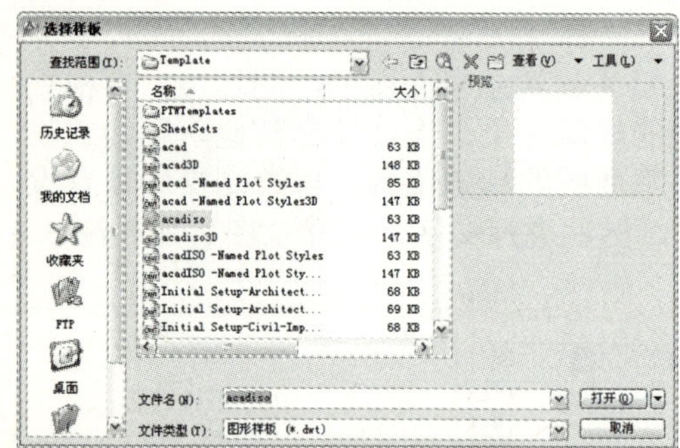

图 4-8　选择样板文件

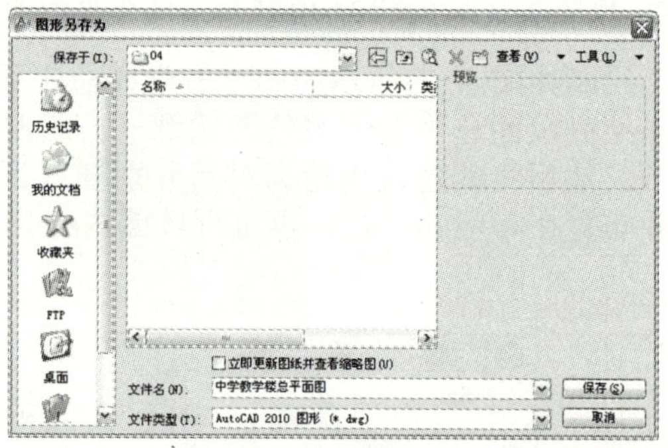

图 4-9　保存文件

3）选择“格式|单位”菜单命令，打开“图形单位”对话框。把长度单位类型设定为“小数”，精度为“0.000”，角度单位类型设定为“十进制”，精度精确到小数点后两位“0.00”，如图 4-10 所示。

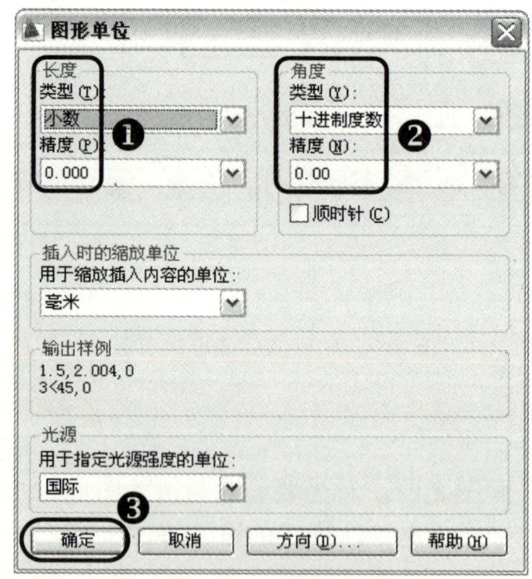

图 4-10　图形单位设置

提示

此处的单位精度是绘图时确定坐标点的精度，不是尺寸标注的单位精度，通常长度单位精度取小数点后三位，角度单位精度取小数点后两位。

4）选择“格式|图形界限”菜单命令，依照提示，设定图形界限的左下角为（0，0），右上角为（420000，297000）。

5）在命令行输入命令 Z|空格|A，使输入的图形界限区域全部显示在图形窗口内。

2．图层的设置

图层设置主要考虑图形元素的组成以及各图形元素的特征。由图 4-7 所示可知建筑总平面图形主要由外围、操场、道路、房屋、围篱、绿化、景观、文字和标注等元素组成，因此绘制总平面图时，需建立如表 4-2 所示的图层。

表 4-2　图层设置

序　号	图　层　名	线　宽	线　型	颜　色	打 印 属 性
1	外围	0.3	实线	蓝色	打印
2	操场	默认	实线	红色	打印
3	道路	默认	实线	洋红	打印
4	房屋	0.3	实线	黑色	打印
5	围篱	默认	实线	14	打印
6	绿化	默认	实线	绿色	打印
7	景观	默认	实线	绿色	打印
8	文字	默认	实线	黑色	打印
9	标注	默认	实线	洋红	打印

6）执行“格式|图层”菜单命令，或者单击“图层”工具栏的，打开“图层特性管理器”面板，单击“新建图层”按钮，AutoCAD 自动创建名为“图层 1”的新图层，将其名称改为“外围”；单击“颜色”项，打开“选择颜色”对话框，选取蓝色，然后单击“确定”按钮完成颜色设置并返回，如图 4-11 所示。

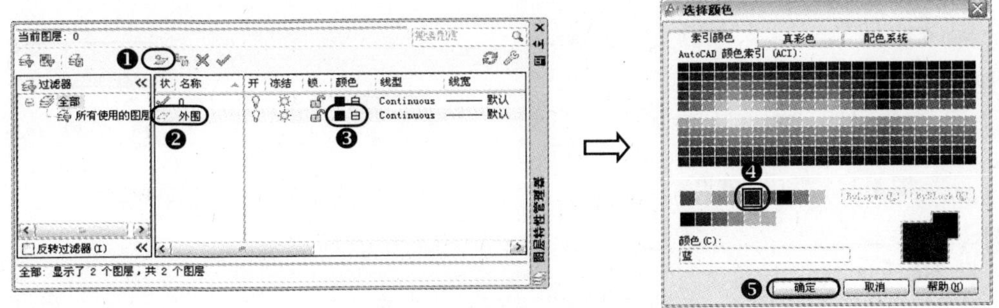

图 4-11　设置图层名称及颜色

7）单击“线宽”项，打开“线宽”对话框，选取 0.3mm，然后单击“确定”按钮完成线宽的设置，如图 4-12 所示。

8）重复前几步的操作，建立如表 4-2 所示中的操场、道路、房屋、围篱、绿化、景观、文字和标注图层对象，然后设置各自的颜色、线型和线宽，如图 4-13 所示。

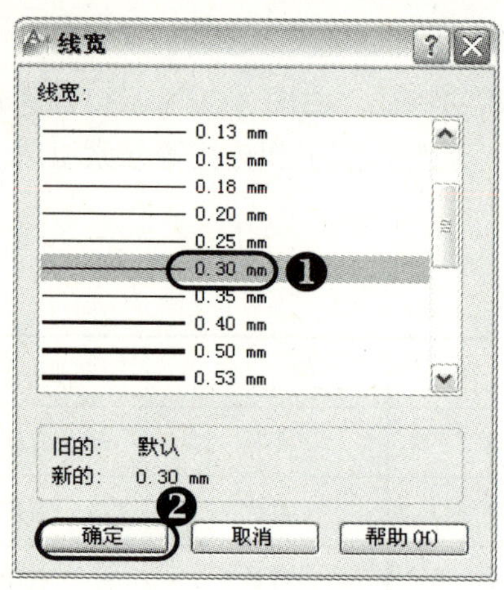

图 4-12 图层线宽设置

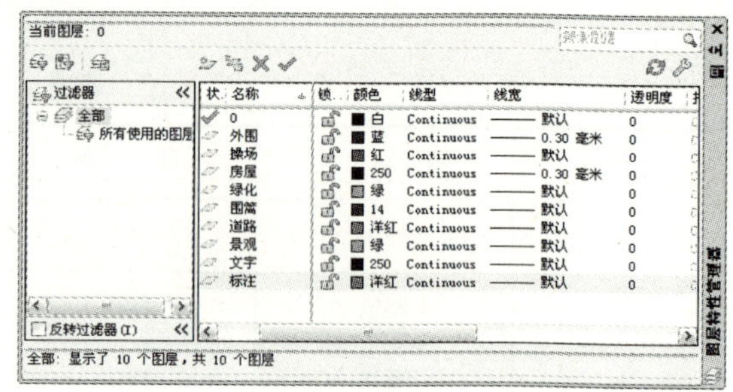

图 4-13 图层设置

提示

在图层线宽设置过程中，大部分图层的线宽可以设置为“默认线宽”，通常 AutoCAD 默认线宽为 0.25mm。为了方便线宽的定义，默认线宽的大小可以根据需要进行设定，其设定方法为单击“格式|线宽”菜单命令，打开“线宽设置”对话框，在“默认”线宽文本框中输入相应的数值，如图 4-14 所示。

9）选择“格式|线型”菜单命令，打开“线型管理器”对话框，单击“显示细节”按钮，打开细节选项组，输入“全局比例因子”为 1000，如图 4-15 所示。

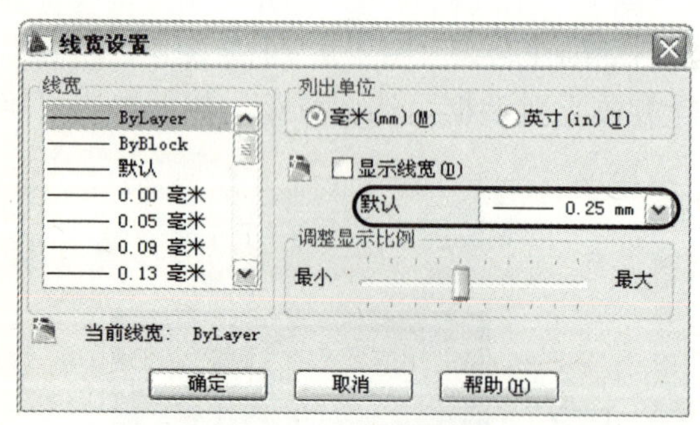

图 4-14 默认线宽设置

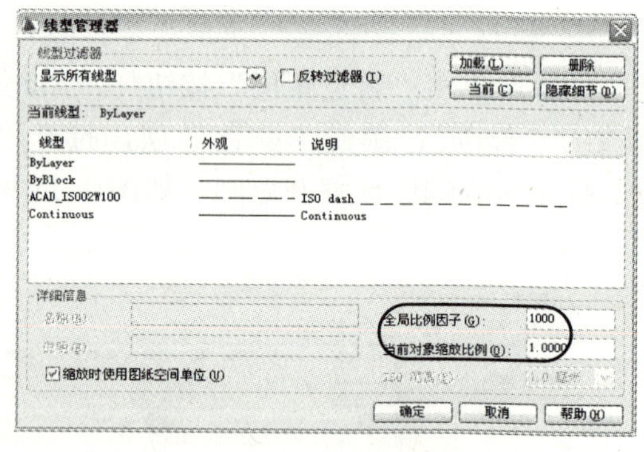

图 4-15 线型比例设置

提示

用户在绘图时，经常遇到这样的问题，虽然图形对象对应图层的线型是虚线或中心线，但在屏幕上显示的是一根实线，可通过设置“线型管理器”对话框中的“全局比例因子”使虚线显示出来。如果在“线型管理器”对话框中看不到该参数，可单击对话框的“显示细节”按钮，显示“全局比例因子”文本框。通常全局比例因子的设置应和打印比例相协调，该建筑总平面图的打印比例是 1∶1000，则全局比例因子大约设为 1000。

3. 文字样式的设置

由图 4-7 所示可知，建筑总平面图上的文字有尺寸、说明、图名，而打印比例为 1∶1000，那么文字样式中的高度为打印到图纸上的文字高度与打印比例倒数的乘积。根据建筑制图标准，该总平面图文字样式的规划如表 4-3 所示。

表 4-3　文字样式

文字样式名	打印到图纸上的文字高度	图形文字高度（文字样式高度）	字 体 文 件
图名	7	7000	宋体
尺寸	3.5	（由标注样式控制）	宋体
说明	5	5000	宋体

10）选择“格式|文字样式”菜单命令，打开“文字样式”对话框，单击“新建”按钮打开“新建文字样式”对话框，“样式名”定义为“图名”，然后在“字体”下拉列表框中选择字体为“宋体”，在“高度”文本框中输入“7000”，然后单击“应用”按钮，完成该文字样式的设置，如图 4-16 所示。

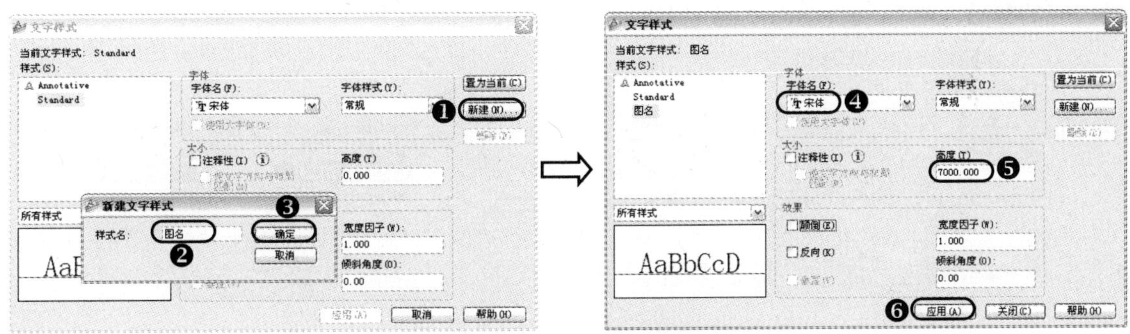

图 4-16　“图名”文字样式的设置

11）使用相同的方法，建立表 4-3 所示中的“尺寸”和“说明”文字样式，如图 4-17 所示。

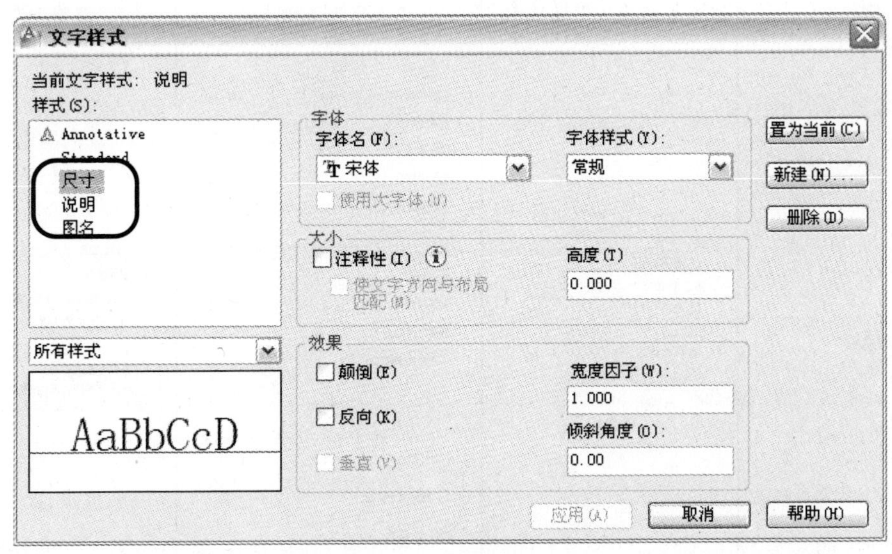

图 4-17　建立文字样式的效果

提示

由于“尺寸”文字样式的高度大小是通过“标注样式”来控制的，所以在此就不需要设置其文字样式的高度大小。

4．标注样式的设置

标注样式的设置应依据“第 3 章建筑制图统一标准”的有关规定，对尺寸标注各组成部分的尺寸进行设置，主要包括尺寸线、尺寸界线参数的设定，尺寸文字的设定，全局比例因子、测量单位比例因子的设定。

选择“格式|标注样式”菜单命令，打开“标注样式管理器”对话框，单击“新建”按钮，打开“创建新标注样式”对话框，“新样式名”定义为“建筑总平面标注-1000”，如图 4-18 所示，然后单击“继续”按钮，则进入“新建标注样式”对话框。

12）在随后弹出的“新建标注样式”对话框中，分别在各选项卡中按照表 4-4 所示来设置相应的参数，然后依次单击“确定”和“关闭”按钮。

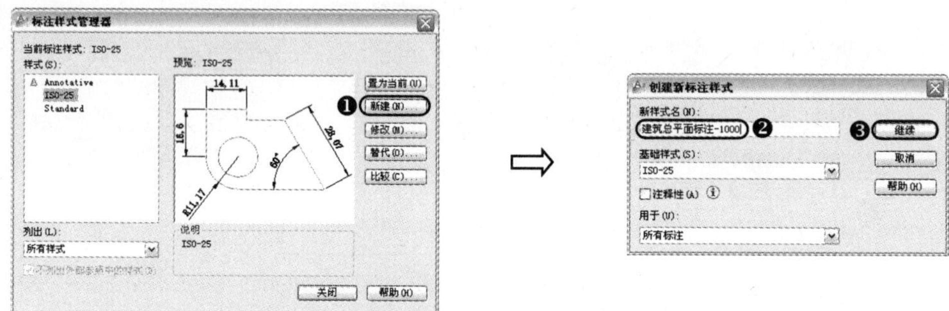

图 4-18　标注样式命名

表 4-4　“建筑总平面标注-1000”标注样式的设置

“选”选项卡	“符号和箭头”选项卡	“文字”选项卡	“调整”选项卡
超出尺寸线(X)：1.5 起点偏移量(F)：2 ☐固定长度的尺寸界线(O) 长度(E)：1	箭头 第一个(T)：建筑标记 第二个(D)：建筑标记 引线(L)：实心闭合 箭头大小(I)：2	文字外观 文字样式(Y)：尺寸 文字颜色(C)：ByBlock 填充颜色(L)：□无 文字高度(T)：3.5 分数高度比例(H)：1 ☐绘制文字边框(F) 文字位置 垂直(V)：上 水平(Z)：居中 观察方向(D)：从左到右 从尺寸线偏移(O)：1 文字对齐(A) ○水平 ⊙与尺寸线对齐 ○ISO 标准	标注特征比例 ☐注释性(A) ○将标注缩放到布局 ⊙使用全局比例(S)：1000 优化(T) ☐手动放置文字(P) ☑在尺寸界线之间绘制尺寸线(D)

➲4.2.2 绘制总平面图外围轮廓

依据图 4-7 所示，该总平面图的校园轮廓形状是一个矩形状，其长度为 180m、宽度为 140m，而左侧是主要街道，其宽度为 15m，右侧有一次要街道，其宽度为 3.5m，上侧与其他建筑物相邻，下侧为学校的进出过道，其宽度为 7m。

1）在“图层”工具栏的“图层控制”下拉列表框中，将“外围”图层置为当前图层，如图 4-19 所示。

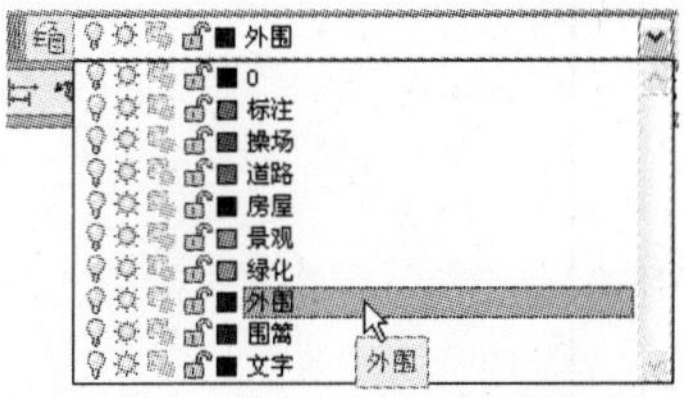

图 4-19 设置当前图层

2）在“绘图”工具栏中单击“矩形”按钮（快捷键 REC），在“指定第一个角点：”提示下输入“0,0”，在“指定另一个角点：”提示下输入“18000,14000”，从而绘制一个 180000×140000 的矩形对象来作为校园的轮廓形状，如图 4-20 所示。

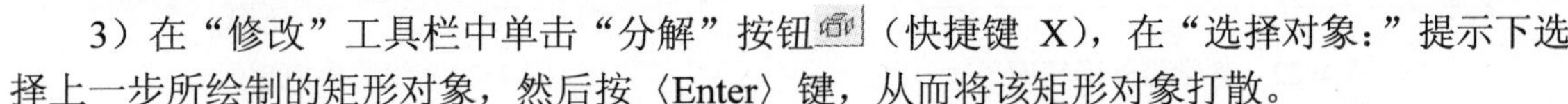

3）在“修改”工具栏中单击“分解”按钮（快捷键 X），在“选择对象：”提示下选择上一步所绘制的矩形对象，然后按〈Enter〉键，从而将该矩形对象打散。

4）在“修改”工具栏中单击“偏移”按钮（快捷键 O），将左侧的线段向左偏移 15000，将右侧的线段向右偏移 3500，将下侧的偏移 7000，然后执行延伸、修剪等命令，将指定的线段进行延伸操作，使之形成校外道路的轮廓，如图 4-21 所示。

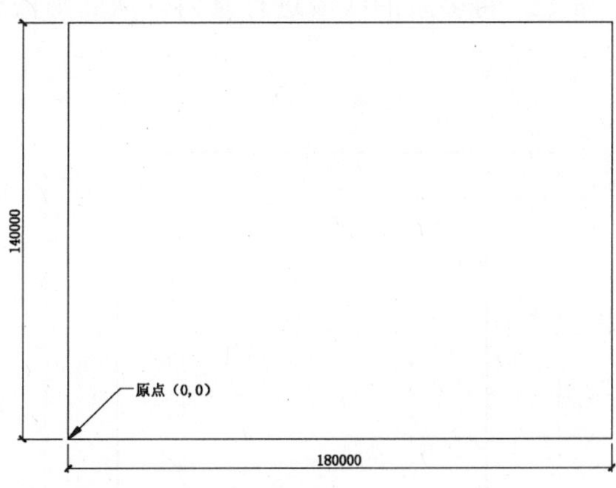

图 4-20 校园的轮廓形状

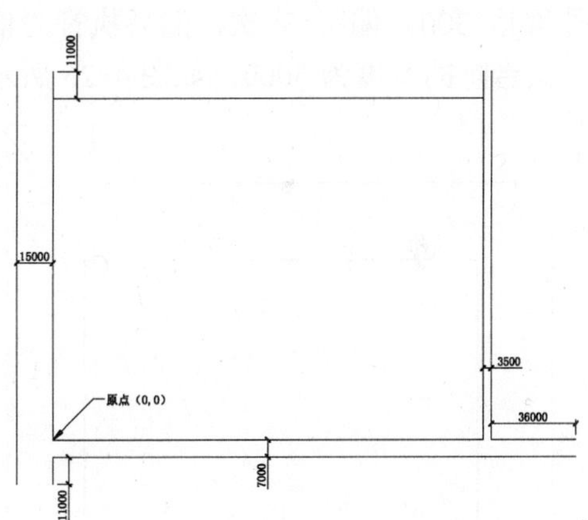

图 4-21 绘制的校外道路轮廓

➲4.2.3 绘制教学楼轮廓对象

依据图 4-7 所示，该校园内主要新建的建筑物是教学楼，首先绘制教学楼外围的主要轮廓，再绘制内围的轮廓对象，然后绘制教学楼前面的造型，以及绘制大厅通道及楼梯前面的挡雨板，其操作步骤如下。

1）在“图层”工具栏的“图层控制”下拉列表框中，将“房屋”图层置为当前图层。

2）执行“直线”命令，在图形外侧的空白区域绘制教学楼的外形轮廓对象，如图 4-22 所示。

3）根据教学楼的要求，在教学楼内绘制相应的矩形轮廓对象，使之楼内形成采光井效果，如图 4-23 所示。

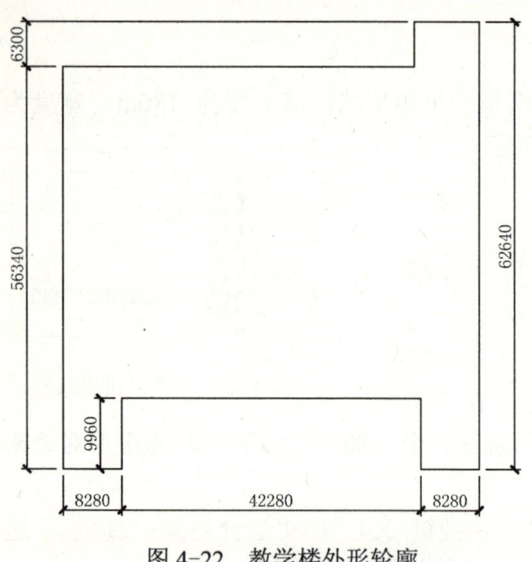

图 4-22　教学楼外形轮廓　　　　图 4-23　绘制楼内矩形

4）根据图形的要求，使用“直线”、“修剪”、“偏移”等命令在图形的前面应该绘制教学楼相应的造型，如图 4-24 所示。

5）执行“多段线”命令（PL）绘制一多段线对象，再执行“偏移”命令，将其多段线向外偏移 300，偏移 3 次，然后执行“修剪”命令，将多余的线段进行修剪，从而形成台阶，其台阶的宽度为 5000，如图 4-25 所示。

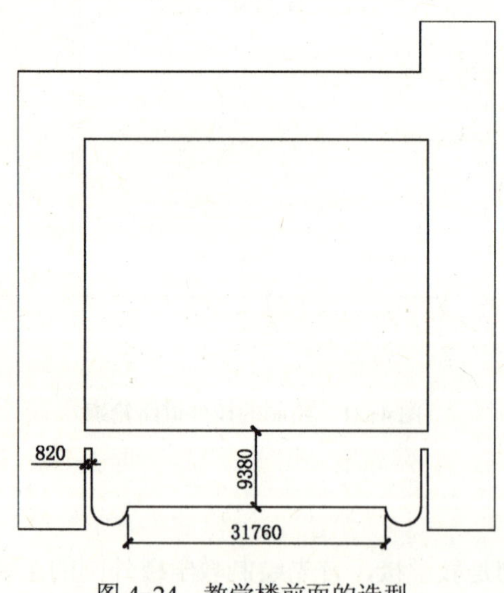

图 4-24　教学楼前面的造型

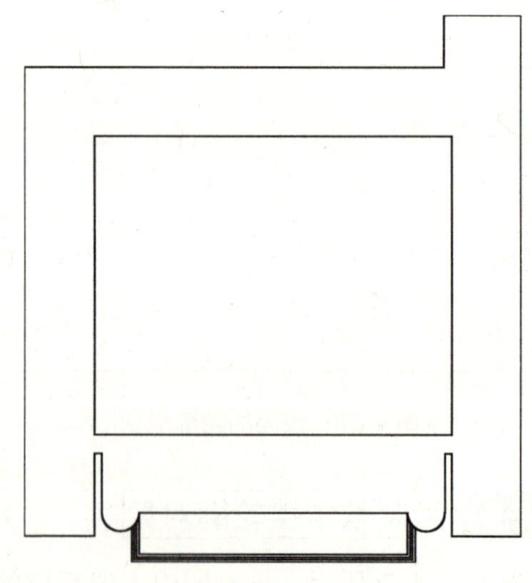

图 4-25　绘制的台阶

提示

由于教学楼的南楼是大厅，是通向各个方向楼层的通道，在西、东、背楼都设有两道楼梯，以便学生上下通行，所以在底层的相应通道、楼梯处绘制挡雨板对象。

6）执行“矩形”命令，绘制 32000×900 的矩形对象，并在中点绘制两条水平线段，然后安装在南楼内部的中央位置作为挡雨板。同样，在西、东、背楼也绘制相应的挡雨板，其大小为 900×2100，如图 4-26 所示。

7）在“图层”工具栏的“图层控制”下拉列表框中，将“文字”图层置为当前图层。

8）在“特性”工具栏的“文字样式”组合列表框中选择“说明”项，使当前文字样式为“说明”。

9）在“文字”工具栏中单击“单行文字”按钮A，在教学楼的右上角位置输入楼层数“5F”，再在右侧相应位置输入楼名“教学楼”，如图 4-27 所示。

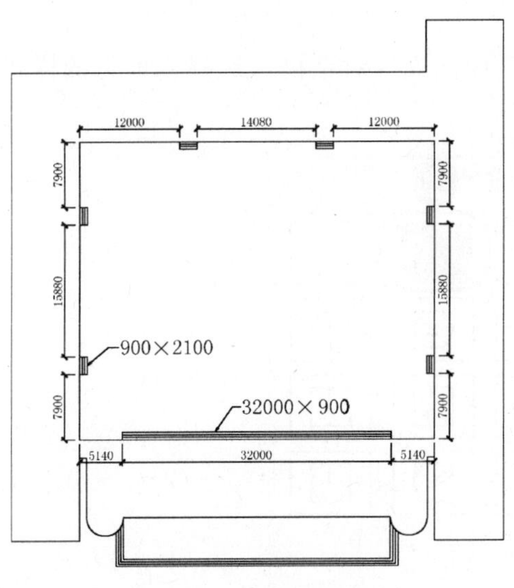

图 4-26 绘制的挡雨板

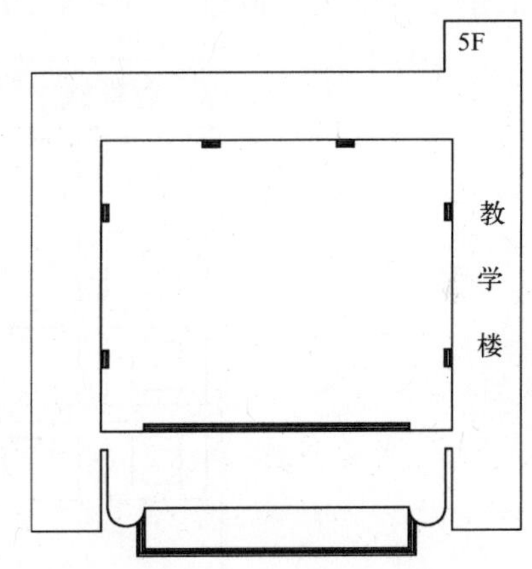

图 4-27 标注楼层及楼名

10）执行“群组”命令（G），根据命令行提示，选择“名称(N)”选项，输入名称为“教学楼”，然后框选所有教学楼的对象，并按〈Enter〉键结束，从而对其进行群组操作。

4.2.4 绘制校内其他附属建筑物

该校内新建的建筑物还有值班室、食堂与开水房、教职工宿舍楼、自行车库、汽车库等附属建筑物，这些图形的轮廓对象较为简单。这些建筑物的轮廓效果如图 4-28 所示。

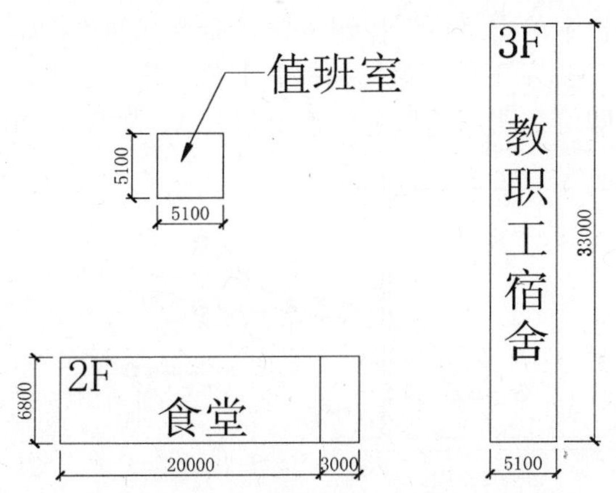

图 4-28 绘制的其他建筑物轮廓

提示

当用户绘制了其他附属的建筑物轮廓对象时，同样使用“编组”命令（G），将其分别进行编组操作。

4.2.5 插入新建建筑物对象

在前面已经将校内的建筑物轮廓绘制完成并编成了组，接下来应将其建筑物轮廓插入到相应的位置，具体操作步骤如下。

1）执行“格式|点样式”菜单命令，弹出“点样式”对话框，选择当前点的样式为☒项，然后单击“确定”按钮，如图 4-29 所示。

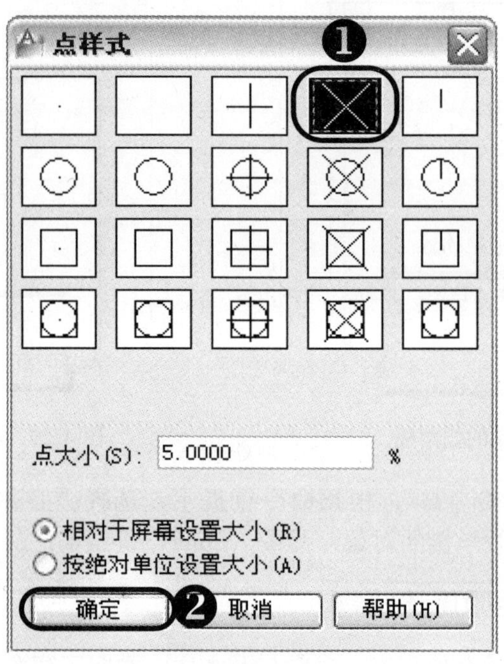

图 4-29 设置点样式

2）在“绘图”工具栏中单击“点”按钮，在命令行的“指定点：”提示下，输入捕捉自命令 from，在“基点：”提示下使用鼠标捕捉右下角点作为基点，在“偏移：”提示下输入“@-53800,38000”，此时即可在图形的指定位置绘制点 A，如图 4-30 所示。

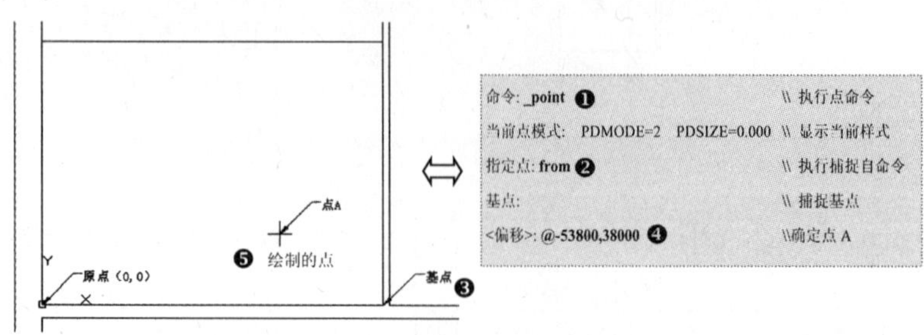

图 4-30 绘制点 A

在“点样式”对话框中，各选项的含义如下。

- 点样式：在上侧的多个点样式中，列出来 AutoCAD 2012 提供的所有点样式，且每个点样式对应一个系统变量（PDMODE）值。
- 点大小：设置点的显示大小，可以相对于屏幕设置点的大小，也可以设置绝对单位点的大小，用户可在命令行中输入系统变量（PDSIZE）来重新设置。
- 相对于屏幕设置大小（R）：按屏幕尺寸的百分比设置点的显示大小，当进行缩放时，点的显示大小并不改变。
- 按绝对单位设置大小（A）：按照“点大小”文本框中值的实际单位来设置点显示大小。当进行缩放时，AutoCAD 显示点的大小会随之改变。

3）在“修改”工具栏中单击“移动”按钮（快捷键 M），首先选择前面绘制教学楼轮廓对象，再捕捉下侧台阶的中点作为移动的基点，再捕捉上一步所绘制的点 A，从而将建筑物插入至校内的相应位置，如图 4-31 所示。

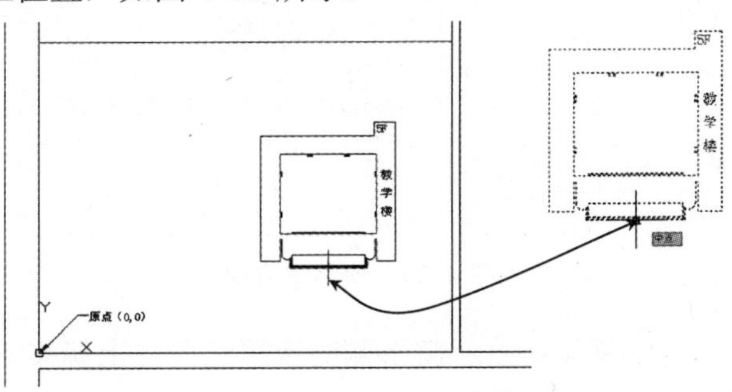

图 4-31 插入教学楼

4）在“绘图”工具栏中单击“直线”按钮（快捷键 L），首先捕捉前面绘制的点 A，再按〈F8〉键切换到正交模式，将鼠标指向下，捕捉到下侧水平线段的垂足点再单击，然后按〈Enter〉键确定，从而绘制一条辅助垂直线段，如图 4-32 所示。

提示

用户要捕捉垂足点，应执行“工具|绘图设置”菜单命令打开“草图设置”对话框，在“对象捕捉”选项卡中勾选“垂足”复选框 ☑垂足(P)，然后单击“确定”按钮，这时用户在绘制图形对象时即可捕捉到所指定的垂足点，如图 4-33 所示。

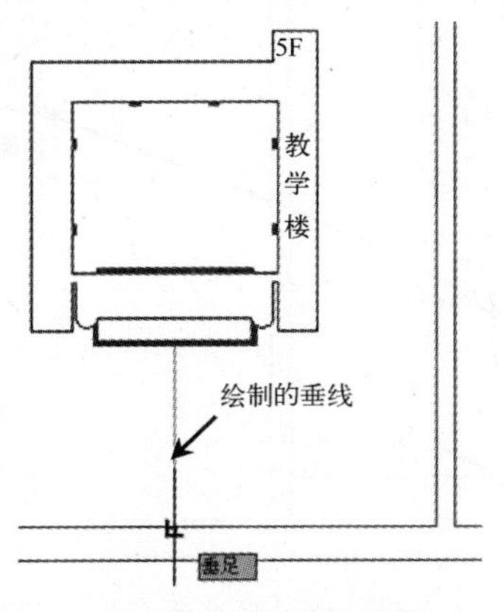

图 4-32 绘制的垂线

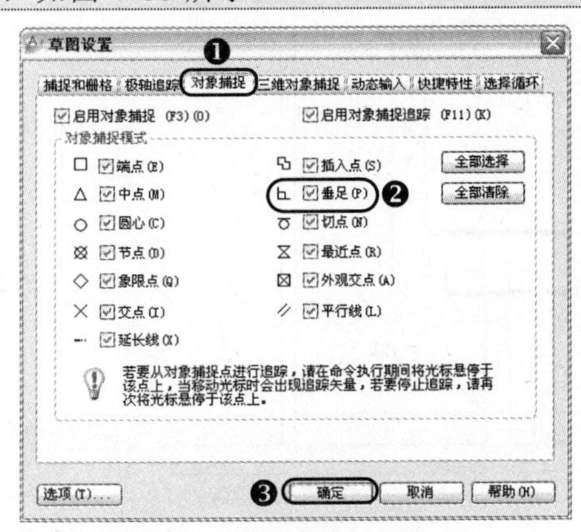

图 4-33 设置对象捕捉

5）在“修改”工具栏中单击“偏移”按钮（快捷键 O），在“指定偏移距离：”提示下输入偏移的距离为 6000，在“选择要偏移的对象：”提示下选择上一步所绘制的垂直线段，在“指定要偏移的那一侧上的点：”提示下，先在所选择垂直线段的左侧单击，再在“选择要偏移的对象：”提示下选择上一步所绘制的垂直线段，然后在“指定要偏移的那一侧上的点：”提示下，在所选择垂直线段的右侧单击，最后按〈Enter〉键结束，从而将该垂直线段分别向左、右各偏移 6000，如图 4-34 所示。

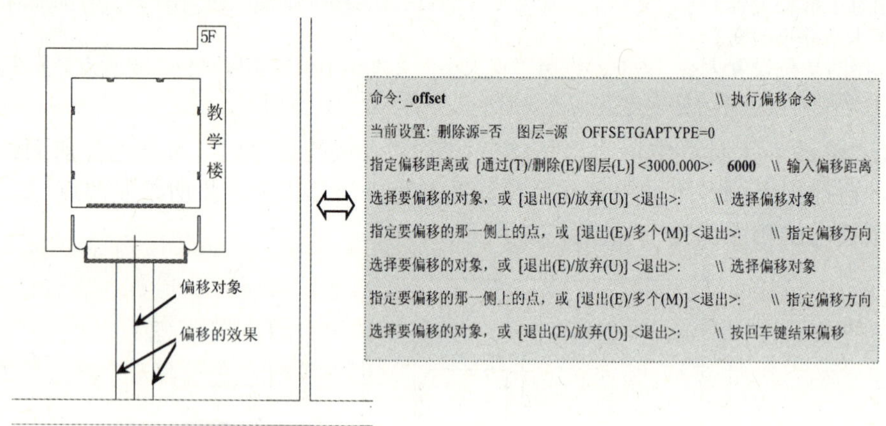

图 4-34 偏移垂直线段

6）同样，再次执行“偏移”命令，将下侧的水平线段向上偏移 8000，从而与上一步所偏移的线段有一交点 B，如图 4-35 所示。

7）在“修改”工具栏中单击“移动”按钮（快捷键 M），首先选择前面绘制值班室轮廓对象，再捕捉值班室左上角点作为移动的基点，再捕捉交点 B，从而将建筑物插入至校内的相应位置，如图 4-36 所示。

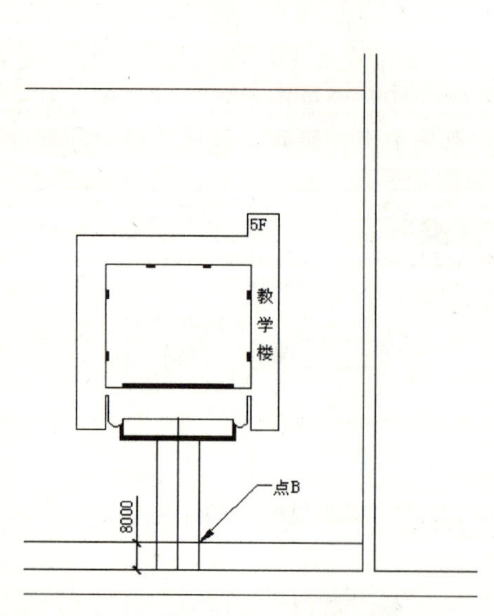

图 4-35 偏移水平线段

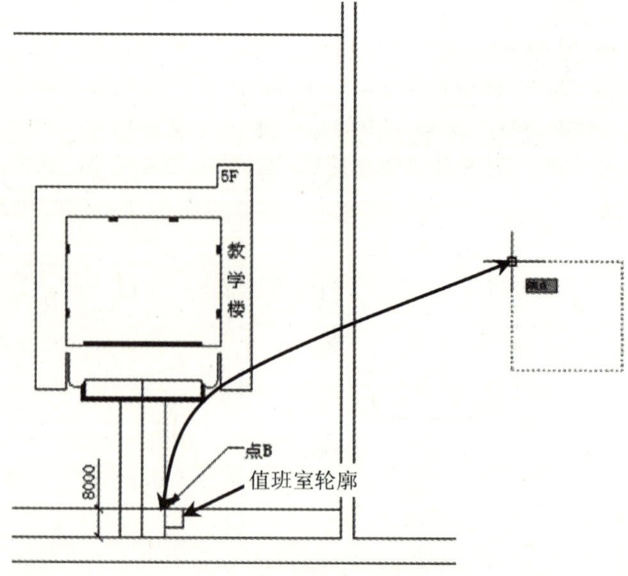

图 4-36 插入教学楼

提示

当用户已经将建筑物教学楼、值班室轮廓的对象插入至校内的相应位置后，可将多余的线段及点删除，以使图形更加清楚明了。

8）同样，再次执行“偏移”命令，将外围上侧的水平线段向下偏移 8000，将外围右侧的垂直线段向左依次偏移 8000、10300，从而形成交点 C、D，如图 4-37 所示。

9）在“修改”工具栏中单击“移动”按钮（快捷键 M），分别将建筑物食堂、教职工宿舍对象移至相应的交点位置，如图 4-38 所示。

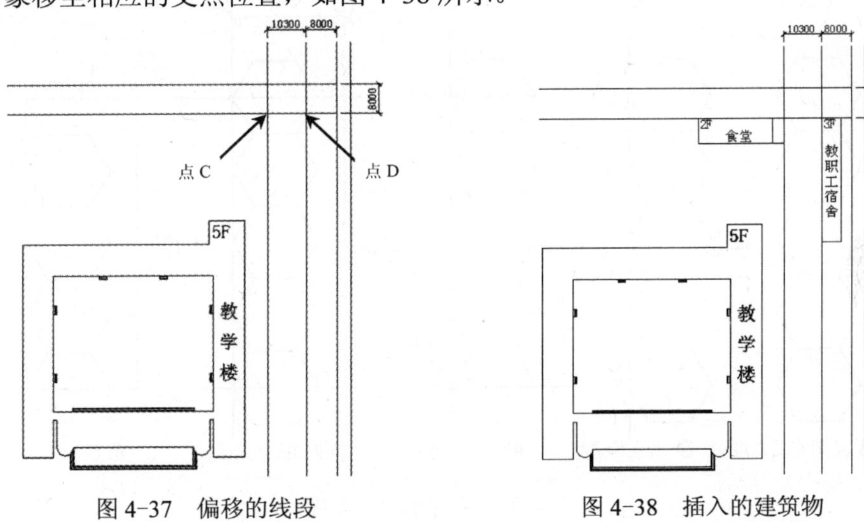

图 4-37　偏移的线段　　　　图 4-38　插入的建筑物

提示

为了使该学校的其他附属设备更加完善，可以在图形的下侧绘制汽车库房、在图形的右侧绘制自行车库房。

10）在“绘图”工具栏中单击“多边形”按钮（快捷键 POL），在“输入侧面数：”提示下输入多边形的边数为 6，在“指定正多边形的中心点：”提示下指定任意一点作为正多边形的中心点，选择“内接于圆(I)”选项，在“指定圆的半径：”提示下输入 3000，从而绘制一个内接于圆的正六边形对象，如图 4-39 所示。

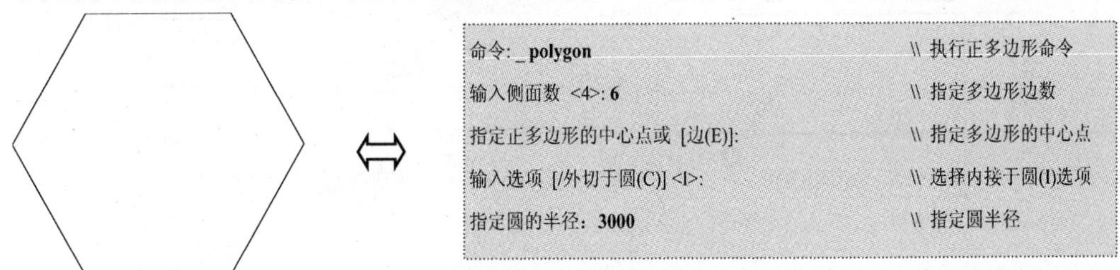

图 4-39　绘制的正六边形

11）在“修改”工具栏中单击“复制”按钮（快捷键 CO），将上一步所绘制的正六边形垂直向上复制 4 份。

12）在“绘图”工具栏中单击“构造线”按钮（快捷键 XL），选择“垂直（V）”选项，捕捉最右侧的角点，从而绘制一条垂直构造线。

13）同样，再在“绘图”工具栏中单击“构造线”按钮（快捷键 XL），选择“水下（H）”选项，捕捉最右侧的相应角点，从而绘制两条水平构造线。

14）在“修改”工具栏中单击“偏移”按钮（快捷键 O），将右侧的垂直构造线向左侧偏移 8000。

15）执行“直线”命令，绘制相应的直线段，再执行“修剪”命令，将多余的线段及对象进行修剪和删除，从而完成自行车库的绘制，如图 4-40 所示。

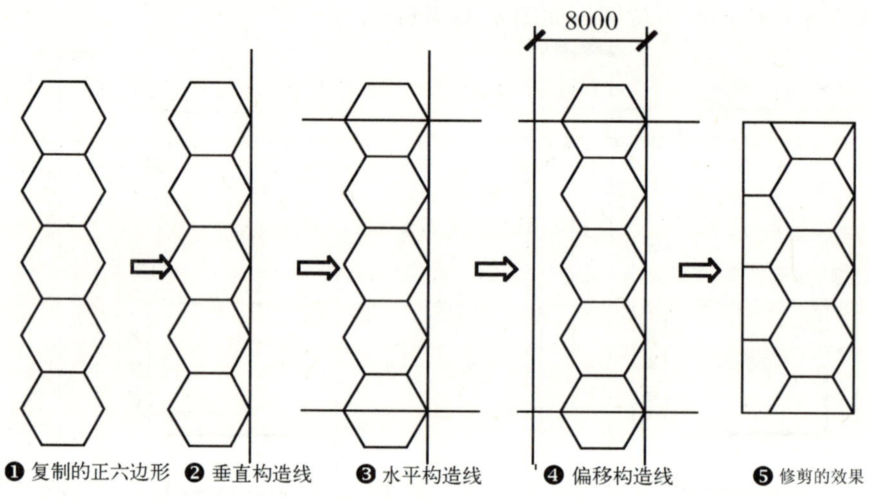

图 4-40　绘制的自行车库

16）在“绘图”工具栏中单击“矩形”按钮（快捷键 REC），绘制 20000×8000 的矩形对象，作为汽车库的外轮廓。

17）在“绘图”工具栏中单击“图案填充”按钮（快捷键 H），将弹出“图案填充和渐变色”对话框，单击“添加 拾取点”按钮，返回到视图中在上一步所绘制的汽车库轮廓内单击，然后按〈Enter〉键返回，再设置图案为“AR-HBONE”图案，设置填充的比例为 20，从而对汽车库进行填充，如图 4-41 所示。

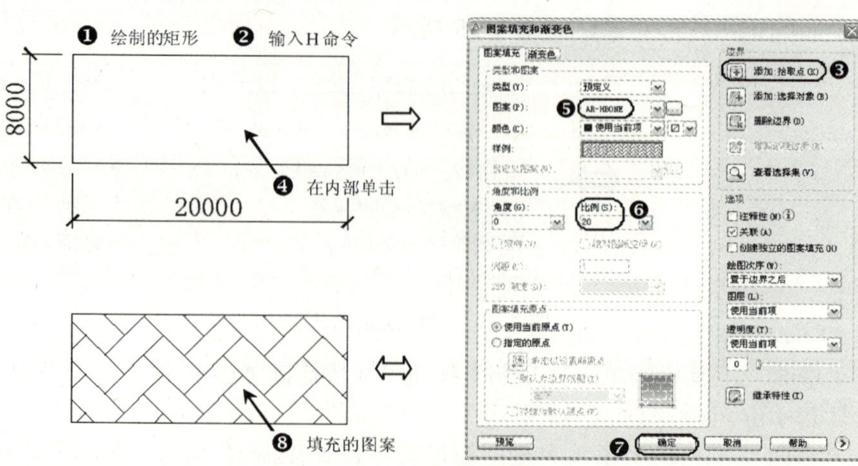

图 4-41　绘制的汽车库

18）在“文字”工具栏中单击“单行文字”按钮，分别在相应的轮廓内输入“自行车库”和“汽车库”文字内容，并设置文字的大小为 2500，如图 4-42 所示。

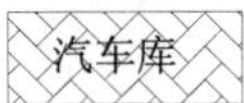

图 4-42　输入的文字

19）在“修改”工具栏中单击“移动”按钮（快捷键 M），将绘制的自行车库和汽车库轮廓对象分别移至总平面图的相应位置，如图 4-43 所示。

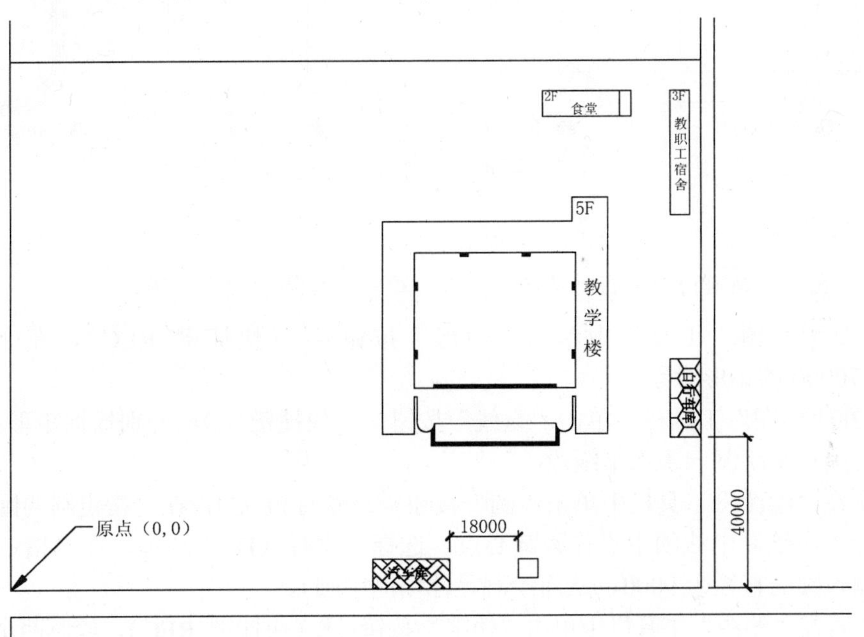

图 4-43　插入的车库轮廓

4.2.6 绘制操场体育设施对象

由于该平面图是某学校的总平面图，应该还有相应的操作体育设施，包括环形跑道、足球场、篮球场、乒乓球场、排球场等。

1）在“图层”工具栏的“图层控制”下拉列表框中，将“操场”图层置为当前图层。

2）在“绘图”工具栏中单击“矩形”按钮（快捷键 REC），在空白位置绘制 37000×80000 的矩形对象。

3）执行“分解”命令（X），将绘制的矩形打散。

4）执行“偏移”命令（O），将矩形上、下两侧的水平线段分别向外偏移 12000。

5）执行“圆弧”命令（ARC），分别捕捉端点、中点和端点的方式，在上、下两侧各绘制一段圆弧，然后将多余的线段删除。

6）执行“修改|对象|多段线”菜单命令，选择左右垂直线段、上下半圆弧，再按〈Enter〉键结束选择，然后选择“合并（J）”选项，将所选择的对象进行合并为一个整体。

7）在“修改”工具栏中单击“偏移”按钮（快捷键 O），将合并的椭圆形线段分别向内偏移 4 次，偏移的距离均为 1000，从而形成操场的环形跑道，如图 4-44 所示。

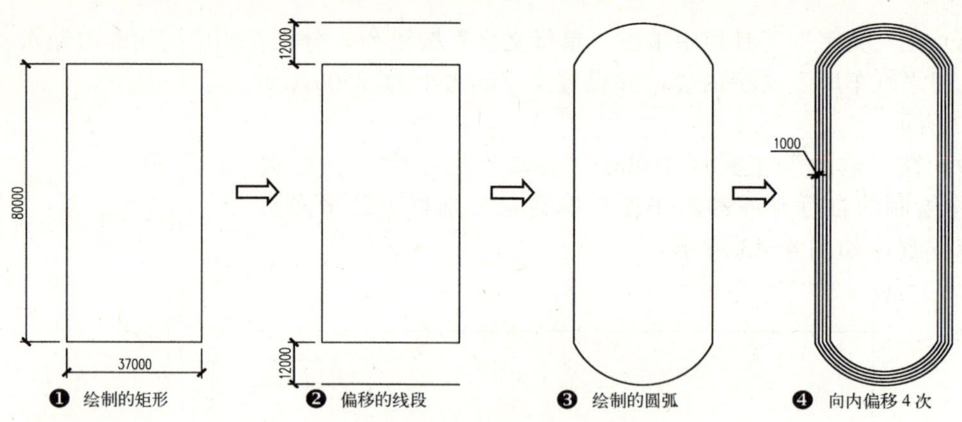

图 4-44　绘制的环形跑道

由于在环形跑道内布置有足球场，所以应绘制足球场的轮廓效果。

8）在“绘图”工具栏中单击“矩形”按钮（快捷键 REC），在空白位置绘制 27000×70000 的矩形对象。

9）在“绘图”工具栏中单击“直线”按钮（快捷键 L），分别捕捉矩形左、右两侧垂直线段的中点来绘制一条水平线段。

10）在“绘图”工具栏中单击“圆”按钮（快捷键 C），在“指定圆的圆心:”提示下捕捉上一步所绘制中线的中点作为圆心点，选择“直径（D）”选项，在“指定圆的直径:”提示下输入圆的直径为 9000，从而绘制足球场的中圆。

11）再在“绘图”工具栏中单击“矩形”按钮（快捷键 REC），绘制两个 4000×2500 的矩形对象，且分别移至矩形上、下两侧水平线段的中点位置。

12）在“修改”工具栏中单击“移动”按钮（快捷键 M），将绘制的足球场对象移至环形跑道的中央位置。如图 4-45 所示。

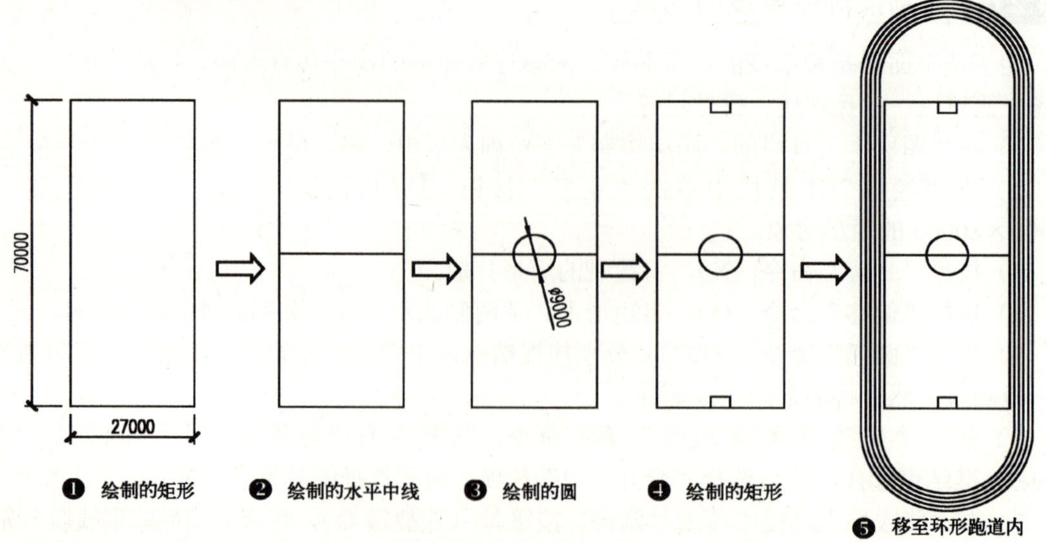

图 4-45　绘制的足球场

正规足球场的大小可按照如下尺寸考虑。

- 场地：长 105m，宽 68m。
- 球门：长 7.32m，高 2.44m。
- 大禁区（罚球区）：长 40.32m，宽 16.5m，在底线距离球门柱 16.5m。
- 小禁区（球门区）：长 18.32m，宽 5.5m，在底线距离球门柱 5.5m。
- 中圈区：半径 9.15m。
- 角球区：半径 1m，距离大禁区 13.84m。
- 罚球弧：以点球点为中心，半径 9.15m 的半圆。
- 点球点：距离球门线 11m。

13）使用“矩形”命令（REC）绘制 18000×25000 的矩形，再使用“直线”命令（L），过中点绘制水平中线，再使用“圆”命令，在图形的中央位置绘制直径为 6000 的圆，从而绘制篮球场，如图 4-46 所示。

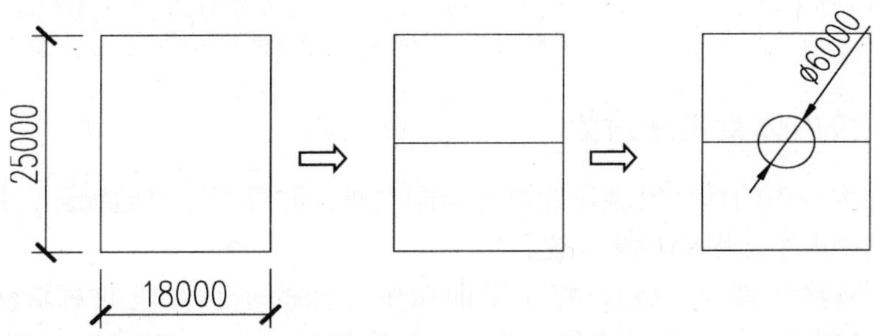

图 4-46 绘制的篮球场

提示

国际篮联标准：整个篮球场地长 28m，宽 15m；长宽之比为 28∶15，篮圈下沿距地面 3.05m。

14）使用“矩形”命令（REC），分别绘制 8000×21000 和 10000×20000 的两个矩形对象，分别作为乒乓球场和排球场，如图 4-47 所示。

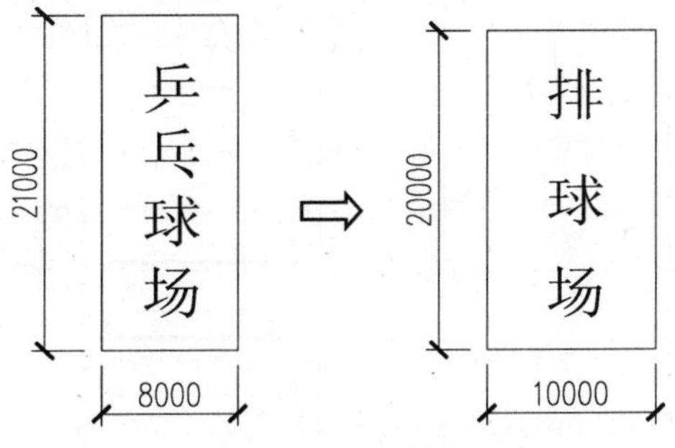

图 4-47 绘制的乒乓球场和排球场

乒乓球台的尺寸大小：台面为 2740mm×1525mm；台高为 760mm；网宽 1.83m；网高 0.1525m。

提示

排球场场地规格及标准界线和尺寸，可按照以下数据进行考虑。

- 类型：全塑（QS）型、混合（HH）型。
- 颜色：铁红、草绿或根据用户需求而定。
- 厚度：7～10mm 或根据用户要求制作。
- 球场周界线：长为 18m，宽为 9m。
- 缓冲区域端线间距：3m（一般比赛），3m（国际排球联会认可比赛），9m（奥运和世界级比赛）。
- 缓冲区域边线间距：3m（一般比赛），5m（国际排球联会认可比赛），6m（奥运和世界级比赛）。
- 界线颜色：白色。
- 球场颜色：球场区内和缓冲区域需用不同颜色作区别。

提示

当校内操场的体育设施轮廓已经绘制完成后，用户可分别针对每一个轮廓对象进行群组操作（G），使之成为一个整体，这样在后面插入到校内平面图中时较为方便。

4.2.7 插入校内体育设施对象

在前面已经将校内的体育设施轮廓对象绘制完成，并进行了群组操作，接下来应将体育设施分别插入到校内平面图的相应位置。

1）执行“偏移”命令（O），将总平面图中左侧的垂直线段向右依次偏移 10000、20000、45000、25000，将上侧的水平线段向下依次偏移 28000、78000，如图 4-48 所示。

2）在“修改”工具栏中单击“移动”按钮（快捷键 M），分别将前面所绘制的体育设施轮廓对象移至总平面图内的相应角点位置，如图 4-49 所示。

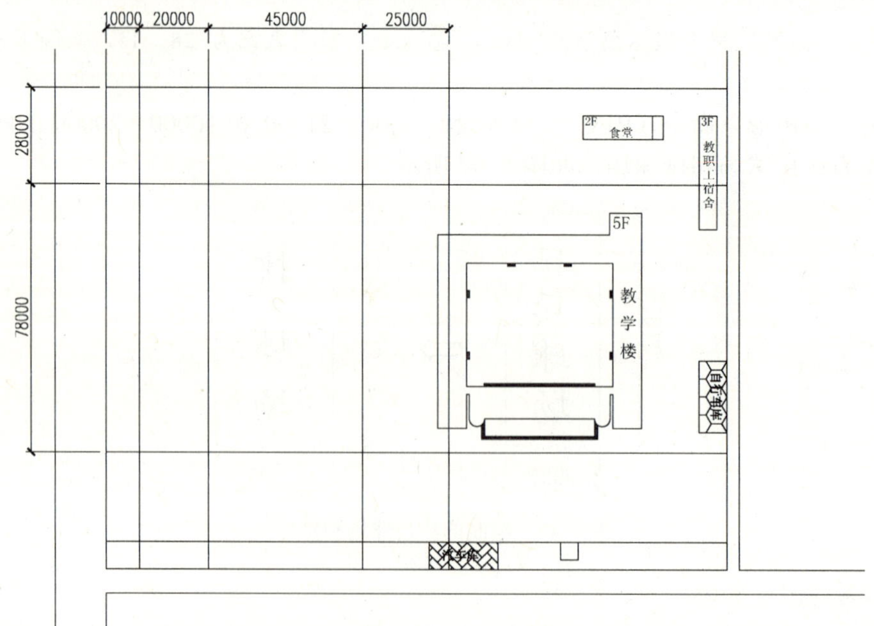

图 4-48 偏移的线段

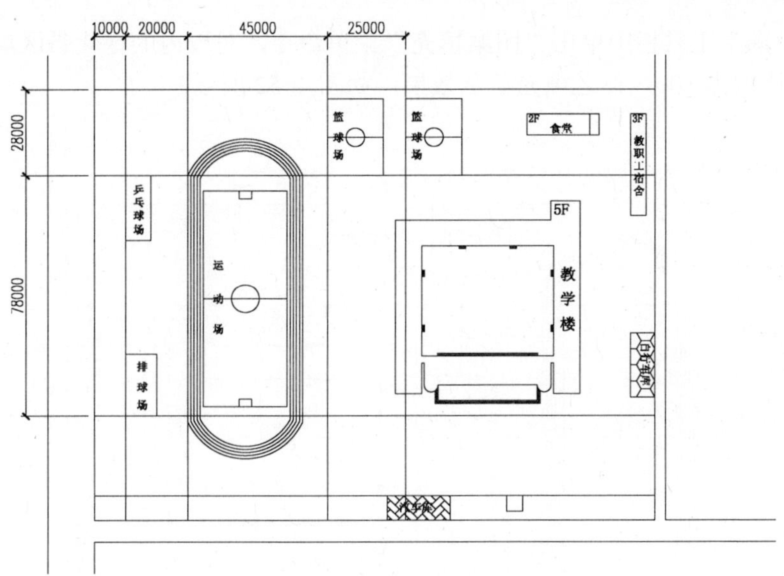

图 4-49 插入的体育设施轮廓

当用户插入好体育设施轮廓对象后，应将偏移的线段删除。

4.2.8 布置校内绿化区域环境

目前，校内总平面图的外围、建筑轮廓、体育设施轮廓等已经基本确定，接下来即可进行校内绿化区域的布置。

1）在“图层”工具栏的“图层控制”下拉框中，将“绿化”图层置为当前图层。

2）执行“偏移”命令（O），将外围左侧轮廓线向右偏移 10000，将上、右下的外围轮廓线向内均偏移 8000，然后执行“修剪”命令（TR），将多余的线段修剪掉，将其所偏移的轮廓线置为“绿化”图层，如图 4-50 所示。

3）再使用直线、偏移、修剪等命令，在教学楼的四周绘制绿化带轮廓，如图 4-51 所示。

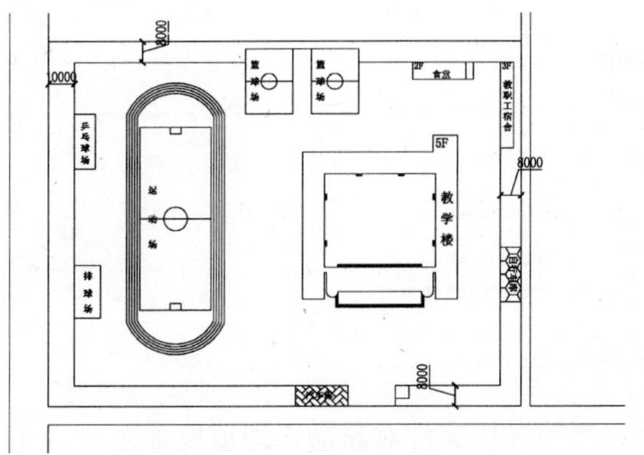

图 4-50 绘制的四周绿化带

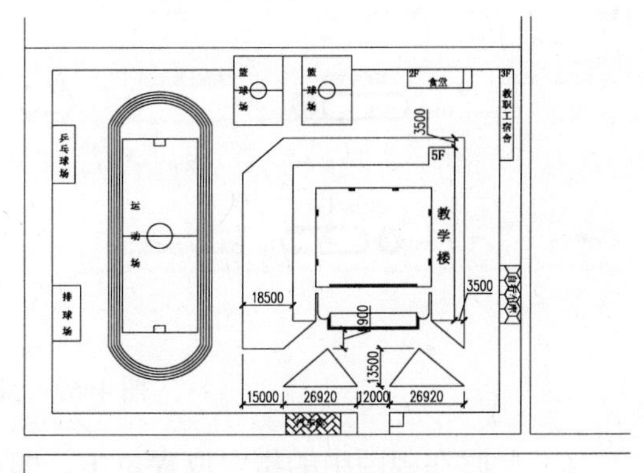

图 4-51 绘制教学楼四周绿化带

4）在“绘图”工具栏中单击“图案填充”菜单命令，对校内的绿化带区域填充 GRASS 图案，填充的比例为 100，使之填充草丛效果，如图 4-52 所示。

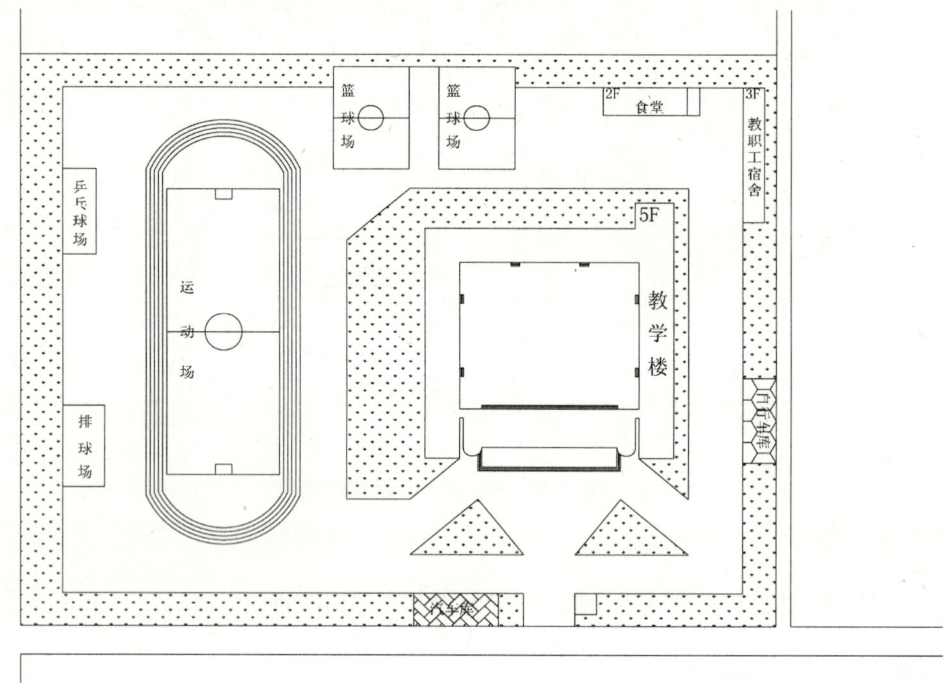

图 4-52　填充草丛

5）在“绘图”工具栏中单击“插入块”按钮，打开“插入”对话框，单击“浏览”按钮打开“选择图形文件”对话框，选择“案例\04”文件夹下面的“灌木.dwg”文件，然后单击“打开”按钮并返回到“插入”对话框中，在“比例”选项区中设置统一比例为 1000，然后单击“确定”按钮，如图 4-53 所示。

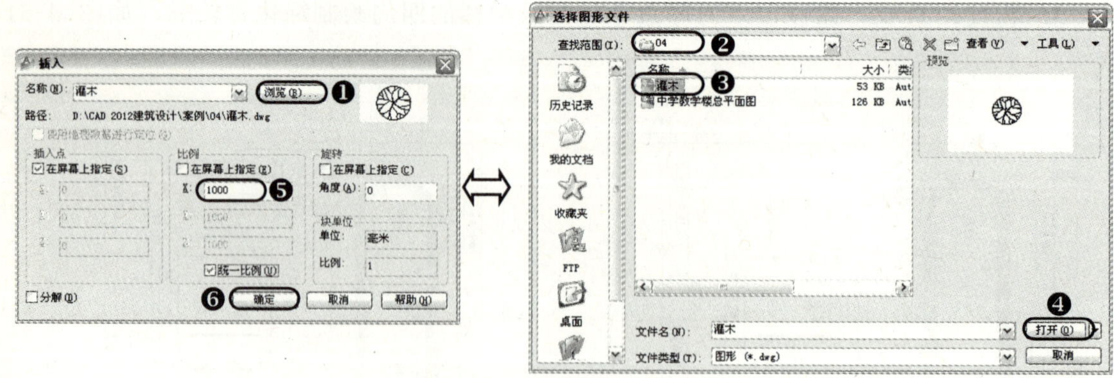

图 4-53　插入图块

6）此时在视图中的指定位置单击，即可将选择的图块文件对象插入到该位置。

7）使用“复制”命令（CO），将插入的“灌木”图块对象分别复制到其他相应的绿化

带位置，如图 4-54 所示。

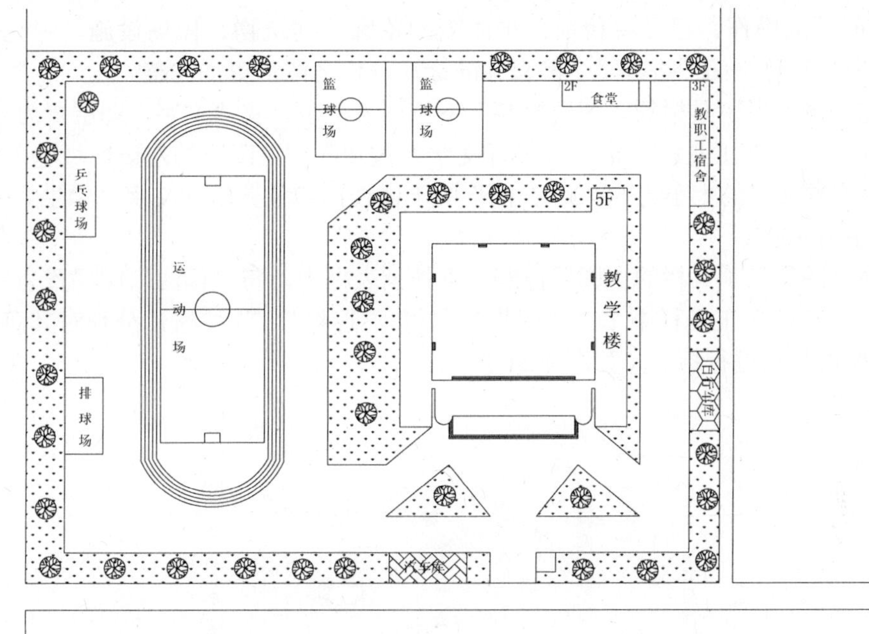

图 4-54　布置的灌木对象

用户在布置灌木对象时，为了使布置美观和整齐，应布置在水平和垂直的位置上，且布置的距离应相等。

8）再按照前面相同的方法，在教学楼内也绘制正八边形对象，并填充 GRASS 图案，以及插入灌木图块，从而布置好楼内绿化台的效果，如图 4-55 所示。

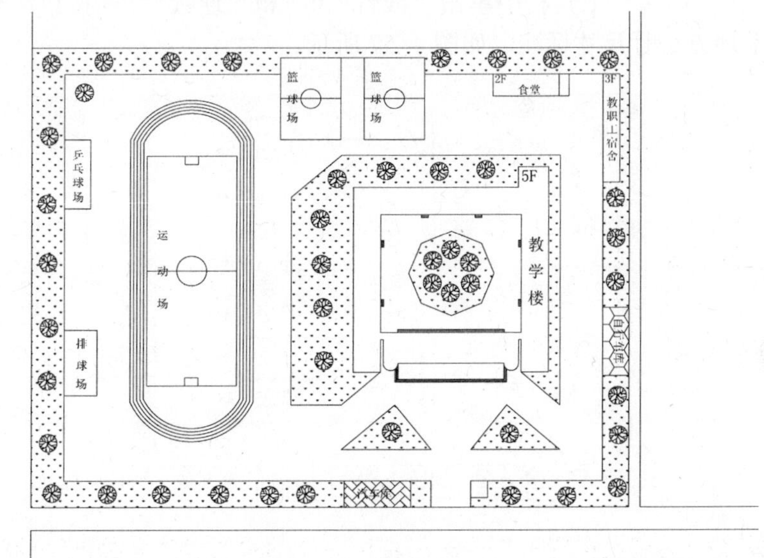

图 4-55　布置楼内绿化台

➲4.2.9 总平面图的文字及尺寸标注

通过前面的操作，已经将校内总平面图的轮廓、建筑物、操场设施、绿化带等布置完毕，接下来对其总平面图进行文字及尺寸的标注，使之图形更加完整。

1）在“图层”工具栏的“图层控制”下拉列表框中，将“文字”图层置为当前图层。

2）在“文字”工具栏中单击“多行文字”按钮A，在图形的左侧区域输入文字“主要道路”，并设置文字的大小为 5000，在图形的下侧校门口位置输入文字“学生人流方向”，其文字的大小为 3500。

3）在“图层”工具栏的“图层控制”下拉列表框中，将“标注”图层置为当前图层。

4）在“标注”工具栏中单击“线性”和“连续”按钮，分别对其总平面图的道路宽度、校内长宽进行标注，如图 4-56 所示。

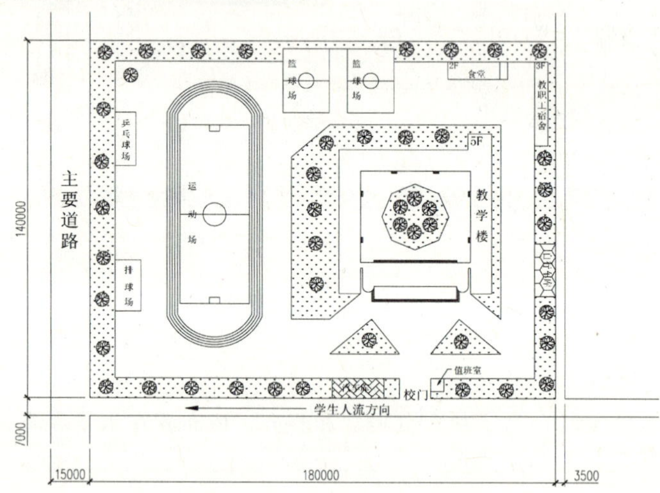

图 4-56　总体尺寸标注效果

5）同样，在“标注”工具栏中单击“线性”和“连续”按钮，分别对总平面图内部的其他细节地方进行尺寸标注，如图 4-57 所示。

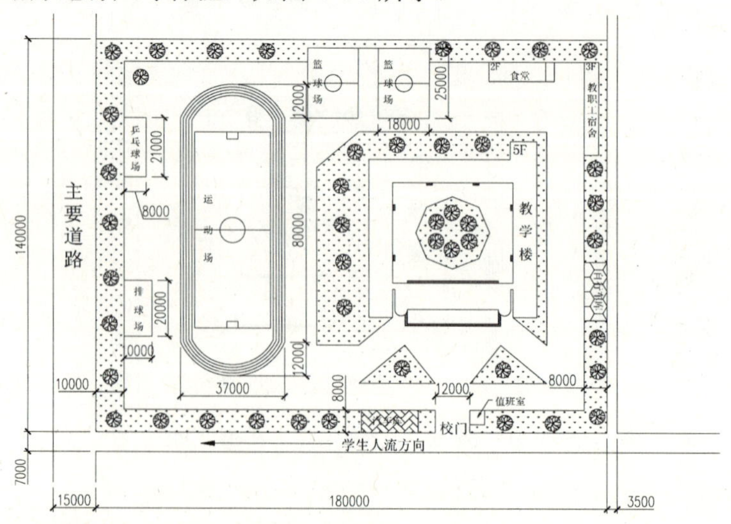

图 4-57　内部尺寸的标注

6）在“图层”工具栏的“图层控制”下拉列表框中，将“文字”图层置为当前图层。

7）执行“圆”命令（C），在视图中绘制直径为 24000 的圆。

8）执行“多段线”命令（PL），在“指定起点:”提示下捕捉圆的下侧象限点，在“指定下一个点:”提示下选择“宽度(W)”选项，然后分别指定起点宽度为 3000、终点宽度为 0，然后在“指定下一个点:”下捕捉圆上侧的象限点，最后按〈Enter〉键结束，从而绘制指针箭头。

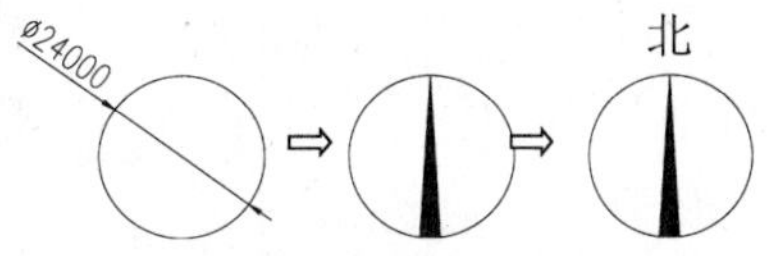

图 4-58 绘制指北针符号

9）在“文字”工具栏中单击“单行文字”按钮 AI，在圆的正上方输入文字“北”，从而完成指北针符号的绘制，如图 4-58 所示。

10）在“特性”工具栏中选择当前文字样式为“图名”，在“文字”工具栏中单击“多行文字”按钮 A，在指北针符号的下侧输入文字“学校总平面图 1：1000”，且设置比例“1：1000”的大小为 4500，然后将绘制的指北针符号及图名比例对象移至总平面图的右侧，如图 4-59 所示。

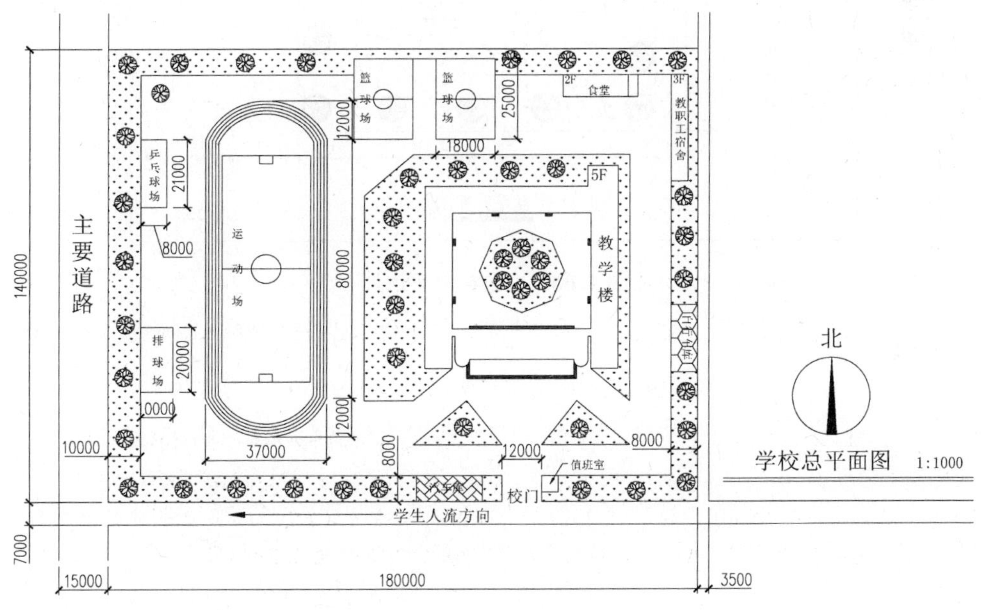

图 4-59 图名标注效果

11）至此，该学校总平面图已经绘制完毕，用户可按〈Ctrl+S〉组合键将该文件进行保存。

通过前面的学习，用户已经初步掌握了建筑总平面图的基本知识，包括总平面图的形成与使用、总平面图的图示内容和绘制要点、总平面图的图线、比例及计量单位、总平面图的常用图例等，并以某中学教学楼总平面图为例，讲解了总平面图的绘制方法和操作步骤。

图 4-60 给出了一办公楼总平面图的实例效果，请读者自行完成其总平面图的绘制，以掌握和巩固所学知识。（参照光盘“案例\04\办公楼总平面图.dwg”）

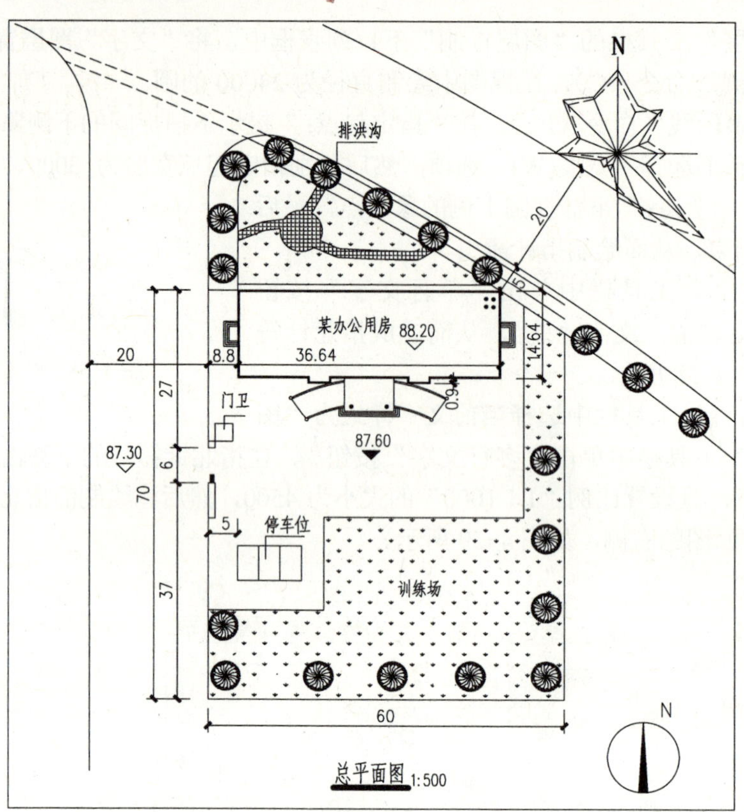

图 4-60　办公楼总平面图

第 5 章　绘制建筑平面图

在进行实际的建筑平面图绘制之前，掌握平面图识图、绘图的基本知识是必不可少的一项准备工作。本章首先结合建筑制图知识介绍了建筑平面图的形成与作用、命名与内容、平面图的绘制要求、平面图中的常用图例、平面图的绘制流程等，然后结合某住宅楼的二层建筑平面图，以 AutoCAD 2012 软件为基础，详细讲解了平面图的绘制方法。

5.1　专业讲解——建筑平面图概述

用户在绘制建筑平面图时，首先应掌握建筑平面图的形成与用途、平面图的命名与图示内容、平面图的绘制要求、平面图的常用图例等。

5.1.1　建筑平面图的形成与作用

建筑平面图是建筑施工图的基本样图，它是假想用一水平的剖切面沿各层的门、窗洞口（通常离本层楼、地面约 1.2m，在上行的第一个梯段内）的水平剖切面，将建筑剖开成若干段，并将其用直接正投影法投射到 *H* 面的剖面图，即为相应层平面图，如图 5-1 所示。

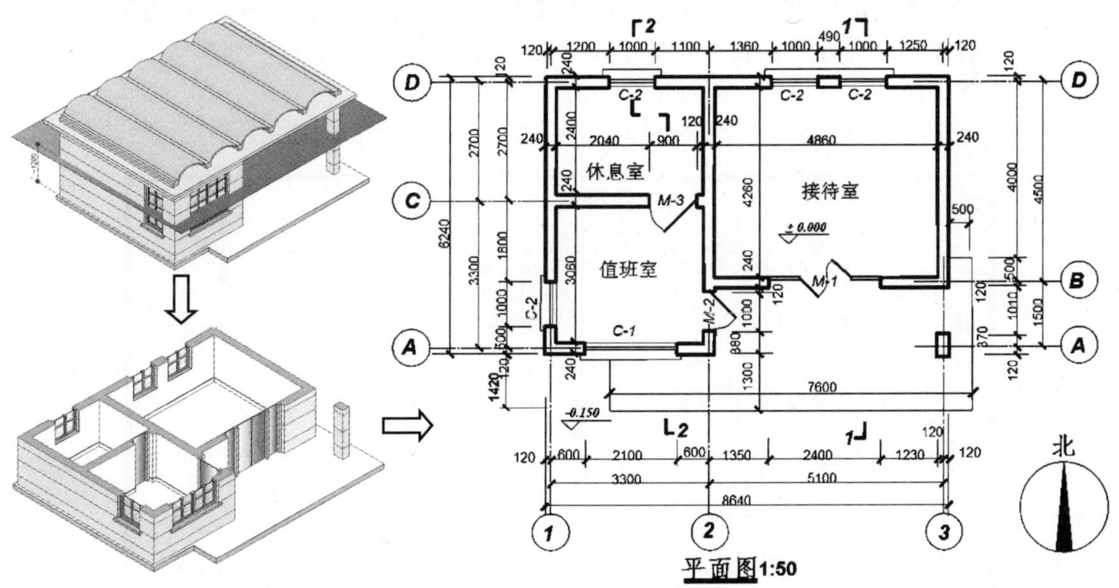

图 5-1　建筑平面图的形成

通过水平剖切开的平面图，能够较全面且直观地反映建筑物的平面形状、大小和布置；墙、柱的位置、尺寸和材料；门窗的类型和位置；内外交通联系；采光通风处理；构造做法等基本情况，是建施图的主要图纸之一，也是概预算、备料及施工中放线、砌墙、设备安装等的重要依据。

5.1.2 建筑平面图的命名与内容

一般情况下，房屋有几层就应画几个平面图，并在图的下方标注相应的图名，如“底层平面图”、“二层平面图”等。图名下方应加一粗实线，图名右方标注比例。当房屋中间若干层的平面布局，构造情况完全一致时，则可用一个平面图来表达这相同布局的若干层，称之为标准层平面图。

1. 底层平面图

底层平面图主要表示建筑物底层（首层、一层）平面的形状，各房间的平面布置情况，出入口、走廊、楼梯的位置，各种门、窗的位置以及室外的台阶、花池、散水（或明沟）、雨水管的位置以及指北针、剖切符号、室外标高等。在厨房、卫生间内还可看到固定设备及其布置情况。

2. 二层或二层以上楼层平面图

二层或二层以上楼层平面图不但要表示本层的房间布置及墙、柱、门窗等构配件的位置、尺寸以外，还要画出底层平面图无法表达的雨篷、阳台、窗眉等内容，而对于底层平面图上已表达清楚的台阶、花池、散水等内容就不再画出。另外，因为剖切情况不同，这部分楼层平面图中楼梯间部分表达梯段的情况与底层平面图也不同。

3. 屋顶层平面图

屋顶层平面图是房屋顶面的水平投影，主要表示屋顶的形状，屋面排水的方向及坡度、天沟或檐口的位置，另外还要表示出女儿墙、屋脊线、雨水管、水箱、上人孔、避雷针的位置。由于屋顶平面图比较简单，故可用较小的比例来绘制。

从图 5-2 所示的医院病房建筑平面图中可以看出，其建筑平面图的主要内容包括以下方面。

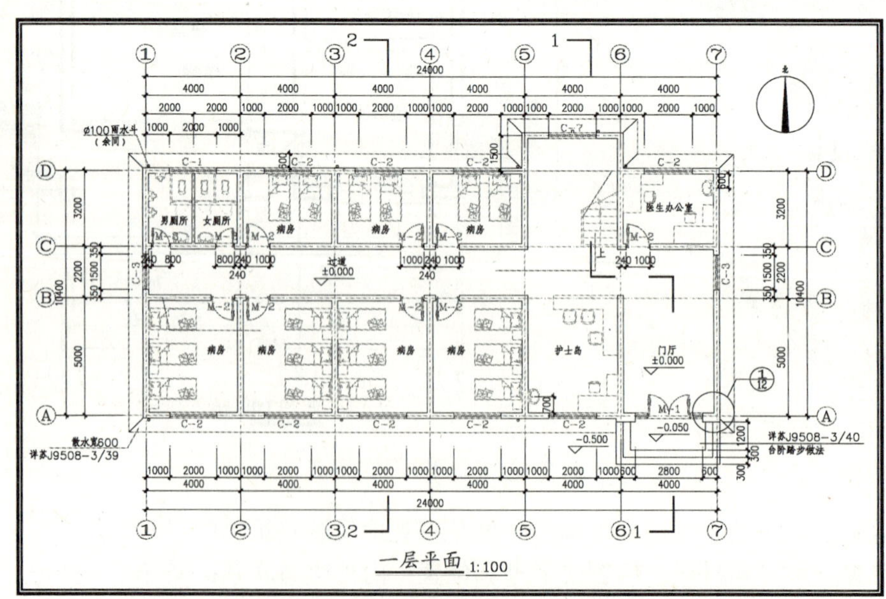

图 5-2　医院病房建筑平面图

- 定位轴线：横向和纵向定位轴线的位置及编号，轴线之间的间距（表示出房间的开间和进深）。定位轴线用细单点画线表示。
- 墙体、柱：表示出各承重构件的位置。剖到的墙、柱断面轮廓用粗实线，并画图例，如钢筋混凝土用涂黑表示；未剖到的墙用中实线。
- 内外门窗：门的代号用 M 表示：木门——MM；钢门——GM；塑钢门——SGM；铝合金门——LM；卷帘门——JM；防盗门——FDM；防火门——FM。窗的代号用 C 表示：木窗——MC；钢窗——GC；铝合金窗——LC；木百叶窗——MBC。在门窗的代号后面写上编号，如 M1、M2 和 C1、C2 等，同一编号表示同一类型的门窗，它们的构造与尺寸都一样，从图中可表示门窗洞的位置及尺寸。剖到的门扇用中实线（单线）或用细实线（双线）；剖到的窗扇用细实用（双线）。
- 标注的三道尺寸：第一道为总体尺寸，表示房屋的总长、总宽；第二道为轴线尺寸，表示定位轴线之间的距离；第三道为细部尺寸，表示外部门窗洞口的宽度和定位尺寸。建筑平面图的内部尺寸表示内墙上门窗洞口和某些构配件的尺寸和定位。
- 标注：建筑平面图常以一层主要房间的室内地坪为零点（标记为 ±0.000），分别标注出各房间楼地面的标高。
- 其他设备位置及尺寸：表示楼梯位置及楼梯上下方向、踏步数及主要尺寸。表示阳台、雨篷、窗台、通风道、烟道、管道井、雨水管、坡道、散水、排水沟、花池等位置及尺寸。
- 画出相关符号：剖面图的剖切符号位置及指北针、标注详图的索引符号。
- 文字标注说明：注写施工图说明、图名和比例。

5.1.3 建筑平面图的绘制要求

用户在绘制建筑平面图时，无论是绘制底层平面图、楼层平面图、屋顶平面图等时，应遵循相应的绘制要求，才能使绘制的图形更加符合规范。

1. 图纸幅面

A3 图纸幅面是 297mm×420mm，A2 图纸幅面是 420mm×594mm，A1 图纸幅面是 594mm×841mm，其图框的尺寸见相关的制图标准。

2. 图名及比例

建筑平面图的常用比例是 1∶50、1∶100、1∶150、1∶200、1∶300。图样下方应注写图名，图名下方应绘一条短粗实线，右侧应注写比例，比例字高宜比图名的字高小一号或二号，如图 5-3 所示。

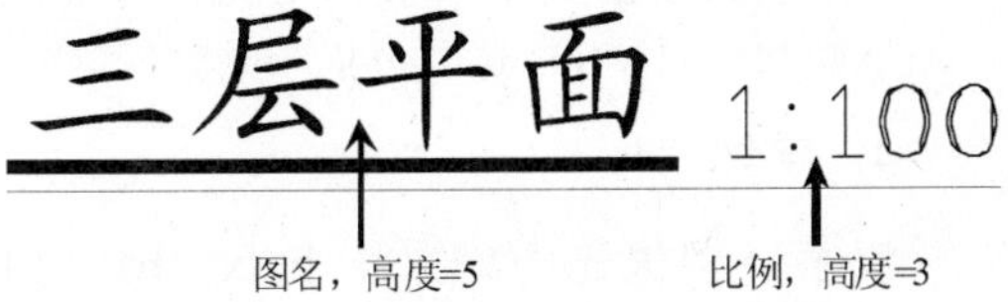

图 5-3 图名及比例的标注

3. 图线

图线的基本宽度 b 可从下列线宽系列中选取：0.18mm、0.25mm、0.35mm、0.5mm、0.7mm、1.0mm、1.4mm、2.0mm。当用户选用 A2 图纸时，建议选用 b=0.70mm（粗线）、

0.5b=0.350mm（中线）、0.25b=0.180mm（细线）；当用户选用 A3 图纸时，建议选用 b=0.50mm（粗线）、0.5b=0.250mm（中线）、0.25b=0.130mm（细线）。

在绘制建筑平面图时，通过采用不同的线型、线宽来表示不同的对象，如图 5-4 所示。

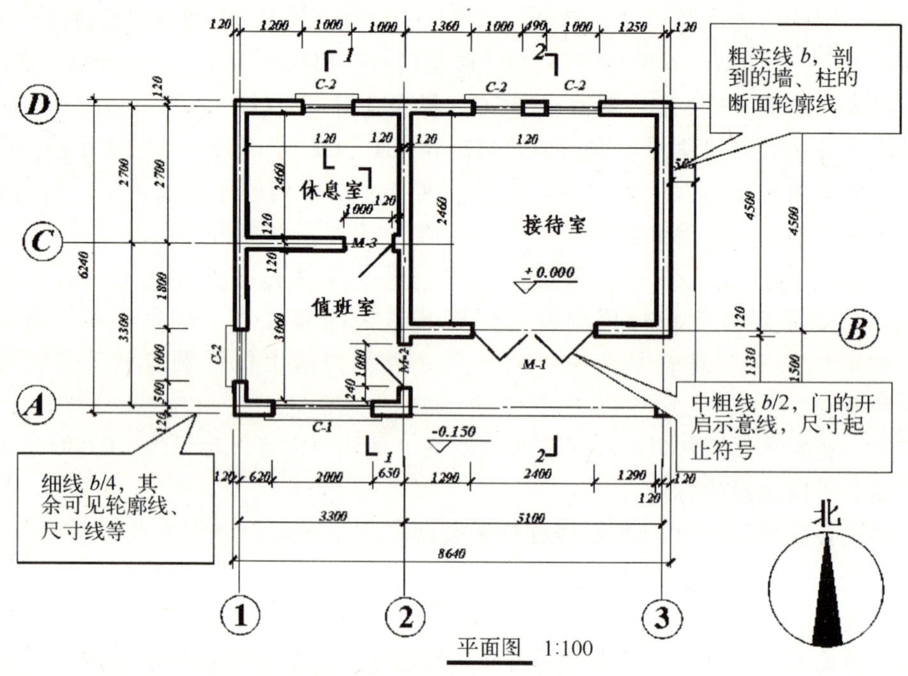

图 5-4　不同线型表示的对象

◎ 粗实线 b：被剖切到的主要建筑构造（包括构配件），如承重墙、柱的断面轮廓线及剖切符号。

◎ 中实线 0.5b：被剖切到的次要建筑构造（包括构配件）的轮廓线（如墙身、台阶、散水、门扇开启线）、建筑构配件的轮廓线及尺寸起止斜短线。

◎ 中虚线 0.5b：建筑构配件不可见轮廓线。

◎ 细实线 0.25b：其余可见轮廓线及图例、尺寸标注等线。较简单的图样可用粗实线 b 和细实线 0.25b 两种线宽。

提示

在 AutoCAD 中，实线为 Continuous、虚线为 ACAD_ISOO2W100 或 dashed、单点长画线为 ACAD_ISOO4W100 或 Center、双点长画线为 ACAD_ISOO5W100 或 Phantom。

4．字体

汉字字型优先考虑采用 hztxt.shx 和 hzst.shx；西文优先考虑 romans.shx 和 simplex 或 txt.shx。图 5-5 给出了不同中、西字体的设置情况，其宽度因子为 0.7。图 5-6 所示为 AutoCAD 环境中设置文字样式时，其西文与中文字体的设置位置。所有中英文之标注宜按表 5-1 执行。

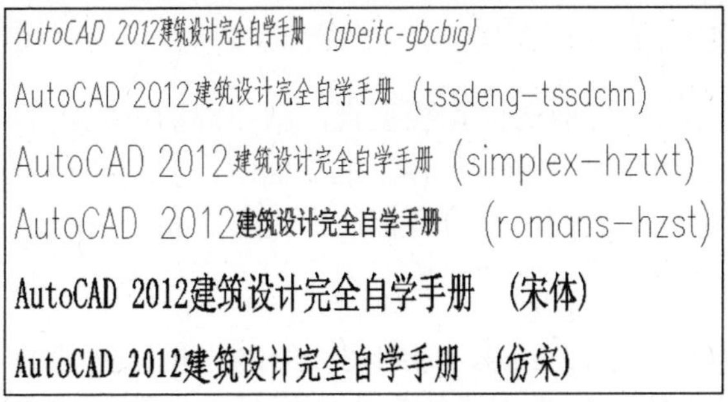

AutoCAD 2012建筑设计完全自学手册 (gbeitc-gbcbig)

AutoCAD 2012建筑设计完全自学手册 (tssdeng-tssdchn)

AutoCAD 2012建筑设计完全自学手册 (simplex-hztxt)

AutoCAD 2012建筑设计完全自学手册 (romans-hzst)

AutoCAD 2012建筑设计完全自学手册 (宋体)

AutoCAD 2012建筑设计完全自学手册 (仿宋)

图 5-5 不同中、西文字的效果比较

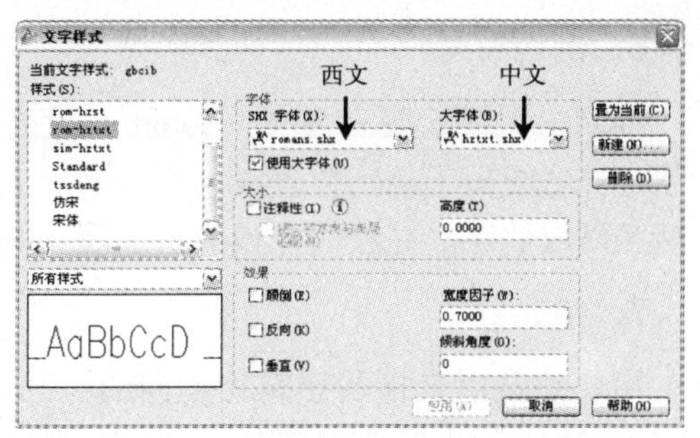

图 5-6 AutoCAD 环境中的字体设置

表 5-1 常用字型表

用 途	图纸名称	说明文字标题	标注文字	说明文字	总说明	标注尺寸
	中 文	中 文	中 文	中 文	中 文	西 文
字 型	St64f.shx	St64f.shx	Hztxt.shx	Hztxt.shx	St64f.shx	Romans.shx
字高/mm	10	5.0	3.5	3.5	5.0	3.0
宽高比	0.8	0.8	0.8	0.8	0.8	0.7

注：中西文比例设置为 1∶0.7，说明文字一般应位于图面右侧。字高为打印出图后的高度。

5. 尺寸标注

尺寸界线应用细实线绘制，一般应与被注长度垂直，其一端应离开图样轮廓线不小于 2mm，另一端宜超出尺寸线 2～3mm。

尺寸起止符号一般用中粗（0.5*b*）斜短线绘制，其斜度方向与尺寸界线成顺时针 45°，长度宜为 2～3mm。半径、直径、角度与弧长的尺寸起止符号，宜用箭头表示。

互相平行的尺寸线，应从被注写的图样轮廓线由近向远整齐排列，应将大尺寸标在外侧，小尺寸标在内侧。尺寸线距图样最外轮廓之间的距离不宜小于 10mm。平行排列的尺寸线的间距宜为 7～10mm，并应保持一致。其所有注写的尺寸数字应离开尺寸线约 1mm。

尺寸标注分外部尺寸和内部尺寸。

（1）外部尺寸

外部尺寸包括外墙三道尺寸（总尺寸、定位尺寸、细部尺寸）及局部尺寸。

- 总尺寸：最外一道尺寸，即两端外墙外侧之间的距离，也叫外包尺寸。
- 定位尺寸：中间一道尺寸，是两相邻轴线间的距离，也叫轴线尺寸。
- 细部尺寸：外墙上门窗洞口、墙段等位置大小尺寸。
- 局部尺寸：建筑外的台阶、花台、散水等位置大小尺寸。

（2）内部尺寸

内部尺寸包括室内净空、内墙上的门窗洞口、墙垛位置大小、内墙厚度、柱位置大小、室内固定设备位置大小等尺寸）。

6. 剖切符号

剖切位置线长度宜为 6～10mm，投射方向线应与剖切位置线垂直，画在剖切位置线的同一侧，长度应短于剖切位置线，宜为 4～6mm。为了区分同一形体上的剖面图，在剖切符号上宜用字母或数字，并注写在投射方向线一侧。另外，其剖切符号只标注在底层平面图中。

7. 指北针

指北针是用来指明建筑物朝向的。圆的直径宜为 24mm，用细实线绘制，指针尾部的宽度宜为 3mm，指针头部应标示“北”或“N”。需用较大直径绘制指北针时，指针尾部宽度宜为直径的 1/8。

注意：剖切符号、指北针只在底层平面图中标注。

8. 详图索引符号

图样中的某一局部或构件，如需另见详图，应以索引符号标出。索引符号是由直径为 10mm 的圆和水平直径组成，圆及水平直径均以细实线绘制。详图的位置和编号，应以详图符号表示。详图符号的圆应以直径为 14mm 的粗实线绘制。

9. 引出线

引出线应以细实线绘制，宜采用水平方向的直线，与水平方向成 30°、45°、60°、90°的直线，或经上述角度再折为水平线。文字说明宜注写在水平线的上方，也可注写在水平线的端部。

10. 高程符号

高程符号用以细实线绘制的等腰直角三角形表示，其高度控制在 3mm 左右。在模型空间绘图时，等腰直角三角形的高度值应是 30mm 乘以出图比例的倒数。

高程符号的尖端指向被标注高程的位置。高程数字写在高程符号的延长线一端，以米为单位，注写到小数点后第 3 位。零点高程应写成“±0.000”，正数高程不用加“+”，但负数高程应注上“-”。

11. 定位轴线

定位轴线应用细单点长画线绘制，定位轴线一般应编号，编号应注写在轴线端部的圆圈内，字高大概比尺寸标注的文字大一号。圆应用细实线绘制，直径为 8～10mm，定位轴线圆的圆心，应在定位轴线的延长线上。

横向编号应用阿拉伯数字，从左至右顺序编写；竖向编号应用大写拉丁字母，从下至上顺序编写，但 I、O、Z 字母不得用做轴线编号。

5.1.4 建筑平面图中的图例

在绘制建筑平面图时，应采用表 5-2 中的常用建筑构配件图例。

表 5-2 常用建筑构配件图例

名　称	图　例	名　称	图　例
墙体		隔断	

（续）

名　称	图　例	名　称	图　例
楼梯	下 下 上 上	坡道	下 下 下
检查孔		烟道	
		通风道	
单扇门		单层外开平开窗	
双扇门		单层中悬窗	
双扇双面弹簧门		单层固定窗	
推拉门		推拉窗	
通风道		烟道	
高窗		底层楼梯	上

5.1.5 建筑平面图的绘制流程

用户在绘制建筑平面图时，其常规的绘制流程如图 5-7 所示。

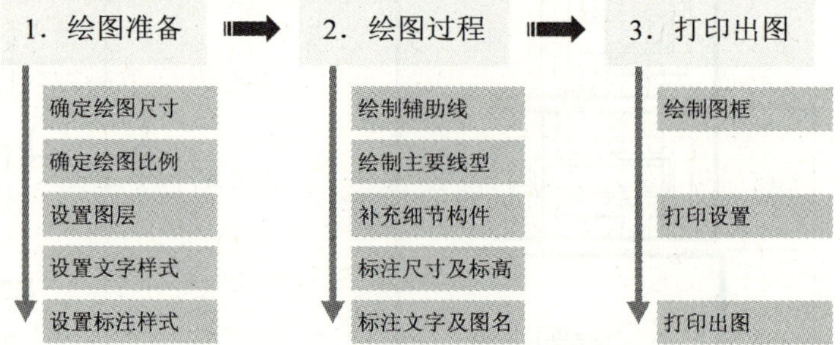

图 5-7 建筑制图的常规流程

5.2 实例精解——住宅楼建筑平面图的绘制

◎ 案例：案例\05\建筑平面图.dwg

◎ 视频：视频\05\建筑平面图.avi

绘制如图 5-8 所示的住宅楼二层建筑平面图时，首先设置平面图的绘图环境，然后根据建筑平面图的绘制步骤绘制各图形元素。本实例涉及的命令主要有图层特性、标注样式、文字样式、直线、偏移、复制、修剪、多线的绘制和编辑、块及带属性块的定义和插入等。

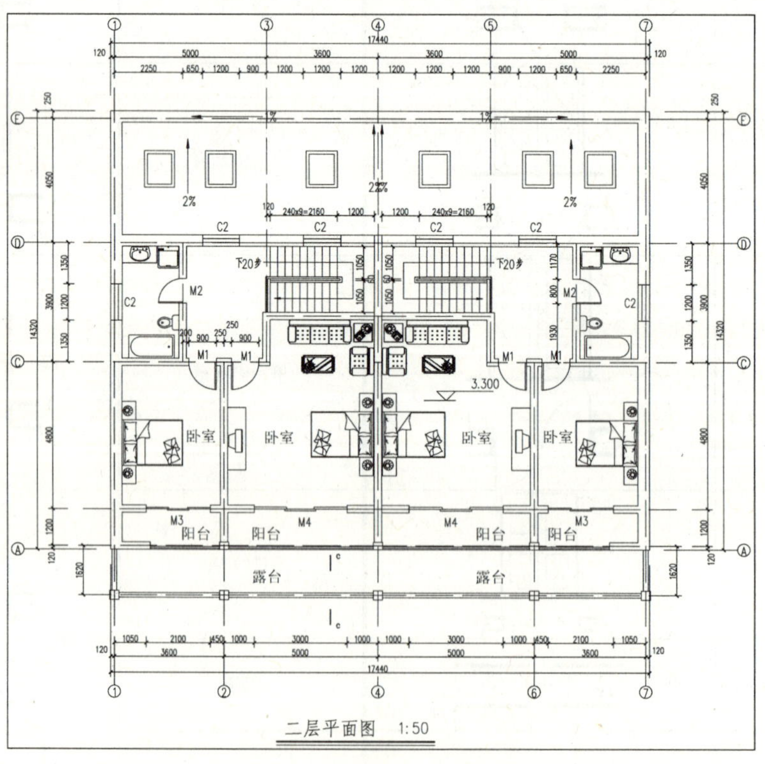

图 5-8 住宅楼二层平面图

5.2.1 设置绘图环境

1. 绘图区设置

绘图区设置包括绘图单位和图形界限的设定。依据图 5-8 可知，该建筑平面图的长度为 17440mm，宽度为 14320mm，考虑尺寸线等所占位置，平面图形范围取实际长度的 1.3～1.5 倍，即设图形界限为 25000mm×20000mm。

1）正常启动 AutoCAD 2012 软件，单击工具栏上的“新建”按钮，打开“选择样板”对话框，然后选择“acadiso”作为新建的样板文件。

2）选择“文件 | 另存为”菜单命令，打开“图形另存为”对话框，将文件另存为“案例\05\建筑平面图.dwg”图形文件。

3）选择“格式 | 单位”菜单命令，打开“图形单位”对话框。把长度单位类型设定为“小数”，精度为“0.000”，角度单位类型设定为“十进制”，精度精确到小数点后两位“0.00”。

4）选择“格式 | 图形界限”菜单命令，依照提示，设定图形界限的左下角为（0，0），右上角为（25000，20000）。

提示

图形界限尺寸也可参照第 4 章绘制建筑总平面图中图形界限设置的方法，即根据选用的图纸幅面及绘图比例确定，如图 5-8 所示的建筑平面图，绘图比例 1∶50，打印到 A3 图纸，图形界限可直接将 A3 图纸幅面放大 50 倍，即长×宽为 29700mm×21000mm。

5）在命令行输入命令“Z|空格|A”，使输入的图形界限区域全部显示在图形窗口内。

提示

按照纸张幅面的基本面积，把幅面规格分为 A 系列、B 系列和 C 系列，幅面规格为 A0 的幅面尺寸为 841mm×1189mm，幅面面积为 1m^2；B0 的幅面尺寸为 1000mm×1414mm，幅面面积为 2.5 m^2；C0 的幅面尺寸为 917mm×1279mm，幅面面积为 2.25 m^2；复印纸的幅面规格只采用 A 系列和 B 系列。若将 A0 纸张沿长度方式对开成二等分，便成为 A1 规格，将 A1 纸张沿长度方向对开，便成为 A2 规格，如此对开至 A8 规格，如图 5-9 所示；B8 纸张亦按此法对开至 B8 规格。

A0～A8、B0～B8 和 C0～C8 的幅面尺寸如表 5-3 所示。其中 A3、A4、A5、A6 和 B4、B5、B6 等 7 种幅面规格为复印纸常用的规格。

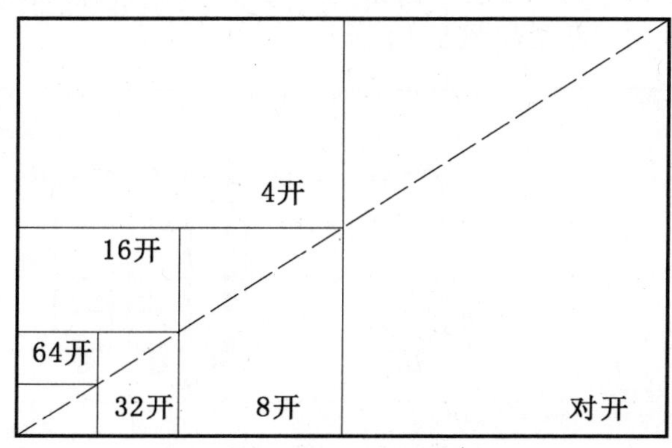

图 5-9 纸张幅面开数

表 5-3　幅面纸张规格大小　（单位:mm）

A 组		B 组		C 组	
A0	841×1189	B0	1000×1414	C0	917×1297
A1	594×841	B1	707×1000	C1	648×917
A2	420×594	B2	500×707	C2	458×648
A3	297×420	B3	353×500	C3	324×458
A4	210×297	B4	250×353	C4	229×324
A5	148×210	B5	176×250	C5	162×229
A6	105×148	B6	125×176	C6	114×162
A7	74×105	B7	88×125	C7	81×114
A8	52×74	B8	62×88	C8	57×81

2．图层规划

由图 5-8 可知，该建筑平面图形主要由轴线、门窗、墙体、楼梯、设施、文本标注、尺寸标注等元素组成，因此绘制平面图时，需建立如表 5-4 所示的图层。

表 5-4　图层设置

序　号	图 层 名	描 述 内 容	线　宽	线　型	颜　色	打 印 属 性
1	轴线	定位轴线	0.15	点画线	红色	打印
2	轴线文字	轴线圆及轴线文字	0.15	实线	蓝色	打印
3	辅助轴线	辅助轴线	0.15	点画线	红色	不打印
4	墙	墙体	0.3	实线	粉红	打印
5	柱	柱	0.3	实线	黑色	打印
6	标注	尺寸线、标高	0.15	实线	绿色	打印
7	门窗	门窗	0.15	实线	青色	打印
8	楼梯	楼梯	0.15	实线	黑色	打印
9	文字	图中文字	0.15	实线	黑色	打印
10	设施	家具、卫生设备	0.15	实线	黑色	打印

1）单击“图层”工具栏的“图层”按钮，打开“图层特性管理器”面板，创建如表 5-2 所示的建筑平面图的图层结果如图 5-10 所示。

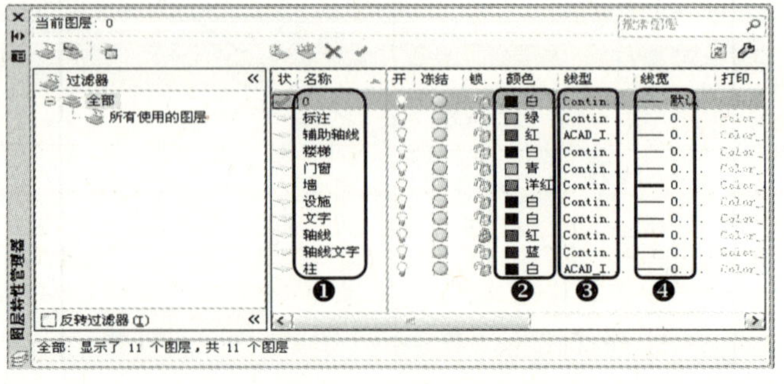

图 5-10　平面图图层设置

2）选择“格式 | 线型”菜单命令，打开“线型管理器”对话框，单击“显示细节”按钮，打开“详细信息”选项组，输入“全局比例因子”为 50，如图 5-11 所示。

提示

轴线使用的短画线，为了保证图形的效果，必须进行线型比例的设定。AutoCAD 默认的全局线型缩放比例为 1.0，通常线型比例应和打印比例相协调，如打印比例是 1∶10，则线型比例大约设为 10。

图 5-11 线型比例设置

3. 文字样式的设定

由图 5-8 可知，该建筑平面图上的文字有尺寸文字、标高文字、图内文字说明、剖切符号文字、图名文字、轴线符号等，打印比例为 1∶50，文字样式中的高度为打印到图纸上的文字高度与打印比例倒数的乘积。根据建筑制图标准，该平面图文字样式的规划如表 5-5 所示。

表 5-5 文字样式

文字样式名	打印到图纸上的文字高度	图形文字高度（文字样式高度）	字体文件
图内说明	3.5	175	tssdeng tssdchn
尺寸文字	3.5	0	tssdeng
标高文字	3.5	175	tssdeng
剖切及轴线符号	7	350	tssdeng
图纸说明	5	250	tssdeng tssdchn
图名	7	350	tssdeng tssdchn

1）选择“格式 | 文字样式”菜单命令，打开“文字样式”对话框，单击“新建”按钮打开“新建文字样式”对话框，“样式名”定义为“图内说明”，如图 5-12 所示。单击“确定”按钮，返回到“文字样式”对话框。

2）在“字体”下拉列表框中选择字体“tssdeng.shx”，勾选“使用大字体”复选框，并在“大字体”下拉列表框中选择字体“tssdchn.shx”，在“高度”文本框中输入“175”，在“宽度因子”文本框中输入“1”，单击“应用”按钮，完成该文字样式的设置，如图 5-13 所示。

提示

用户在设置文字样式的“SHX 字体”和“大字体”时，由于 AutoCAD 2012 系统本身并没有带有“Tssdeng / Tssdchn”字体，用户可将“案例\05”文件夹“tssdeng.shx”和“tssdchn.shx”字体复制到 AutoCAD 2012 所安装的位置，即“X:\Program Files\Autodesk\CAD 2012\AutoCAD 2012-Simplified Chinese\Fonts”文件夹中。

3）重复前面的步骤，建立如表 5-5 所示中其他各种文字样式，如图 5-14 所示。

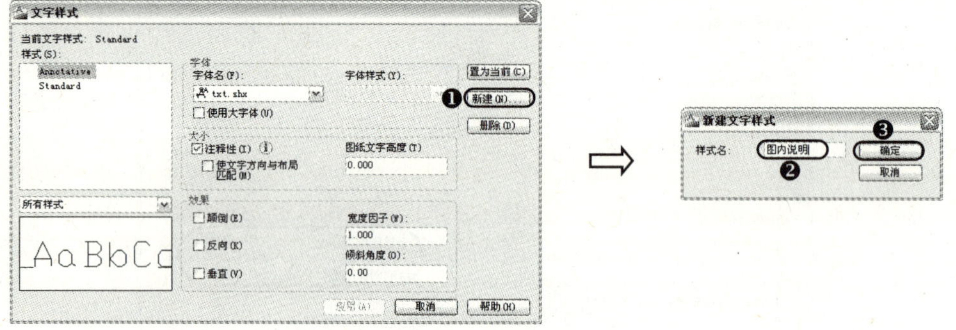

图 5-12　文字样式名称的定义

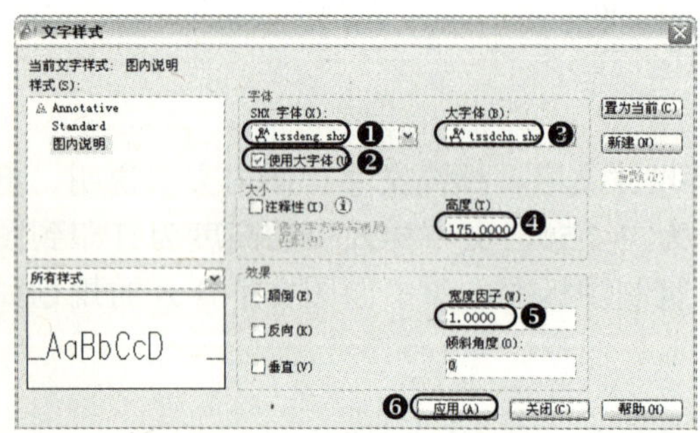

图 5-13　文字样式的设置

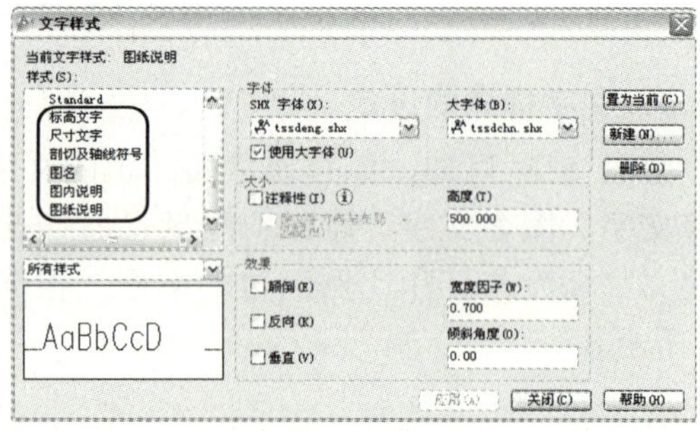

图 5-14　文字样式

4．尺寸标注样式的设定

1）选择“格式 | 标注样式”菜单命令，打开“标注样式管理器”对话框，单击“新建”按钮，打开“创建新标注样式”对话框，新建样式名定义为“建筑平面标注”，单击“继续”按钮，则进入“新建标注样式”对话框。

2）参照“建筑总平面标注”样式中的参数值，分别设置“建筑平面标注”样式中的“线”、“符号和箭头”、“文字”各选项卡中的相关参数。设置结果如图 5-15～图 5-17 所示。

提示

制图标准规定，尺寸界线离开被标注对象的距离不能小于 2mm，绘图时应根据具体情况设定，如在平面图中有轴线和柱子，标注轴线尺寸时一般是通过单击轴线交点确定尺寸线的起止点，为了使标注的轴线不和柱子平面轮廓冲突，应根据柱子的截面尺寸设置足够大的“起点偏移量”，使尺寸界线与柱子有一定距离。

3）单击“调整”选项卡，在“标注特征比例”区，选择“使用全局比例”选项，并将值设置为打印比例的倒数 50，如图 5-18 所示。

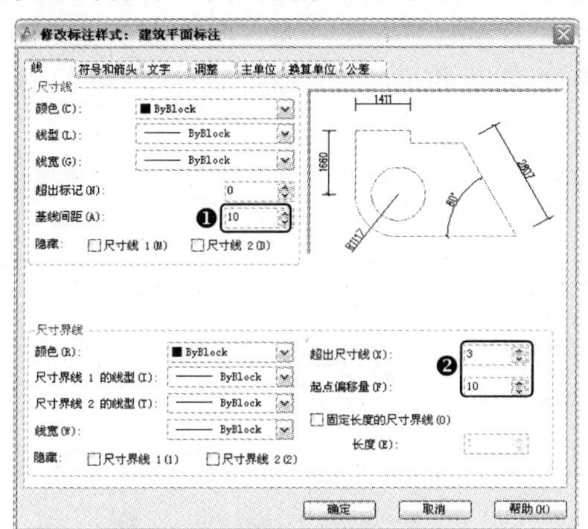

图 5-15 “线”选项卡设置

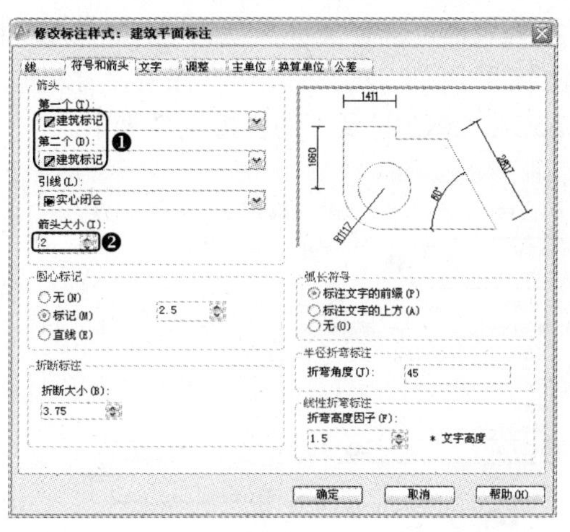

图 5-16 “符号和箭头”选项卡设置

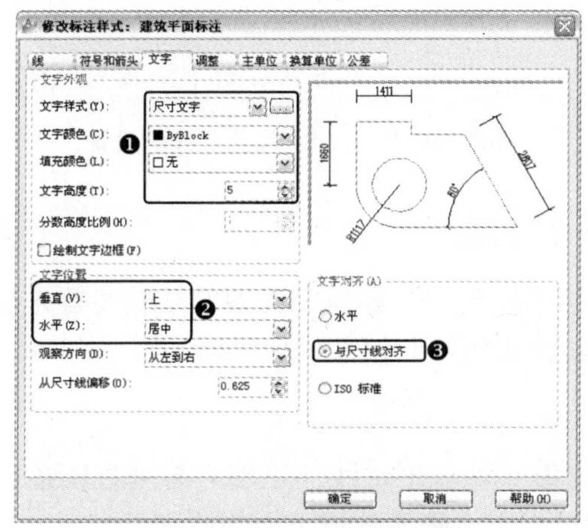

图 5-17 “文字”选项卡设置

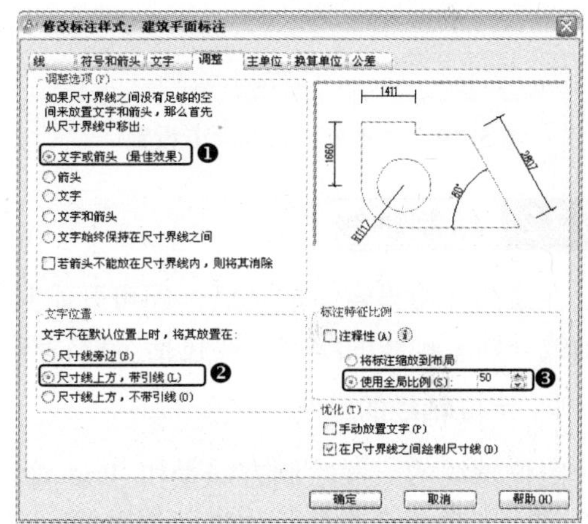

图 5-18 “调整”选项卡设置

4）单击“主单位”选项卡，在“线性标注”区中的“单位格式”下拉列表框中选择“小数”，“精度”选择 0；在“角度标注”区中的“单位格式”下拉列表框中选择“十进制度数”，“精度”也选为 0，本例在绘图时不存在图形缩放问题，所以测量单位比例因子设为 1，如图 5-19 所示。

5）单击“确定”按钮，返回“标注样式管理器”对话框，再次单击“新建”按钮，以“建筑平面标注”为基础样式建立名为“建筑平面标注 2”的标注样式。

6）单击“线”选项卡，勾选“固定长度的延伸线”复选框，并在“长度”微调框中输入数值 4，其他选项卡的内容不变，从而完成该样式的设置，如图 5-20 所示。

提示

由于本例的门窗不全部位于平面图中的外围轴线上，对于标注平面图中的第一道门窗定位尺寸时，很难确定尺寸界线的起点偏移量，因此可采用固定尺寸界线长度的办法。长度大小的确定可以根据第一道尺寸线距图形最外围之间的距离不宜小于 10mm 以及尺寸界线端部离开图形外围不小于 2mm 灵活确定。

7）单击“关闭”按钮，关闭“标注样式管理器”对话框，完成尺寸标注样式的设置。

8）选择“文件 | 另存为”菜单命令，打开“图形另存为”对话框，单击“文件类型”下拉列表框，选择文件类型为“AutoCAD 图形样板（*.dwt）”，在“文件名”文本框中输入“建筑平面”，然后单击“保存”按钮，系统会自动将已设置好的图形环境保存到 AutoCAD2012 目录下的样板文件夹中。

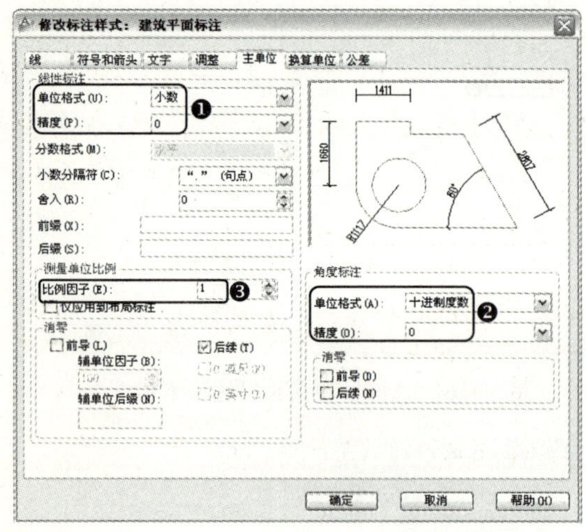

图 5-19 “主单位”选项卡设置

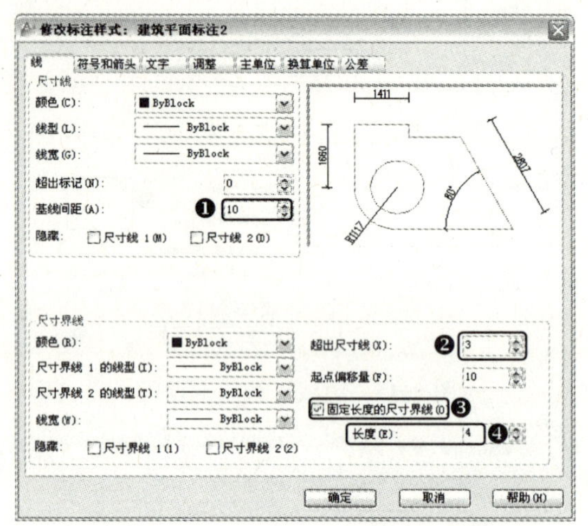

图 5-20 尺寸线、尺寸界线的设置

5.2.2 绘制轴线

在绘图环境设定完成之后，即可开始具体的绘图操作了。建筑平面图的绘制要首先从绘制轴线开始。轴线的绘制主要包括定位轴线、辅助轴线的绘制及其修剪编辑。

1. 定位轴线的绘制

定位轴线的一般绘制方法是用 line 命令绘制第一条水平轴线（纵轴）与垂直轴线（横轴），再用 offset 命令偏移生成其他轴线，在绘制过程中大致要依据下面的原则。

- 带有倾角的轴网可以先按水平竖直网格绘制，之后再平移旋转到最后位置。
- 当建筑轴网中轴线间距相等，或者相等者所占比例较多时，可以先用阵列命令阵列出等间隔轴线，之后对于个别间距不等的轴线，用移动命令进行成组移动。
- 轴线间距变化不定时，可用偏移命令，逐个给出偏移距离，从一根轴线开始，偏移绘制出其他轴线。
- 第一条水平和垂直轴线的长度和位置不需十分精确，可以根据平面尺寸并考虑尺寸标注，选择适当的位置和长度。当所有轴线绘制完毕，再绘制几条辅助线作为剪裁边界，通过剪裁命令裁掉轴线多余的部分即可。

提示

> 如图 5-8 所示的建筑平面图在水平方向上关于中心轴对称，因此为了提高绘图效率，在绘图过程中可先绘制图形的一半，另一半利用“镜像”命令完成。

1）单击“图层”工具条的“图层控制”下拉列表框，将“轴线”层置为当前层。

2）打开“正交”模式，利用 line 命令在图形窗口的适当位置按适当长度，绘制第一条水平轴线。

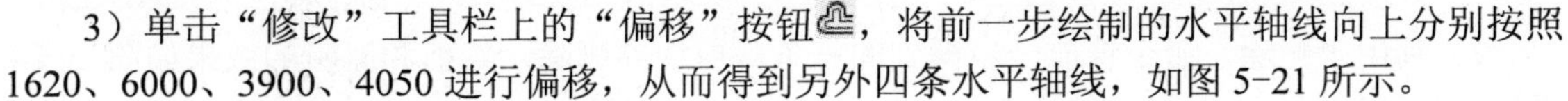
对于绘制水平和垂直直线时，点的坐标输入可采用直接距离输入法，即在正交模式打开的状态下，从上一点沿绘制直线的方向移动光标，然后直接输入距离值，而且在绘制第一条轴线时，其长度和位置不需十分准确，可以根据图面布局选择适当的位置和长度。

3）单击“修改”工具栏上的“偏移”按钮，将前一步绘制的水平轴线向上分别按照1620、6000、3900、4050进行偏移，从而得到另外四条水平轴线，如图5-21所示。

4）用同样的方法绘制竖直轴线，再单击“偏移”按钮，将其竖直轴线向右偏移3600、1400、3600，如图5-22所示。

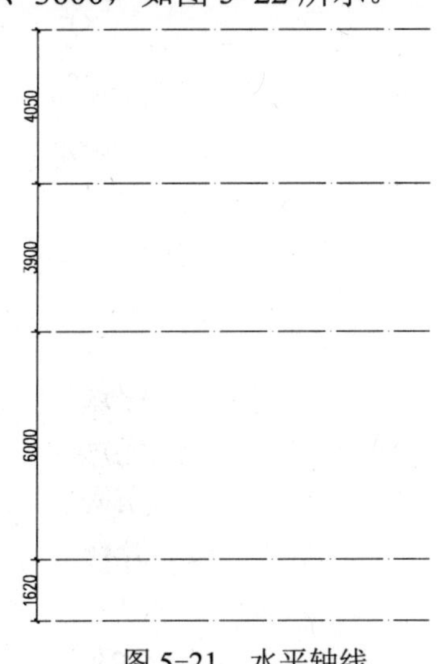

图5-21　水平轴线

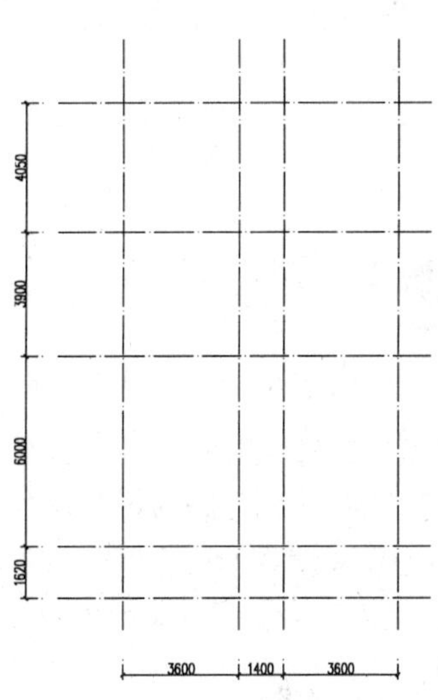

图5-22　垂直轴线

5）利用“偏移”命令，将上、下、左三条边界轴线分别向外侧偏移1000作为轴线的裁剪边界，如图5-23所示。

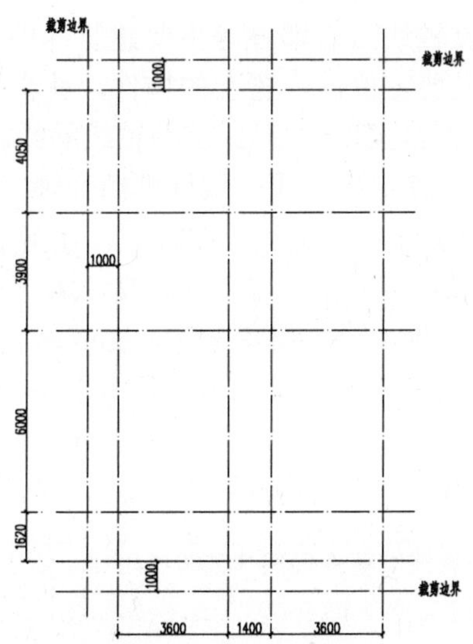

图5-23　轴线的裁剪边界

6）单击“修改”工具条上的“修剪”按钮，选择四条边界线作为剪切边，按“空格”键结束选择，再单击选择超出边界的部分作为要裁剪的对象，再按“空格”键结束选择。

提示

为了加快绘图速度，在选择要修剪的对象时，“选择对象”的方式可以采用“栏选”，即在该选择状态下绘制一条直线，凡是与直线相交的对象都会被裁剪掉。

7）利用“删除”命令将前一步得到的三条裁剪边界删除，修剪和删除的效果如图 5-24 所示。

图 5-24　定位轴线系统

2. 辅助轴线的绘制

建筑平面图中，除了在定位轴线上有墙体等主要建筑部件之外，还有一些小的局部分隔或房间的墙体上没有轴线，如果要定位该位置上的构件，就会显得有些困难，因此可以在这些位置上绘制辅助轴线以定位相应的建筑构件。辅助轴线的绘制可采用 line 命令并结合透明命令 from 精确绘制，也可通过已有定位轴线的偏移再结合轴线的修剪编辑绘制。

1）打开对象捕捉和正交模式，单击“直线”按钮，在指定第一点状态下，输入“from”命令，捕捉如图 5-25 所示的 A 点为基点后，输入（@2250,0）确定辅助轴线 1 的第一点，然后沿垂直方向向下移动光标到任意位置，输入距离 3900，完成第一条辅助轴线的绘制。

2）利用“偏移”命令将已绘制的第二条、第三条水平轴线分别向上偏移 1200、1500 得到辅助轴线 2 和 3。

提示

利用“偏移”命令生成的辅助轴线的特性仍然与轴线层相同，要使它们具有辅助轴线层的特性，必须将它们移到辅助轴线层。

3）单击“特性”按钮，打开“特性”面板，在该面板中单击图层下拉列表按钮，从图层列表中选择“辅助轴线”层，单击“关闭”按钮，关闭“特性”面板，结果如图 5-25 所示。

3．轴线的编辑

在绘制轴网过程中，有可能会额外地多绘制一些轴线，或者轴线的一部分属于多余，为了使图面视觉简练清晰以便于建筑构件的定位，对多余的轴线应进行编辑。常用的轴线编辑命令主要有“删除”和“修剪”。

单击“修剪”按钮，首先选择剪切边，为了加快绘图速度，可选择全部轴线作为剪切边界，右击鼠标结束选择，剪切掉需要剪切的部分，其剪切完的轴网如图 5-26 所示。

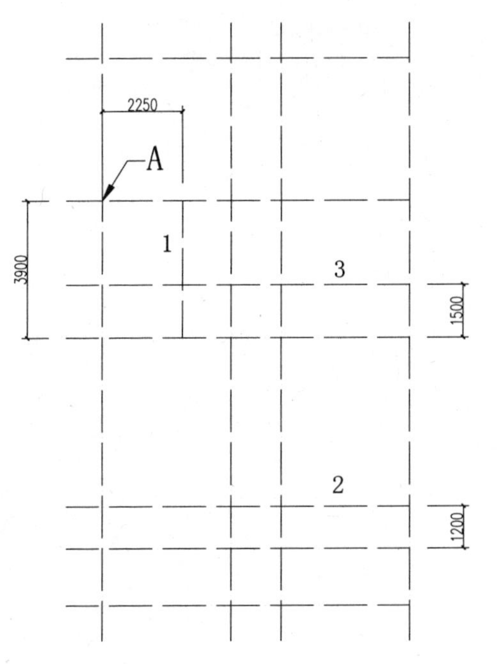

图 5-25 辅助轴线的绘制

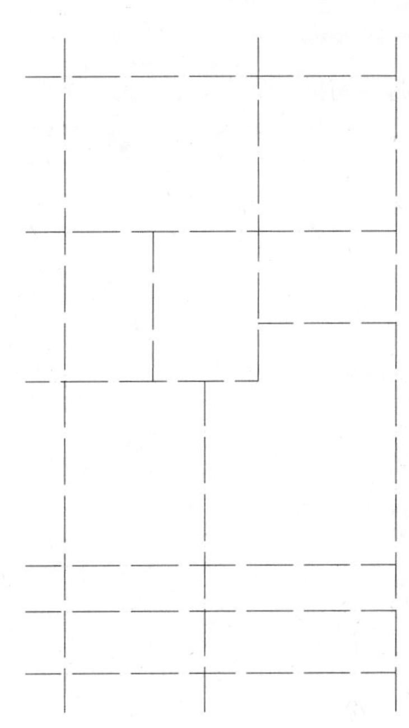

图 5-26 修剪后的轴线系统

5.2.3 绘制墙线

轴线绘制完成之后，即可开始绘制墙体。墙体可用偏移、多线等命令来绘制。本章详细讲解如何利用多线命令绘制建筑墙体。多线命令绘制墙体的过程主要包括多线样式定义、多线绘制和多线编辑等几个基本内容。

1．多线样式的定义

多线是指一组相互平行的直线，常用于绘制墙体、窗等由多条平行线组成的构件。要绘制多线，首先要定义多线的样式，多线样式主要设置平行线数目、间距以及每条线的颜色和线型。

1）选择“格式｜多线样式”菜单命令，打开“多线样式”对话框，单击“新建”按钮，打开“创建新的多线样式”对话框，在“新样式名”栏中输入多线名称“370 墙”，单击“继续”按钮，打开“新建多线样式”对话框，操作过程如图 5-27 所示。

2）选中“图元”栏的“偏移 0.5”项后，在下面的“偏移”文本框中输入 250。同样把“图元”栏的“-0.5”修改成“-120”，其他选型区的内容一般不作修改，单击“确定”按钮，返回“多线样式”对话框。再按相同的方法创建名称为“240 墙”的多线样式。其多线样式“370 墙”、“240 墙”的设置如图 5-28 和图 5-29 所示。

提示

如果已经使用某个多线样式绘制了图形，则 AutoCAD 不再允许修改该多线样式参数。要修改已经绘制的多线的线间宽度，需重新定义新的样式，并重新绘制该多线。

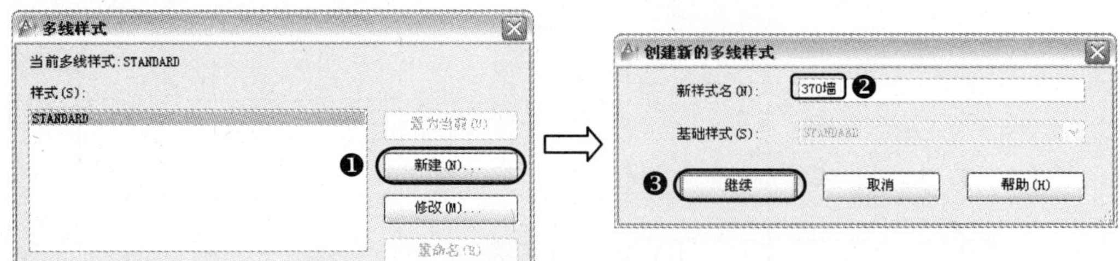

图 5-27　多线样式名称的定义

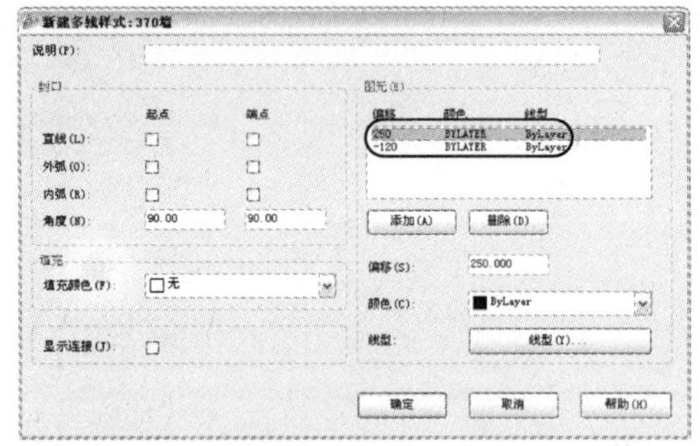

图 5-28　设置“370 墙”多线样式

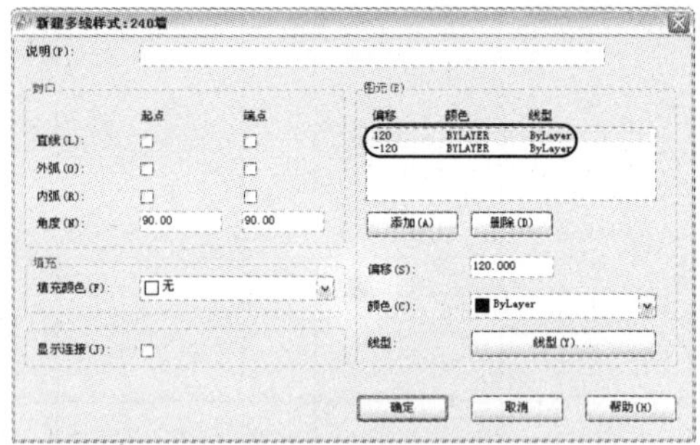

图 5-29　设置“240 墙”多线样式

2. 多线的绘制

多线样式定义完之后，就可以用多线绘图了。用多线绘制图形时，首先将相应的多线样式置为当前，并设置多线比例与对正方式。

◎ 多线比例：是指实际绘制的多线宽度相对于多线样式中定义宽度的比例因子。若多线样式定义宽度为 2（内、外侧线偏移量各为 1），比例设定为 5，则实际绘制的多线宽度为 10（内、外侧线距离为 10），此比例不影响多线的线型比例。

◎ 多线对正方式：分为“上”、“无”、“下”，其中“上”是指绘制多线时以多线的外侧线为基准，”“下”指以多线的内侧线为基准，“无“以多线的中心线为基准。多线的对正方式取决于绘线时选择点的位置。

1）单击“图层”工具条的“图层控制”下拉列表框，将“墙”层设置为当前。

2）在命令行中输入“ML”后按〈Enter〉键，命令窗口会显示多线命令的信息，然后输入“ST”将多线样式“370 墙”置为当前；输入“J”将对正方式定义为“无”；输入“S”设定多线比例为 1。设置“对象捕捉”状态，移动鼠标捕捉轴线交点绘制 370 墙体，在绘图过程中，注意随时用图形缩放命令控制图形大小，以便准确地捕捉到轴线交点。同理，绘制

240 墙体，结果如图 5-30 所示。

3. 多线的编辑

多线的编辑可以控制多线接头处的打断或结合，简化多线的修剪。从图 5-30 可知，墙与墙交接处并不符合绘图要求，因此需用多线编辑命令进行修剪。

1）选择“修改｜对象｜多线”菜单命令，打开“多线编辑工具”对话框，如图 5-31 所示。该对话框包含了 12 种工具按钮，每个按钮对应一种编辑后的图形。

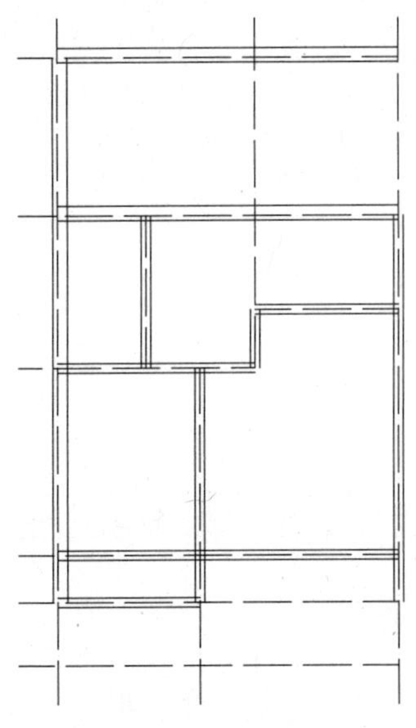

图 5-30 墙线的绘制

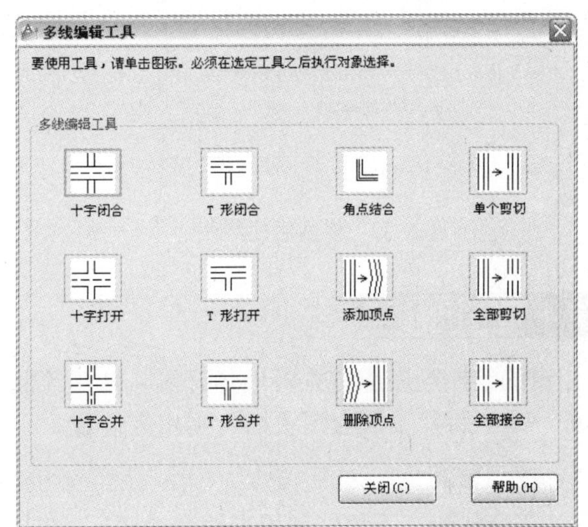

图 5-31 “多线编辑工具”对话框

2）单击“T 形合并”按钮，依照提示完成如图 5-32 所示的交点 1～8 的合并操作。单击鼠标右键重复多线编辑命令，单击“角点结合”按钮，完成交点 9～13 的合并操作。同理，选择十字合并完成交点 14 的合并操作。

提示

利用多线编辑 T 形、十字形、角接相交的墙体时，注意选择多线的顺序，如果修剪结果异常，可以在多线编辑状态下输入“U”放弃该操作，然后改变选择多线的顺序。当某些多线接头由于绘制误差，不能用多线编辑进行修剪时，则需要把多线炸开，使之变成单个的线条，再用 trim 命令进行修剪。多线分解最好在多线编辑之后进行。

3）单击“矩形”按钮，在绘图区任一位置确定矩形第一点，然后输入相对坐标（@300，300）绘制露台柱的外框，再利用“line”命令并结合“对象捕捉”绘制该矩形的两条对角线以用于柱的定位。

4）单击“复制”按钮，依次捕捉矩形两对角线交点、轴线交点，将已绘制的对象复制到图示位置，然后利用“删除”命令删除用于定位的对角线。同理，绘制阳台位置处的长宽为 300×240 的柱。

5）利用“修剪”命令将柱与墙体交接处的多余线条剪掉，结果如图 5-33 所示。

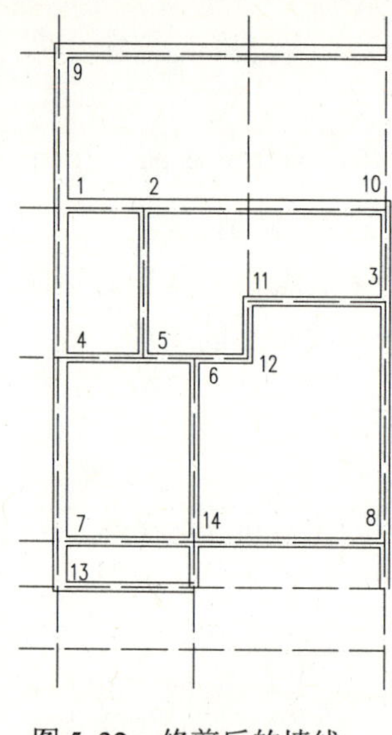

图 5-32　修剪后的墙线

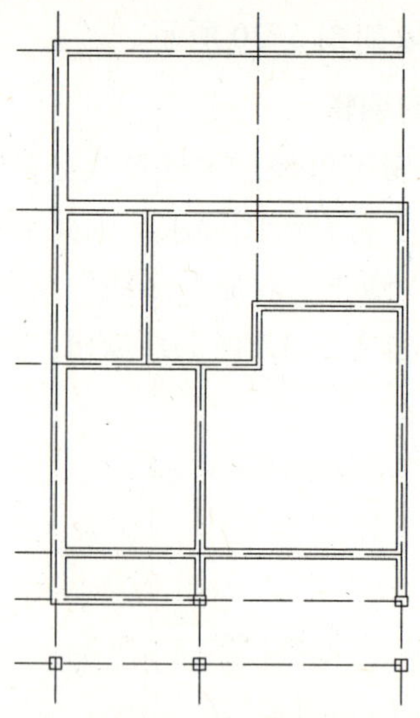

图 5-33　柱子的绘制

5.2.4 绘制门窗

门窗的绘制顺序应首先对墙体开洞，然后绘制门窗并利用“复制”命令复制到相应的窗洞口处，或者将其设置为图块插入到相应位置。

1. 挖门窗洞

1）在墙体的左下角处利用直线命令“L”并结合“对象捕捉”绘制一条辅助直线段，然后利用“偏移”命令将辅助直线段向右偏移 930；单击空格，重复“偏移”命令将刚偏移得到的直线段向右偏移 2100，结果如图 5-34 所示。

2）利用“删除”命令删除如图 5-34 所示左侧的辅助直线段，并利用“修剪”命令对墙线进行修剪，挖出如图 5-35 所示的窗洞。

3）使用相同的方法挖出其他门窗洞口，结果如图 5-36 所示。

2. 绘制门窗

1）单击“图层”工具条的“图层控制”下拉列表框，将“门窗”层设置为当前。

2）利用“直线”命令，在绘图区空白位置单击鼠标左键确定直线的第一点，打开正交模式，向右或向左移动光标，输入 1200 确定直线的终点。

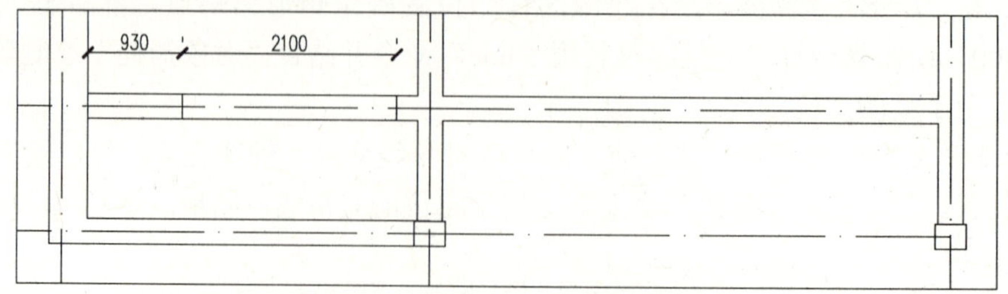

图 5-34　窗洞边界辅助线的绘制与偏移

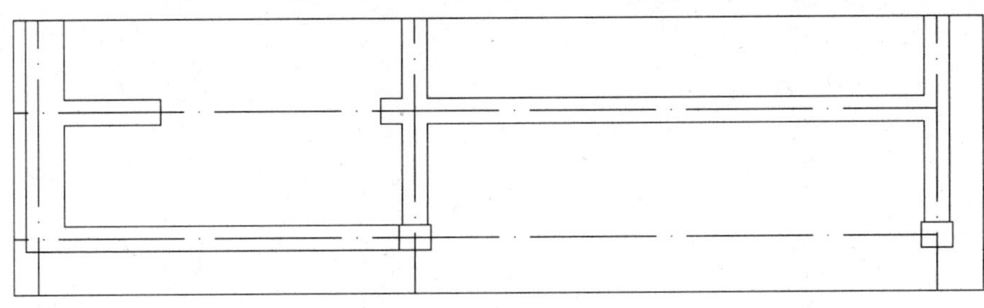

图 5-35　窗洞的修剪

3）利用“偏移”命令，输入距离 123，选择前一步绘制的直线为偏移对象，在上侧单击确定偏移方向，然后选取偏移得到的直线，在上侧单击，依次重复两次完成直线的偏移，再用“直线”命令，将左侧和右侧的上下直线段连接，绘制结果如图 5-37 所示。

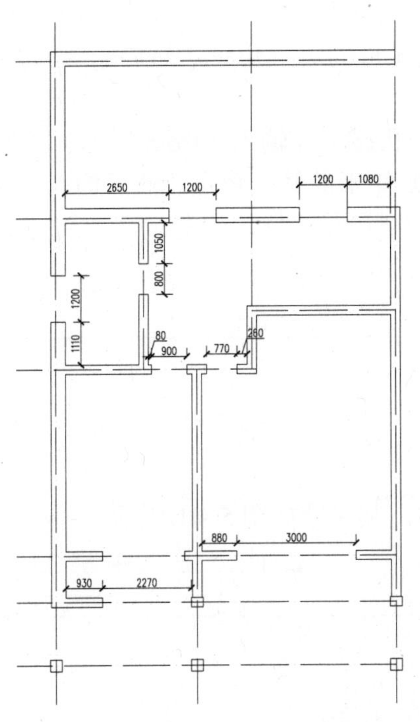

图 5-36　其余门窗洞的绘制

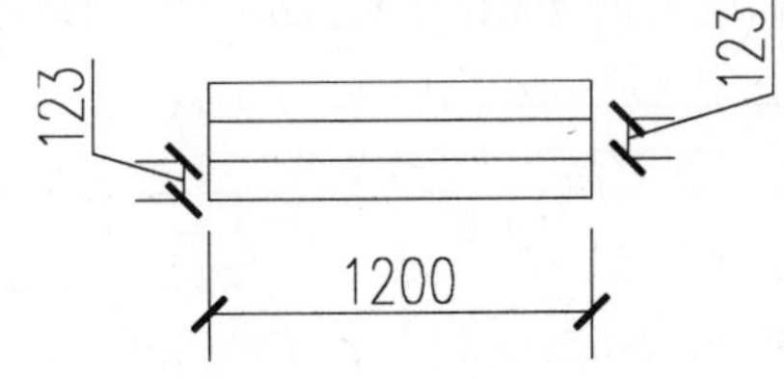

图 5-37　窗的绘制

4）利用“复制”命令，选择前一步绘制的窗为复制对象，选取窗的左下角为基点，A 点为第二点，完成水平窗的复制，结果如图 5-38 所示。

5）单击“修改”工具条上的“旋转”按钮，选取前面绘制的窗为旋转对象，在任意位置单击鼠标左键确定基点，输入旋转角度 90，完成窗的旋转。

6）单击“移动”按钮，选取前面旋转得到的窗为移动对象，如图 5-38 所示的 A 点为基点，如图 5-39 所示 A 点为第二点完成对象的移动，结果如图 5-39 所示。

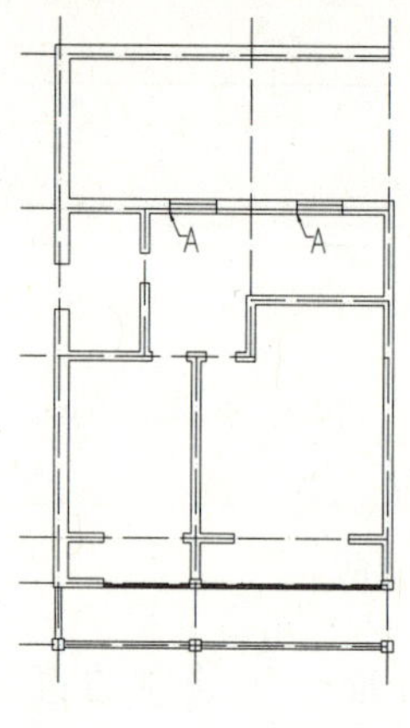

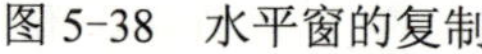
图 5-38　水平窗的复制

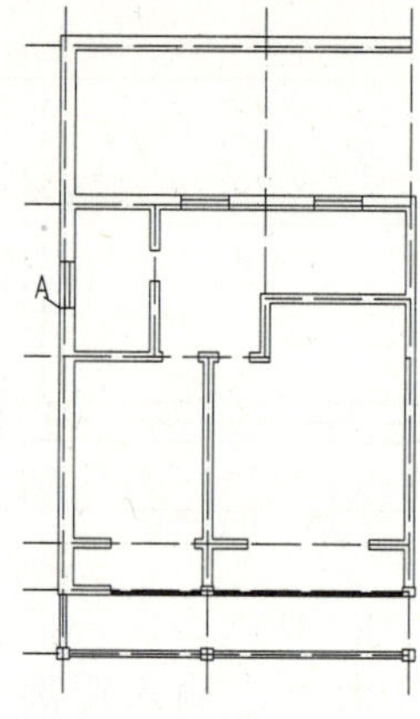

图 5-39　竖直窗的复制

7）单击“矩形”按钮▭，在绘图区空白位置单击鼠标左键确定矩形的第一角点，输入（@740，45）确定第二角点。

8）利用“矩形”命令，在“指定第一角点”状态下，输入“from”命令，选取前面绘制的矩形右下角点为基点，输入（@-40,0）确定矩形的第一角点，然后输入（@700,-45）确定第二角点。

9）利用“矩形”命令，在“指定第一角点”状态下，输入“from”命令，选取前一步绘制的矩形右上角点为基点，输入（@-40,0）确定矩形的第一角点，然后输入（@720,45）确定第二角点，绘制的结果如图 5-40 所示。

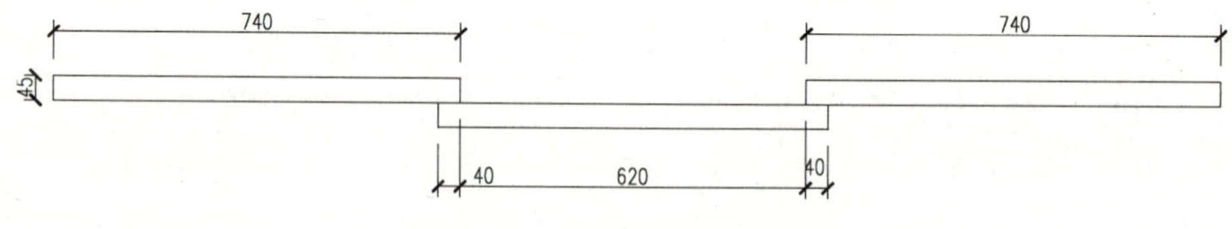

图 5-40　推拉门 M3 的绘制

10）利用与前面相同的方法，绘制推拉门 M4，其尺寸如图 5-41 所示。

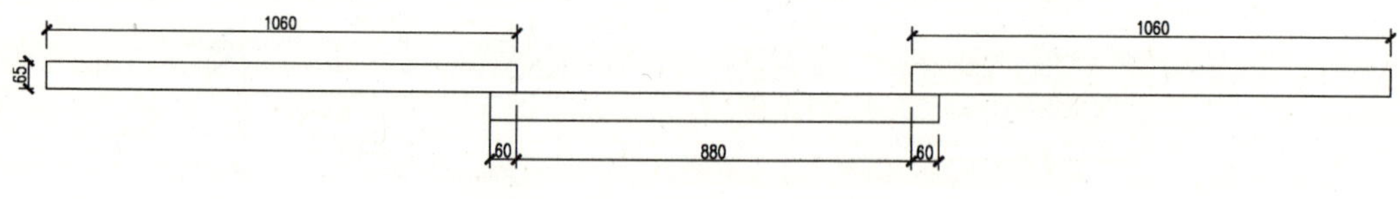

图 5-41　推拉门 M4 的绘制

11）利用“移动”命令，选取 M3 为移动对象，M3 左侧矩形的左下角点为基点，如图 5-42 所示的 A 点为第二点，将 M3 移动到指定位置。

12）利用同样的方法将 M4 移动到相应位置，移动结果如图 5-42 所示。

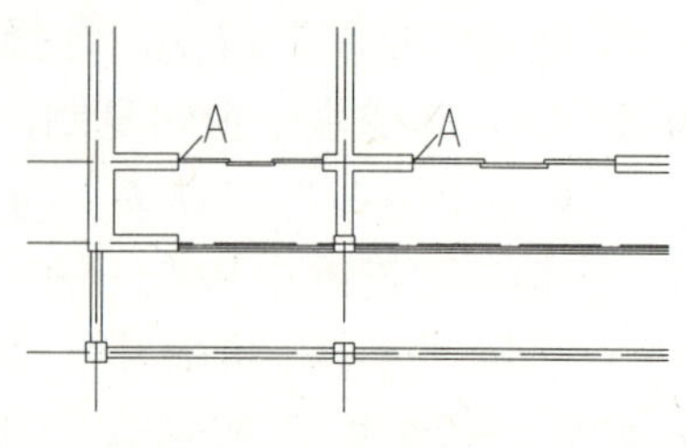

图 5-42　推拉门的移动

3．动态块的创建步骤与编辑

本图形中的单开门虽然具有相同的图形组成特征，

但是由于门的尺寸、开启方向各不相同，若用一般块或属性块进行块的参照和插入，显然不是很方便。AutoCAD 从 2006 版增加了动态块功能，可以根据需要方便地调整块的大小、方向、角度等，因此本节将创建动态单开门图块。为了使读者对动态块有一个全面认识，首先详细讲解动态块的特点、功能以及创建过程。

（1）动态块

动态块具有灵活性和智能性，用户在操作时可以轻松地更改图形中的动态块参照。可以通过自定义夹点或自定义特性来操作动态块参照中的几何图形，这使得用户可以根据需要在位调整块，而不用搜索另一个块以插入或重定义现有的块。例如，如果在图形中插入一个门块，如果该块是动态的，那么只需拖动自定义夹点就可以修改门的大小以及修改门的打开角度，如图 5-43 所示。

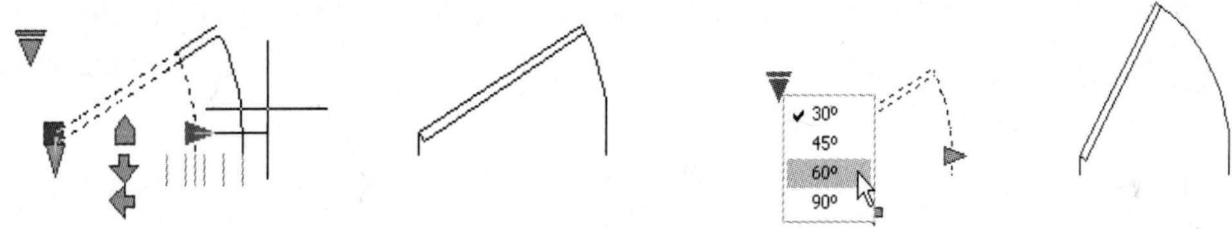

图 5-43　动态块

（2）动态块编辑器

选择“工具｜块编辑器”菜单命令，打开“编辑块定义”对话框，给出要创建或要编辑的块名后，单击“确定”按钮，即可打开“块编辑器”和“块编写”选项板，通过它们可以创建动态块。“块编辑器”将打开一个专门的块编写空间，用于添加能够使块成为动态块的元素。在这个专门的空间内，用户可以从头创建块，可以向现有的块定义中添加动态行为，也可以像在绘图区域中一样创建几何图形。通过该选项板，可以向块内添加动态参数及动作。“编辑块定义”对话框与“块编写”选项板如图 5-44 所示。

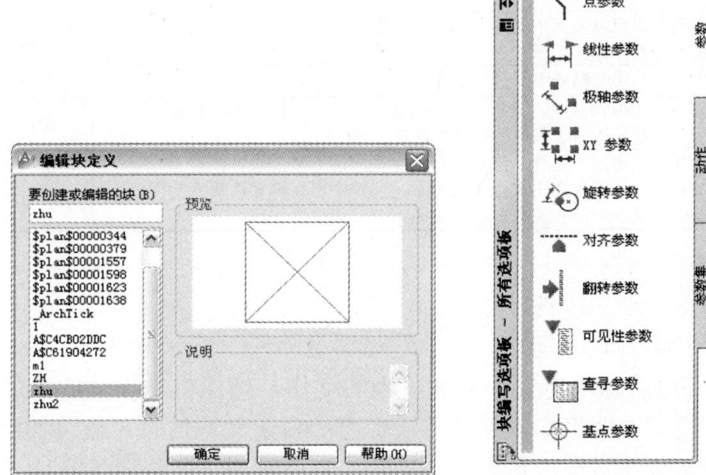

图 5-44　“编辑块定义”对话框与“块编写”选项板

（3）动态块的创建步骤

为了创建高质量的动态块，以便达到用户的预期效果，建议按照下列步骤进行操作。此过程有助于用户高效编写动态块。

1）在创建动态块之前规划动态块的内容。在创建动态块之前，应当了解其外观以及在图形中的使用方式。确定当操作动态块参照时，块中的哪些对象会更改或移动，以及这些对象如何更改。例如，用户可以创建一个可调整大小的动态块。另外，调整块参照的大小时可能会显示其他几何图形。这些因素决定了添加到块定义中的参数和动作的类型，以及如何使参数、动作和几何图形共同作用。

2）绘制几何图形。可以在绘图区域或块编辑器中绘制动态块中的几何图形。也可以使用现有几何图形或现有的块定义。

3）了解块元素如何共同作用。在向块定义中添加参数和动作之前，应了解它们相互之间以及它们与块中的几何图形的相关性。在向块定义添加动作时，需要将动作与参数以及几何图形的选择集相关联，此操作将创建相关性。向动态块添加多个参数和动作时，需要设置正确的相关性，以便块在图形中正常工作。例如，用户要创建一个包含若干对象的动态块。其中一些对象关联了拉伸动作。同时用户还希望所有对象围绕同一基点旋转。在这种情况下，应当在添加其他所有参数和动作之后添加旋转动作。如果旋转动作并非与块定义中的其他所有对象（几何图形、参数和动作）相关联，那么块参照的某些部分可能不会旋转，或者操作该块参照时可能会造成意外结果。

4）添加参数。单击“工具 | 块编辑器”菜单，选择要进行动态定义的块，打开“块编写选项板”，进入动态块编辑。从“块编写选项板”中选择向动态块定义添加的参数，指定动态参数的几何图形在块中的位置、距离和角度。

5）动态块定义中必须至少包含一个参数。向动态块定义添加参数后，将自动添加与该参数的关键点相关联的夹点。然后用户必须向块定义添加动作并将该动作与参数相关联。参数类型、说明及支持的动作如表 5-6 所示。

表 5-6　动态块部分参数及支持动作表

参　数	说　明	支持的动作
线性	可显示出两个固定点之间的距离。约束夹点沿预置角度的移动。在块编辑器中，外观类似于对齐标注	移动、缩放、拉伸、阵列
旋转	可定义角度。在块编辑器中，显示为一个圆	旋转
翻转	翻转对象。在块编辑器中，显示为一条投影线。可以围绕这条投影线翻转对象。将显示一个值，该值显示出了块参照是否已被翻转	翻转
可见性	可控制对象在块中的可见性。可见性参数总是应用于整个块，并且无需与任何动作相关联。在图形中单击夹点可以显示块参照中所有可见性状态的列表。在块编辑器中，显示为带有关联夹点的文字	无（此动作是隐含的，并且受可见性状态的控制）

提示

使用“块编写选项板”的“参数集”选项卡可以同时添加参数和关联动作。

6）添加动作。向动态块定义中添加适当的动作，确保将动作与正确的参数和几何图形相关联。动作用于定义在图形中操作动态块参照的自定义特性时，该块参照的几何图形将如何移动或修改。动态块通常至少包含一个动作。通常情况下，向动态块定义中添加动作后，必须将该动作与参数、参数上的关键点以及几何图形相关联。关键点是参数上的点，编辑参数时该点将会驱动与参数相关联的动作。与动作相关联的几何图形称为选择集。如图 5-45 所示中，动态块定义中包含表示书桌的几何图形、带有一个夹点（为其端点指定的）的线性参数以及与参数端点和书桌右侧的几何图形相关联的拉伸动作。参数的端点为关键点，书桌的几何图形是选择集。

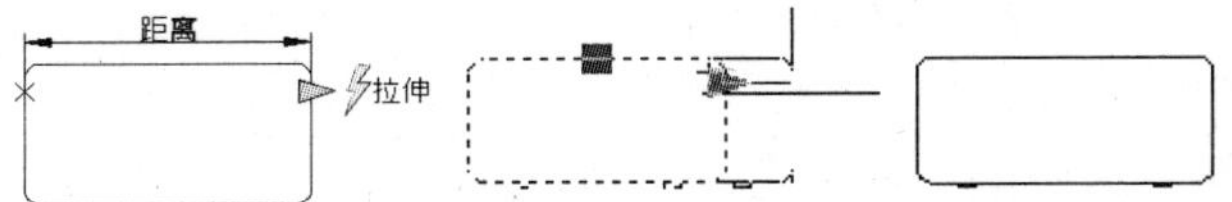

图 5-45 向动态块添加线性参数和拉伸动作

7）保存块然后在图形中进行测试。保存动态块定义并退出块编辑器，然后将动态块参照插入到一个图形中，并测试该块的功能。

在创建动态块时，可以使用可见性状态来使动态块中的几何图形可见或不可见。一个块可以具有任意数量的可见性状态。使用可见性状态是创建具有多种不同图形表示的块的有效方式，用户可以轻松修改具有不同可见性状态的块参照，而不必查找不同的块参照以插入到图形中。

可见性参数中包含查寻夹点，此夹点始终显示在包含可见性状态的块参照中。在块参照中单击该夹点时，将显示块参照中所有可见性状态的下拉列表，从列表中选择一个状态后，在该状态中可见的几何图形将显示在图形中。

4．创建并插入动态块

1）利用“矩形”命令，在绘图区空白位置单击鼠标左键确定矩形的第一角点，输入（@40，1000）确定第二角点。

2）单击“圆弧”按钮，绘制门的圆弧部分。命令操作如下，绘制结果如图 5-46 所示。

图 5-46 门的绘制

```
命令: _arc
指定圆弧的起点或 [圆心(C)]: C                    //将绘制圆弧的模式设置为圆心
指定圆弧的圆心:                                  //捕捉第 53 步绘制的矩形左下角点为圆心
指定圆弧的起点:                                  //捕捉第 53 步绘制的矩形左上角点为圆弧起点
指定圆弧的端点或 [角度(A)/弦长(L)]: A             //将模式设置为角度
指定包含角: -90                                  //输入角度-90
```

3）单击“创建块”按钮，打开“块定义”对话框，在“名称”文本框中输入块的名称“单开门”，单击“选择对象”按钮，进入绘图区域，选择前面绘制的门，然后按〈Enter〉键返回“块定义”对话框，单击基点选项区的“拾取点”按钮，选取矩形的左下角点后再次返回“块定义”对话框，最后单击“确定”按钮完成块的定义，其操作过程如图 5-47 所示。

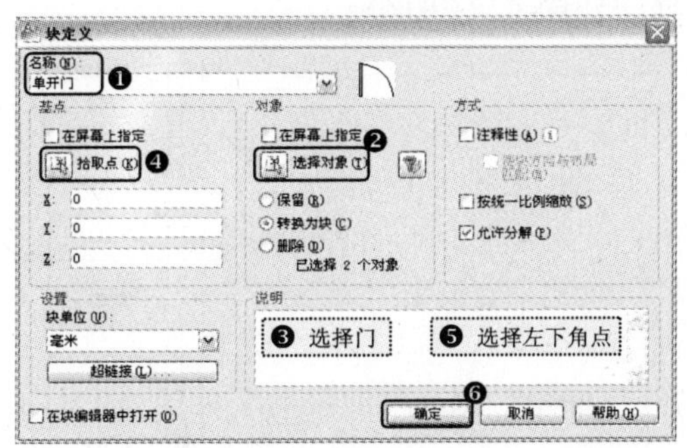

图 5-47 创建“单开门”块

4）选择“工具 | 块编辑器”菜单命令，打开“编辑块定义”对话框，选择“单开门”，单击“确定”按钮进入块编辑状态，如图 5-48 所示。

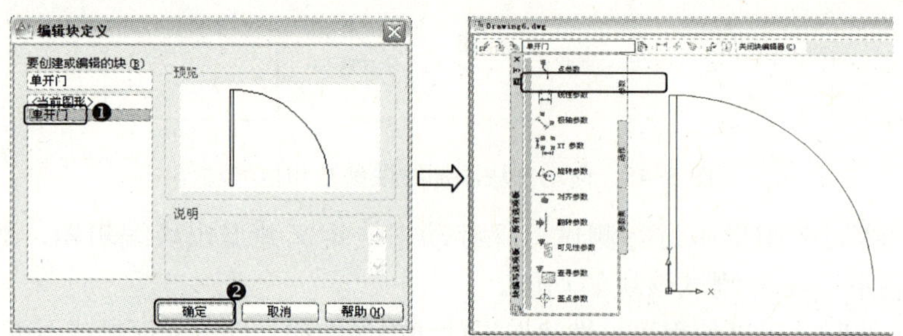

图 5-48　编辑块

5）单击“块编写选项板”的“参数”选项卡，选择线性参数，捕捉矩形的左下角点为起点，左上角点为端点，然后单击图块左部适当位置为线性参数的标签位置，如图 5-49 所示。

6）单击“块编写选项板”的“动作”选项卡，选择缩放动作后，选择线性参数标签，即指定缩放动作参数为线性参数，然后选择图块中的所有图元为参数作为对象，在适当位置单击鼠标左键确定动作位置，如图 5-50 所示。

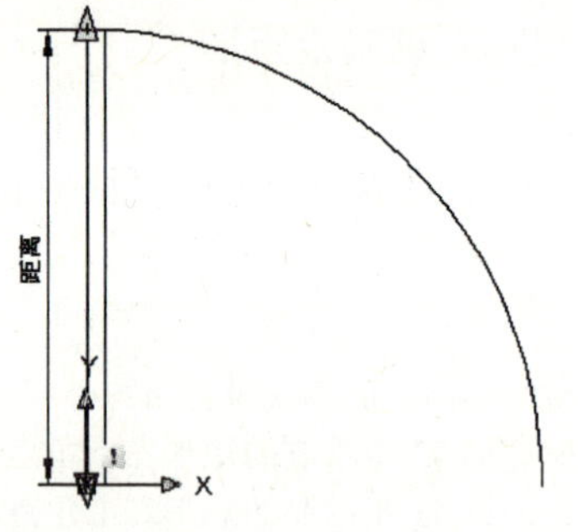

图 5-49　线性参数的添加

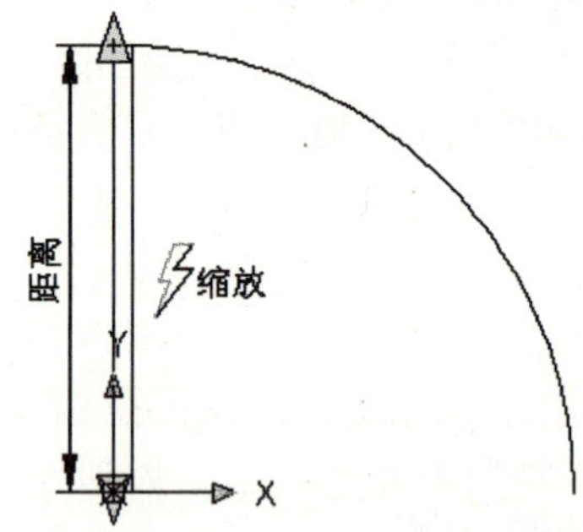

图 5-50　缩放动作的添加

7）选择“参数”选项卡中的翻转参数，捕捉矩形的圆弧的右下点为投影线的基点，左下角点为端点，然后单击适当位置为翻转参数的标签位置，如图 5-51 所示。

8）单击“块编写选项板”的“动作”选项卡，选择翻转动作后，选择翻转参数标签，即指定翻转动作参数为翻转参数，然后选择图块中的所有图元为参数作用对象，在适当位置单击鼠标左键确定动作位置，如图 5-52 所示。

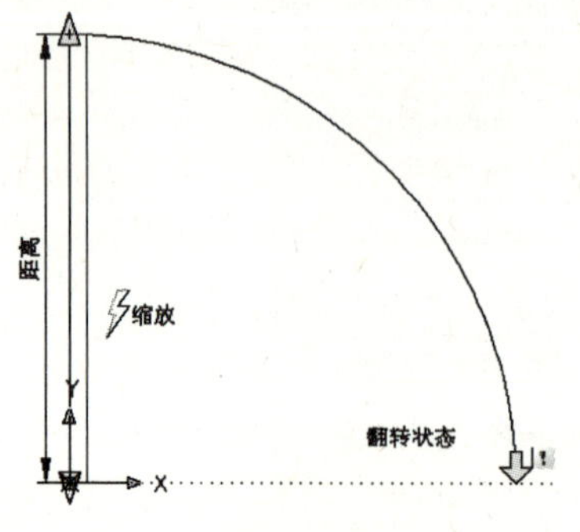

图 5-51　翻转参数的添加

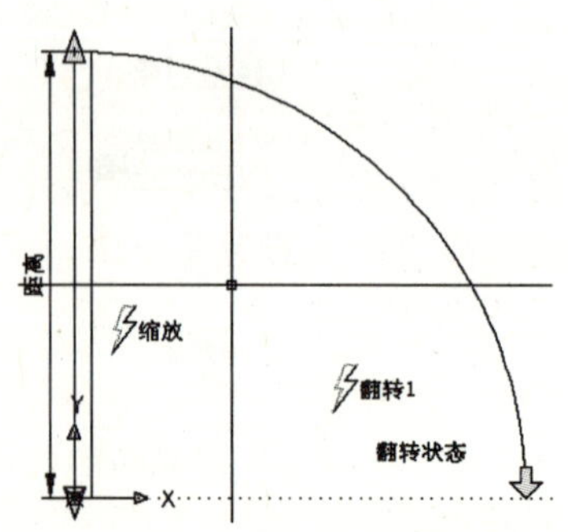

图 5-52　翻转动作的添加

9）选择“参数”选项卡中的旋转参数，选取矩形的左下角点为基点，输入半径 500，在“默认旋转角度”提示下按“Enter”键，完成旋转参数的添加，如图 5-53 所示。

10）单击“块编写选项板”的“动作”选项卡，选择旋转动作后，选择旋转参数标签，即指定旋转动作参数为旋转参数，然后选择图块中的所有图元为参数作用对象，在适当位置单击鼠标左键确定动作位置，如图 5-54 所示。

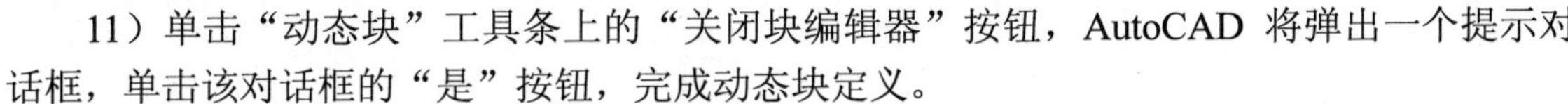

11）单击“动态块”工具条上的“关闭块编辑器”按钮，AutoCAD 将弹出一个提示对话框，单击该对话框的“是”按钮，完成动态块定义。

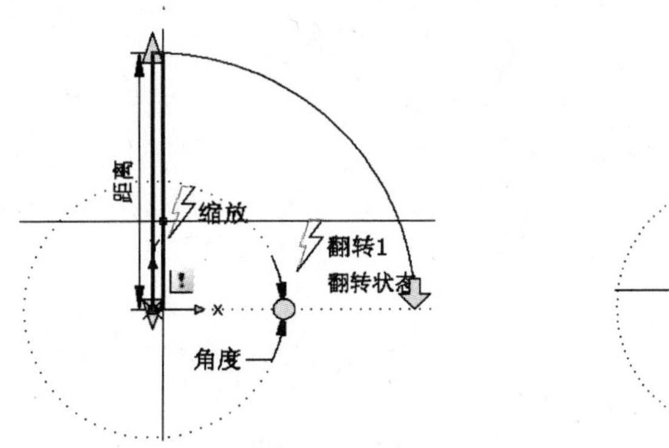

图 5-53 旋转参数的添加

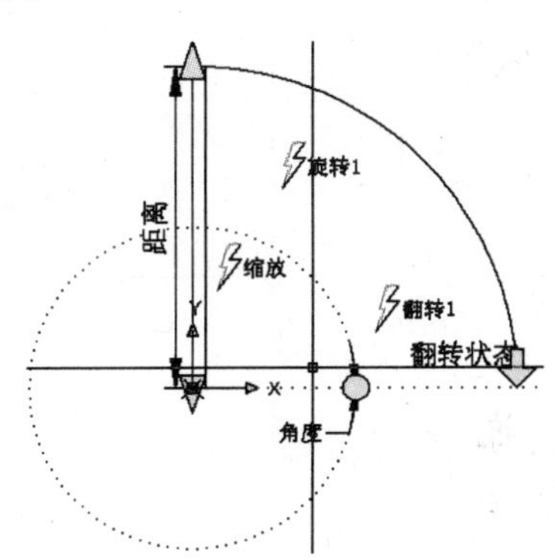

图 5-54 旋转动作的添加

12）单击“插入块”按钮，打开“插入”对话框，选择定义的动态块“单开门”，单击“确定”按钮，在绘图区选择如图 5-55 所示的 A 点为插入点，完成图块的插入，效果如图 5-55 所示。

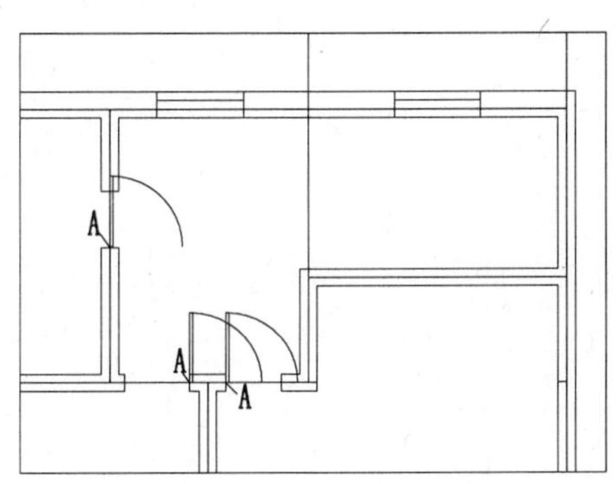

图 5-55 图块的插入

13）单击如图 5-56 所示虚线的图块，即可显示动态块的夹点，单击图示上侧的三角形缩放夹点，打开正交模式，关闭对象捕捉，然后向下移动光标，在“指定点位置”状态下，输入 230，即可将门尺寸修改为 770。

14）单击如图 5-56 所示的虚线门右下点处的箭头翻转夹点，完成门的上下翻转，如图 5-57 所示。

15）单击如图 5-58 所示虚线的图块，然后单击图示上侧的三角形缩放夹点，打开正交模式，关闭对象捕捉，然后向下移动光标，在“指定点位置”状态下，输入 100，即可将门尺寸修改为 900。

16）单击如图 5-58 所示的圆形旋转夹点，移动鼠标，待工具提示中的角度显示为“<180”时单击鼠标左键，完成门的旋转，如图 5-59 所示。

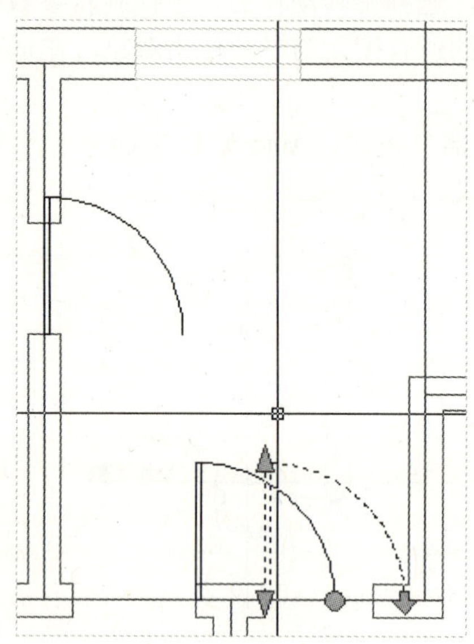

图 5-56　动态块的夹点

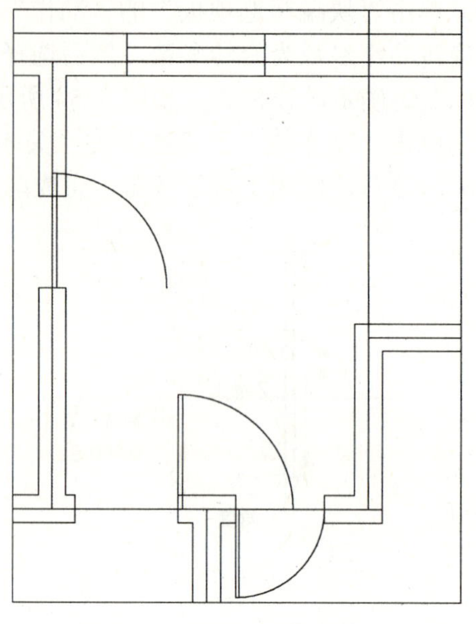

图 5-57　动态块的缩放及翻转

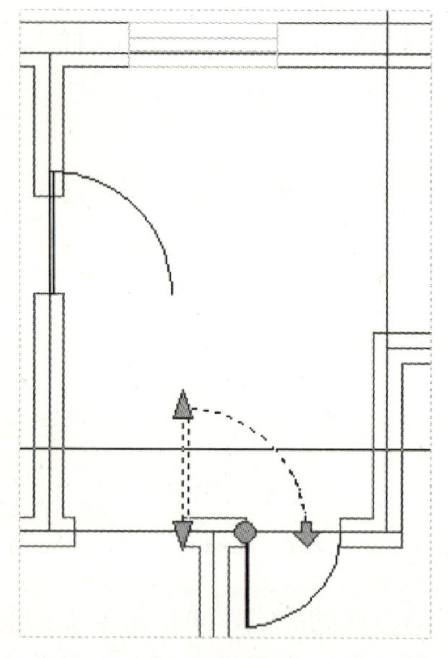

图 5-58　动态块的夹点

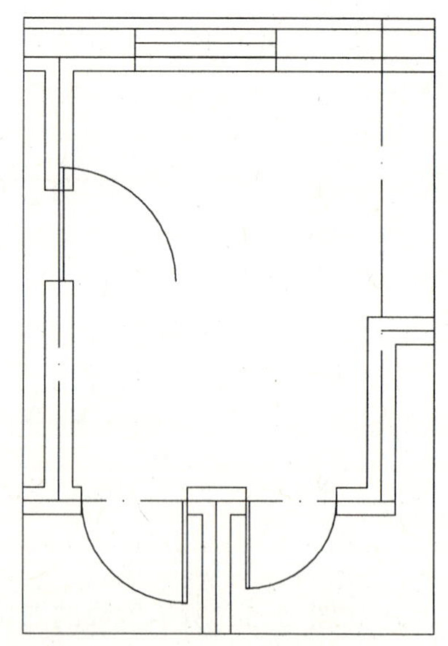

图 5-59　动态块的缩放及旋转

17）单击如图 5-60 所示虚线所示的图块，然后单击图示上侧的三角形缩放夹点，打开正交模式，关闭对象捕捉，然后向下移动光标，在“指定点位置”状态下，输入 200，即可将门尺寸修改为 800。

18）单击如图 5-60 所示的圆形旋转夹点，移动鼠标，待工具提示中的角度显示为“<90”时单击鼠标左键，完成门的旋转，如图 5-61 所示。

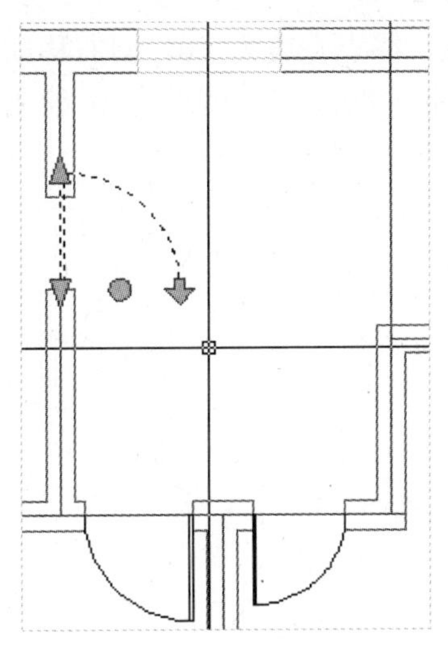

图 5-60　动态块的夹点

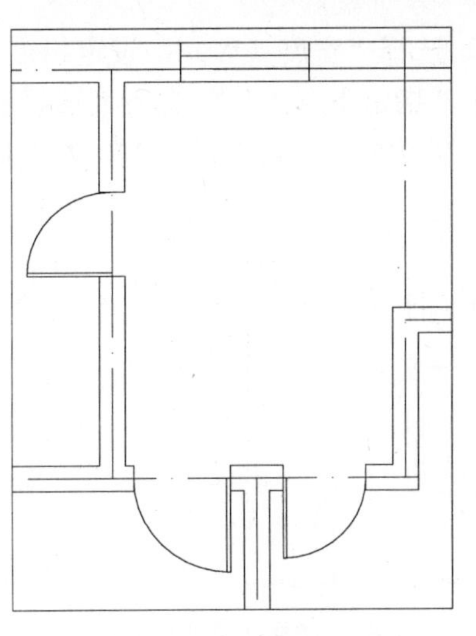

图 5-61　动态块的缩放及旋转

5.2.5 绘制楼梯

1．绘制楼梯踏步

1）将“楼梯”层设置为当前层，打开对象捕捉和正交模式，单击“直线”按钮，在指定第一点状态下，输入“from”命令，捕捉到如图 5-62 所示的 A 点为基点后，输入（@-1200,0）确定楼梯踏步第一条直线的第一点，然后沿垂直方向向下移动光标到任意位置，输入距离 2160，完成楼梯踏步第一条直线的绘制。

2）单击“矩形阵列”按钮，根据命令行提示，选择第一步所绘制的垂直线段，选择“计数（C）”选项，再设置列数为 1、行数为 10，再设置项目间距为-2400，其阵列效果如图 5-62 所示。

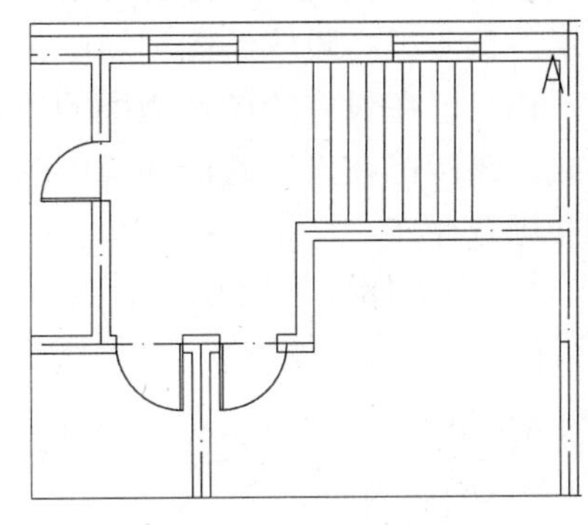

图 5-62　阵列结果

2．绘制楼梯扶手

1）使用直线命令，在指定第一点状态下，输入“from”命令，捕捉楼梯踏步第一条直线的中点为基点，输入（@150,90）确定扶手直线的第一点，然后向左移动光标，输入 2460，再向下移动光标，输入 1110，按〈Enter〉键完成扶手外侧的绘制。

2）使用偏移命令将绘制扶手内侧的直线，偏移距离为 60，然后使用修剪命令将扶手中的多余线段剪掉，如图 5-63 所示。

提示

在修剪过程中为了加快绘图速度，剪切边可以选择全部直线，被剪切边选取方式选用“栏选（F）”。

3．绘制楼梯方向箭头

使用“多段线”（pline）命令，依照提示在踏步中点位置处指定起点，在“指定下一点”状态下，选择“宽度（W）”，设定起点宽度为 0，终点宽度为 60，向右移动光标，输入 200，再次在“指定下一点”状态下，选择宽度，将起点与终点宽度设为 0 绘制转折线，按〈Enter〉键完成楼梯方向箭头的绘制，绘制结果如图 5-64 所示。

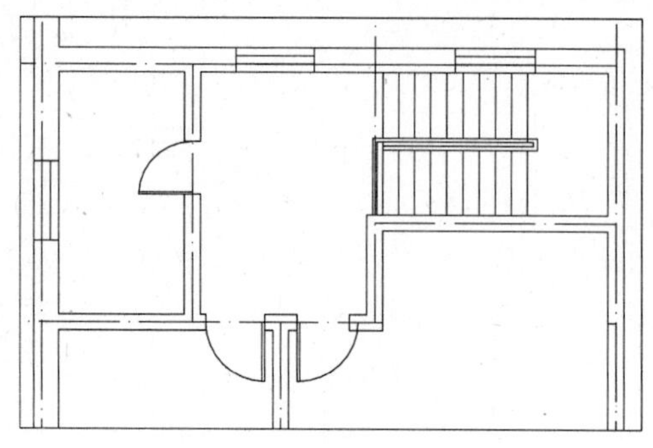

图 5-63　楼梯扶手的绘制

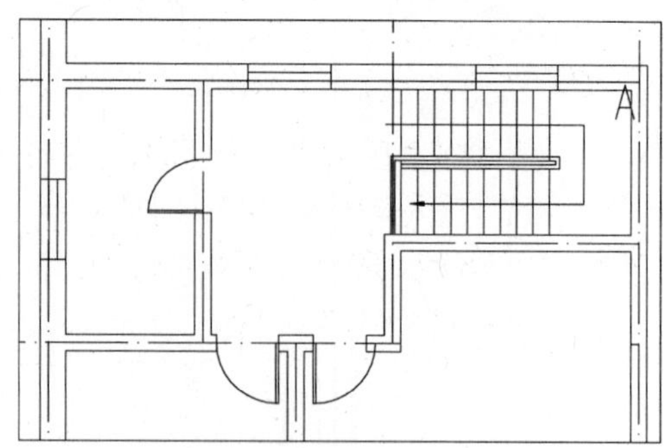

图 5-64　楼梯方向箭头的绘制

5.2.6 尺寸标注

1. 标注尺寸

在对本实例进行尺寸标注时，用户可按一定的步骤来进行。首先为尺寸标注创建专门的图层，该步已在设置绘图环境中的“图层规划”中完成；其次为尺寸标注建立专门的文本样式，该步已在设置绘图环境中的“文字样式设置”中完成；再次为尺寸标注建立专门的标注样式，该步已在设置绘图环境中的“标注样式设置”中完成；最后利用尺寸标注命令对图形尺寸进行标注。

1）将“标注”层设置为当前层，用鼠标右击工具栏，选择“标注”项，在屏幕上显示“标注”工具栏，如图 5-65 所示。

图 5-65　“标注”工具栏

2）在“标注”工具栏中，单击“标注控制”下拉列表框，将“建筑平面标注 2”样式设置为当前，如图 5-66 所示。

图 5-66　设置当前标注样式

3）单击“标注”工具条上的“线性标注”按钮，捕捉 1 轴线与 D 轴线的交点作为第一条尺寸界线的起点，然后捕捉卫生间竖向内墙轴线与 D 轴线的交点作为第二条尺寸界线的起点，向上移动光标，输入距离 5550 后按〈Enter〉键。

提示

本距离 5550 是根据 D、E 轴线间距 4050 加上 1 号轴线从 E 轴线处外伸 1000，并考虑第一道水平尺寸线距 1 轴线端部为 500 设定的。读者可根据绘制的图形尺寸、选择尺寸线的起始位置并结合建筑制图标准的规定灵活设置。

4）单击“连续标注”按钮，依次选择窗端部点、轴线交点标注上部第一道水平尺寸中的其他尺寸。

5）用同样的方法标注下部水平以及垂直方向的第一道尺寸。

6）将“建筑平面标注”设置为当前，利用线性标注和连续标注命令，依次捕捉各轴线的端点，完成水平和垂直方向轴线尺寸的标注；再利用线性标注命令，依次捕捉墙线外角点，标注竖向总尺寸。

7）用同样的方法标注图形中的细部尺寸，其标注的结果如图 5-67 所示。

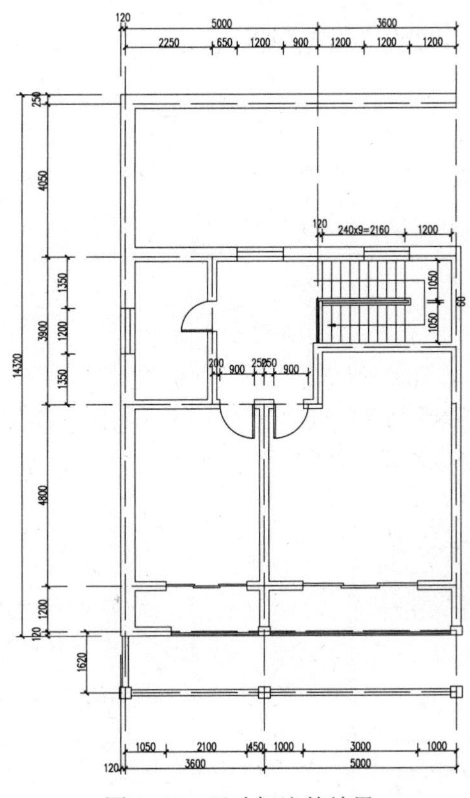

图 5-67 尺寸标注的结果

2. 修改标注文字的位置

如果尺寸文字重叠或者尺寸文字的标注位置上有其他图形元素，以及尺寸文字远离尺寸线，从而导致图面混淆不清，可以通过“特性”面板修改文字位置，使图面变得清晰可读。

1）在需要移动的标注文字处双击鼠标左键，打开“特性”面板。

2）修改“特性”面板“调整”栏中的“文字移动”项为“移动文字时不添加引线”，如图 5-68 所示。

3）选中尺寸文字夹点，在适当位置单击鼠标，把尺寸文字移动到新位置即可。

3．标注轴线号的绘制

将当前层设置为轴线文字层，利用直线命令，以轴线处的尺寸界线端点为起点绘制短直线，短直线主要用于确定轴线圆的插入点，其长度根据轴线圆距第三道尺寸线的距离灵活确定。

提示

在绘制短直线时，开始可以随意绘制一段直线，然后借助绘制水平或垂直的辅助边界及修剪命令确定各轴线圆的插入点。

1）单击“插入块”按钮，打开“插入”对话框，然后单击“浏览”按钮，选择“案例\05\ZH.dwg”文件后返回，然后单击“确定”按钮，即可将所选择的图块对象插入当前视图的空白位置。

2）插入属性块之后，单击“复制”按钮，复制到其他轴线后，逐个双击轴线圆，修改属性值为轴线编号，结果如图5-69所示。

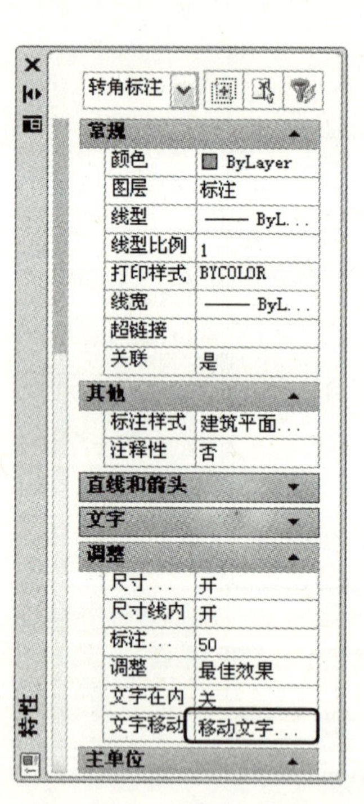

图5-68 “特性”面板

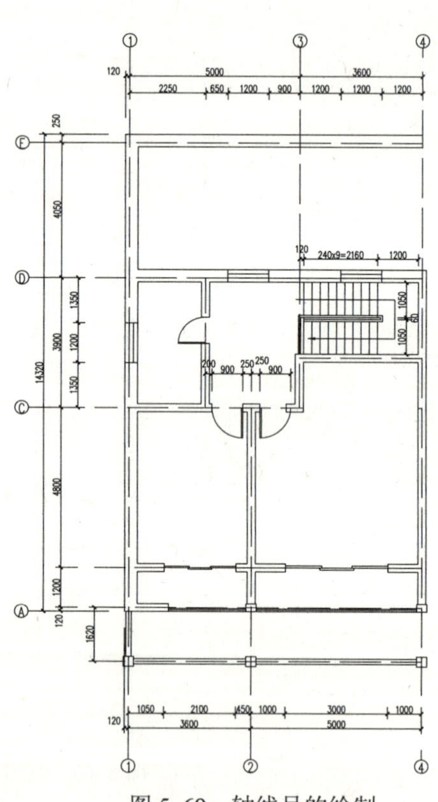

图5-69 轴线号的绘制

3）将当前层设置为文字层，并选用相应的文字样式，利用单行文字命令或者多行文字命令创建图内文字、图名、剖切符号文字等。

4）将当前层设置为设施层，绘制附属设施。

提示

对于附属设施，如家具、卫生洁具等，可以复制其他已有建筑图的图形或者把自己的工程图形库中的图形插入到当前绘制的建筑平面图中，本章中不再叙述其绘制方法。

5）利用“镜像”命令复制出图形的另一部分，然后利用编辑命令对图形的细部进行修剪编辑，最后绘制的图形结果如图 5-8 所示。

➲5.2.7 图纸的布局与打印

经常有读者，特别是初学者，会问到如何打印、如何加图框、如何按比例出图等问题。其实，利用“布局出图”，也是学习和使用 AutoCAD 制图的一个不可或缺的重要部分。当一张图纸绘制完成后，还需要按照图纸的要求正确地打印出来，以便审核、施工等人员进行阅读。有很多读者不会使用布局的方式来打印出图，而是喜欢在“模型”里加图框并打印，这固然可以，但此方法一是不能按正确的比例打印出来，二是比较麻烦（加图框时），三是不知道比例还要计算、图框还要缩放等。

下面对 AutoCAD 环境中图纸的布局与打印做详细的讲解，希望读者能够认真阅读并实际操作（这种方法适合各个版本，即 AutoCAD 2000～2012）。

1. 准备工作

每次重新安装 AutoCAD 软件，或者重新安装打印机之后，都要重新设置打印机及打印样式。

1）在 AutoCAD 环境中，选择“工具|选项”菜单命令，打开“选项”对话框，切换到“打印和发布”选项卡中（某些版本为“打印”），首先选择当前与计算机连接的打印机名称以作为默认的打印，再单击“打印样式表设置”按钮，在弹出的对话框中选择默认的样式列表“acad.ctb”，并返回，如图 5-70 所示。

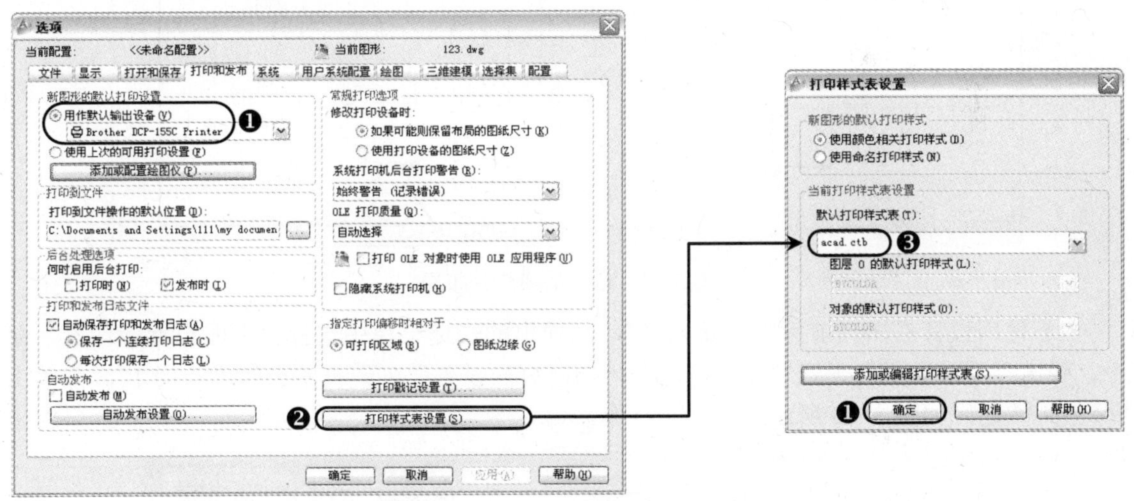

图 5-70 设置默认打印机及打印样式

2）如果需要输出为黑白的图纸，则需要对选定的样式表进行设置，单击“添加或编辑打印样式表”按钮，系统会自动进入到样式表所在的文件夹中，双击选中的这个打印样式（注意是颜色相关项），打开“打印样式表编辑器”对话框中，切换到“表格视图”选项卡，在“打印样式”列表框中选择全部 255 种颜色项，在右侧的“颜色”组合框中选择“黑”，然后单击“保存并关闭”按钮即可，如图 5-71 所示。

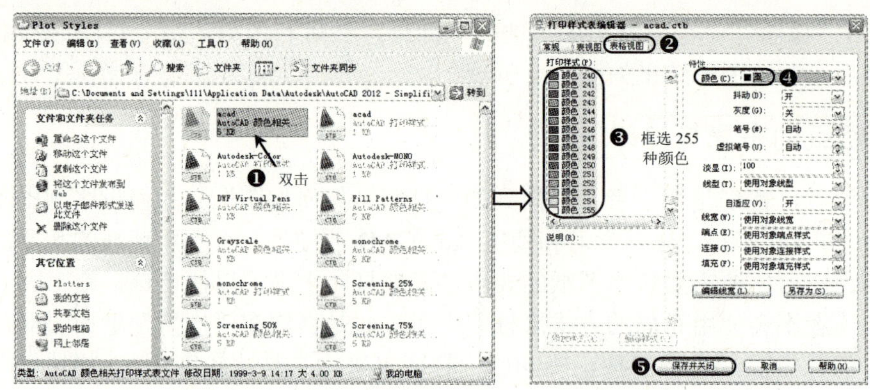

图 5-71　设置为黑白打印

3）最后，依次单击“确定”按钮退出，从而设置好默认的打印机和打印样式。

2. 测定打印范围

例如，同样是使用 A4 纸，并且同样是横向打印，但是使用不同的打印机能打印出来的范围也不尽相同，这样，就很有必要来测定打印的范围了。

1）在 AutoCAD 环境中新建一个图形文件（如 A123.dwg），在视图中分别绘制 100mm 的水平和垂直的两条线段，且中点相交；再单击“布局 1”或者“布局 2”选项卡都可，将显示出所绘制线段的布局窗口，如图 5-72 所示。

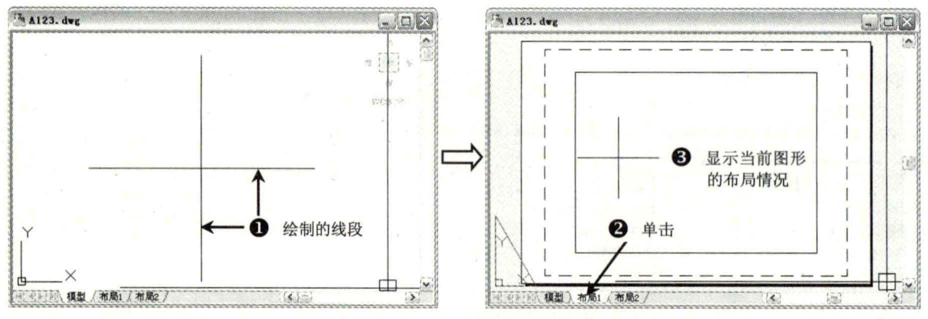

图 5-72　绘制的线段并布局

2）使用鼠标右击当前标签“布局 1”，从弹出的快捷菜单中选择“页面设置管理器”命令，弹出“页面设置管理器”对话框，在“当前页面设置”列表框中选择“布局 1”，并单击“修改”按钮，如图 5-73 所示。

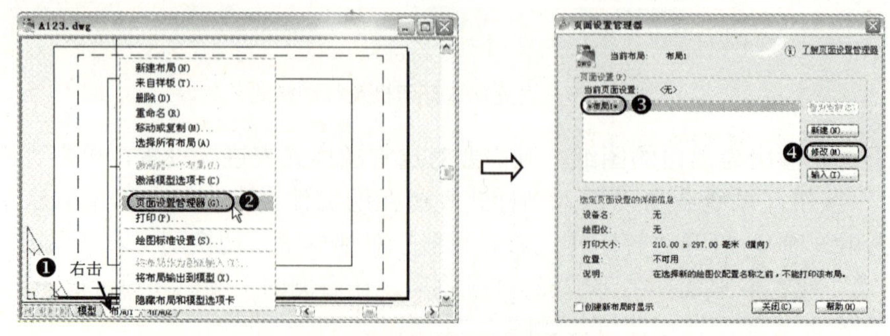

图 5-73　执行页面设置命令

3）在随后弹出的“页面设置-布局 1”对话框中，设置打印机名称，打印样式为“acad.ctb”，图纸尺寸为 A4，打印范围为“布局”，比例为 1∶1，图纸方向为“横向”，然后单击“确定”按钮退出，如图 5-74 所示。

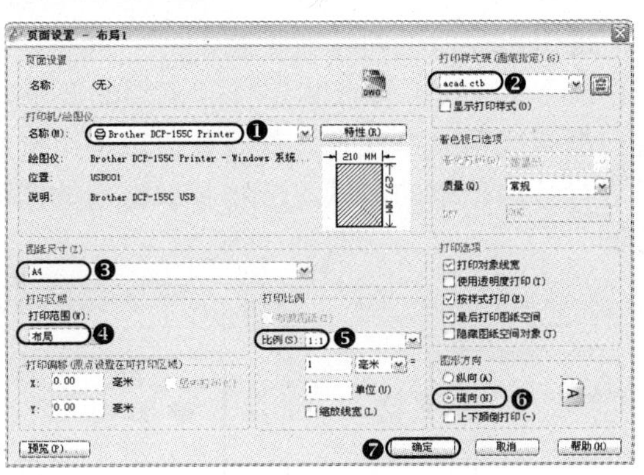

图 5-74 设置“布局 1”参数

4）在当前所显示的布局页面上，其白色部分就是一张 A4 纸张的尺寸大小，进来一点的长虚线是能够打印的范围，里面的实线矩形框是视口框，视口框的里面所显示的部分，才是前面在“模型”窗口中所绘制的互相垂直的线段，如图 5-75 所示。

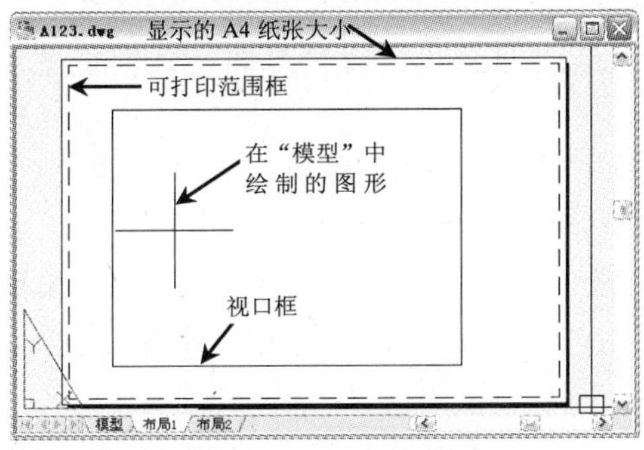

图 5-75 布局的元素对象

5）由于视口框没有最大限度地利用可打印的范围，用户使用鼠标选择视口框对象，这时的视口框即呈现出小的虚线状，且四个角上有可供编辑的夹点，使用鼠标选择左上角夹点，将其移至可打印范围框的左上角点，再将右下角夹点移至可打印范围框的右下角点上，从而改变视口框的大小，如图 5-76 所示。

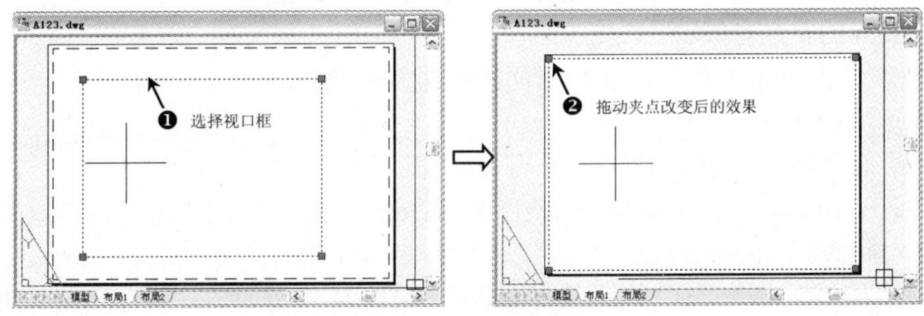

图 5-76 改变视口框大小

提示

在将夹点移至可打印范围框的角点时，由于无法捕捉该角点，那么用户可将其视图尽量放大，以求尽量移至角点位置上。

6）在键盘上按〈Esc〉键退出视口框的编辑状态。

7）由于视口框内的图形较小，并不符合测定打印范围的要求，此时用户可使用鼠标在视口框的内部双击，则视口框即成粗线框状态，这时就可以使用鼠标将所绘制的互相垂直的线段放大和缩小了。为了进行打印范围的测试，应将视口框内的图形放大，放大到超出视口框的范围，如图 5-77 所示。

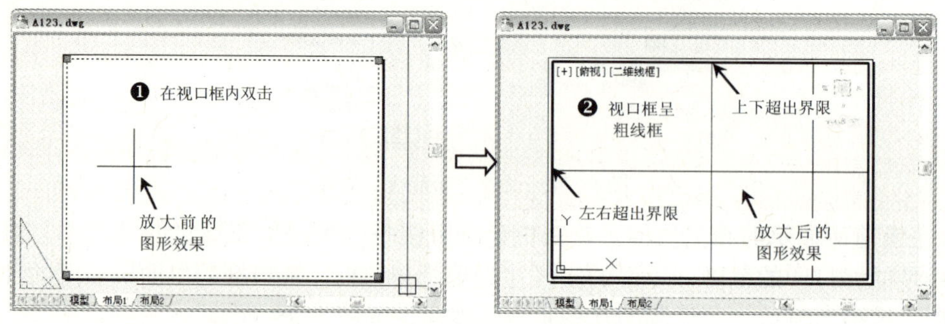

图 5-77　缩放视口框内的图形对象

8）图形放大后，在视口框的外面（只要是外面，任何位置均可）双击鼠标，视口框的框线就复原了。

9）打开打印机电源开关，并连接上计算机，在“标准”工具栏中单击“打印”按钮 ，即可打印出所期望的测定打印范围图纸。

10）使用直尺或其他测量工具，测量出水平线段的距离和垂直线段的距离（如分别为 290mm 和 203mm），并记好这两个数值，因为这两个数值就是当前打印机的打印范围。

3. 设置图框文件

标准的 A4 纸张的尺寸为 297mm×210mm，但用在“布局打印”中的图框不能按标准尺寸来做，不然打印出来的图纸就不完整，其图框会打印到纸头的外面去。

1）在 AutoCAD 环境中新建一个“案例\05\A4.dwg”图形文件，执行“矩形”命令，在“指定第一个角点：”提示下输入“0,0”，从而将矩形的角点设置为原点位置，在“指定另一角点：”提示下输入“@297,210”，从而绘制一个 297mm×210mm 的矩形对象。

2）再按照前面的方法来绘制 A4 图框的幅面及标题栏对象，如图 5-78 所示。

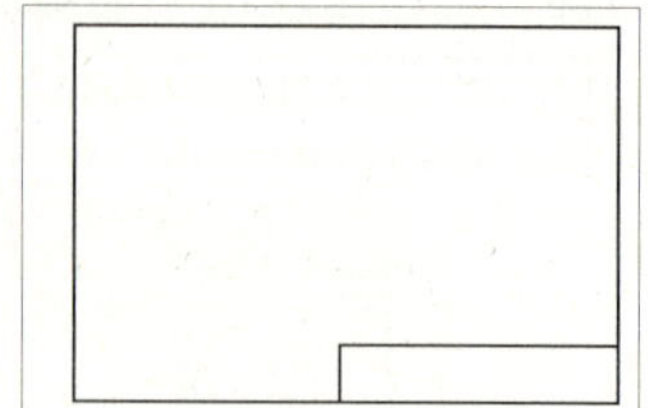

图 5-78　绘制的 A4 图框

3）通过前面所测试的打印范围可知，其长度为 290mm、宽度为 203mm，而 A4 纸的的长度为 297mm、宽度为 210mm，则可以确定缩放的比例为 0.97，即 290÷297=0.97。

4）执行“缩放”命令（SC），选择前面所绘制的 A4 图框对象，再选择左下角点（即原点）作为缩放的基点，再输入缩放的比例为 0.97。

提示

此时建立的 A4 图框左下角点即定位在 UCS 坐标的原点上，而为以后打印出图保险起见，可将图框左下角的角点向 X、Y 方向各离开 0.1～0.5mm，这样，就可以保证打印出图时，其图框能完整打印出来。

5）通过前面的操作，A4 图样已经绘制完成，在键盘上按〈Ctrl+S〉组合键将其文件保存。

4．设置图框文件的位置

建立好 A4 图框文件过后，应将图框文件放置在合适的位置，以方便今后使用时随时调用。

1）打开“我的电脑”文件夹窗口，在“案例\05”文件夹下找到“A4.dwg”文件，并右击鼠标，从弹出的快捷菜单中选择“复制”命令。

2）切换到 AutoCAD 环境，在“标准”工具栏中单击“新建”按钮，弹出“选择样板”对话框，在文件列表框中右击鼠标，从弹出的快捷菜单中选择“粘贴”命令，从而将所建立的 A4.dwg 文件放置在 AutoCAD 软件的指定位置，然后单击“取消”按钮即可，如图 5-79 所示。

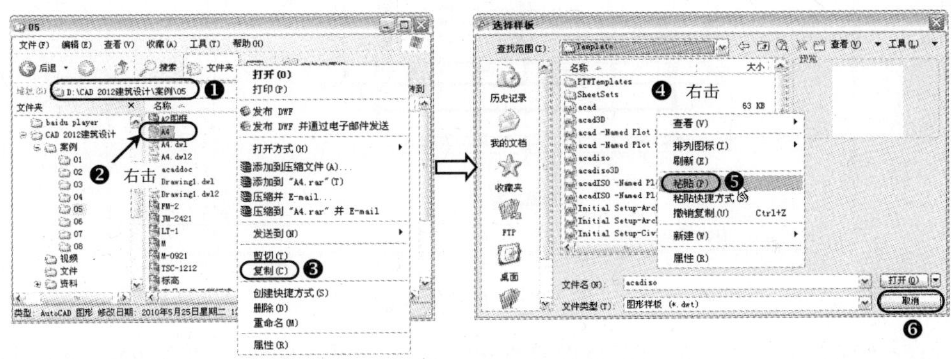

图 5-79 放置图框文件的位置

提示

在前面已经绘制好了 A4 图框，并且以写块的方式将其保存在“案例\05”文件夹下，其文件名称为“A2 图框.dwg”。那么，用户也可以使用前面相同的方法，将该文件粘贴在相应的位置即可，如图 5-80 所示。

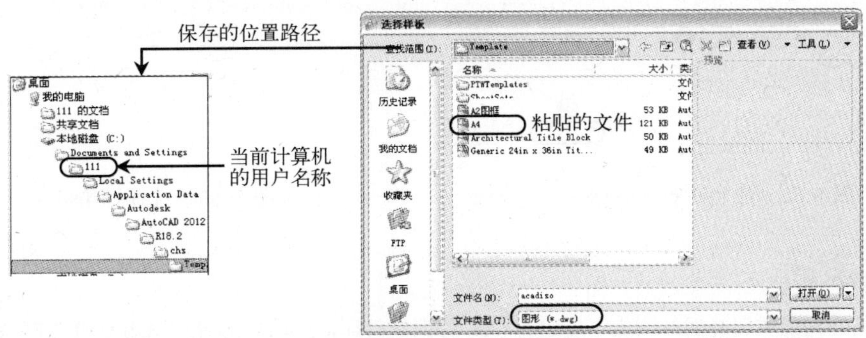

图 5-80 粘贴的文件

5. 布局出图

准备工作做完以后，用户就可以在工作中充分地来利用这个便捷、高效的“布局出图”的打印出图方式。不论在“模型”里绘制了再多的图形，都可以利用“布局出图”来打印，或全部打印，亦可单个或多个打印。

在 AutoCAD 的“模型”空间里绘制好相应的图形，都是以 1∶1 的比例来绘制的，用户就不需要来计算绘制的比例（当然某些节点、局部放大除外）。

1）打开如前面所绘制的“案例\05\建筑平面图.dwg”文件，并将所有与当前视图无关的图形对象删除，如图 5-81 所示。

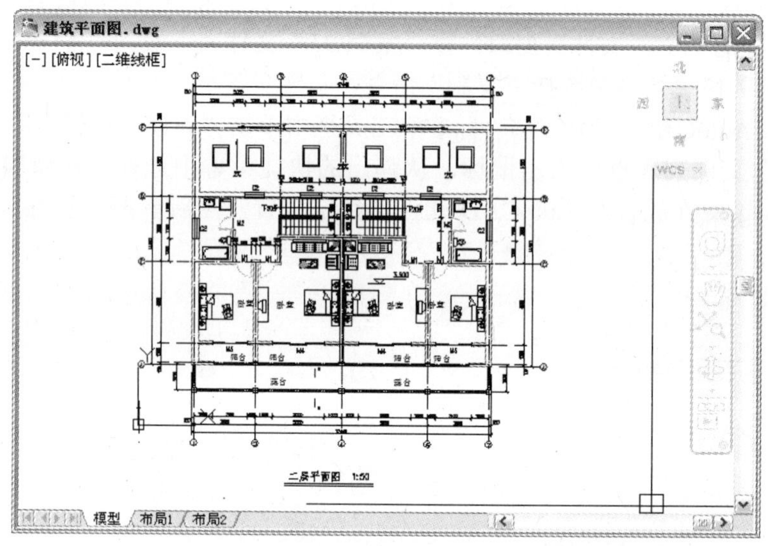

图 5-81 打开的文件

2）执行“插入｜布局｜创建布局向导”菜单命令，然后按照如图 5-82～图 5-89 所示来创建新的布局。

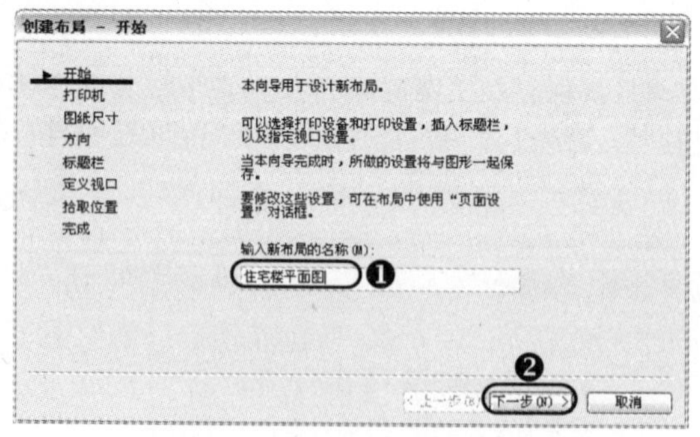

图 5-82 命名新布局名称

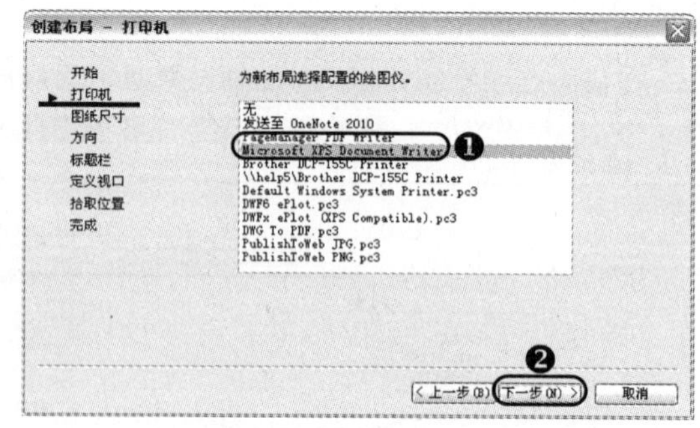

图 5-83 选择打印机

提示

如果用户当前所选择的打印机不能进行 A4 幅面的打印，此时可选择“Microsoft XPS Document Write”来作为测试的打印机。

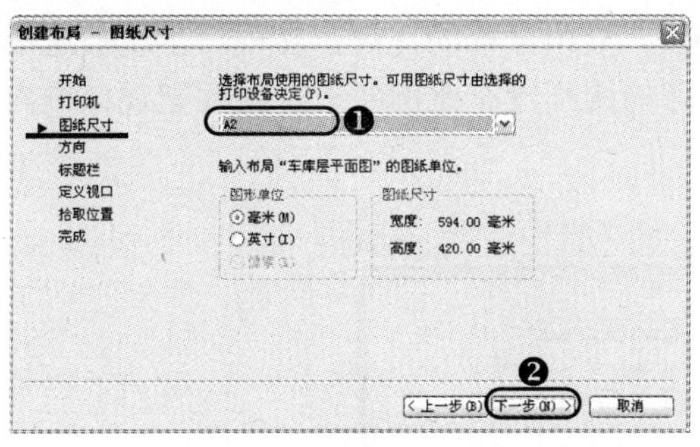

图 5-84 选择 A2 图纸

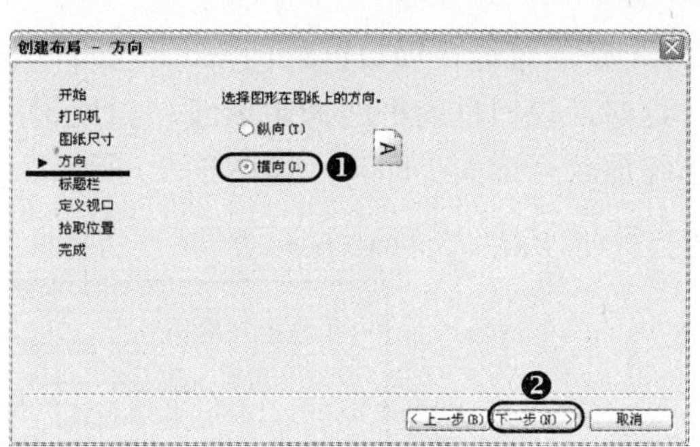

图 5-85 设置横向

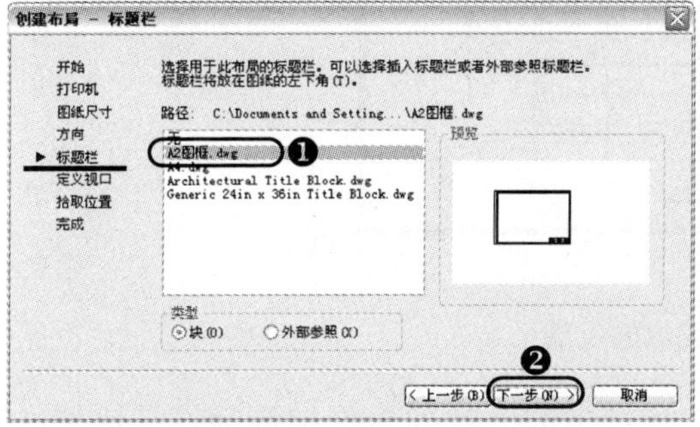

图 5-86 选择“A2 图框”作为标题栏

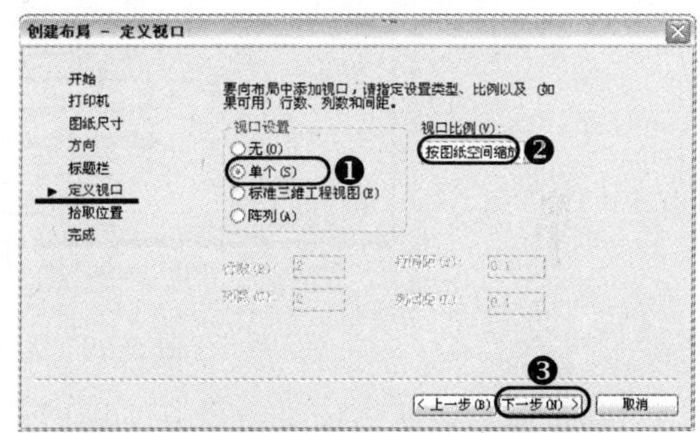

图 5-87 设置单个视口

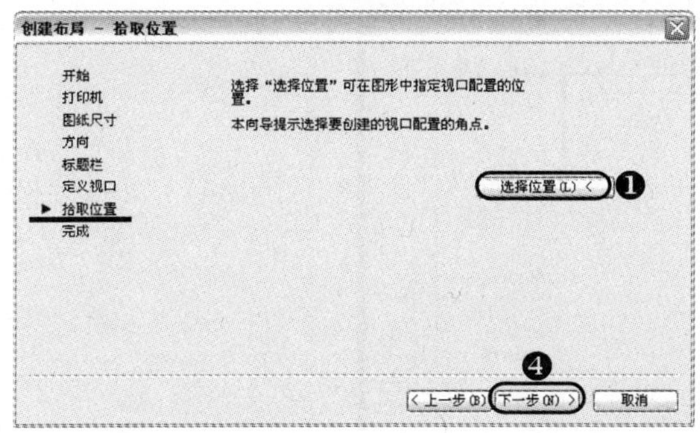

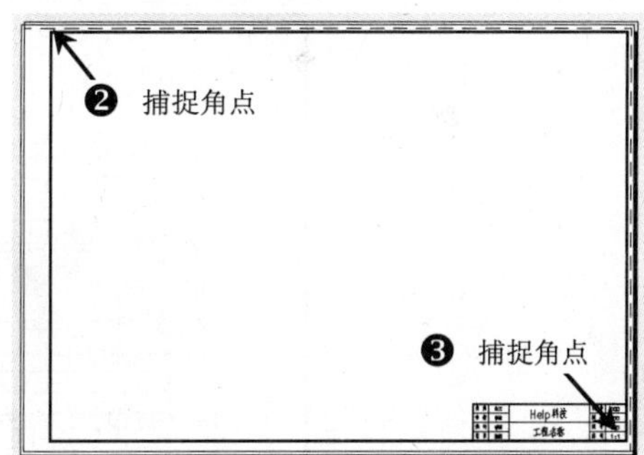

图 5-88 确定拾取位置

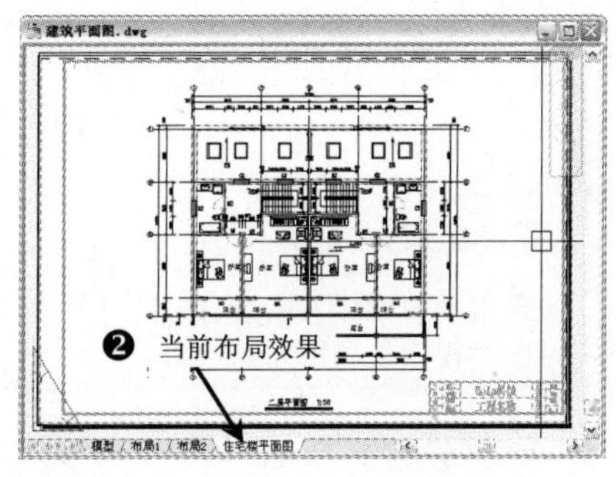

图 5-89 新布局的效果

3）使用鼠标在视口框的内部（无论什么位置），双击鼠标的左键，使视口呈现被选中状态，这时，视口框的框线为粗黑线。如果用户打印的图样没有比例要求，只要把视口框内的图形缩放到合适大小即可，如图 5-90 所示。

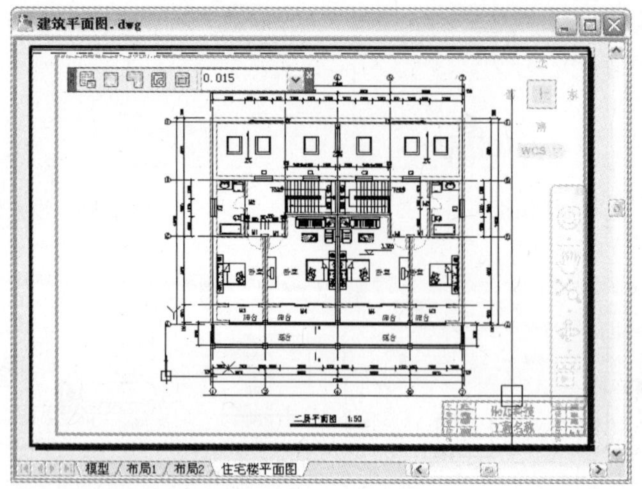

图 5-90　无级缩放的效果

4）如果要按比例出图，可以在“视口”工具栏中的下拉列表框中选择设置比例（如 1∶100）即可，如图 5-91 所示。

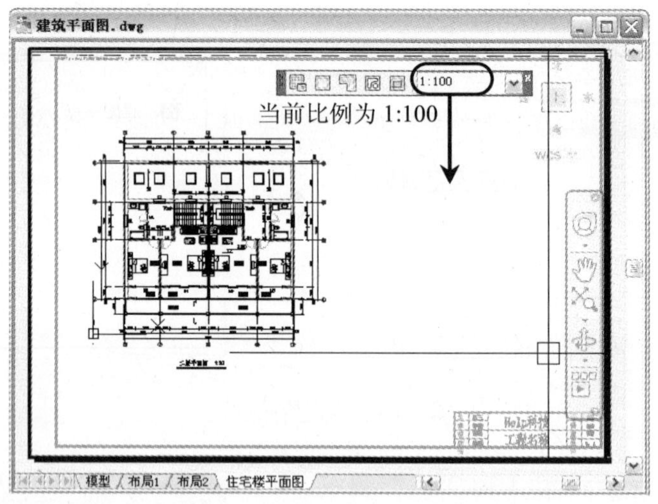

图 5-91　调整比例为 1∶100

提示

如果当前窗口中没有显示出“视口”工具栏，用户可使用鼠标右击任意工具栏，从弹出的快捷菜单中勾选“视口”项即可。

5）比例设置好以后，在视口框的外面（只要是外面，无论何处），双击鼠标左键，使视口框的框线还原，就可退出视口的被选中状态。

提示

这一步很重要，如不退出的话，再做其他操作，如缩放、移动等，都只会对视口框内的图形起作用，不对整个布局有效。

6）由于前面建立的“A2 图框”是定义的属性图块，那么使用鼠标双击“A2 图框”对象，将弹出“增强属性编辑器”对话框，分别修改相应的属性即可，如图 5-92 所示。

7）通过前面的所有操作，即可开始打印输出了。在“标准”工具栏中单击“打印”按钮，即可将当前的布局效果按照 1∶100 的比例效果进行打印，如图 5-93 所示虽为“打印预览”界面，但和打印出来的效果是一样的。

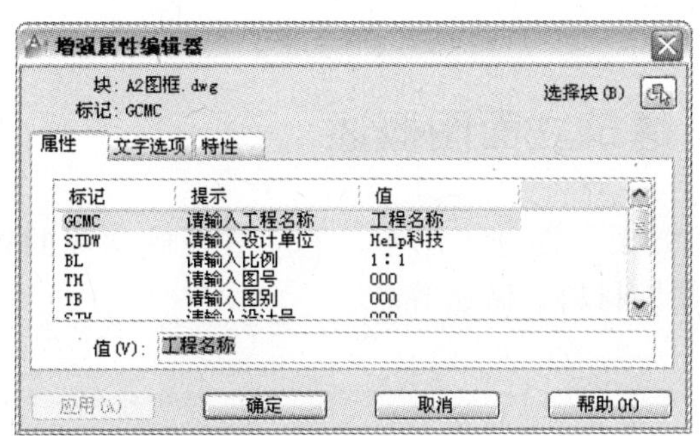

图 5-92　修改属性图块的值

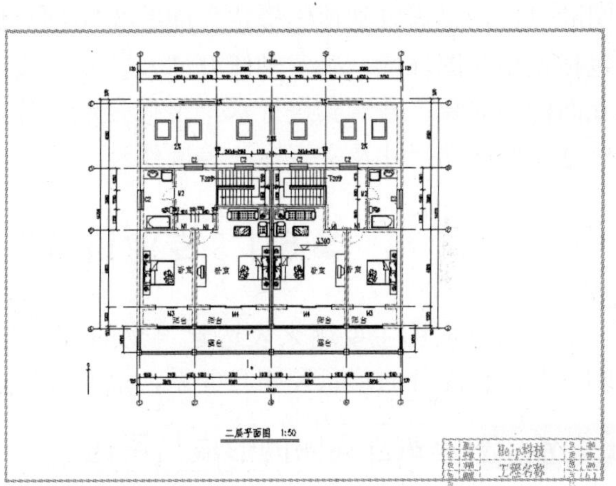

图 5-93　打印预览的效果

8）至此，该建筑平面图就已经绘制完毕，并且可以直接连接打印机进行打印了，在键盘上按〈Ctrl+S〉组合键进行保存即可。

第 6 章　绘制建筑立面图

本章首先讲解建筑立面图的形成与用途，建筑立面图的命令与相关内容，建筑立面图的绘制要求；然后以某小区别墅的正立面图为例，大致讲解在 AutoCAD 环境下绘制建筑立面图的过程；最后以某住宅楼正立面图为实例，讲解在 AutoCAD 环境中绘制立面图的方法，包括调用绘图环境，确定轴线开间及首层高度，首层立面图的修饰等，再分别绘制其他楼层立面图的对象，并对其进行水平镜像复制操作，从而完成一、二单元楼立面图效果，再对其进行立面图的尺寸及文字标注等操作。

6.1　专业讲解——建筑立面图概述

建筑立面图主要用来表达建筑物的外形艺术效果，在施工图中，它主要反映房屋的外貌、各部分配件的形状和相互关系，以及外墙面装饰材料、做法等。

6.1.1　建筑立面图的形成与用途

建筑立面图是建筑物各个方向的外墙面以及可见的构配件的正投影图，简称为立面图。它是表达建筑的外部造型、装饰，如门窗位置及形式、雨篷、阳台、外墙面装饰及材料和做法等。图 6-1 所示就是一栋建筑的两个立面图。

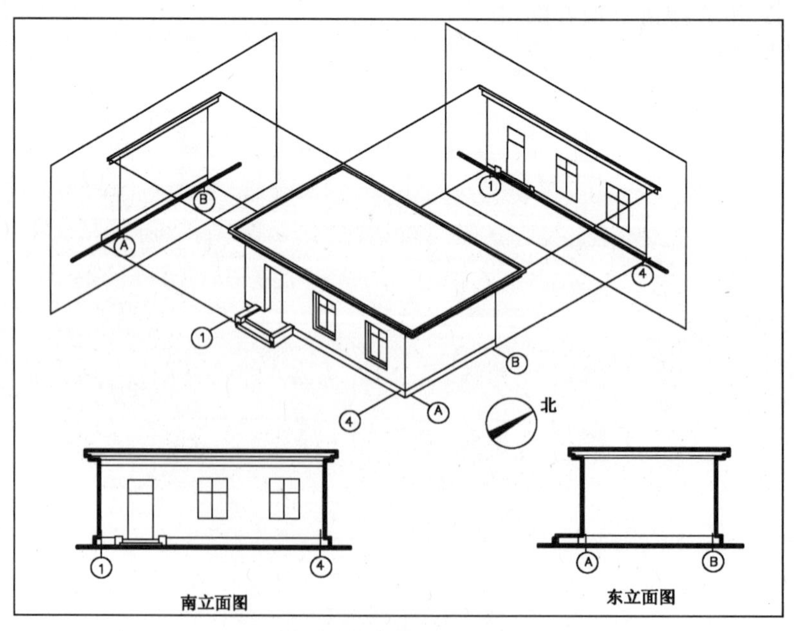

图 6-1　建筑立面图的形成

提示

某些平面图形状曲折的建筑物，可绘制展开立面图，圆形或多边形平面的建筑物，可分段展开绘制立面图，但均应在图名后加注“展开”二字。

6.1.2 建筑立面图的命名

建筑立面图的名称有三种命名方式。

- 以房屋的主要入口命名：规定房屋主要入口所在的面为正面，当观察者面向房屋的主要入口站立时，从前向后所得的是正立面图，从后向前的则是背立面图，从左向右的称为左侧立面图，而从右向左的则称为右侧立面图。
- 以房屋的朝向命名：规定房屋朝南面的立面图称为南立面图，同理还有北立面图、西立面图和东立面图，如图 6-2 所示为东、西立面图效果。

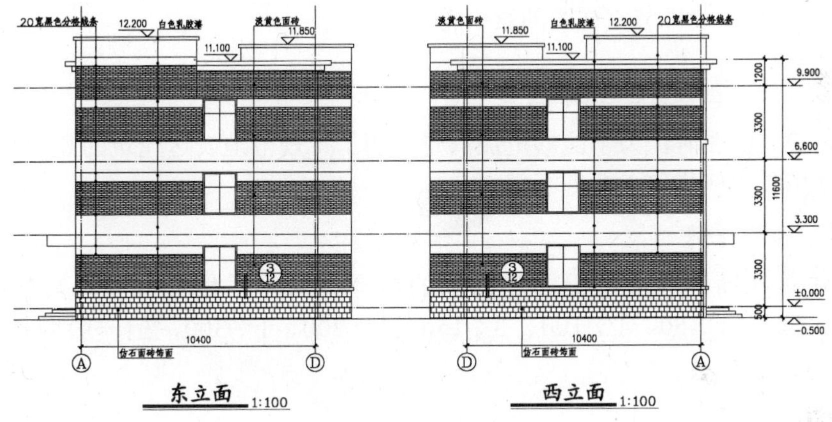

图 6-2 东、西立面图

- 以定位轴线的编号命名：用该面的首尾两个定位轴线的编号组合在一起来表示立面图的名称，如图 6-3 所示为①～⑦立面图效果。

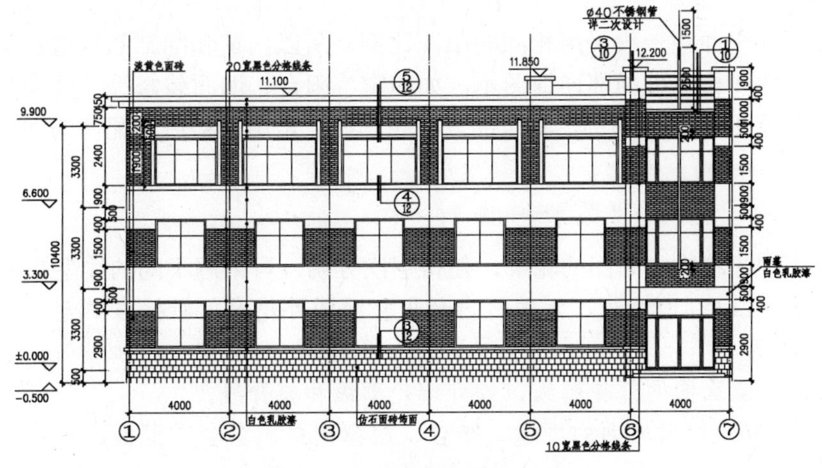

图 6-3 ①～⑦立面图

6.1.3 建筑立面图的内容

由于建筑立面图是建筑施工中控制高度和外墙装饰效果的重要技术依据，那么在绘制前也应清楚需绘制的内容。如从图 6-2 和图 6-3 所示的立面图中可以看出，一幅完整的建筑立面图主要包括以下内容。

1）图名、比例。

2）两端的定位轴线及其编号。

3）表示建筑物室外地坪线及建筑物的外形全貌，如房屋的阳台、门窗、台阶、勒脚、雨篷、檐口、屋顶、女儿墙、外墙的预留洞；室外的楼梯、墙、柱；墙面分格线或其他装饰构件等。

4）外墙上主要部位的相对标高及尺寸。

5）用图例或文字说明外墙面层、阳台、勒脚、雨篷等的装饰材料及做法。

6）各部分构造、装饰节点详图的索引符号。

6.1.4 建筑立面图的绘制要求

在绘制建筑立面图时，为了能够更加清楚、明了、规范地表达建筑的高度和外墙装饰效果等，应遵循相应的规范和要求。

1. 图纸幅面和比例

通常，建筑立面图的图纸幅面和比例的选择在同一工程中可考虑与建筑平面图相同。常用的比例为 1∶50、1∶100、1∶150、1∶200、1∶300，但一般同相应的建筑平面图比例。

2. 定位轴线

在立面图中，一般只绘制首尾 2 条轴线来定位，且分布在两端，与建筑平面图相对应，确认立面的方位，以方便识图。

3. 图例

由于立面图和平面图一般采用相同的出图比例，所以门窗和细部的构造也常采用图例来绘制。相同的构件和构造可局部详细图示，如门窗、阳台、墙面装修等，其余简化画出。如相同的门窗可只画 1 个代表图例，其余的只画轮廓线。常用的构造和配件的图例可以参照相关的国家标准。

4. 线型

为了更能突现建筑物立面图的轮廓，使得层次分明，可采用不同的线型来表示。

- 特粗实线 1.4*b*：地坪线，两端适当超出立面图外轮廓。新标准中无，但非强制性，按习惯均用。
- 粗实线 *b*：立面图的外轮廓线，如外墙轮廓线和屋脊线。
- 中实线 0.5*b*：突出墙面的雨篷、阳台、门窗洞口、窗台、窗楣、台阶、柱、花池等投影。
- 细实线 0.25*b*：门窗、墙面等分格线、落水管、材料符号引出线及说明引出线等。

5．尺寸标注

立面图分三层标注高度方向的尺寸，分别是细部尺寸、层高尺寸和总高尺寸。

- 细部尺寸：用于表示室内外地面高度差、窗口下墙高度、门窗洞口高度、洞口顶部到上一层楼面的高度等。
- 层高尺寸：用于表示上下层地面之间的距离。
- 总高尺寸：用于表示室外地坪至女儿墙压顶端檐口的距离。除此之外还应标注其他无详图的局部尺寸。

6．标高标注

立面图中需标注房屋主要部位的相对标高，如楼地面、阳台、檐口、女儿墙、台阶、平台等处标高。上顶面标高应注建筑标高（包括粉刷层，如女儿墙顶面），下底面标高应注结构标高（不包括粉刷层，如雨蓬、门窗洞口）。

在建筑立面图、剖面图的标高标注时，其常用的标注形式如图 6-4 所示。

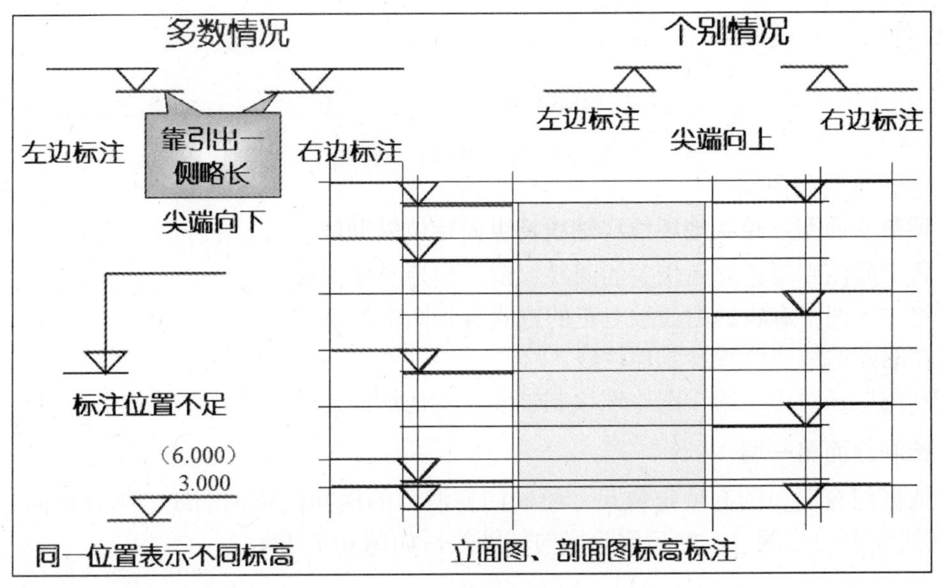

图 6-4 立面图、剖面图的标高形式

6.1.5 绘制建筑立面图的过程

下面以如图 6-5 所示的某小区别墅的正立面图为例，介绍在 AutoCAD 辅助绘图环境下绘制建筑立面图的具体过程。

1．设置绘图环境

绘制建筑立面图的绘图环境设置与绘制建筑平面图的绘图环境设置相同，可添加“地坪线”图层，线宽 1.4*b*（*b* 取 0.5mm）。

快速简单的方法是打开已有的建筑平面图，按绘制立面图的需要适当添加图层，然后另存为建筑立面图文件即可。

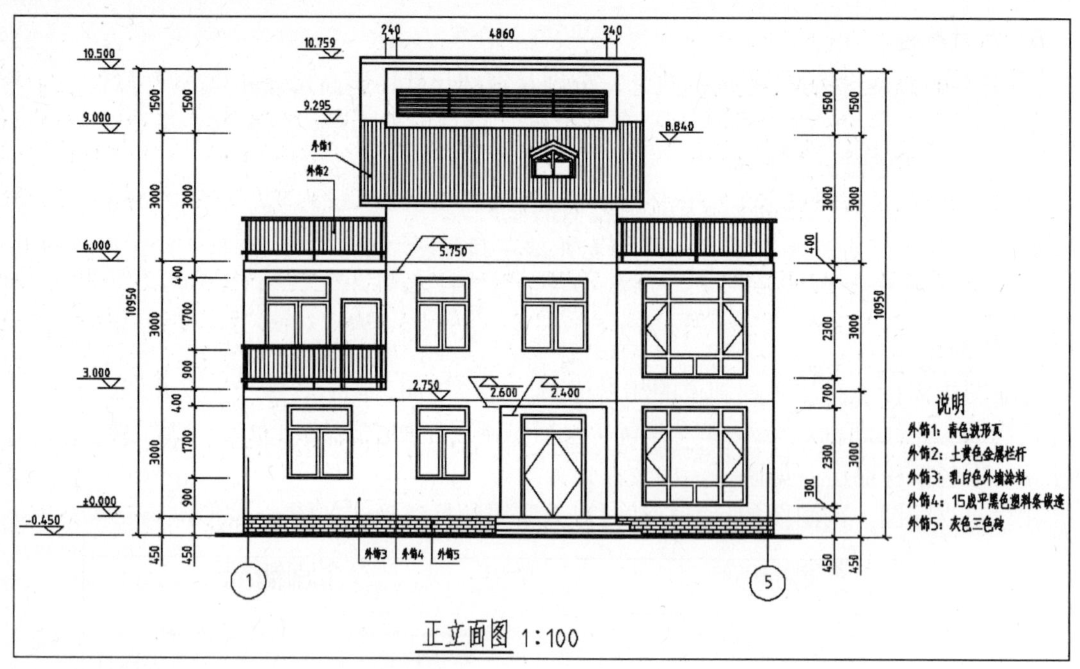

图 6-5　小区别墅正立面图

2．调整平面图、绘制地坪线和轴线及纵向定位辅助线

1）将平面图中与正立面相关的图线保留，删除其他图线。

2）将平面图中剩余的图线按对正的方式移到图框的下方。

3）在图面的适当位置绘制地坪线。

4）利用“长对正”的作图原理绘制轴线及其他纵向定位辅助线，其效果见图 6-6。

3．绘制立面第一层

1）依据门窗洞口的高度定位尺寸绘制门窗洞口的横向定位辅助线。结合纵向定位辅助线用中实线绘制门窗洞口，然后删除横向辅助线，如图 6-7 所示。

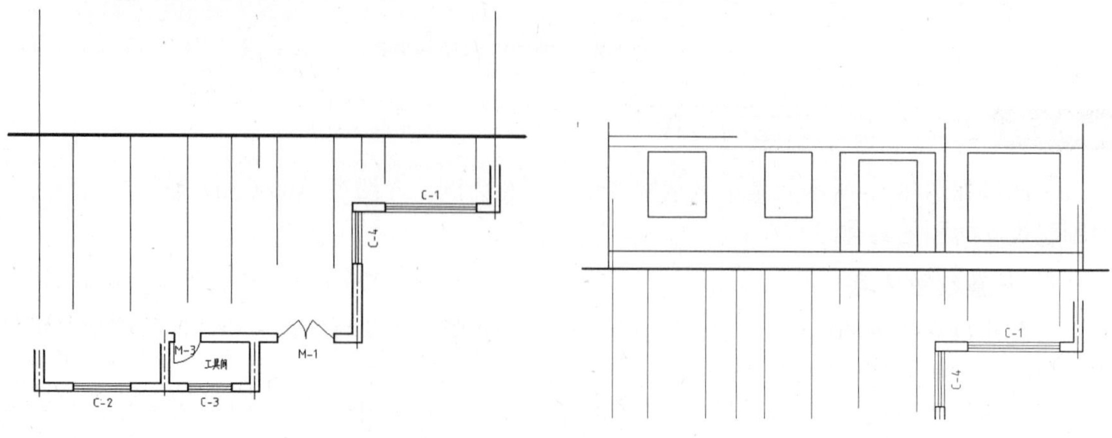

图 6-6　确定定位轴线　　　　图 6-7　绘制门窗洞口

2）按如图 6-8 所示的图形尺寸在 0 层制作窗 C1～C3 和门 M1 的图块，然后分别在门、窗图层插入门和窗的图块，其效果如图 6-9 所示。

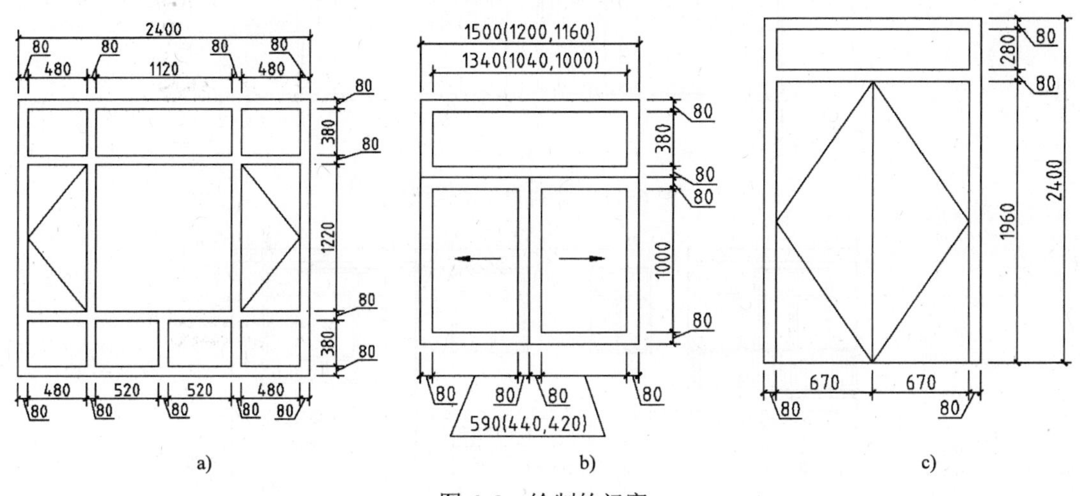

a)　　b)　　c)

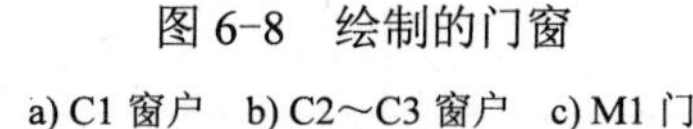
图 6-8　绘制的门窗

a) C1 窗户　b) C2～C3 窗户　c) M1 门

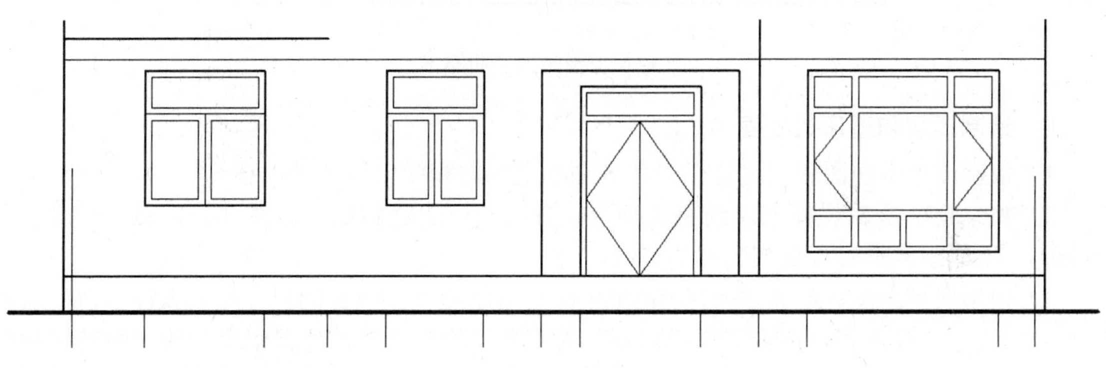
图 6-9　插入的门窗

4．绘制立面标准层

1）依据二层平面图确定纵向定位辅助线。

2）依据门窗洞口的高度定位尺寸，绘制门窗洞口的横向定位辅助线。

3）用中实线绘制 M2 门洞，然后按图 6-10 所示的图形尺寸在 0 层制作门 M2 的图块，接着在门层插入门 M2。

4）将立面第一层中 C1、C2、C3 窗洞及窗分别复制到第二层的指定位置。

5）按如图 6-11 所示的图形尺寸在指定位置绘制金属栏杆。第二层立面的效果如图 6-12 所示。

6）如果是高层建筑物，此时可将绘制好的立面标准层向上执行矩形阵列。

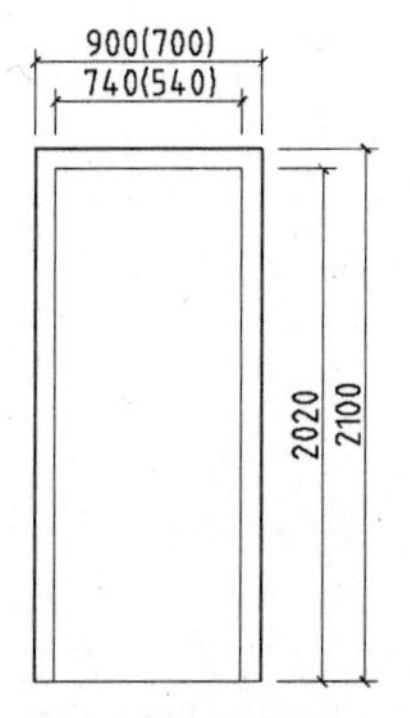

图 6-10　创建的 M2 图块

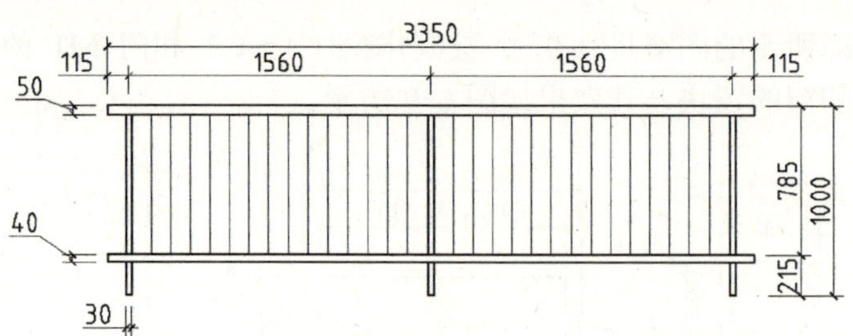

图 6-11　绘制的金属栏杆

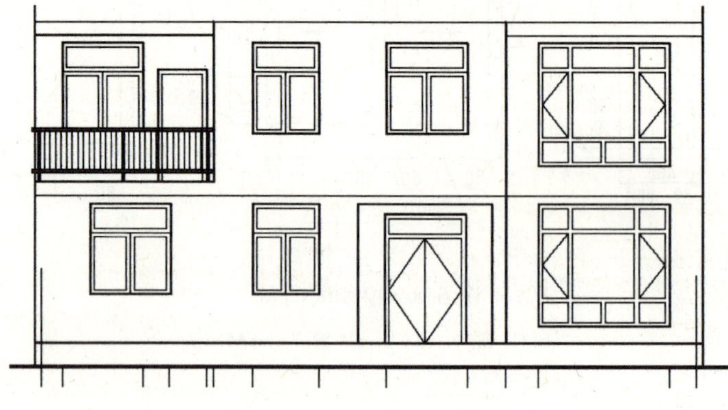

图 6-12　第二层立面效果

5．绘制顶层和屋顶的立面

1）依据屋顶平面图和高度定位尺寸分别确定纵向和横向定位辅助线。

2）将二层的金属栏杆复制到左边晒台。右边晒台的金属栏杆比图 6-11 所示的尺寸长 300mm，做适当调整后再复制到右边晒台。

3）按顶层平面图、A-A 剖面图和如图 6-5 所示屋顶、天窗的尺寸绘制天窗、百叶窗和屋顶的图线。百叶窗和屋顶均采用“Line”图案进行图案填充。顶层和屋顶的立面效果如图 6-13 所示。

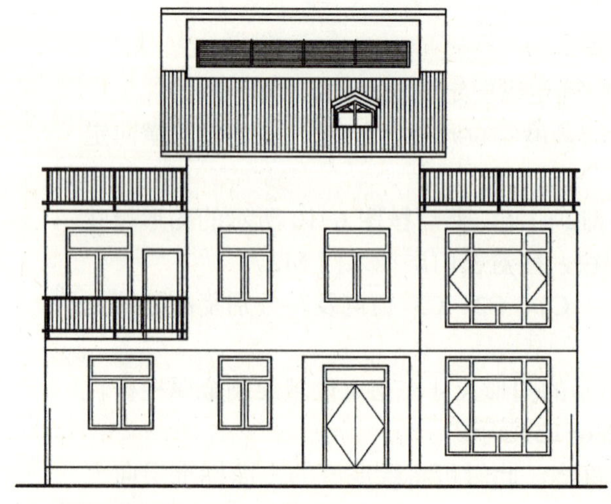

图 6-13　顶层和屋顶的立面效果

6．绘制其他细部的造型、填充外立面的材料图案

1）依据一层平面图中所标注台阶的定形尺寸和定位尺寸，在“台阶”图层绘制台阶的立面图。

2）在一层地面和地坪面之间的外墙上，用“AR-B816”图案进行图案填充，其效果如图 6-14 所示。

图 6-14　填充的墙砖

7．尺寸标注

按三级尺寸标注法，分别标注细部尺寸、层高尺寸和总高尺寸。除此之外还应标注屋顶细部无详图的局部尺寸。尺寸数字的高度一般取 2.5mm 或 3.5mm，如图 6-15 所示。

图 6-15　标注尺寸后的效果

8．注写文字及相关符号的标注

按图 6-5 所示的文字内容，注写施工说明。文字高度应设定为 3.5mm 乘上出图比例的倒数。其他文字高度的设定与建筑平面图相同。

标高符号和索引符号只需插入在制作的属性块中，以视图面的复杂程度确定缩放比例，一般为 70.7、100。标高数字的高度应和尺寸数字的高度一致，定位轴线编号的数字、字母的高度应比尺寸数字大一号。

6.2 实例精解——住宅楼建筑立面图绘制

◎ 案例文件：案例\06\建筑立面图.dwg

◎ 视频演示：视频\06\建筑立面图.avi

本实例是在第 5 章绘制完成的平面图基础上绘制住宅楼的南立面图。立面图在横向的尺寸由相应的平面图确定，因此在绘制建筑立面图时，要参照建筑平面的定位尺寸，并且在建筑平面图的基础上设置立面图的绘图环境，然后根据建筑立面图的绘制步骤绘制各图形元素，绘制完成的南立面图的效果如图 6-16 所示。

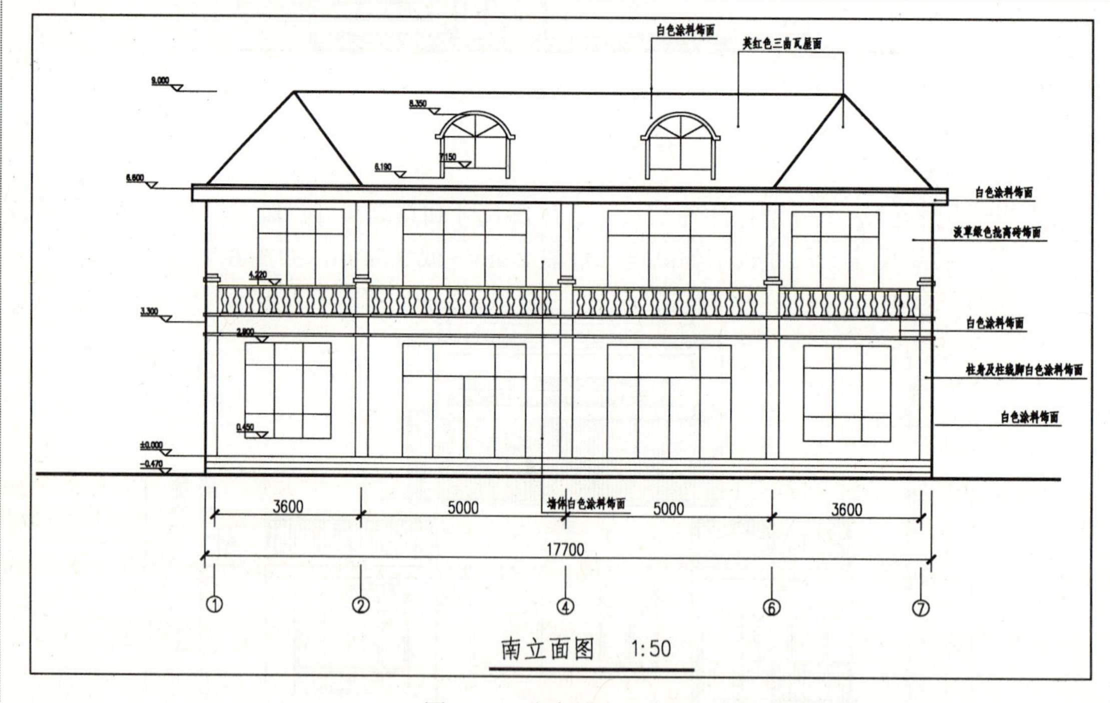

图 6-16 住宅楼南立面图

6.2.1 绘图环境的设置

建筑立面图的绘图环境主要包括绘图区的设置、图层规划、文字样式与标注样式的设置。由于立面图与平面图采用相同的图纸幅面和打印比例，因此绘图环境在很多方面也是相同的。为了节省绘图时间，在设置立面图的绘图环境时，应以第 5 章绘制平面图时建立的样板文件为基础进行图形界限、图层规划等方面的修改。

1. 图形界限设置

由图 6-16 可知，该建筑立面图的实际长度约为 17700mm，高度为 9770mm，绘图比例为 1∶50，打印到 A3 图纸，图形界限可直接将 A3 图纸幅面放大 50 倍，即长×宽为 21000mm×14850mm。

1）正常启动 AutoCAD 2012 软件，单击工具栏上的“新建”按钮，打开“选择样板”对话框，然后选择第 5 章建立的样板文件“建筑平面.dwt”，如图 6-17 所示。

2）选择“文件 | 另存为”菜单命令，打开“图形另存为”对话框，将文件另存为“案例\06\建筑立面图.dwg”图形文件。

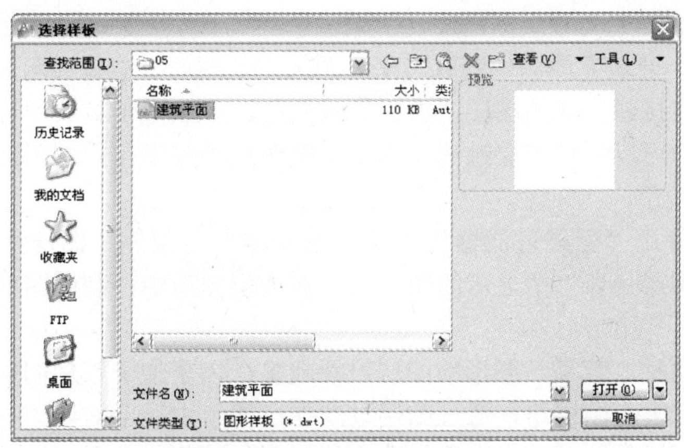

图 6-17 “选择样板”对话框

3）选择“格式 | 图形界限”菜单命令，依照提示，设定图形界限的左下角为（0，0），右上角为（21000，14850）。

4）在命令行输入命令“Z | 空格 | A”，使输入的图形界限区域全部显示在图形窗口内。

2. 图层规划

根据建筑立面图的组成和制图标准对立面图中的图形线宽、线型要求，并考虑对原有建筑平面图已有图层的利用，建立了针对图 6-16 所示的图层系统，如表 6-1 所示。为了便于全面了解大型图纸图层的组成，在表 6-1 中，增加了图层属性列，用以标识使用对应图层的图形名称。

表 6-1 图层规划时计划建立的图层

属性	序号	图 层 名	描 述 内 容	线宽	线型	颜色	打印属性
公用	1	轴线	定位轴线	0.15	点画线	红色	打印
公用	2	轴线文字	轴线圆及轴线文字	0.15	实线	蓝色	打印
公用	3	标注	尺寸线、尺寸文字	0.15	实线	绿色	打印
公用	4	门窗	门窗	0.15	实线	青色	打印
公用	5	文字	图内文字、图名	0.15	实线	黑色	打印
公用	6	辅助轴线	定位平、立面构部件用	0.15	实线	洋红	不打印

（续）

属性	序号	图 层 名	描 述 内 容	线宽	线型	颜色	打印属性
平面	7	墙	墙体	0.3	实线	洋红色	打印
平面	8	柱	柱子	0.3	实线	黑色	打印
平面	9	楼梯	楼梯	0.15	实线	黑色	打印
平面	10	设施	家具、遮阳板、台阶	0.15	实线	黑色	打印
立面	11	标高	建筑标高及标高文字	0.15	实线	蓝色	打印
立面	12	建筑外轮廓	建筑外轮廓、室外地面	0.3	实线	黑色	打印
立面	13	立面分界线	建筑立面分界线	0.15	实线	靛蓝色	打印
立面	14	立面阳台	阳台、栏杆	0.15	实线	黑色	打印
立面	15	外地坪线	室外地坪	0.5	实线	黑色	打印

由表 6-1 可知，建筑立面图中既有与平面图公用的图层，也有独用的图层，如果在平面图图层系统基础上直接建立新的图层，势必导致图层过多以至于在绘图过程中引起图层查询的不便。为此，用户可以通过图层过滤管理来实现图层的分组，规划图形在不同图层的可见性，以便于绘图。

管理图层需要使用“图层过滤器”。“图层过滤器”可限制“图层特性管理器”和“图层”工具栏上的“图层列表”中显示的图层名。在大型图形中，利用图层过滤器，可以仅显示要处理的图层。

图层过滤器有两种：若某一图形的图层设置较多，为了便于管理图层，可以依据图层所用的图形类别，建立多个图层组，通过图层过滤在过滤组中显示需要的图层。通过将选定图层拖拽到过滤器，可以从图层列表中添加选定的图层。下面以一个“标注文字”组过滤器的建立说明其操作步骤。

1）单击“图层”工具栏的“图层”按钮，打开“图层特性管理器”面板，单击“新建过滤组”按钮，AutoCAD 自动创建名为“组过滤器 1”的新过滤组，将其名称改为“标注文字”，如图 6-18 所示。

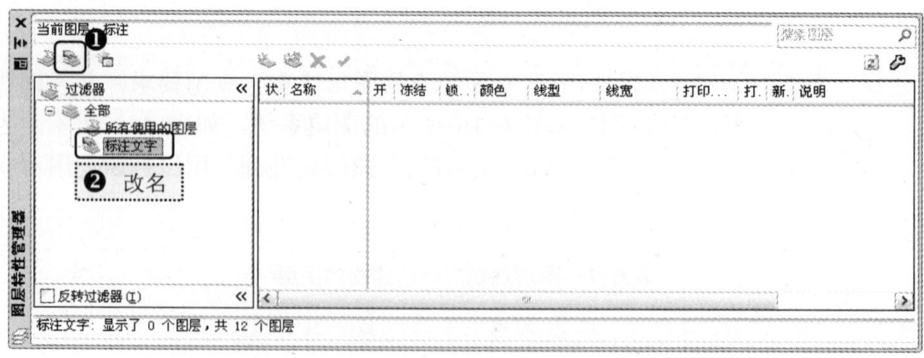

图 6-18　图层组过滤器的定义

2）在“图层特性管理器”面板中选择“所有使用中的图层”项，然后从图层列表中选择“标注”图层，把它拖拽到“标注文字”过滤器中，同样也把“文字”图层拖拽到“标注文字”过滤器中，操作如图 6-19 所示。选取“标注文字”过滤组，在图层列表中显示该过滤组所包含的图层，如图 6-20 所示。

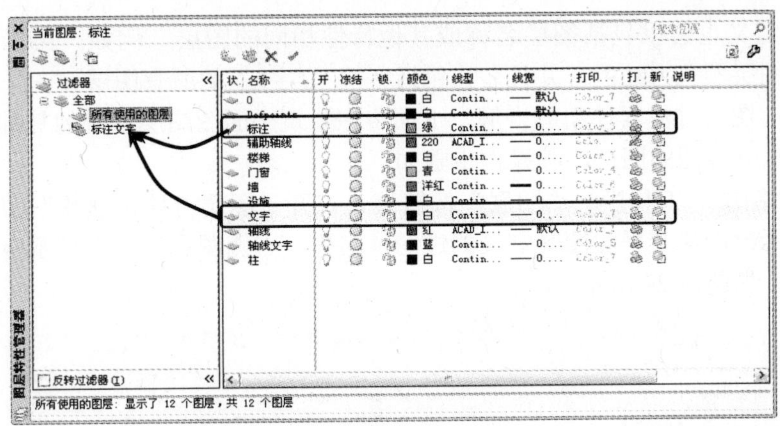

图 6-19 图层组过滤器图层的添加

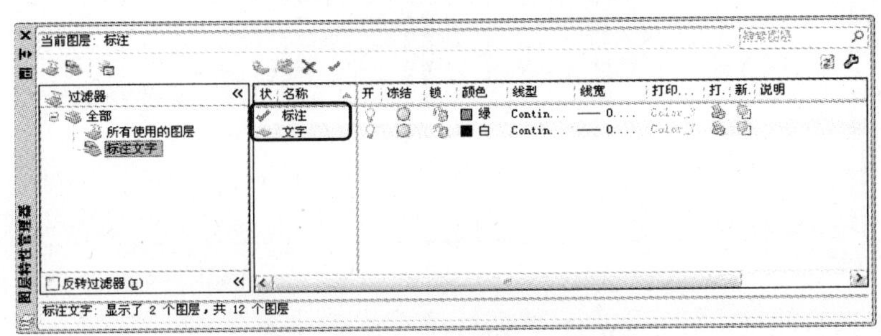

图 6-20 图层组过滤器过滤结果

3）单击“图层特性管理器”面板上的“新建特性过滤器”按钮，打开“图层过滤器特性”对话框，在“过滤器名称”文本框中输入“1”，新建一个名称为“1”的过滤组。在“过滤器定义”选项区中，单击“颜色”选项，打开“选择颜色”对话框，选取“黑色”，这时在“过滤器预览”选项区中只显示颜色为“黑色”的图层，单击“确定”即可定义好只保留颜色为“黑色”的图层的过滤器，如图 6-21 所示。

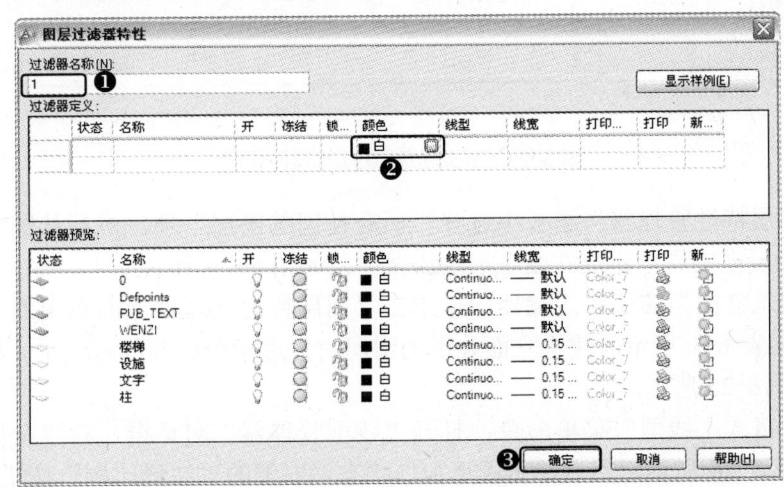

图 6-21 图层特性过滤器

图层过滤定义也可以包括图层名称或其他特性相同的图层。例如，可以定义一个过滤器，其中包括图层颜色为红色，并且名称包括字符“*字*”的所有图层。

根据以上对图层过滤器使用的讲解，下面将在建筑平面图图层系统的基础上，结合图层过滤器创建建筑立面图的图层，其操作步骤如下。

1）单击“图层”工具栏的“图层”按钮，打开“图层特性管理器”面板，在“过滤器”列表中显示绘制建筑平面图时定义的过滤器名称，右侧图层列表中显示所选择的过滤器所包含的图层，如图6-22所示。

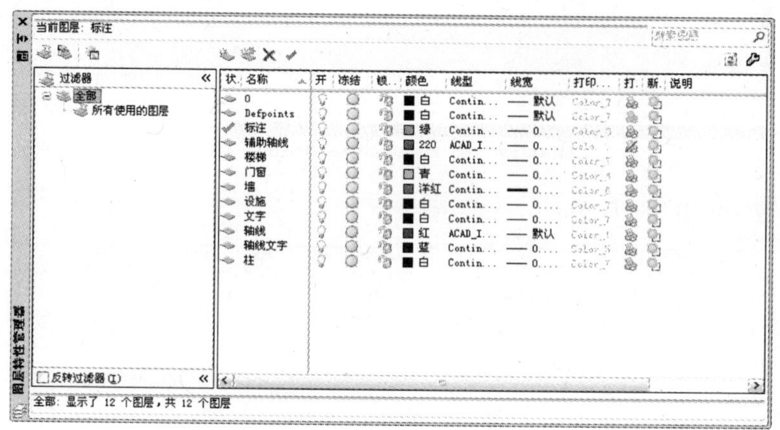

图6-22 “图层特性管理器”面板

2）在“图层特性管理器”面板中单击“新建过滤组”按钮，AutoCAD自动创建名为“组过滤器1”的新过滤组，将其名称改为“建筑立面”，如图6-23所示。

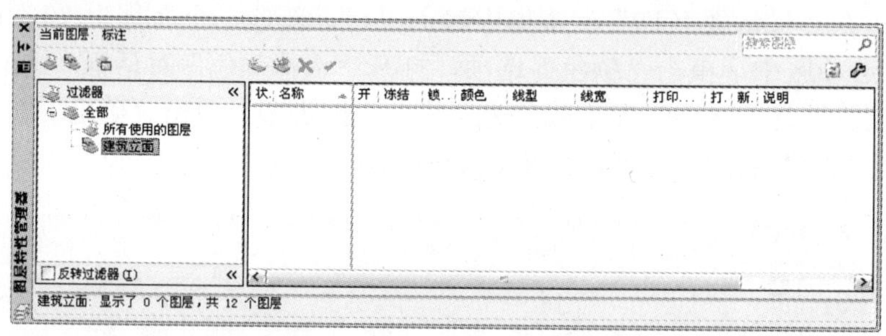

图6-23 建筑立面组过滤器的定义

3）在“图层特性管理器”面板中选择“所有使用的图层”项，然后从图层列表中将表6-1中的公用图层拖曳到“建筑立面”组过滤器中，如图6-24所示。

4）在“建筑立面”图层组过滤器中，单击“图层特性管理器”面板上的“新建图层”按钮，创建如表6-1所示的建筑立面独用的图层，并进行图层颜色、线宽、线型等特性的设置，结果如图6-25所示。

5）选择“格式｜线型”菜单命令，打开“线型管理器”对话框，将“全局比例因子”设置为1，如图6-26所示，然后单击图形窗口状态栏右侧的“注释比例”按钮，选择注释比例为1∶50（与打印比例相同）。

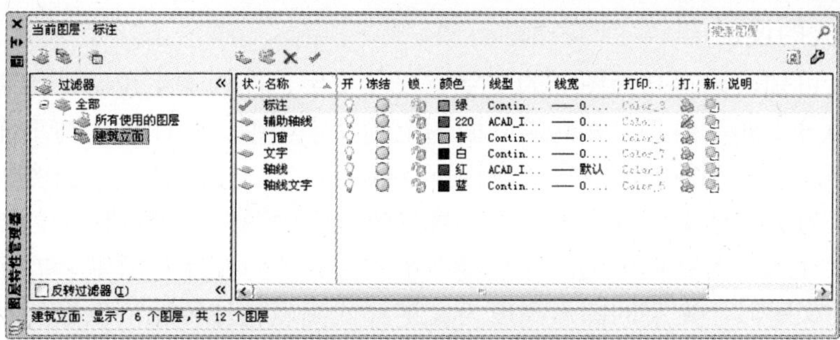

图 6-24 建筑立面组过滤器公有图层的添加

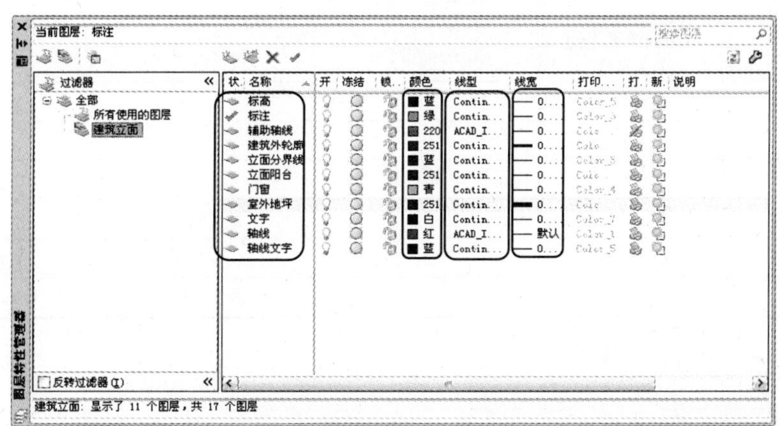

图 6-25 建筑立面图图层系统设置

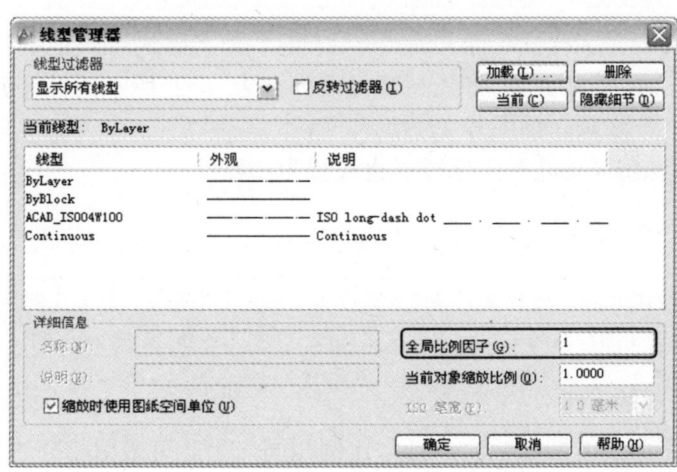

图 6-26 注释性线型比例的设置

AutoCAD2012 的线型也具有注释性，注释比例本身就已经把线型放大了，所以本例中线型比例设为 1。关于线型比例因子的设置请参见第 4.2.1 节。

3. 文字样式的设定

由图 6-16 可知，建筑立面图上的文字有尺寸文字、图内文字说明、标高文字、图名文字，打印比例为 1∶50，由此可知建筑立面图上的文字类型、打印比例与平面图相同，因此可以直接采用建筑平面图中的文字样式，而不必重新设置。由于建筑平面图采用的是非注释性文字，而本章为了讲述文字注释的应用，将在建筑立面图中采用注释性文字。

如果“文字样式”对话框中的“注释性”被勾选，则该文字样式就具有了注释性，在图形中书写注释性文字时，文字的图形高度为文字样式高度与注释比例倒数的乘积。该建筑立面图中注释性文字样式的规划如表 6-2 所示。

表 6-2　文字样式

文字样式名	打印到图纸上的文字高度	文字样式高度	注 释 比 例	字 体 文 件
图内说明	3.5	3.5	1∶50	tssdeng tssdchn
尺寸文字	3.5	0	1∶50	tssdeng
标高文字	3.5	3.5	1∶50	tssdeng
剖切及轴线符号	5	5	1∶50	tssdeng
图纸说明	5	5	1∶50	tssdeng tssdchn
图名	7	7	1∶50	tssdeng tssdchn

提示

非注释文字样式可以通过勾选“注释性”选项变为注释文字样式。同样，注释文字样式去掉“注释性”勾选项将变成非注释文字样式。不管文字样式的注释性如何变化，只会影响以后用样式书写的文字，不会改变以前书写的文字的有否注释性的事实。

1）选择“格式 | 文字样式”菜单命令，打开“文字样式”对话框，在“当前文字样式”选项区中选择“标高文字”，将其高度修改为如表 6-2 所示的打印到图纸上的文字高度，并勾选“注释性”选项，如图 6-27 所示。

2）使用相同方法将其他几种文字样式也设置为注释性。

提示

在不对图形缩放的情况下，注释文字的样式高度等于图纸文字高度，打印比例等于注释比例。若对图形进行缩放，注释文字的样式高度等于图纸文字高度÷(×)图形放大(缩小)比例。

4. 尺寸标注样式的设定

建筑立面图与平面图的图纸幅面、打印比例相同，因此可采用相同的尺寸标注样式。由于在建筑平面图中采用的是非注释尺寸标注样式，为了让读者了解注释尺寸标注样式的应用，该建筑立面图采用注释尺寸标注样式。

1）选择“格式 | 标注样式”菜单命令，打开“标注样式管理器”对话框，单击“新建”按钮，打开“创建新标注样式”对话框，基础样式选择“建筑平面标注”，如图 6-28 所示。

2）在“修改标注样式”对话框中单击“调整”选项卡，在“标注特征比例”选项区，勾选“注释性”，如图 6-29 所示。

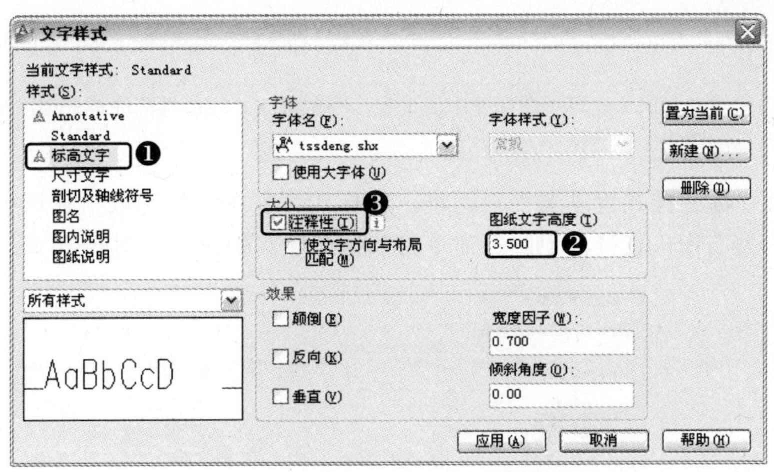

图 6-27 注释性文字样式的创建

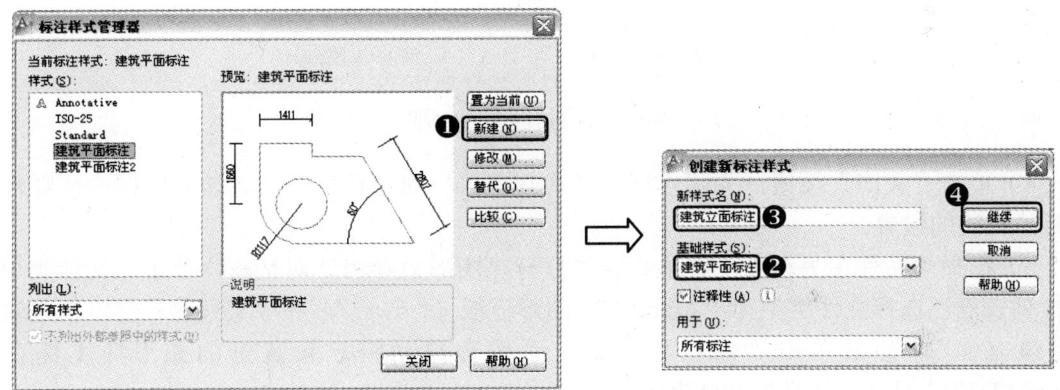

图 6-28 注释性标注样式的创建

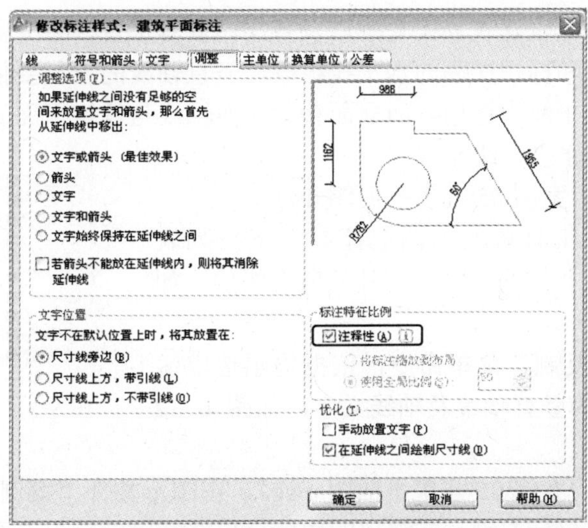

图 6-29 “调整”选项卡设置

提示

其他各选项卡的内容保留建筑平面标注中的设置，不做修改。注释性标注样式中注释性设置也可以直接在“创建新标注样式”对话框中勾选。

3）返回到“标注样式管理器”对话框，在样式列表中分别选取“建筑平面标注”、“建筑平面标注 2”并右击，选择“删除”命令将该标注样式删除，如图 6-30 所示。

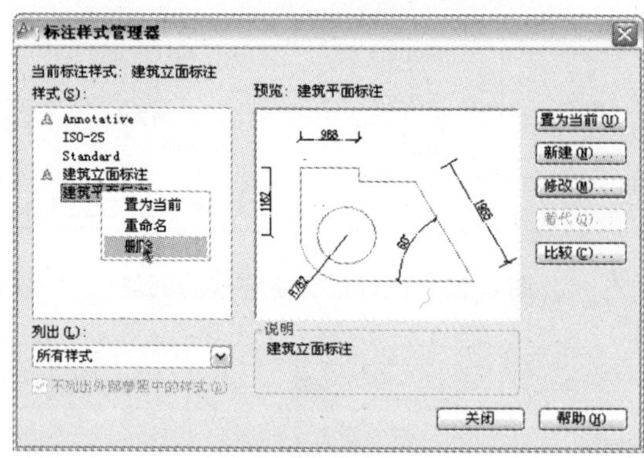

图 6-30　标注样式的删除

4）单击“关闭”按钮，关闭“标注样式管理器”对话框，完成建筑立面图中注释性尺寸标注样式的设置。

5）选择“文件 | 另存为”菜单命令，打开“图形另存为”对话框，单击“文件类型”下拉列表框，选择文件类型为“AutoCAD 图形样板（*.dwt）”，在“文件名”文本框中输入“建筑立面”，然后单击“保存”按钮，系统会自动将已设置好的图形环境保存到 AutoCAD2012 目录下的样板文件夹中。

6.2.2 绘制辅助定位线

为了能快速准确地定位建筑立面轮廓以及各层门窗等位置，首先需要绘制辅助定位线。辅助定位线由竖直轴线和标识层高的水平线组成，竖直轴线的绘制要依据建筑平面和立面之间的投影关系，从建筑平面中选用。南立面和北立面轴线与建筑平面的竖直轴线相同，侧立面的轴线与建筑平面的水平轴线相同。

1）打开图形文件“案例\05\建筑平面图.dwg”。

2）单击“图层”工具条的“图层控制”下拉列表框，关闭除了“轴线”、“轴线文字”之外的所有图层，如图 6-31 所示。

标注
辅助轴线
楼梯
门窗
墙
设施
文字
轴线
轴线文字
柱

图 6-31　图层关闭状态的设置

3）选择“编辑 | 复制”菜单命令，依据提示选取编号为 1、2、4、6、7 的竖直轴线及轴线文字，如图 6-32 所示。

4）关闭图形文件“案例\05\建筑平面图.dwg”，在图形文件“案例\06\建筑立面图.dwg”绘图区的任意位置单击鼠标右键，在弹出的快捷菜单选择“粘贴”命令，然后选取插入点把图形复制到相应位置，如图 6-33 所示。

5）单击“图层”工具条的“图层控制”下拉列表框，将“轴线”置为当前层。

6）打开“正交”模式，利用直线命令在图形窗口的下部绘制长度大约为 22000 的直线，并利用“移动”命令将其移动到竖直轴线的中下部，如图 6-34 所示。

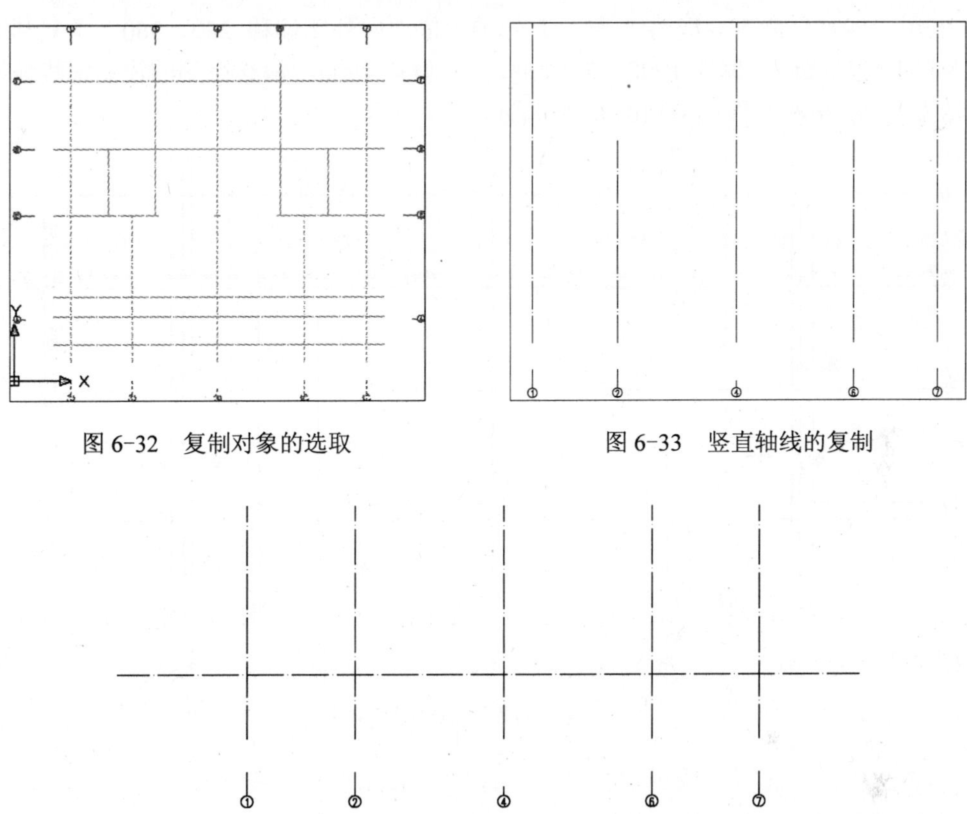

图 6-32　复制对象的选取

图 6-33　竖直轴线的复制

图 6-34　第一条水平辅助线的绘制

7）单击“偏移”按钮，依照命令提示，分别按照各层层高、屋顶高等主要轮廓线输入偏移距离 470、3300、3000、300、90、2310 偏移绘制其他水平辅助线，如图 6-35 所示。

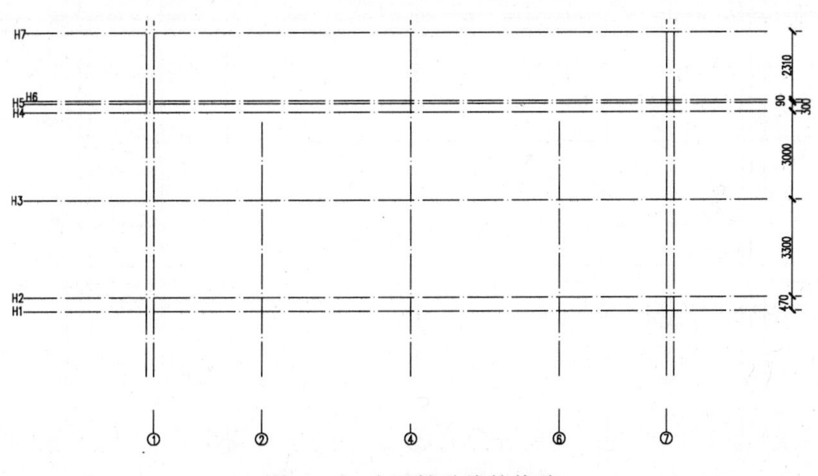

图 6-35　水平辅助线的偏移

提示

为了在以后的绘图中叙述方便，水平辅助线编号从下到上为 H1～H7。

8）利用“偏移”命令分别将 1 号、7 号轴线依次向外侧偏移 250、360。重复利用“偏移”命令将 1 号轴线向右偏移 1900，7 号轴线向左偏移 1900，偏移得到的辅助轴线编号从左到右编号为 V1～V6，偏移效果如图 6-36 所示。

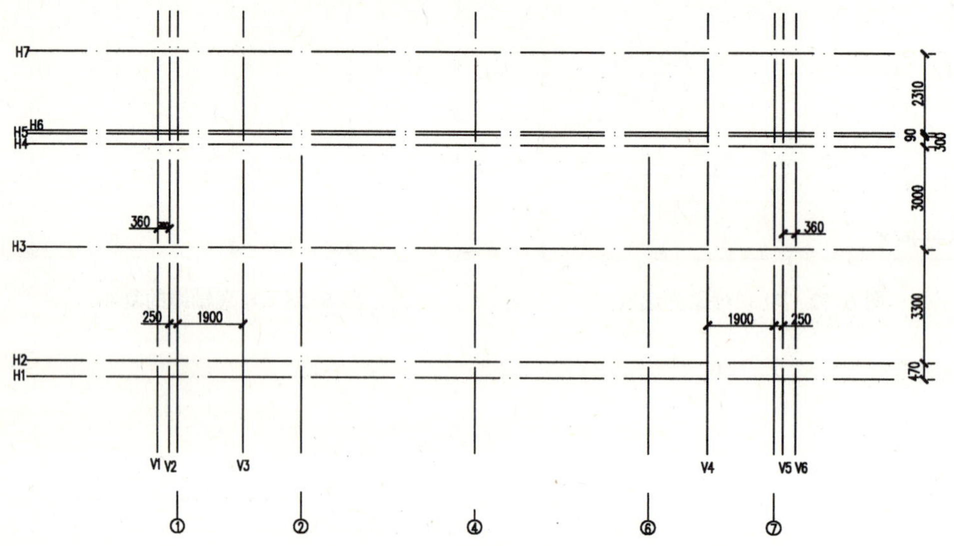

图 6-36 竖直辅助线的偏移

9）单击“修改”工具条上的“延伸”按钮，选择水平轴线 H6 为延伸边界，选取编号为 2、6 的竖直轴线为要延伸的直线，延伸效果如图 6-37 所示。

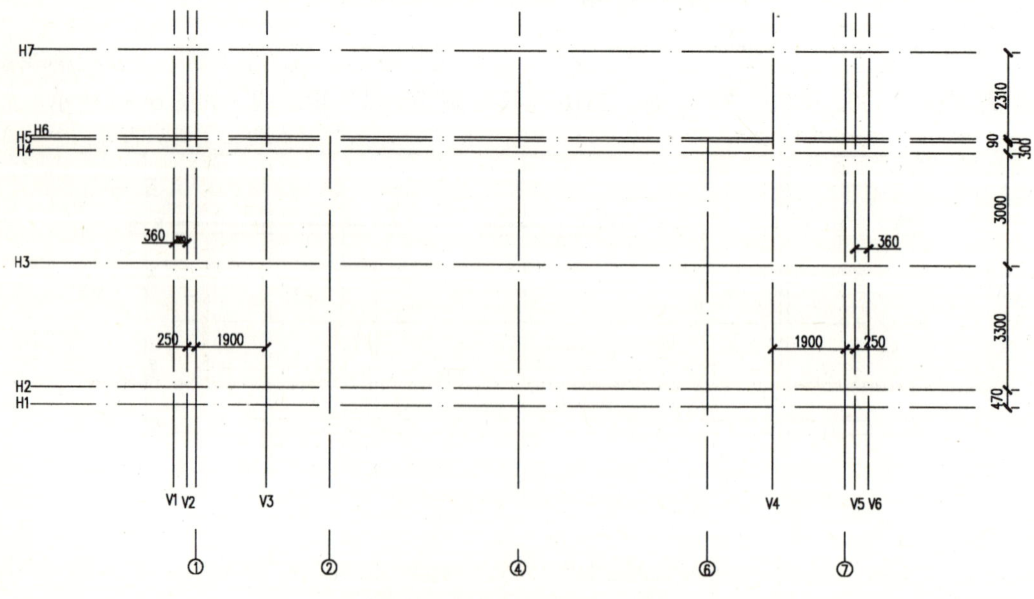

图 6-37 竖直辅助线的延伸

6.2.3 绘制外轮廓线

1）单击“图层”工具条的“图层控制”下拉列表框，将“室外地坪”置为当前层。

2）单击“直线”按钮，捕捉 H1 水平辅助线的端点绘制室外地坪线，然后单击图层状态栏的“线宽”显示按钮，打开线宽显示，绘制结果如图 6-38 所示。

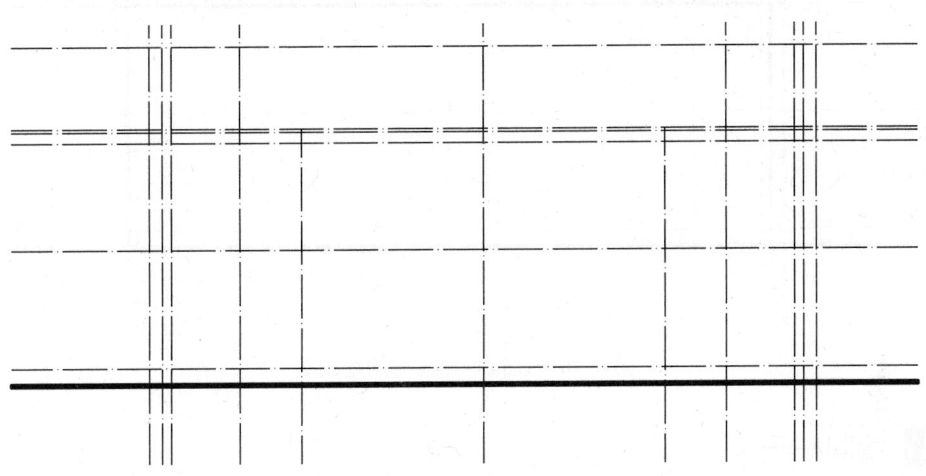

图 6-38 室外地坪的绘制

3）单击“图层”工具条的“图层控制”下拉列表框，将“建筑外轮廓”置为当前层。

4）单击“直线”按钮，分别捕捉 H1 与 V2 的交点为起点，H4 与 V2 的交点为终点；H1 与 V5 的交点为起点，H4 与 V5 的交点为终点；H7 与 V3 的交点为起点，H6 与 V2 的交点为终点；H7 与 V3 的交点为起点，H6 与 2 轴线的交点为终点；H7 与 V3 的交点为起点，H7 与 V4 的交点为终点；H7 与 V4 的交点为起点，H6 与 V5 的交点为终点；H7 与 V4 的交点为起点，H6 与 6 轴线的交点为终点绘制外轮廓线。绘制结果如图 6-39 所示。

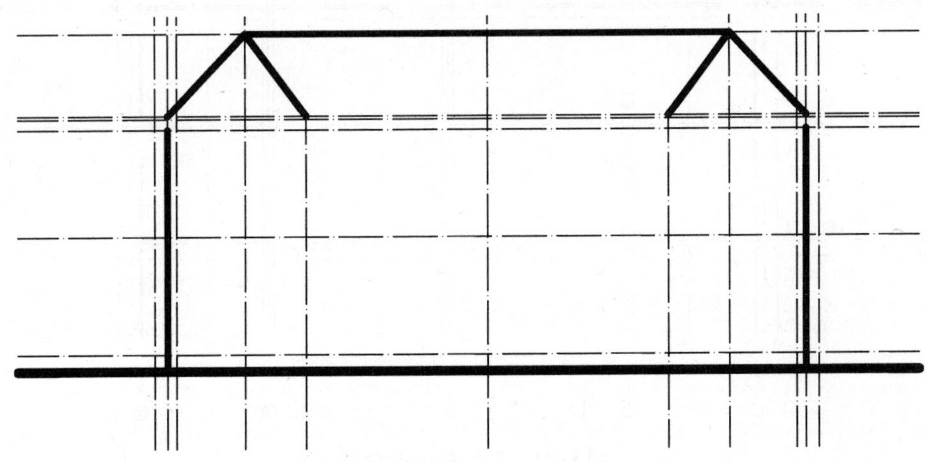

图 6-39 建筑外轮廓线的绘制 1

5）单击“矩形”按钮，依次捕捉 H4 与 V1 的交点，H6 与 V6 的交点为角点绘制矩形，利用“直线”命令依次捕捉 H5 与 V1 的交点为起点，H5 与 V6 的交点为终点绘制直线，绘制效果如图 6-40 所示。

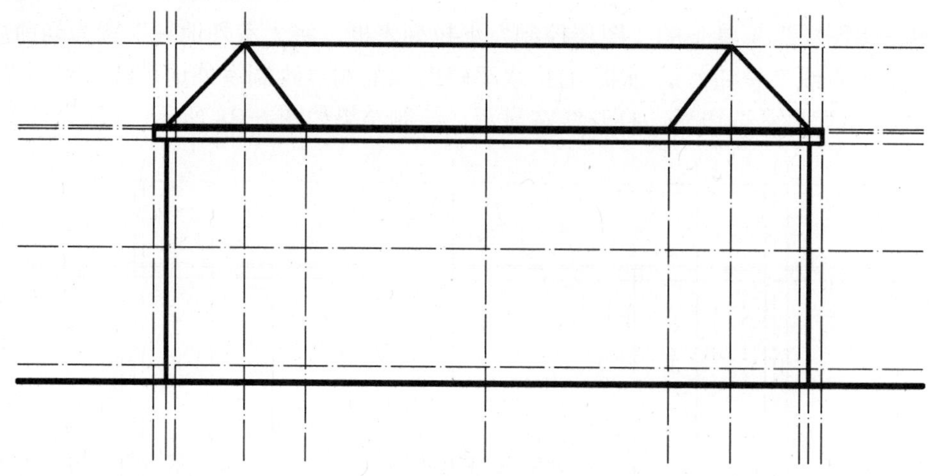

图 6-40 建筑外轮廓线的绘制 2

6.2.4 绘制柱子

1）单击“图层”工具条的“图层控制”下拉列表框，将“立面分界线”置为当前层。

2）为了便于选择对象，关闭“建筑外轮廓”、“室外地坪”图层。

3）利用“偏移”命令将 2、4、6 轴线分别向左偏移 150，向右偏移 150，继续利用偏移命令将 V2 轴线向右偏移 300，V5 轴线向左偏移 300，从而形成柱的轮廓，偏移结果如图 6-41 所示。

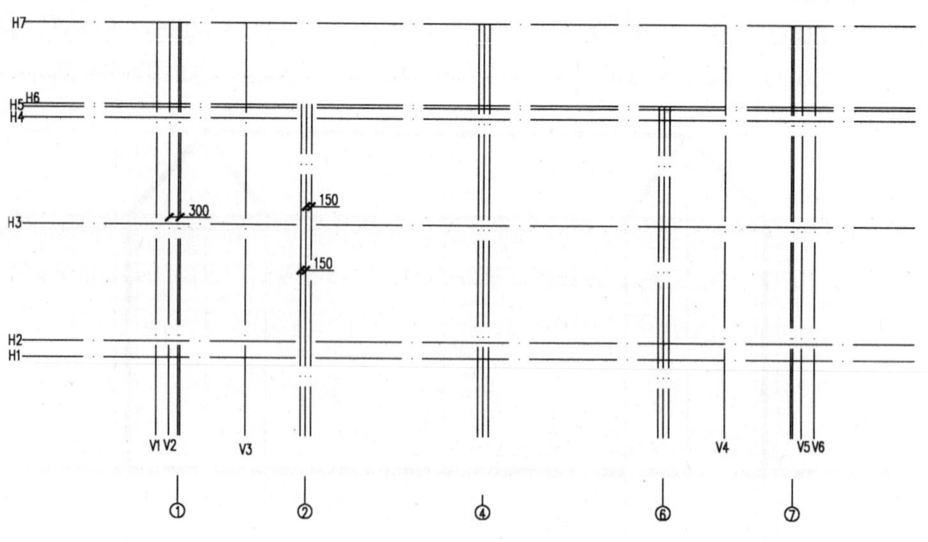

图 6-41 柱辅助线的偏移

4）利用“直线”命令分别选取前一步偏移得到的直线与水平辅助线 H2 的交点为起点，与 H4 的交点为终点绘制直线。为了使图面视觉更加简练清晰，将柱部分辅助线删除，最后结果如图 6-42 所示。

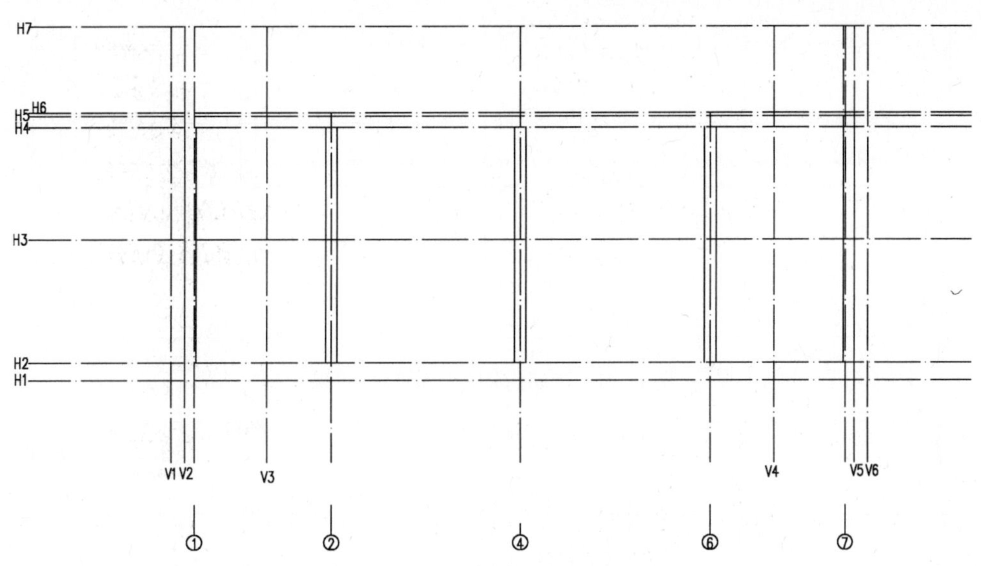

图 6-42　柱轮廓线的绘制

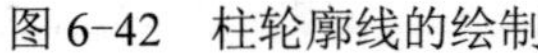

提示

柱轮廓线的绘制也可通过双击前面偏移得到的直线，打开“特性”面板，将其所在的图层修改为“立面分界线”，然后利用“修剪”命令修剪掉多余的直线。

5）利用“偏移”命令，将 H2 水平线向上分别偏移 2970、60、430、60、790、90、90 偏移绘制柱水平装饰线的辅助线，并将刚刚偏移得到的直线图层利用“特性”面板修改为“立面分界线”，绘制结果如图 6-43 所示。

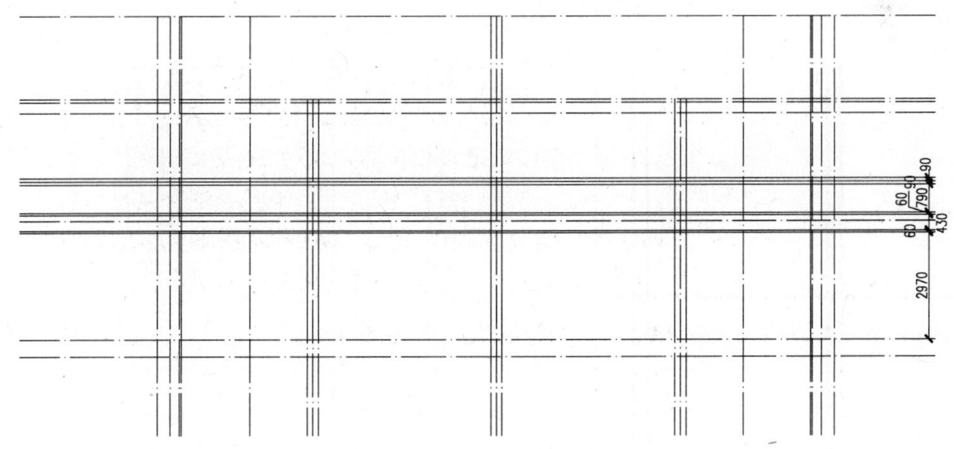

图 6-43　柱水平装饰线的绘制

6）单击“图层”工具条的“图层控制”下拉列表框，单击“标注”、“辅助轴线”、“轴线”、“轴线文字”前的💡，使其变暗处于关闭状态，图形显示效果如图 6-44 所示。

7）利用“偏移”命令将各柱的左轮廓线分别向左偏移 60，柱的右轮廓线向右偏移 60，偏移效果如图 6-45 所示。

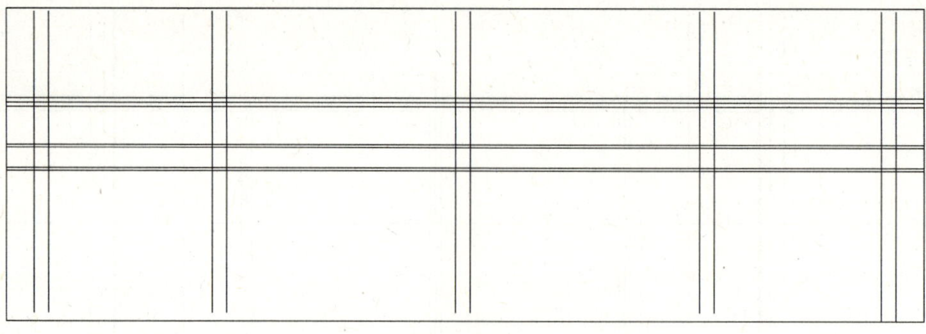

图 6-44　图层关闭后图形显示效果

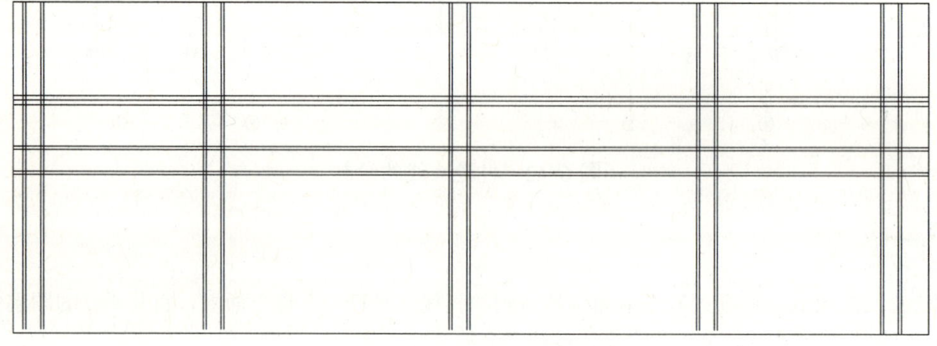

图 6-45　柱轮廓线的偏移

8）单击“修剪”按钮，选择如图 6-46 所示的虚线作为剪切边，按“空格”键结束选择，然后逐个单击边柱（见图 6-47）做了标记的图线，剪切掉需要剪切的部分，修剪效果如图 6-48 所示。

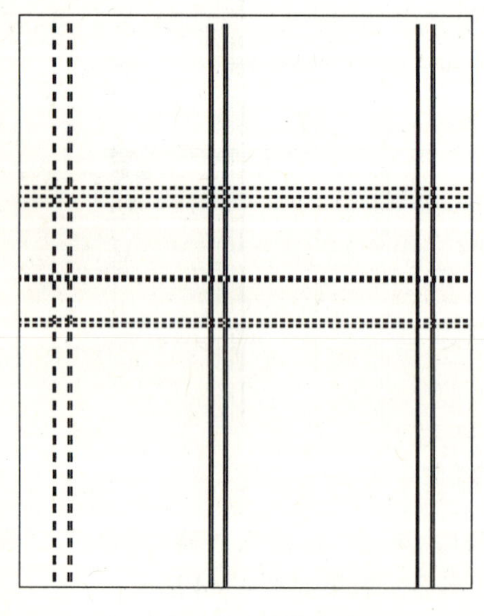

图 6-46　修剪边界

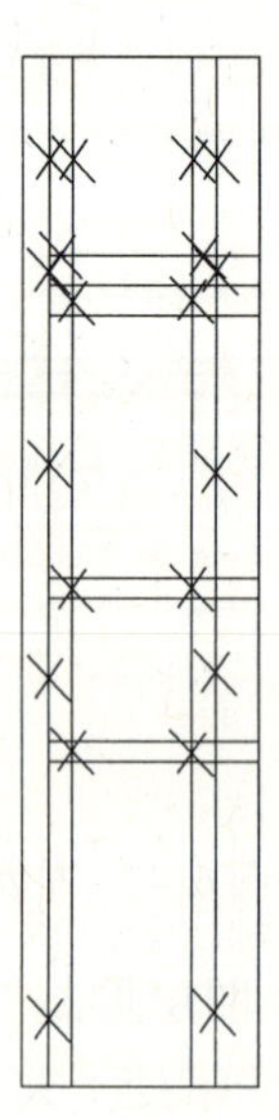

图 6-47　需修剪的直线

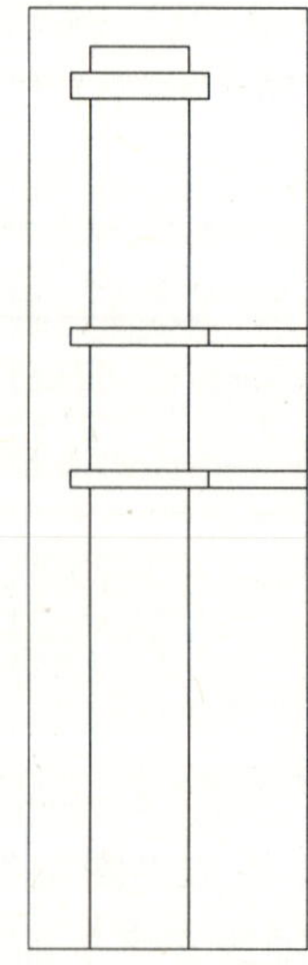

图 6-48　边柱修剪后的效果

9）再次利用修剪命令，选择如图 6-49 所示的虚线作为剪切边，然后逐个单击中柱（如

图 6-50 所示）做了标记的图线，剪切掉需要剪切的部分，修剪效果如图 6-51 所示。

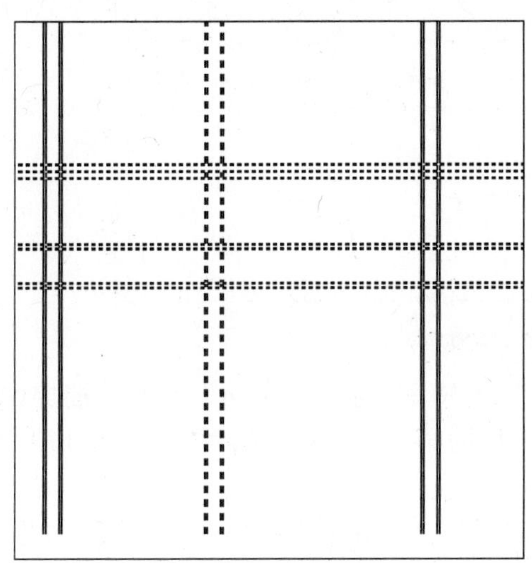

图 6-49 修剪边界

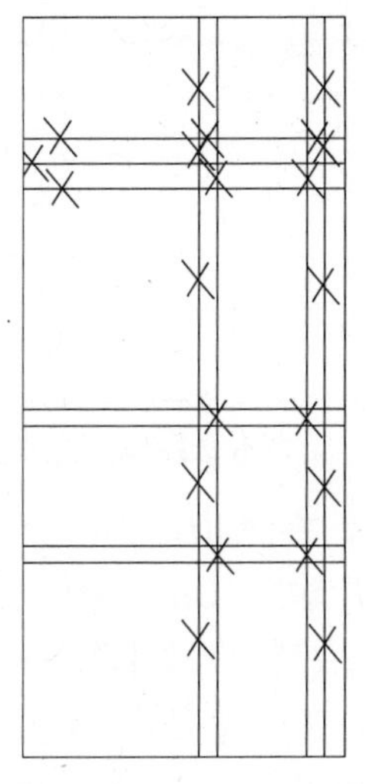

图 6-50 需修剪的直线

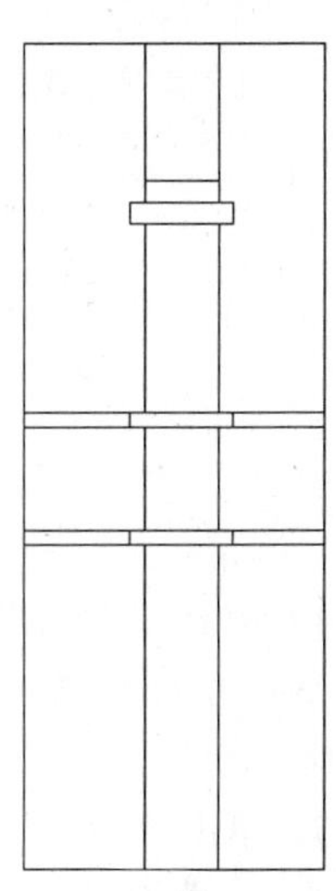

图 6-51 中柱修剪后的效果

提示

为了加快绘图速度，在利用“修剪”命令进行修剪时，不必花费过多时间研究哪些图形元素可作为修剪边界，可直接选择部分或全部图形元素作为剪切边界。绘图过程中，注意随时利用图形缩放工具 zoom 放大和缩小图形，以便准确选择所需的图形对象。

6.2.5 绘制阳台

1）单击“图层”工具条的“图层控制”下拉列表框，将“立面阳台”置为当前层。

2）利用“偏移”命令，将指定的轮廓线向上偏移 640、60，以此绘制阳台上部轮廓线，并将刚刚偏移得到的直线图层利用“特性”选项卡修改为“立面阳台”，绘制结果如图 6-52 所示。

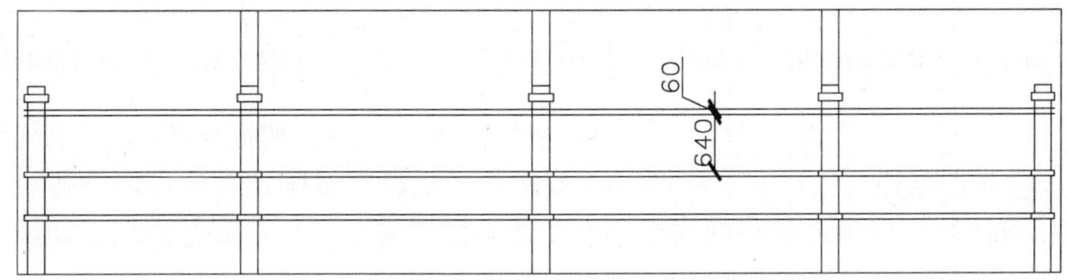

图 6-52 阳台上轮廓线的绘制

3）利用“修剪”命令将阳台上轮廓线位于柱上的部分修剪掉，修剪结果如图 6-53 所示。

提示

在利用“修剪”命令时，对于修剪不掉的直线需要运用“删除”命令将其删除掉。

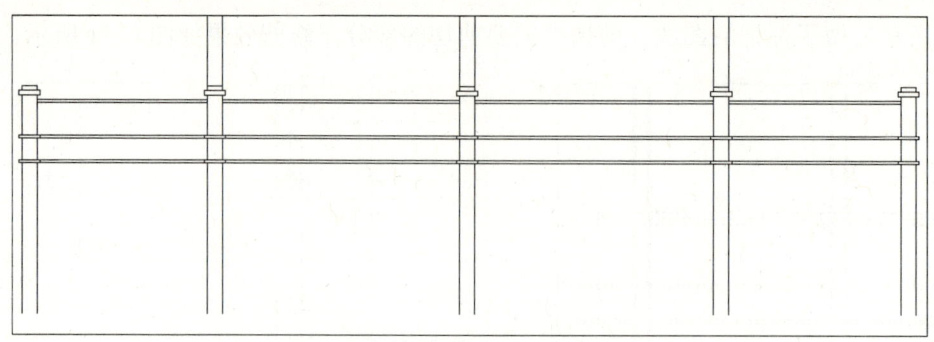

图 6-53　阳台上轮廓线的修剪

4）单击“矩形”按钮，在“指定第一个角点”状态下，输入“from”命令，捕捉如图 6-54 所示的 A 点为基点，输入（@100,0）确定矩形的第一个角点，然后输入（@170，30）确定矩形的第二个角点，绘制结果如图 6-54 所示。

5）单击“直线”按钮，在“指定第一点”状态下，输入“from”命令，捕捉如图 6-55 所示的 A 点为基点，输入（@10,0）确定直线的起点，然后打开正交模式，向上移动光标，在任意位置单击鼠标左键完成阳台栏杆辅助线的绘制，绘制结果如图 6-55 所示。

6）利用“偏移”命令将前一步绘制的直线向右偏移 20，偏移结果如图 6-56 所示。

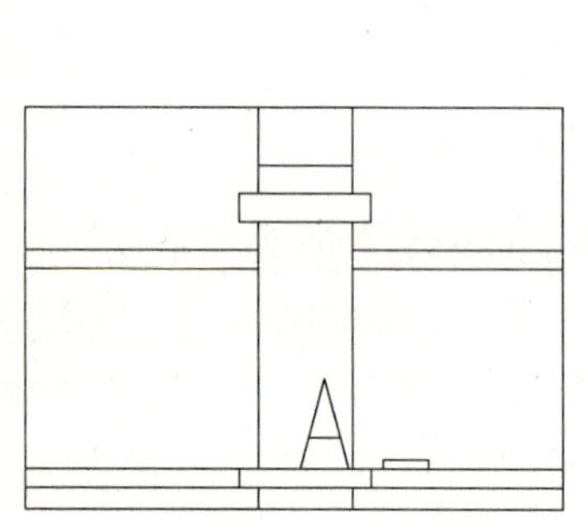

图 6-54　阳台栏杆底座的绘制

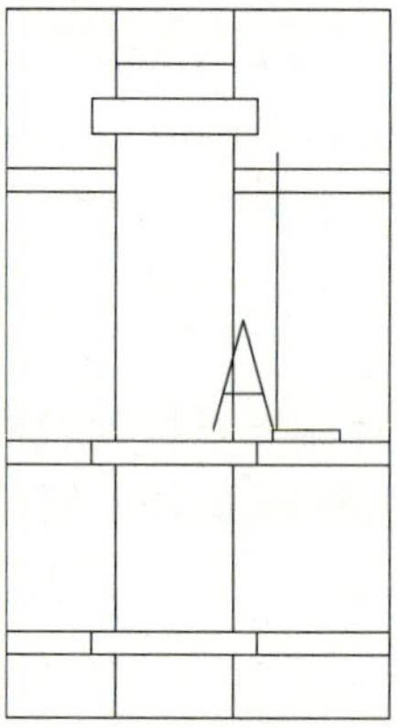

图 6-55　阳台栏杆辅助线的绘制

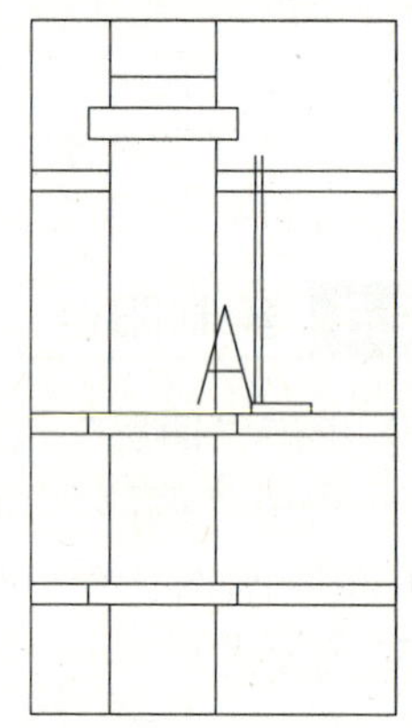

图 6-56　阳台栏杆辅助线的偏移

7）单击“样条曲线”按钮，在“指定第一点”状态下，捕捉如图 6-57 所示的 A 点为第一点，然后根据栏杆的形状在绘图区内依次单击鼠标左键确定其他点，待各点定位后按〈Enter〉键，捕捉 A 点指定起点切线方向，在适当位置单击鼠标左键指定端点切线方向完成样条曲线的绘制，绘制完的结果如图 6-57 所示。

8）单击“镜像”按钮，选择前一步绘制的样条曲线，然后选取阳台栏杆矩形底座的中点为镜像的第一点，打开正交模式，向上移动光标，在任意位置单击鼠标左键确定镜像的第二点完成镜像操作，再利用“删除”命令将阳台栏杆辅助线删除，如图 6-58 所示。

9）单击“复制”按钮，选取阳台栏杆线及其底座为复制对象（如图 6-59 所示的虚线部分），按〈Enter〉键，捕捉矩形底座的左下角点为基点，在“指定第二点”状态下，输入“from”命令，依次捕捉如图 6-60 所示的 A 点为基点，向右移动光标，输入（@100，0）完成一个阳台栏杆的复制。

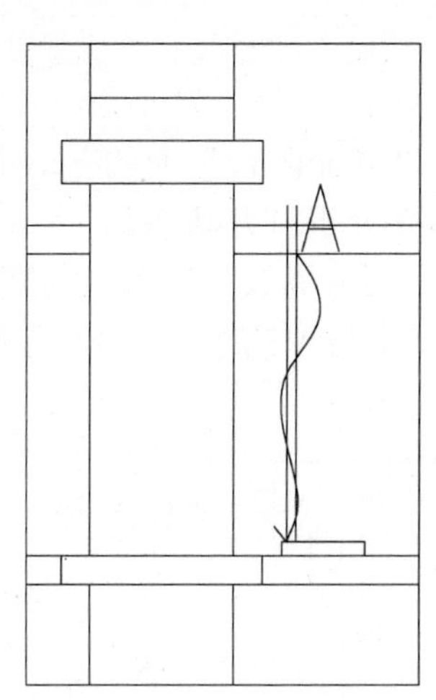

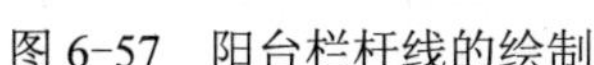

图 6-57 阳台栏杆线的绘制

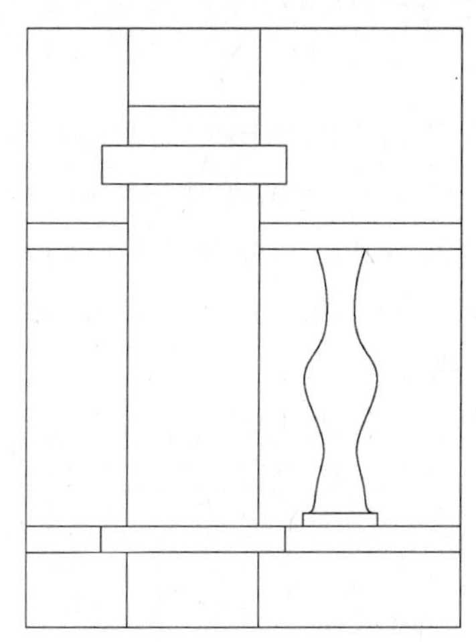

图 6-58 阳台栏杆线的镜像

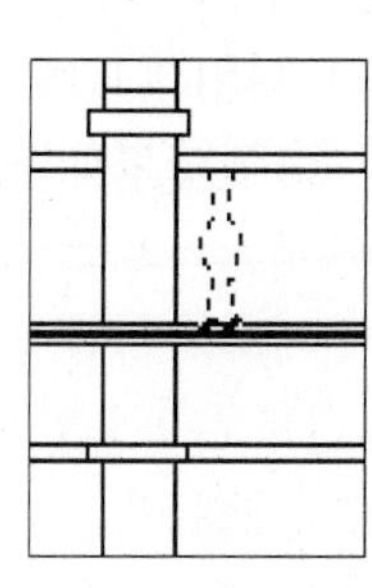

图 6-59 复制对象的选择

10）按同样的方法复制其他位置的栏杆，最后结果如图 6-60 所示。

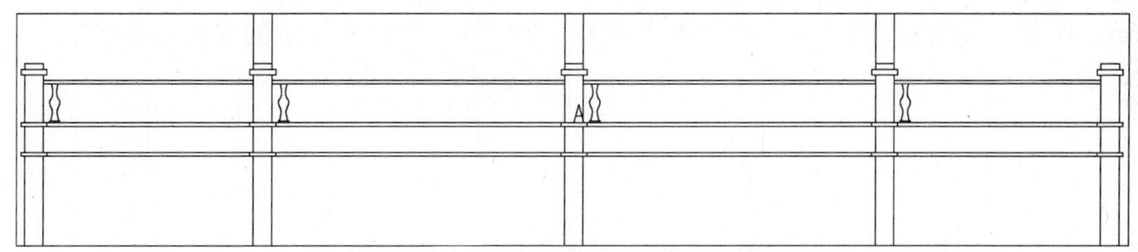

图 6-60 阳台栏杆的复制

11）单击“矩形阵列”按钮，根据命令行提示，选取中柱处的栏杆及底座对象，并选择“计数（C）”选项，设置行数为 1，列数为 15，项目间距为 4500，从而完成中柱处栏杆的阵列操作。

12）再次利用“阵列”命令完成边柱处阳台栏杆的复制，其“矩形阵列”的行数为 1，列数为 11，项目间距为 3300，最后阵列结果如图 6-61 所示。

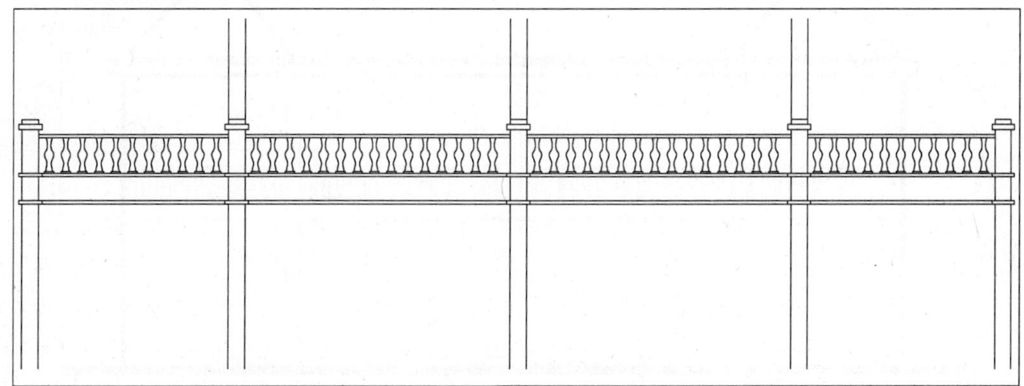

图 6-61 阳台栏杆阵列结果

6.2.6 绘制台阶

1）单击“图层”工具条的“图层控制”下拉列表框，单击“立面阳台”前的，使其变暗处于关闭状态，单击“轴线”、“轴线文字”前的，使其变亮处于打开状态。

2）单击“图层”工具条的“图层控制”下拉列表框，将“立面分界线”置为当前层。

3）利用“直线”命令，依次捕捉H1与V2的交点为起点，H1与V5的交点为终点绘制直线，绘制结果如图6-62所示。

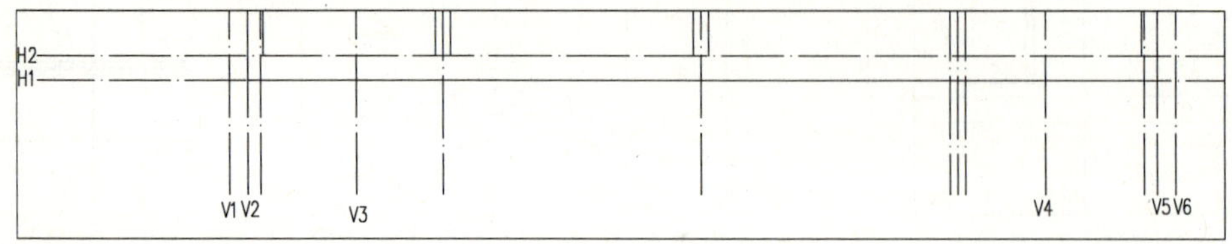

图6-62 台阶线的绘制

4）利用“偏移”命令将前一步绘制的直线依次向上偏移157、157、157，偏移结果如图6-63所示。关闭轴线层。如图6-64所示为绘制完柱、阳台、台阶的立面效果。

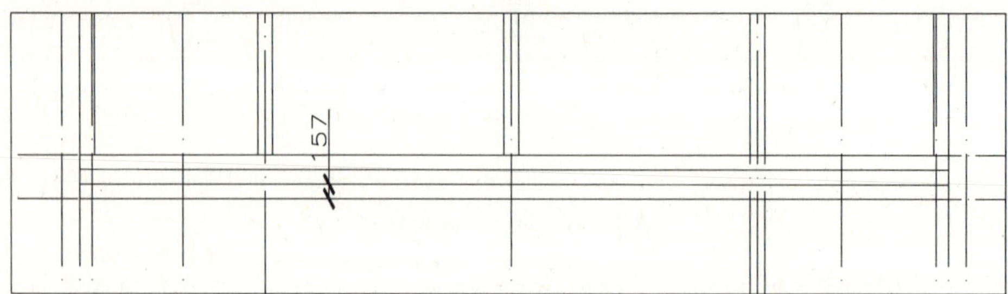

图6-63 台阶线的偏移

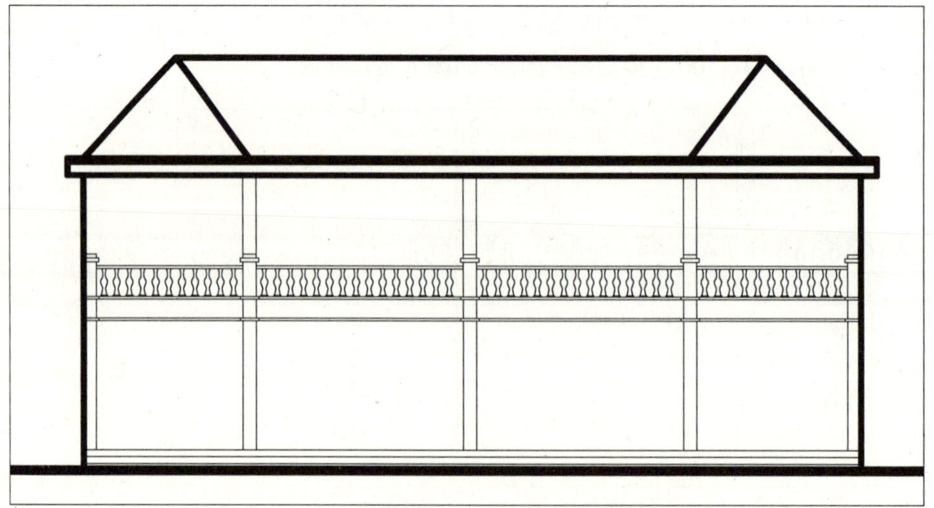

图6-64 绘制完柱、阳台、台阶的立面效果

6.2.7 绘制门窗的立面

建筑立面图中的门窗绘制首先应根据门窗规格绘制门窗的立面，然后将其定义成块并依据定位尺寸和定位参考线插入到建筑立面中，或者利用“复制”命令直接复制到指定位置。本实例将分别讲解如何利用图块和复制命令创建建筑立面中的门窗。

本实例中所有门窗的立面尺寸如图 6-65～图 6-69 所示。

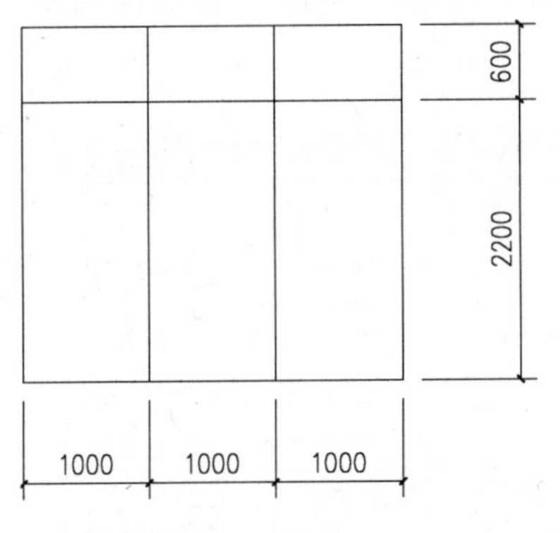

图 6-65　M1 的尺寸

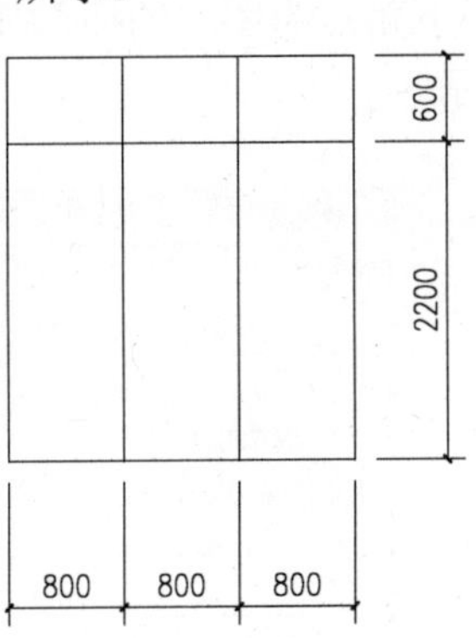

图 6-66　M2 的尺寸

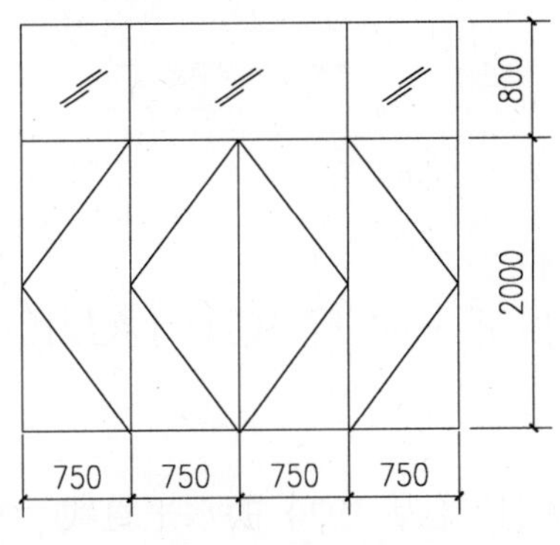

图 6-67　M3 的尺寸

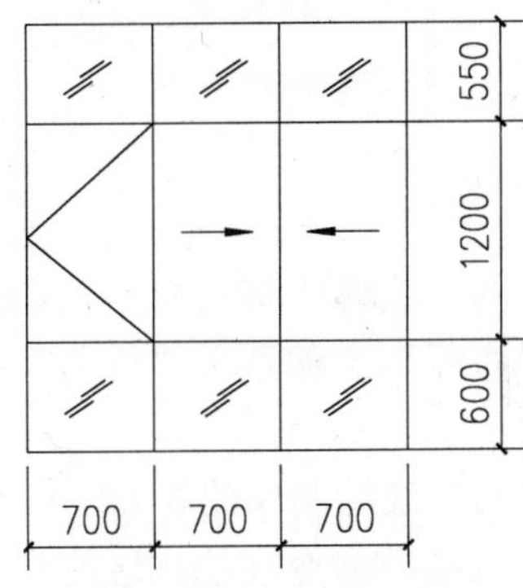

图 6-68　C1 的尺寸

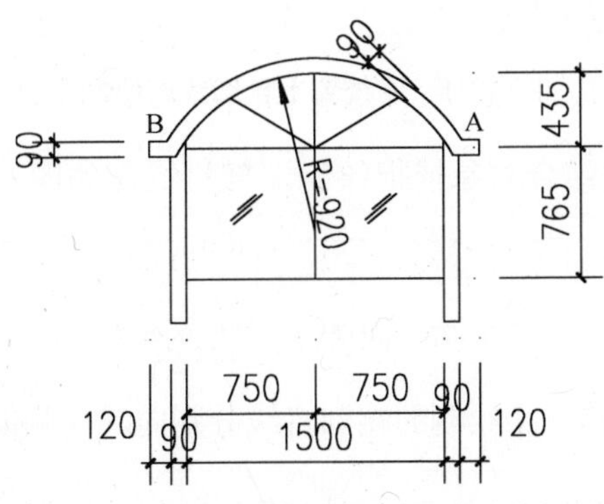

图 6-69　阁楼窗的尺寸

1）单击“图层”工具条的“图层控制”下拉列表框，将“门窗”置为当前层。

2）利用“直线”和“偏移”命令按图 6-65 和图 6-66 所示的尺寸在绘图区空白位置绘制 M1、M2。

3）单击“创建块”按钮，打开“块定义”对话框。在“块定义”对话框的“名称”文本框内输入“M1”，单击“对象”选项组的“选择对象”按钮后，用围窗选择绘制的 M1 图形。去掉“基点”选项组“在屏幕上指定”复选框的勾选后，单击“拾取点”按钮，用鼠标左键单击门左下角点为图块的插入基点，单击“确定”按钮，创建图块完毕，块定义对话框如图 6-70 所示。

图 6-70 “块定义”对话框

4）用同样的方法将绘制的 M2 定义成块“M2”。

5）利用“直线”、“偏移”、“修剪”命令按如图 6-67 所示的尺寸在绘图区空白位置绘制 M3。

6）用同样的方法绘制如图 6-68 所示的 C1。

7）利用“直线”命令在绘图区空白位置绘制长度为 1920 的水平直线，然后利用“偏移”命令将其向下偏移 90，结果如图 6-71 所示。

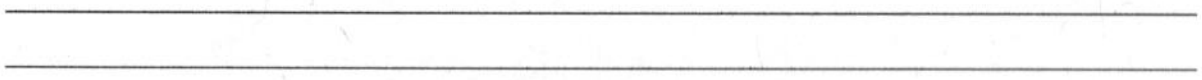

图 6-71 阁楼窗上轮廓线的绘制

8）利用“直线”命令并结合对象捕捉绘制端部直线，如图 6-72 所示。

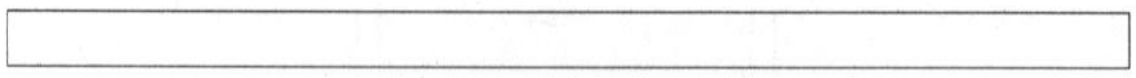

图 6-72 阁楼窗端部线的绘制

9）利用“偏移”命令将前一步绘制的端部直线分别向其内侧偏移 100，如图 6-73 所示。

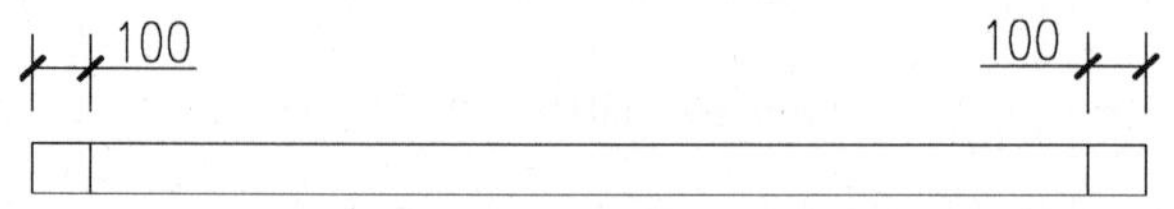

图 6-73 偏移效果

10）单击“圆弧”按钮，绘制阁楼窗的圆弧部分，命令操作如下，结果如图 6-74 所示。

```
命令:_arc
指定圆弧的起点或 [圆心(C)]:                        //选择图 6-69 所示的 A 点为圆弧起始点
指定圆弧的第二个点或 [圆心(C)/端点(E)]: e           //执行端点（E）选项
指定圆弧的端点:                                    //选择图 6-69 所示的 B 点为圆弧终止点
指定圆弧的圆心或 [角度(A)/方向(D)/半径(R)]: r       //执行半径（R）选项
指定圆弧的半径: 920                                //输入圆弧半径按〈Enter〉键
```

11）利用“偏移”命令将前一步绘制的圆弧向下偏移 90，偏移结果如图 6-75 所示。

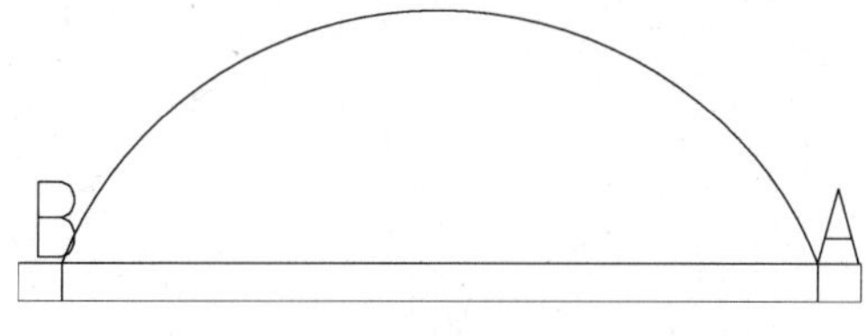

图 6-74　阁楼窗圆弧线的绘制

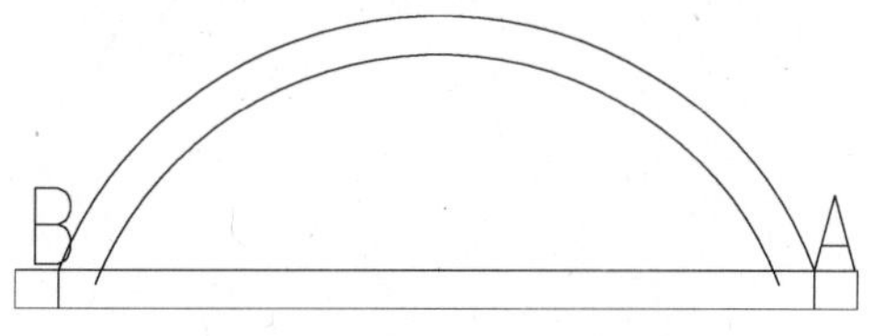

图 6-75　阁楼窗圆弧线的偏移

12）单击“修剪”按钮，选择所有直线作为剪切边、空格结束选择、按住“Shift”键，分别单击内侧圆弧的左端和右端将其延伸，然后逐个单击如图 6-76 所示做了标记的图线，剪切掉要剪切的部分，再利用“删除”命令删除修剪不掉的部分，效果如图 6-77 所示。

提示

使用“修剪”命令时，如果在按下〈Shift〉键的同时选择对象，则执行“延伸”命令；使用“延伸”命令时，如果在按下〈Shift〉键的同时选择对象，则执行“修剪”命令。

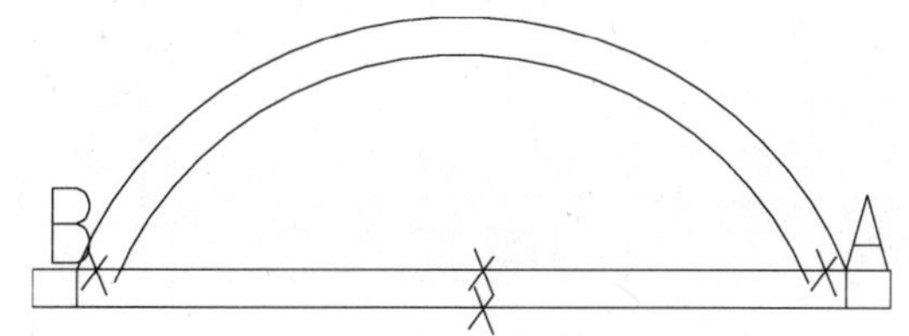

图 6-76　需要修剪的直线

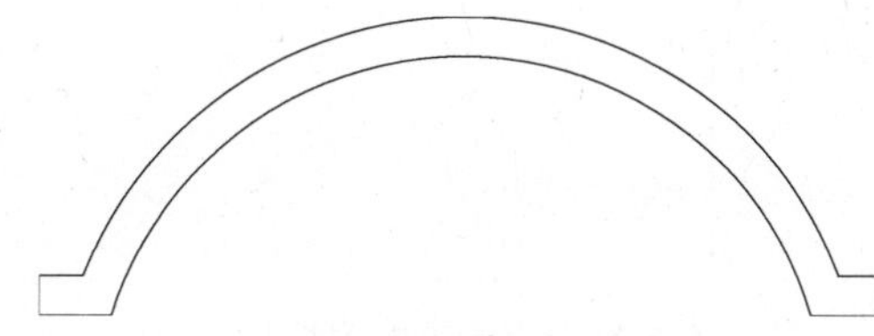

图 6-77　修剪后的效果

13）单击“直线”按钮，在“指定第一点”状态下，输入“from”命令，捕捉如图 6-78 所示的 A 点为基点，输入（@120,0）确定直线的起点，然后打开正交模式，向下移动光标，输入 970 确定直线的终点。

14）利用“偏移”命令将前一步绘制的直线向其右侧偏移 90，绘制结果如图 6-78 所示。

15）单击“延伸”按钮，将刚偏移得到的直线向上延伸，延伸效果如图 6-79 所示。

16）利用“直线”命令，依次捕捉外侧竖直直线的下端点为起点，内侧竖直直线的下端点为终点绘制直线。

17）单击“直线”按钮，在“指定第一点”状态下，输入“from”命令，捕捉如图 6-80 所示的 A 点为基点，输入（@0,250）确定直线的起点，然后打开正交模式，向右移动光标，输入 750 确定直线的终点，绘制结果如图 6-80 所示。

18）利用“偏移”命令将前一步绘制的直线向上偏移765。

19）选择“工具 | 草图设置”菜单命令，打开“草图设置”对话框，单击“极轴追踪”选项卡，选择“启用极轴追踪”复选框，然后在“角增量”下拉列表中选择角增量为30，单击“确定”按钮完成极轴追踪的设置，如图6-81所示。

20）利用“直线”命令，依次捕捉如图6-82所示的A点为起点，内侧圆弧的中点为终点绘制直线。

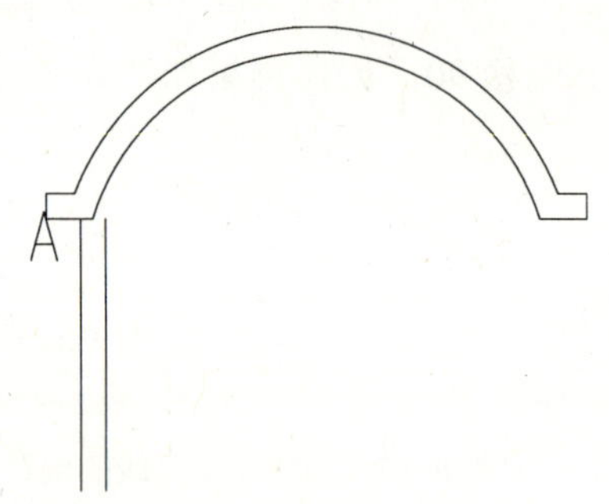

图6-78　阁楼窗右侧轮廓线的绘制

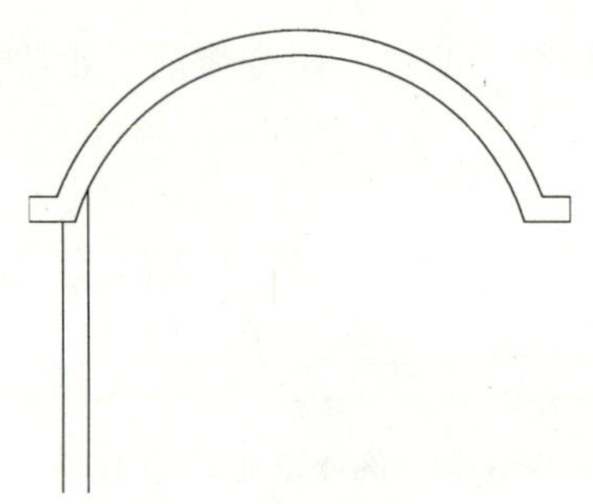

图6-79　延伸效果

图6-80　下侧直线的绘制

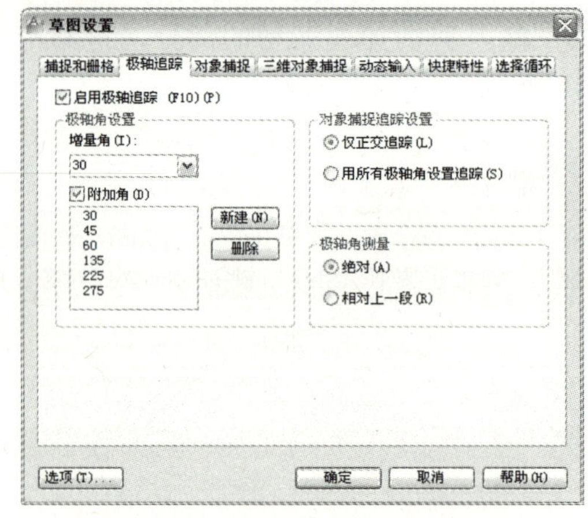

图6-81　极轴追踪设置

提示

在使用极轴追踪时，绘图区内会显示对齐路径和标有距上一点的距离和角度的工具栏提示。例如，如果极轴角增量设置为30，在指定直线起点后，在光标经过30度极轴角增量时，会显示一临时对齐路径，如图6-82所示。

提示

极轴追踪的开与关也可通过单击状态栏上的“极轴追踪”按钮实现，其参数设置可在状态栏上的“极轴追踪”按钮处单击右键，从显示的快捷菜单中选择“设置”完成。

21）利用“直线”命令，捕捉如图6-83所示的B点为起点，然后移动光标，当工具栏的临时对齐路径显示<150° 时，沿 150° 极轴对齐路径移动光标，直到工具栏显示“极轴交点”时，单击鼠标左键得到直线的终点，绘制结果图 6-83。

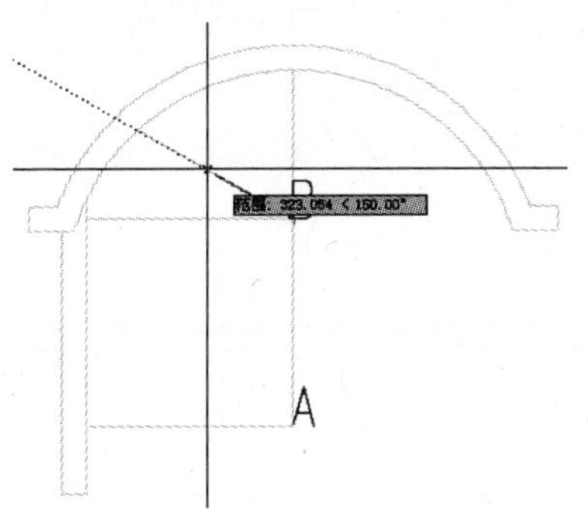

图 6-82　显示临时对齐路径

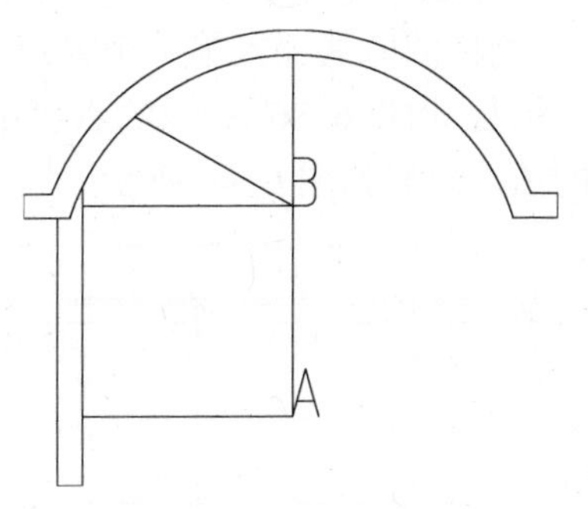

图 6-83　阁楼窗内部线的绘制

22）单击状态栏上的“极轴追踪”按钮，关闭极轴追踪。

23）利用“镜像”命令将左侧指定的直线镜像到右侧，如图 6-84 所示。

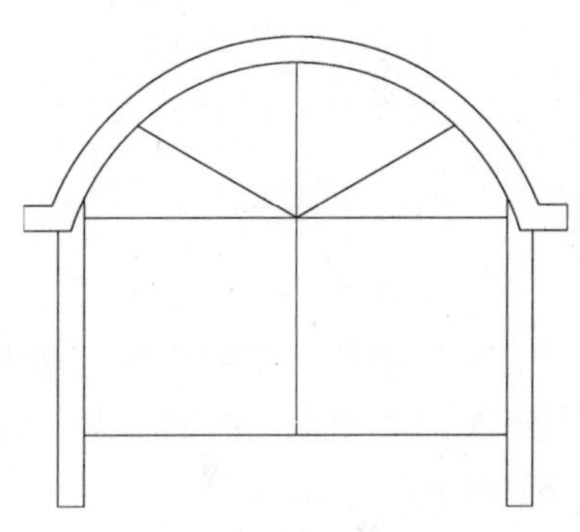

图 6-84　镜像结果

6.2.8 门窗的定位

根据建筑各层平面图中门窗与轴线的相对尺寸，利用插入块和复制方法将已绘制的门窗插入到建筑立面图中。

1）单击“图层”工具条的“图层控制”下拉列表框，关闭除“门窗”、“轴线”、“轴线文字”各图层。

2）为了降低图面的视觉复杂程度，以便图形对象的选择，利用“删除”命令删除掉除编号为 1、2、4、6、7 的竖直轴线，如图 6-85 所示。

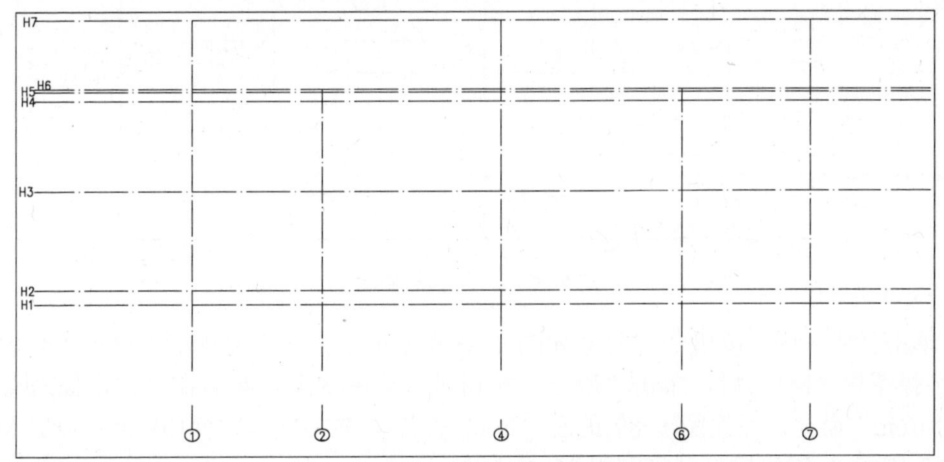

图 6-85　删除多余轴线后的效果

3）单击“复制”按钮，选择已绘制的窗 C1 为复制对象后按“Enter”键，在“指定基点”状态下，选取如图 6-86 所示的 A 点为窗户基点，在“指定第二点”状态下，输入“from”命令，捕捉如图 6-86 所示的左“from 基点”，然后输入（@750,920）确定窗户的插入点，按〈Enter〉键完成第一个窗户的插入。

4）用同样的方法插入第二个窗户，其中如图 6-86 所示的 B 点为窗户基点，在“from”命令下，捕捉如图 6-86 所示的右“from 基点”，然后输入（@-750,920）确定窗户的插入点，窗的插入效果如图 6-86 所示。

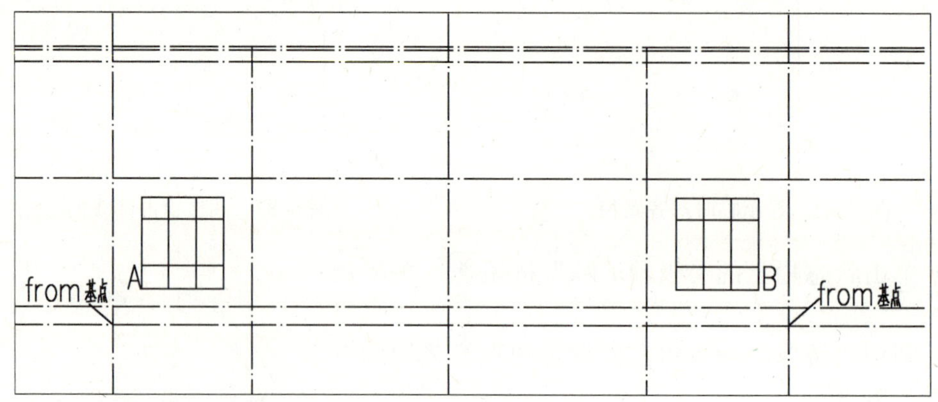

图 6-86　窗户的插入

5）按照前一步的方法，重复利用“复制”和 from 命令复制 M3，其中如图 6-87 所示的 A 点为复制门时的基点，from 命令下的“from 基点”如图 6-87 所示，复制结果如图 6-87 所示。

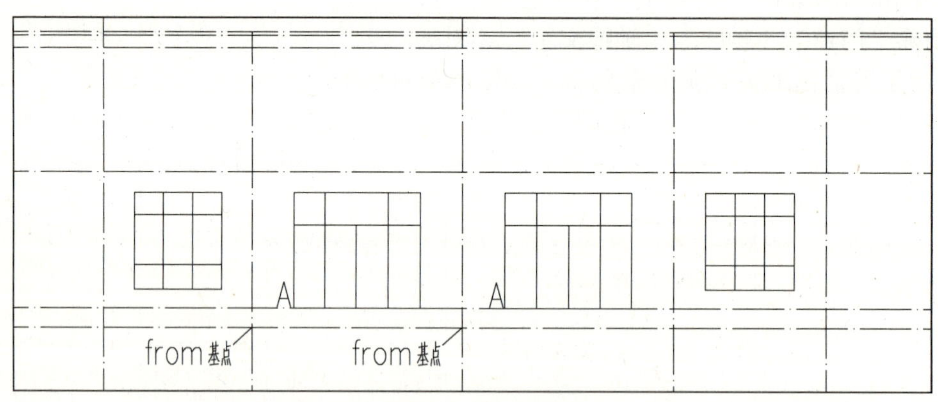

图 6-87　一层门的插入

6）单击“插入块”按钮，打开如图 6-88 所示的“插入”对话框，单击“名称”下拉列表框选择图块“M1”后，单击“确定”按钮进入绘图状态，然后在“指定插入点”状态下输入“from”命令，捕捉图 6-89 的左“from 基点”，然后输入（@1050,0）确定 M1 的插入点，按〈Enter〉键完成二层左侧门 M1 的插入。

7）用同样的方法插入二层右侧门，其中在“from”命令下，捕捉如图 6-89 所示的右“from 基点”，然后输入（@450,0）确定门的插入点，M1 的插入效果如图 6-89 所示。

图 6-88 “插入”对话框

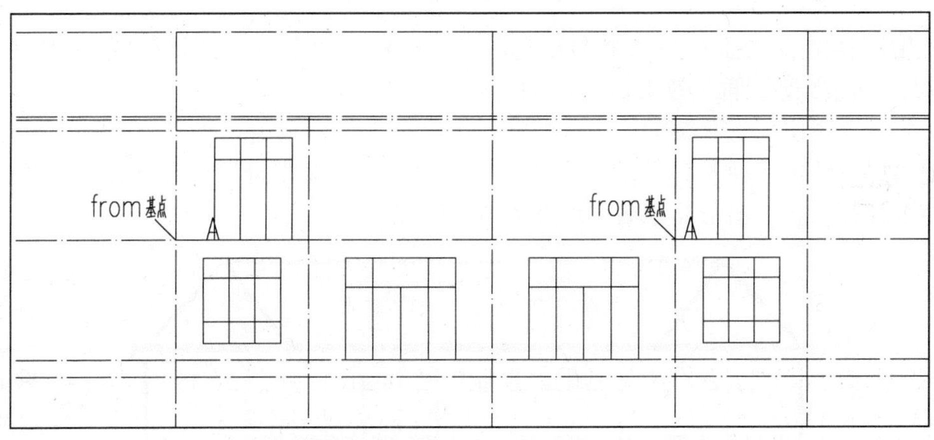

图 6-89 二层门 M1 的插入

8）用相同的方法插入 M2，其中在“from”命令下，捕捉如图 6-90 所示的“from 基点”，然后输入（@1000,0）确定门 M2 的插入点，M2 的插入效果如图 6-90 所示。

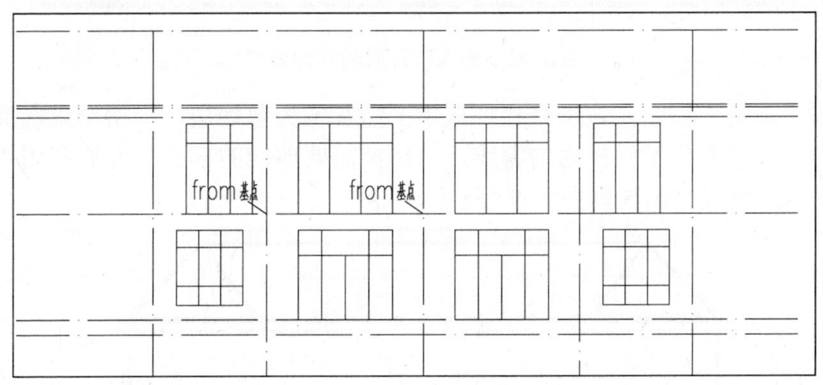

图 6-90 二层门 M2 的插入

9）单击“复制”按钮，选择已绘制的阁楼窗为复制对象后按〈Enter〉键，在“指定基点”状态下，选取如图 6-91 所示的 A 点为窗户基点，在“指定第二点”状态下，输入“from”命令，捕捉如图 6-91 所示的左“from 基点”，然后输入（@1910,300）确定窗户的插入点，按〈Enter〉键完成第一个阁楼窗的插入。

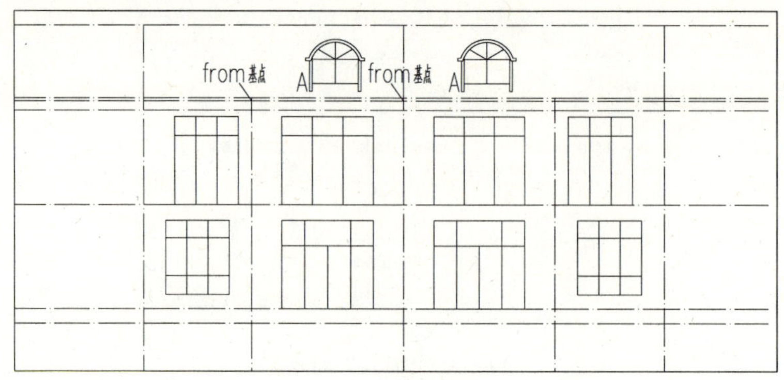

图 6-91　阁楼窗的插入

10）用同样的方法插入第二个阁楼窗，在“from”命令下，捕捉如图 6-91 所示的右“from 基点”，阁楼窗的插入效果如图 6-91 所示。

11）单击“图层”工具条的“图层控制”下拉列表框，单击“轴线”前的，使其变暗处于关闭状态，单击“建筑外轮廓”、“立面分界线”、“立面阳台”、“室外地坪”前的，使其变亮处于打开状态，图形显示效果如图 6-92 所示。

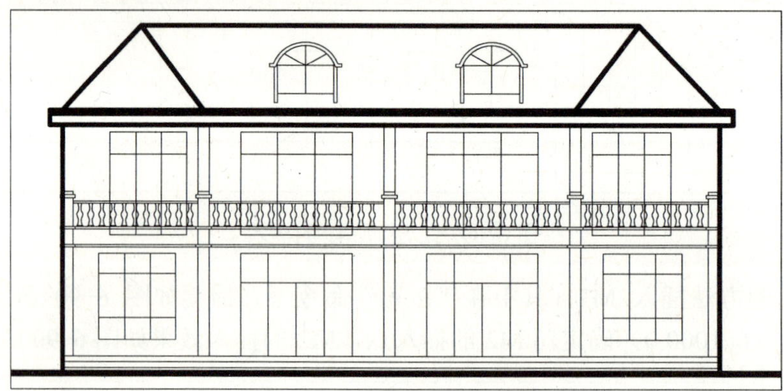

图 6-92　插入门窗后的立面效果

12）单击“修剪”按钮，选择栏杆扶手上边线作为剪切边、空格结束选择、然后逐个单击如图 6-93 所示中位于栏杆内的窗线，剪切掉需要剪切的部分，然后利用“删除”命令删除掉底部的水平窗线，结果如图 6-93 所示。

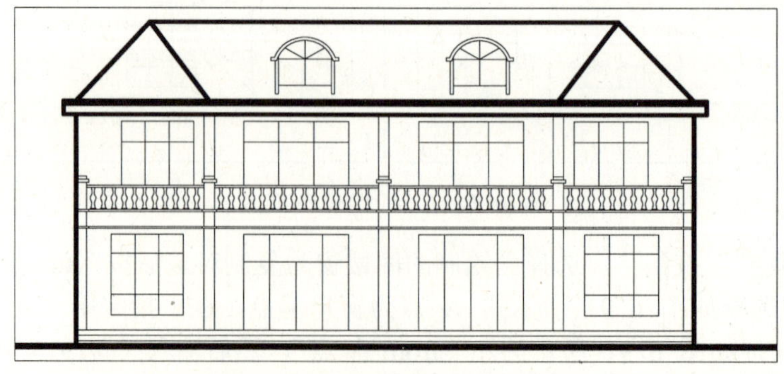

图 6-93　修剪门窗后的立面效果

6.2.9 尺寸标注

同样，建筑立面图也需要进行相应的尺寸标注，从而可以确定房屋开间的宽度。其步骤如下。

1）单击“图层”工具条的“图层控制”下拉列表框，打开“轴线”层，并将“标注”层置为当前层。

2）用鼠标右击工具栏，选择“标注”项，在屏幕上显示“标注”工具栏。

3）在“标注”工具栏中，单击“标注控制”下拉列表框，将“建筑立面标注”样式设置为当前。

4）单击“标注”工具栏上的“线性标注”按钮，捕捉 1 号轴线与地坪线的交点为起点，捕捉 2 号轴线与地坪线的交点为第二条尺寸界线的起点，然后将光标移动到适当位置完成线性标注。

5）单击“标注”工具栏上的“连续标注”按钮，依次选择其他轴线与地坪线的交点为第二条尺寸界线的终点，按〈Enter〉键完成连续标注。

6）再次利用“线性标注”命令，以左侧的竖直轮廓线与地坪线的交点为起点，以右侧的竖直轮廓线与地坪线的交点为第二条尺寸界线的起点，然后将光标移动到适当位置完成总水平尺寸的标注，标注完成的效果如图 6-94 所示。

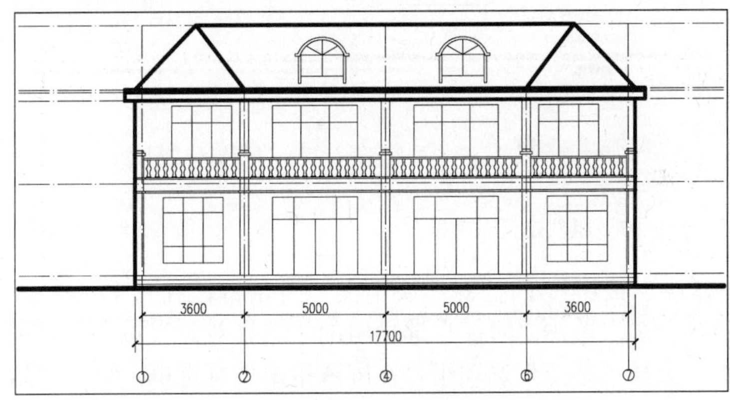

图 6-94 尺寸标注

6.2.10 绘制并标注标高

标高包括标高符号和标高文字。建筑立面图标高的绘制分为绘制标高属性块和在立面图上插入标高两个步骤。根据建筑制图标准规定，标高符号为等腰直角三角形，其图纸中的三角形高度为 2～3mm，本图的打印比例为 1∶50，因此标高符号的高度为 150mm。

1）单击“图层”工具栏的“图层控制”下拉列表框，将“标高”层置为当前层。

2）单击“多段线”按钮，在空白区域的任意位置单击鼠标左键指定多段线的起点，打开正交模式，线宽设置为 0，向右移动光标，输入距离 750，然后依次输入（@–150, –150）和（@–150,150）完成多段线的绘制。利用“直线”命令以三角形的下顶点为起点向右绘制长度为 1000 的水平直线，标高符号的尺寸如图 6-95 所示，绘制结果如图 6-96 所示。

3）选择“绘图｜块｜定义属性”菜单命令，打开“属性定义”对话框，在“模式”选项组中勾选“锁定位置”复选框；在“属性”选项组的“标记”文本框中输入属性的标记，标记名可以任意定义，在“默认”文本框输入属性的默认值，本属性值为标高文字；因此输入“%%p0.000”，在“文字设置”选项组的“对正”下拉列表框中设定属性值的“对正”方式为“左下”，在“文字样式”下拉列表框中选择已建立的“标高文字”文字样式，然后单击“确定”按钮，进入绘图状态，依照命令行提示选取如图 6-96 所示的 A 点为文字插入的起点，如图 6-97 所示为属性定义的参数设置，定义属性后的标高符号效果如图 6-98 所示。

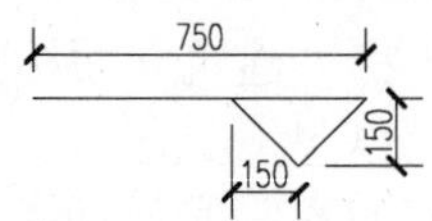

图 6-95　标高符号的尺寸

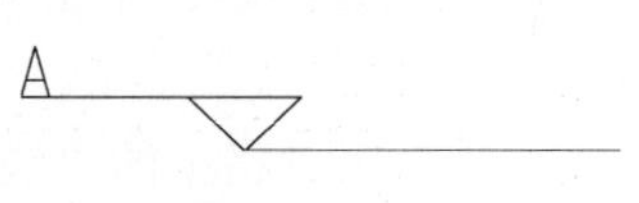

图 6-96　标高符号

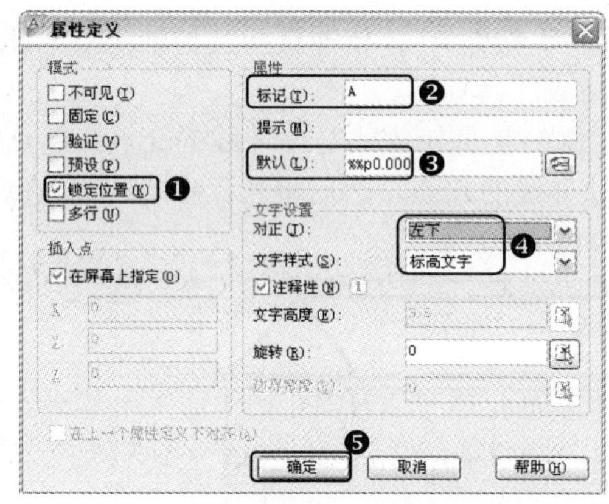

图 6-97　属性定义对话框

图 6-98　带属性的标高符号

4）单击“创建块”按钮，打开“块定义”对话框，在“名称”文本框内输入“标高”，给要创建的块命名，单击“对象”选项组的“选择对象”按钮后，用围窗选择绘制的标高符号及其属性，去掉“基点”选项组“在屏幕指定”复选框，单击“拾取点”按钮，用鼠标左键单击标高符号中下侧水平线的右端点为图块的插入基点，单击“确定”按钮，打开“编辑属性”对话框（如图 6-99 所示），保留默认的属性值“%%p0.00”，单击“确定”按钮，完成带属性图块的创建，创建效果如图 6-100 所示。

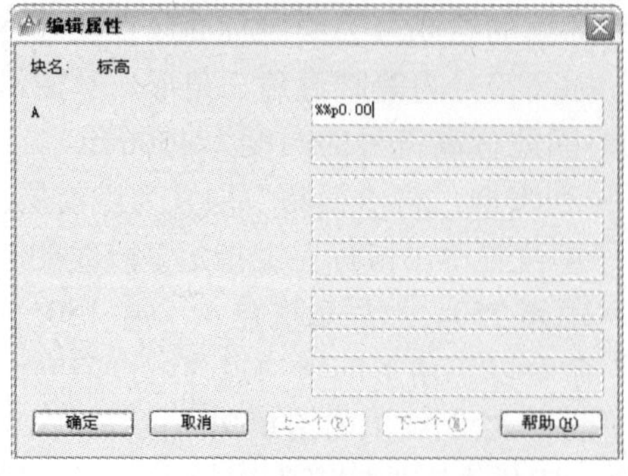

图 6-99　“编辑属性”对话框

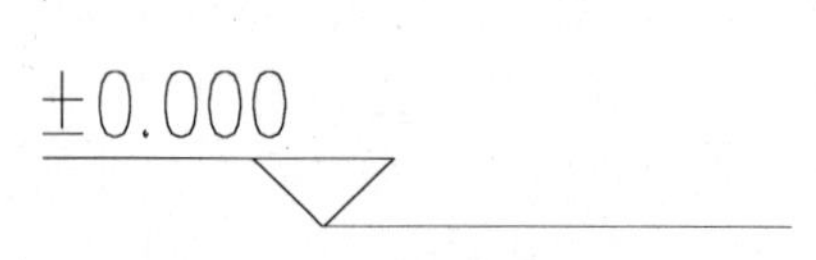

图 6-100　标高属性块

5）关闭“立面分界线”、“立面阳台”、“标注”、“轴线文字”和“门窗”图层。

6）单击“插入块”按钮，打开“插入”对话框，选择图块“标高”后，单击“确定”按钮进入绘图状态，根据命令行提示指定插入点、输入属性值，命令操作如下。

```
命令:_insert
指定插入点或 [基点(B)/比例(S)/旋转(R)]:  //选择室外地平线与左侧竖直外轮廓线的交点为基点
输入属性值 A <±0.000>: -0.470  //输入室外地坪处的标高值
```

7）重复利用“插入图块”命令，将标高属性块插入到每一层的标高处，插入基点选择建筑立面外轮廓与水平轴线的交点。

8）打开“门窗”、“立面分界线”、“立面阳台”、“轴线文字”和“标注”图层。

9）重复利用“插入图块”命令，将标高属性块插入到标志点处，插入标高后的效果如图 6-101 所示。

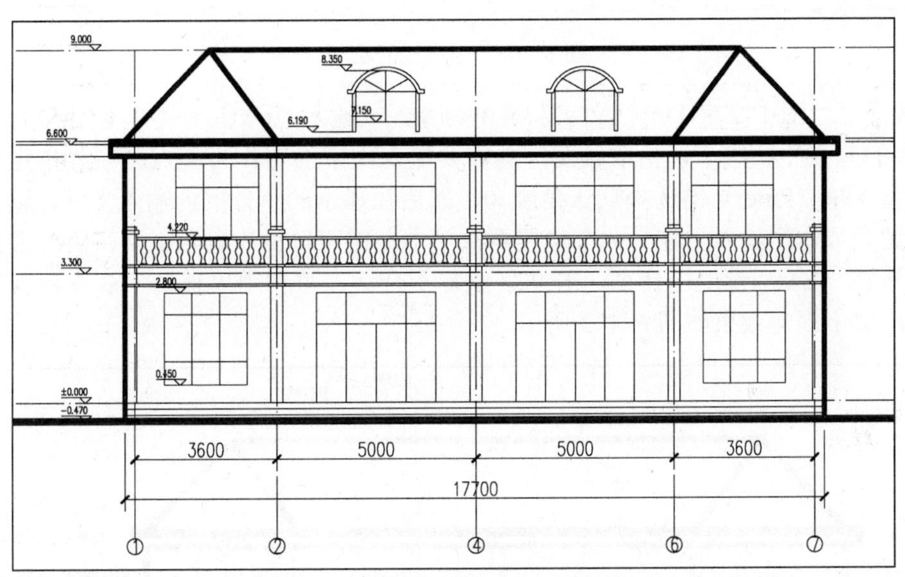

图 6-101 标高的插入

提示

为了在其他的绘图中采用该标高符号，可利用“写块”命令 wblock 将以上定义的标高保存到磁盘的指定文件中。

6.2.11 进行文字标注

建筑立面图中的文字主要用于说明立面材料、装饰及其做法。

1）单击“图层”工具条的“图层控制”下拉列表框，将“文字”层置为当前层。

2）利用“直线”命令绘制文字说明的引出线，引出线的绘制效果如图 6-102 所示。

3）选择“格式 | 文字样式”菜单命令，打开“文字样式”对话框，选取“图内说明”，单击“置为当前”按钮，然后单击“关闭”按钮完成当前文字样式的设定。

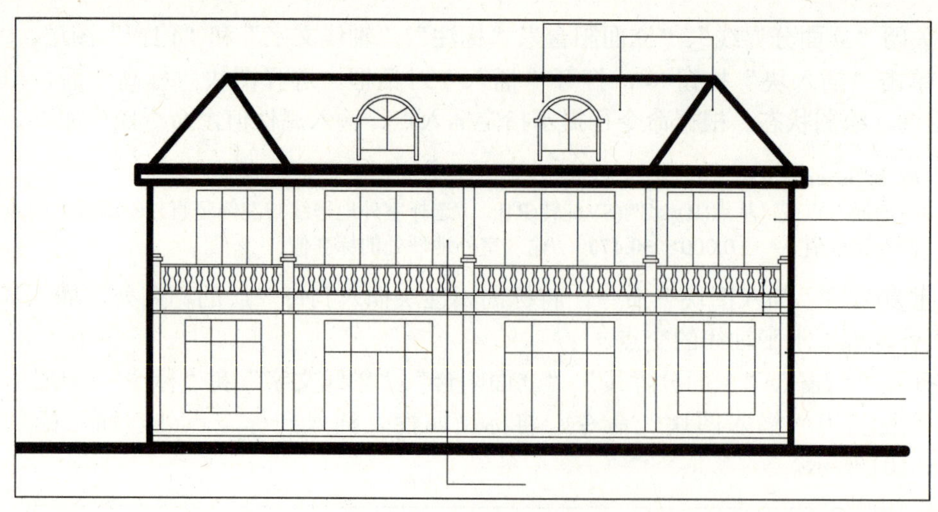

图 6-102　引出线的绘制

4）选择“绘图 | 文字 | 单行文字”菜单命令，或输入“text”命令，创建单行文字。在“指定文字的起点”状态下，拾取绘图区内需要输入文字的点作为起点，在“指定文字旋转角度”状态下按〈Enter〉键选择默认角度 0，然后在显示的小方框内输入文字，输入完毕单击鼠标左键完成本次输入，在另一个位置再次单击左键可以再次输入文字，直到最后一个文字输入完毕按〈Esc〉键退出命令。若文字位置不合适，可利用“移动”命令将其移动到合适的位置，文字创建效果如图 6-103 所示。

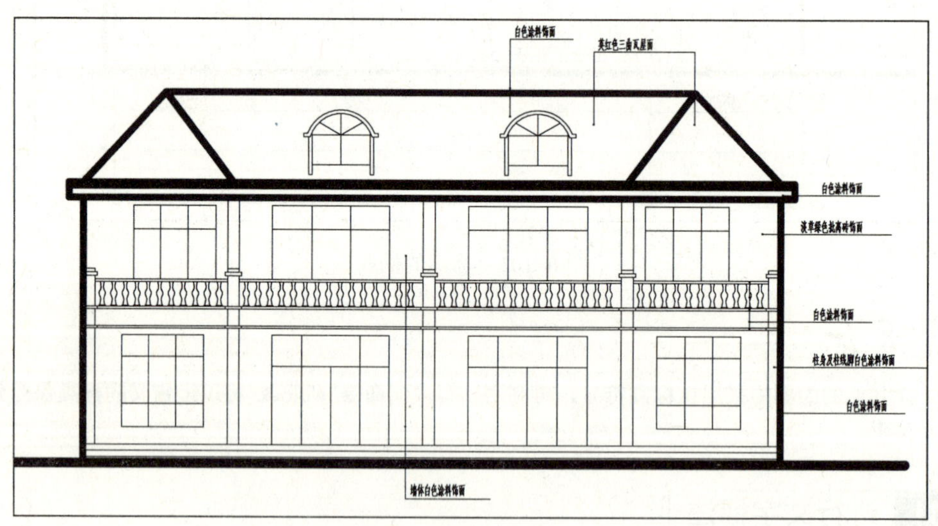

图 6-103　文字的书写

5）将当前文字样式设置为“图名”，利用“单行文字”命令在图形下部书写图名“南立面图”。然后将当前文字样式设置为“标高文字”，在“南立面图”的左侧创建图形比例为“1∶50”。

6）利用“多段线”命令，绘制下画线，线宽设置为 50，长度与图名长度大体相同，最终绘制结果如图 6-16 所示。

第 7 章　绘制建筑剖面图

本章讲解建筑剖面图的形成、命名和内容，剖面图的绘制要求及作图方法，在AutoCAD 环境中绘制建筑剖面图的过程；并以某住宅楼 1-1 剖面图为实例，讲解在AutoCAD 环境中绘制剖面图的方法，包括调用绘图环境，确定剖面图的轴线及高度，各层楼梁板的绘制，剖面楼梯的绘制，阁楼层和屋顶层的剖面绘制，以及剖面图的尺寸、标高及图名比例标注等。

7.1　专业讲解——建筑剖面图概述

建筑剖面图用以表示建筑内部的结构构造、垂直方向的分层情况、各层楼地面、屋顶的构造及相关尺寸、标高等。

7.1.1　建筑剖面图的形成与命名

建筑剖面图是房屋的竖直剖视图，也就是用一个或多个假想的平行于正立投影面或侧立投影面的竖直剖切面剖切房屋，移去剖切平面某一侧的形体部分，将留下的形体部分按剖视方向向投影面做正投影所得到的图样称为剖面图，如图 7-1 所示。

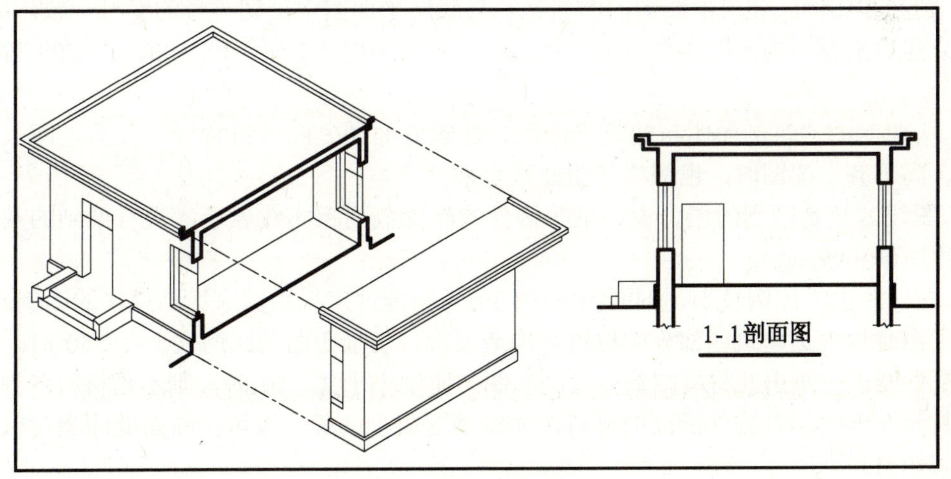

图 7-1　建筑剖面图的形成

剖面图的剖切位置和数量应根据建筑物自身的复杂情况而定，一般剖切位置选择在建筑物的主要部位或是构造较为典型的部位，如门窗、楼梯间等处。习惯上，剖面图不画基础，断开面上材料图例与图线的表示均与平面图的表示相同，即被剖到的墙、梁、板等用粗实线表示，没有剖到的但是可见的部分用中粗实线表示，被剖切断开的钢筋混凝土梁、板涂黑表示。

根据建筑物的实际情况，剖面图通常有横剖面图和纵剖面图。沿着建筑物宽度方向剖开，即为横剖；沿着建筑物长度方向剖开，即为纵剖。当需要使用多个剖视图来表示时，其剖视图应按照剖切号来表示，如“1-1 剖面图”、“2-2 剖面图”等。

7.1.2 建筑剖面图所表现的内容

建筑剖面图主要是用来表达房屋内部垂直方向的结构形式、沿高度方向分层情况、各层构造做法、门窗洞口高、层高及建筑总高等，那么在绘制建筑剖面图时，其图中应包括以下主要内容。

1）图名、比例。

2）必要的轴线以及各自的编号。

3）被剖切到的梁、板、平台、阳台、地面以及地下室图形。

4）被剖切到的门窗图形。

5）剖切处各种构配件的材质符号。

6）未剖切到的可见部分，如室内的装饰、和剖切平面平行的门窗图形、楼梯段、栏杆的扶手等和室外可见的雨水管、水漏等以及底层的勒脚和各层的踢脚。

7）高程以及必需的局部尺寸的标注。

8）详图的索引符号。

9）必要的文字说明。

7.1.3 建筑剖面图的绘制要求

在绘制建筑剖面图时，应遵循如下规定和要求。

1）图名和比例。建筑剖面图的图名必须与底层平面图中剖切符号的编号一致，如 1－1 剖面图。建筑剖面图的比例与平面图、立面图一致，采用 1∶50、1∶100、1∶200 等较小比例绘制。

2）所绘制的建筑剖面图与建筑平面图、建筑立面图之间应符合投影关系，即长对正、宽相等、高平齐。读图时，也应将三图联系起来。

3）图线。凡是剖到的墙、板、梁等构件的轮廓线用粗实线表示，没有剖到的其他构件的投影线用细实线表示。

4）图例。由于比例较小，剖面图中的门窗等构配件应采用国家标准规定的图例表示。

为了清楚地表达建筑各部分的材料及构造层次，当剖面图的比例大于 1∶50 时，应在剖到的构配件断面上画出其材料图例；当剖面图的比例小于 1∶50 时，则不画材料图例，而用简化的材料图例表示其构件断面的材料，如钢筋混凝土的梁、板可在断面处涂黑，以区别于砖墙和其他材料。

5）尺寸标注与其他标注。剖面图中应标出必要的尺寸。

外墙的竖向标注三道尺寸，最里面一道为细部尺寸，标注门窗洞及洞间墙的高度尺寸；中间一道为层高尺寸；最外一道为总高尺寸。此外，还应标注某些局部的尺寸，如内墙上门窗洞的高度尺寸，窗台的高度尺寸；以及一些不需绘制详图的构件尺寸，如栏杆扶手的高度尺寸、雨篷的挑出尺寸等。

建筑剖面图中需标注标高的部位有室内外地面、楼面、楼梯平台面、檐口顶面、门窗洞口等。剖面图内部的各层楼板、梁底面也需标注标高。

建筑剖面图的水平方向应标注墙、柱的轴线编号及轴线间距。

6）详图索引符号。由于剖面图比例较小，某些部位（如墙脚、窗台、楼地面、顶棚等）节点不能详细表达，可在剖面图上的该部位处画上详图索引符号，另用详图表示其细部构造。楼地面、顶棚、墙体内外装修也可用多层构造引出线的方法说明。

7.1.4 建筑剖面图的识图实例

用户在识读建筑剖面图时，应遵循以下的步骤。

1）明确剖面图的剖切。建筑剖面图可从建筑底层平面图中找到剖切平面的剖切位置。

2）明确被剖到的墙体、楼板和屋顶。

3）明确可见部分。

4）识读建筑物主要尺寸标注以及标高等。

5）识读索引符号、图例等。

如图 7-2 所示为某别墅楼 1-1 剖面图，此建筑剖面图的阅读方法如下。

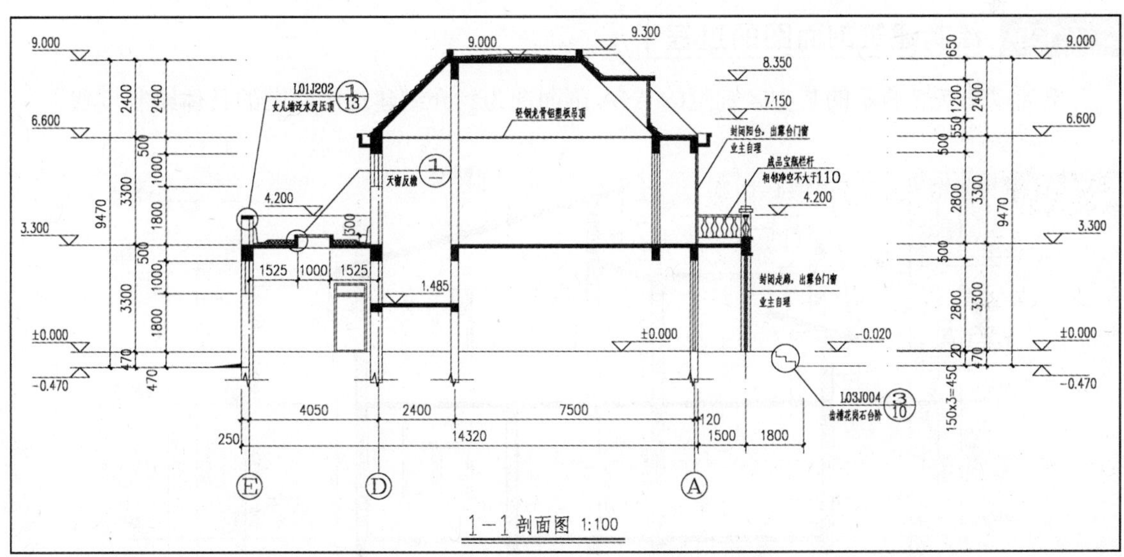

图 7-2 别墅 1-1 剖面图

1）明确剖面图的位置。如图 7-2 所示的“1-1 剖面图”可从底层平面图找到剖切平面的位置，1-1 为从客厅到厨房的剖切，中间经过楼梯间的休息平台。因此 1-1 剖面图中绘制出了楼梯间、厨房和客厅的剖面。

2）明确被剖到的墙体、楼板和屋顶。从图 7-2 可以看出，被剖到的墙体有Ⓐ轴线墙体、Ⓓ轴线墙体、Ⓔ轴线墙体以及墙体上面的门窗洞口。其中Ⓐ轴线底层为客厅，二层之上为卧室，底层Ⓐ轴线上为入口出大门，故有门的图例；二层之上剖到的则是卧室通往阳台的门的位置。从图中可以看出，底层门口处有以封闭走廊，走廊上层则是二楼的室外阳台外面的露台，露台的栏杆采用成品宝瓶形栏杆。底层Ⓓ轴线处为楼梯间的休息平台，由于剖切后观看方向，此图中没有可见的楼梯踏步，只有被剖到的休息平台板的厚度。底层Ⓓ与Ⓔ轴线之间为厨房，厨房Ⓔ轴线墙体上有一高窗，厨房为单层建筑，厨房屋面处女儿墙高度 900，屋面有一天窗。看屋面部分可知，本建筑为带阁楼建筑，阁楼为非居住部分，用轻钢龙骨吊顶与二层分隔。最上部为部分有组织排水平屋面，预留泄水孔排水，两侧为坡屋面坡度 45°，坡屋面一侧留有老虎窗。老虎窗具体尺寸另见详图表示。

3）明确可见部分。在 1-1 剖面中，主要可见部分为底层厨房处。住宅两侧相对比较独立，各自有楼梯通向二层，住宅二层两侧相互独立没有连通。但在底层厨房处设置一门连接两独立部分。

4）识读建筑物主要尺寸标注。在 1-1 剖面中，主要标注了各部分的高度尺寸、标高等。从图中可以看出该住宅层高为 3.3m。另外，1-1 剖面上还标注了走廊、休息平台、露台等处的标高及尺寸，图中还标注了天窗的具体位置。

5）识读索引符号、图例等。在 1-1 剖面中，女儿墙、天窗、花岗石台阶等处均有索引符号，女儿墙与花岗石台阶索引自标准图集，天窗索引符号显示详图在本页图纸中。对于剖到的墙体，砖墙不表示图例，对于剖到的楼板、楼梯梯段板、过梁、圈梁，材料均为钢筋混凝土，在建筑剖面图中则涂黑表示。

7.1.5 绘制建筑剖面图的过程

下面以图 7-3 所示的某小区别墅的 A-A 剖面图为例介绍建筑剖面图的具体绘制步骤。

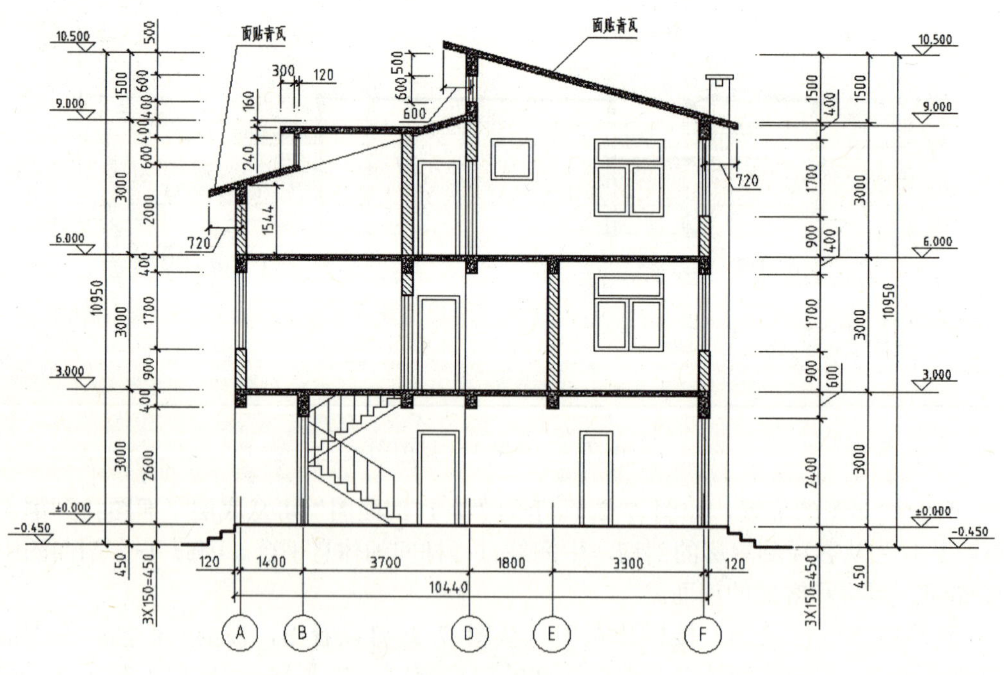

图 7-3　小区别墅 A-A 剖面图

1．设置绘图环境

绘制建筑立面图的绘图环境设置与绘制建筑平面图的设置相同。

快速简单的方法是直接将建筑正立面图打开，按绘制建筑剖面图的需要适当添加图层，然后另存为建筑立面图文件。

2．调整平面图和正立面图的位置，绘制三视图的作图辅助线

1）依据已绘制的建筑平面图、正立面图与将要绘制的 A–A 剖面图之间的投影关系和三视图的作图原则，在打开的建筑正立面图文件中，将底层平面图粘贴在正立面图的正下方，即长对正。

2）按照绘制三视图的方法，绘制三视图的坐标线和 45° 辅助线（按照作右视图的方法绘制辅助线）。

3）按照宽相等的作图原则，绘制宽度方向的定位辅助线，如图 7–4 所示。

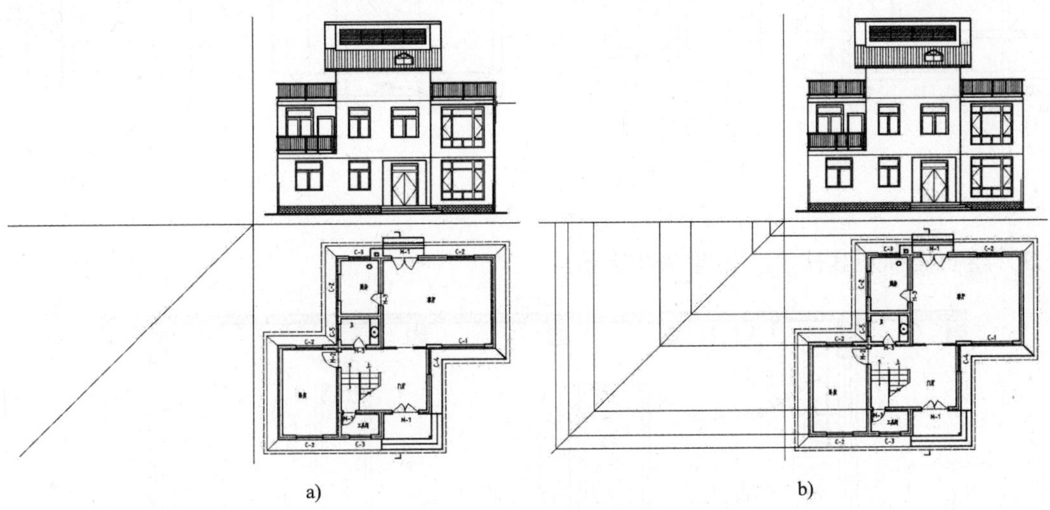

图 7–4 绘制定位辅助线

a) 绘制三视图的坐标线和 45° 辅助线 b) 绘制宽度方向的定位辅助线

3．绘制剖面图的室外地坪线、底层的地面线和前后的台阶

在地坪线图层，依据高平齐的作图原则，绘制室外地坪线和底层的地面线以及前后的台阶。图 7–5 所示为绘制的地坪线。

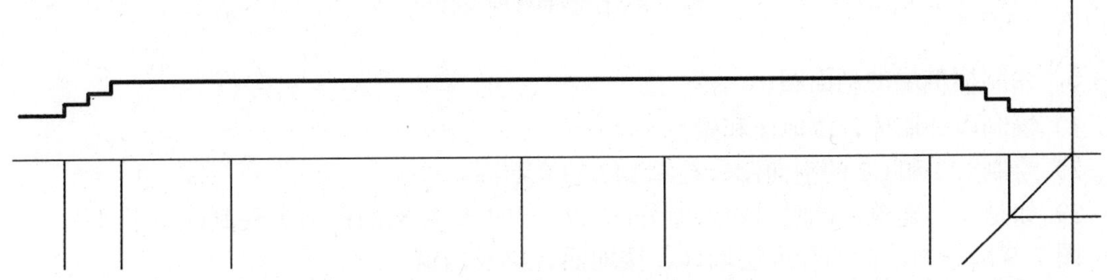

图 7–5 绘制的地坪线

4．绘制底层的剖面图

1）绘制内外墙体、楼地面和梁。

没有被剖切到的墙体用单实线绘制。剖切到的墙体用双线绘制。当图形比例为 1∶100～

1∶200 时，材料图例可采用简化画法，如砖墙涂红、钢筋混凝土涂黑。但在本例中还是填充了材料图例，省略了楼地面的面层线。

2）绘制相应的门窗立面图和剖面图，如图 7-6 和图 7- 7 所示。

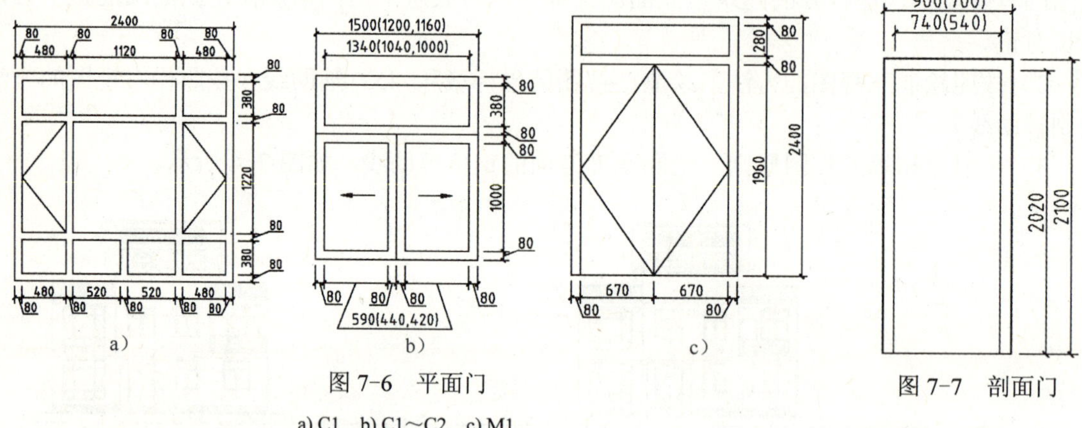

图 7-6　平面门

a) C1　b) C1～C2　c) M1

图 7-7　剖面门

3）绘制楼梯及其扶手，如图 7-8 所示。

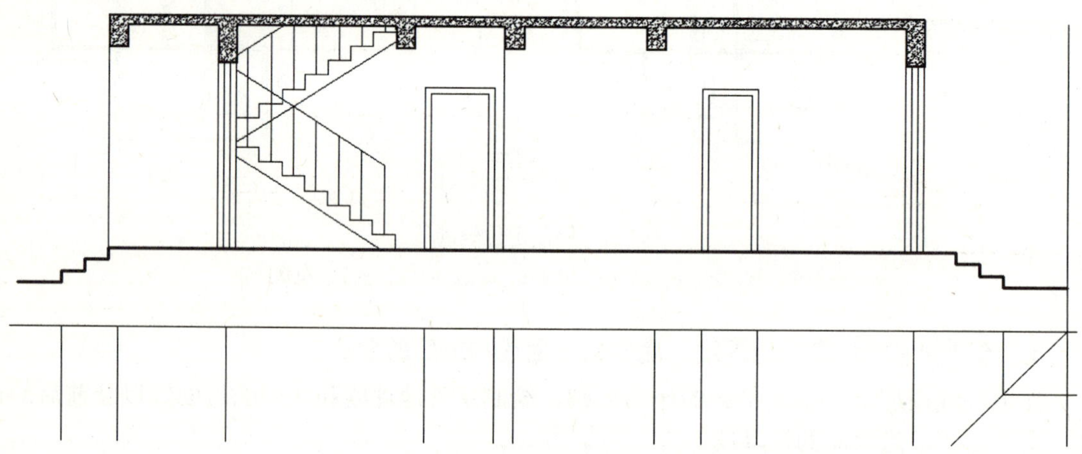

图 7-8　绘制的楼梯及扶手

5. 绘制标准层的剖面图

1）绘制内外墙体、楼地面和梁。

2）绘制 M2 和 C2 的剖面图、绘制 M2 的立面图。

3）如是高层建筑，此时可将绘制好的标准层的 A-A 剖面图向上复制或矩形阵列。图 7-9 所示为绘制的标准层墙体、楼地面、梁及门窗。

6. 绘制顶层和屋顶的剖面图

1）绘制顶层的内外墙体、门窗及其细部。

2）按如图 7-3 所示的尺寸绘制屋顶的斜坡、构造的厚度、门窗及其细部，如图 7-10 所示。

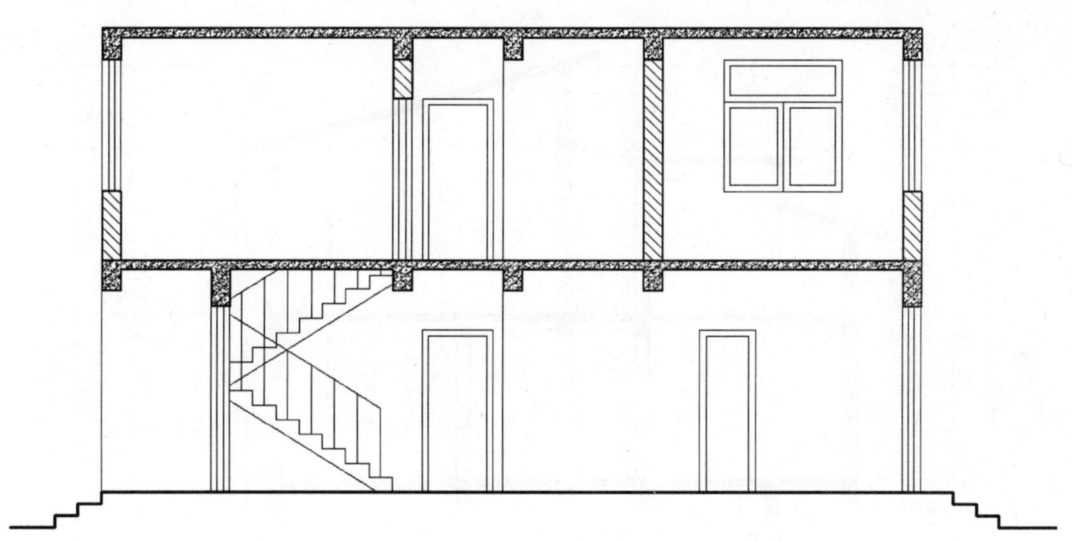

图 7-9　绘制标准层墙体、楼地面、梁及门窗

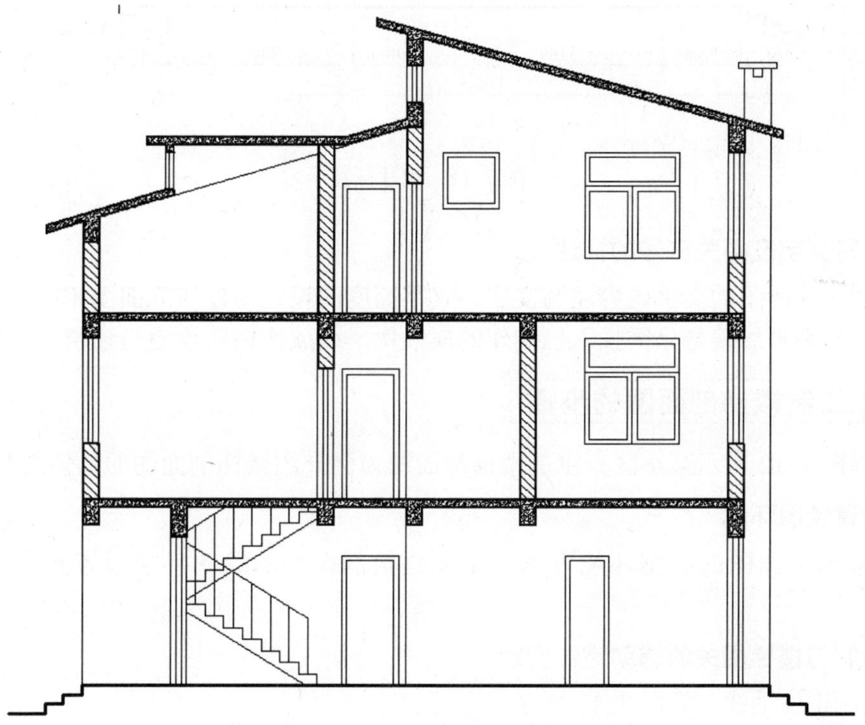

图 7-10　绘制顶层和屋顶的剖面图

7. 尺寸标注

1）标注外墙上的细部尺寸、标注层高尺寸和总高尺寸。

2）标注轴线间距的尺寸和前后墙间的总尺寸。

3）标注细部尺寸。标注尺寸后的效果如图 7-11 所示。

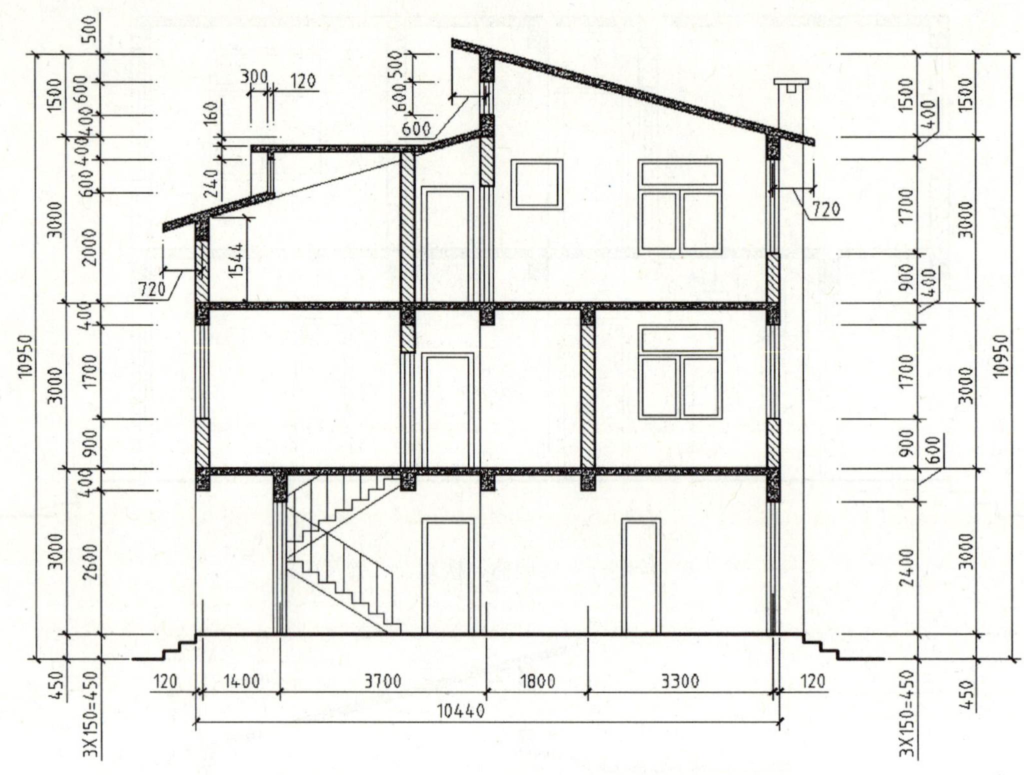

图 7-11　尺寸标注

8．注写文字及相关符号的标注

按如图 7-3 所示的文字内容注写文字。文字高度的设定与建筑立面图相同。

高程符号和轴线编号只需插入已制作的属性块，缩放比例的设定与建筑立面图相同。

7.1.6 绘制楼梯剖面图的步骤

下面以图 7-12 所示某小区别墅的楼梯剖面图为例介绍楼梯剖面图的具体绘制步骤。

1．设置绘图环境

绘制楼梯剖面图的绘图环境设置与绘制建筑剖面图的绘图环境设置相同，这里不再介绍。

2．绘制与楼梯相关的辅助定位图线

1）绘制定位轴线，如图 7-13 所示。

2）绘制室内外地坪线。

3．绘制内外墙

选择墙体图层，绘制内外墙图线和折断线，如图 7-14 所示。

4．绘制屋顶、楼板和梁

选择相应的图层，绘制屋顶、楼板和梁图线。如果是高层建筑，绘制完标准层的楼板和梁后可向上复制或矩形阵列，如图 7-15 所示。

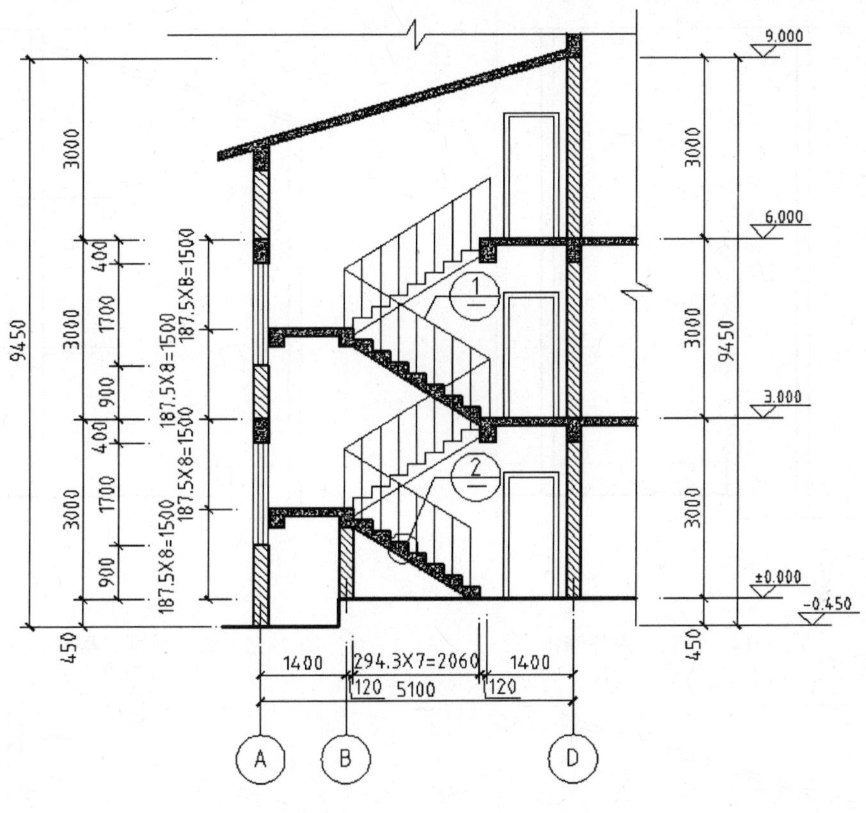

图 7-12　绘制好的楼梯剖面图

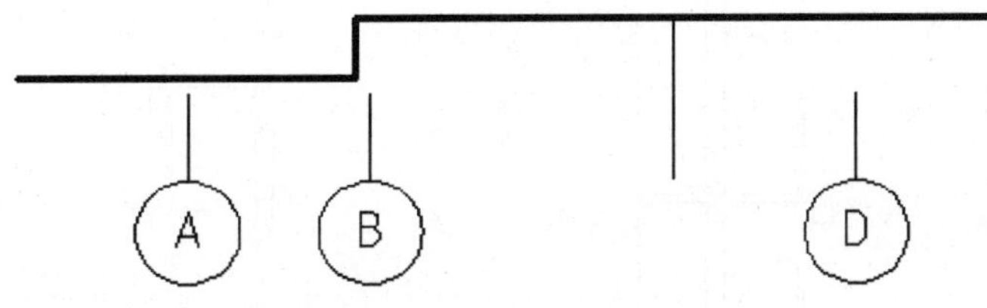

图 7-13　绘制楼梯定位轴线

5. 绘制门窗

选择相应的图层，绘制 C3 的剖面图和 M2 的立面图，如图 7-16 所示。

快速完成这 5 步的方法是将绘制的建筑剖面图打开，删除与楼梯剖面图无关的图线，并做些适当的修改即可。

6. 绘制休息平台

选择相应的图层，绘制休息平台的楼板和梁。休息平台的边缘至梯段起步点的水平距离=踏步宽×（踏步数-1），高度=踏步高×踏步数，如图 7-17 所示。

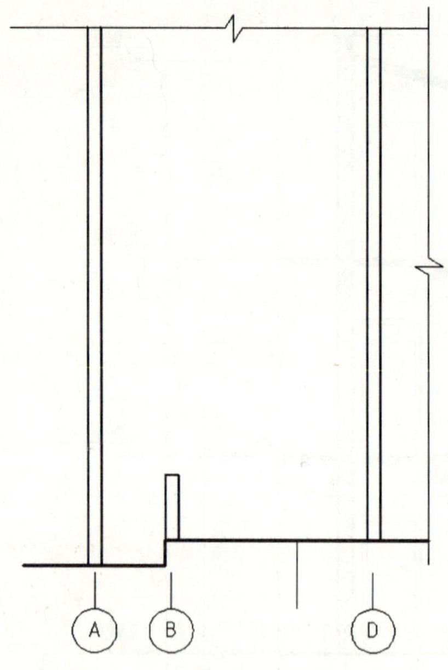

图 7-14 绘制的内外墙体

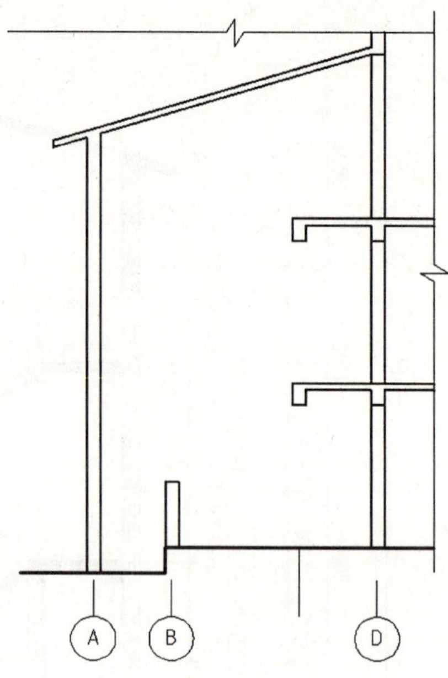

图 7-15 绘制屋顶、楼板和梁

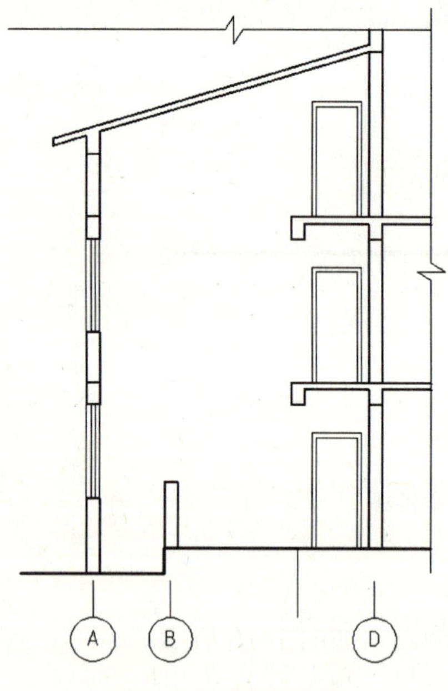

图 7-16 绘制的门窗

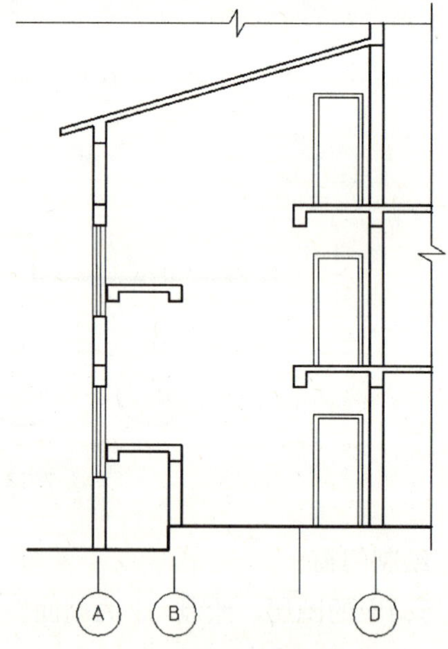

图 7-17 绘制休息平台

7. 绘制楼梯

1）按上述的计算公式，确定底层梯段踏步的起点，然后用“直线”命令（line）绘制第一个踏步。

2）用“复制”命令（copy）将已绘制的踏步逐个复制，直到第一个休息平台。

3）用“镜像”命令（mirror），将第一梯段的踏步以第一个休息平台的表面为镜像线进行镜像复制，得到第二梯段。

4）用“直线”命令（line）和“偏移”命令（offset）完成楼梯坡度线的绘制。

5）绘制扶手和栏杆，并进行细部修正。

6）将绘制好的底层楼梯逐层向上复制。

绘制的楼梯如图 7-18 所示。

8. 填充钢筋混凝土和墙体图案

1）剖切到的墙体填充“ANS31”图案。

2）剖切到的梯段、梁楼板、屋顶填充“ANS31+ARCONC”图案，如图 7-19 所示。

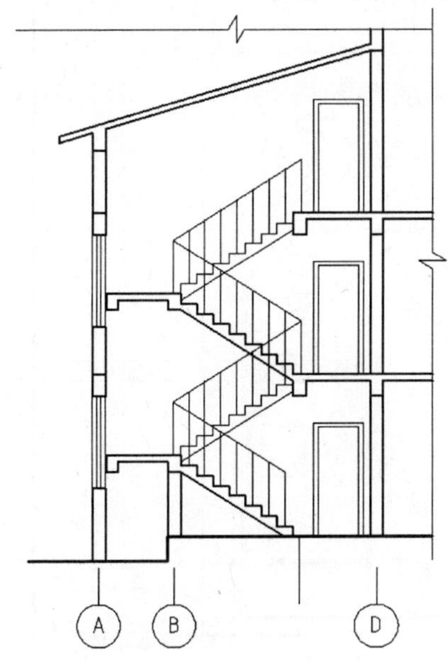

图 7-18 绘制的楼梯

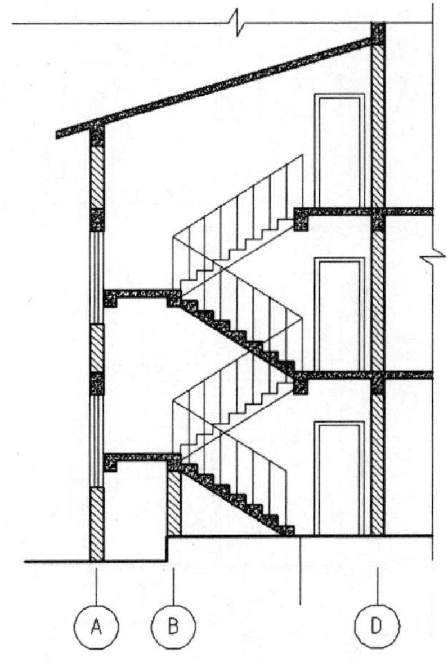

图 7-19 填充钢筋混凝土和墙体图案

9. 尺寸标注、注写文字及相关符号的标注

1）标注楼梯的竖向尺寸、标注层高尺寸。

2）标注轴线间距的尺寸和楼梯的水平尺寸。

3）注写文字、标注高度、轴线编号和索引符号等，最终效果如图 7-12 所示。

10. 绘制节点详图

1）选择相应图层按一般的作图顺序绘制详图的轮廓、细节。

2）选择相应图层对其加以标注和注写文字，最终效果如图 7-12 所示。

7.2 实例精解——住宅楼建筑剖面图绘制

◎ 案例文件：案例\07\建筑剖面图.dwg

◎ 视频演示：视频\07\建筑剖面图.avi

本实例是在第 5 章绘制的住宅楼平面图基础上，绘制其 1-1 剖面图。图 7-20 所示为该住宅楼的一层平面图。图中显示了 1-1 剖面图的剖切位置与剖视方向。建筑剖面图在横向的尺寸由平面图确定，竖向尺寸由立面图确定。因此，在绘制剖面图时，为了便于尺寸的查找以及辅助线的定位，可以将已绘制的建筑平面图、建筑立面图复制到绘制剖面图的文件中，然后按建筑剖面图的绘制步骤绘制各图形元素。本实例的最终绘制结果如图 7-21 所示。

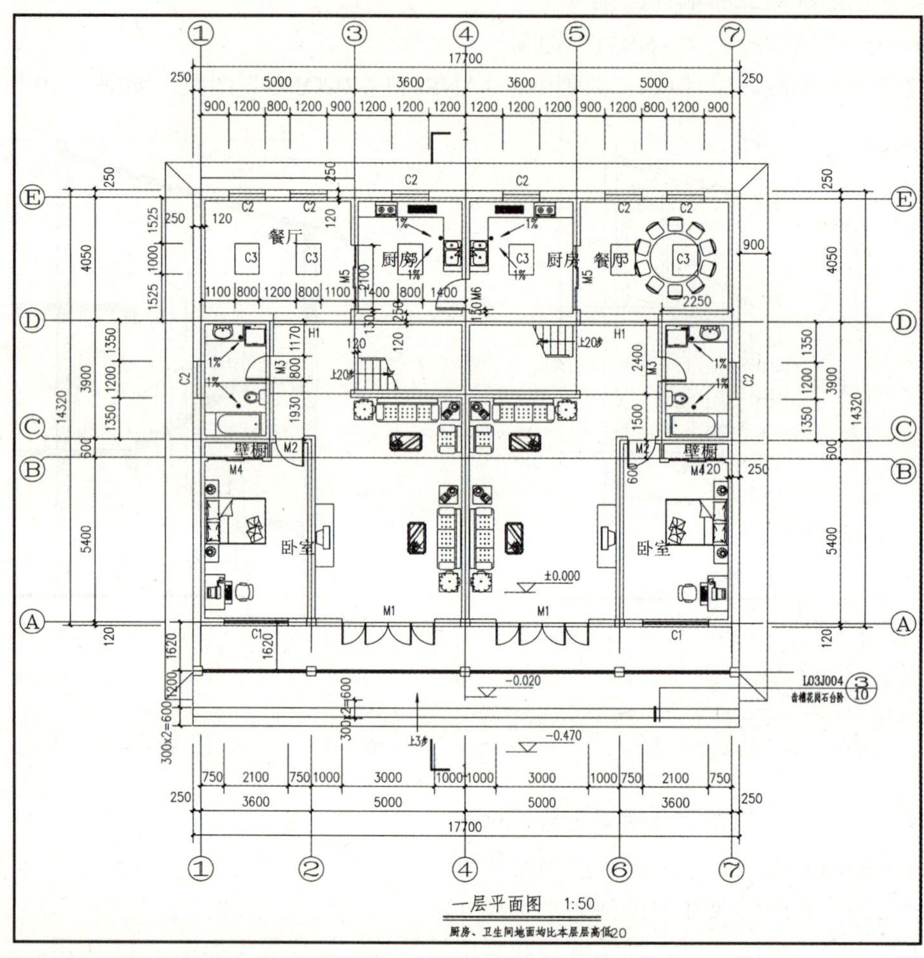

图 7-20 一层平面图

7.2.1 设置绘制环境

与建筑平面图、立面图相同，在正式绘制建筑剖面图之前，首先要设置与所绘图形相匹配的绘图环境。

1. 新建绘图环境

1）正常启动 AutoCAD 2012 软件，单击工具栏上的“新建”按钮，打开“选择样板”对话框，然后选择“acadiso”作为新建的样板文件，如图 7-22 所示。

2）选择“文件 | 另存为”菜单命令，打开“图形另存为”对话框，将文件另存为“案例\07\建筑剖面图.dwg”图形文件。

3）选择“格式 | 单位”菜单命令，打开“图形单位”对话框，把“长度”单位类型设定为“小数”，精度为“0.000”，“角度”单位类型设定为“十进制”，精度精确到小数点后两位“0.00”，然后单击“确定”按钮，如图 7-23 所示。

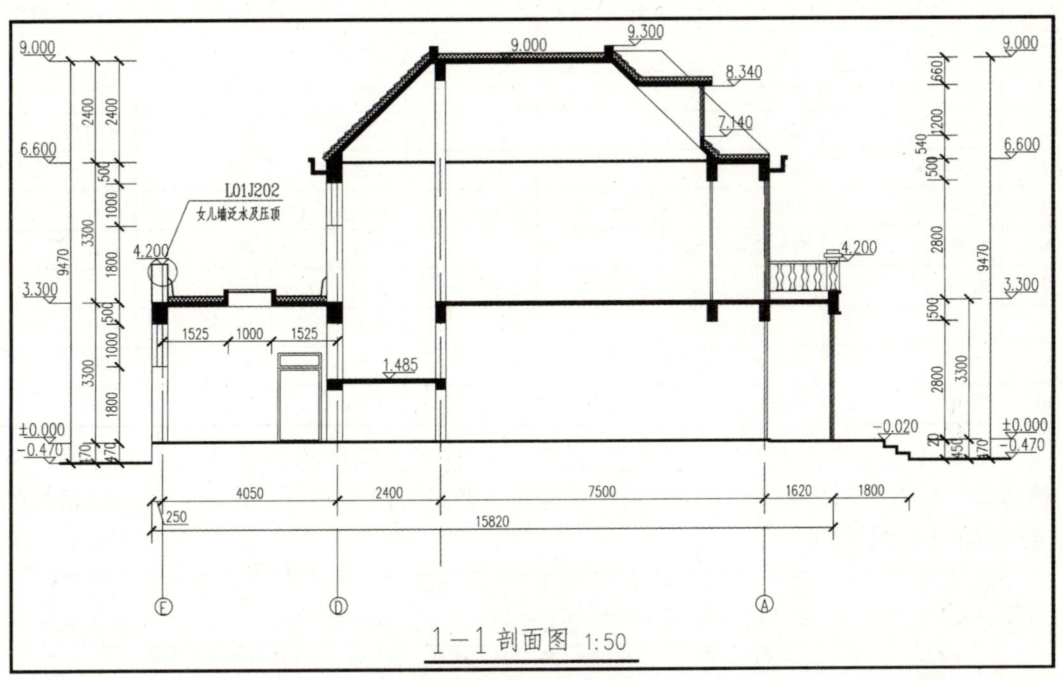

图 7-21　1-1 剖面图

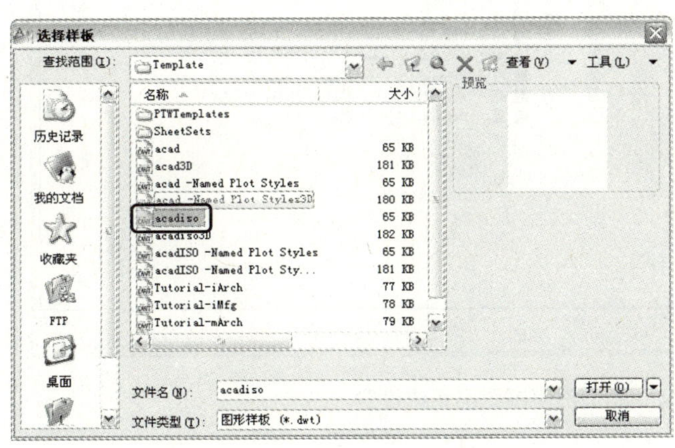

图 7-22　“选择样板”对话框

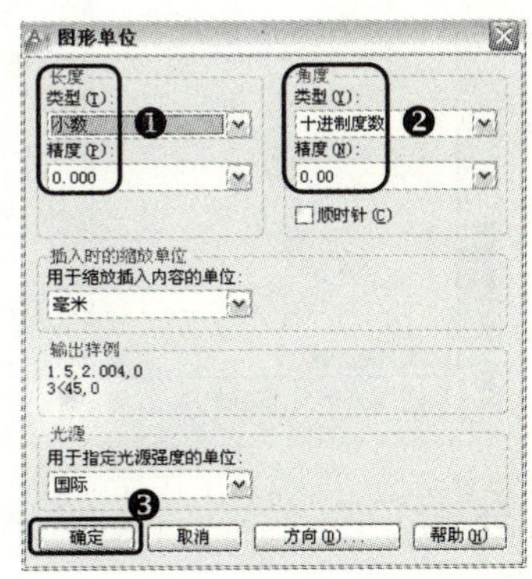

图 7-23　图形单位设置

4）选择“格式 | 图形界限”菜单命令，依照提示，设定图形界限的左下角为（0，0），右上角为（42000，29700）。

5）在命令行输入命令“Z | 空格 | A”，使输入的图形界限区域全部显示在图形窗口内。

2. 图层规划

由图 7-21 可知，建筑剖面图形主要由轴线、门窗、墙体、楼板、标高、文本标注、尺寸标注等元素组成，因此绘制剖面图时，需建立如表 7-1 所示的图层。

表 7-1　图层设置

序号	图层名	描述内容	线宽	线型	颜色	打印属性
1	轴线	定位轴线	默认	点画线	红色	打印
2	轴线文字	轴线圆及轴线文字	默认	实线	蓝色	打印
3	辅助轴线	辅助轴线	默认	点画线	粉红	不打印
4	墙及楼板	墙体、楼板	0.3	实线	粉红	打印
5	门窗	门窗	默认	实线	青色	打印
6	地坪线	室外及室内地坪	0.5	实线	黑色	打印
7	标高	标高符号及文字	默认	实线	蓝色	打印
8	标注	尺寸线、标高	默认	实线	绿色	打印
9	文字	图中文字	默认	实线	黑色	打印
10	其他	附属构件	默认	实线	黑色	打印

1）单击“图层”工具栏的“图层”按钮，打开“图层特性管理器”对话框，单击“新建图层”按钮创建如表 7-1 所示的各图层，并进行图层颜色、线宽、线型等特性的设置，结果如图 7-24 所示。

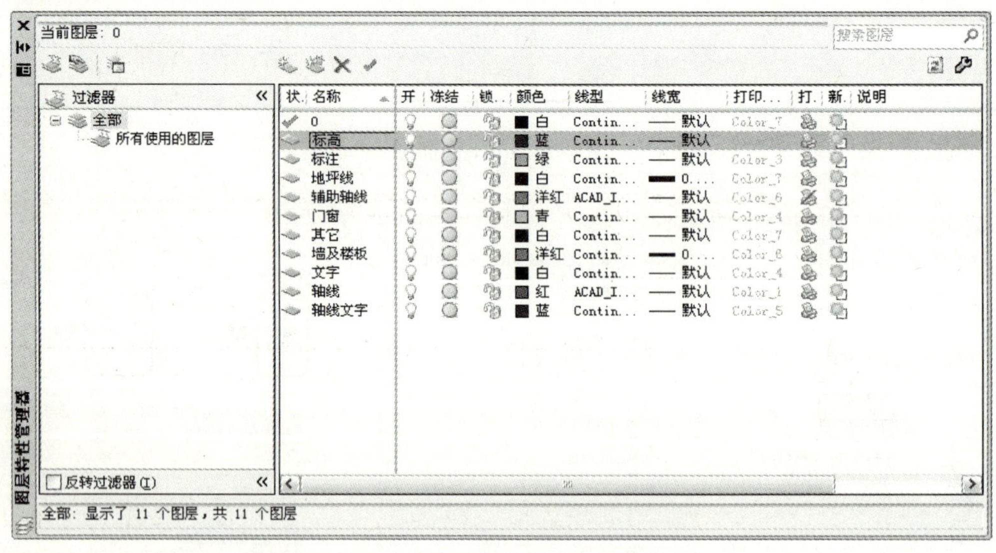

图 7-24　建筑剖面图图层系统设置

2）选择“格式｜线型”菜单命令，打开“线型管理器”对话框，单击“显示细节”按钮，打开“细节选项组”，输入“全局比例因子”为 50，如图 7-25 所示。

3. 文字样式的设定

由图 7-21 可知，建筑剖面图上的文字有尺寸文字、标高文字、图内文字说明、图名文字、轴线符号及详图索引文字等，打印比例为 1∶50，文字样式中的高度为打印到图纸上的文字高度与打印比例倒数的乘积。根据建筑制图标准，该平面图文字样式的规划如表 7-2 所示。

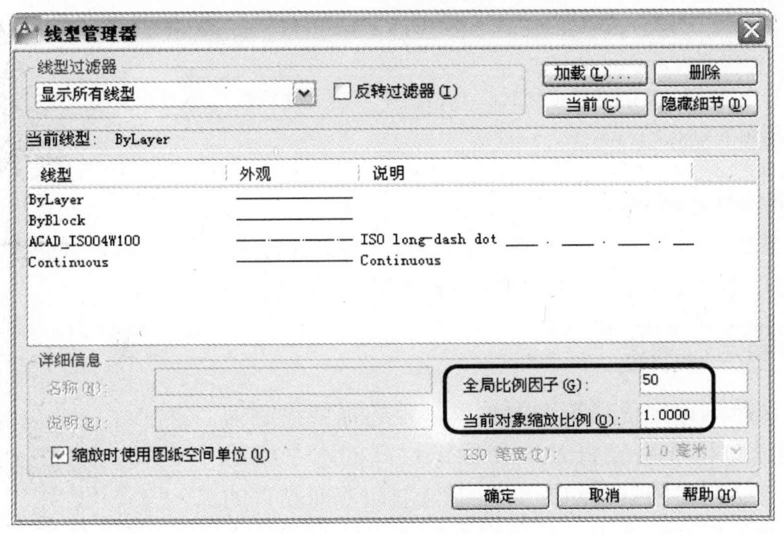

图 7-25 线型比例设置

表 7-2 文字样式

文字样式名	打印到图纸上的文字高度	图形文字高度（文字样式高度）	字体文件
图内说明	3.5	175	tssdeng tssdchn
尺寸文字	3.5	0	tssdeng
标高文字	3.5	175	tssdeng
剖切及轴线符号	7	350	tssdeng
图名	7	350	tssdeng tssdchn

利用“格式 | 文字样式”菜单命令，创建如表 7-2 所示的各文字样式，并对每一种样式进行字体、高度、宽度因子的设置，创建结果如图 7-26 所示。

图 7-26 文字样式

提示

若采用注释性文字，需在“文字样式”对话框中勾选“注释性”选项，并将文字高度设置为图纸文字高度，可参照第 6 章 6.2.1 节。

4．尺寸标注样式的设定

利用“格式 | 标注样式”菜单命令，创建“建筑剖面标注”样式，并参照第 5 章“建筑平面标注”样式中的参数对该标注样式中的参数进行设置。

7.2.2 绘制定位轴线

为了能快速准确地定位建筑剖面轮廓，首先需要绘制辅助定位线。辅助定位线由竖直轴线和标识层高的水平线组成，竖直轴线的绘制要依据建筑平面图中与剖切方向垂直的轴线尺寸，从建筑平面中选用，标识层高的水平线从建筑立面中获取。

1）选择“文件 | 打开”菜单命令，打开图形文件“案例\05\建筑平面图.dwg”。

标注
辅助轴线
楼梯
门窗
墙
设施
文字
轴线
轴线文字
柱

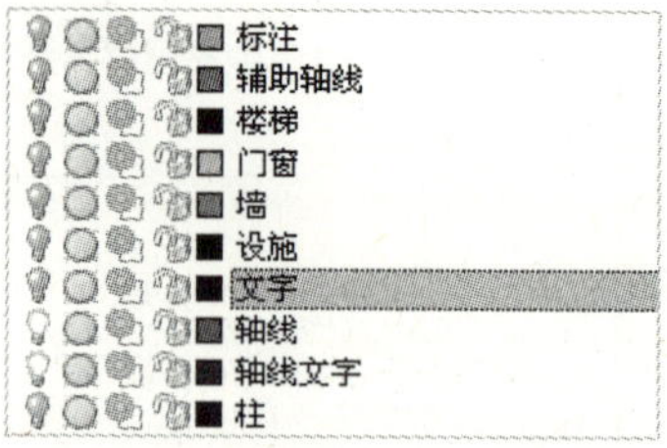

图 7-27　图层关闭状态的设置

2）单击“图层”工具栏的“图层控制”下拉列表框，关闭除“轴线”、“轴线文字”之外的所有图层，如图 7-27 所示。

3）选择“编辑 | 复制”菜单命令，依据提示选取编号为 E、D、A 的水平轴线及轴线文字，如图 7-28 所示。

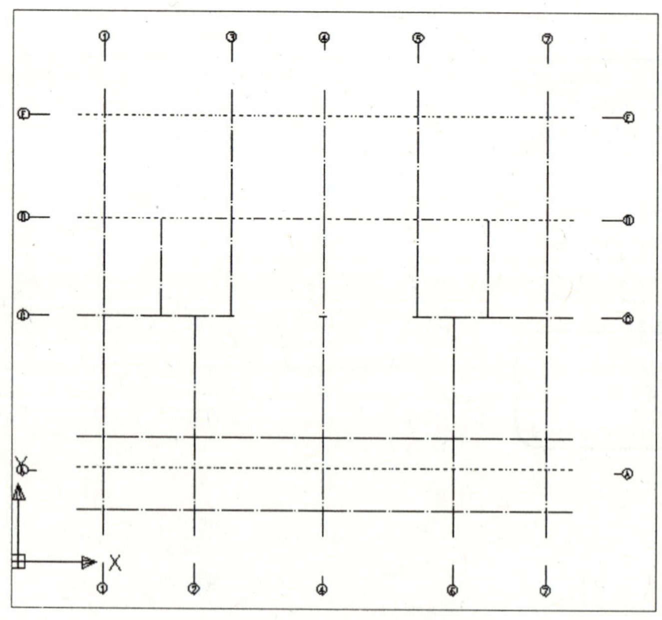

图 7-28　复制对象的选取

4）选择“文件 | 关闭”菜单命令，将“案例\05\建筑平面图.dwg”图形文件关闭。

5）在图形文件“案例\07\建筑剖面图.dwg”绘图区的任意位置单击鼠标右键，在弹出的快捷菜单选择“粘贴”命令，然后选取插入点把图形复制到相应位置，如图 7-29 所示。

6）单击“修改”工具栏的“旋转”按钮，选取前一步复制的轴线及轴线文字为旋转对象后按〈Enter〉键，选取任意一直线的端点为基点，输入旋转角度 90，完成轴线的旋转。重复利用“旋转”命令将轴线文字旋转到适当位置，旋转基点选取圆心，旋转角度为 –90。旋转结果如图 7-30 所示。

图 7-29 建筑平面图中轴线的复制

图 7-30 轴线的旋转

7）选择“文件 | 打开”菜单命令，打开图形文件“案例\06\建筑立面图.dwg”。

8）单击“图层”工具条的“图层控制”下拉列表框，关闭除“轴线”、“轴线文字”之外的所有图层。

9）选择“编辑 | 复制”菜单命令，依据提示选取如图 7-31 所示虚线的标识层高的直线以及相对应的标高符号。

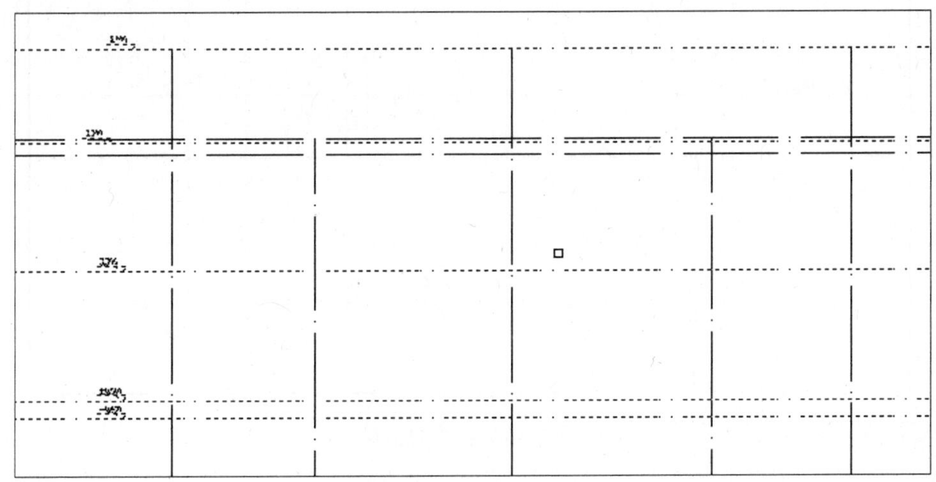

图 7-31 复制对象的选取

10）选择“文件 | 关闭”菜单命令，关闭图形文件“案例\06\建筑立面图.dwg”。

11）在图形文件“案例\07\建筑剖面图.dwg”绘图区的任意位置单击鼠标右键，在弹出的快捷菜单选择“粘贴”命令，然后选取插入点把图形复制到相应位置，如图 7-32 所示。

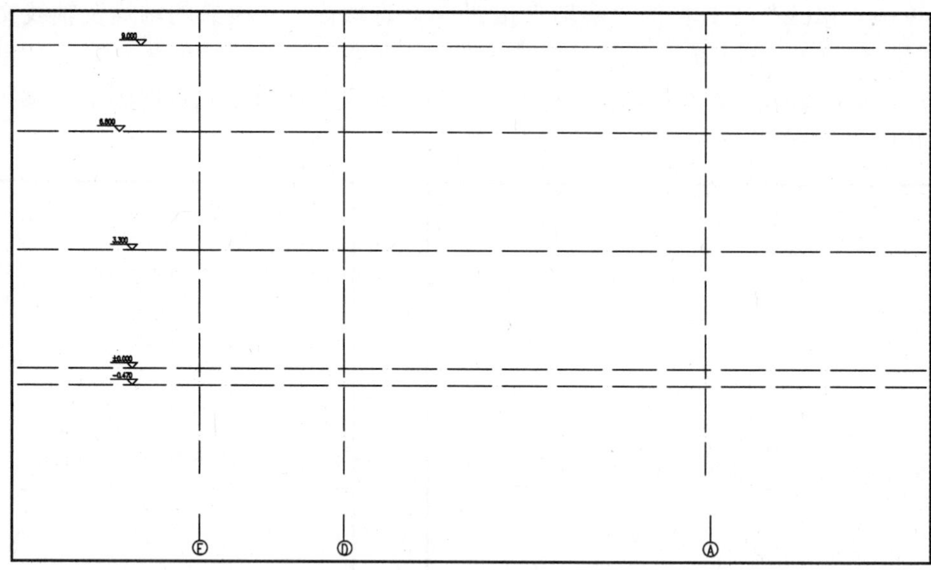

图 7-32　建筑立面图中轴线的复制

12）利用“偏移”命令将编号为 D 的竖直直线向右偏移 2400，将编号为 A 的直线依次向左偏移 1200、1720、560，向右偏移 1620，将标高为 0.000 的水平直线向上偏移 1485，将标高为 9.000 的水平直线向下偏移 560，如图 7-33 所示。

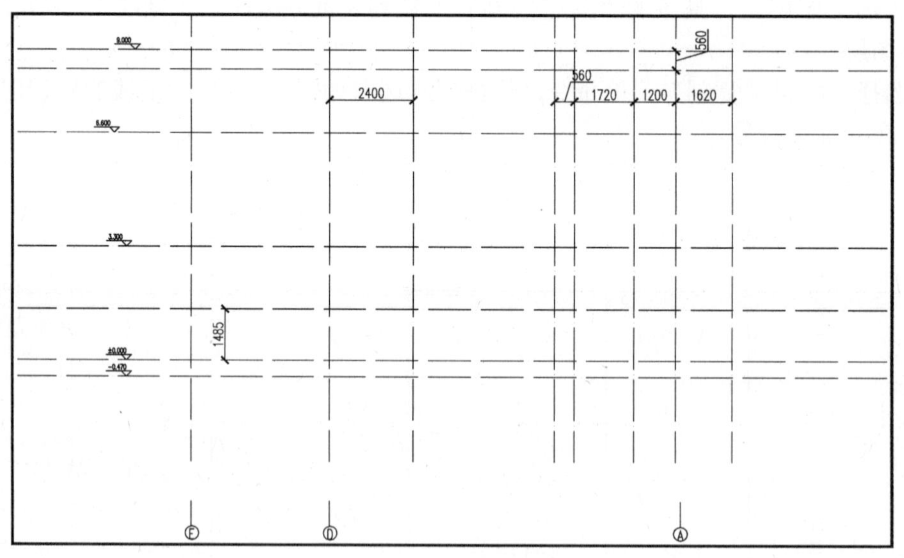

图 7-33　直线的偏移

7.2.3 绘制地坪线

在前面绘制完辅助定位轴线后，接下来开始绘制剖面图的地坪线。

1）单击“图层”工具栏的“图层控制”下拉列表框，将“地坪线”层设置为当前层。

2）单击“绘图”工具栏的“多段线”按钮，依照提示绘制地坪线。命令操作如下：

命令: **_pline**
指定起点: **from** // 输入 from 命令
基点: <偏移>: <正交 开> **@–2400,0** // 选取标高为–0.470 的水平轴线与 E 轴线的交点为基点，然后输入@–2400,0
当前线宽为 0.0000
指定下一个点: // 选取标高为–0.470 的水平轴线与 E 轴线的交点
指定下一点: // 选取标高为 0.000 的水平轴线与 E 轴线的交点
指定下一点: // 选取标高为 0.000 的水平轴线与 A 轴线的交点
指定下一点: **120** //（打开正交模式）向右移动光标，输入距离 120
指定下一点: **20** // 向下移动光标，输入距离 20
指定下一点:**1500** // 向右移动光标，输入距离 1500
指定下一点:**1200** // 向右移动光标，输入距离 1200
指定下一点: **150** // 向下移动光标，输入距离 150
指定下一点: **300** // 向右移动光标，输入距离 300
指定下一点:**150** // 向下移动光标，输入距离 150
指定下一点: **300** // 向右移动光标，输入距离 300
指定下一点: **150** // 向下移动光标，输入距离 150
指定下一点: **2400** // 向右移动光标，输入距离 2400
指定下一点: // 按〈Enter〉键结束多段线的绘制

绘制结果如图 7-34 所示。

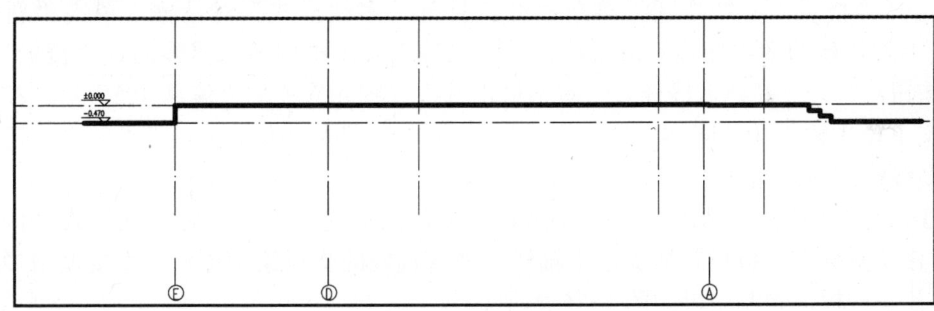

图 7-34 地坪线的绘制

7.2.4 绘制墙线

1）单击“图层”工具栏的“图层控制”下拉列表框，将“墙及楼板”层设置为当前层。

2）选择“格式 | 多线样式”菜单命令，打开“多线样式”对话框，单击“新建”按钮，打开“创建新的多线样式”对话框，在“名称”文本框中输入多线名称“370 墙”，单击“继续”按钮，打开“新建多线样式”对话框，选中“图元”栏的“偏移 0.5”后，在下面的“偏移”文本框中输入 250。同样，把“图元”栏的–0.5 变成–120，其他选型区的内容一般不作修改，单击“确定”按钮，返回“多线样式”对话框，再新建名称为“240 墙”的多线样式。（多线样式的详细操作过程可参见第 5 章）

3）在命令行中输入“ML”并按〈Enter〉键，命令窗口会显示多线命令的信息，然后输入“ST”将多线样式“370 墙”置为当前；输入“J”将对正方式定义为“无”；输入

“S”设定多线比例为 1。设置“对象捕捉”状态，移动鼠标捕捉水平轴线与竖直轴线的交点绘制 370 墙体，在绘图过程中，注意随时用图形缩放命令控制图形大小，以便准确捕捉到轴线交点。同理，绘制 240 墙体，结果如图 7-35 所示。

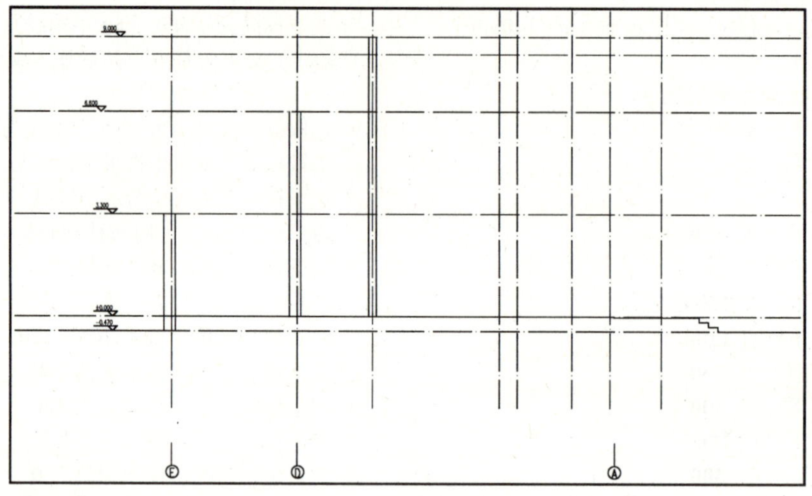

图 7-35　墙线的绘制

7.2.5 绘制楼板

1）选择“格式丨多线样式”菜单命令，打开“多线样式”对话框，单击“新建”按钮，打开“创建新的多线样式”对话框，在“名称”文本框中输入多线名称“楼板”，单击“继续”按钮，打开“新建多线样式”对话框，选中“图元”栏的“偏移 0.5”后，在下面的“偏移”文本框中输入 0。同样，把“图元”栏的-0.5 变成-100，单击“确定”按钮，完成“楼板”多线样式的定义。

2）在命令行中输入“ML”并按〈Enter〉键，然后输入“ST”将多线样式“楼板”置为当前，移动鼠标在楼板位置捕捉水平轴线与竖直轴线的交点绘制楼板。重复使用多线绘制命令绘制各层楼板，绘制结果如图 7-36 所示。

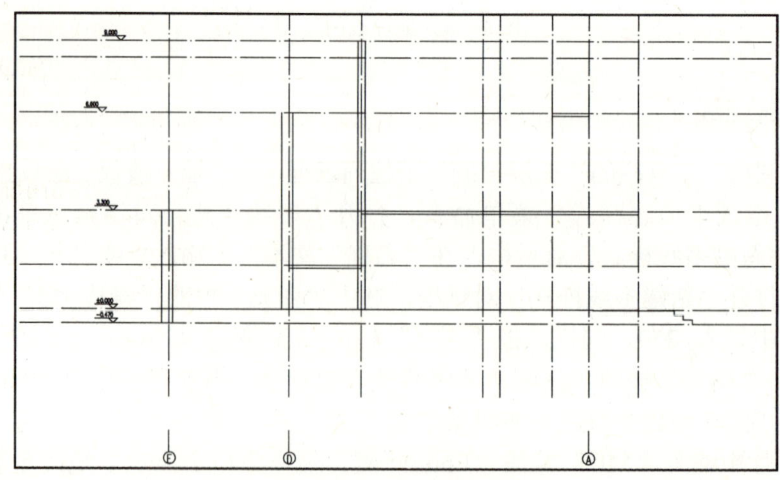

图 7-36　楼板线的绘制

3）利用多线命令绘制 E 轴与 D 轴之间的屋面板，命令操作如下：

命令: **MLINE**
当前设置: 对正 = 无，比例 = 1.00，样式 = 楼板
指定起点或 [对正(J)/比例(S)/样式(ST)]: //选取 E 轴线与标高为 3.300 的水平轴线的交点为起点
指定下一点: **1525** //打开正交模式，向右移动光标，输入 1525
指定下一点: **300** //向上移动光标，输入 300
指定下一点或 [放弃(U)]: //按〈Enter〉键

4）利用“直线”命令，捕捉如图 7-37 所示的 A 点为起点，B 点为终点，绘制镜像所需的辅助直线。

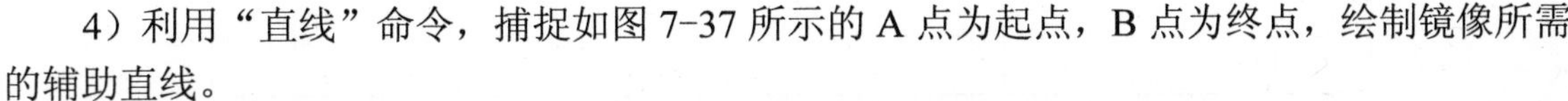

5）单击“修改”工具栏的“镜像”按钮，选择前面步骤 3）绘制的多线，按〈Enter〉键。选取如图 7-37 所示的直线中点为镜像第一点，打开正交模式，向上移动光标，在任意位置单击鼠标左键确定镜像第二点，完成镜像操作，绘制结果如图 7-37 所示。

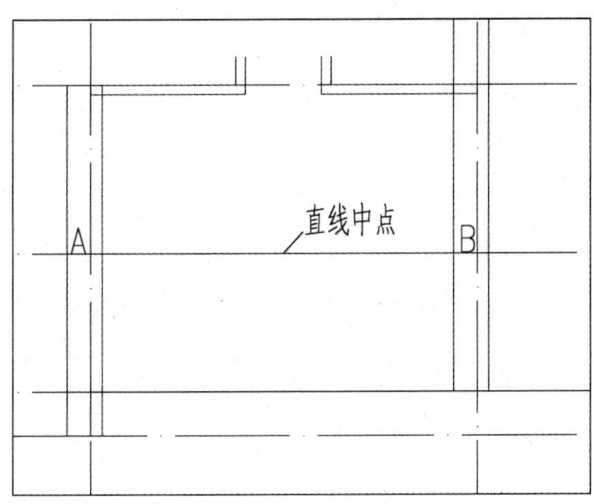

图 7-37　E 轴与 D 轴之间屋面板的绘制

6）利用“删除”命令删除前面步骤 4 绘制的辅助直线。

7）利用“多线”命令绘制 D 轴与 A 轴之间的屋面板，命令操作如下：

命令: **MLINE**
当前设置: 对正 = 下，比例 = 1.00，样式 = 楼板
指定起点或 [对正(J)/比例(S)/样式(ST)]: <对象捕捉 开> //捕捉如图 7-38 所示的 A 点
指定下一点: **@2400,2400** //输入坐标
指定下一点或 [放弃(U)]: //捕捉图 7-38 所示的 B 点
指定下一点或 [闭合(C)/放弃(U)]: //捕捉图 7-38 所示的 C 点
指定下一点或 [闭合(C)/放弃(U)]: //捕捉图 7-38 所示的 D 点
指定下一点或 [闭合(C)/放弃(U)]: //按〈Enter〉键结束多线的绘制

绘制结果如图 7-38 所示。

提示

为了迅速确定绘图位置，可对未编号的轴线尺寸进行标注。

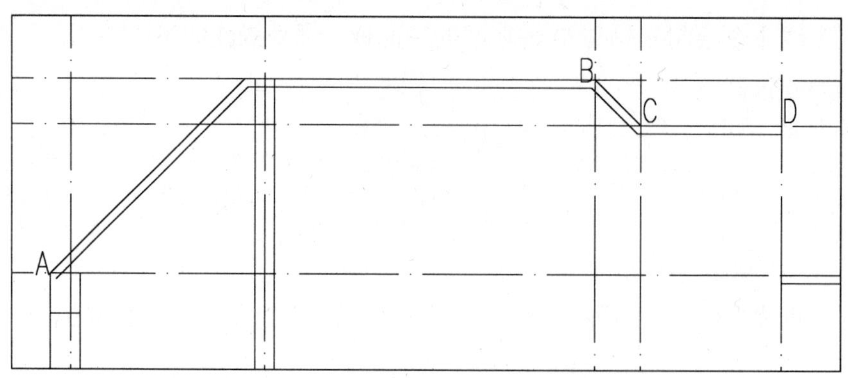

图 7-38　D 轴与 A 轴之间屋面板的绘制

8）选择“修改｜对象｜多线”菜单命令，打开“多线编辑工具”对话框。该对话框包含了 12 种工具按钮，每个按钮对应每种编辑后的图形，如图 7-39 所示。

图 7-39　“多线编辑工具”对话框

9）单击“T 形合并”按钮，依照提示完成如图 7-40 所示的交点 1、2、3、4 的合并操作。单击鼠标右键重复多线编辑命令，单击“角点结合”按钮，完成交点 5、6 的合并操作。

10）重复利用“直线”命令，捕捉图 7-40 中的 A 点为起点，B 点为终点绘制直线，结果如图 7-40 所示。

11）单击“分解”按钮，选择图 7-41 中虚线所示的多线，将其炸开。然后利用“修剪”命令（TR）修剪掉图 7-42 中做标记的直线，修剪结果如图 7-42 所示。

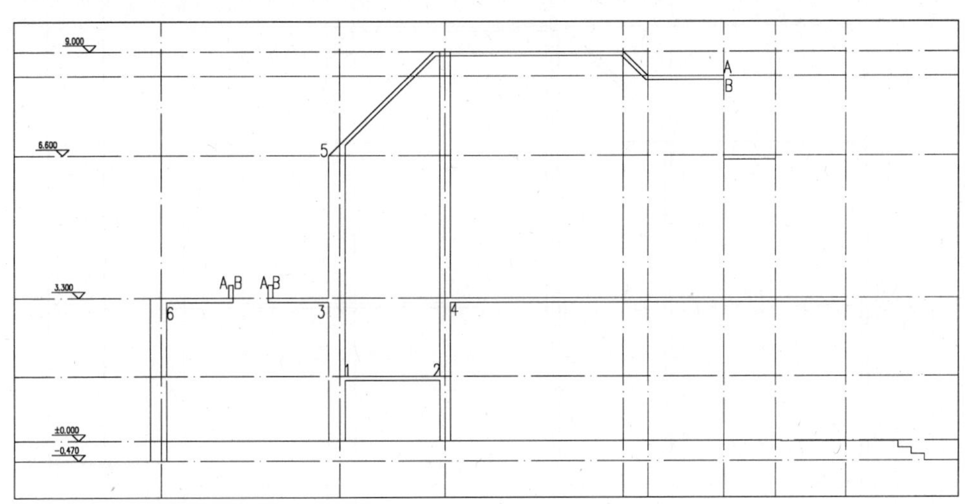

图 7-40 多线的编辑

提示

当某些多线接头不能用多线编辑进行修剪时，则需要把多线炸开，使之变成单个的线条，再用 Trim 命令进行修剪。多线分解最好在多线编辑之后进行。

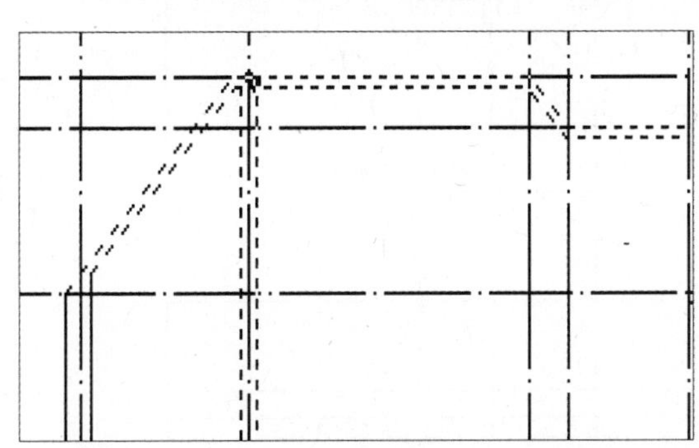

图 7-41 多线的分解以及需修剪的直线

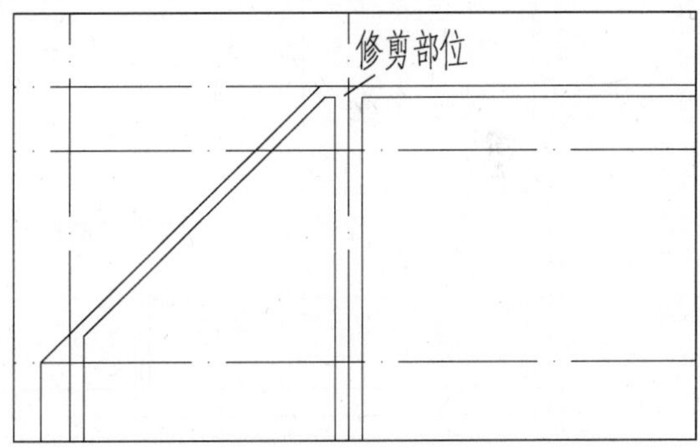

图 7-42 直线的修剪

7.2.6 绘制梁

1）利用“矩形”命令，在“指定第一角点”状态下，选取图 7-43 中的 A 点，在“指定第二角点”状态下，输入（@370，–500）完成梁轮廓线的绘制。

2）同理，重复利用“矩形”命令，选取 B 点为第一角点，输入（@240，–500）；选取 C 点为第一角点，输入（@240，–400）；选取 D 点为第一角点，输入（@370，–250）；选取 E 点为第一角点，输入（@240，–250），绘制结果如图 7-43 所示。

3）单击“复制”按钮，依照提示依次选取如图 7-44 所示的复制对象、基点、第二点完成梁轮廓线的复制，结果如图 7-44 所示。

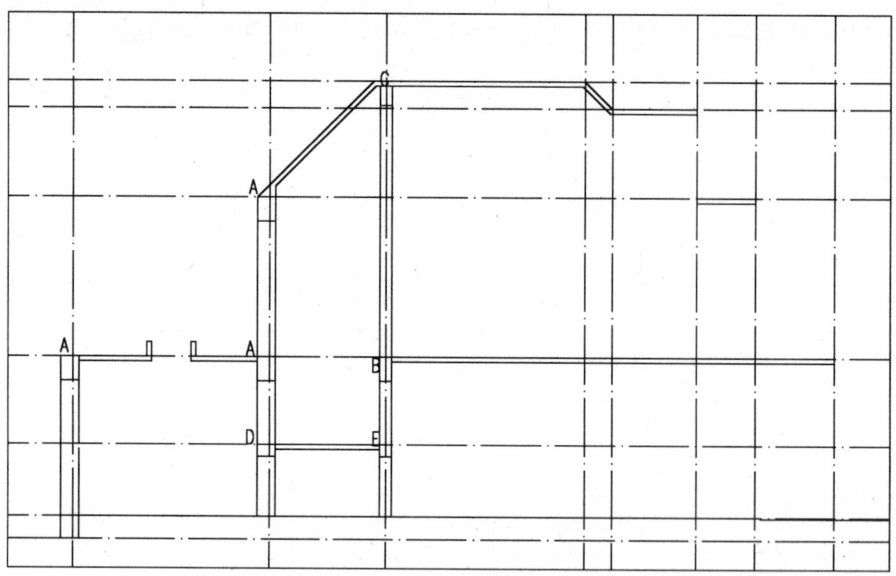

图 7-43　梁轮廓线的绘制

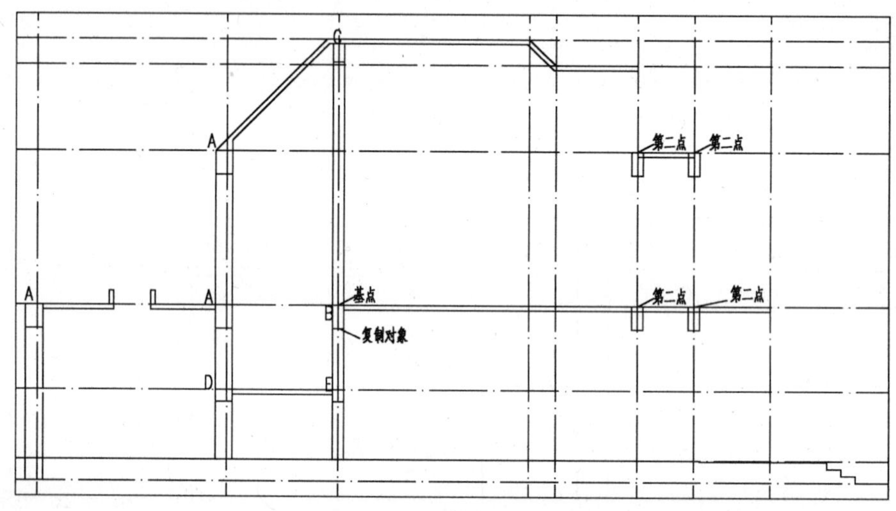

图 7-44　梁轮廓线的复制

4）利用“多段线”命令绘制露台处的梁。命令操作过程如下：

命令: **_pline**
指定起点:　　　　　　　　　　　　　　//捕捉如图 7-45 所示 A 点
当前线宽为 0.0000
指定下一个点或: <正交 开> **200**　　　　//向上移动光标，输入 200
指定下一点或 : **180**　　　　　　　　//向右移动光标，输入 180
指定下一点或 : **60**　　　　　　　　　//向下移动光标，输入 60
指定下一点或 : **60**　　　　　　　　　//向左移动光标，输入 60
指定下一点或 : **430**　　　　　　　　//向下移动光标，输入 430
指定下一点或 : **60**　　　　　　　　　//向右移动光标，输入 60
指定下一点或 : **60**　　　　　　　　　//向下移动光标，输入 60

指定下一点或 :**300** //向左移动光标，输入 300
指定下一点或 :**550** //向上移动光标，输入 550
指定下一点或 : //捕捉图 7-45 所示 B 点完成多段线的绘制

绘制结果如图 7-45 所示。

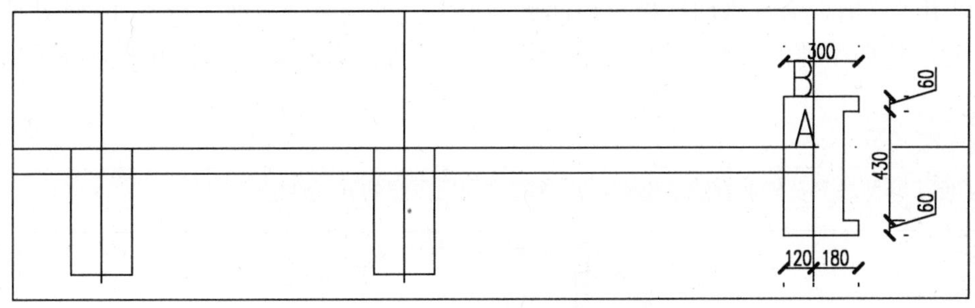

图 7-45 露台梁轮廓线的绘制

5）利用“直线”命令，依次捕捉如图 7-46 所示的 A 点为起点，B 点为终点绘制直线。然后利用“偏移”命令将绘制的直线向下偏移距离 50，得到屋顶处的轻钢龙骨吊顶。

图 7-46 屋顶处吊顶的绘制

6）在命令行中输入“ML”并按〈Enter〉键，命令窗口会显示多线命令的信息，然后输入“ST”将多线样式“楼板”置为当前；输入“J”将对正方式定义为“下”；输入“S”设定多线比例为 1。移动鼠标捕捉如图 7-47 所示的 A 点为起点，输入（@-300，300），打开正交模式，然后向上移动光标，输入 240 完成多线的绘制。

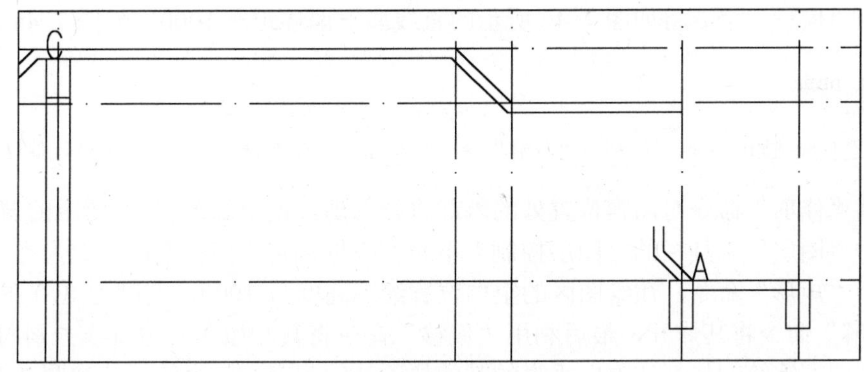

图 7-47 屋顶处吊顶的绘制

7）利用多线编辑工具中的 T 形合并，依照提示完成交点 A 的合并操作，结果如图 7-47 所示。

8）利用“分解”命令将所有的多线炸开，然后利用“延伸”命令，依次选取如图 7-47 所示 A 处左侧的斜直线为延伸边界，左侧梁轮廓线为要延伸的直线，完成直线的延伸。

9）利用“修剪”命令修剪楼板、屋面板与梁相交处的多余直线、位于 E 轴处墙体间的地坪线。对于修剪不掉的直线可利用“删除”命令将其删除，最后结果如图 7-48 所示。

提示

为了便于修剪边界及修剪直线的选取，注意随时利用图层的开关性能。

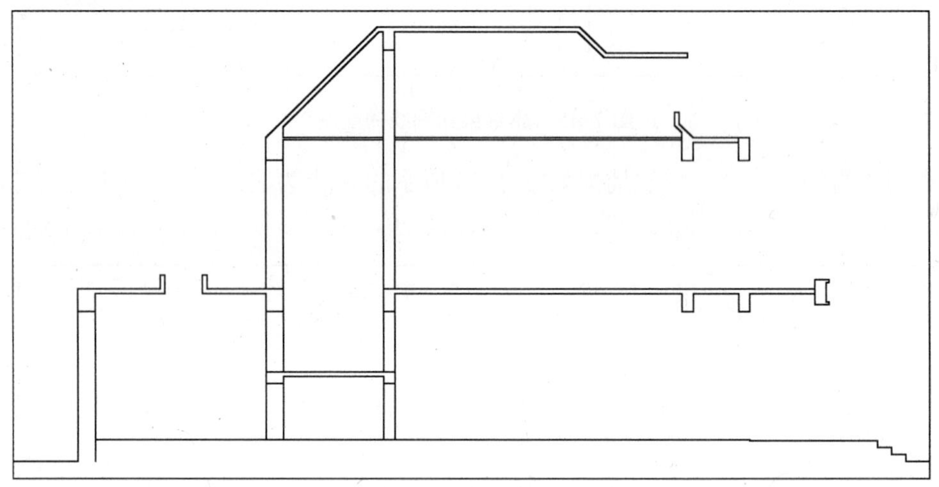

图 7-48　直线的修剪与延伸

7.2.7 绘制门窗

剖面图中与剖切方向相垂直的门窗（以平面图为准）的绘制顺序与平面图类似，首先对墙体开洞，然后绘制门窗，最后利用“复制”命令复制到相应的窗洞口处，或者将其设置为图块插入到相应位置。与剖切方向相平行的门窗绘制顺序与立面图类似，即首先绘制门窗的立面形状，然后将其插入到指定位置。

1）利用“偏移”命令将如图 7-49 所示的直线向下偏移距离 1000，如图 7-49 所示。

如果所选直线依附于矩形，可利用“分解”命令将其炸开，成为独立的直线后再进行偏移。

2）利用“修剪”命令对门窗位置处的墙线进行修剪，挖出如图 7-50 所示的窗洞。

3）单击“图层”工具栏的“图层控制”下拉列表框，将“门窗”层设置为当前层。

4）利用“矩形”命令，在绘图区的空白位置绘制高度为 1000，宽度为 370 的矩形，然后利用“分解”命令将其炸开，最后利用“偏移”命令将其左边和右边直线分别向内侧偏移 123。利用相同方法绘制与剖切方向垂直的其他位置处的门窗，门窗的尺寸如图 7-51 所示。

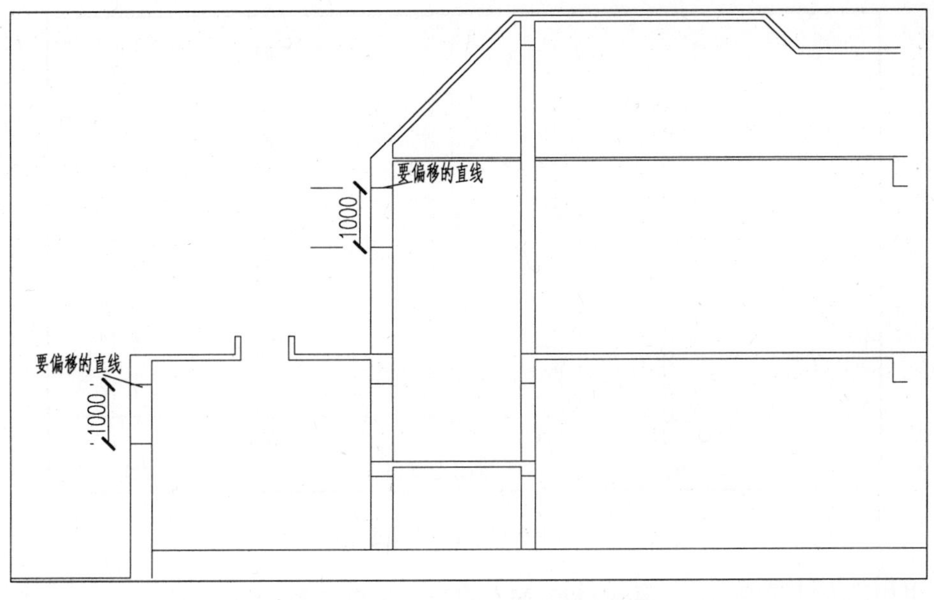

图 7-49　窗洞边界线的偏移

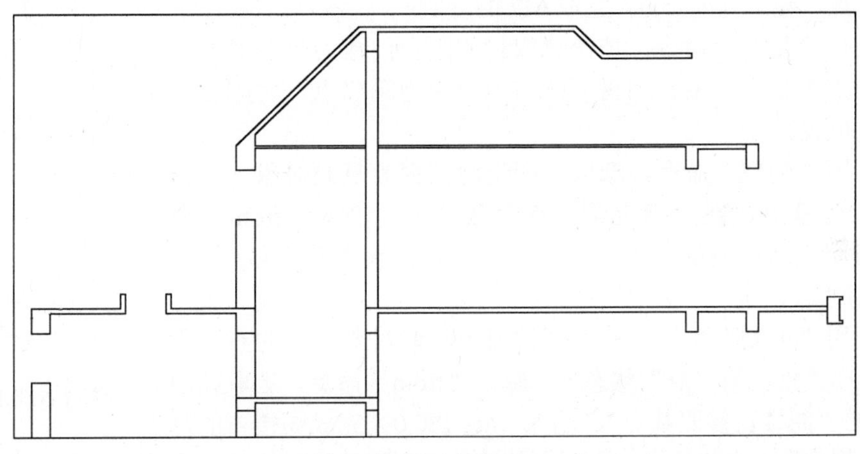

图 7-50　窗洞的修剪

5）利用“矩形”命令，绘制高度 1000×1750 的矩形，然后利用“偏移”命令将其向内侧偏移 50。

6）再次利用“矩形”命令以步骤 5）绘制的矩形的左上角点为第一角点，绘制高度为 350，宽度为 1000 的矩形，然后利用“偏移”命令将其向内侧偏移 50。绘制结果如图 7-52 所示。

7）单击“修改”工具栏上的“复制”按钮，依次选取 C2 为复制对象，窗的左上角点为基点，窗洞的左上角点为第二点，将 C2 复制到指定位置。

8）利用“复制”命令，选取 M1 为复制对象，M1 的左上角点为基点，在“指定第二点”状态下，输入“from”命令，选取一层门洞的左上角点为参照基点，输入（@120,0）完成 M1 的复制。

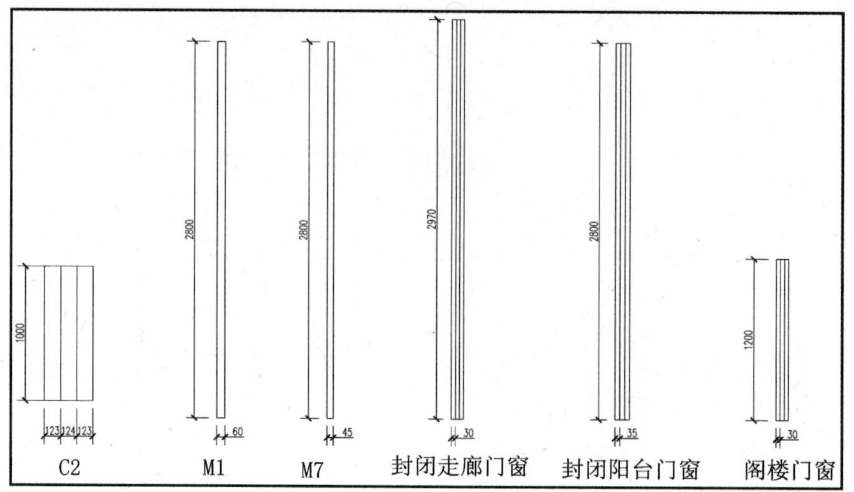

图 7-51 门窗尺寸

9）用相同方法复制 M7，其中选取 M7 的左上角点为基点，在“指定第二点”状态下，输入“from”命令，选取二层门洞的左上角点为参照基点，输入（@75,0）完成 M7 的复制。

10）利用“复制”命令，依次选取封闭阳台门窗为复制对象，窗的右上角点为基点，阳台门窗洞的右上角点为第二点，将阳台窗复制到指定位置。

11）利用“复制”命令，选取封闭走廊门窗为复制对象，门窗的左上角点为基点，在“指定第二点”状态下，输入“from”命令，选取封闭走廊门洞的左上角点为参照基点，输入（@45,0）完成门窗的复制。

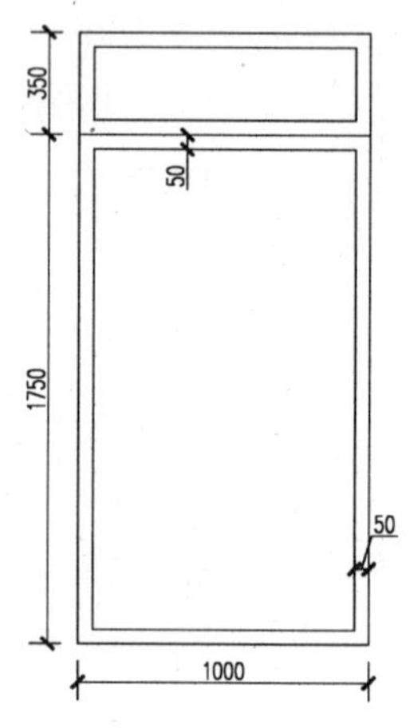

图 7-52 M6 尺寸

12）利用“复制”命令，选取阁楼窗为复制对象，窗的右上角点为基点，在“指定第二点”状态下，输入“from”命令，选取如图 7-53 所示的“阁楼窗参照基点”，输入（@–180,0）完成阁楼窗的复制。利用“删除”命令将位于剖面图之外的门窗删除。门窗的插入结果如图 7-53 所示。

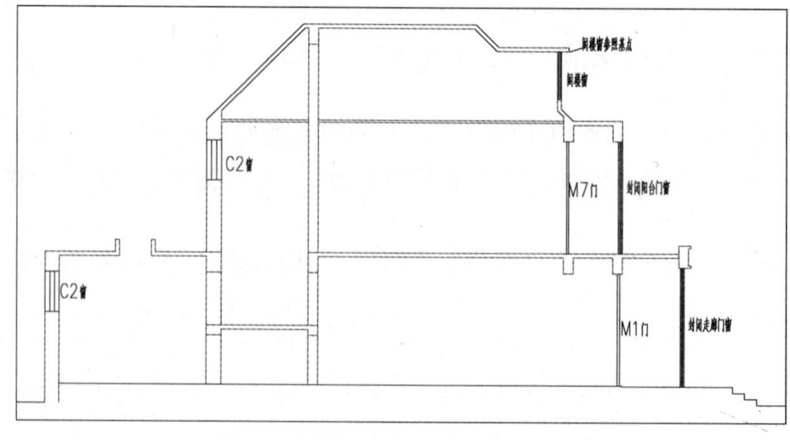

图 7-53 插入与剖切线垂直的门窗

13）单击“图层”工具栏的“图层控制”下拉列表框，打开“轴线”和“轴线文字”层。

14）利用“复制”命令，选取 M6 为复制对象，门的右下角点为基点，在“指定第二点”状态下，输入“from”命令，选取 D 轴线与室内地坪线的角点为参照基点，输入（@–380,0）完成门的插入，结果如图 7–54 所示。

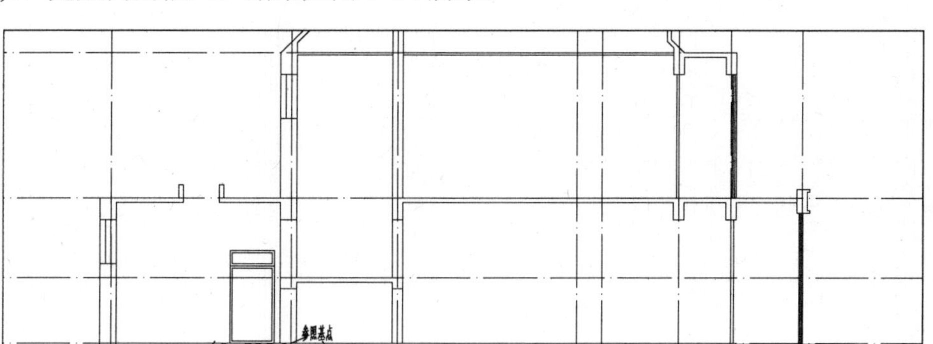

图 7–54 插入与剖切线平行的门窗

7.2.8 绘制露台

1）利用“偏移”命令，将最右侧的轴线向右偏移 150，如图 7–55 所示。

2）选择“文件 | 打开”菜单命令，打开图形文件“案例\06\建筑立面图.dwg”。

3）单击“图层”工具栏的“图层控制”下拉列表框，关闭除“立面分界线”、“立面阳台”之外的所有图层。

4）选择“编辑 | 带基点复制”菜单命令，依据提示选取如图 7–56 所示的基点和虚线的图形后按〈Enter〉键，完成对象的选择。

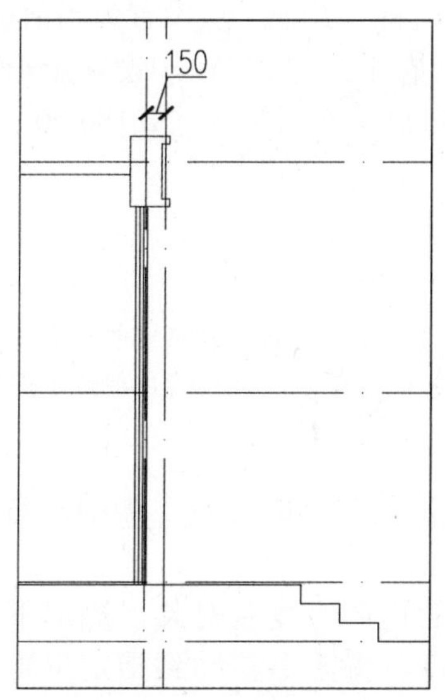

图 7–55 轴线的偏移

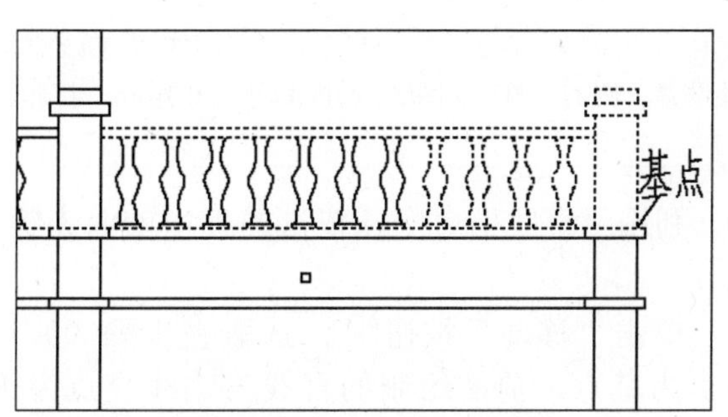

图 7–56 复制对象的选择

5）关闭图形文件“案例\06\建筑立面图.dwg”，在图形文件“案例\07\建筑剖面图.dwg”绘图区的任意位置单击鼠标右键，在弹出的快捷菜单选择“粘贴”，然后选取如图 7-57 所示的 A 点为插入点把图形复制到相应位置，如图 7-57 所示。

6）利用“修剪”命令，选取阳台窗右侧边界线为剪切边界，修剪掉多余的直线，修剪结果如图 7-58 所示。

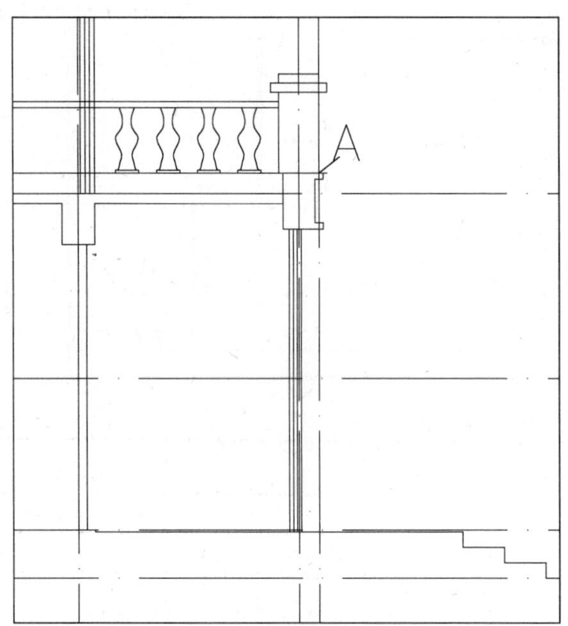

图 7-57　露台栏杆的复制

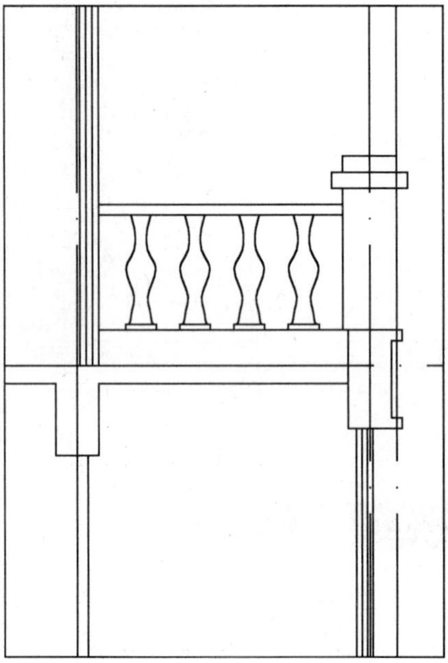

图 7-58　直线的修剪

7）利用“复制”命令，选取任意一个宝瓶及其底座为复制对象，底座底边的中点为基点，如图 7-59 所示的 A 点为第二点，完成宝瓶的复制，结果如图 7-59 所示。

8）单击“图层”工具栏的“图层控制”下拉列表框，将“其他”层设置为当前层。

9）单击“矩形”按钮，在“指定第一角点”状态下，输入 W，设置矩形线宽为 15，在空白处的任意位置单击鼠标左键确定矩形的第一角点，然后输入（@180,90）完成矩形的绘制。

提示

在利用“矩形”命令绘制矩形时，可指定矩形的线宽。线宽主要根据打印到图纸上的线宽和打印比例进行设置。例如，打印到图纸上的线宽为 0.3mm，打印比例为 1∶50，则矩形命令中的线宽需设置为 15mm。

10）利用“直线”命令，依次捕捉由前面步骤 7）复制得到的宝瓶上侧的左右端点绘制直线。

11）单击“移动”按钮，选取由步骤 9）绘制的矩形为复制对象，矩形下侧边界线的中点为基点，前面绘制的直线与轴线交点为第二点，将矩形移动到指定位置，移动结果如图 7-60 所示。

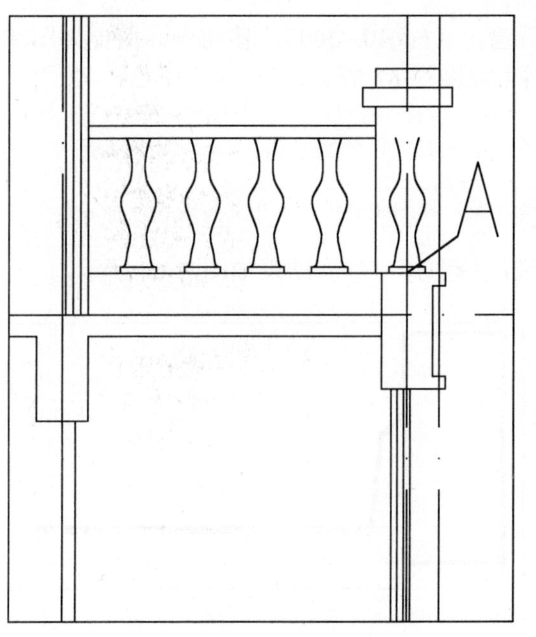

图 7-59　宝瓶的复制

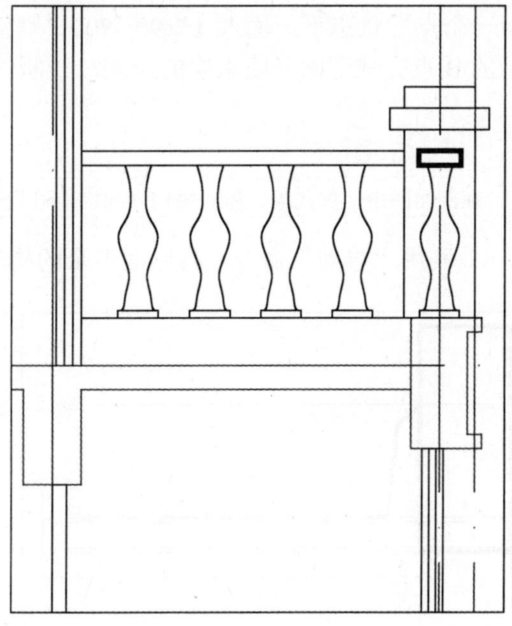

图 7-60　矩形的绘制

7.2.9 绘制屋顶及檐口

1）单击“图层”工具栏的“图层控制”下拉列表框，将“其他”层设置为当前。

2）利用“矩形”命令，设置线宽为 15，捕捉如图 7-61 所示的 A 点为第一角点，在“指定第二角点”状态下，输入（@370,900），完成 E 轴处女儿墙轮廓的绘制。

3）单击“偏移”按钮，将指定的线段分别向上偏移 20、100、20、450，从而得到找坡层、保温层、找平层、泛水高度的辅助定位线。

4）选取由前一步偏移得到的直线，单击“特性”按钮，打开“特性”面板，将其图层修改为“其他”，绘制结果如图 7-62 所示。

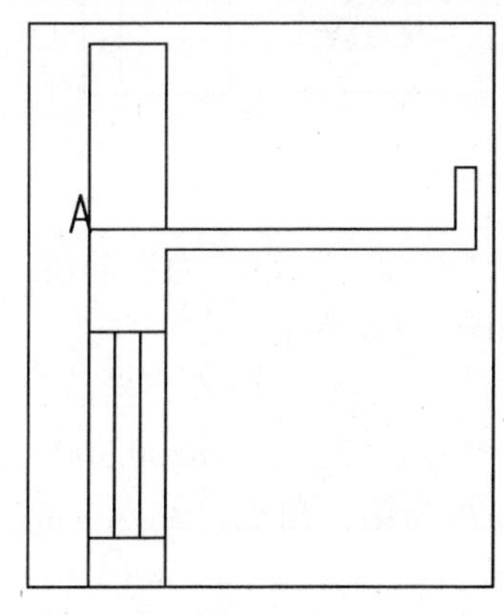

图 7-61　女儿墙的绘制

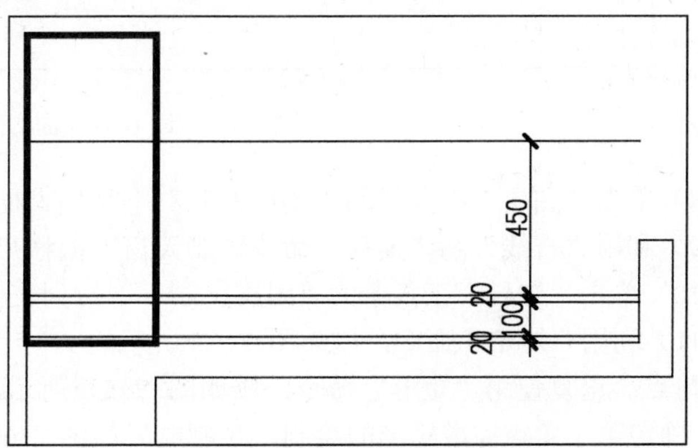

图 7-62　直线的偏移

5）利用“多段线”命令，捕捉如图 7-63 所示的 A 点为起点，设置线宽为 15，在“指定下一个点”状态下，输入（@90,-90），然后输入（(@40,-360)，移动光标捕捉如图 7-63 所示的 B 点完成泛水及防水层的绘制，绘制结果如图 7-63 所示。

提示

在剖面图中，女儿墙、屋面等构件的构造可只画示意，详细做法可参见相关图集或者建筑大样。

6）利用“修剪”命令，将屋面多余的构造线修剪掉，修剪结果如图 7-64 所示。

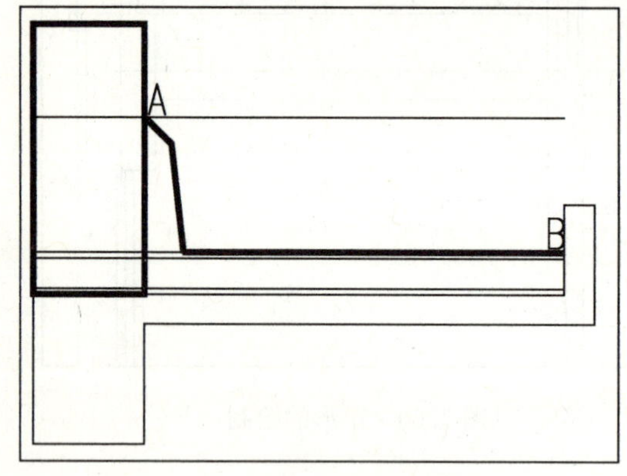

图 7-63　泛水及防水层的绘制

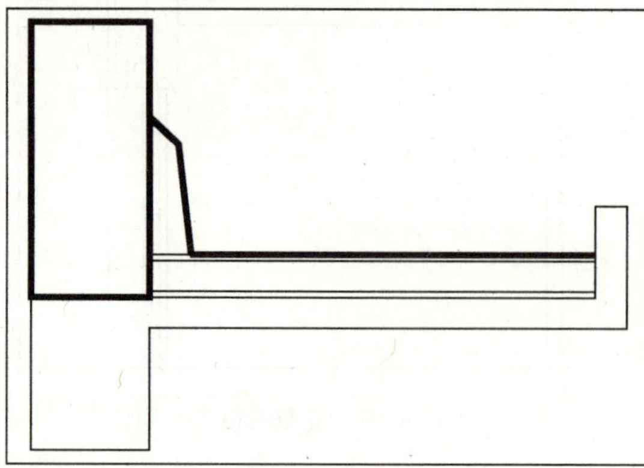

图 7-64　修剪结果

7）用同样的方法绘制靠近 D 轴处的屋面，绘制结果如图 7-65 所示。

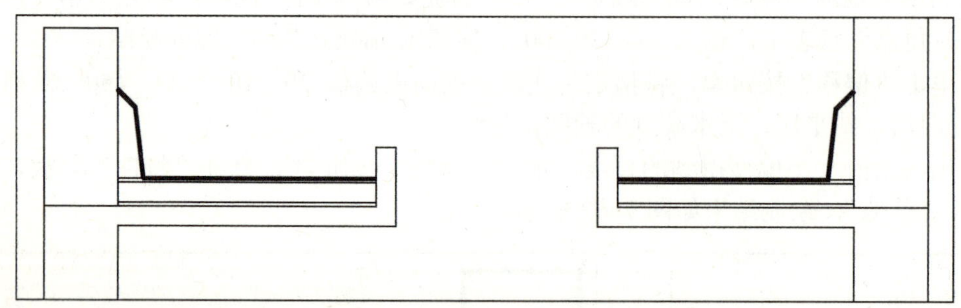

图 7-65　靠近 D 轴屋面的绘制

8）单击“图层”工具栏的“图层控制”下拉列表框，将“门窗”层设置为当前层。

9）利用“直线”和“偏移”命令绘制天窗，偏移尺寸如图 7-66 所示。

10）单击“图层”工具条的“图层控制”下拉列表框，将“其他”层设置为当前层。

11）利用“矩形”命令，以如图 7-67 所示的 A 点为第一角点，输入（@200,300）确定第二角点；重复使用“矩形”命令，以如图 7-67 所示的 B 点为第一角点，输入（@-200, 300）确定第二角点完成矩形的绘制，绘制结果如图 7-67 所示。

12）利用“偏移”命令，将指定线段分别向上偏移 20、100、20，偏移得到 D 轴与 A 轴之间的水平屋面的找坡层、保温层、找平层的轮廓线。

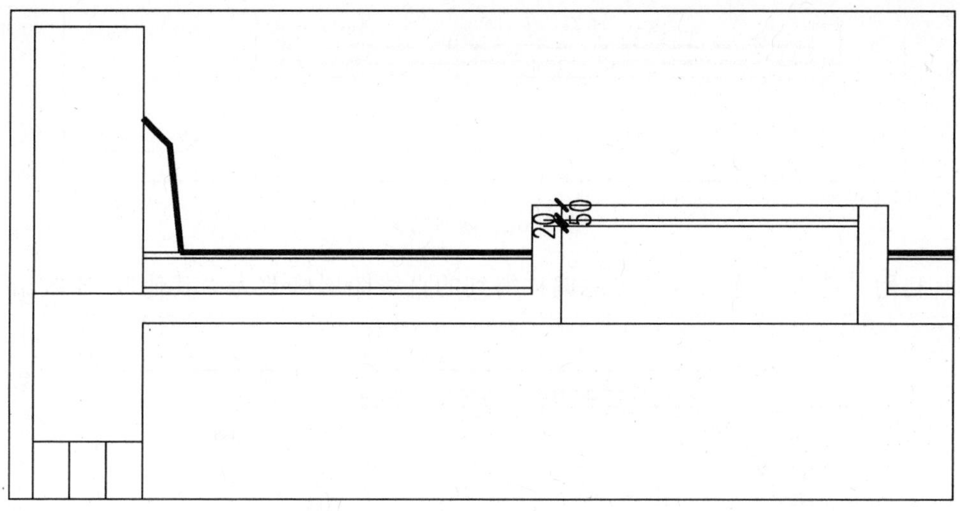

图 7-66　天窗的绘制

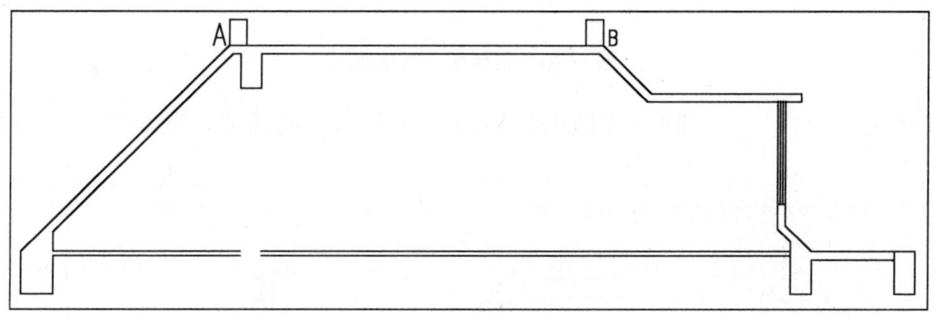

图 7-67　矩形的绘制

13）选取由前一步偏移得到的直线，单击“特性”按钮，打开“特性”面板，将其图层修改为“其他”，绘制结果如图 7-68 所示。

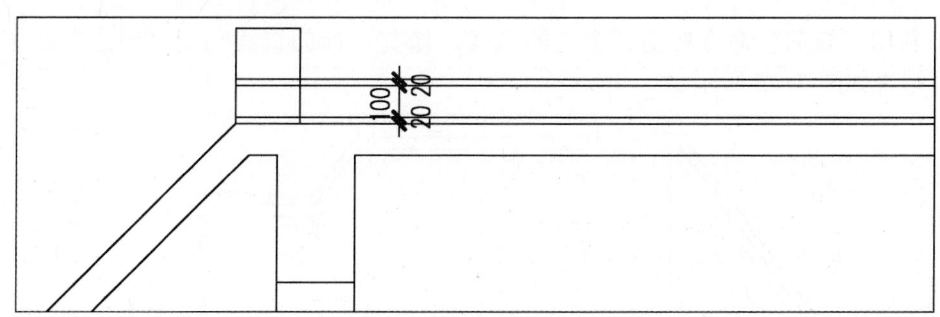

图 7-68　平屋面直线的偏移

14）利用“修剪”命令，修剪掉多余的直线，修剪结果如图 7-69 所示。

15）利用“偏移”命令，将指定的线段分别偏移 20、80、25，偏移得到 D 轴与 A 轴之间的坡屋面的找平层、保温层、找平层的轮廓线。

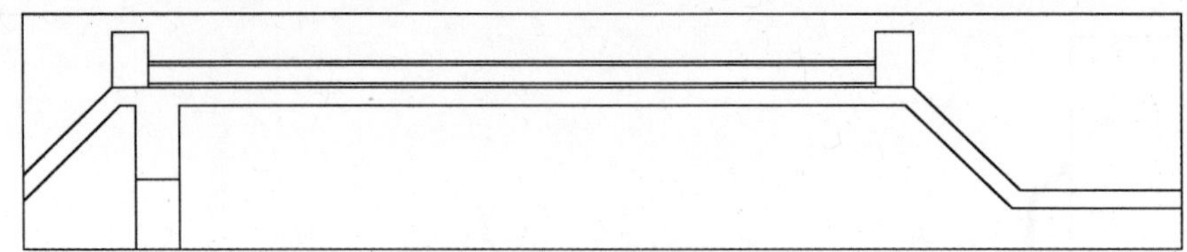

图 7-69 修剪结果

16）利用“特性”选项卡，将由偏移得到的直线图层修改为“其他”，绘制结果如图 7-70 所示。

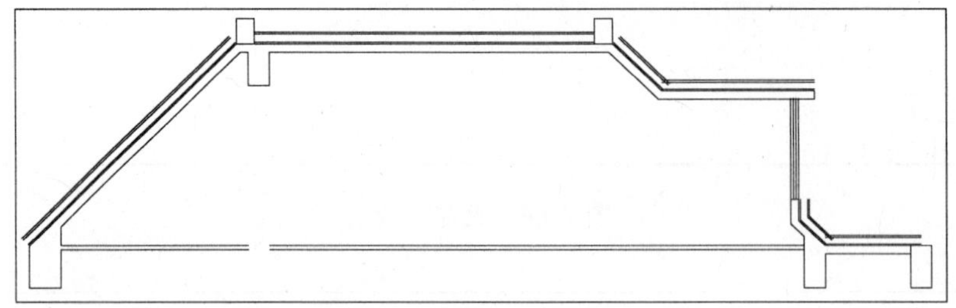

图 7-70 斜屋面直线的偏移

17）利用“延伸”命令将斜屋面的构造线延伸到邻近的边界，其延伸效果如图 7-71 所示。

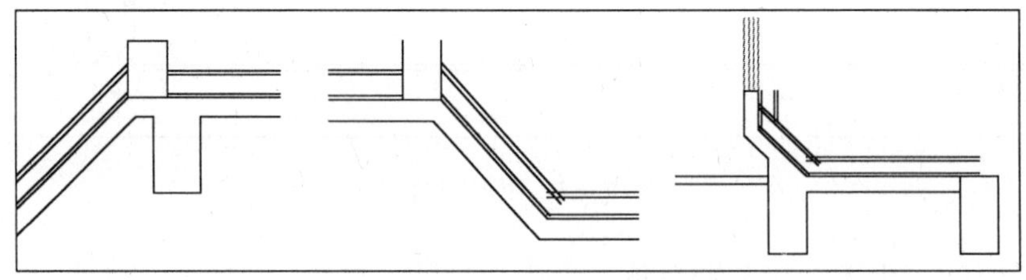

图 7-71 各部位直线的延伸

18）利用“修剪”命令修剪掉多余的直线，修剪不掉的直线利用“删除”命令将其删除，最后结果如图 7-72 所示。

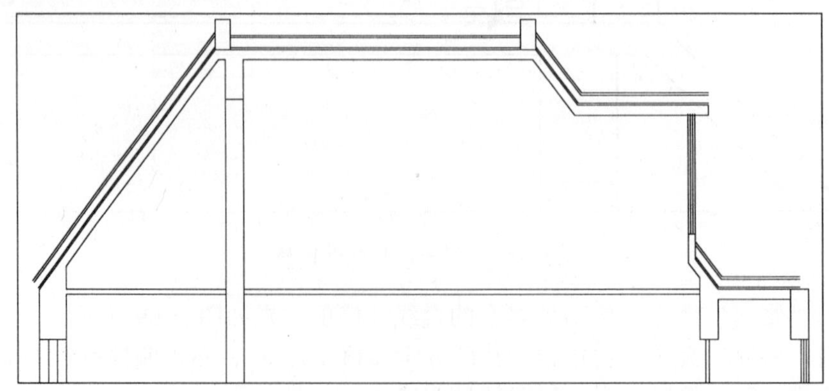

图 7-72 直线的修剪结果

19）利用“多段线”命令，在空白区任意位置单击鼠标左键确定起点，线宽设置为 0，打开正交模式，向下移动光标，输入 40，然后输入（@–180，–120），再向下移动光标，输入 40 后按〈Enter〉键，完成单片三曲瓦示意图的绘制。

20）利用“复制”命令，选取前面绘制的单片三曲瓦为复制对象，以如图 7–73 所示的 A 点为基点，B 点为第二点，完成对象的复制，结果如图 7–73 所示。

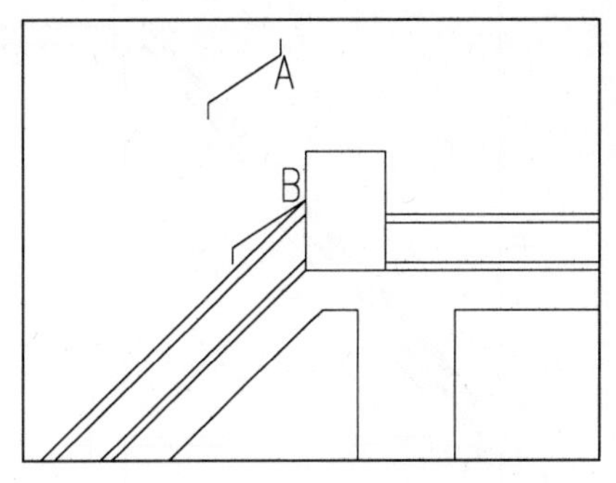

图 7–73 三曲瓦示意图的绘制

21）单击“矩形阵列”按钮，按照命令行提示，选择由前面复制得到的三曲瓦后按〈Enter〉键，再选择“角度（A）”选项，并设置旋转角度为 45°，再选择“计数（C）”选项，设置行数为 1，列数为 15，项目间距为 3450mm，其命令行提示如下：

```
命令: _arrayrect                                          // 执行矩形阵列命令
选择对象: 找到 1 个                                        // 选择三曲瓦对象
选择对象:                                                 // 按〈Enter〉键结束选择
类型 = 矩形  关联 = 是
为项目数指定对角点或 [基点(B)/角度(A)/计数(C)] <计数>: a    // 选择“角度(A)”选项
指定行轴角度 <0>: 45                                      // 输入旋转角度为 45°
为项目数指定对角点或 [基点(B)/角度(A)/计数(C)] <计数>:      // 按照默认的“计数(C)”
输入行数或 [表达式(E)] <4>: 1                              // 设置行数为 1
输入列数或 [表达式(E)] <4>: 15                             // 设置列数为 15
指定对角点以间隔项目或 [间距(S)] <间距>: 3450               // 设置项目间距为 3450
按 Enter 键接受或 [关联(AS)/基点(B)/行(R)/列(C)/层(L)/退出(X)] <退出>:// 按〈Enter〉键确认
```

阵列的效果如图 7–74 所示。

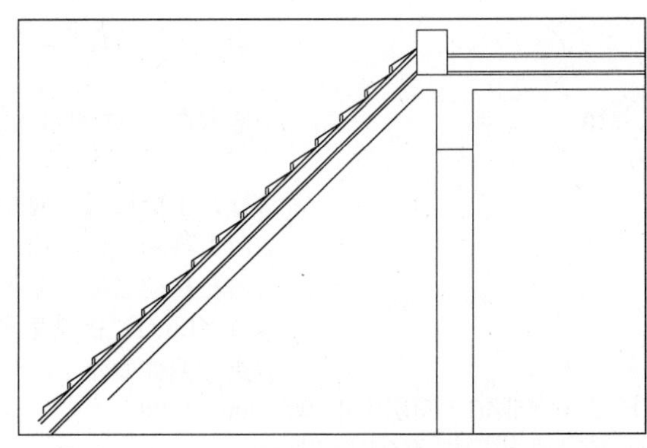

图 7–74 三曲瓦的阵列

22）用同样的方法绘制其他斜屋面的三曲瓦，其中阵列的列数分别为 4 和 2，阵列的效果如图 7–75 所示。

23）利用“直线”命令，捕捉如图 7–76 所示的 A 点为起点，B 点为终点绘制直线，然后利用“修剪”命令将三曲瓦与屋面相交处多余部分修剪掉，绘制结果如图 7–76 所示。

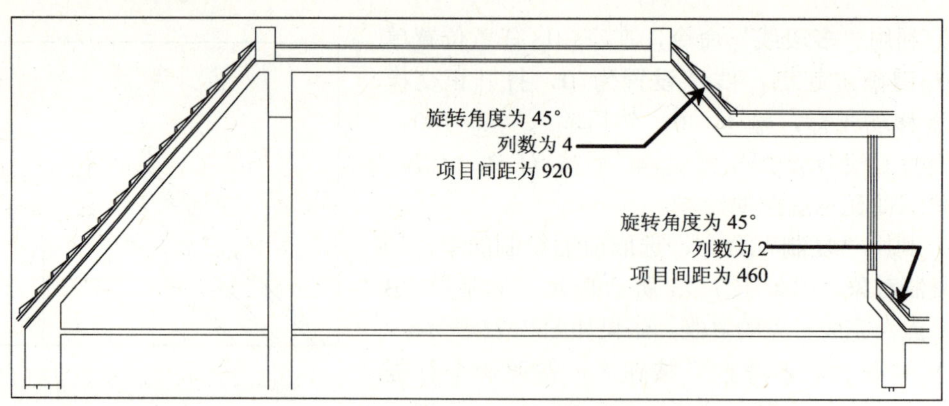

图 7-75　三曲瓦的绘制效果

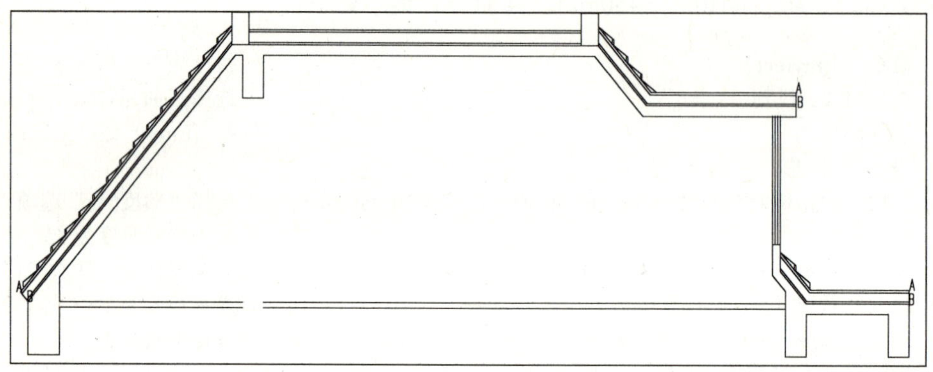

图 7-76　屋面的修补

24）利用“多段线”、“偏移”、“直线”命令，绘制左侧天沟。命令操作如下：

命令: **_pline**	//执行多段线命令
指定起点: **from**	
基点: <偏移>: **@0,–210**	//选取图 7-77 所示 A 点，然后输入@0,–210
当前线宽为 0.0000	
指定下一个点:	//打开正交模式，向左移动光标，输入 270
指定下一点: **300**	//向上移动光标，输入 300
指定下一点: **150**	//向左移动光标，输入 150
指定下一点:	//按〈Enter〉键结束多段线的绘制
命令: **_offset**	//执行偏移命令
指定偏移距离或 [通过(T)/删除(E)/图层(L)] <90.0000>: **90**	
选择要偏移的对象，或 [退出(E)/放弃(U)] <退出>:	//选取绘制的多段线
指定要偏移的那一侧上的点，或 [退出(E)/多个(M)/放弃(U)] <退出>:	//向下单击鼠标左键
选择要偏移的对象，或 [退出(E)/放弃(U)] <退出>:	//按〈Enter〉键结束偏移
命令: **_line**	//执行直线命令
指定第一点:	//捕捉如图 7-77 所示 B 点
指定下一点或 [放弃(U)]:	//捕捉如图 7-77 所示 C 点
指定下一点或 [放弃(U)]:	//按〈Enter〉键结束直线绘制

绘制结果如图 7-77 所示。

25）用相同的方法或者利用“镜像”命令绘制右侧天沟；在利用“镜像”命令时，需构建镜像辅助线。

26）单击“图案填充”按钮，打开如图 7-78 所示的“图案填充和渐变色”对话框，选择“预定义”类型，并选取“SOLID”图案；单击“拾取点”按钮，切换到绘图窗口，通过在填充边界的内部单击，选中所有需填充实体的区域，拾取完成后，单击鼠标右键返回“图案填充和渐变色”对话框，单击“确定”按钮，完成图案的填充，填充后的效果如图 7-79 所示。

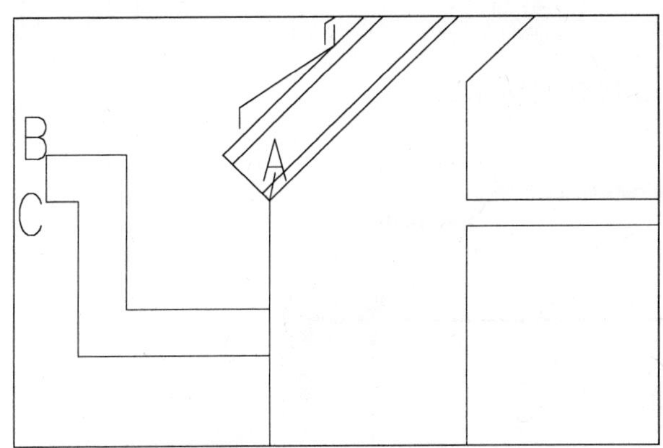

图 7-77 天沟的绘制

图 7-78 楼板、屋面板图案填充设置

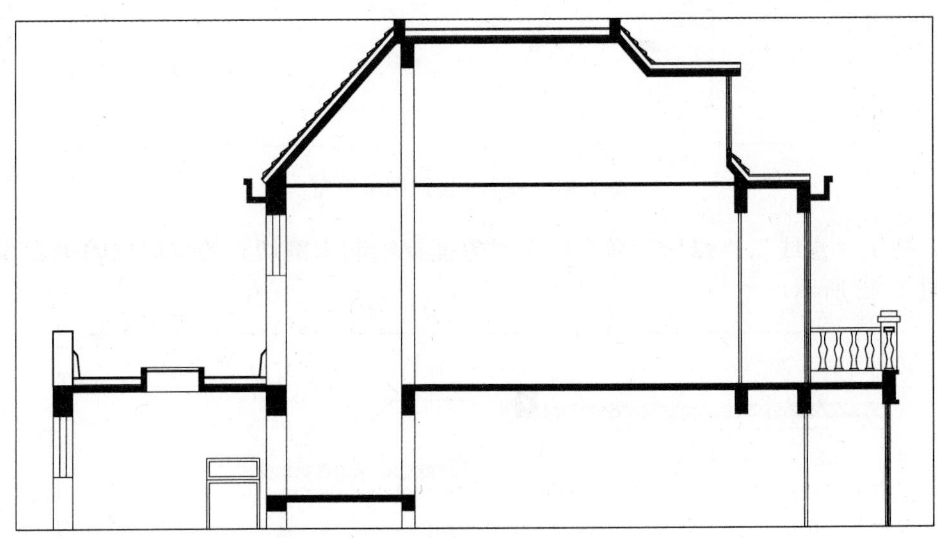

图 7-79 楼板、屋面板图案填充

27）再次利用“图案填充”命令，填充屋面保温层。其中水平屋面保温层图案填充对话框的设置如图 7-80 所示，倾斜屋面保温层需在此基础上，将填充角度设置为 45。填充效果如图 7-81 所示。

图 7-80 水平保温层图案填充设置

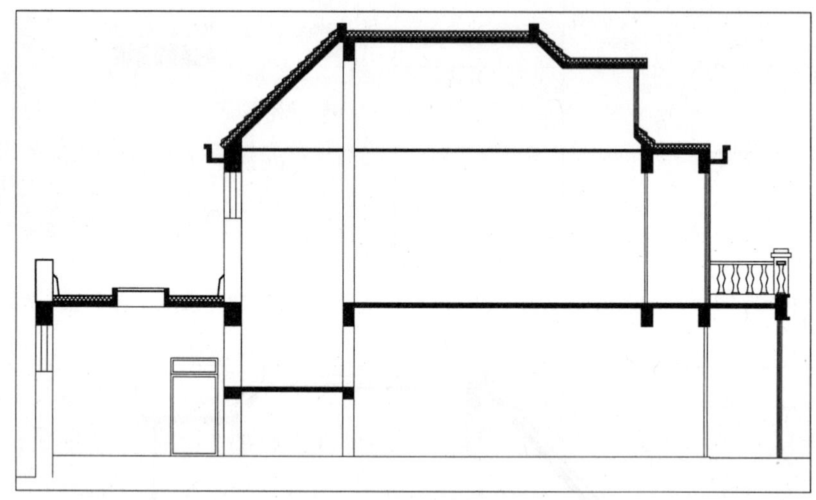

图 7-81 屋面保温层图案填充

28）利用“直线”、“修剪”命令结合对象捕捉绘制未剖切到的坡屋顶的投影线，绘制结果如图 7-82 所示。

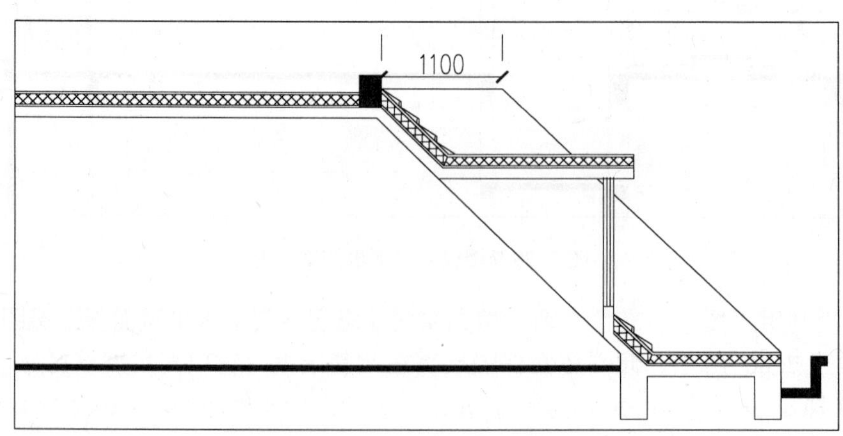

图 7-82 未剖切到的坡屋顶投影线的绘制

7.2.10 尺寸、标高与文字标注

通过前面的步骤，已经将建筑剖面图的绘图环境、定位轴线、地坪线、墙线、楼板、门窗、露台、屋顶等绘制完成，接下来就可以对其进行尺寸标注、标高标注，以及进行相应的文字标注。

1）单击“图层”工具栏的“图层控制”下拉列表框，将“标注”层设置为当前层，并打开“轴线”层。

2）用鼠标右击工具栏，在弹出的快捷菜单中勾选“标注”项，在屏幕上显示“标注”工具栏。

3）单击“标注”工具栏上的“线性标注”按钮，捕捉 E 轴线与室外地坪轴线的交点作为第一条尺寸界线的起点，然后捕捉 E 轴线与室内地坪轴线的交点作为第二条尺寸界线的起点，向左移动光标，输入距离 1000。

4）单击“标注”工具条上的“连续标注”按钮，依次选择 E 轴线与窗上下端以及各层楼板标高处的水平轴线的交点，标注左边第一道垂直方向尺寸中的其他尺寸。

5）用同样的方法标注右边垂直方向的第一道尺寸。

6）利用线性标注和连续标注命令，依次捕捉 E 轴线与室内外地坪以及各层楼板标高处的水平轴线的交点，完成左边垂直方向轴线尺寸的标注。同理，完成右边轴线尺寸的标注。利用线性标注命令，依次捕捉 E 轴线与室外地坪线、标高为 9.000 的水平轴线的交点，标注竖向总尺寸。

7）用同样的方法标注水平方向轴线尺寸、总尺寸以及图形中的细部尺寸，标注结果如图 7-83 所示。

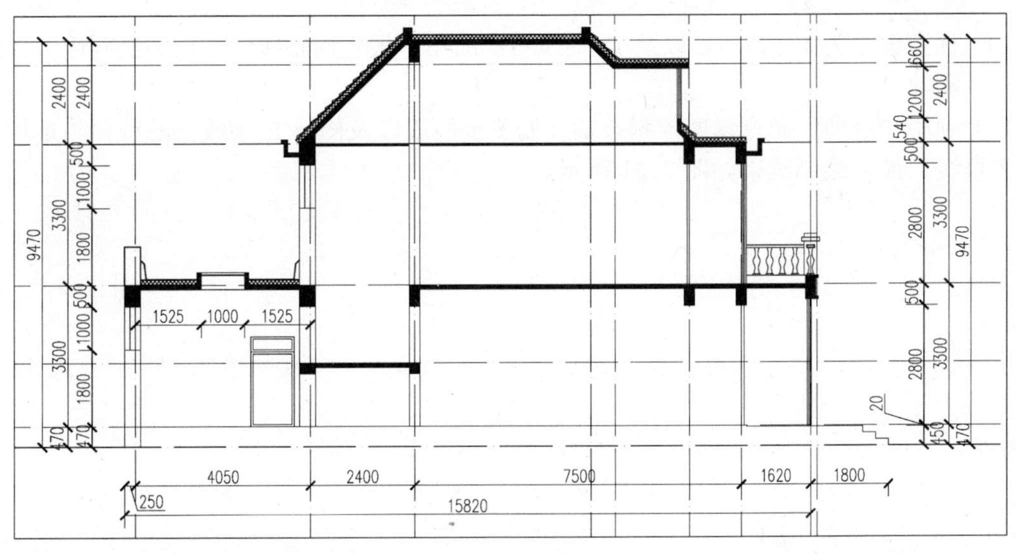

图 7-83 尺寸标注

8）单击“图层”工具栏的“图层控制”下拉列表框，将“标高”层设置为当前层。

9）参照第 6 章中介绍的标高属性块的定义方法，定义剖面图中的标高属性块，然后利用“插入块”命令将其插入到指定位置，其标高的绘制及插入的结果如图 7-84 所示。

提示

剖面图中的标高符号也可以通过“插入块”命令，打开“插入块”对话框，单击“浏览”按钮，从指定的磁盘路径上选择立面图中定义的外部标高块，将其插入到指定位置。

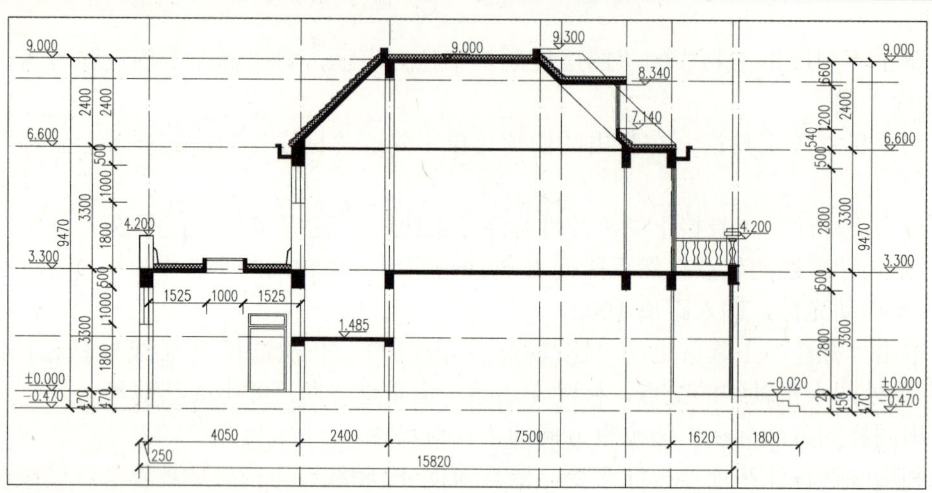

图 7-84　标高标注

提示

在对其进行文字标注时，参照建筑平面图与立面图中文字标注方法，标注剖面图中的文字以及书写图名，其文字标注效果如图 7-21 所示。

10）保留编号为 E、D、A 以及 D 轴线右侧的第一根竖向轴线，其余轴线利用“删除”命令将其删除。

11）利用“修剪”命令修剪掉剩余轴线的多余线段以及修补 E 轴线处的墙体与地坪线交界处的直线，最后绘制结果如图 7-21 所示。

第 8 章 绘制建筑详图

本章结合建筑制图知识介绍建筑详图的内容、建筑材料的类别及其表示方法。通过檐口详图、楼梯剖面详图的绘制，详细讲述建筑详图的基本绘制步骤、方法与技巧。最后通过绘制楼梯平面详图讲解如何在已绘制完成的建筑平面图、建筑立面图、建筑剖面图的基础上绘制建筑详图。

8.1 专业讲解——建筑详图概述

房屋建筑平面图、立面图、剖面图（简称平、立、剖面图）都是用较小的比例绘制的，主要表达建筑全局性的内容，但对于房屋细部或构、配件的形状、构造关系等无法表达清楚。因此，在实际工作中，为详细表达建筑节点及建筑构、配件的形状、材料、尺寸及做法，而用较大的比例画出的图形，称为建筑详图，或称大样图。

8.1.1 建筑详图的特点和标识

建筑详图的特点，一是比例大（常用 1∶50、1∶20、1∶10、1∶5、1∶2、1∶1 等）；二是图示详尽清楚，凡在建筑平、立、剖面图中没有表达清楚的细部构造，均需用详图补充表达；三是尺寸标注齐全，要注出主要部位的标高，用料及做法也要表达清楚。

为了便于看图，常采用详图标志和详图索引标志。详图标志又称详图符号，画在详图的下方；详图索引标志又称索引符号，则表示建筑平、立、剖面图中某个部位需另画详图表示，故详图索引符号是标注在需要画出详图的位置附近，并用引出线引出。

建筑详图的图线，按照《建筑制图标准》要求，被剖切到的抹灰层和楼地面的面层线用中实线画。对比较简单的详图，可只采用线宽为 b 和 $0.25b$ 的两种图线，其他与建筑平、立、剖相同，如图 8-1 所示。

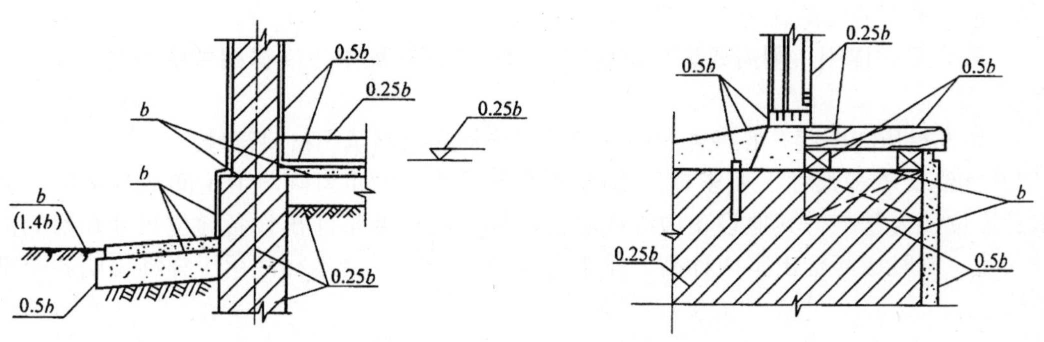

图 8-1 建筑详图图线宽度

建筑详图标注及索引符号，请参见第1章的表1-2。

8.1.2 建筑详图的图示内容和图示方法

建筑详图所表现的内容相当广泛，可以不受任何限制，只要平、立、剖面图中没有表达清楚的地方都可用详图进行说明。因此，根据房屋复杂的程度，建筑标准的不同，详图的数量及内容也不尽相同。一般来讲，建筑详图包括外墙详图、楼梯详图、卫生间详图、门窗详图以及阳台、雨棚和其他固定设施的详图。

那么，建筑详图的图示内容和图示方法包括以下内容。

1）建筑详图一般表达构配件的详细构造，如材料、规格、相互连接的方法、相对位置、详细尺寸、标高、施工要求和做法的说明等。

2）建筑详图必须画出详图符号，应与被索引的图样上的索引符号相对应，在详图符号的右下侧注写比例。

3）在详图中如再需另画详图时，则在其相应部位画上索引符号。

4）对于套用标准图或通用详图的建筑构配件和建筑节点，只要注明所套用图集的名称、编号或页次，就不必再画详图。

5）详图的平面图、剖面图，一般都应画出抹灰层与楼面层的面层线，并画出材料图例。

6）详图中的标高应与平面图、立面图、剖面图中的位置一致。

7）详图中定位轴线的标号圆圈可为10mm。

8.1.3 建筑详图的绘制方法与步骤

建筑详图相应地可分为平面详图、立面详图和剖面详图。利用AutoCAD绘制建筑详图时，可以首先从已经绘制的平面图、立面图或者剖面图中提取相关的部分，然后再按照详图的要求进行其他的绘制工作。具体的步骤如下。

1）从相应的图形中提取与所绘制详图的有关内容。

2）对所提取的相关内容进行修改，形成详图的草图。

3）根据详图绘制的具体要求，对草图进行修改。

4）调整详图的绘图比例，一般为1∶50或1∶210。

5）若为平面详图，则需要进行室内设施的布置，比如卫生间详图中就必须绘制各种卫生用具详图。

6）填充材质和图案。各种详图中剖切的部分都应绘制填充材料符号。

7）标注文本和尺寸，要求标注得比较详细。以卫生间为例，卫生间洁具定位一般以某水管定位线为基准，其他设备边缘线定位，标注时需要标注出设备定位尺寸和房间的周边净尺寸，同时还应标出室内标高、排水方向及坡度等。文本标注用于详细说明各个部件的做法。

8.1.4 建筑详图的剖切材料图例

在绘制建筑详图时，剖切面的材料一般用图例来表示，其常用的建筑详图剖切材料图例

如表 8-1 所示。

表 8-1 剖面填充图例

材料名称	图案代号	图例	材料名称	图案代号	图例
墙身剖面	ANSI31		绿化地带	GRASS	
砖墙面	AR-BRELM		草地	SWAMP	
玻璃	AR-RROOF		钢筋混凝土	ANSI31+AR-CONC	
混凝土	AR-CONC		多孔材料	ANSI37	
夯实土壤	AR-HBONE		灰、砂土	AR-SAND	
石头坡面	GRAVEL		文化石	AR-RSHKE	

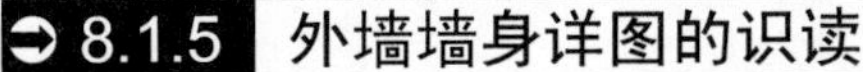

8.1.5 外墙墙身详图的识读

常见的建筑详图有外墙墙身详图、楼梯间详图、卫生间详图、厨房详图、门窗详图、阳台详图、雨篷详图等。下面以外墙墙身详图、楼梯间详图、门窗详图等的识读方法进行讲解。

外墙墙身详图即建筑物的外墙身剖面详图，是建筑细部的施工图。根据施工要求，将建筑平面图、立面图和剖面图中的某些建筑构配件（如门、窗、楼梯、阳台、各种装饰等）或某些建筑剖面节点（如檐口、窗台、明沟或散水以及楼地面层、屋顶层等）的详细构造（包括样式、层次、做法、用料、详细尺寸等）用较大比例清楚地表达出来的图样。

在墙身节点详图中，主要用以表达外墙的墙脚、窗台、过梁、墙顶以及外墙与室内外地坪、外墙与楼面、屋面的连接关系，门窗洞口、底层窗下墙、窗间墙、檐口、女儿墙壁等的高度，室内外地坪、防潮层、门窗洞的上下口、檐口、墙顶及各层楼面、屋面的标高，屋面、楼面、地面的多层构造；立面装修和墙身防水、防潮要求及墙体各部位的脚线、窗台、窗楣檐口、勒脚、散水的尺寸、材料和做法等内容。

需要注意的是，由于采用较大比例（1：20）来绘制墙身,限于图纸的尺寸，不能完整表达全部墙身，故在窗洞口处作一截断，但窗洞口的尺寸仍按实际尺寸注写，如图 8-2 所示。

如图 8-2 所示为某楼外墙节点详图，用户可以按以下步骤进行识读。

1）根据外墙详图剖切平面的编号，在平面图、剖面图或是立面图上查找出相应的剖切平面的位置，以了解外墙在建筑物的具体部位。如图 8-2 所示是建筑剖面图中外墙身的放大图，比例为 1∶20。图中不仅表示了屋顶、檐口、楼面、地面等构造以及与墙身的连接关系，而且表示了窗、窗顶、窗台等处的构造情况。圈梁、过梁均为钢筋混凝土构件，楼板为钢筋混凝土空心板，均用钢筋混凝土图例绘制表示。外墙为240厚砖墙，也以图例表示出来。

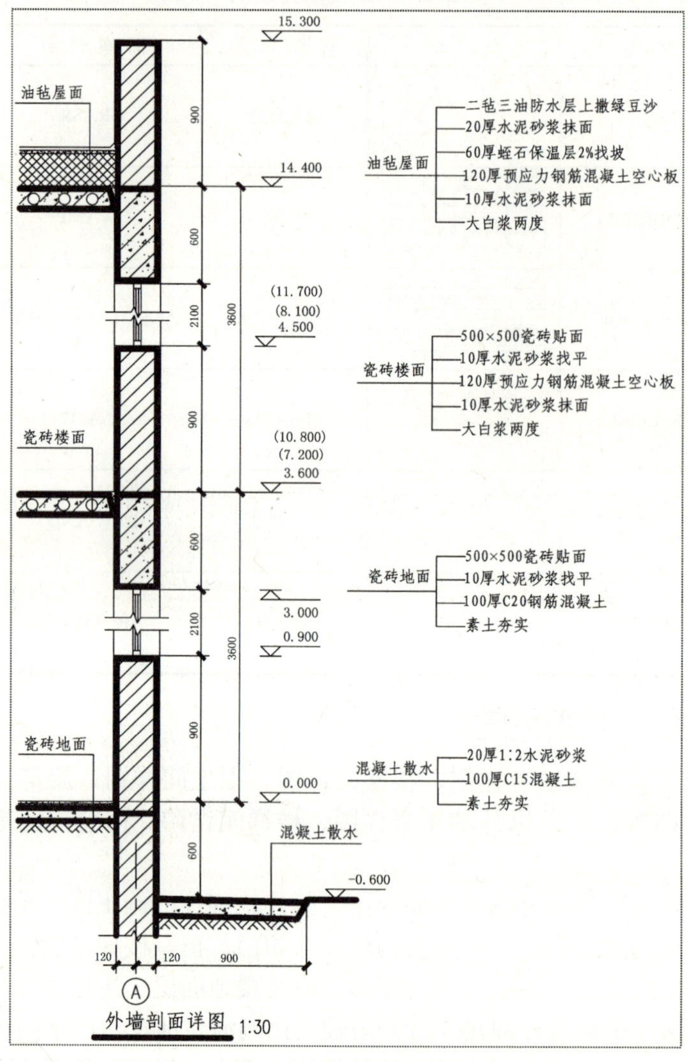

图 8-2 外墙剖面详图

2）看图时应从下到上或是从上到下的顺序，一个节点一个节点地阅读，了解各个部位的详细构造、尺寸、做法，并与材料做法表相对照。在画外墙详图时，一般在门窗洞开中间用折断线断开。实际上画的是几个节点（地面、楼面、窗台、屋面）详图的组合，有时也可不画整个墙身的详图，而是把各个节点的详图分别单独绘制。在多层建筑中，如果中间各层墙体的构造相同，则只画底层、中间层和顶层三个部位的组合。如图 8-2 所示即是绘制了室外散水与室内地面节点、楼面节点、檐口节点三个节点的详图组合。

3）先看第一个节点勒脚、散水节点。如图 8-2 所示，它是底层窗台以下部分的墙身详图。从图中可以看出，室内地面为瓷砖地面，做法：在100mm厚C20混凝土上用10mm厚水泥砂浆找平，上铺 500×500 瓷砖。在室内地面与墙身基础的相连处设有水泥砂浆防潮

层，一般用粗实线表示。本图中窗台的做法比较简单，没有窗台板也没有外挑檐。室外为混凝土散水，做法：在素土夯实层上铺 100mm 厚 C15 混凝土，面层为 20mm 厚 1∶2 水泥砂浆。

4）再向上看第二个节点，了解楼层节点的做法。由如图 8-2 可知，表示了圈梁、过梁（本例中圈梁与过梁合二为一）的位置。该楼板搭在横墙上，楼板面层采用瓷砖贴面，天棚面和内墙面均为纸筋灰粉面刷白面层。

5）最后看第三个节点檐口部分。图中檐口采用女儿墙形式，高度 900mm。屋面做法为油毡保温屋面，保温层采用 60mm 厚蛭石保温层，并兼 2%找坡作用。防水层采用二毡三油卷材防水，上撒绿豆沙。

6）看所标注尺寸。在图 8-2 中，注明了室外地面、底层室内地面、窗台、窗顶、楼面、顶棚、檐口底面顶面的标高。在楼层节点处的标高，其中 7.200 与 10.800 用括号括起来，表示与此相应的高度上，该节点图仍然适用。此外，图中还注明了高度方向的尺寸及墙身细部大小尺寸。如墙身为 240mm、室外散水宽 900mm。

8.1.6 楼梯详图的识读

楼梯是楼层垂直交通的必要设施，是楼梯放样、施工的依据。由楼梯段（简称梯段）、休息平台、栏杆与扶手等组成。梯段是联系两个不同标高平面的倾斜构件，上面做有踏步。踏步的水平面称踏面，与踏步垂直的竖面称踢面。休息平台有休息和转换梯段的作用，栏杆扶手则保证楼梯交通的安全。

由于楼梯的构造比较复杂，因而需要单独画出的楼梯详图来反映楼梯的布置类型、结构形式以及踏步、栏杆扶手防滑条等的详细构造、尺寸和装修做法。

楼梯详图一般由楼梯平面图、楼梯剖面图和楼梯踏步、栏杆、扶手接点详图组成。如有楼梯剖面详图，在楼梯底层平面图上要有相应的剖切符号，表示剖面的剖切位置和剖面方向。

楼梯平面图是用假想剖切平面在距地面 1m 以上的位置水平剖切，向下作的正投影，因此与建筑平面图的形成是完全相同的。建筑平面图选用的比例较小，不宜把楼梯的构配件和尺寸详细表达清楚，所以用较大的比例另行画出楼梯平面图，如图 8-3 和图 8-4 所示。

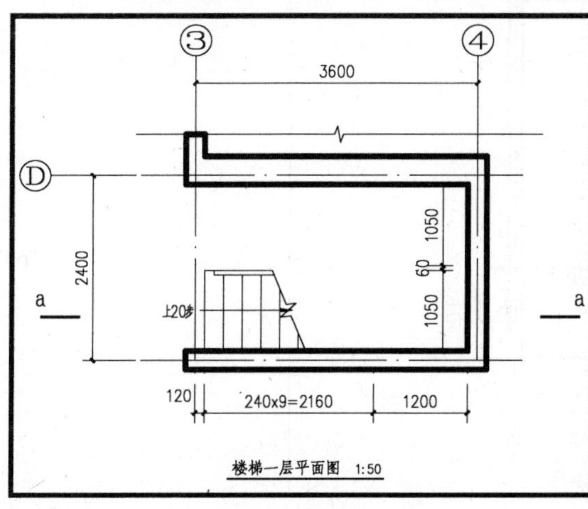

图 8-3 楼梯底层平面图

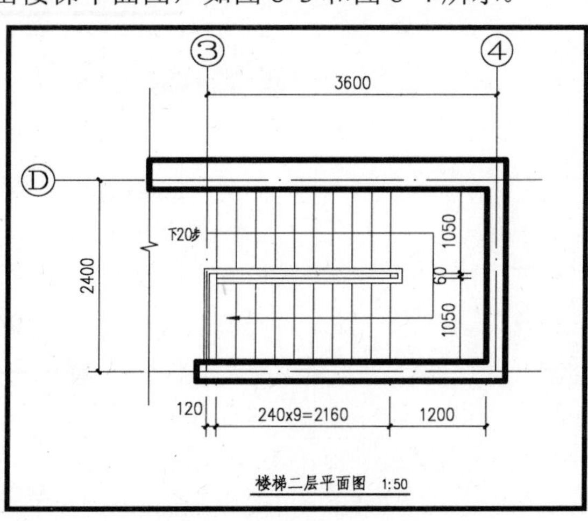

图 8-4 楼梯二层平面图

在楼梯平面图中，主要表达：楼梯间的位置，用定位轴线表示；楼梯间的开间、进深、墙体厚度；梯段的长度、宽度以及楼梯段上踏步的宽度和数量，梯段长=（踏步级数-1）×踏面宽；休息平台的形式和位置、楼梯井的宽度、各层楼梯段的起始尺寸、各楼层和休息平台的标高。其中在楼梯底层平面图中，还要标注出楼梯剖面图的剖切符号，如图 8-3 所示中 a-a 剖切位置，沿楼梯的上行梯段将楼梯间剖开，绘制相应的楼梯剖面图。

楼梯剖面图主要表示梯段的长度、踏步级数、楼梯的结构形式、材料、楼地面、休息平台、栏杆等的构造做法，以及各部分的标高及索引符号。一般采用 1∶50、1∶30 或是 1∶40 的比例绘制。

楼梯节点详图主要表达楼梯栏杆、踏步、扶手的做法。如采用标准图集，则直接引注标准图集编号；如采用特殊形式，则用 1∶10、1∶5、1∶2、1∶1 比例详细画出，如图 8-5 所示。

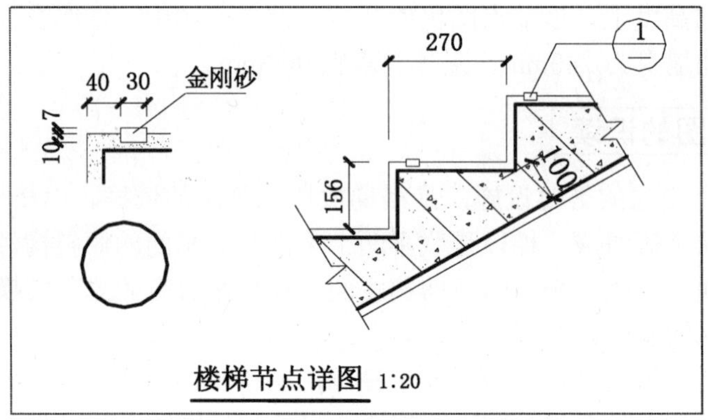

图 8-5　楼梯节点详图

楼梯剖面与建筑剖面图的形成完全相同，都是用一个垂直平面，将楼梯梯段垂直剖切开，向未剖切的梯段方向投影所得到的剖面图，如图 8-6 所示。

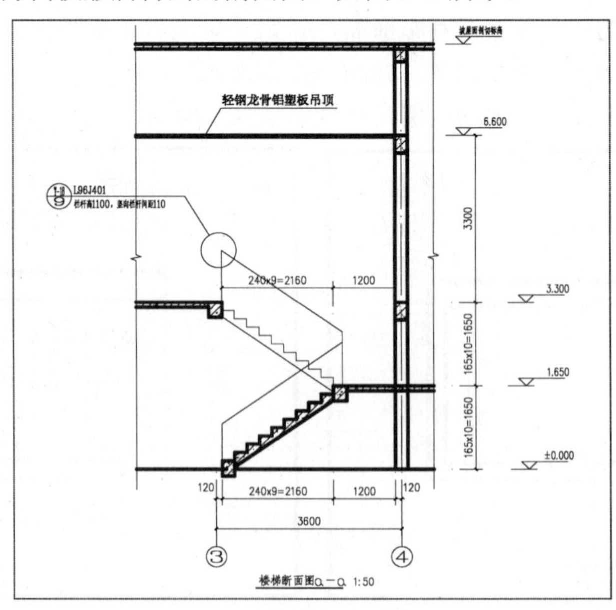

图 8-6　楼梯剖面图

8.1.7 门窗详图的识读

门窗详图一般都有由各地区建筑主管部门批准发行的各种不同规格的标准图（通用图、利用图）供设计选用。若采用标准详图，则在施工图中只需说明详图所在标准图集中的编号即可；如果未采用标准图集时，则必须画出门窗详图。

在进行建筑设计中，其门窗起到交通、分隔、防盗、通风、采光等作用，其木门、窗由门（窗）框、门（窗）扇及五金件等组成，如图 8-7 所示。

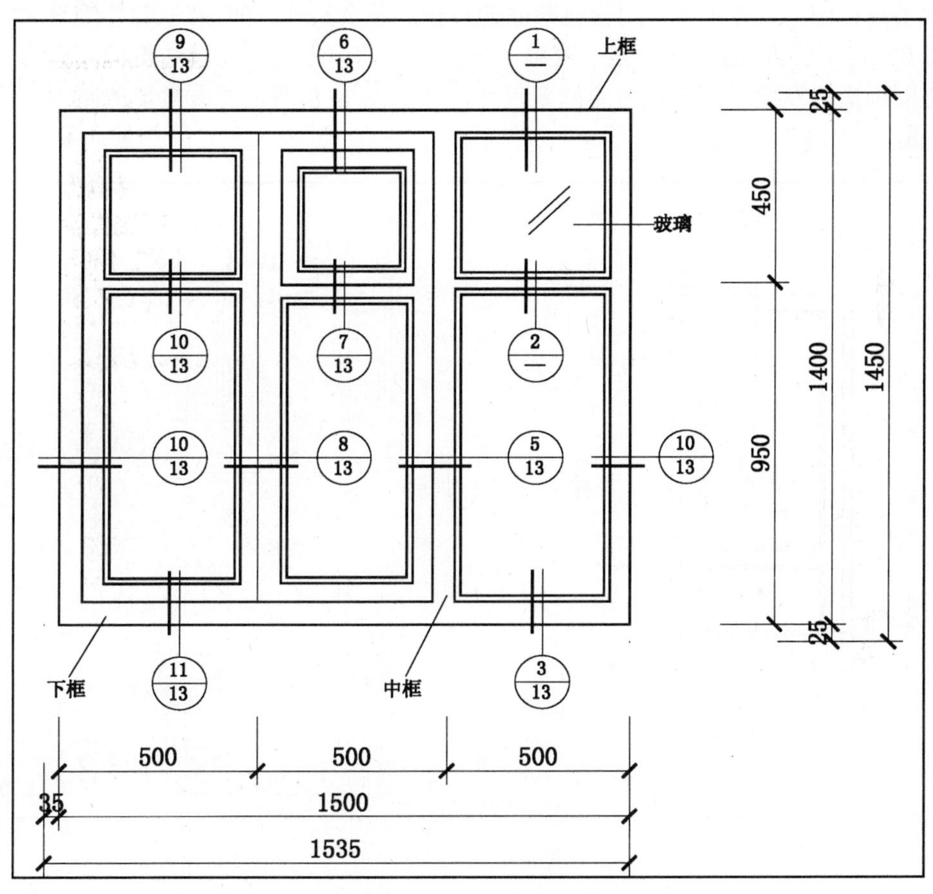

图 8-7 木门、窗的组成

门窗详图由立面图、节点图、断面图和门窗扇立面图等组成。

1. 门窗立面图

门窗立面图常用 1∶20 的比例绘制，它主要表达门窗的外形、开启方式和分扇情况，同时还标出门窗的尺寸及需要画出节点图的详图索引符号，如图 8-7 所示。

一般以门窗向着室外的面作为正立面，门窗扇向室外开则称为外开，反之为内开。《图标》中规定：门窗立面图上开启方向外开用两条细斜实线表示，内开用细斜虚线表示。斜线开口端为门窗扇开启端，斜线相交端为安装铰链端。如图 8-7 所示，门扇为外开平开门，铰链装在左端，门上亮子为中悬窗，窗的上半部分转向室内，下半部分转向窗外。

门窗立面图尺寸，一般在竖直和水平方向各标注三道：最外一道为洞口尺寸，中间一道为门窗框外包尺寸，最里边一道为门窗扇尺寸，如图 8-7 所示。

2．门窗节点详图

门窗节点详图常用 1∶10 的比例绘制，主要表达各门窗框、门窗扇的断面形状、构造关系以及门窗扇与门窗框的连接关系等内容。习惯上将水平（或竖直）方向上的门窗节点详图依次排列在一起，分别注明详图编号，并相应地布置在门窗立面图的附近，如图 8-7 所示。

门窗节点详图的尺寸主要为门窗料断面的总长、总宽尺寸。如 95×42、55×40、95×40 等为“X-0927”代号门的门框、亮子窗扇上下冒头、门扇上中冒头及边挺的断面尺寸。除此之外，还应标出门窗扇在门窗框内的位置尺寸，在如图 8-8 所示的②号节点图中，门扇进门框为 10mm。

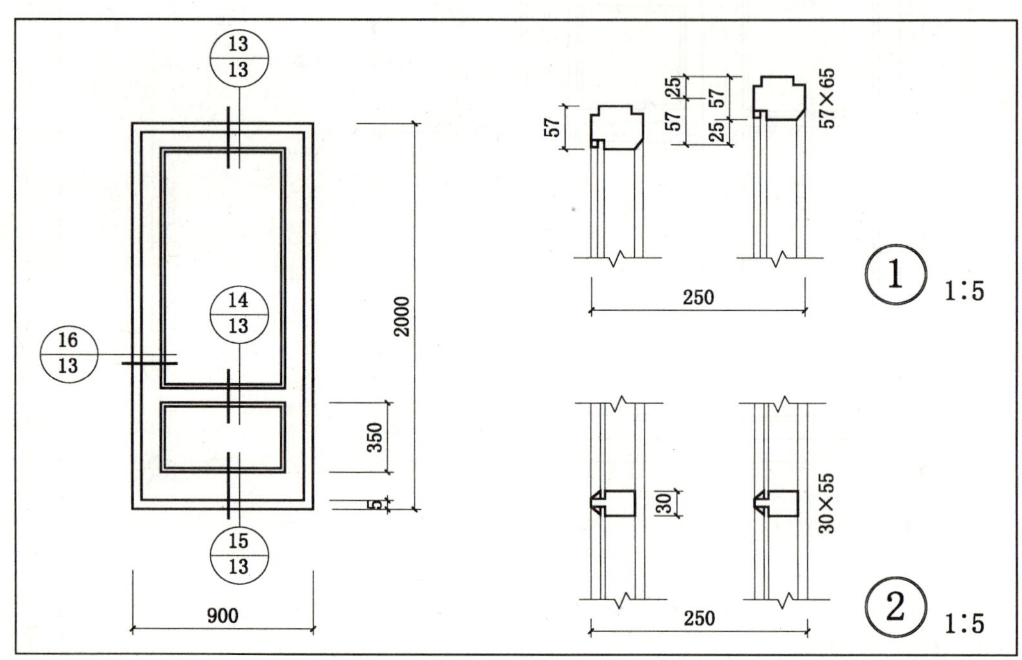

图 8-8　木门详图

3．门窗料断面详图

门窗料断面详图常用 1∶5 的比例绘制，主要用以详细说明各种不同门窗料的断面形状和尺寸。断面内所注尺寸为净料的总长、总宽尺寸（通常每边要留 2.5mm 厚的加工裕量），断面图四周的虚线即为毛料的轮廓线，断面外标注的尺寸为决定其断面形状的细部尺寸，如图 8-9 所示。

4．门窗扇立面图

门窗扇立面图常用 1∶20 的比例绘制，主要表达门窗扇形状及边挺、冒头、芯板、纱芯或玻璃板的位置关系，如图 8-9 所示。

门窗扇立面图在水平和竖直方向各标注两道尺寸，外边一道为门窗扇的外包防雨，里边一道为扣除裁口的边挺或各冒头的尺寸，以及芯板、纱芯或玻璃板的尺寸。

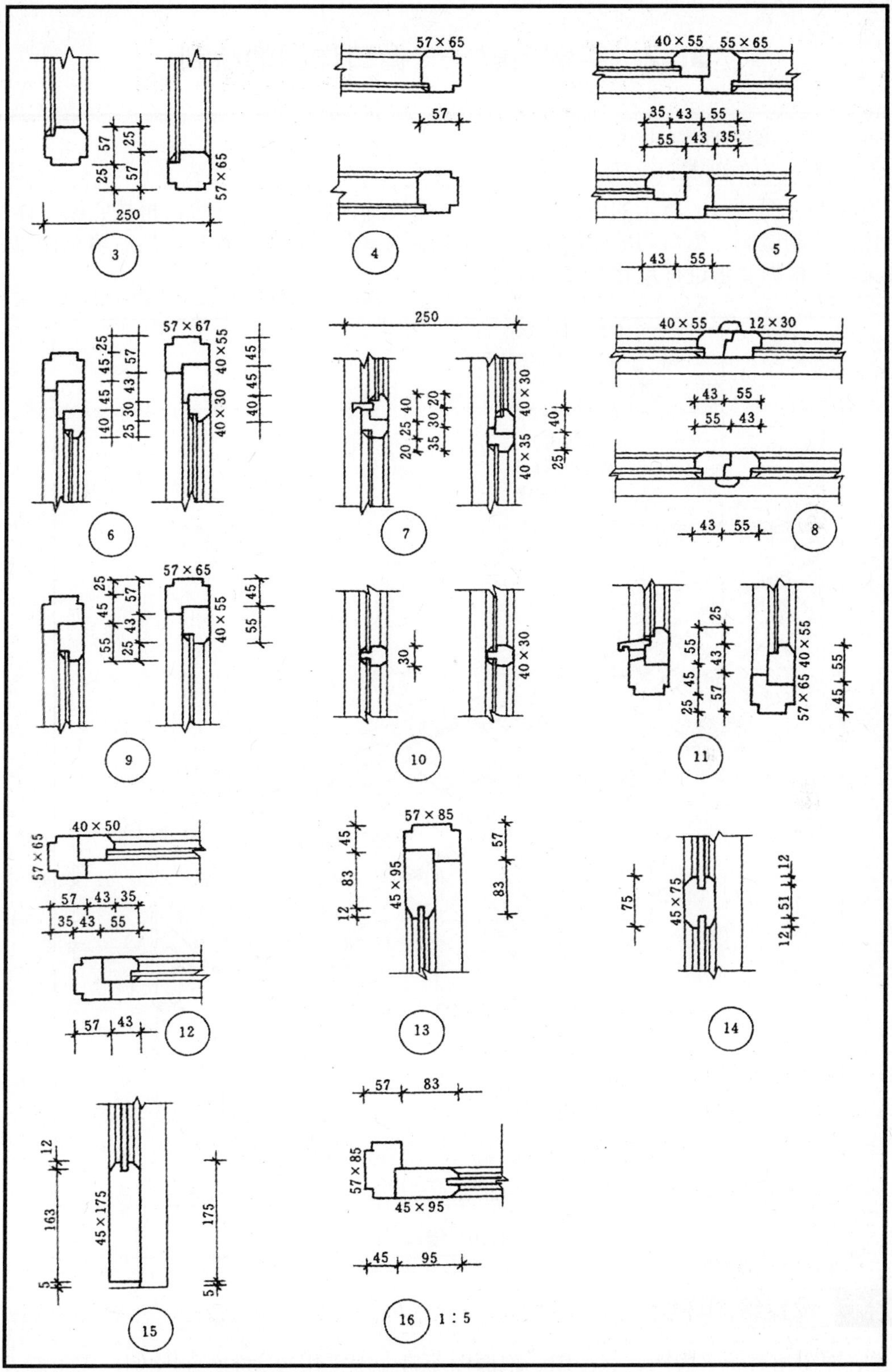

57×65
40×55
55×65
35
43
55
57
25
250
3
4
5
57×67
40×30
40×35
12×30
20
30
40
45
6
7
8
9
10
11
40×50
57×85
45×95
45×75
83
12
51
75
12
13
14
45×175
163
175
5
15
16
1 : 5

图 8-9 木门门窗详图

8.2 实例精解——檐口详图的绘制

◎ 案例文件：案例\08\檐口详图.dwg

◎ 视频演示：视频\08\檐口详图.avi

在绘制如图 8-10 所示的檐口详图时，首先设置详图的绘图环境，再按照檐口详图的要求依次绘制屋面、檐口和墙体的构造，再来绘制屋面瓦并进行阵列，然后填充详图的不同图案，再根据要求进行尺寸及文字的标注操作。

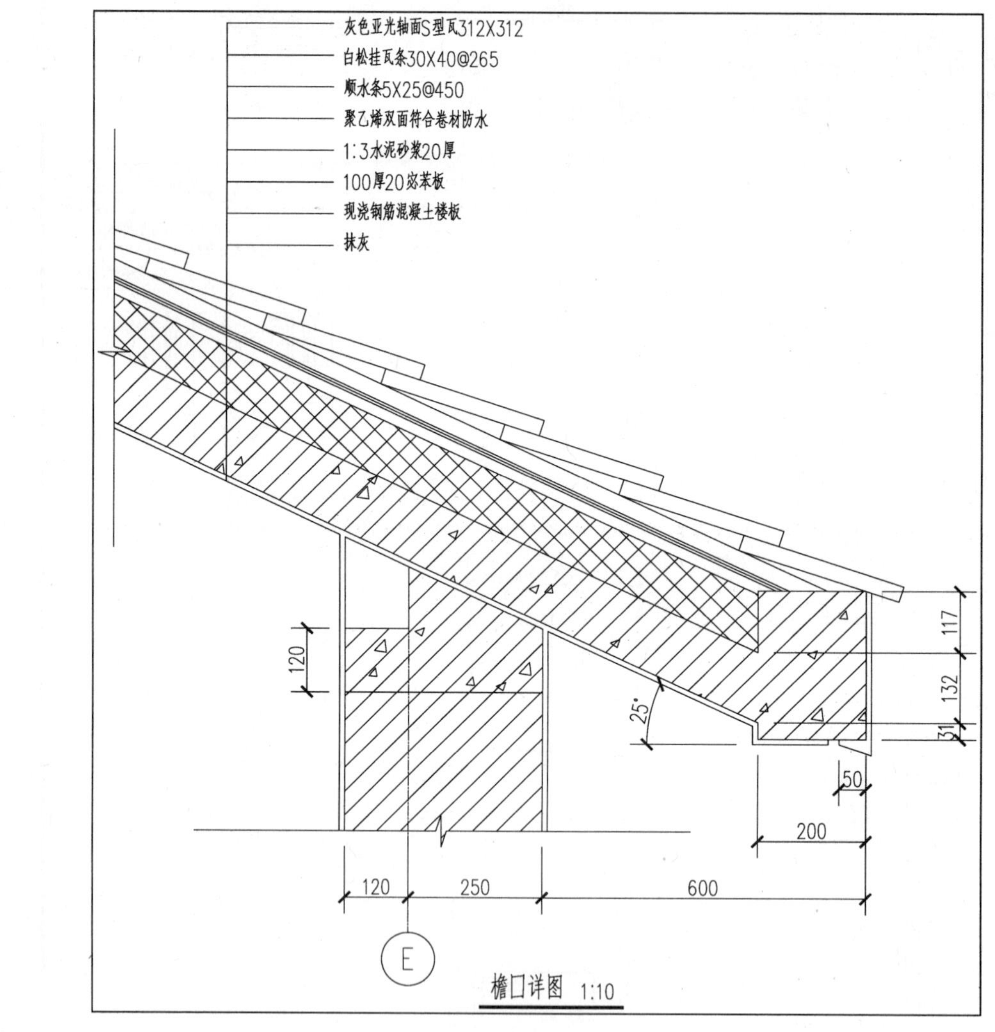

图 8-10 檐口详图

8.2.1 设置绘图环境

建筑详图相对于平面图、立面图、剖面图而言一般采用较大的绘制比例，需重新设置与详图相匹配的绘图环境。

由图 8-10 可知，该建筑详图的绘图比例为 1∶10，打印到 A3 图纸，图形界限可直接将 A3 图纸幅面放大 10 倍，即长×宽为 4200mm×2970mm。

1）正常启动 AutoCAD 2012 软件，单击工具栏上的“新建”按钮，打开“选择样板”对话框，然后选择“acadiso”样板文件。

2）选择“文件 | 另存为”菜单命令，打开“图形另存为”对话框，将文件另存为“案例\08\檐口详图.dwg”图形文件。

3）选择“格式 | 图形界限”菜单命令，依照提示，设定图形界限的左下角为（0，0），右上角为（4200，2970）。

4）在命令行输入命令“Z | 空格 | A”，使输入的图形界限区域全部显示在图形窗口内。

由图 8-10 可知，该檐口详图主要由屋面瓦、各构造层、文本标注、尺寸标注、图案填充等元素组成，因此绘制檐口详图时，需建立表 8-2 所示的图层。

表 8-2 图层设置

序号	图层名	线宽	线型	颜色	打印属性
1	屋面瓦	默认	实线	黑色	打印
2	构造层	默认	实线	黑色	打印
3	标注	默认	实线	蓝色	打印
4	文字	默认	实线	洋红	打印
5	图案填充	默认	实线	黑色	打印

5）单击“图层”工具栏的“图层”按钮，打开“图层特性管理器”对话框，利用“新建图层”按钮，创建表 8-2 所示的各图层，并进行图层颜色、线宽、线型等特性的设置，结果如图 8-11 所示。

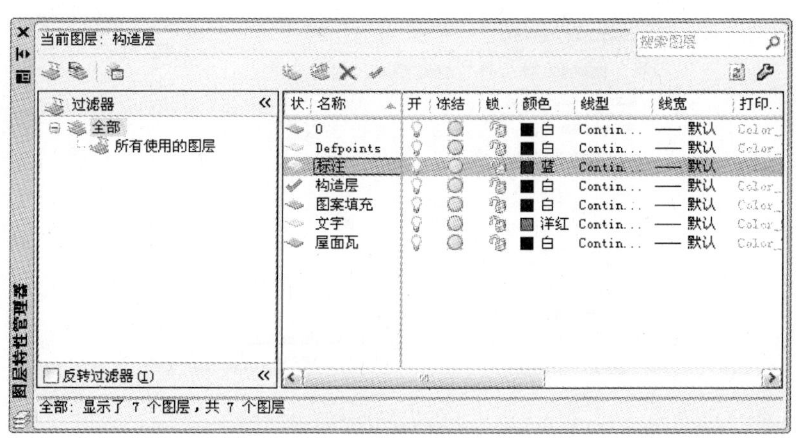

图 8-11 檐口详图图层系统设置

6）选择“格式 | 线型”菜单命令，打开“线型管理器”对话框，将“全局比例因子”设置为 10。

由图 8-10 可知，该檐口详图上的文字有尺寸文字、图内文字说明、图名文字、轴线文字，打印比例为 1∶10。根据建筑制图标准，该详图中文字样式的规划如表 8-3 所示。

表 8-3 文字样式

文字样式名	打印到图纸上的文字高度	图形文字高度（文字样式高度）	字 体 文 件
图内文字说明	3.5	35	tssdeng tssdchn
尺寸文字	3.5	0	tssdeng
图名极轴线文字	5	50	tssdeng tssdchn

7）利用“格式 | 文字样式”菜单命令，创建如表 8-3 所示的各文字样式，并对每一种样式进行字体、高度、宽度因子的设置，创建结果如图 8-12 所示。

图 8-12 文字样式

8）利用“格式 | 标注样式”菜单命令，创建“建筑详图”标注样式，并参照第 5 章“建筑平面标注”样式中的参数对该标注样式中的各参数进行设置，但需将“调整”选项卡中“使用全局比例”修改为 10，如图 8-13 所示。

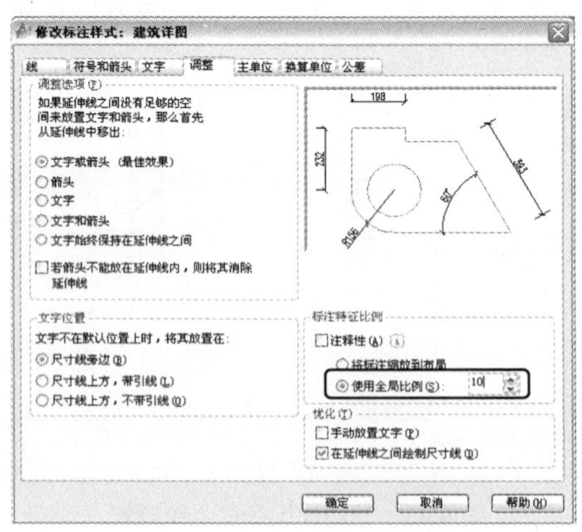

图 8-13 “调整”选项卡设置

9）选择“文件 | 另存为”菜单命令，打开“图形另存为”对话框，选择“文件类型”为“AutoCAD 图形样板（*.dwt）”，在“文件名”文本框中输入“建筑详图”，然后单击“保存”按钮，系统会自动将已设置好的图形环境保存到 AutoCAD2012 目录下的样板文件夹中。

8.2.2 绘制屋面、檐口和墙体的构造层次

1）单击“图层”工具栏的“图层控制”下拉列表框，将“构造层”层设置为当前层。

2）单击“直线”按钮，在绘图区的适当位置单击鼠标左键指定第一点，然后输入相对坐标（@1500<335）确定直线的终点，从而绘制斜线段。

3）单击“修改”工具栏上的“偏移”按钮，将上一步绘制的斜线段分别向上偏移10、120、100、20、5、5、30，从而得到屋面的构造层次，绘制结果如图 8-14 所示。

4）单击“矩形”按钮，捕捉屋面结构层次最下方直线的右端点为第一角点，输入相对坐标（@200,280）确定矩形的另一个角点，绘制完成的矩形如图 8-15 所示。

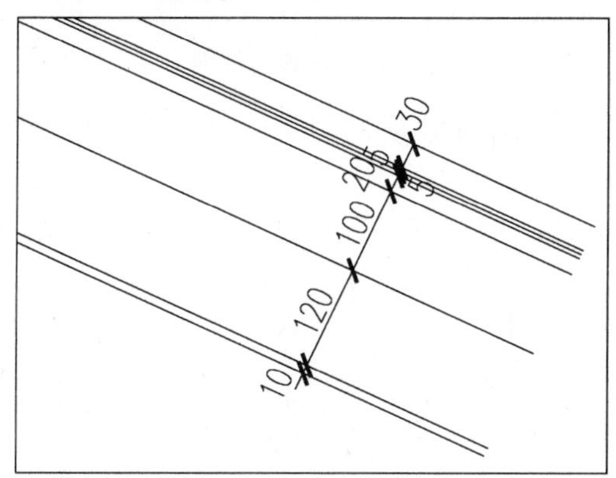

图 8-14　直线的偏移

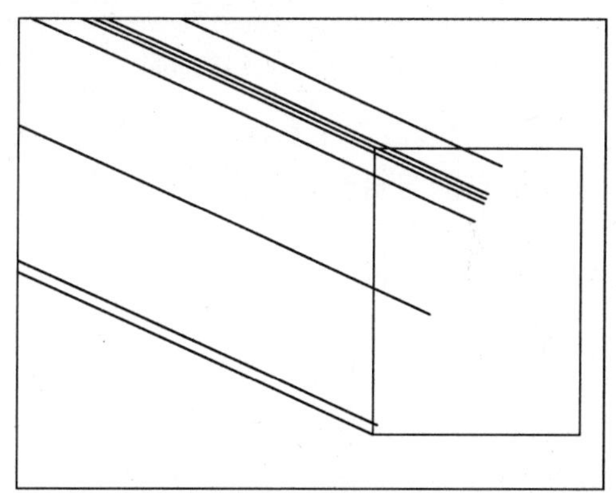

图 8-15　矩形的绘制

5）单击“修改”工具栏上的“移动”按钮，选择上一步绘制的矩形，单击任意位置作为基点，打开正交模式，向下移动光标，输入 20，完成矩形的移动，如图 8-16 所示。

6）利用“偏移”命令，将矩形向外侧偏移 10，复制出檐口抹灰的轮廓线，如图 8-17 所示。

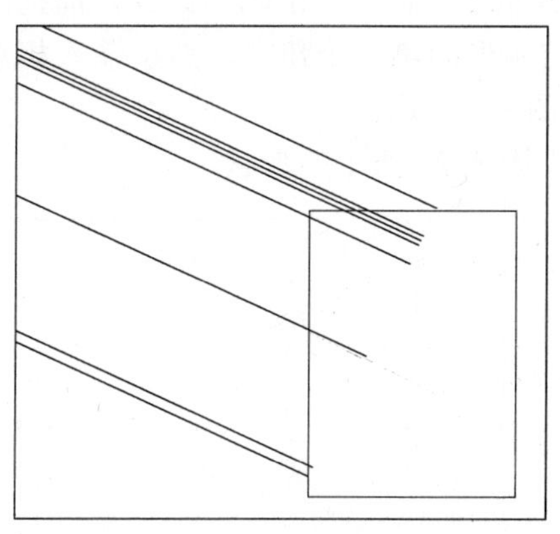

图 8-16　矩形的移动

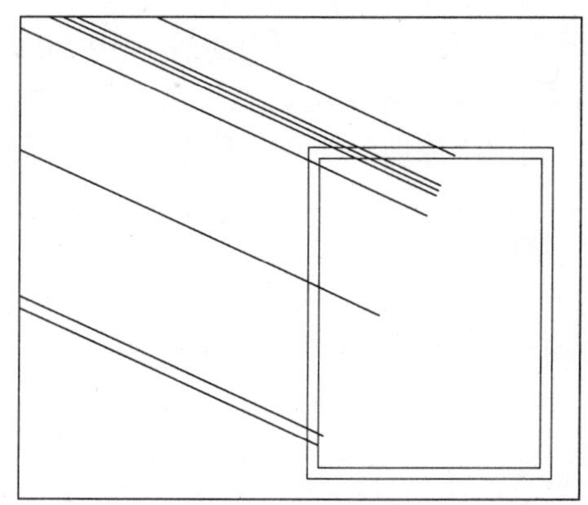

图 8-17　矩形的偏移

7）单击“修改”工具栏上的“分解”按钮，选择两个矩形，将其分解，然后利用“删除”命令将外侧矩形的上部直线删除，如图 8-18 所示。

8）单击“修改”工具栏上的“修剪”按钮，按照如图 8-19 所示进行修剪。

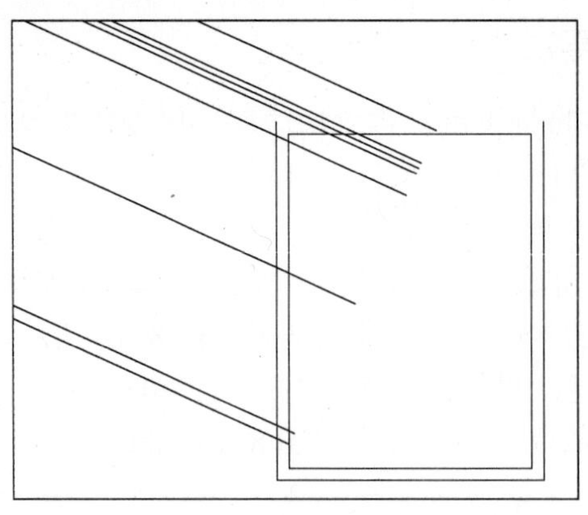

图 8-18　直线的删除

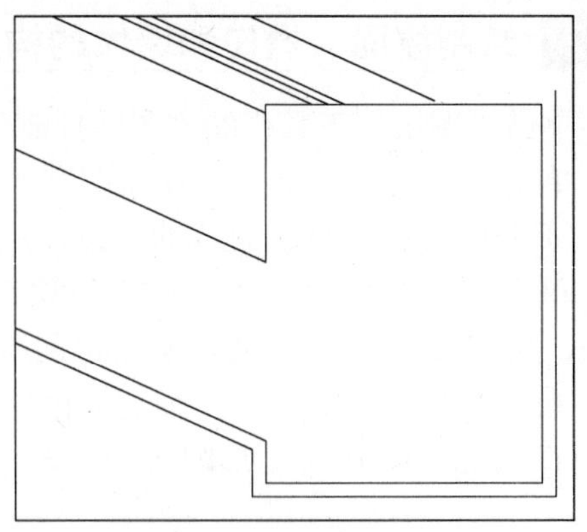

图 8-19　直线的修剪

9）单击“修改”工具栏上的“延伸”按钮，选取如图 8-20 所示的虚线为延伸边界，然后选择最右侧的斜直线为要延伸的直线，延伸结果如图 8-21 所示。

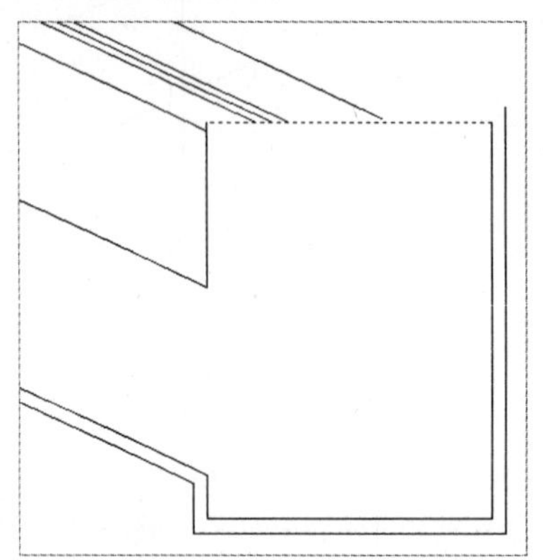

图 8-20　延伸边界

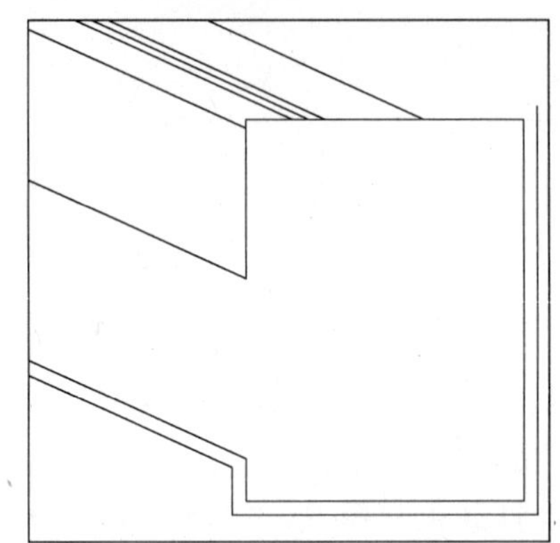

图 8-21　直线的延伸

10）利用“矩形”命令，在“指定第一角点”状态下，输入“from”命令，捕捉内侧矩形的右下角为基点，输入相对坐标（@–50,0），确定矩形的第一个角点，然后输入相对坐标（@–20,–40），确定矩形的第二个角点，绘制结果如图 8-22 所示。

11）利用“修剪”命令将绘制的小矩形修剪至如图 8-23 所示的形状。

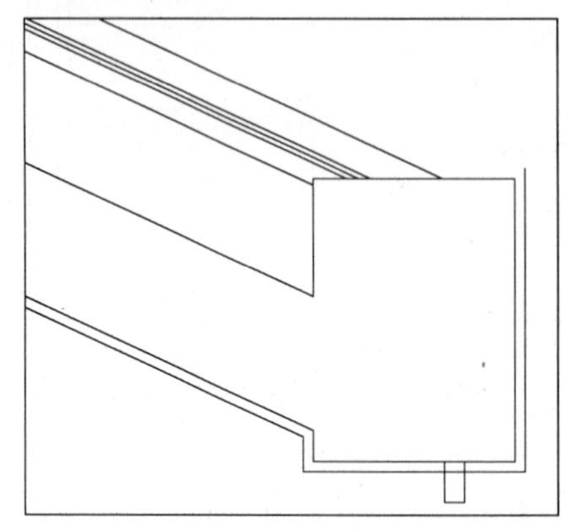

图 8-22　矩形的绘制

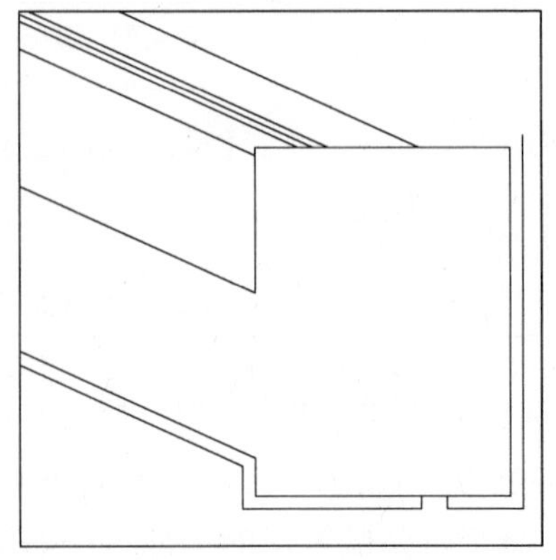

图 8-23　修剪结果

12）单击“修改”工具栏上的“拉伸”按钮，用交叉窗口的方式选取图 8-24 中虚线所示的直线为选择对象，然后捕捉图 8-25 中的 A 点为基点，在“指定第二点”状态下，打开正交模式，向下移动光标，输入 20 完成对象的拉伸，结果如图 8-25 所示。

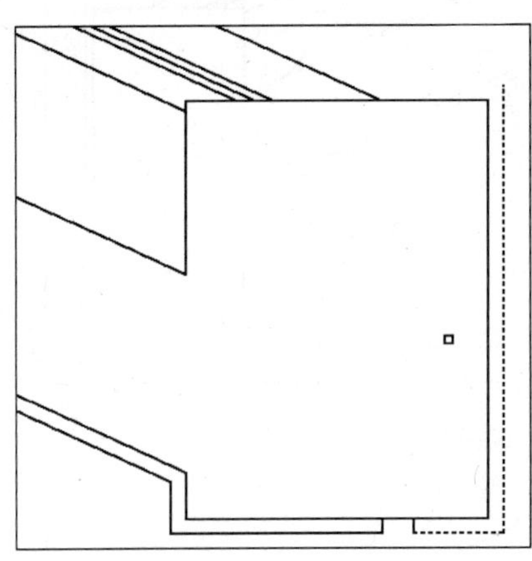

图 8-24 拉伸对象

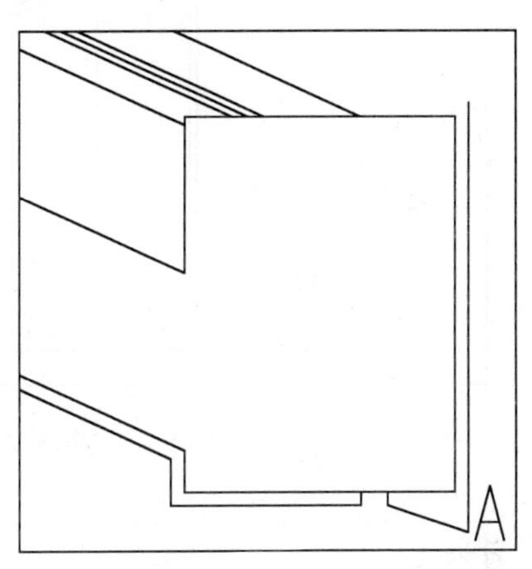

图 8-25 拉伸结果

提示

在利用“拉伸”命令时，如果选择对象全部位于选择窗口之内则执行移动，如果操作对象与窗口边界相交则执行拉伸。

13）利用“偏移”命令，将指定的垂线段向左依次偏移 590、10、250、120、10，从而得到墙体的构造层次，绘制结果如图 8-26 所示。

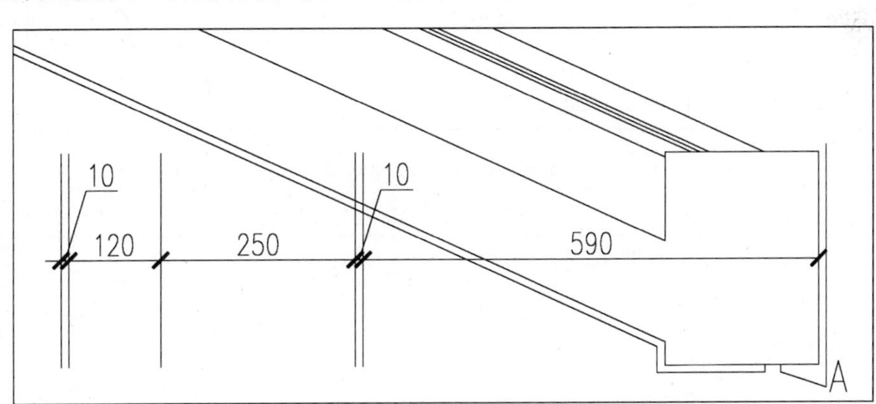

图 8-26 墙线的偏移

14）利用“直线”命令在已绘制的墙线下的适当位置绘制一条直线，如图 8-27 所示。

15）利用“延伸”和“修剪”命令，按照如图 8-28 所示进行延伸和修剪操作。

16）利用“直线”命令，捕捉图 8-29 中的 A 点为起点，向左移动光标绘制一条长度适当的水平直线，如图 8-29 所示。

17）利用“偏移”命令将上一步绘制的直线向下偏移 120，如图 8-30 所示。

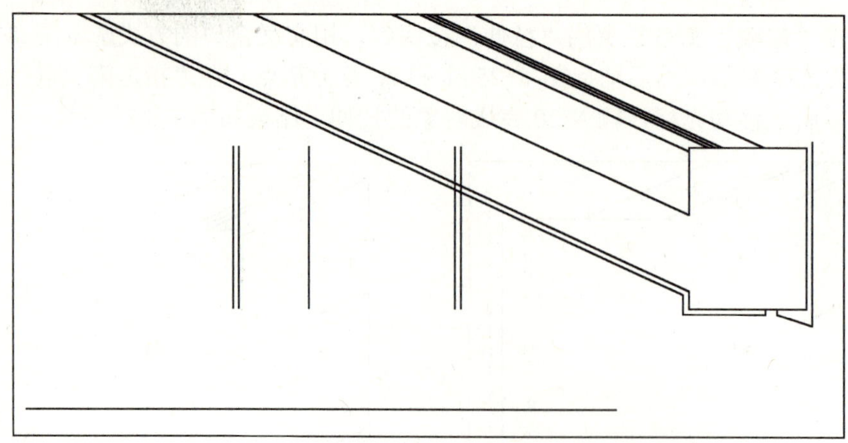

图 8-27　直线的绘制

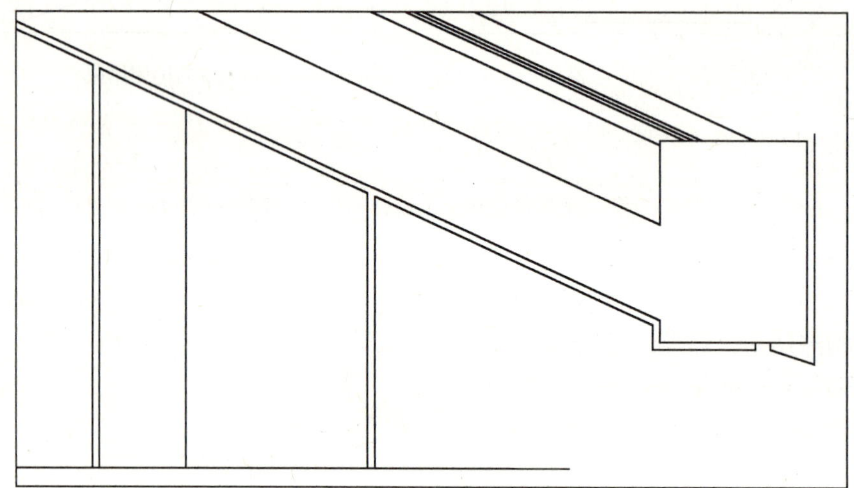

图 8-28　修剪延伸结果

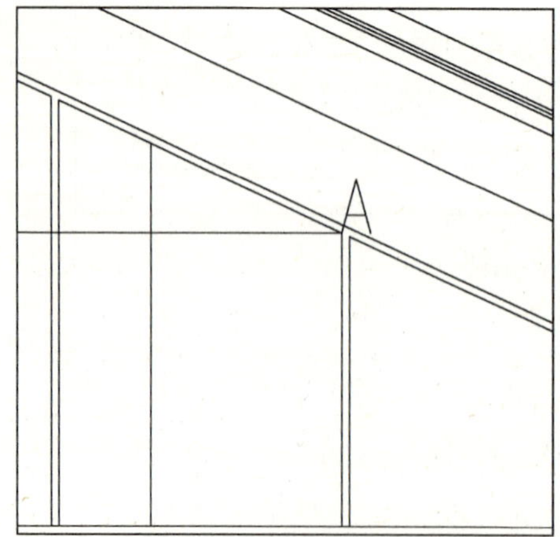

图 8-29　直线的绘制

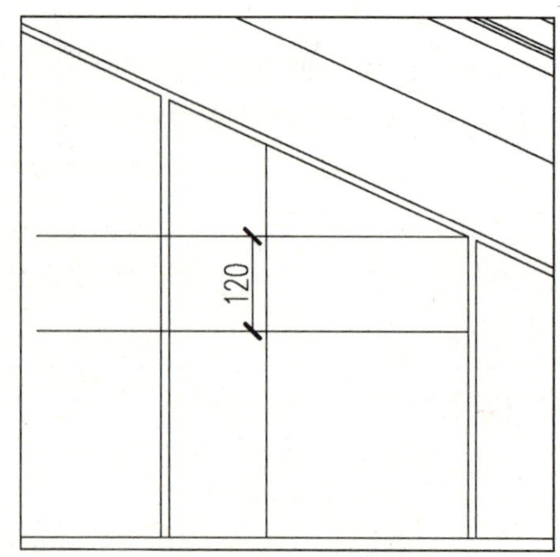

图 8-30　直线的偏移

18）利用“修剪”命令，对墙体部位进行修剪，修剪结果如图 8-31 所示。

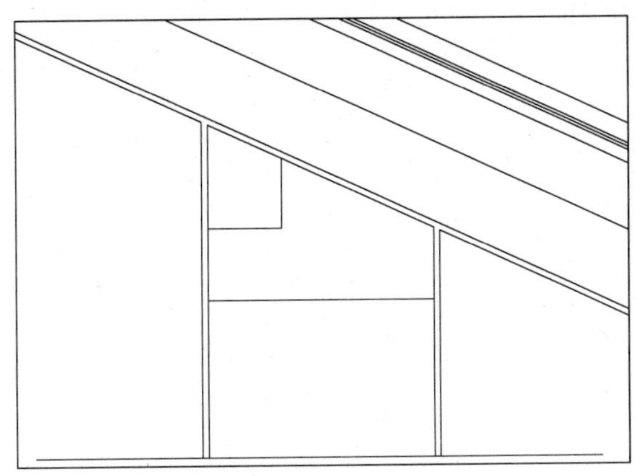

图 8-31 修剪结果

8.2.3 绘制屋面瓦

绘制屋面瓦的基本方法为：利用“矩形”命令绘制出一个瓦片，旋转后移动到檐口位置，再利用“阵列”命令绘制出其他的瓦片，完成屋面瓦的绘制。

1）单击“图层”工具栏的“图层控制”下拉列表框，将“屋面瓦”层设置为当前层。

2）利用“矩形”命令，在绘图区任意位置绘制一个长×宽为 312×30 的矩形，结果如图 8-32 所示。

3）单击“旋转”按钮，选取矩形为旋转对象，矩形的左下角为基点，输入旋转角度 –18°，完成对象的旋转，如图 8-33 所示。

图 8-32 矩形瓦的绘制　　图 8-33 矩形瓦的旋转

4）利用“移动”命令，选择旋转后的矩形为移动对象，矩形的右下角点为基点，檐口矩形的右上角点为第二点完成移动操作，移动结果如图 8-34 所示。

5）重复利用“移动”命令，选择矩形为移动对象，以图 8-34 中矩形的左下角 A 点为基点，该矩形与挂瓦条的交点 B 为第二点，完成后如图 8-35 所示。

6）利用“修剪”命令，选择矩形为修剪边界，将竖直线与矩形相交处的多余部分修剪掉，结果如图 8-36 所示。

7）单击“矩形阵列”按钮，根据命令行提示，选择矩形瓦后按〈Enter〉键，再选择“角度（A）”选项，输入角度为 155，再选择“计数（C）”选项，设置行数为 1，列数为 7，项目间距为 1680，然后按〈Enter〉键，从而完成矩形瓦的阵列操作，如图 8-37 所示。

8）单击“图层”工具栏的“图层控制”下拉列表框，将“构造层”层设置为当前层。

9）利用“直线”命令在斜屋面的左上位置绘制一条长度适当的竖直直线，如图 8-38 所示。

10）利用“修剪”命令，选取前一步绘制的直线为修剪边界，将该处多余的斜直线修剪掉，修剪结果如图 8-39 所示。

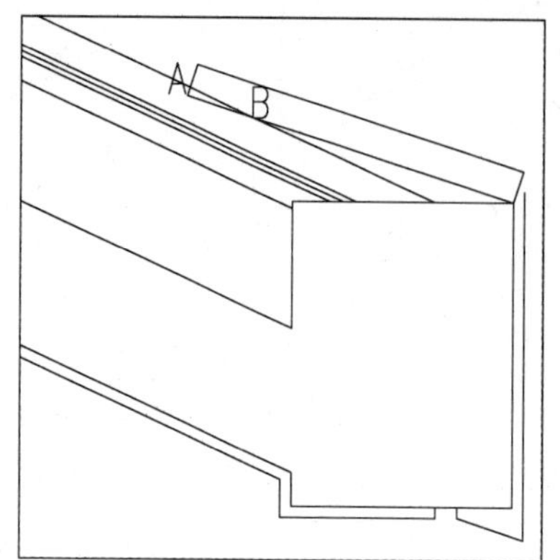

图 8-34　矩形瓦的第一次移动

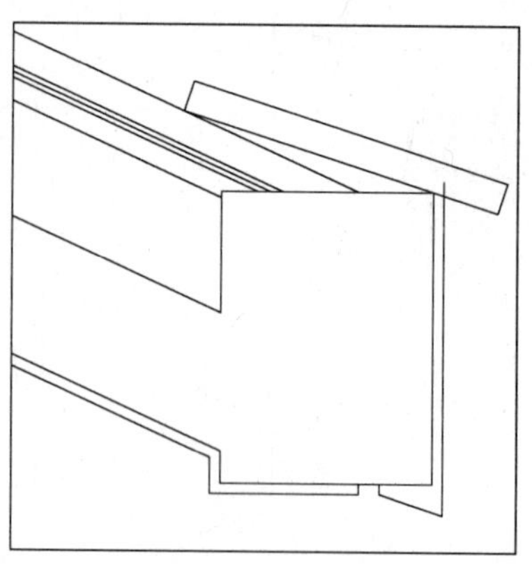

图 8-35　矩形瓦的第二次移动

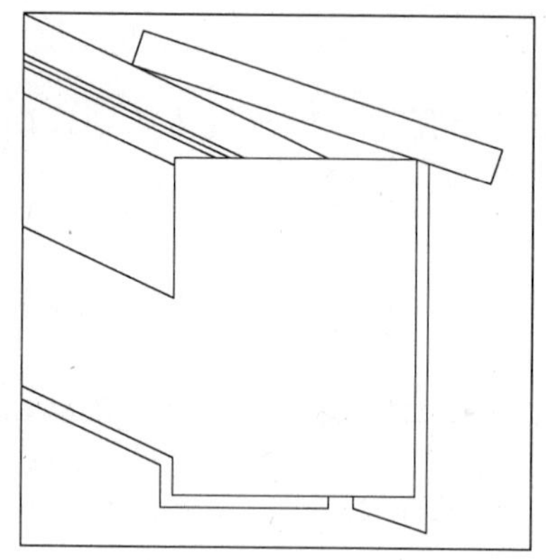

图 8-36　矩形瓦的修剪

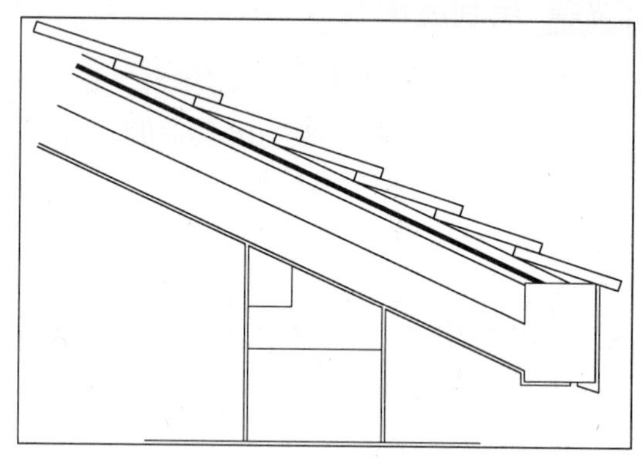

图 8-37　矩形瓦的阵列

提示

在选择要修剪的对象时，“选择对象”的方式可以采用“栏选”，即在该选择状态下绘制一条直线，凡是与直线相交的对象都会被裁剪掉。

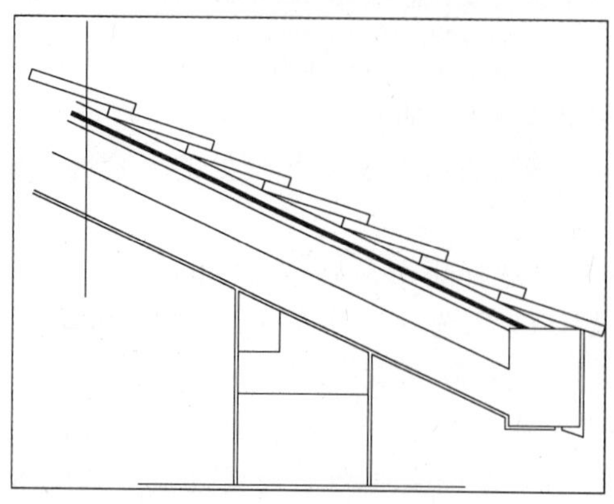

图 8-38　直线的绘制

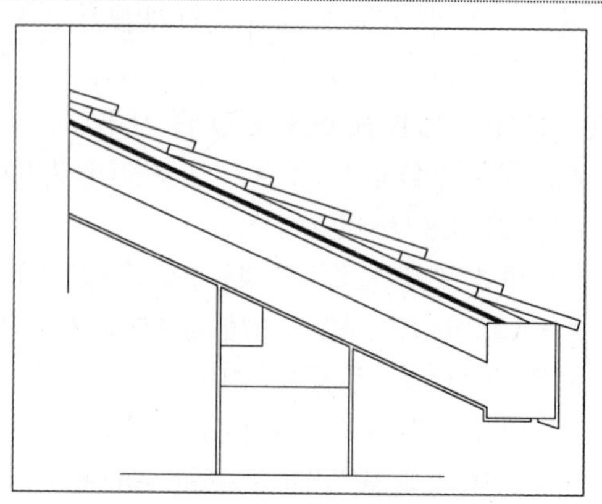

图 8-39　直线的修剪

11）利用“多段线”和“修剪”命令，在左侧垂直线段上绘制详图中的折断符号，绘制结果如图 8-40 所示。

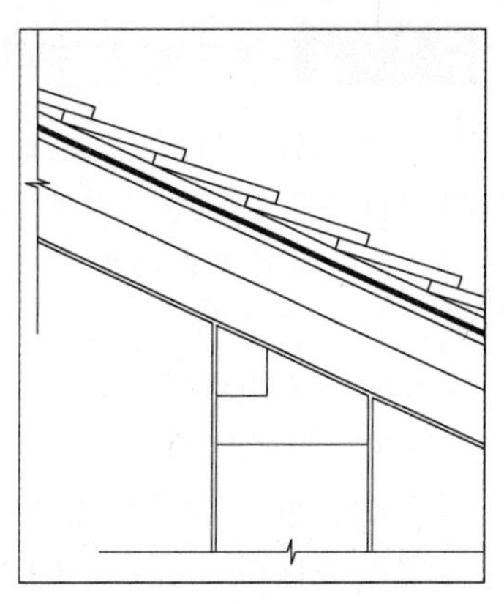

图 8-40　折断符号的绘制

8.2.4 图案填充

1）单击“图层”工具栏的“图层控制”下拉列表框，将“图案填充”层设置为当前层。

2）单击“图案填充”按钮，打开“图案填充和渐变色”对话框，选择“预定义”类型，单击“图案”后的按钮，打开“图案填充选项板”对话框，选取“ANSI31”图案，将角度设置为 0，比例调整为 10，如图 8-41 所示。单击“拾取点”按钮，切换到绘图窗口，通过在填充边界的内部单击，选中所有需填充斜线的区域，拾取完成后，单击鼠标右键返回“图案填充和渐变色”对话框，单击“确定”按钮，完成图案的填充。填充后的效果如图 8-42 所示。

图 8-41　斜线图案填充对话框

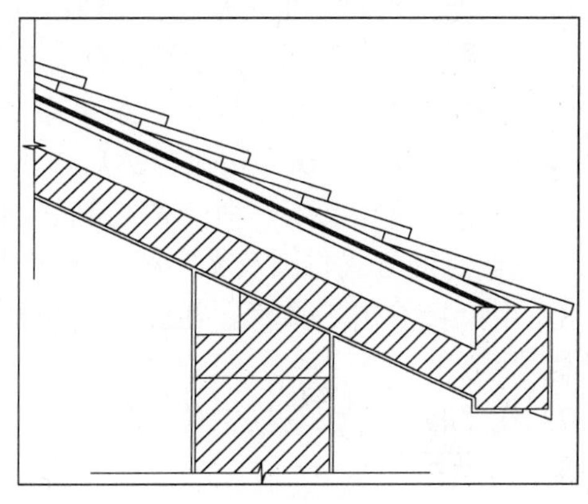

图 8-42　斜线图案的填充

3）按“空格”键重复图案填充命令，参照前一步图案填充的方法，选择填充图案“AR-CONC”，设置角度为 0，比例为 1，然后拾取需填充混凝土图案的部分完成混凝土结构层的填充，填充效果如图 8-43 所示。

4）再次利用“图案填充”命令，选择填充图案“ANSI37”，设置角度为 0，比例为 10，然后拾取需填充保温层图案的部分完成屋面保温层的填充，填充效果如图 8-44 所示。

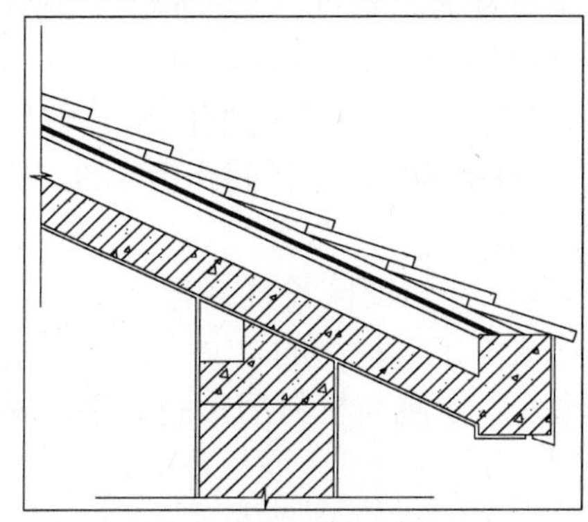

图 8-43　混凝土图案的填充

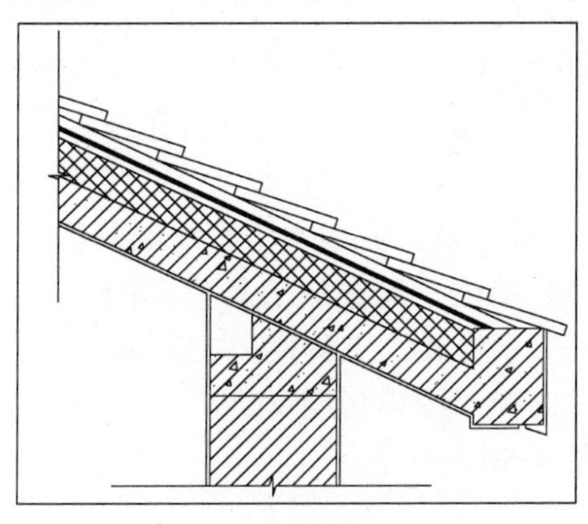

图 8-44　保温层图案的填充

8.2.5 尺寸及文字的标注

1）单击“图层”工具栏的“图层控制”下拉列表框，将“标注”层设置为当前层。

2）利用“直线”命令，捕捉图 8-45 中的 A 点为起点，打开正交模式，向下移动光标至适当位置后，单击鼠标左键完成直线的绘制。

3）选择“格式 | 线型”菜单命令，打开“线型管理器”对话框，然后单击“加载”按钮，打开“加载或重载线型”对话框，选取“CENTER2”线型，单击“确定”按钮，返回“线型管理器”对话框，单击“确定”按钮，完成线型的加载。

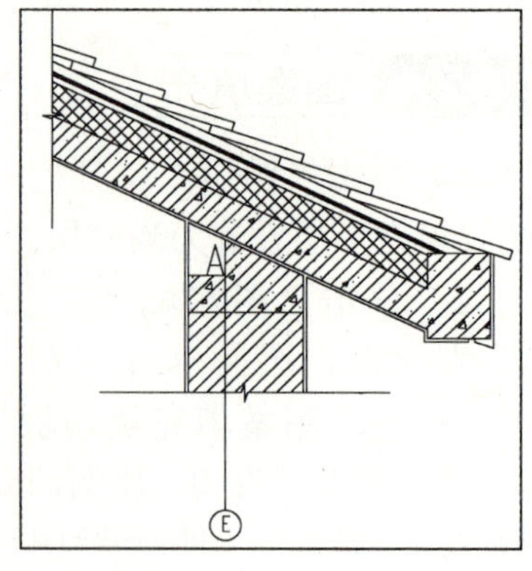

图 8-45 轴线及轴线符号的绘制

4）将光标移动至步骤 2）绘制的直线，然后双击鼠标左键打开“特性”对话框，单击“线型”下拉列表框，选取“CENTER2”线型。

5）利用绘制圆命令，在绘图区任意位置绘制半径为 50 的圆。

6）选择“格式 | 文字样式”菜单命令，打开“文字样式”对话框，选取“图名及轴线文字”，单击“置为当前”按钮，然后单击“关闭”按钮完成当前文字样式的设定。

7）利用“单行文字”命令在绘制的圆内书写“E”，利用“移动”命令并结合捕捉象限点和直线端点的方式将圆及文字移动到直线的下端，绘制结果如图 8-45 所示。

8）用鼠标右击工具栏，在弹出的快捷菜单中选择“标注”项，在屏幕上显示“标注”工具栏。

9）在“标注”工具栏中单击“标注控制”下拉列表框，将“建筑详图”标注样式设置为当前。

10）利用“线性标注”和“连续标注”命令对图形的尺寸进行标注，标注结果如图 8-46 所示。

11）单击“标注”工具栏中的“角度标注”按钮，选择檐口处屋面左下侧斜直线为第一条直线，选择檐口矩形的下侧水平线为第二条直线，移动鼠标在适当位置单击，完成角度的标注，结果如图 8-47 所示。

12）单击“图层”工具栏的“图层控制”下拉列表框，将“文字”层设置为当前层。

13）利用直线命令，以屋面左下侧斜直线附近的某位置为起始点，垂直向上绘制长度约为 1000 的直线，水平向右绘制长度约为 200 的直线，绘制结果如图 8-48 所示。

14）单击“矩形阵列”按钮，根据命令行提示，选择上一步所绘制的水平直线后按〈Enter〉键，再选择“计数（C）”选项，设置行数为 8，列数为 1，项目间距为 780，然后按〈Enter〉键，从而完成水平直线的阵列操作，如图 8-49 所示。

15）单击“绘图”工具栏上的“多行文字”按钮 A，在绘图区设置多行文字区域后，打开“文字格式”工具栏和文本编辑框，单击“文字格式”工具栏中的“文字样式”下拉列表框，选择“图内说明文字”，然后在文本编辑框中输入表示屋面材料层次的文字，文字输入如图 8-50 所示。

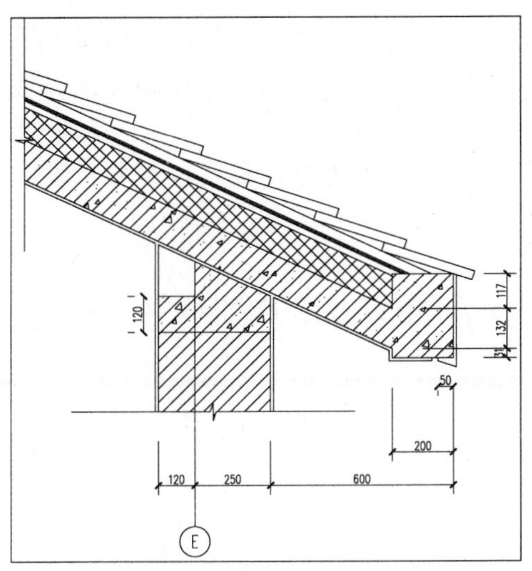

图 8-46 尺寸标注

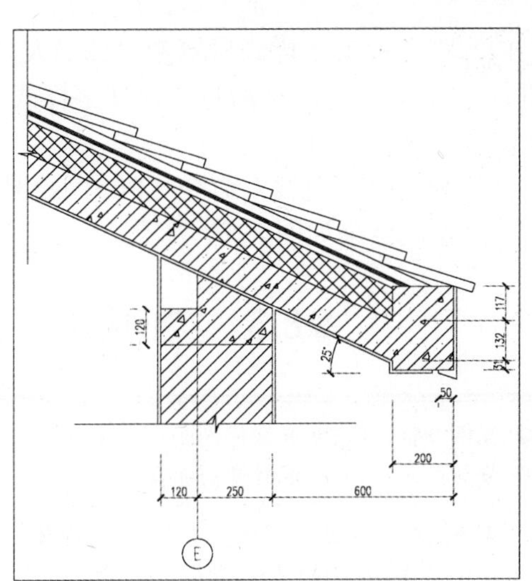

图 8-47 角度标注

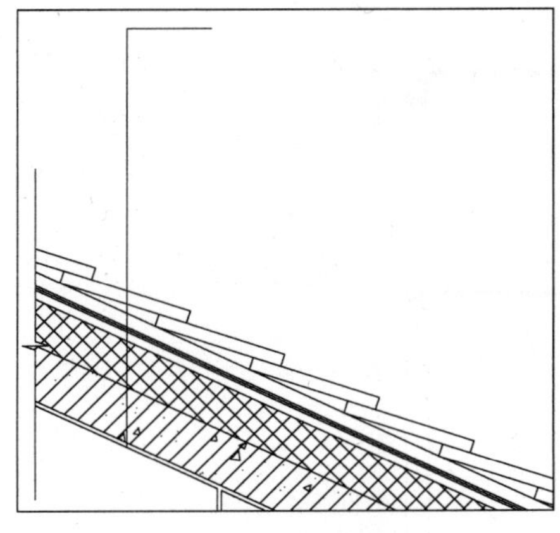

图 8-48 直线的绘制

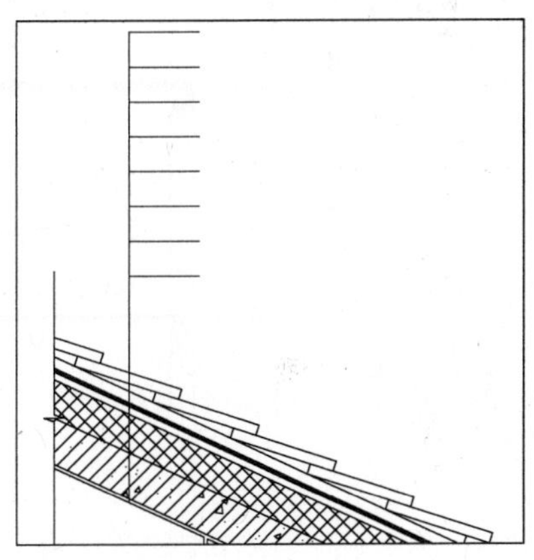

图 8-49 直线的阵列

16）利用“移动”命令将前一步书写的文字移动到适当位置，移动结果如图 8-51 所示。

灰色亚光轴面S型瓦312X312
白松挂瓦条30X40@265
顺水条5X25@450
聚乙烯双面符合卷材防水
1:3水泥砂浆20厚
100厚20宓苯板
现浇钢筋混凝土楼板
抹灰

图 8-50 多行文字的输入

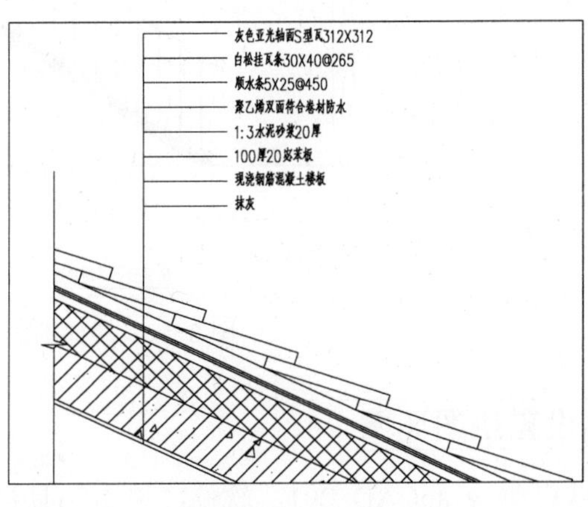

图 8-51 移动文字

17）将当前文字样式设置为“图名及轴线文字”，利用“单行文字”命令在图形下部书写图名“檐口详图”，然后将当前文字样式设置为“图内文字说明”，在“檐口详图”的左侧创建图形比例“1：10”。

18）利用“多段线”命令（PL），绘制下画线，线宽设置为 5，长度与图名长度大体相同。最终绘制结果如图 8-10 所示。

8.3 实例精解——楼梯剖面详图的绘制

◎ 案例文件：案例\08\楼梯剖面详图.dwg

◎ 视频演示：视频\08\楼梯剖面详图.avi

本实例以 8.2 节创建的“建筑详图”样板文件为基础，详细介绍图 8-52 所示的楼梯剖面详图的绘制方法与技巧。为使读者对建筑施工图有全面系统的了解，本实例中的楼梯剖面详图与前几章所述的平面图、立面图、剖面图选自于同一工程。本实例涉及的命令主要有直线、多段线、多线、矩形、偏移、修剪、图案填充、定数等分等。

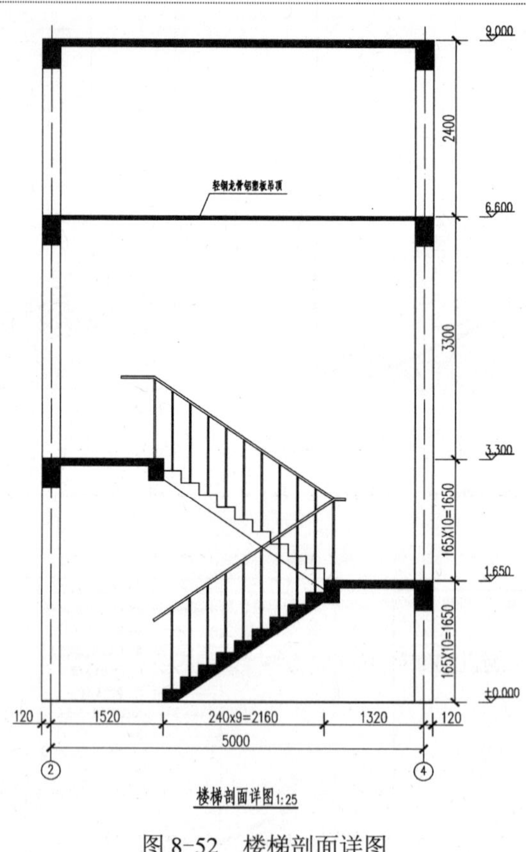

图 8-52　楼梯剖面详图

8.3.1 设置绘图环境

1）正常启动 AutoCAD 2012 软件，单击工具栏上的“新建”按钮，打开“选择样板”

对话框，然后选择“建筑详图”样板文件。

2）选择“文件 | 另存为”菜单命令，打开“图形另存为”对话框，将文件另存为“案例\08\楼梯剖面详图.dwg”图形文件。

3）选择“格式 | 图形界限”菜单命令，依照提示，设定图形界限的左下角为（0，0），右上角为（10500，14850）。

该图形界限是将A4图纸立式幅面的尺寸扩大25倍。

4）在命令行输入命令“Z | 空格 | A”，使输入的图形界限区域全部显示在图形窗口内。

由图 8-52 可知，该楼梯剖面详图主要由轴线、辅助线、墙、楼板、梯段、尺寸标注、图案填充等元素组成，因此绘制楼梯剖面详图时，需建立表 8-4 所示的图层。

表 8-4 图层设置

序 号	图 层 名	线 宽	线 型	颜 色	打印属性
1	轴线	默认	点画线	红色	打印
2	辅助线	默认	实线	红色	不打印
3	墙及楼板	0.3	实线	黑色	打印
4	楼梯	默认	实线	黑色	打印
5	文字	默认	实线	洋红	打印
6	标注	默认	实现	蓝色	打印
7	图案填充	默认	实线	黑色	打印
8	其他	默认	实线	蓝色	打印

5）单击“图层”按钮，打开“图层特性管理器”对话框，将“构造层”重命名为“楼梯”；将“屋面瓦”重命名为“辅助线”，并将颜色改为“红色”，打印状态改为“不打印”。然后利用“新建图层”按钮，创建表 8-4 所示的其他图层，并进行图层颜色、线宽、线型等特性的设置，如图 8-53 所示。

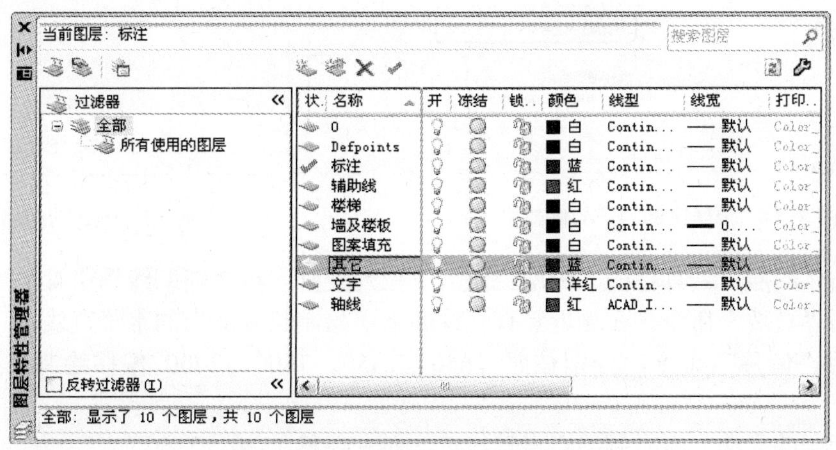

图 8-53 楼梯剖面详图图层系统设置

6）选择“格式｜线型”菜单命令，打开“线型管理器”对话框，单击“显示细节”按钮，打开“详细信息”选项组，输入“全局比例因子”为25。

由图 8-52 可知，楼梯剖面详图上的文字类型与檐口详图相同，但楼梯详图的打印比例为 1∶25。因此需在檐口详图的基础上，将文字样式的高度修改为打印到图纸上的文字高度×打印比例的倒数25。

7）利用“格式｜文字样式”菜单命令，打开“文字样式”对话框，修改每一种文字样式的高度。

8）利用“格式｜标注样式”菜单命令，打开“标注样式管理器”对话框，选择“建筑详图”，单击“修改”按钮，打开“修改标注样式：建筑详图”对话框，单击“调整”选项卡，将“标注特征比例”中的“使用全局比例”因子修改为打印比例的倒数25，如图 8-54 所示。

8.3.2 绘制轴线与辅助线

1）单击“图层”工具栏的“图层控制”下拉列表框，将“轴线”层置为当前层。

2）利用“直线”命令，在绘图区适当位置单击鼠标左键确定直线的起点，然后打开正交模式，向上移动光标，输入10000，完成直线的绘制。

3）利用“偏移”命令（O），将上一步绘制的直线向右偏移 5000，结果如图 8-55 所示。

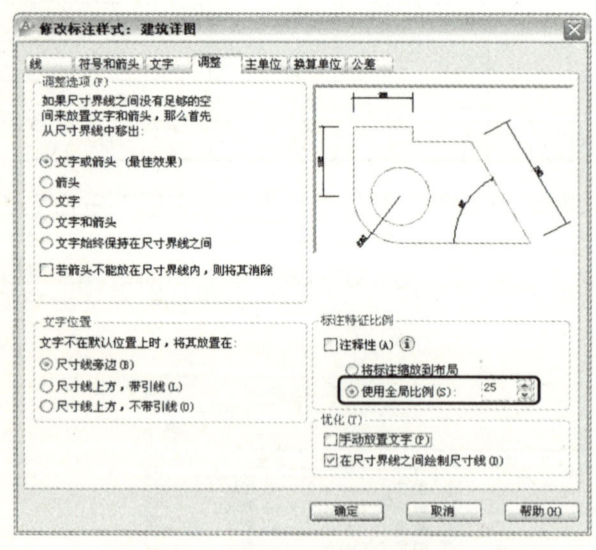

图 8-54 全局比例因子的修改

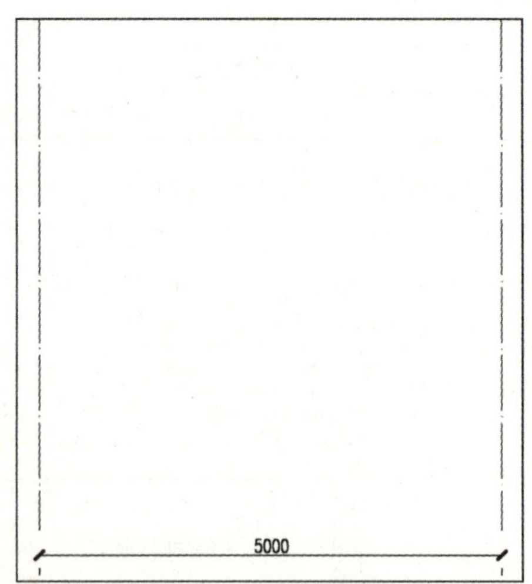

图 8-55 轴线的绘制

4）单击“图层”工具栏的“图层控制”下拉列表框，将“辅助线”层置为当前层。

5）利用“直线”命令，在靠近竖直直线的下端绘制长度适当的水平直线。

6）利用“偏移”命令，分别按照 1650、1650、3300、2400 偏移绘制另外四条水平辅助线。

7）用相同的方法，将右侧的竖直轴线依次向左偏移1320、2160。

8）选择前一步偏移得到的两条竖直直线，然后单击鼠标右键，选择“特性”，打开“特性”面板，将其图层修改为“辅助线”，绘制结果如图 8-56 所示。

8.3.3 绘制墙、楼板和楼梯平台及梁

1）单击“图层”工具栏的“图层控制”下拉列表框，将“墙及楼板”置为当前层。

2）利用“格式｜多线样式”菜单命令，创建名称为“240 墙”的多线样式。多线样式的创建过程及参数设置可参见第 5 章。

3）在命令行中输入“ML”并按〈Enter〉键，然后输入“ST”将多线样式“240 墙”置为当前；输入“J”将对正方式定义为“无”；输入“S”设定多线比例为 1。设置“对象捕捉”状态，移动鼠标依次捕捉如图 8-59 所示的水平辅助线与竖直轴线的交点 A、B，按〈Enter〉键结束命令。再次利用“多线”命令捕捉交点 C、D 完成墙线的绘制，结果如图 8-57 所示。

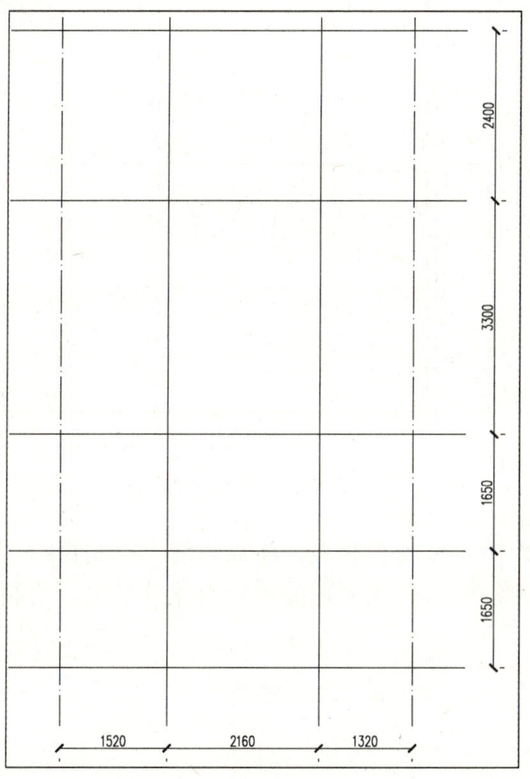

图 8-56　辅助线的绘制

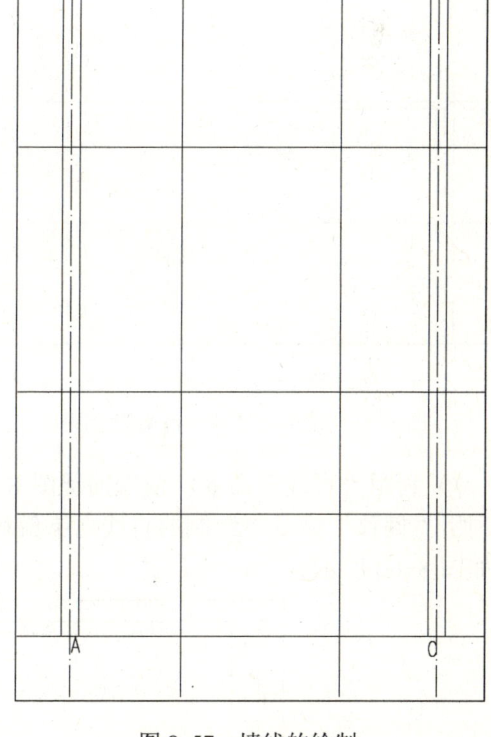

图 8-57　墙线的绘制

4）选择“格式｜多线样式”菜单命令，打开“多线样式”对话框，单击“新建”按钮，打开“创建新的多线样式”对话框，在“名称”栏中输入多线名称“楼板”，单击“继续”按钮，打开“新建多线样式”对话框，选中“图元”栏的“偏移 0.5”后，在下面的“偏移”编辑框中输入 0。同样把“图元”栏的–0.5 变成–100，单击“确定”按钮，完成“楼板”多线样式的定义。

5）在命令行中输入“ML”并按〈Enter〉键，然后输入“ST”将多线样式“楼板”置为当前，移动鼠标在楼梯平台位置捕捉水平轴线与竖直轴线的交点。重复使用多线绘制命令

绘制其他各层楼板，绘制结果如图 8-58 所示。

6）选择“修改 | 对象 | 多线”菜单命令，打开“多线编辑工具”对话框，单击“T 形合并”按钮，依照提示完成如图 8-59 所示的角点 1、2 的合并操作。单击鼠标右键重复多线编辑命令，单击“角点结合”按钮，完成角点 3、4 的合并操作，结果如图 8-59 所示。

图 8-58　楼板及楼梯平台梁的绘制

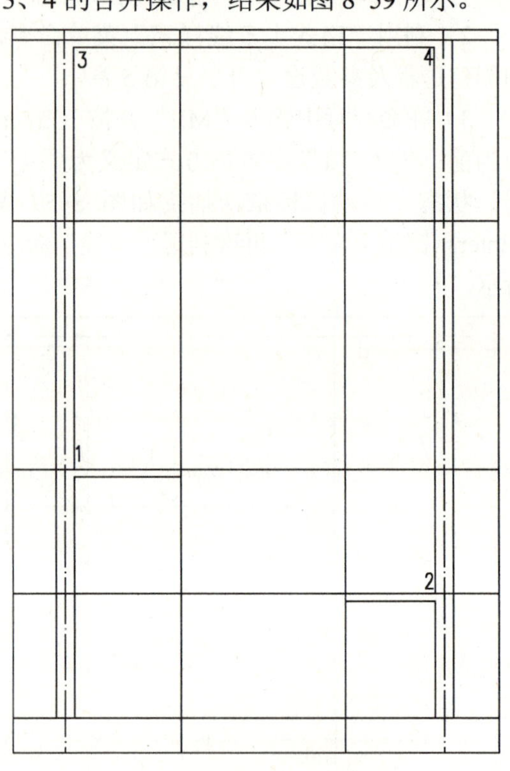

图 8-59　多线的编辑

7）利用“直线”命令，依次捕捉图 8-60 中的 A 点为起点，B 点为终点绘制直线，然后利用“偏移”命令将绘制的直线向下偏移距离 50，得到屋顶处的轻钢龙骨吊顶，绘制结果如图 8-60 所示。

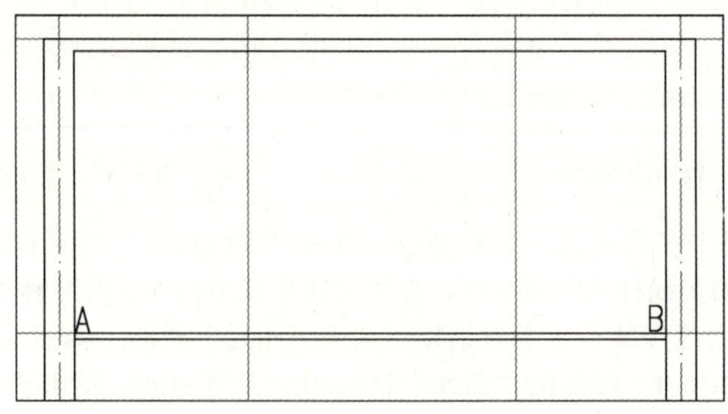

图 8-60　轻钢龙骨的绘制

8）重复利用“矩形”命令，选取图 8-61 中 A 点为第一角点，输入（@-240，-400）并按〈Enter〉键；选取 B 点为第一角点，输入（@240，-400）并按〈Enter〉

键；选取 C 点为第一角点，输入（@–200，–300）并按〈Enter〉键；选取 D 点为第一角点，输入（@200，–300）并按〈Enter〉键，绘制结果如图 8-61 所示。

9）利用“分解”命令将所有的多线炸开，然后利用“修剪”命令将楼板、楼梯平台与梁相交处的多余直线修剪掉。关闭“轴线”、“辅助线”图层后，修剪结果如图 8-62 所示。

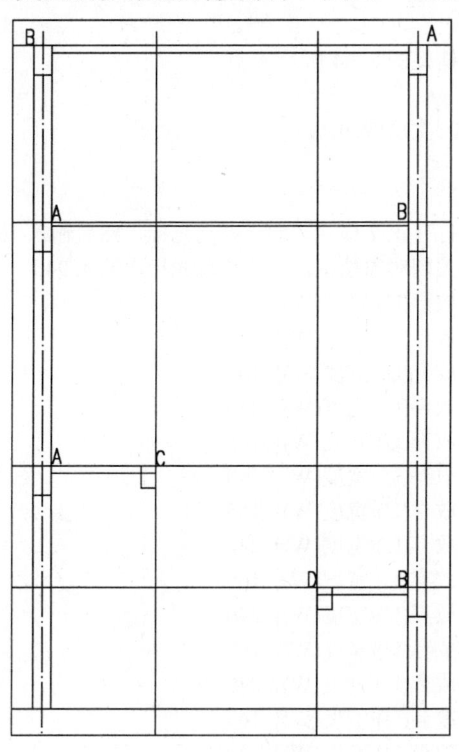

图 8-61 梁的绘制

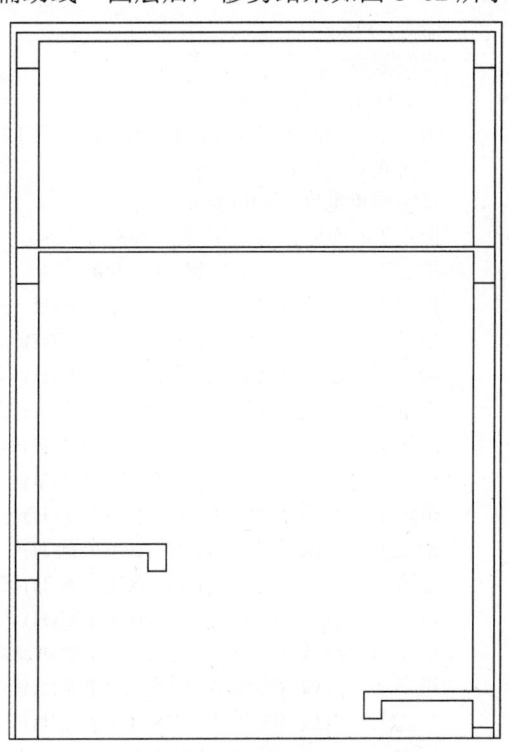

图 8-62 修剪结果

10）单击“图层”工具栏的“图层控制”下拉列表框，将“其他”层置为当前层，并打开“轴线”、“辅助线”图层。

11）单击“多段线”按钮，依照提示捕捉图 8-63 中的 A 点为起点，设置线宽为 12.5mm，然后捕捉 B 点为终点绘制地坪线，绘制结果如图 8-63 所示。

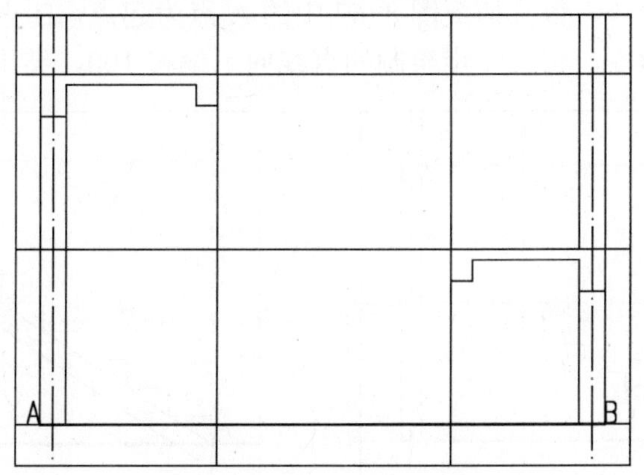

图 8-63 地坪线的绘制

8.3.4 绘制梯段及其栏杆与扶手

1）单击“图层”工具栏的“图层控制”下拉列表框，将“楼梯”层置为当前层。

2）单击“多段线”按钮，依照提示绘制第一梯段的所有踏步。命令操作如下：

```
命令:_Pline
指定起点:                                              //捕捉图 8-64 所示 A 点
当前线宽为 12.5000
指定下一个点或 [圆弧(A)/半宽(H)/长度(L)/放弃(U)/宽度(W)]: w
指定起点宽度 <12.5000>: 0
指定端点宽度 <0.0000>:
指定下一个点: <正交 开> 165                            //打开正交模式，向上移动光标，然后输入 165
指定下一点: <对象捕捉 关> 240                          //关闭对象捕捉，向右移动光标，输入 240
指定下一点或 [圆弧(A)/闭合(C)/半宽(H)/长度(L)/放弃(U)/宽度(W)]: 165
指定下一点或 [圆弧(A)/闭合(C)/半宽(H)/长度(L)/放弃(U)/宽度(W)]: 240
指定下一点或 [圆弧(A)/闭合(C)/半宽(H)/长度(L)/放弃(U)/宽度(W)]: 165
指定下一点或 [圆弧(A)/闭合(C)/半宽(H)/长度(L)/放弃(U)/宽度(W)]: 240
指定下一点或 [圆弧(A)/闭合(C)/半宽(H)/长度(L)/放弃(U)/宽度(W)]: 165
指定下一点或 [圆弧(A)/闭合(C)/半宽(H)/长度(L)/放弃(U)/宽度(W)]: 240
指定下一点或 [圆弧(A)/闭合(C)/半宽(H)/长度(L)/放弃(U)/宽度(W)]: 165
指定下一点或 [圆弧(A)/闭合(C)/半宽(H)/长度(L)/放弃(U)/宽度(W)]: 240
指定下一点或 [圆弧(A)/闭合(C)/半宽(H)/长度(L)/放弃(U)/宽度(W)]: 165
指定下一点或 [圆弧(A)/闭合(C)/半宽(H)/长度(L)/放弃(U)/宽度(W)]: 240
指定下一点或 [圆弧(A)/闭合(C)/半宽(H)/长度(L)/放弃(U)/宽度(W)]: 165
指定下一点或 [圆弧(A)/闭合(C)/半宽(H)/长度(L)/放弃(U)/宽度(W)]: 240
指定下一点或 [圆弧(A)/闭合(C)/半宽(H)/长度(L)/放弃(U)/宽度(W)]: 165
指定下一点或 [圆弧(A)/闭合(C)/半宽(H)/长度(L)/放弃(U)/宽度(W)]: 240
指定下一点或 [圆弧(A)/闭合(C)/半宽(H)/长度(L)/放弃(U)/宽度(W)]: 165
指定下一点或 [圆弧(A)/闭合(C)/半宽(H)/长度(L)/放弃(U)/宽度(W)]: 240
指定下一点: <对象捕捉 开>                              //捕捉休息平台梁的左上角点
指定下一点或 [圆弧(A)/闭合(C)/半宽(H)/长度(L)/放弃(U)/宽度(W)]:  //按〈Enter〉键
```

绘制结果如图 8-64 所示。

3）利用“直线”命令，依次捕捉图 8-67 中的 A 点为起点，B 点为终点绘制直线。

4）利用“偏移”命令，将上一步绘制的直线向下偏移 100，结果如图 8-65 所示。

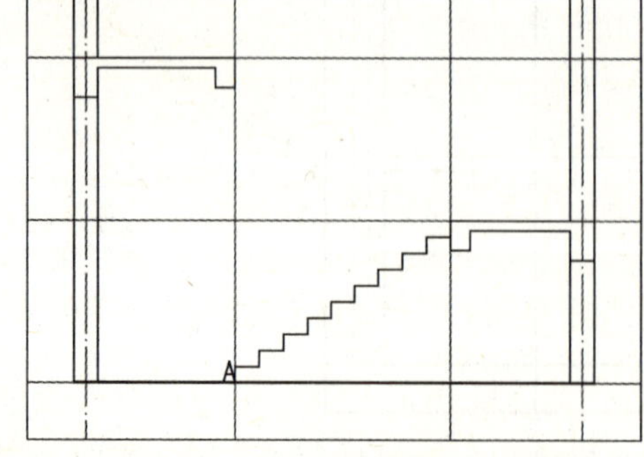

图 8-64　第一梯段踏步的绘制

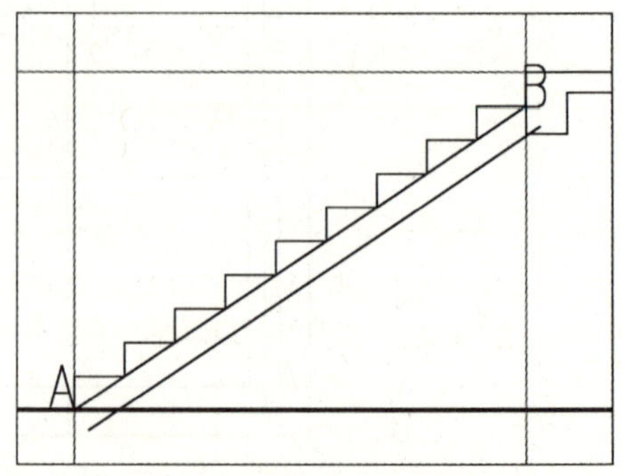

图 8-65　梯段板辅助线的绘制

5）利用“删除”命令将步骤 3 绘制的直线删除，再利用“修剪”命令，修剪梯段板与地坪线、平台梁交接处的多余直线，修剪结果如图 8-66 所示。

6）使用与步骤 2）～5）相同的方法绘制第二梯段的踏步以及梯段板，绘制结果如图 8-67 所示。

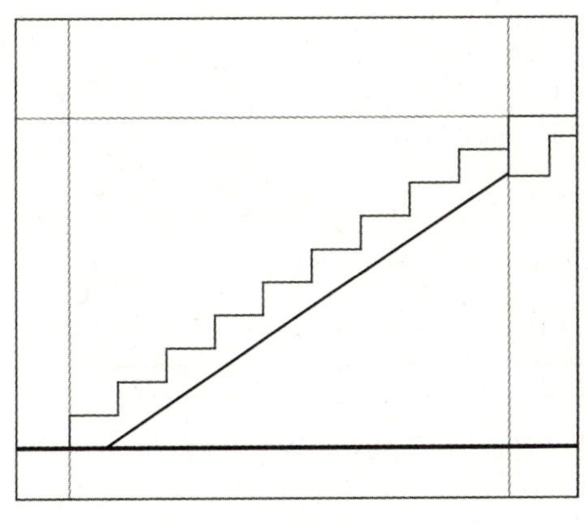

图 8-66 修剪结果

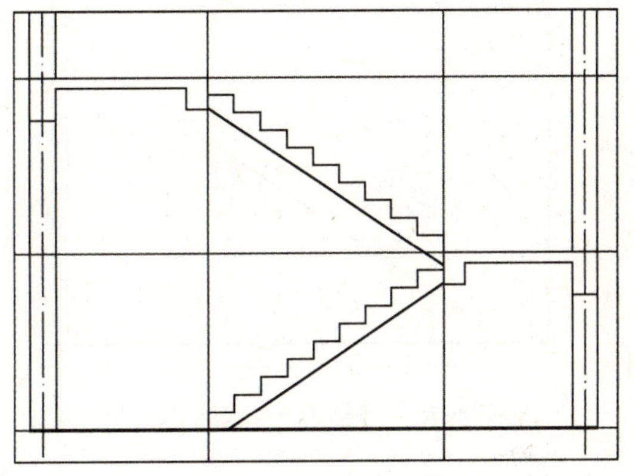

图 8-67 第二梯段的绘制

提示

还可以利用定数等分插入图块命令完成梯段踏步的绘制。“定数等分”是建筑制图中非常有用的命令，它可以将对象划分为任意数目的等长段以便编辑。现结合上述楼梯详细介绍如何利用“定数等分”命令绘制楼梯踏步。

① 利用“直线”命令，捕捉图 8-68 中 A 点为起点，在“指定下一点”状态下，输入 from 命令，捕捉图示 B 点为基点，输入（@0，−165）确定直线的终点，绘制结果如图 8-68 所示。

② 选择“绘图 | 点 | 定数等分”菜单命令，选择上一步绘制的基线作为定数等分的对象，然后输入等分的线段数目 9。

③ 为了在等分的对象上显示出等分点的位置，可以通过选择“格式 | 点样式”菜单命令，设置可见的点样式，如图 8-69 所示。

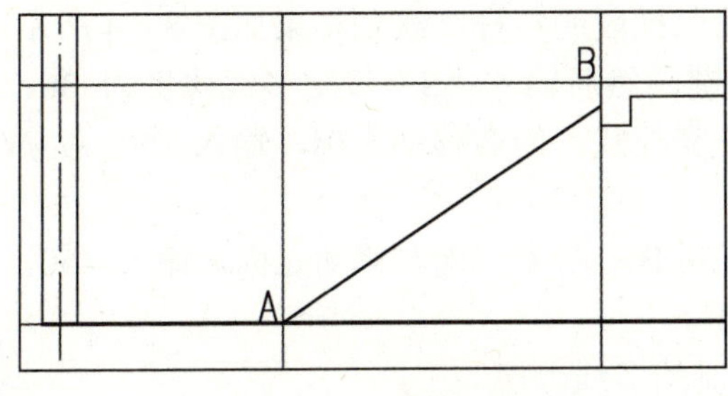

图 8-68 梯段基线的绘制

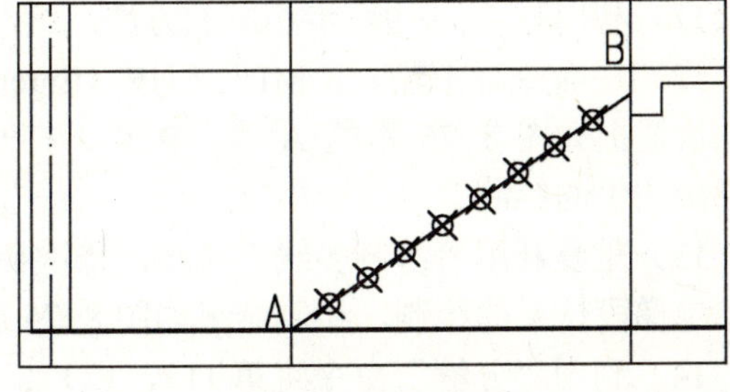

图 8-69 定数等分

④ 利用“直线”命令，捕捉图 8-70 中的 A 点为起点，打开正交模式，向上移动光标，输入 165，然后设置对象捕捉状态为“节点”，捕捉左下侧节点作为直线的终点。至此楼梯的第一个踏步绘制完成，绘制结果如图 8-70 所示。

⑤ 利用“图块定义”命令将上一步绘制的踏步定义为块，块名为“T1”。

⑥ 再次利用“定数等分”命令将块插入图中。

⑦ 再次利用“格式 | 点样式”菜单命令，将点样式修改为不可见，绘制结果如图 8-71 所示。

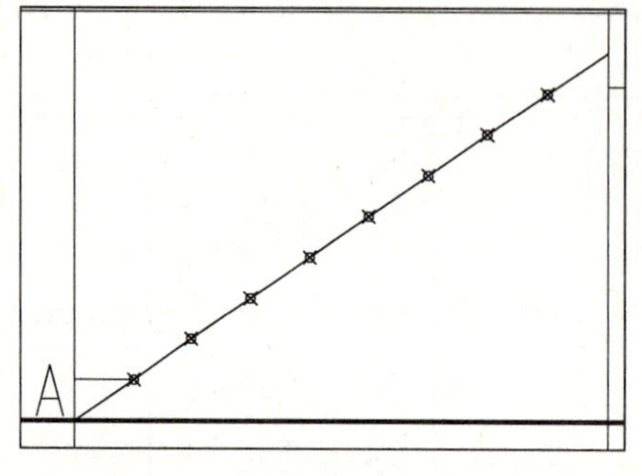

图 8-70 楼梯第一个踏步的绘制

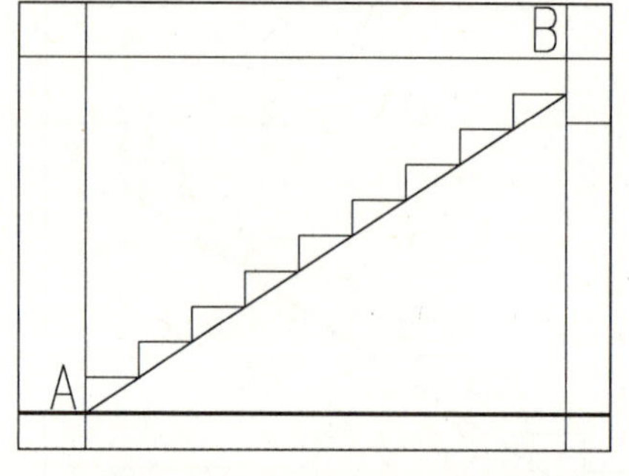

图 8-71 定数等分插入图块

7）在命令行中输入“ML”并按〈Enter〉键，然后输入“ST”将多线样式“STANDARD”置为当前；输入“J”将对正方式定义为“无”；输入“S”设定多线比例为 15，捕捉第一梯段第一踏步的中点，打开正交模式，向上移动光标，输入 1100，完成多线的绘制，绘制结果如图 8-72 所示。

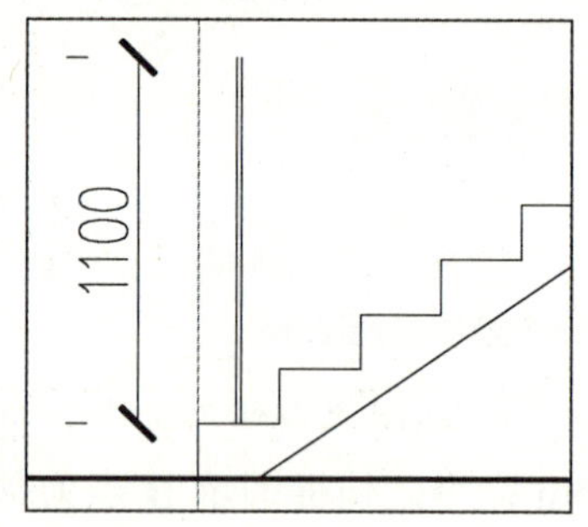

图 8-72 栏杆的绘制

8）利用“复制”命令，选取第一踏步的栏杆为复制对象，栏杆左侧直线与踏步交点为基点，在“指定第二点状态下”，输入(@-240,-165)，完成地坪处辅助栏杆的复制。

9）利用“复制”命令，选取第一踏步的栏杆为复制对象，第一踏步中点为基点，依次选取其他各踏步的中点为第二点，完成各踏步栏杆的复制。

10）利用“复制”命令，选取第一梯段与平台相邻的踏步栏杆为复制对象，栏杆左侧直线与踏步交点为基点，在“指定第二点状态下”，输入(@240,165)，完成平台处栏杆的复制，绘制结果如图 8-73 所示。

11）利用与 7）～9）步相同的方法，绘制第二梯段的栏杆，绘制结果如图 8-74 所示。

12）在命令行中输入“ML”后按〈Enter〉键，然后输入“S”设定多线比例为 30，然后依次捕捉如图 8-75 示的 A 点，B 点，打开正交模式，向右移动光标，输入 150，完成第一梯段扶手的绘制。

13）重复利用“绘制多线”命令，依次捕捉点 B，点 C，向左移动光标，输入 450，完成第二梯段扶手的绘制，绘制结果如图 8-75 所示。

14）利用“分解”命令将第 11）、12）步绘制的多线分解。

15）利用“删除”命令将地坪处的辅助栏杆删除。

16）利用“修剪”命令，选取各梯段的扶手为修剪边界，修剪掉各栏杆与扶手相交处的多余直线。

17）利用“直线”命令并结合对象捕捉，将各扶手的端部封闭，绘制结果如图 8-76 所示。

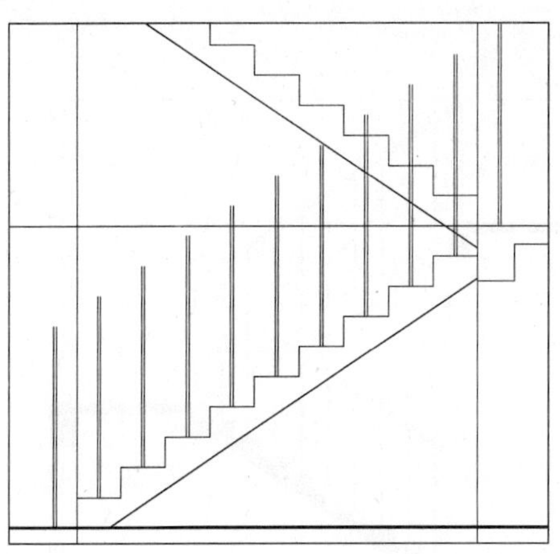

图 8-73 栏杆的复制

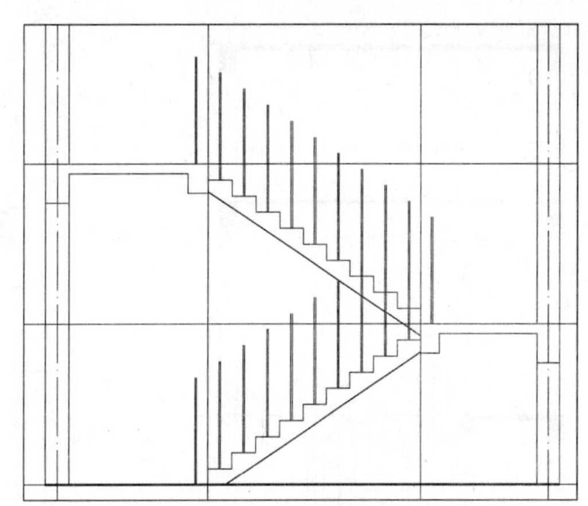

图 8-74 第二梯段栏杆的绘制

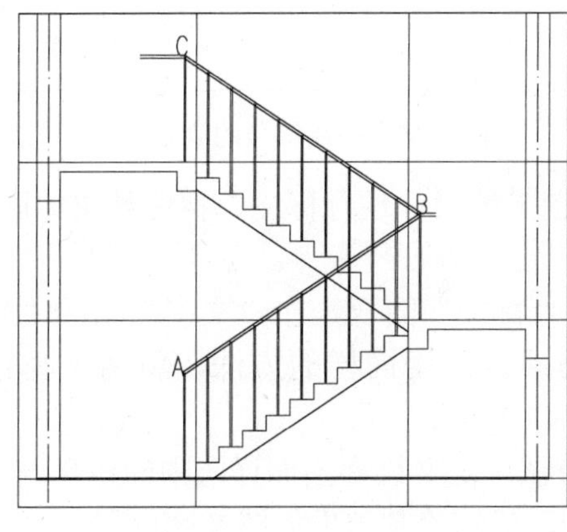

图 8-75 栏杆扶手的绘制

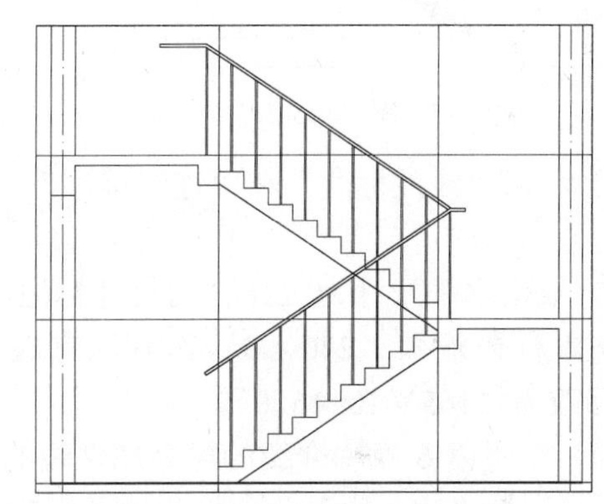

图 8-76 封闭各扶手的端部

18）利用图案填充命令，参照檐口详图中图案填充的方法，选择填充图案“SOLID”，然后拾取需填充实体图案的部分完成被剖切到的楼梯、楼板和梁的填充，填充效果如图 8-77 所示。

8.3.5 尺寸及文字的标注

1）单击“图层”工具栏的“图层控制”下拉列表框，将“标注”层设置为当前层。

2）利用绘制圆命令，在绘图区任意位置绘制半径为 125 的圆。

3）选择“格式 | 文字样式”菜单命令，打开“文字样式”对话框，选取“图名及轴线文字”，单击“置为当前”按钮，然后单击“关闭”按钮完成当前文字样式的设定。

4）利用“单行文字”命令在绘制的圆内书写“2”。然后利用“复制”命令并结合捕捉象限点和直线端点的方式将圆及文字复制到两条轴线的下端。

5）双击右侧轴线圆中的文字，将“2”修改为“4”，绘制结果如图 8-78 所示。

6）使用鼠标右击工具栏，在弹出的快捷菜单中选择“标注”项，在屏幕上显示“标注”工具栏。

7）在“标注”工具栏中单击“标注控制”下拉列表框，将“建筑详图”标注样式设置为当前。

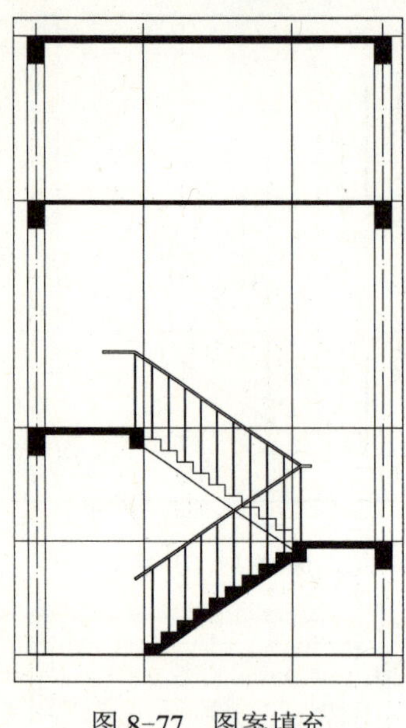
图 8-77　图案填充

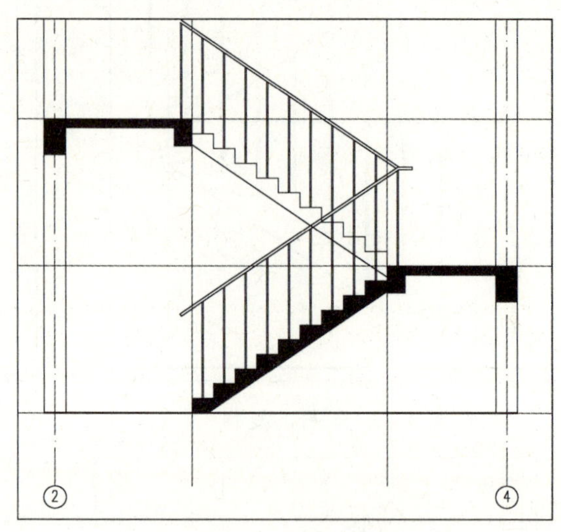

图 8-78　轴线符号的绘制

8）利用“线性标注”和“连续标注”命令对图形的尺寸进行标注，标注结果如图 8-79 所示。

9）双击水平尺寸为 2160 的尺寸标注，打开“特性”面板，在“文字”栏的“替代文字”文本框内输入“240×9=2160”，完成尺寸的编辑。用同样的方法，将两个垂直尺寸 1650 修改为“165×10=1650”。

10）参照第 6 章中介绍的标高属性块的定义方法，定义楼梯剖面详图中的标高属性块，然后重复利用“插入块”命令将其插入到指定位置，标高绘制结果如图 8-80 所示。

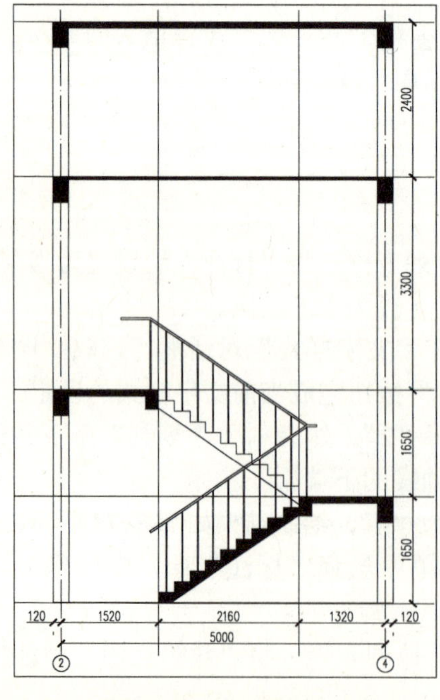

图 8-79　尺寸的标注

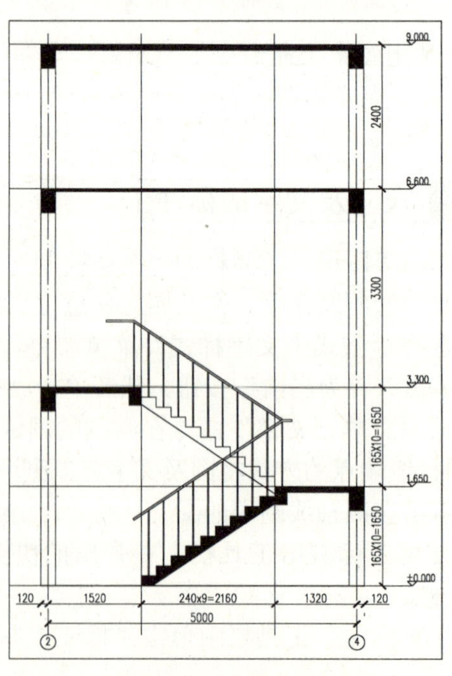

图 8-80　标高的插入

该图中的标高尺寸为建筑制图标准中规定的尺寸×打印比例的倒数 25。

11）参照其他图形中文字标注方法，标注楼梯剖面详图中的文字以及书写图名，最后楼梯剖面详图绘制效果如图 8-52 所示。

8.4 实例精解——楼梯平面详图的绘制

◎ 案例文件：案例\08\楼梯平面详图.dwg
◎ 视频演示：视频\08\楼梯平面详图.avi

前两个实例中的详图是根据详图各自的特点从无到有绘制图形，即所谓的直接绘制法。本实例将结合第 5 章住宅楼的二层平面图介绍另外一种绘制详图的方法，即利用建筑平面图中已经有的图形部分，通过对其进行编辑修改，得到如图 8-81 所示的楼梯平面详图。

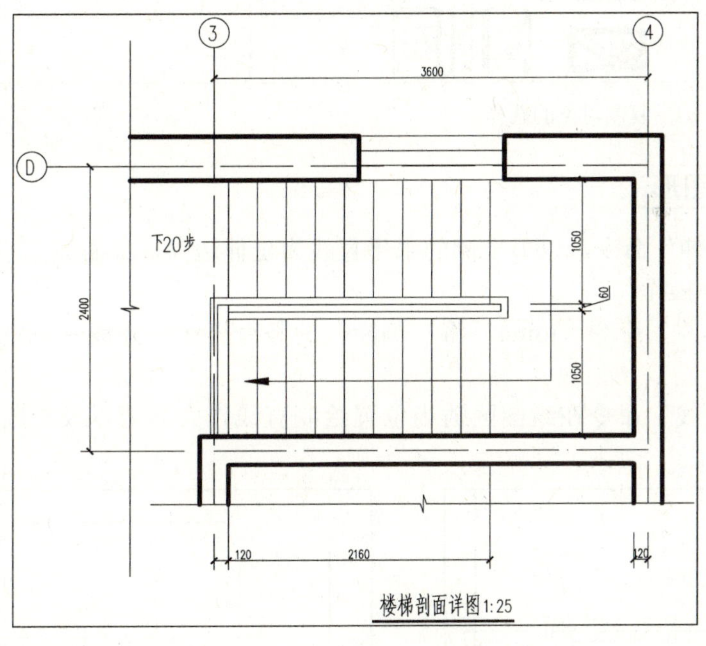

图 8-81 楼梯平面详图

8.4.1 复制图形

1）正常启动 AutoCAD 2012 软件，单击工具栏上的“新建”按钮，打开“选择样板”对话框，然后选择“建筑详图”样板文件。

2）选择“文件 | 另存为”菜单命令，打开“图形另存为”对话框，将文件另存为“案例\08\楼梯平面详图.dwg”图形文件。

3）参照楼梯剖面详图中文字样式、尺寸标注样式的设置，设置相关参数。

4）打开文件“案例\05\建筑平面图.dwg”，选择“编辑 | 复制”菜单命令，选取如图 8-82 所示的虚线图形后，按〈Enter〉键结束命令。

5）在图形文件“案例\08\楼梯平面详图.dwg”绘图区内的任意位置单击鼠标右键，在弹出的快捷菜单中选择“粘贴”命令，然后选取插入点把图形复制到相应位置，如图 8-83 所示。

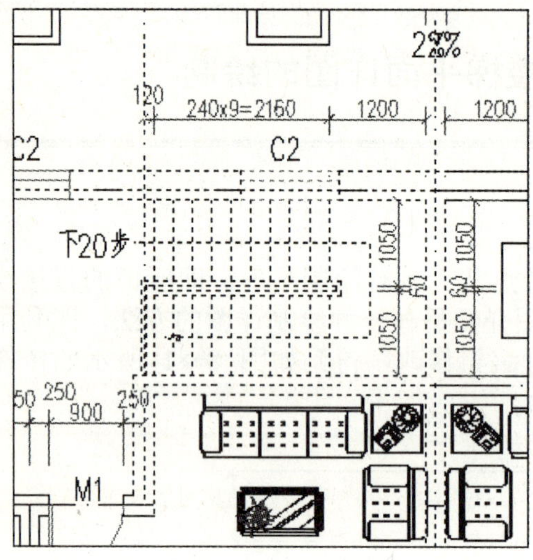

图 8-82 复制对象的选择

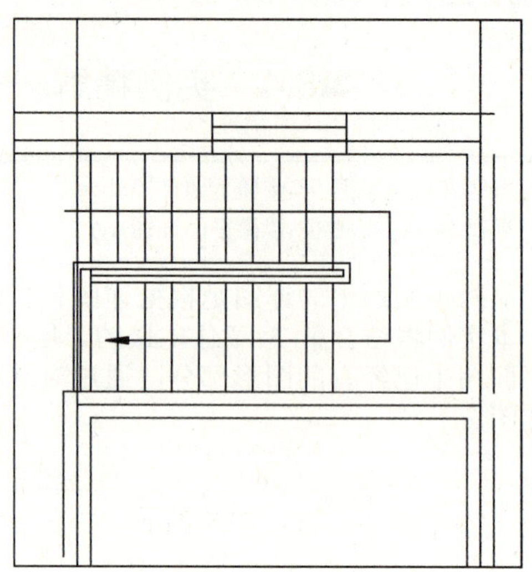

图 8-83 图形的复制

8.4.2 编辑图形

1）利用“延伸”命令，以最上侧的水平直线为延伸边界，最右侧的竖直直线为要延伸的直线，完成延伸操作。

2）利用“合并”命令（join），将左侧断开的竖直直线合并成一条直线，绘制结果如图 8-84 所示。

3）利用“直线”命令在绘图区适当位置绘制直线作为修剪以及折断的边界，绘制结果如图 8-85 所示。

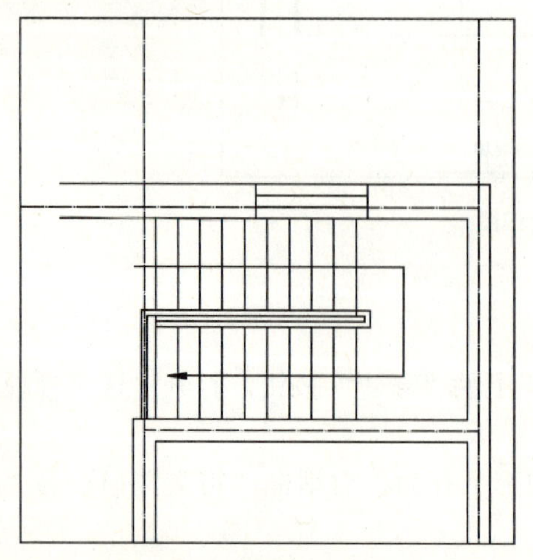

图 8-84 直线的延伸与合并

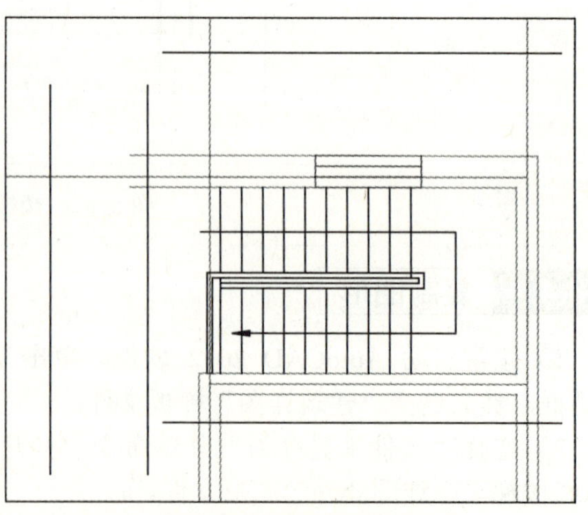

图 8-85 辅助直线的绘制

4）利用“修剪”命令，以前一步绘制的直线为剪切边界，修剪掉外围的直线，再利用“删除”命令将上侧、左侧的边界直线删除掉，结果如图 8-86 所示。

5）利用“多段线”和“修剪”命令，并参照第 4 章中折断符号的绘制，绘制折断符号，绘制结果如图 8-87 所示。

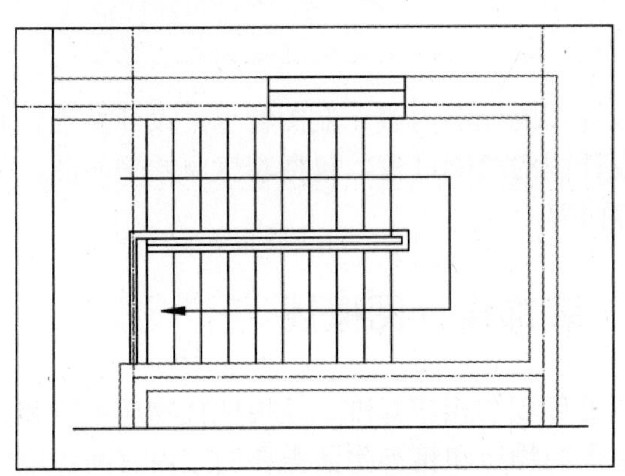

图 8-86 修剪结果

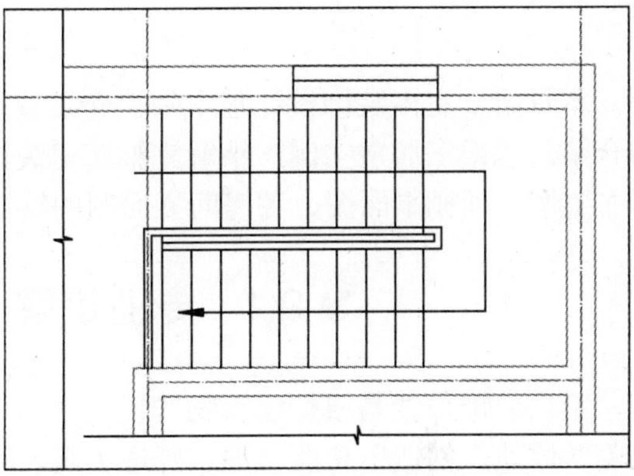

图 8-87 折断符号的绘制

6）参照檐口详图、楼梯剖面详图中尺寸文字标注的方法，标注楼梯平面详图的尺寸与文字，标注效果如图 8-81 所示。

第9章　绘制室内装饰设计图

本章结合室内装饰设计基本知识介绍装饰设计图的制图内容、制图特点、设计要点，并结合某住宅楼三居室实例，精解完整套房装饰设计图的绘制过程，包括套房原始平面图、平面布置图、顶棚平面图、各房间立面图的绘制等内容。

9.1　专业讲解——装饰设计图概述

室内装饰设计是根据建筑物的使用性质、所处环境和相应标准，运用现代物质手段和建筑美学原理，创造出功能合理、舒适美观、满足人们物质和精神生活需要的室内空间环境的一门实用艺术。

室内装饰设计制图是根据正确的制图理论及方法，按照国家统一的装饰制图规范将室内空间六个面上的设计情况在二维图面上表现出来，包括平面图、顶棚平面图、立面图、剖面图、细部节点详图等。国家建设部出台的《房屋建筑制图统一标准》（GB/T 50001—2010）和《建筑制图标准》（GB/T 50101—2010）是室内装饰设计手工制图和计算机制图的依据。

9.1.1　装饰设计图的内容

一套完整的室内装饰设计图一般包括平面图、顶棚平面图、立面图、剖面图、构造详图和透视图。下面简述室内装饰设计图的概念、内容及设计要点。

1．平面图

室内装饰设计平面图是装饰设计图的首要图纸，其他图样均是以平面图为依据而设计绘制的。平面图以平行于地面的切面在距地面 1.5m 左右的位置将上部切去而形成的正投影图，如图 9-1 所示。

室内装饰设计平面图应该清楚表达以下内容。

1）建筑结构与构造的平面形式和基本尺寸。

2）墙体、门窗、隔断、空间布局、室内家具、家电与陈设、室内环境绿化、人流交通路线、地面材料（也可单独绘制地面材料平面图）。

3）标注房间尺寸、室内家具、地面材料与陈设尺寸。相对复杂的公共建筑，应标注轴线编号。

4）标注房间名称及室内家具名称。

5）标注室内地面标高。

6）标注详图索引符号、图例、立面内视符号。

7）标注图名和比例。

8）标注材料及施工工艺的文字说明，如需要还应提供统计表格。

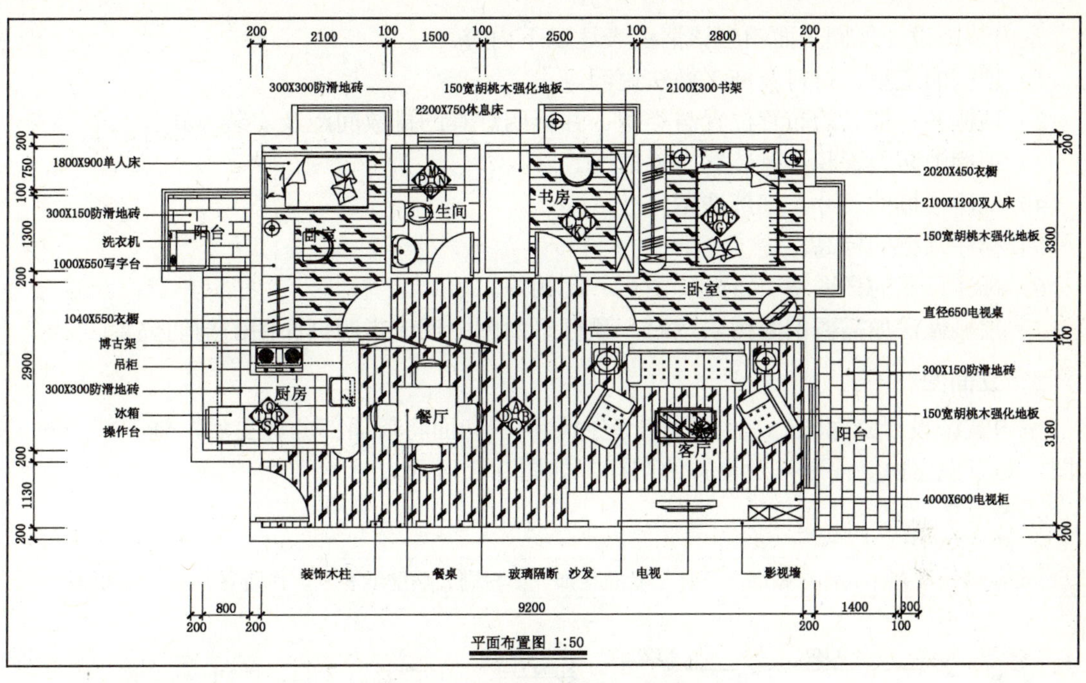

图 9-1 室内装饰设计平面图

2. 顶棚平面图

顶棚平面图一般是用镜面视图或仰视图的图视法绘制。室内装饰设计顶棚平面图主要是表示室内空间顶面装饰装修的构造、形状、标高、尺寸、材料及设备的位置，如图 9-2 所示。

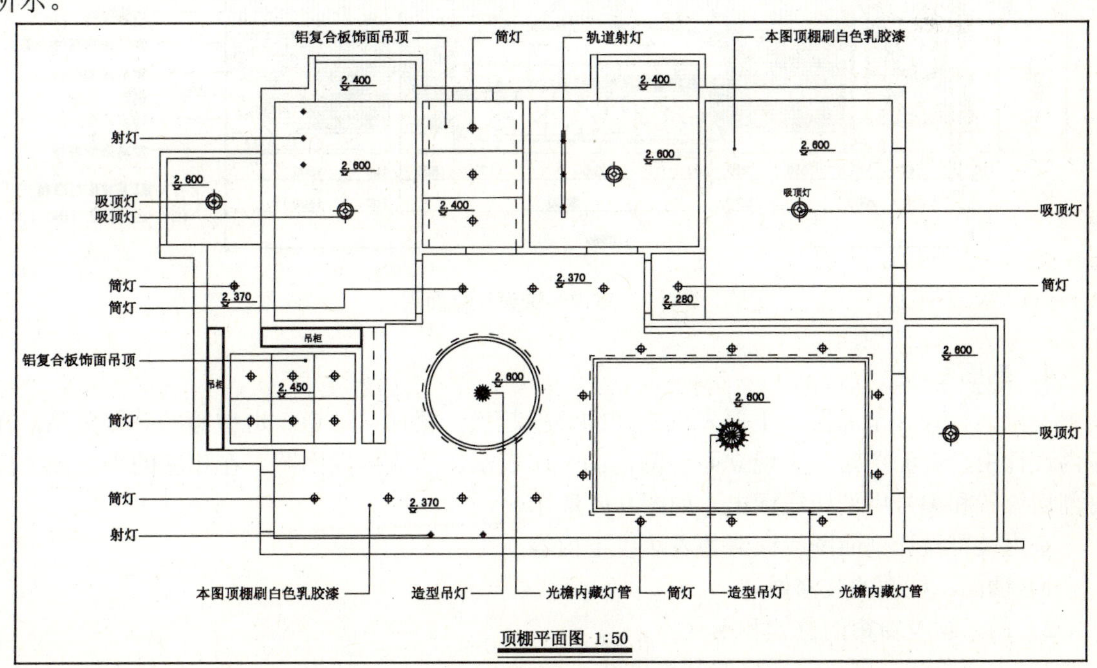

图 9-2 顶棚平面图

室内装饰设计顶棚平面图应该清楚表达以下内容。

1）顶棚的造型、材料及施工做法说明。

2）顶棚各种灯具的布置位置与类型、并标明灯具的排放间距及安装方式。

3）顶棚消防装置和通风装置布置情况。

4）标注顶棚的尺寸、细部造型尺寸。

5）标注顶棚的标高。

6）标注顶棚的详图索引符号、图名、比例等。

7）顶棚做法如需要剖面图表达时，顶棚平面图中还应指明剖面图的剖切位置。

3．立面图

室内装饰设计立面图，是以平行于室内墙面的切面将前面部分切去后，剩下部分的正投影图，是表现室内墙面装修及位置的图样，如图 9-3 所示。

如果墙面没有什么特殊装饰，只是一般的装饰（如粉刷、贴壁纸等），其墙立面图可以省略。

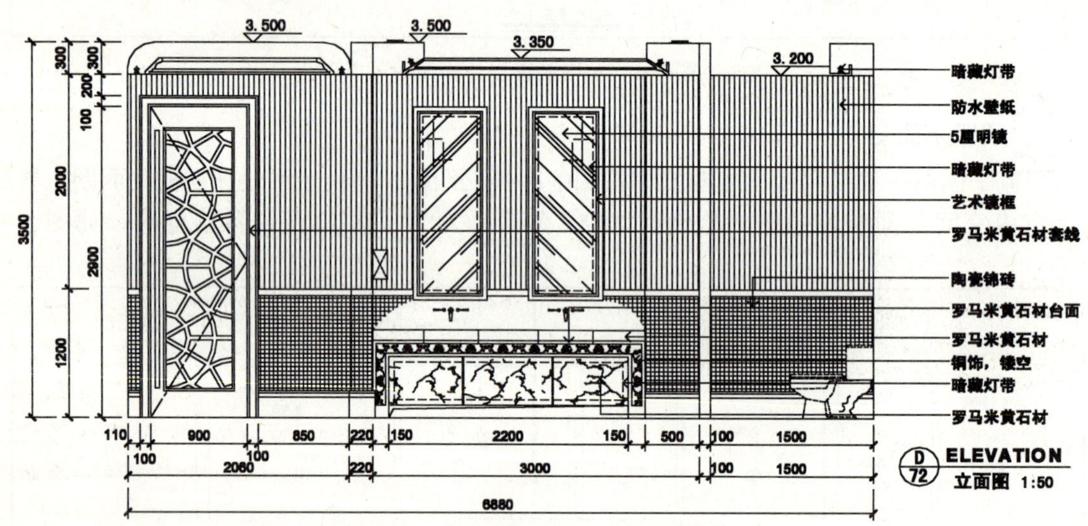

图 9-3　室内装饰设计立面图

4．剖面图

室内装饰设计剖面图，主要表现空间的高低起伏，楼梯、坡道、造型等的高差关系，在室内设计中，剖面图常与表现立面的剖视图一起表示，形成剖立面图。在相应的平面图上应将剖切位置和编号用剖切线标出，如图 9-4 所示。

室内装饰设计剖面图应该清楚表达以下内容。

1）墙面、柱面的装修做法。

2）门、窗及窗帘的位置和形式。

3）表示隔断、屏风、花格的装修做法。

4）表示出顶棚的做法和其上的灯具。

5）标注尺寸、图名、比例等。

室内装饰设计立面图应该清楚表达以下内容。

1）墙面造型、材质及家具、家电、陈设在立面上的正投影图。

2）门窗立面及其他装饰元素立面。

3）材料名称、色彩及施工工艺做法说明。

4）标注立面各组成部分尺寸、地面标高、顶棚标高。

5）标注立面详图索引符号、图名、比例等。

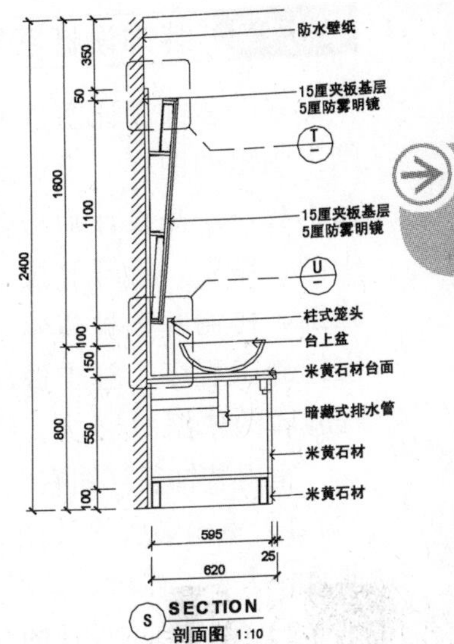

图 9-4 室内装饰设计剖面图

5．构造详图

因为平、立、剖面图受图幅、比例的制约，往往无法表示清楚装修细部、装饰构配件和一些装修剖面节点的详细构造，而根据施工需要，必须另外绘制比例较大（如 1∶50，1∶5，1∶3，1∶2，1∶1）的图样才能表达清楚，为了放大个别设计内容和细部做法，多以剖面图的方式表达局部剖开后的情况，这就是构造详图。室内装饰设计构造详图是室内平、立、剖面图的补充，如图 9-5 所示。

室内装饰设计构造详图应该清楚表达以下内容。

1）以剖面图的绘制方法绘制出各种材料断面、构配件断面及其相互关系。

2）用细线表示出剖视方向上看到的部位轮廓及相互关系。

3）标出材料断面图例。

4）用指引线标出构造层次的材料名称及做法。

5）标出各部分尺寸。

6）标注详图编号和比例。

6．透视图

透视图是根据透视原理在平面上绘制出能够反映三维空间效果的图形，它与人的空间感受相似，如图 9-6 所示。室内装饰设计透视图常用的绘制方法有一点透视、两点透视、鸟瞰图三种。

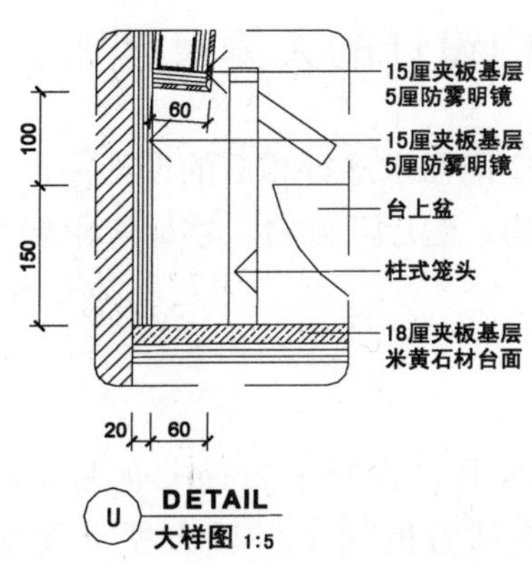

图 9-5 室内装饰设计构造详图

图 9-6 室内装饰设计透视图

9.1.2 装饰设计图制图特点

室内装饰设计图是设计人员按照投影原理，用线条、数字、文字、符号及图例在图纸上画出的图样。设计师运用室内装饰设计图来表达设计理念和构思，交流设计思想和艺术观点，是设计师与委托方及施工人员之间交流技术信息的表达形式，也是用来指导生产、施工、管理等技术工作的重要技术文件。完整、精确的室内装饰设计图，是组织施工、协调各工种高效有序展开工程的依据，工程各环节可以根据图纸要求选择材料、安排施工程序、施工做法，确保设计效果的实现。室内装饰设计图作为工程预决算和工程验收的依据。

室内装饰设计图有以下特点。

1）室内装饰设计图是按照投影原理，用点、线、面构成室内的各种形象，表现形体的曲直、大小、轮廓、光彩、材质等，以此表达装饰设计内容。

2）室内装饰设计图套用了建筑设计的制图标准，如图例、符号等。

3）室内装饰设计图中大多数采用文字标注来补充图的不足。

室内装饰设计图的绘制步骤是先画轴线和主要的建筑构配件；再画出装饰的图示内容及剖面、索引符号；画出内、外尺寸线及标高符号；最后标注尺寸和标高、书写文字说明、图名和比例。

9.1.3 装饰设计图制图要点

室内装饰设计图的设计要点主要有以下几个方面。

1）室内空间与体量的设计。

2）生活行为与功能的设计。

3）材料的设计。

4）施工工艺的设计。

5）陈设与装饰的设计。

6）设备的设计。

9.2 专业讲解——住宅室内设计的人体尺度

在进行住宅室内装饰设计时，应根据不同的功能空间需求进行相应的设计，也必须符合相关的人体尺度要求。下面就针对住宅中卫生间、厨房、餐厅、卧室、客厅等主要空间的设计要点进行讲解。

9.2.1 卫生间设计的人体尺度

卫生间中洗浴部分应与厕所部分分开。如不能分开，也应在布置上有明显的划分，并尽可能设置隔帘等。浴缸及便池附近应设置尺度适宜的扶手，以方便老弱病人的使用。如空间允许，洗脸梳妆部分应单独设置。其人体尺度及各设备之间的尺度，应参照图9-7～图9-17所示的数据。

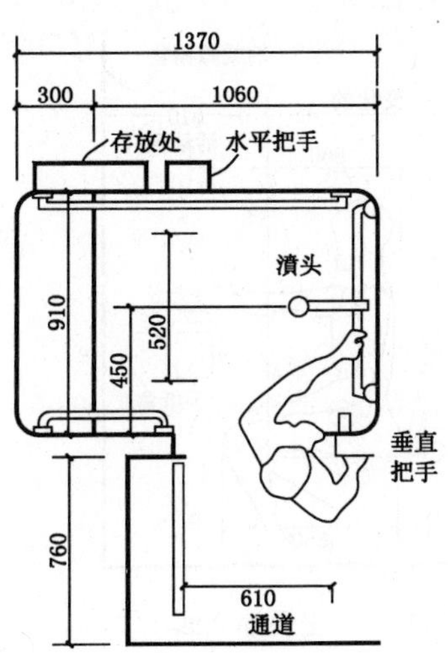

图 9-7 淋浴间平面

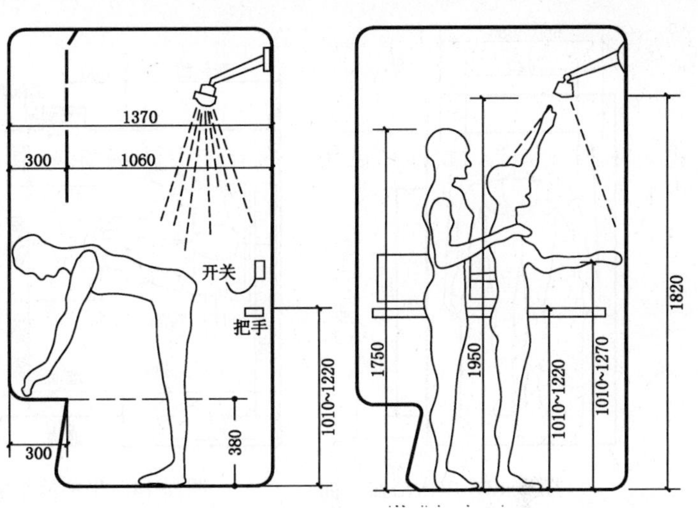

图 9-8 淋浴间立面

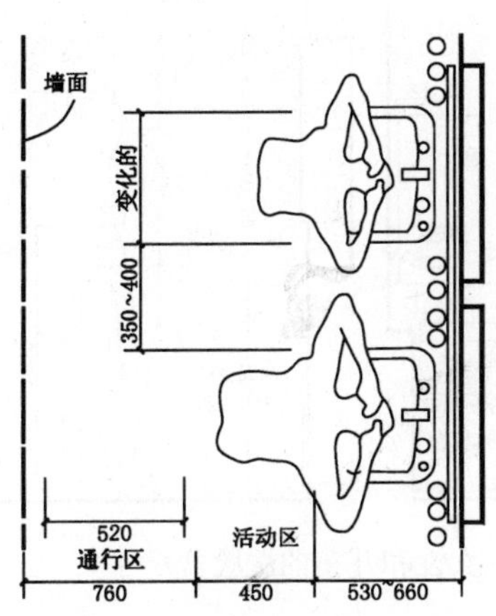

图 9-9 浴盆平面及间距

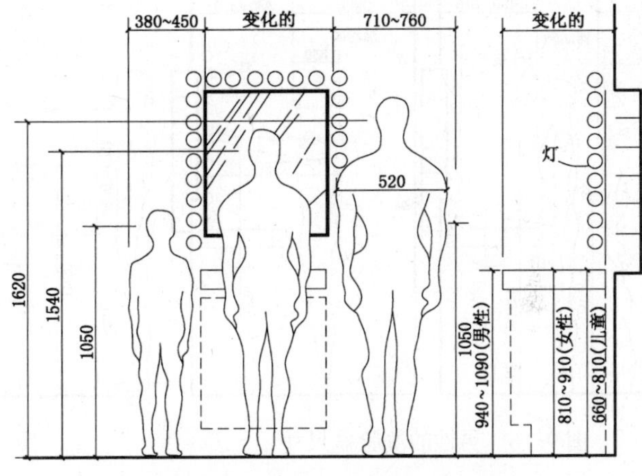

图 9-10 洗脸盆通常考虑的尺寸

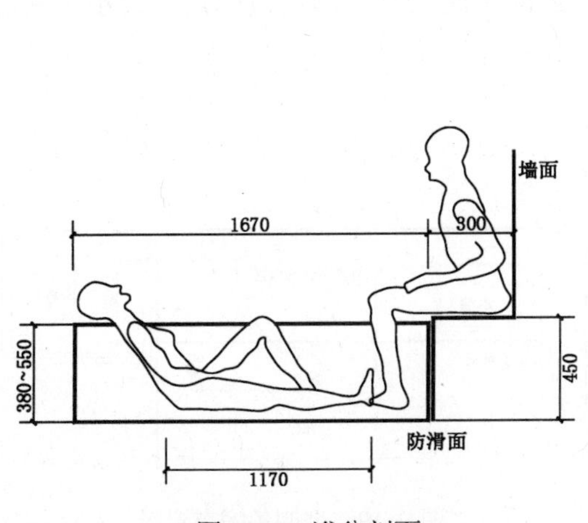

图 9-11 浴盆剖面

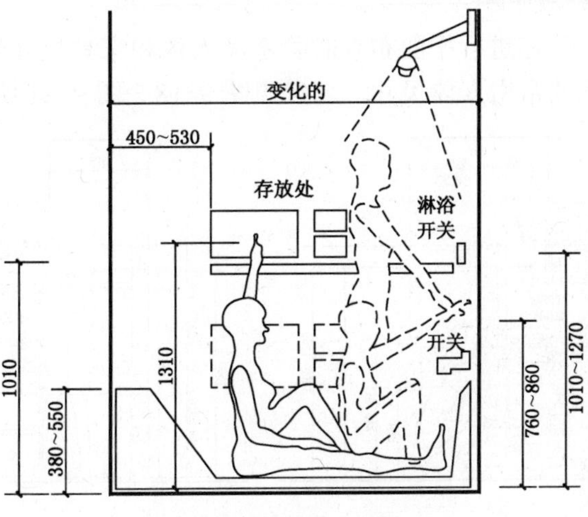

图 9-12 淋浴、浴盆立面

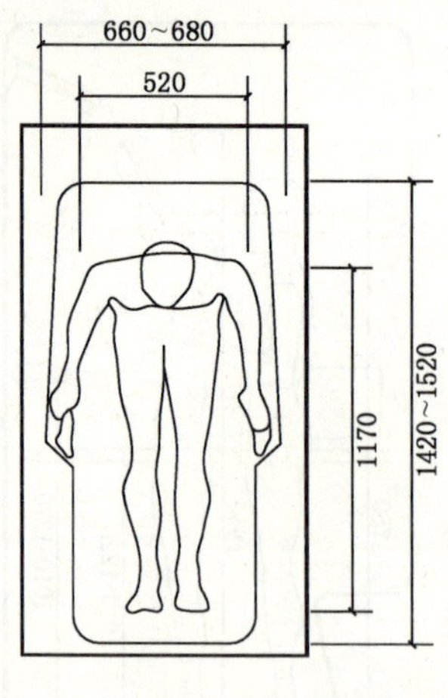

图 9-13　单人浴盆平面

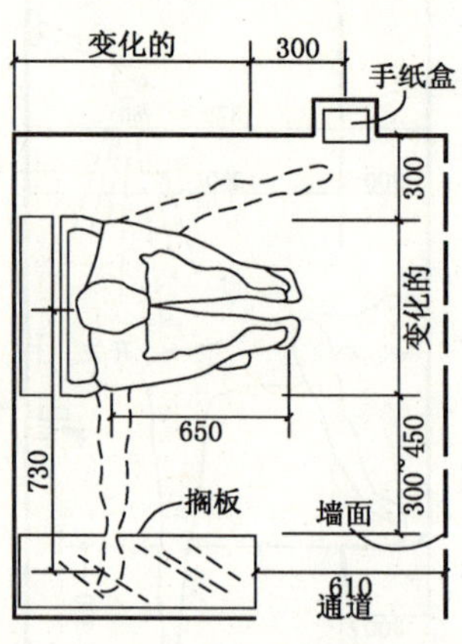

图 9-14　坐便池平面

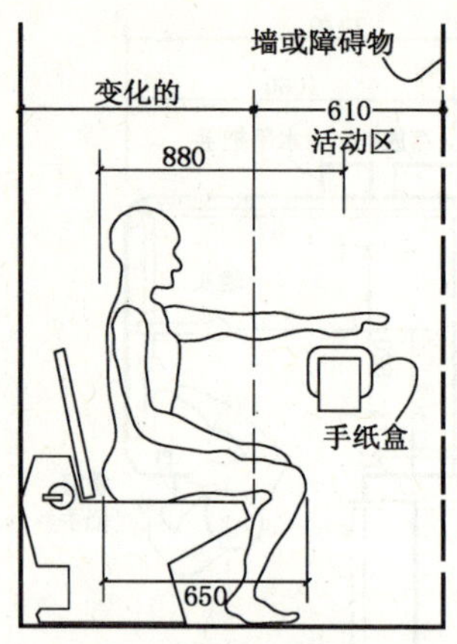

图 9-15　坐便池立面

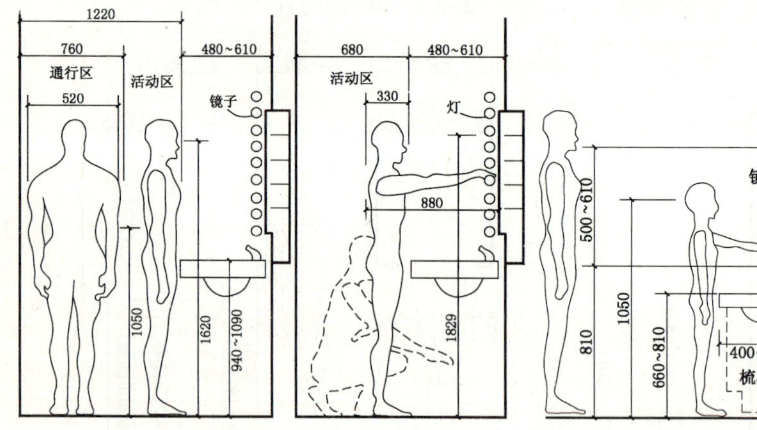

图 9-16　男性的洗脸盆尺寸

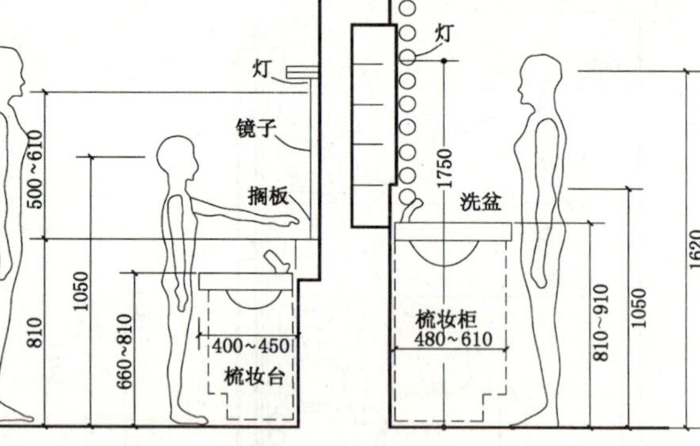

图 9-17　女性和儿童的洗脸盆尺寸

9.2.2 厨房设计的人体尺度

在进行平面布置时除考虑人体和家具尺寸外，还应考虑家具的活动范围尺寸大小。其厨房的常用人体尺寸，应参照图 9-18～图 9-21 所示。

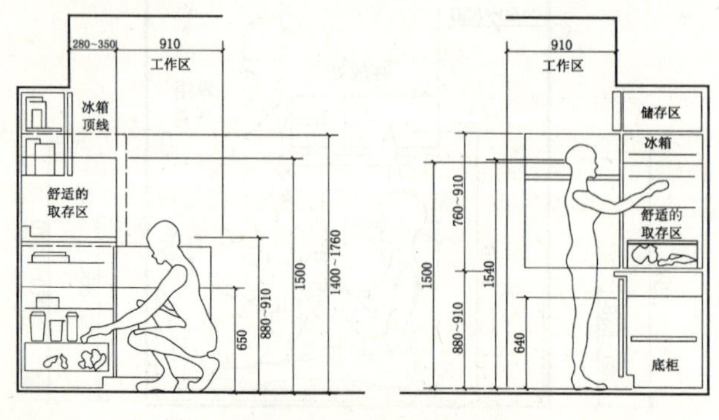

图 9-18　冰箱布置立面图

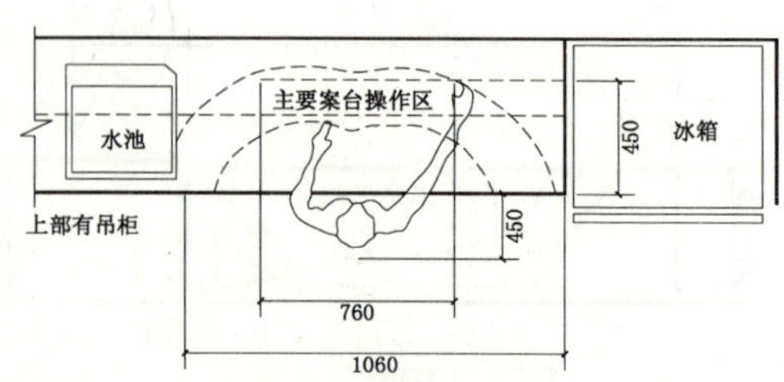

图 9-19　调制备餐布置图

图 9-20 炉灶布置立面

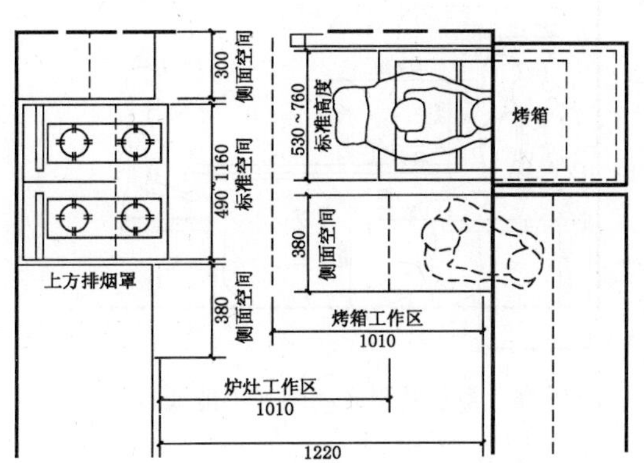

图 9-21 设备之间的最小间距

9.2.3 餐厅设计的人体尺度

餐厅内部家具主要是餐桌、椅和餐饮柜等，它们的摆放与布置必须为人们在室内的活动留出合理的空间。其餐厅的常用人体尺寸，应参照图 9-22~图 9-29 所示。

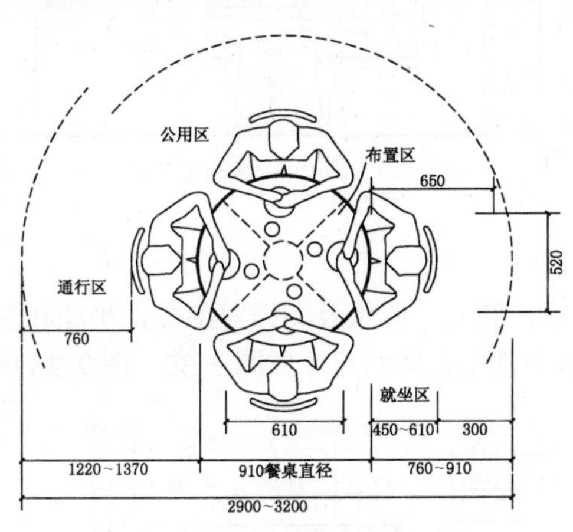

图 9-22 四人用小圆桌尺寸

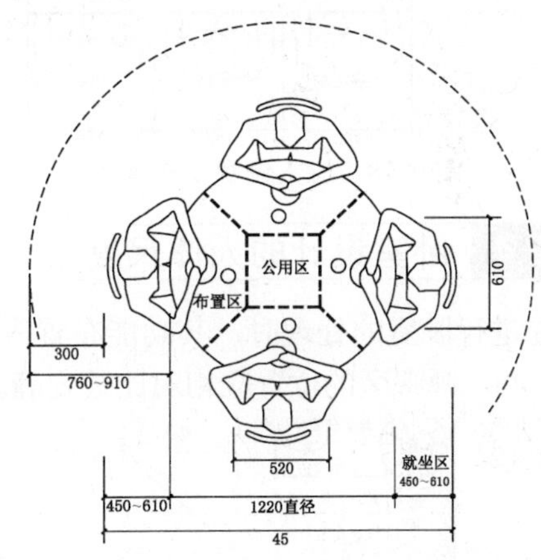

图 9-23 四人用餐桌

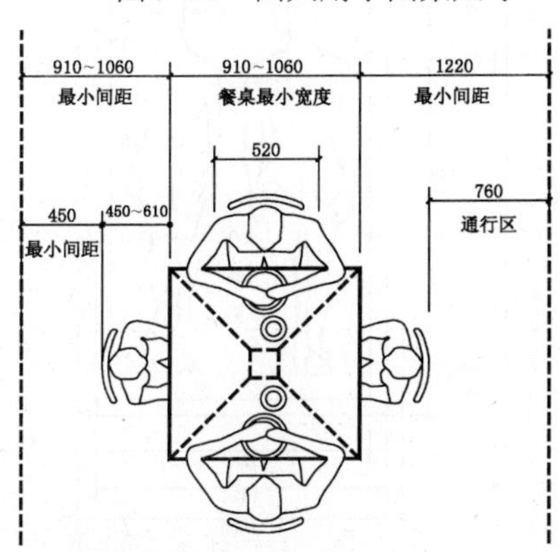

图 9-24 四人用小方桌

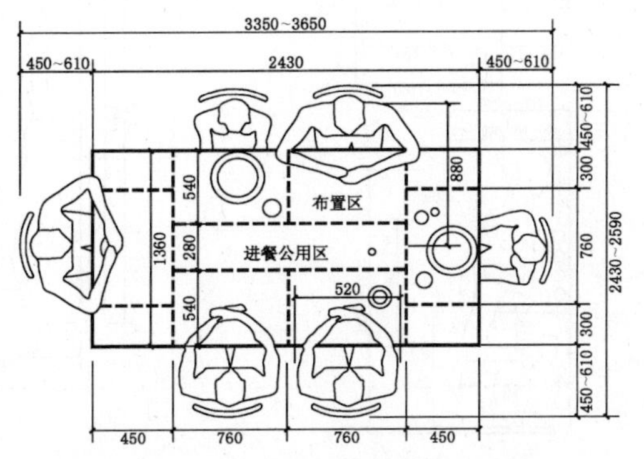

图 9-25 长方形六人进餐桌（西餐）

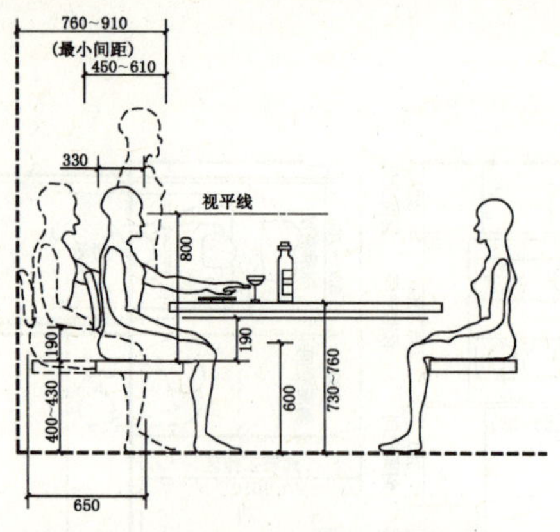

图 9-26　最小就坐区间距（不能通行）

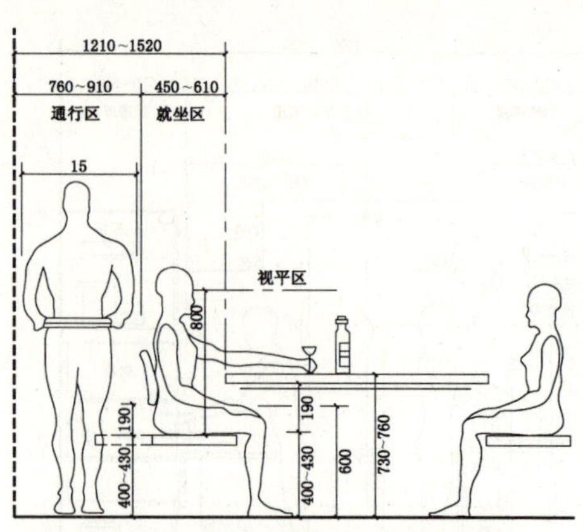

图 9-27　座椅后最小可通行间距

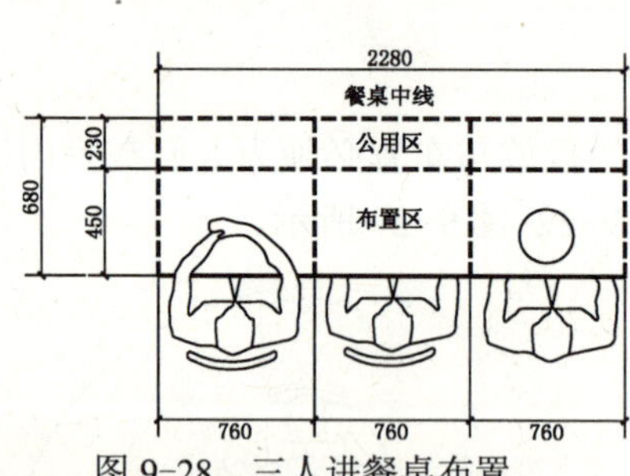

图 9-28　三人进餐桌布置

图 9-29　最小用餐单元宽度

9.2.4 卧室设计的人体尺度

在进行卧室的处理时，其功能布置应该有睡眠、储藏、梳妆及阅读等部分，平面布置应以床为中心，睡眠区的位置应相对比较安静。其卧室中常用人体的尺寸如图 9-30～图 9-38 所示。

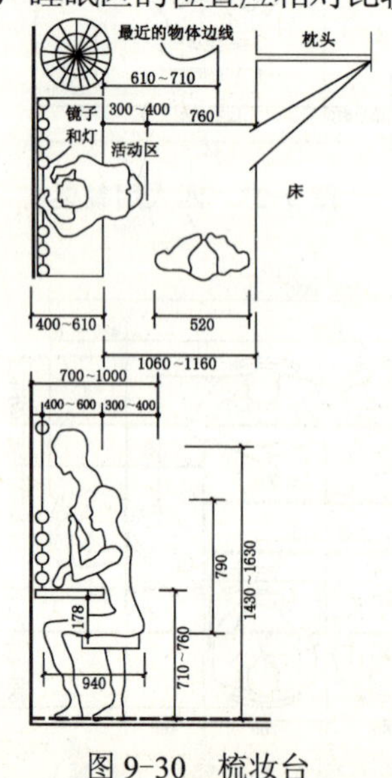

图 9-30　梳妆台

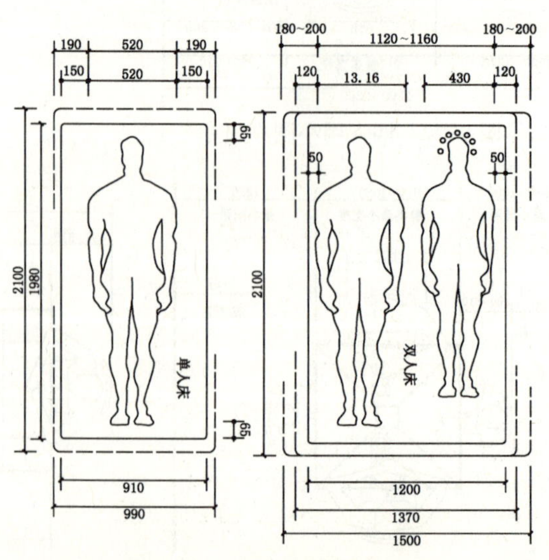

图 9-31　单人床与双人床

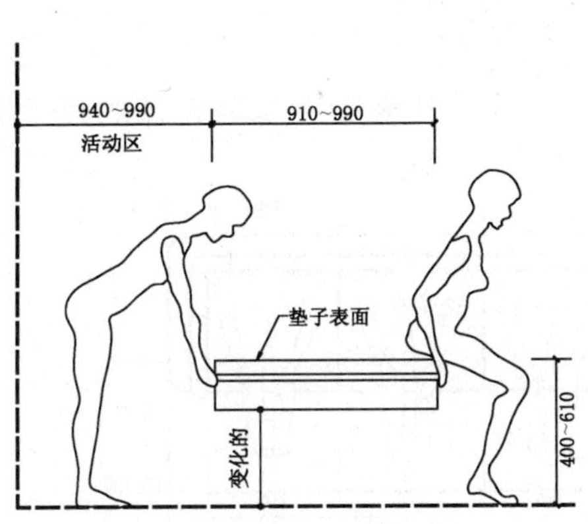

图 9-32 单床间床与墙的间距

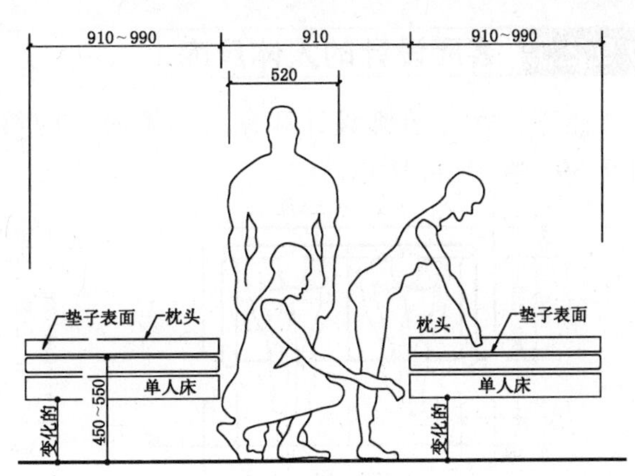

图 9-33 双床间床间距

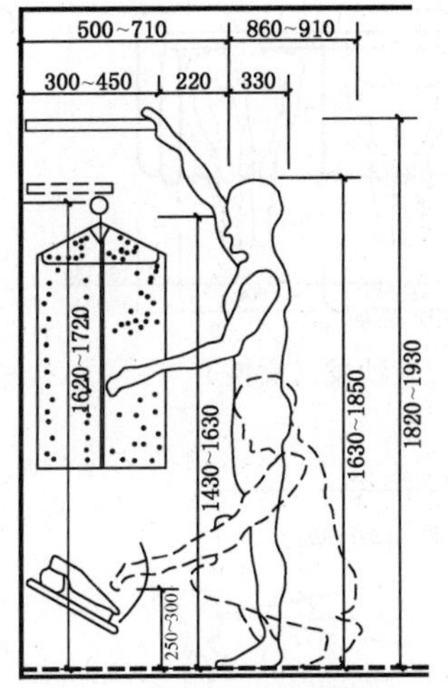

图 9-34 男性使用的壁橱

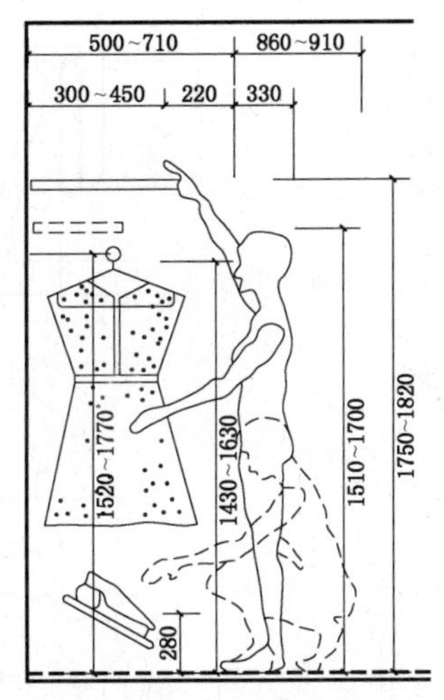

图 9-35 女性使用的壁橱

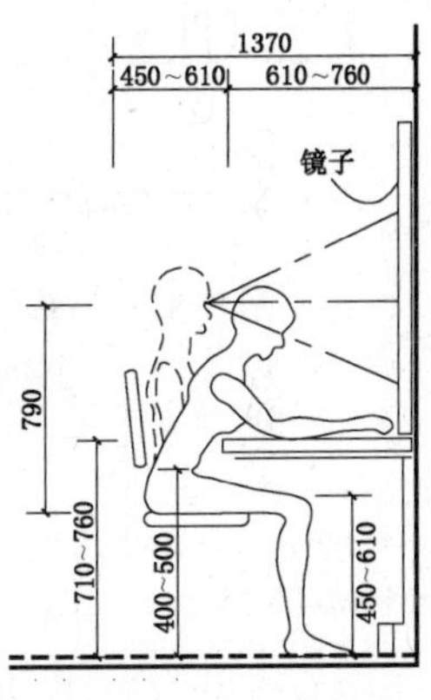

图 9-36 书桌与梳妆台

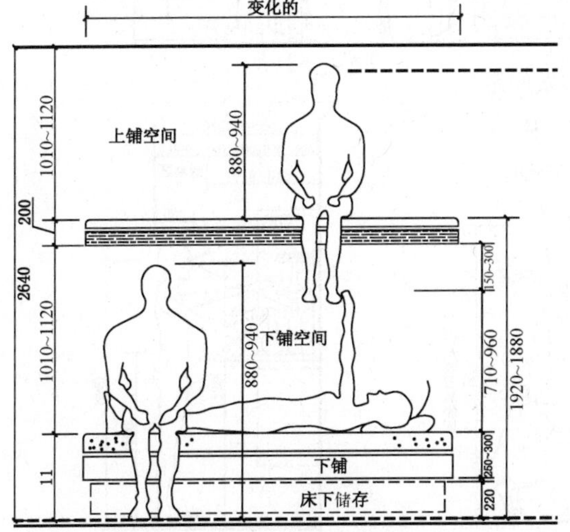

图 9-37 成人用双层床

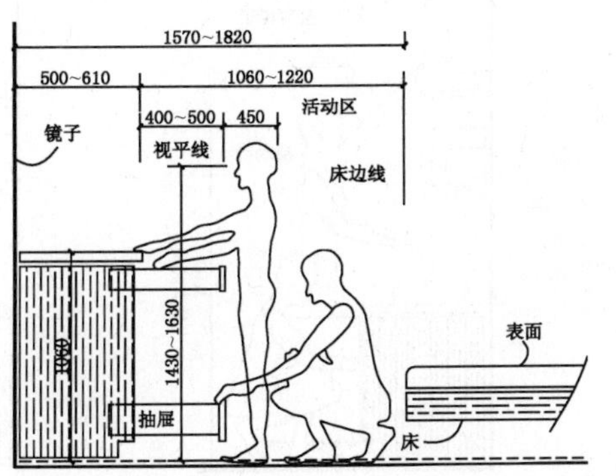

图 9-38 小床柜与床的间距

9.2.5 客厅设计的人体尺度

在进行客厅装饰设计和家具布置时，应符合人体尺度，其客厅中常用人体的尺寸如图9-39～图9-48所示。

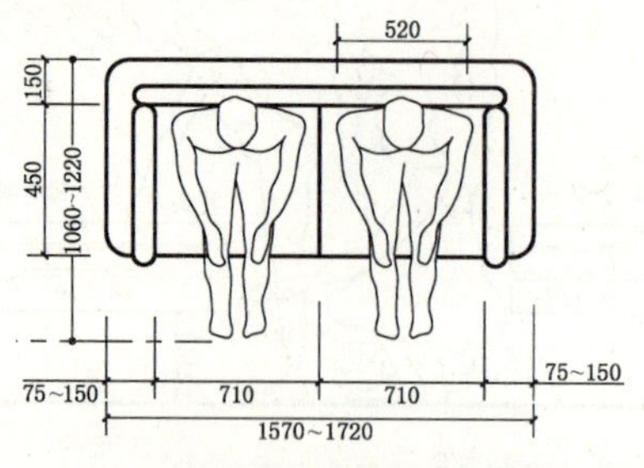

图9-39　双人沙发（男性）

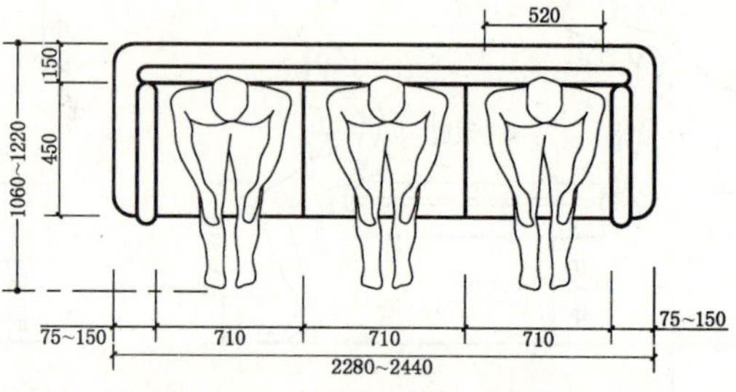

图9-40　三人沙发（男性）

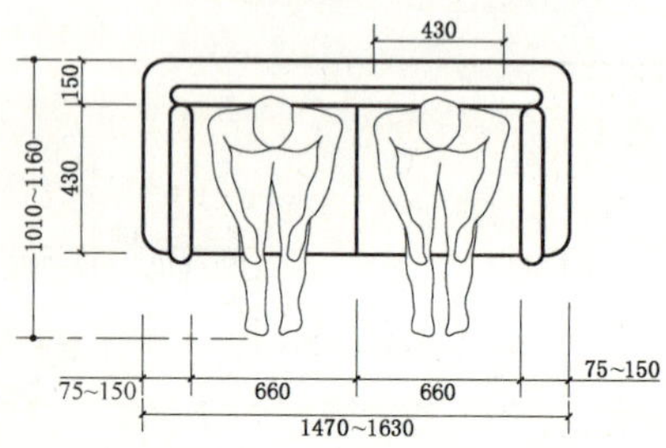

图9-41　双人沙发（女性）

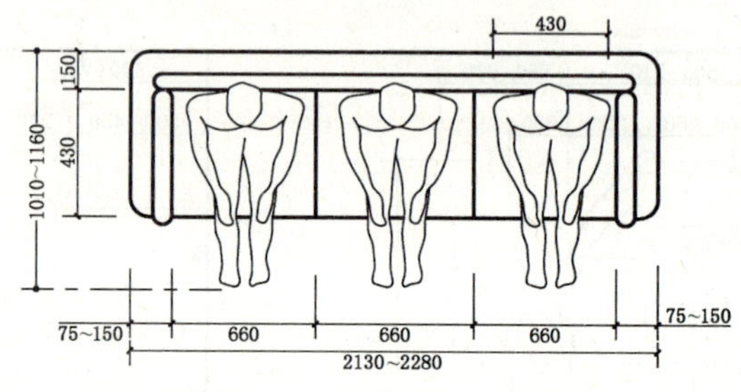

图9-42　三人沙发（女性）

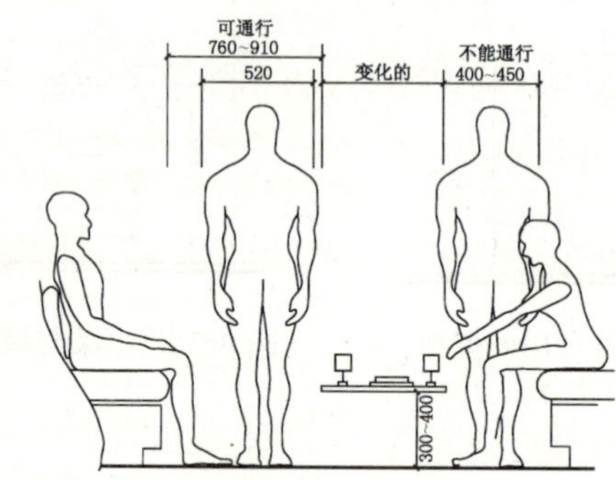

图9-43　沙发间距

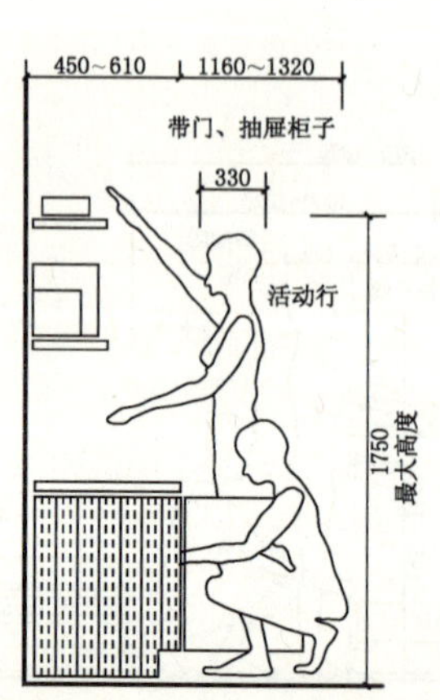

图9-44　靠墙柜橱（女性）

图9-45　靠墙柜橱（男性）

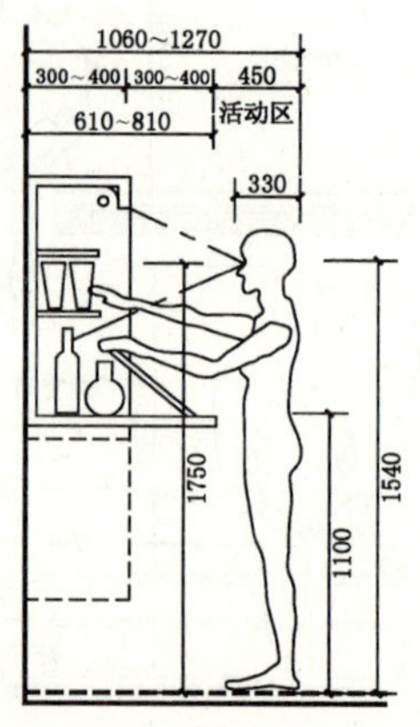

图9-46　酒柜（女性）

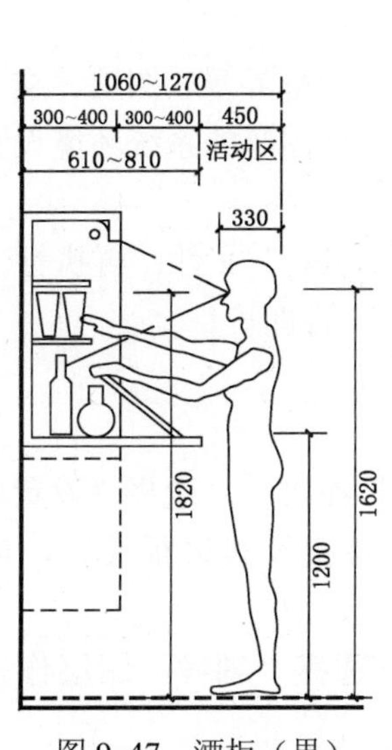

图 9-47 酒柜（男）

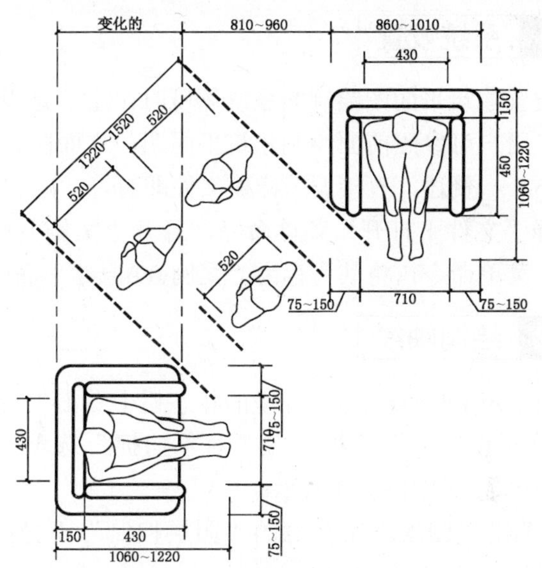

图 9-48 可通行的拐角处沙发布置

9.3 实例精解——原始平面图的绘制

◎ 案例文件：案例\09\原始平面图.dwg

◎ 视频演示：视频\09\原始平面图.avi

设计师在量房之后需要将测量结果用图纸表现出来，包括房型结构、空间关系、尺寸等，这是进行室内装饰设计绘制的第一张图，即“原始平面图.dwg”文件。原始平面图由墙体、门、窗、楼梯、柱、标高和尺寸标注等部分组成。由于原始平面涉及的图形种类较多，因此需要根据图形的种类将它们分别绘制在不同的图层里，以便于统一设置、管理图形的颜色、线型、线宽、打印样式等参数，如图 9-49 所示。

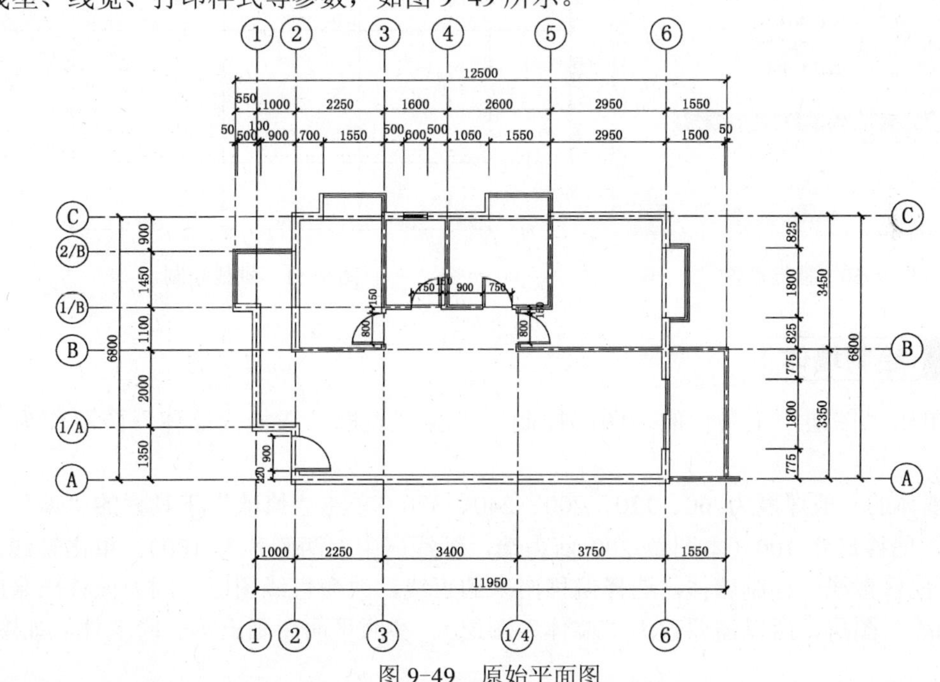

图 9-49 原始平面图

9.3.1 系统设置

在设置建筑平面图绘制的系统环境时，主要是设置单位、图形界限、图层、文字与标注样式等，用户可参照前面绘制建筑平面图、立面图、剖面图、详图等的系统环境设置方法，在此就不一一赘述，直接调用样板文件即可。

选择“文件 | 打开”菜单命令，打开“案例\09\建筑样板.dwt”文件；再执行“文件 | 另存为”菜单命令，将其另存为“案例\09\原始平面图.dwg”文件即可。

9.3.2 绘制轴线

1）在 AutoCAD 2012 环境的状态栏中右击“对象捕捉”按钮，选择“设置”命令，弹出“草图设置”对话框，在“对象捕捉”选项卡中，对捕捉模式进行设置，然后单击“确定”按钮，如图 9-50 所示。

2）单击“图层”工具栏的“图层控制”下拉列表框，选择“轴线”图层作为当前图层。

3）单击“绘图”工具栏中“直线”按钮，在屏幕上绘制长度适中的横向和纵向直线，再单击“修改”工具栏中“偏移”按钮，将横向和纵向直线进行偏移，从而完成轴线网结构，如图 9-51 所示。

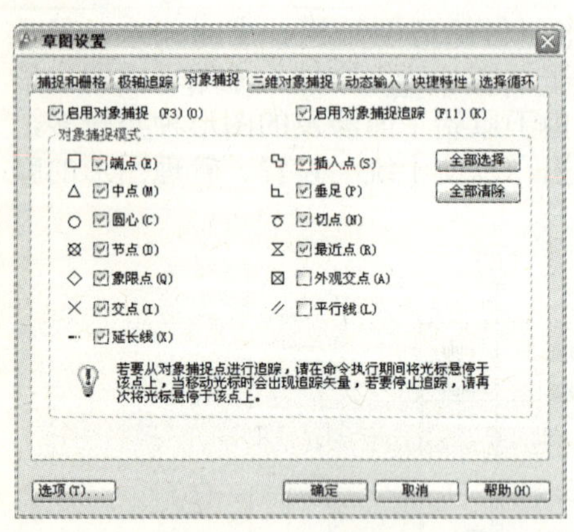

图 9-50 捕捉设置

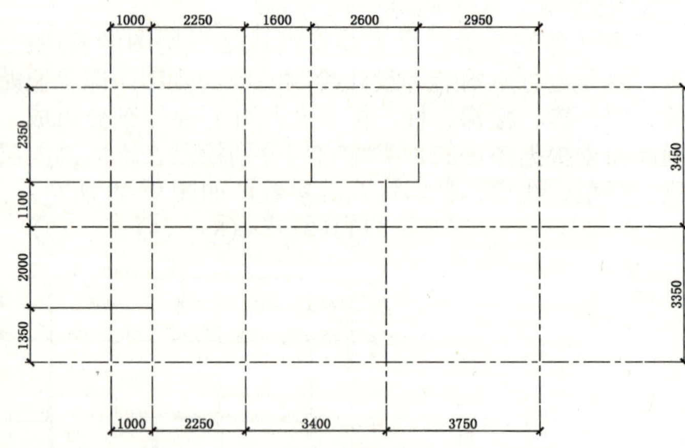

图 9-51 轴线绘制

9.3.3 绘制墙体

1）单击“图层”工具栏的“图层控制”下拉列表框，选择“墙体”图层作为当前图层。

2）墙体的一般厚度为 60、120、200、240、370，单击“修改”工具栏的“偏移”按钮”，输入偏移尺寸 100（本图做 200 剪力墙，轴线居中，两侧各为 100），单击轴线，向左右、上下偏移直线，绘制墙体，选择偏移出来的直线，改变直线图层（因为偏移出来的直线仍为“轴线”图层，所以需要改为“墙体”图层）。参照平面图画出第一段墙体，如图 9-52 所示。

3）用同样的方法画出剩余的 200 墙体，结果如图 9-53 所示。

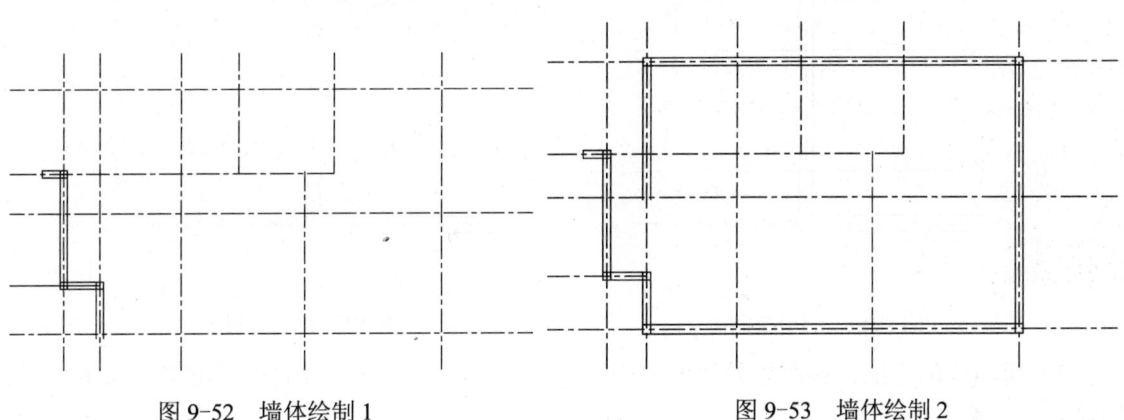

图 9-52 墙体绘制 1　　图 9-53 墙体绘制 2

4）户型内部的隔墙为 100 厚，参照外墙做法轴线两侧各偏移 50，画出剩下的 100 厚内墙，如图 9-54 所示。

5）根据各房间尺寸，裁减掉多余的墙线。综合利用“修剪”、“延伸”等命令，将每个节点进行处理，操作时灵活运用显示和缩放功能，以便编辑。图 9-55 所示为关闭“轴线”层的效果。

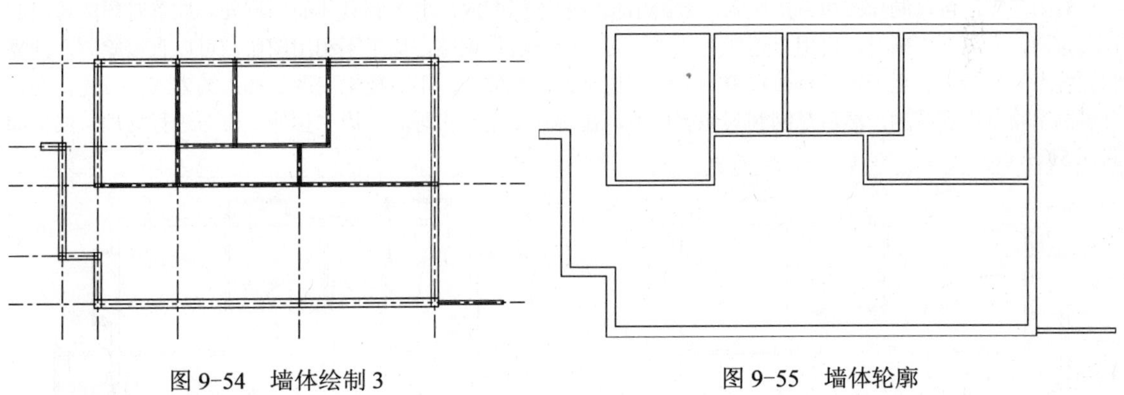

图 9-54 墙体绘制 3　　图 9-55 墙体轮廓

9.3.4 绘制门窗

绘制门窗之前要确定门窗洞口的位置，然后加入相应尺寸的门窗。洞口定位时，常以临近的墙体或轴线作为距离参照来定位洞口位置。以客厅窗洞为例，洞口宽度 1800，位于该段墙体的中部，因此洞口两侧剩余轴线的宽度为 775。

1）将“墙体”层置为当前层，用“偏移”命令将户型下侧第一根轴线向上偏移出两根新的轴线，偏移尺寸依次为 775、1800。

2）用“修剪”命令将两根轴线间的墙线剪掉，把两根轴线更改为“墙体”图层线型，然后用“修剪”命令将延伸至外墙的这两根轴线打断，如图 9-56 和图 9-57 所示。

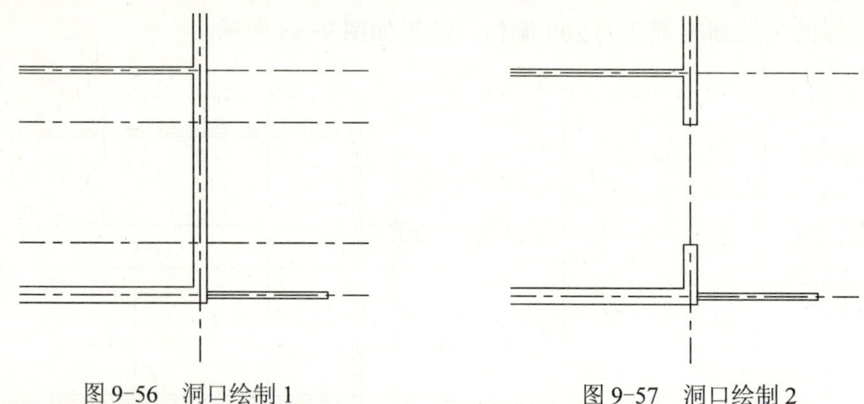

图 9-56　洞口绘制 1　　图 9-57　洞口绘制 2

3）用同样的方法，参照原始平面图中提供的尺寸将余下的门窗洞口画出来，如图 9-58 所示。

提示

确定门窗洞口的画法多种多样，本图画法只是其中一种，读者可以灵活处理。

4）单击“图层”工具栏的“图层控制”下拉列表框，选择“门窗”图层作为当前图层。

5）使用“直线”、“偏移”、“修剪”等命令，在门窗洞口位置绘制门窗对象。

提示

对于门窗，可以制作图块直接插入，并给出相应的比例缩放，放置到具体的门洞处。放置时须注意门的开启方向，方向不正确时，可用“镜像”和“旋转”命令进行调整。如果不利用图块，可以直接绘制，并复制到各个洞口上去。至于窗，直接在窗洞上绘制也是比较方便的，不必要采用图块插入的方式。首先，在一个窗洞上绘制出窗图例，然后复制到其他洞口上，在碰到窗宽不相等时，用“拉伸”命令进行处理，结果如图 9-59 所示。

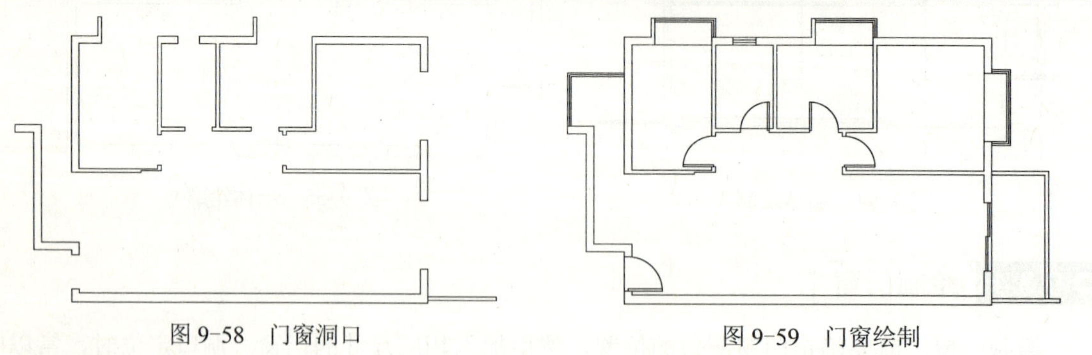

图 9-58　门窗洞口　　图 9-59　门窗绘制

9.3.5 绘制阳台

阳台的绘制，可参照门窗的绘制方法进行处理，在此不一一叙述。

9.3.6 尺寸及轴号标注

1）单击“图层”工具栏的“图层控制”下拉列表框，选择“尺寸”图层作为当前图层。

提示

标注样式的设置应该跟绘图比例相匹配，该平面图以实际尺寸绘制，并以 1∶100 的比例输出。

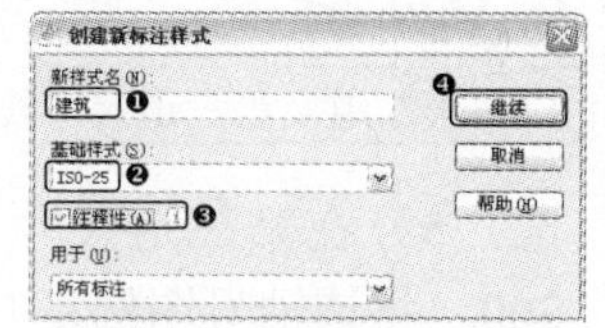

图 9-60 新建标注样式

2）单击“注释”组中的“标注样式”命令，打开“标注样式管理器”，新建一个标注样式，命名为“建筑”，选择“基础样式”为“ISO-25”，勾选“注释性”复选框，再单击“继续”按钮，如图 9-60 所示。

3）将“建筑”样式中的参数按照如图 9-61～图 9-64 所示逐项进行设置。

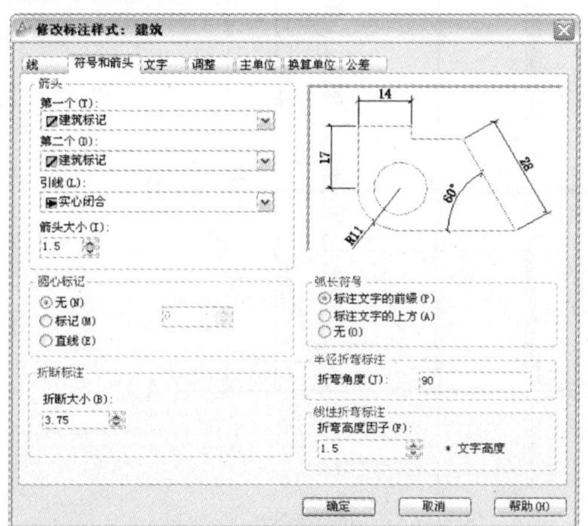

图 9-61 设置“符号和箭头”

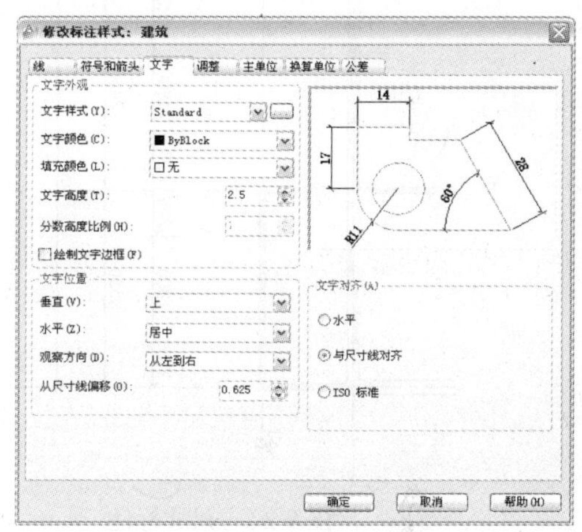

图 9-62 设置“文字”

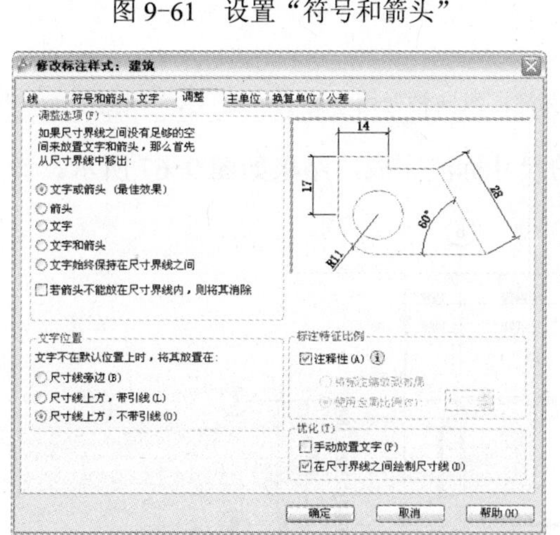

图 9-63 设置“调整”

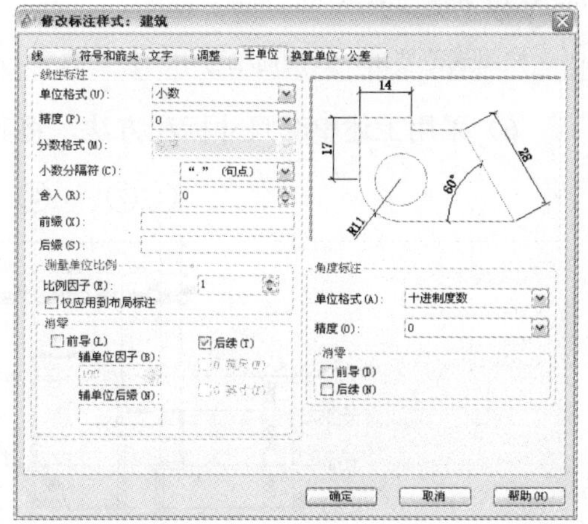

图 9-64 设置“主单位”

以参考图上部尺寸标注为例。该部分尺寸分为三道，第一道尺寸为墙体宽度及门窗宽度；第二道尺寸为轴线间距；第三道为总尺寸。为了标注轴线的编号，需要轴线向外延伸出来，所以在绘制轴线网格时，除了满足开间、进深尺寸以外，应将轴线长度向四周加长一些。

4）在“注释”选项卡的“标注”项中选择“线性标注”和“连续标注”按钮，按照图 9-65 所示进行尺寸标注。

提示

第二道及第三道尺寸线的绘制参照第一道尺寸线的绘制方法进行绘制。

5）在第三道尺寸线外绘制一个直径为 800 的圆，在中央标注一个数字“1”，字高 300。将该轴号图例复制到其他轴线端头，并双击数字修改圈内的数字，如图 9-66 所示。

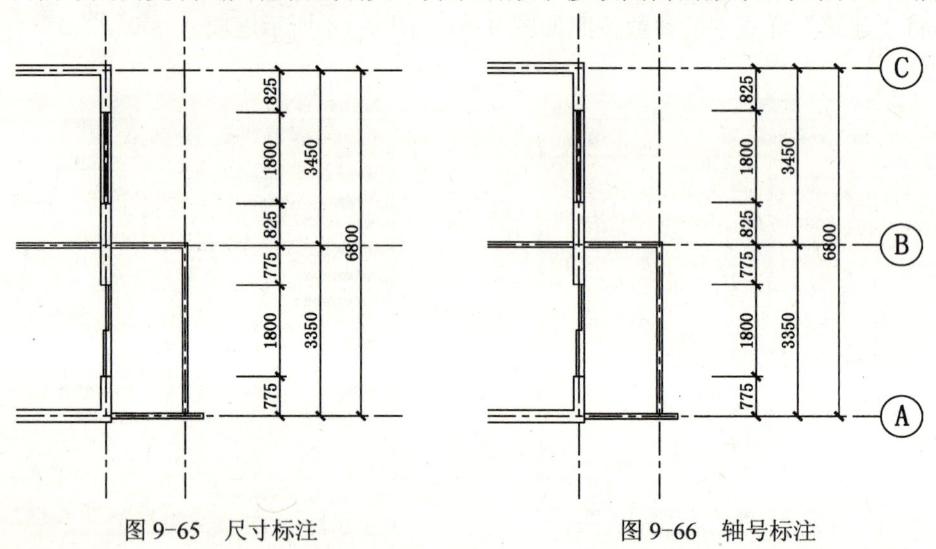

图 9-65　尺寸标注　　　　图 9-66　轴号标注

提示

按照规范要求，其横向轴号用阿拉伯数字 1，2，3，…标注，纵向轴号用字母 A，B，C，…标注。

6）采用上述整套尺寸标注方法，将其他方向的尺寸标注完成，结果如图 9-67 所示。

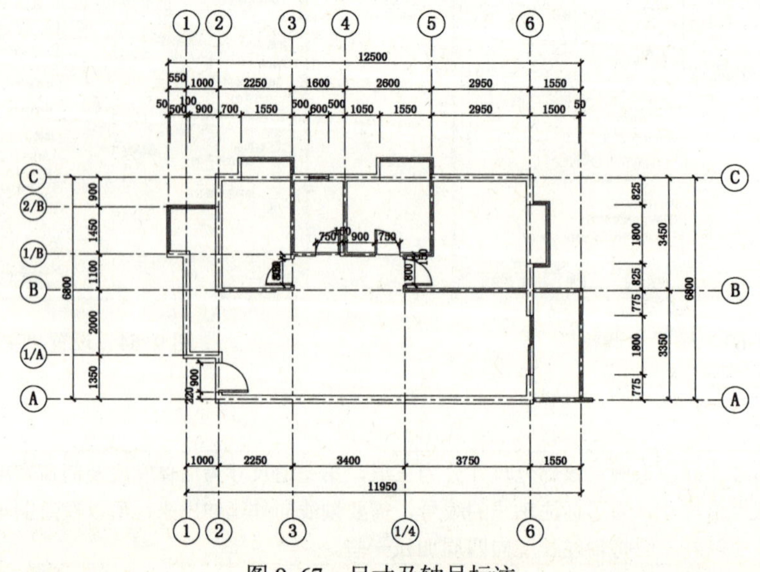

图 9-67　尺寸及轴号标注

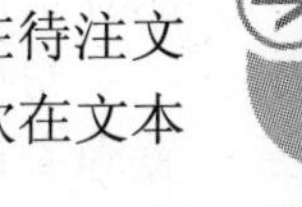

9.3.7 文字说明

1）单击“图层”工具栏的“图层控制”下拉列表框，选择“文字”图层作为当前图层。

2）单击工具栏中“注释”按钮，选择“文字”工具栏中“多行文字”按钮，在待注文字的区域拉出一个矩形，即可打开“文字格式”对话框。首先设置字体及字高，其次在文本区输入要注的文字，单击“确定”按钮后完成。

3）依次标注出其他房间的名称，其最终效果如图9-49所示。

4）至此户型原始平面图就完成了，按“Ctrl+Shift+S”组合键，将其“原始平面图.dwg”文件进行保存。

9.4 实例精解——平面布置图的绘制

◎ 案例文件：案例\09\平面布置图.dwg
◎ 视频演示：视频\09\平面布置图.avi

在9.3节所绘制的原始平面图的基础上，本节展开室内平面图的绘制。依次介绍各个居室室内空间布局、家具家电布置、装饰元素、地面材料绘制、尺寸标注、文字说明，如图9-68所示。

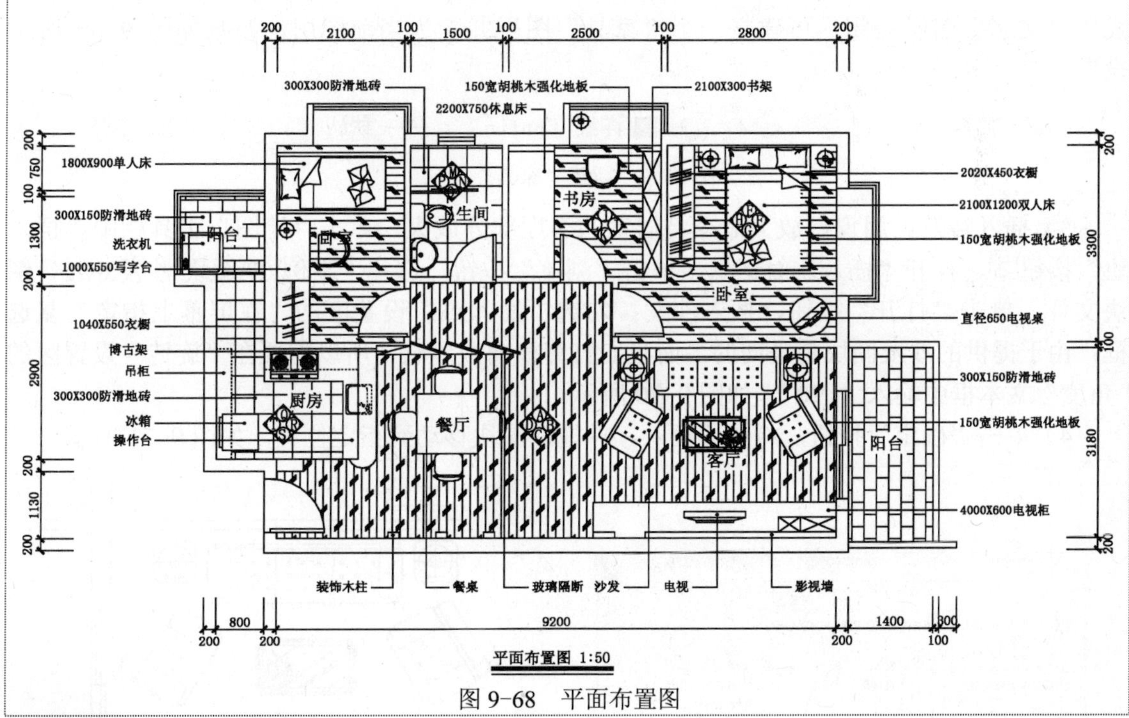

图9-68 平面布置图

9.4.1 空间布局介绍

该住宅建筑设计的空间功能布局已经比较合理，为高层剪力墙结构，尽可能尊重原有空间布局，在此基础上作进一步设计。

客厅部分以会客、娱乐为主，兼做餐厅使用；会客部分需要安排沙发、茶几、电视设备及柜子；就餐部分需安排餐桌、椅子、柜子等，为保证餐厅采光所以客厅部分不再增加隔断。

主卧室为主人就寝的空间，在里面需安排双人床、床头柜、衣橱及小电视柜等。该住宅有两个次卧室，考虑到业主的需要，打算将靠近主卧室的次卧室设计成为一个可以兼做卧室、书房和客房功能的室内空间，于是里面安排写字台、书柜、单人床等家具设备。剩下的次卧室作为家里的儿童房，所以在里面需安排单人床、床头柜、衣橱、写字台等家具设备。

厨房和小阳台部分，考虑在一起设计。厨房内布置厨房操作台、储藏柜和冰箱，阳台设置晾衣设备，并放置洗衣机。大阳台则设计成一个休闲观景室，设置两把摇椅一张小几。卫生间内安排马桶、洗脸盆、沐浴设备。

9.4.2 布置客厅

下面的操作需要利用附带光盘，请将光盘插入光驱。

1）在 AutoCAD 2012 环境中，选择“文件 | 打开”菜单命令，打开前面绘制好的“案例\09\原始平面图.dwg”文件；再选择“文件 | 另存为”菜单命令，将其另存为“案例\09\平面布置图.dwg”文件。

2）选择“格式 | 图层”菜单命令，打开“图层特性管理器”面板，将“尺寸”、“轴线”、“文字”图层关闭，再建立一个“家具”图层并置为当前图层，参数如图 9-69 所示设置。

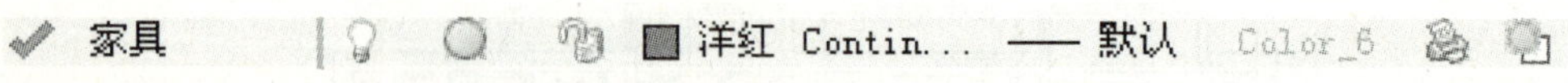

✔ 家具 | 洋红 Contin... —— 默认 Color_6

图 9-69 新建“家具”图层

3）插入沙发。用窗口放大命令将居室的客厅部分放大，单击“绘图”工具栏中“插入块”按钮，打开“插入”对话框，单击“浏览”按钮，选择“案例\09\图块\沙发.dwg”图块文件，单击“打开”按钮，插入沙发；勾选“插入点”设置区的“在屏幕上指定”复选框；由于提供的沙发图块是竖向的，而我们打算横向放置它，所以需要在“旋转”设置区的“角度”文本框中输入“-90”，如图 9-70 所示。

4）单击“确定”按钮，将图块插入，并拖动图块移动到指定位置，如图 9-71 所示。

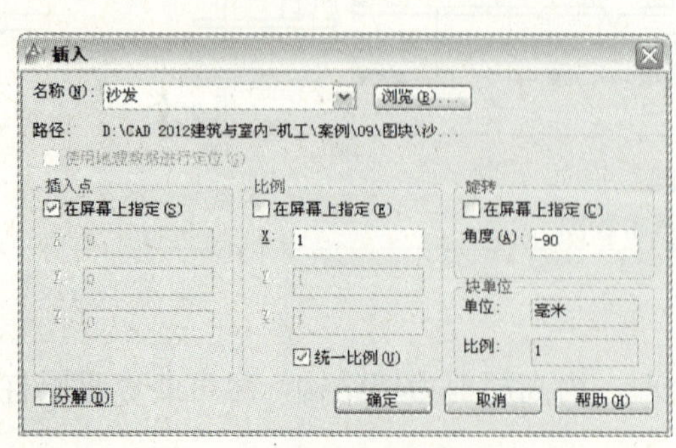

图 9-70 插入“沙发”图块

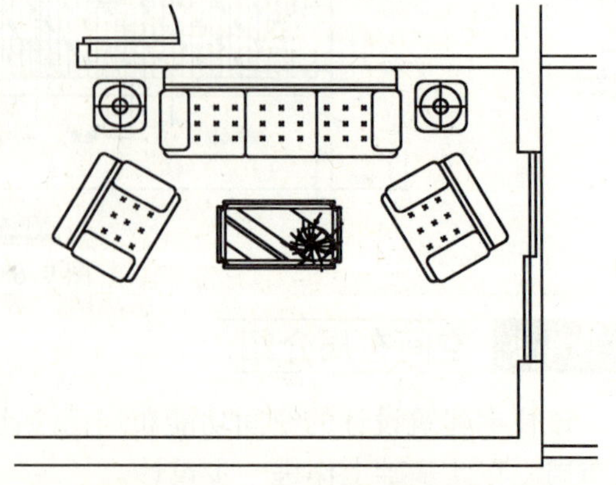

图 9-71 插入并移动的图块

5）在沙发的对面靠墙位置，绘制电视柜及相关的影视设备。单击“绘图”工具栏的“矩形”按钮，在客厅平面中点取一点作为矩形的第一个角点，在命令行输入（@4000,-600）作为第二个角点，绘制一个4000×600的矩形作为电视柜的外轮廓，如图9-72所示。

6）单击“绘图”工具栏“矩形”按钮，以电视柜外轮廓左下角为第一角点，在命令行输入“@350,-100”作为第二个角点，绘制一个350 × 100的矩形作为影视墙的左侧部分。

7）重复以上命令，单击“绘图”工具栏中的“矩形”按钮，以电视柜外轮廓右下角为第一角点，在命令行输入“@-3150, 100”作为第二个角点，绘制一个3150 × 100的矩形作为影视墙的右侧部分，如图9-73所示。

图9-72 电视柜外轮廓　　图9-73 影视墙外轮廓

8）单击“绘图”工具栏“矩形”按钮，在客厅平面中点取一点作为矩形的第一个角点，在命令行输入（@360,-250）作为第二个角点，绘制一个360 × 250的矩形作为影视墙造型的剩余部分，再绘制一个 590×250 的矩形，然后选择角点把两个矩形拼接在一起，连接矩形对角点绘制四条直线，如图9-74所示。

9）选择绘制的影视墙剩余造型右下角为插入点，移动到影视墙外轮廓左上角点，然后将完成的电视柜、影视墙平面建立为图块，命名为“电视柜”。插入一个电视图块，移动到电视柜中央位置，如图9-75所示。

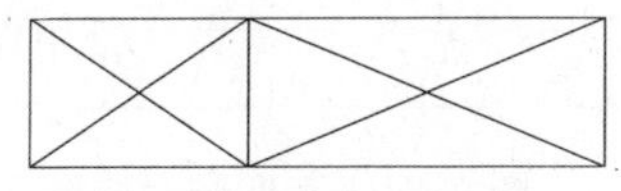

图9-74 影视墙剩余造型图

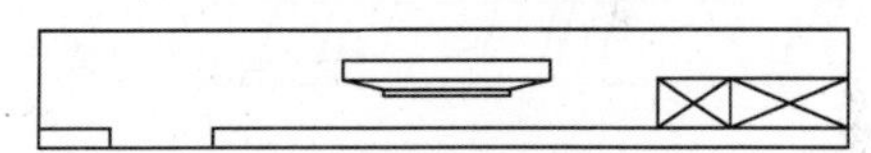

图9-75 电视柜影视墙组合

10）同样，将电视柜、电视移动到如图9-76所示位置。

9.4.3 布置主卧室

1）插入双人床。用窗口放大命令将居室的卧室部分放大，单击“绘图”工具栏中“插入块”按钮，打开“插入”对话框，单击“浏览”按钮，选择“案例\09\图块\双人床.dwg”图块文件，单击“打开”按钮返回“插入”对话框，参照前面的方法将其“双人床”图块插入到主卧室中，如图9-77所示。

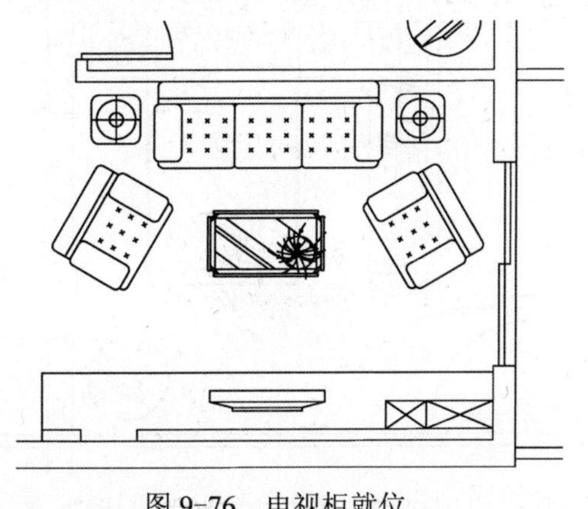

图9-76 电视柜就位

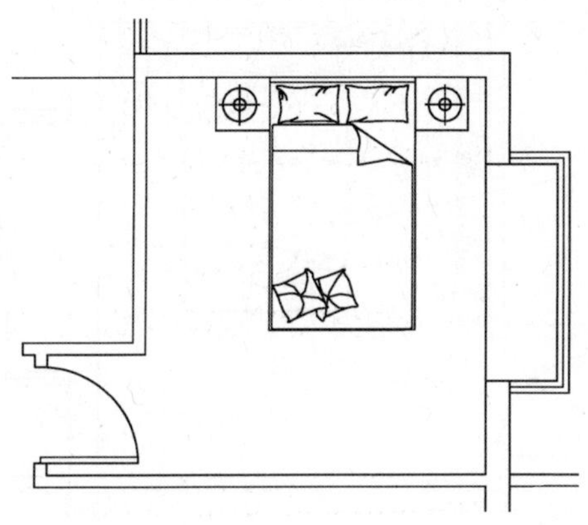

图9-77 插入双人床

2）衣橱是一个家庭必备的家具，一般情况下它与卧室联系比较紧密，本例衣橱置于主卧内。单击“绘图”工具栏的“矩形”按钮，在卧室平面中点取一点作为矩形的第一个角点，在命令行输入（@1900,450）作为第二个角点，绘制一个 1900 × 450 的矩形作为衣橱造型外轮廓，如图 9-78 所示。

3）在矩形内部绘制一条长 1900 的直线，然后用“偏移”命令复制一条直线，输入偏移尺寸 30，移动两条直线到矩形中央位置，两直线表示衣橱挂衣横梁，然后绘制一条斜线段，并复制出几根，表示挂衣架，如图 9-79 所示。

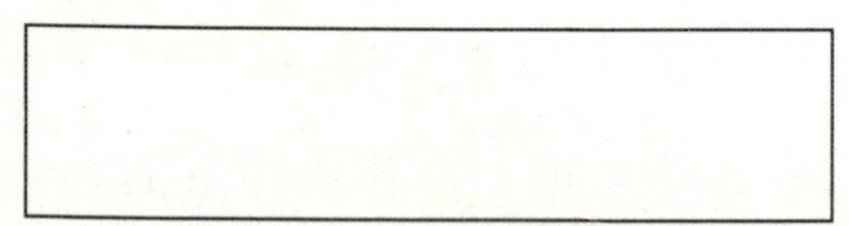

图 9-78 衣橱外轮廓图

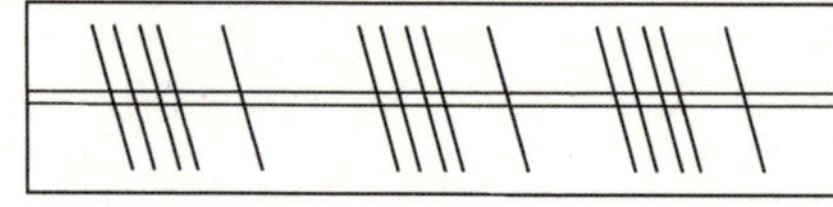

图 9-79 衣橱内部造型

4）再绘制一个 120×450 的矩形，然后选择角点把两个矩形拼接在一起，连接小矩形对角点绘制四条直线，如图 9-80 所示。然后绘制一个半径为 225 的圆弧，与小矩形相交，如图 9-81 所示。

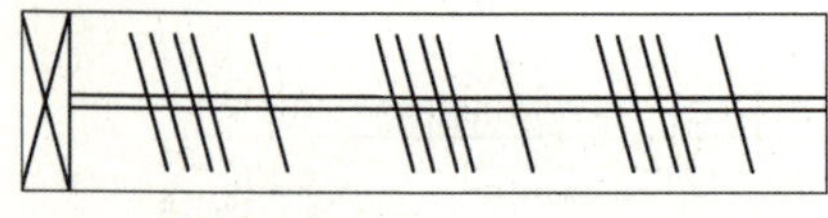

图 9-80 衣橱剩余造型 1

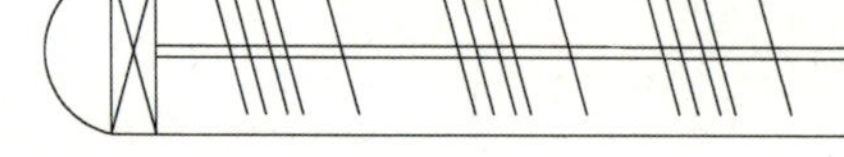

图 9-81 衣橱剩余造型 2

5）将绘制完的衣橱平面建立为图块，命名为“衣橱”，并将衣橱旋转 90 度，移动到如图 9-82 所示的位置。

6）用窗口放大命令将卧室右下角放大，单击“绘图”工具栏的“插入块”按钮，打开“插入”对话框，单击“浏览”按钮，选择“案例\09\图块\小圆桌.dwg”图块文件，单击“打开”按钮返回“插入”对话框，参照前面的方法插入到主卧室中如图 9-83 所示的位置。

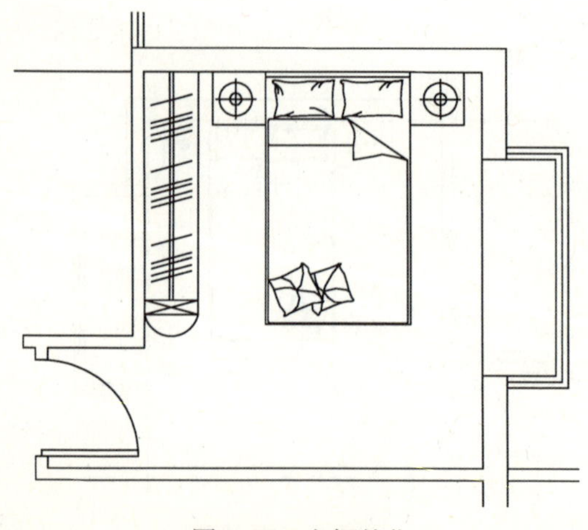

图 9-82 衣橱就位

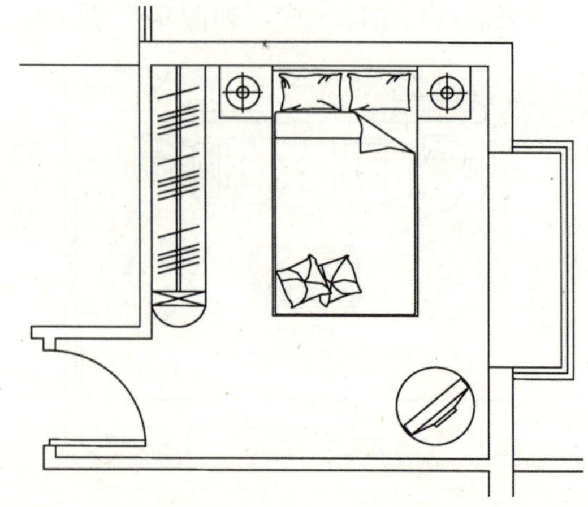

图 9-83 插入的“小圆桌”图块

9.4.4 布置次卧室

1）插入单人床。用窗口放大命令将居室的次卧室部分放大，单击“绘图”工具栏中的“插入块”按钮，打开“插入”对话框，单击“浏览”按钮，选择“案例\09\图块\单人床.dwg”图块文件，单击“打开”按钮返回到“插入”对话框，将其单人床插入到如图 9-84 所示的位置。

2）次卧室内衣橱主要用来放置儿童衣物，尺寸不用过大。单击“绘图”工具栏的“矩形”按钮，在次卧室平面中点取一点作为矩形的第一个角点，在命令行输入（@1040,550）作为第二个角点，绘制一个 1040×550 的矩形作为衣橱造型外轮廓；在矩形内部绘制一条长 1040 的直线，然后用“偏移”命令复制一条直线，输入偏移尺寸 30，移动两条直线到矩形中央位置，两直线表示衣橱挂衣横梁；然后绘制一条斜线段，并复制出几根，表示挂衣架；然后将小衣橱平面图形建立为图块，命名为“小衣橱”，并旋转 90 度，移动到如图 9-85 所示的位置。

3）考虑到孩子回家后学习，所以在次卧室中布置一张写字台。用窗口放大命令将居室的次卧室部分放大，单击“绘图”工具栏的“插入块”按钮，单击“浏览”按钮，选择“案例\09\图块\写字台.dwg”图块文件，单击“打开”按钮返回到“插入”对话框，再单击“确定”按钮插入写字台图块，并移动到如图 9-86 所示的位置。

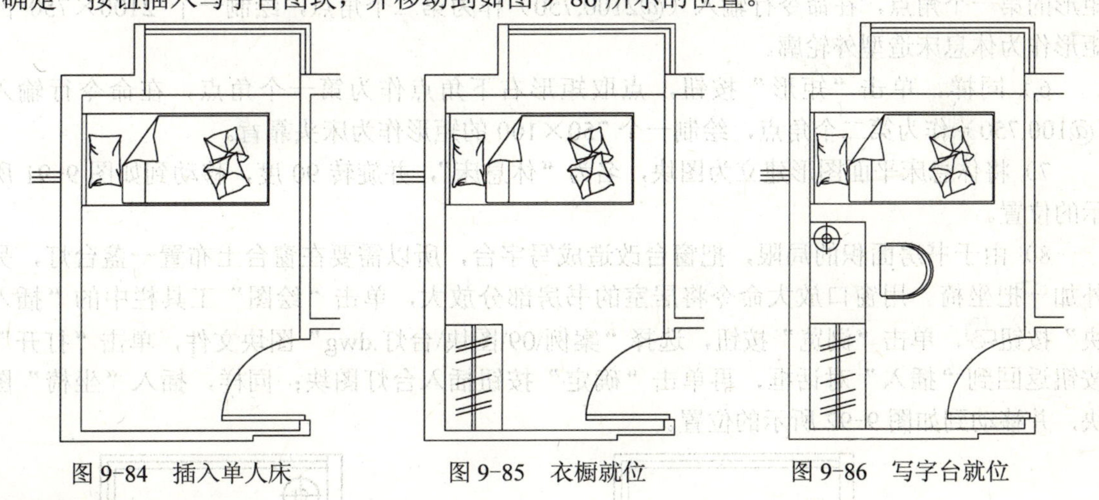

图 9-84　插入单人床　　图 9-85　衣橱就位　　图 9-86　写字台就位

9.4.5 布置书房

1）绘制书架。单击“绘图”工具栏中的“矩形”按钮，在书房平面中点取一点作为矩形的第一个角点，在命令行输入（@2100,300）作为第二个角点，绘制一个 2100 × 300 的矩形作为书架造型外轮廓，如图 9-87 所示。

2）在矩形一端绘制一条直线，然后用“偏移”命令，复制两条直线，输入偏移尺寸 700，这样就绘制出书架内部的分隔示意线条，如图 9-88 所示。

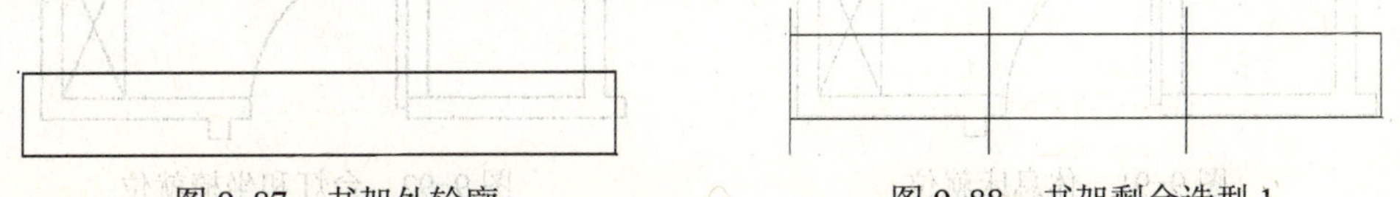

图 9-87　书架外轮廓　　图 9-88　书架剩余造型 1

3）将矩形端头的直线删除，把伸出矩形外侧的直线打断，在每一格内加入交叉线，如图 9-89 所示。

4）然后将书架平面图形建立为图块，命名为“书架”，并旋转 90 度，移动到如图 9-90 所示的位置。

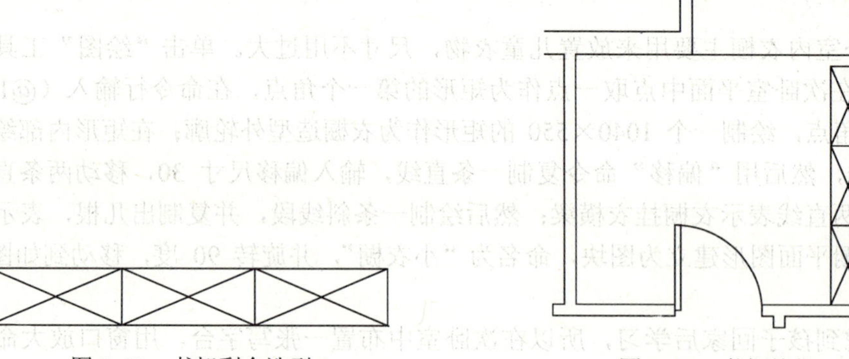

图 9-89　书架剩余造型 2　　　图 9-90　书架就位

5）绘制休息床。单击“绘图”工具栏中的“矩形”按钮，在书房平面中点取一点作为矩形的第一个角点，在命令行输入（@2100,750）作为第二个角点，绘制一个 2100×750 的矩形作为休息床造型外轮廓。

6）同样，单击“矩形”按钮，点取矩形右下角点作为第一个角点，在命令行输入（@100,750）作为第二个角点，绘制一个 750×100 的矩形作为床头靠背。

7）将休息床平面图形建立为图块，名为“休息床”，并旋转 90 度，移动到如图 9-91 所示的位置。

8）由于书房面积的局限，把窗台改造成写字台，所以需要在窗台上布置一盏台灯，另外加一把坐椅。用窗口放大命令将居室的书房部分放大，单击“绘图”工具栏中的“插入块”按钮，单击“浏览”按钮，选择“案例\09\图块\台灯.dwg”图块文件，单击“打开”按钮返回到“插入”对话框，再单击“确定”按钮插入台灯图块；同样，插入“坐椅”图块，并移动到如图 9-92 所示的位置。

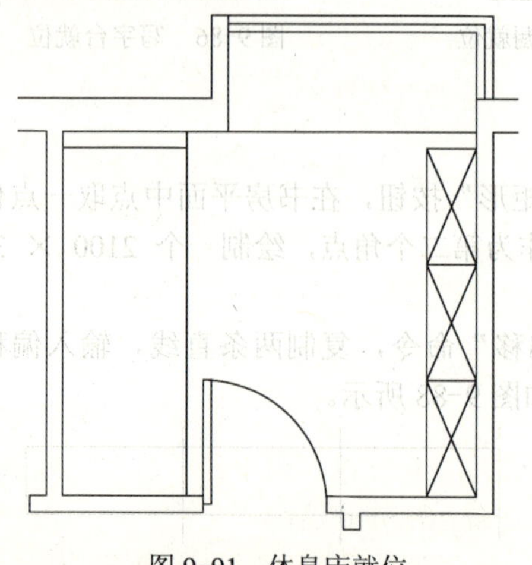

图 9-91　休息床就位

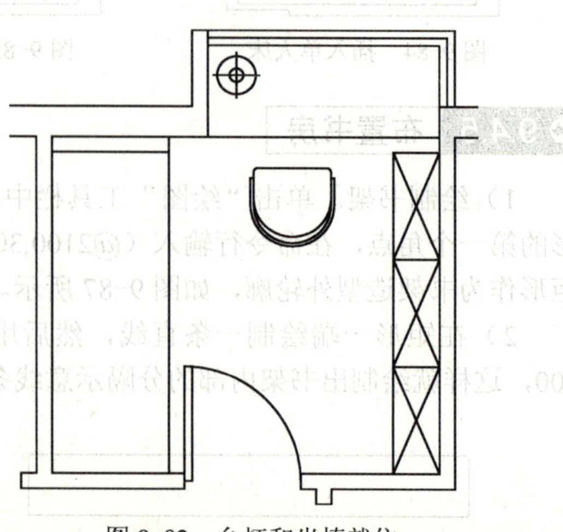

图 9-92　台灯和坐椅就位

9.4.6 布置厨房和餐厅

由于本例原始平面中厨房、餐厅的位置为开放空间，没有任何的围合成分，所以在做装修时此处需重点处理，从而使整个户型使用起来更加舒适。

1）绘制厨房操作台。单击“绘图”工具栏中的“直线”按钮，在厨房平面中以靠近小阳台处的墙角为起点，向下画一条竖向直线，然后向右偏移复制出三条直线，偏移量分别为1300、250、300，如图 9-93 所示。

2）在厨房平面中以靠近小阳台处的墙角为起点，向右画一条横向直线，然后向下偏移复制出三条直线，偏移量分别为 550、1300、75，如图 9-94 所示。

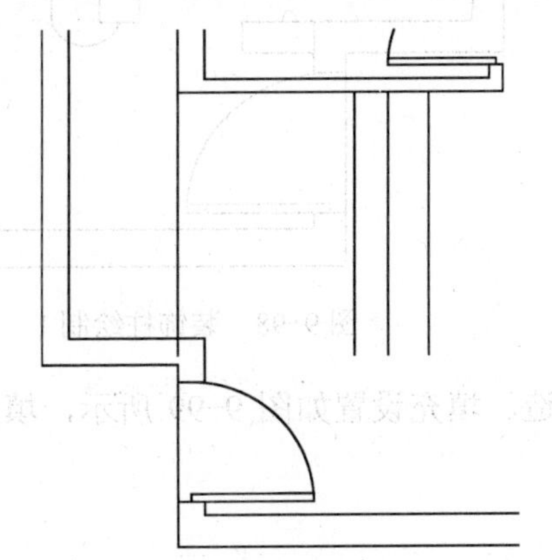

图 9-93　操作台绘制 1

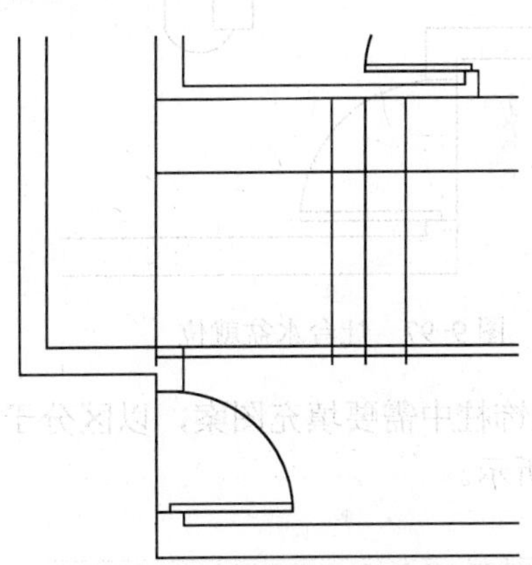

图 9-94　操作台绘制 2

3）运用“修剪”命令把多余直线裁断，如图 9-95 所示。

4）在端头绘制一段圆弧，把多余线段删除，如图 9-96 所示。

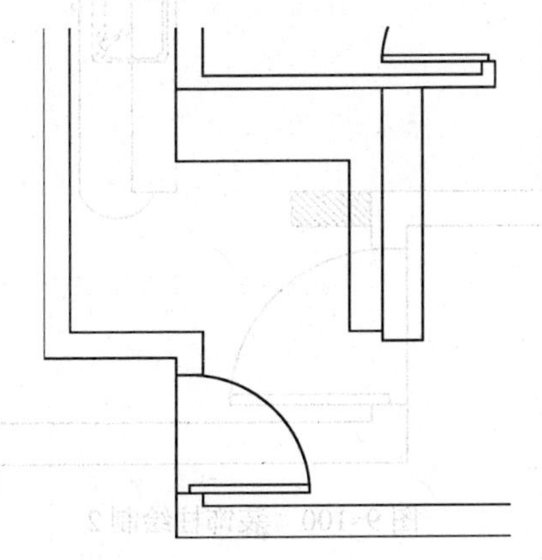

图 9-95　操作台绘制 3

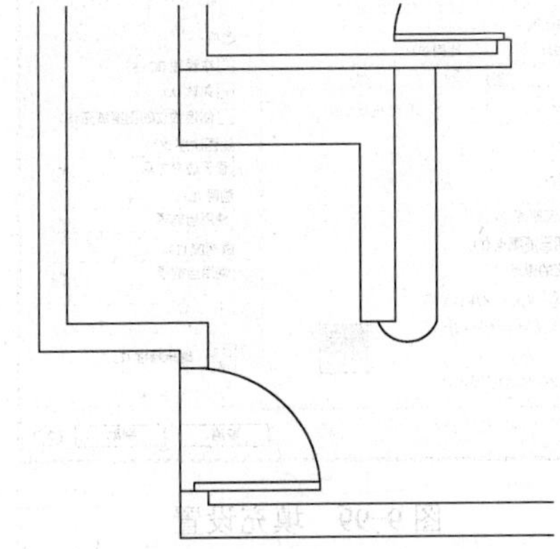

图 9-96　操作台绘制 4

5）插入灶台水盆。用窗口放大命令将居室的厨房部分放大，单击“绘图”工具栏的“插入块”按钮，打开“插入”对话框，单击“浏览”按钮，选择“案例\09\图块\灶台.dwg”图块文件，单击“打开”按钮返回到“插入”对话框，再单击“确定”按钮插入灶台图块；同样插入“水盆”图块，并移动到如图 9-97 所示的位置。

6）绘制装饰柱。单击“绘图”工具栏中的“矩形”按钮，在厨房平面中点取一点作为矩形的第一个角点，在命令行输入（@450,200）作为第二个角点，绘制一个 450 × 200 的矩形作为装饰柱造型外轮廓，如图 9-98 所示。

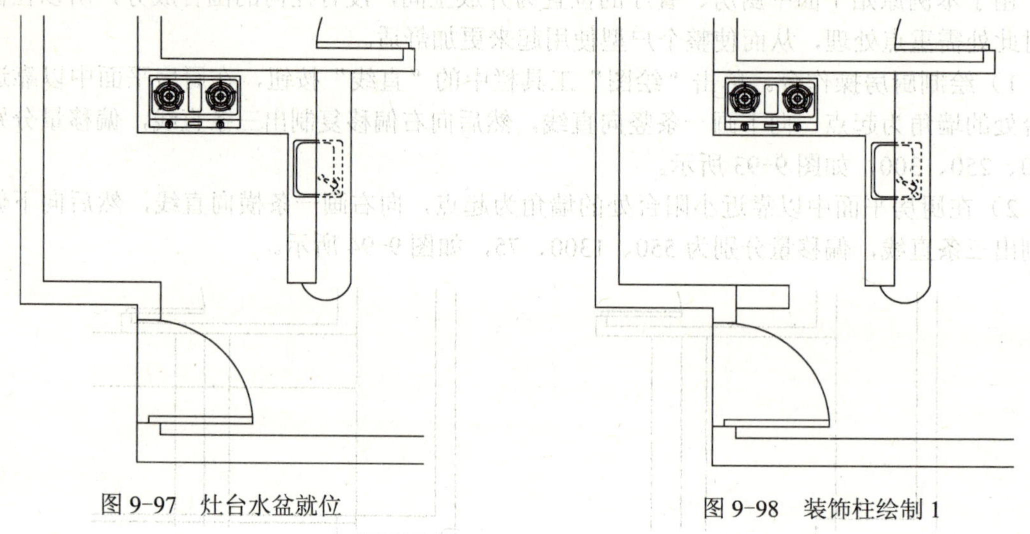

图 9-97　灶台水盆就位　　　　图 9-98　装饰柱绘制 1

7）装饰柱中需要填充图案，以区分于其他构造。填充设置如图 9-99 所示，填充结果如图 9-100 所示。

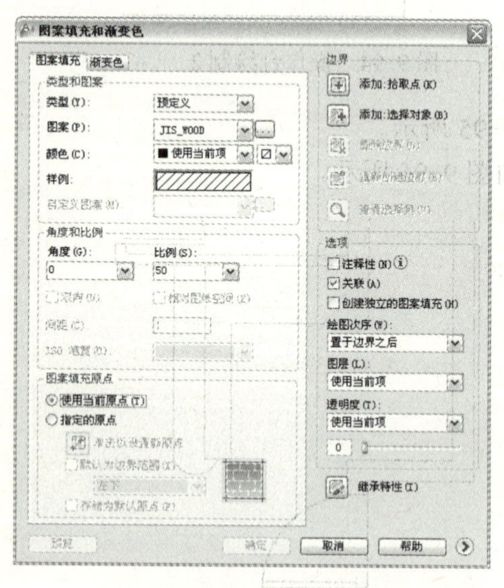

图 9-99　填充设置

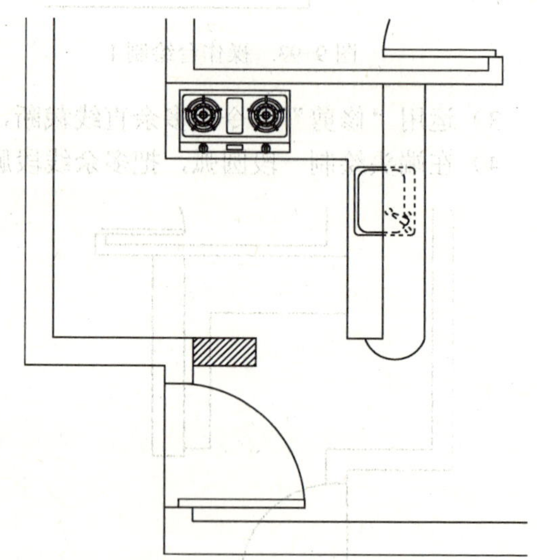

图 9-100　装饰柱绘制 2

8）吊柜也是厨房中必不可少的一样家具，本例中在厨房设置两组吊柜。以厨房左下角墙体交点作为基点，用“偏移”命令偏移复制两条直线，向上偏移量为 1850，向右偏移量为 250；再以厨房灶台上侧墙线为基点，用“偏移”命令向下偏移复制一条直线，偏移量为 350，如图 9-101 所示。

9）运用“修剪”命令把多余直线裁断，并用“特性匹配”把线性改为“家具”图层，如图 9-102 所示。

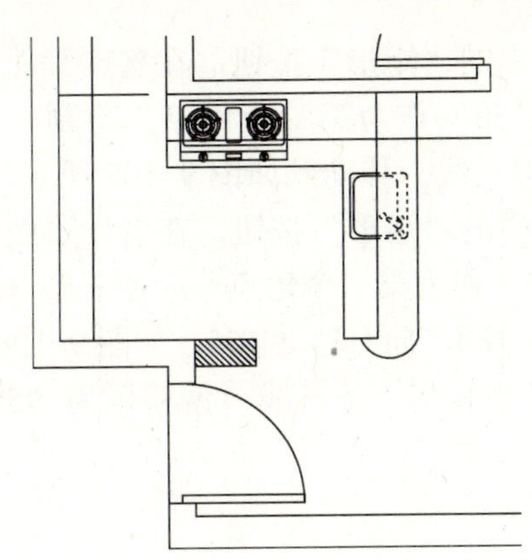

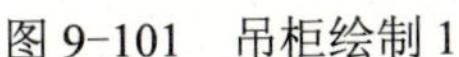

图 9-101 吊柜绘制 1

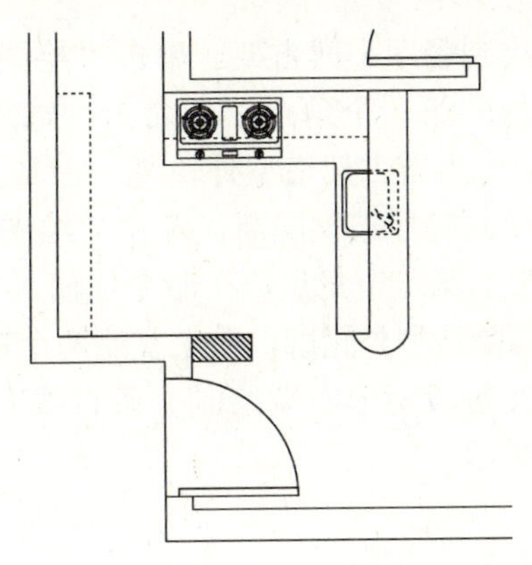

图 9-102 吊柜绘制 2

10）插入冰箱。用窗口放大命令将居室的厨房部分放大，使用“插入块”命令（I）插入“案例\09\图块\冰箱.dwg”图块文件并移动到如图 9-103 所示的位置。

11）插入餐桌。用窗口放大命令将居室的餐厅部分放大，使用“插入块”命令（I）插入“案例\09\图块\餐桌.dwg”图块文件并移动到如图 9-104 所示位置。

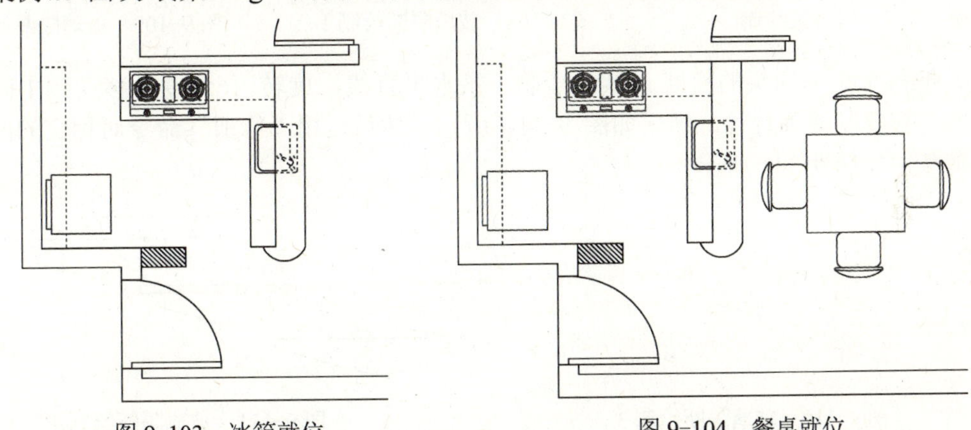

图 9-103 冰箱就位

图 9-104 餐桌就位

12）由于户型为剪力墙结构，内墙主要起围合作用，并不承重，所以可以对墙体进行适当改动。以餐厅左上角墙角为基点，绘制一条横向直线和一条竖向直线，竖向直线向左偏移复制一条直线，偏移量为 550，横向直线向上偏移复制一条直线，偏移量为 50，结果如图 9-105 所示。

13）把一开始绘制的两条直线删除，然后运用“修剪”命令对偏移出来的两条直线进行剪裁，并用“特性匹配”把线性改为“墙体”图层，如图 9-106 所示。

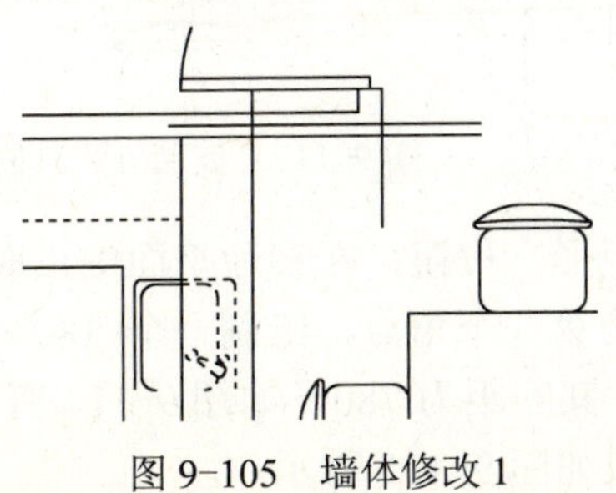

图 9-105 墙体修改 1

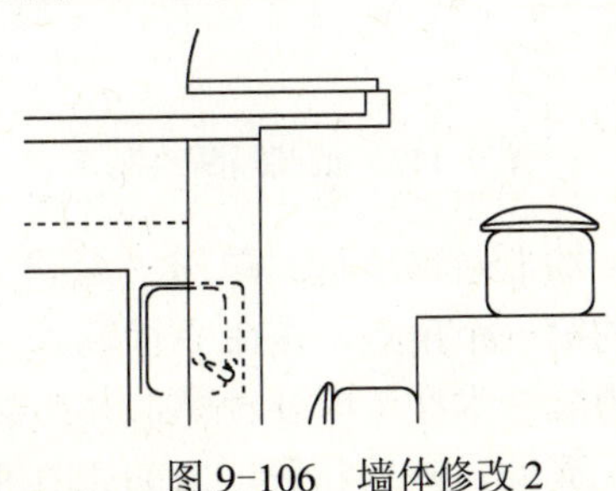

图 9-106 墙体修改 2

14）绘制餐厅小博古架。单击“绘图”工具栏中的“矩形”按钮，在餐厅平面中点取一点作为矩形的第一个角点，在命令行输入（@550,150）作为第二个角点，绘制一个550×150的矩形作为博古架造型外轮廓，在其中加入一根斜线，移动到如图9-107所示的位置。

15）绘制餐厅玻璃隔断。单击“绘图”工具栏中的“矩形”按钮，在餐厅平面中点取一点作为矩形的第一个角点，在命令行输入（@600,30）作为第二个角点，绘制一个600×30的矩形作为隔断造型外轮廓，向上复制两个矩形，间距180，向右移动555，如图9-108所示。

16）在每段矩形右端绘制一条直线，并向左偏移复制一条直线，偏移量为95，结果如图9-109所示。

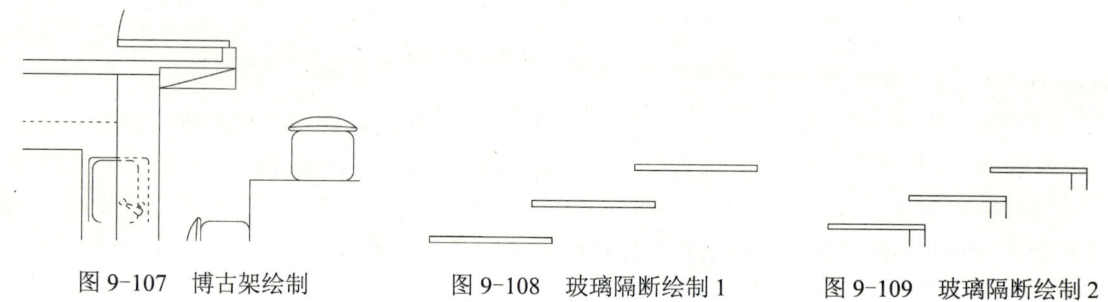

图9-107 博古架绘制　　图9-108 玻璃隔断绘制1　　图9-109 玻璃隔断绘制2

17）把每个矩形端头的直线删除，绘制一条水平直线，旋转-165度，移动到中间矩形左端，并向右复制两条直线，结果如图9-110所示，然后运用“修剪”命令对相交的两条直线进行剪裁，如图9-111所示。

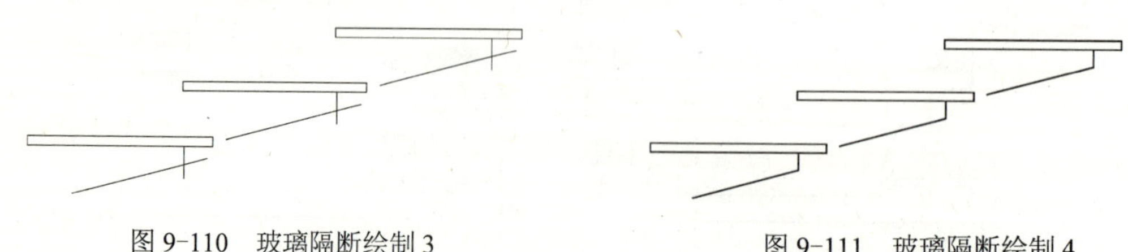

图9-110 玻璃隔断绘制3　　图9-111 玻璃隔断绘制4

18）在第二、第三个矩形左端头向下各绘制一条直线，结果如图9-112所示，然后把隔断平面保存块命名为“玻璃隔断”，并且移动和旋转到如图9-113所示的位置。

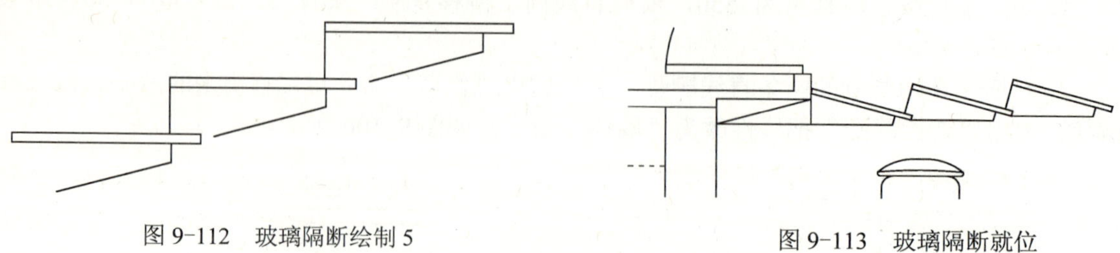

图9-112 玻璃隔断绘制5　　图9-113 玻璃隔断就位

19）绘制装饰木柱。单击“绘图”工具栏中的“矩形”按钮，在餐厅平面中点取一点作为矩形的第一个角点，在命令行输入（@180,100）作为第二个角点，绘制一个180×100的矩形作为装饰木柱造型外轮廓，并向右复制两个矩形，其间距为780，如图9-114所示。

20）到此，厨房和餐厅内的家具布置已完成，效果如图9-115所示。

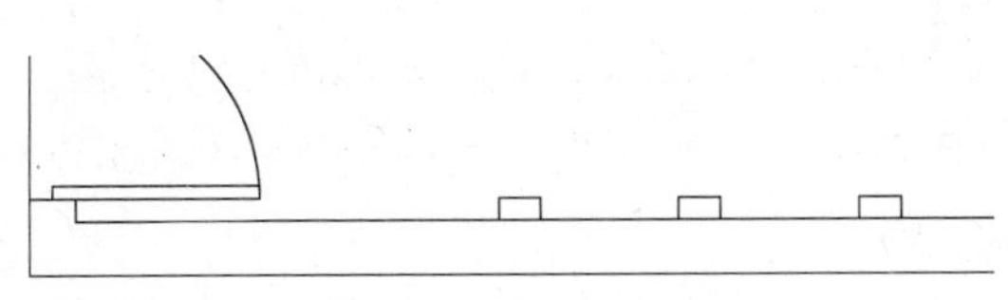

图 9-114 装饰木柱就位

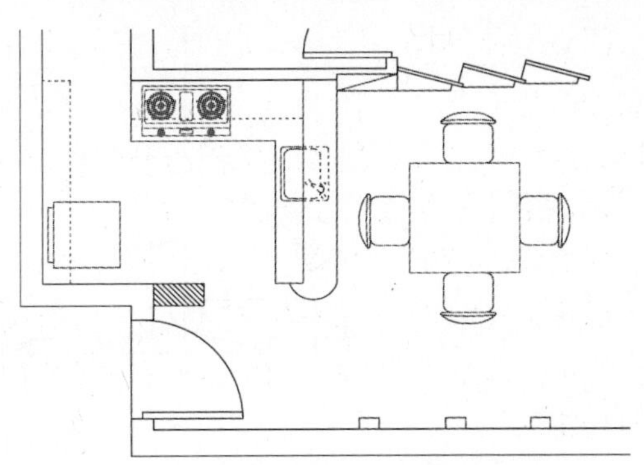

图 9-115 厨房和餐厅家具布置

9.4.7 布置卫生间

根据客户的要求，卫生间内要布置一个洗脸盆、一个马桶。

1）用窗口放大命令将居室的卫生间部分放大，使用“插入块”命令（I）插入“案例\09\图块”文件夹下的“洗脸盆.dwg”和“马桶.dwg”图块文件一并插入到指定位置，如图 9-116 所示位置。

2）卫生间内还需分隔出一块浴室，需要加玻璃推拉门。绘制方式如门窗绘制一样，尺寸为 750×30，并移动到如图 9-117 所示的位置。

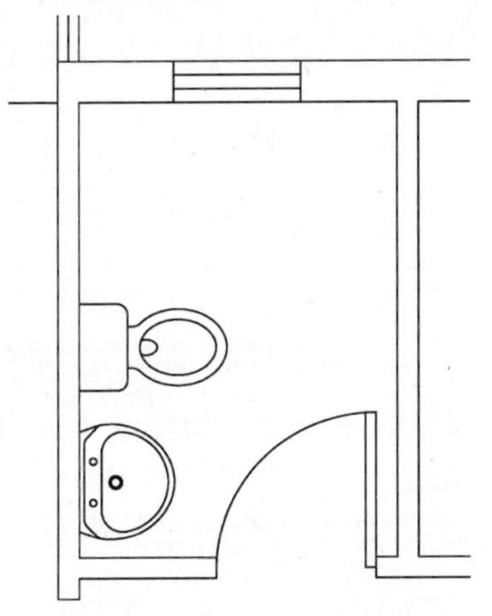

图 9-116 洗脸盆、马桶就位

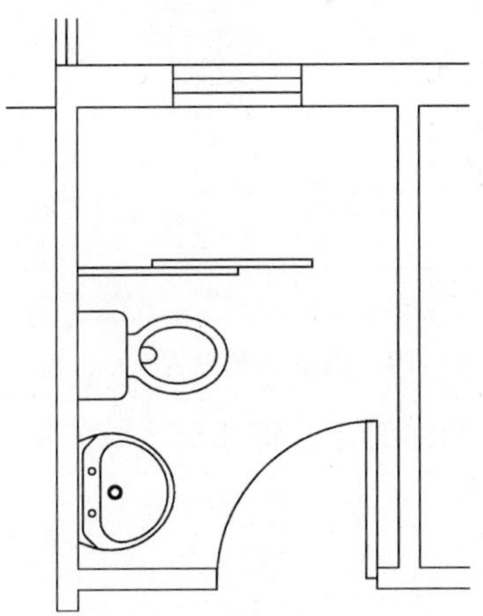

图 9-117 卫生间家具布置

9.4.8 地面材料

地面材料是需要在室内平面图中表示的内容之一。当地面做法比较简单时，只要用文字对材料、规格进行说明，但是很多时候则要求用材料图例在平面图上直观地表示，同时进行文字说明。当室内平面图比较拥挤时，可以单独画一张地面材料平面图。

下面结合实例说明，在本例中将在客厅、过道、主卧室、次卧室、书房部位铺设 150 厚强化木地板，厨房、卫生间铺设 300×300 防滑地砖，阳台铺设 300×150 防滑地砖。

1）绘制地面图案。使用“直线”命令，把平面图中不同地面材料分隔处用直线划分出来，如图 9-118 所示。

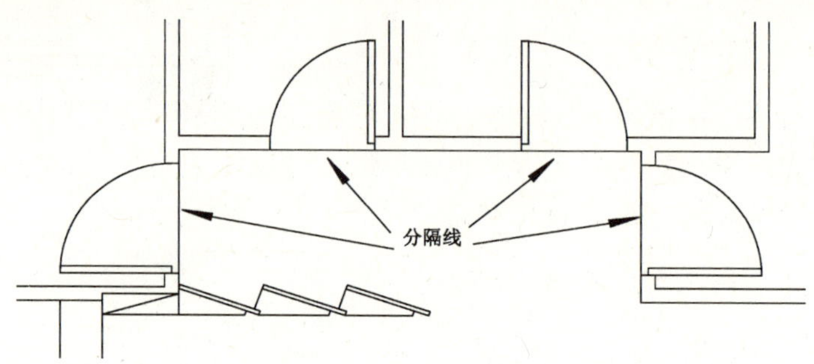

图 9-118　分隔线位置

2）使用“图案填充”命令进行图案填充，其“图案填充和渐变色”对话框中的参数按照图 9-119 进行设置，其填充后的效果如图 9-120 所示。

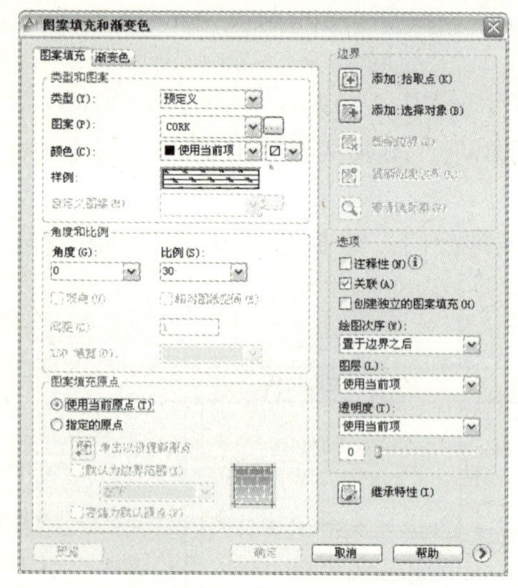

图 9-119　图案填充设置

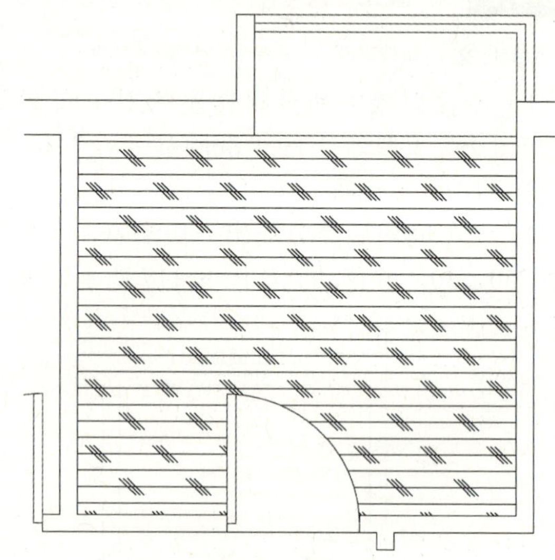

图 9-120　书房地板图案

3）采用同样的方法将其他区域的地面材料绘制并填充出来，如图 9-121 所示。

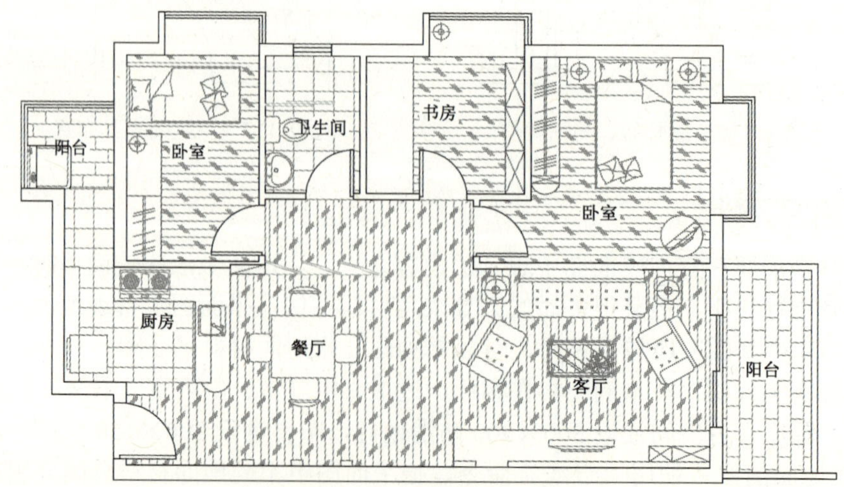

图 9-121　地面材料平面图

9.4.9 文字尺寸标注

在没有正式进行文字、尺寸标注之前，需要根据室内的要求进行文字样式设置和标注样式设置。其文字样式设置和标注样式设置可以参考户型原始平面图绘制时的标注样式进行设置，其标注了文字说明后的效果如图 9-122 所示。

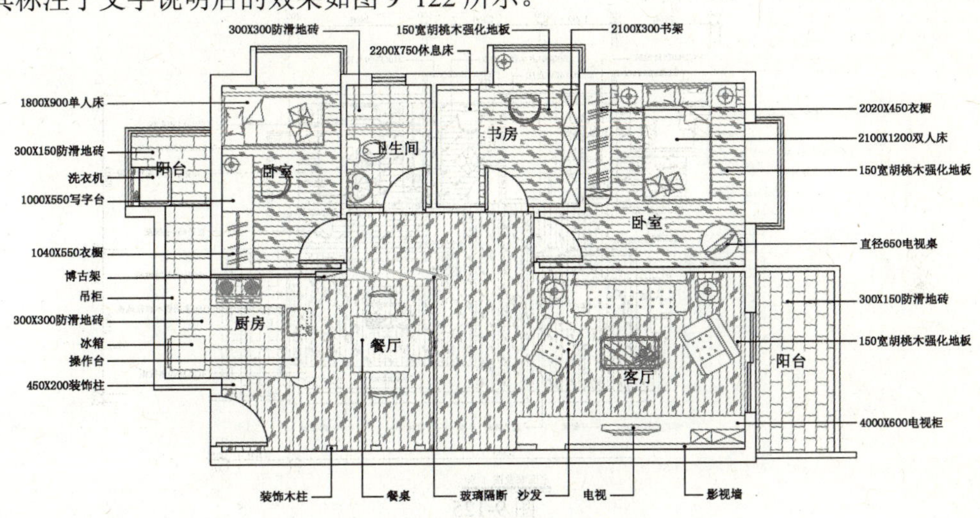

图 9-122　标注文字后的效果

在该图中需要标注的符号主要是室内立面内视符号，为节约篇幅，事先已做好图块，存于附带光盘内，下面在平面图中插入相应的符号即可。

1）新建“符号”图层，参数如图 9-123 所示，设为当前层。

符号　白　Contin...　—— 默认　Color_7

图 9-123　新建的“符号”图层

2）单击“绘图”工具栏中的“插入块”按钮，选择“案例\09\图块\符号.dwg”图块文件，将其分别插入到不同的房间空间。在操作过程中，若符号方向不符，则用“旋转”命令（R0）进行纠正，再将其打散来修改内视符号的标号，如图 9-124 所示。

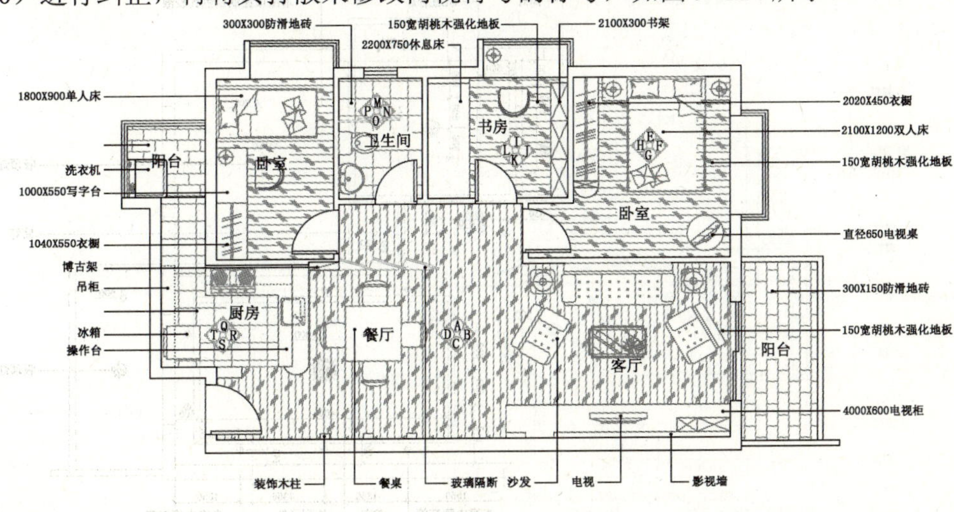

图 9-124　插入的“符号”图块

提示

在这里标注的重点是房间的平面尺寸、主要家具陈设的平面尺寸及主要相对关系尺寸，原来建筑平面图中不必要的尺寸可以删除掉。有关每个尺寸的标注，其主要利用的命令仍然是"线性标注"及相关修改命令。标注完成后，结果如图 9-125 所示。

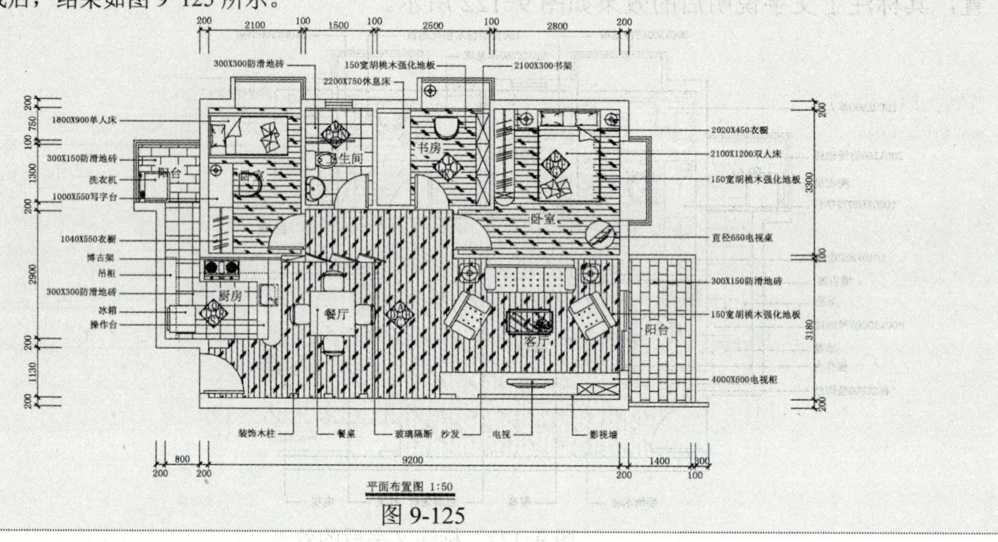

图 9-125

9.5 实例精解——顶棚平面图的绘制

◎ 案例文件：案例\09\顶棚平面图.dwg

◎ 视频演示：视频\09\顶棚平面图.avi

如前所述，顶棚平面图用于表达室内顶棚造型、灯具及相关电器布置的顶棚水平镜像投影图。在讲解顶棚平面图绘制的过程中，按室内平面图修改、顶棚造型绘制、灯具布置、文字尺寸标注、符号标注的顺序进行。在绘制顶棚平面图时，可以利用室内平面图墙线形成的空间分隔，而删除其门窗洞口图线，在此基础上完成顶棚平面图内容，如图 9-126 所示。

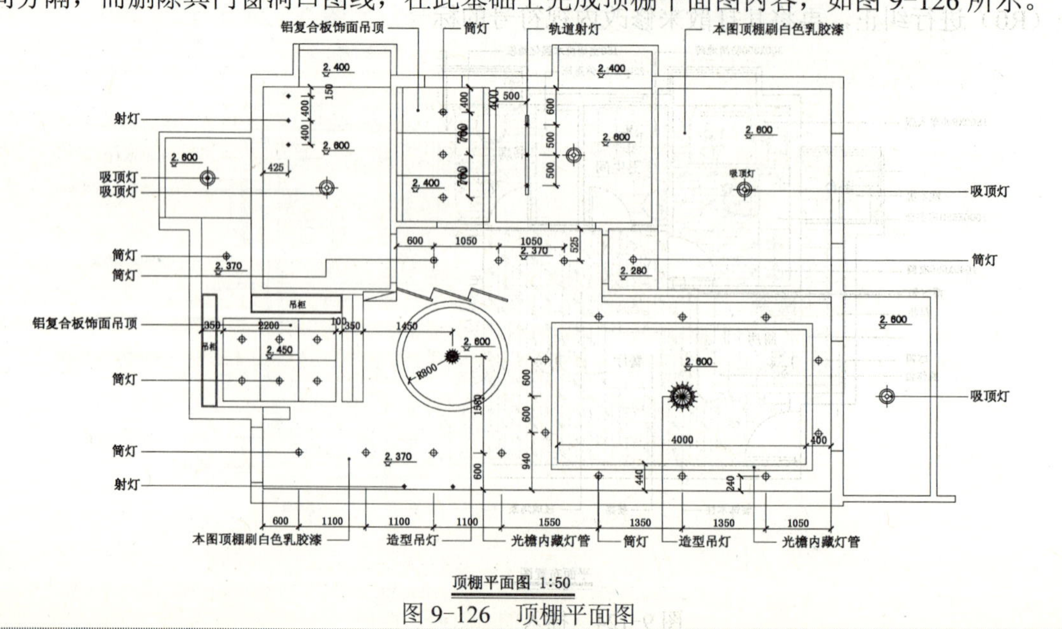

图 9-126 顶棚平面图

9.5.1 修改室内平面图

1）打开前面绘制好的“平面布置图.dwg”文件，另存为“顶棚平面图.dwg”。

2）将“墙体”层设置为当前层，将其中的轴线、尺寸、门窗、文字、符号等内容删去；对于家具，保留与顶棚接触到的家具及构件，其余删除，然后将墙体的洞口处补全，结果如图 9-127 所示。

9.5.2 顶棚造型绘制

1）吊柜家具的顶棚投影编辑。单击“标准”工具栏中的“特性匹配”按钮，先将吊柜的虚线编辑为顶棚层的实线，再运用“偏移”命令（O）偏移 18（板厚），由吊柜外轮廓线向内复制一个内轮廓线，如图 9-128 所示。

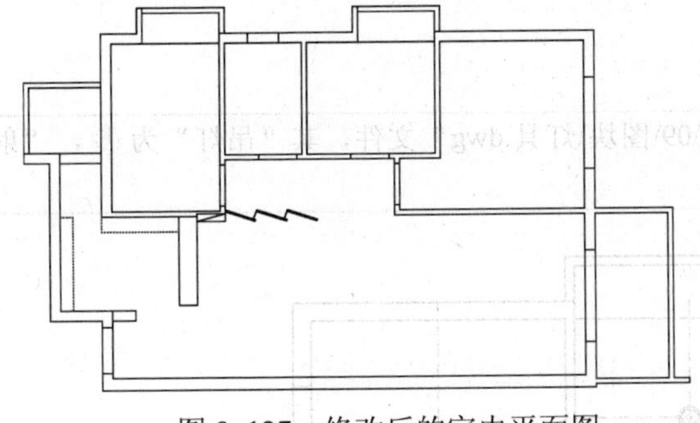

图 9-127 修改后的室内平面图

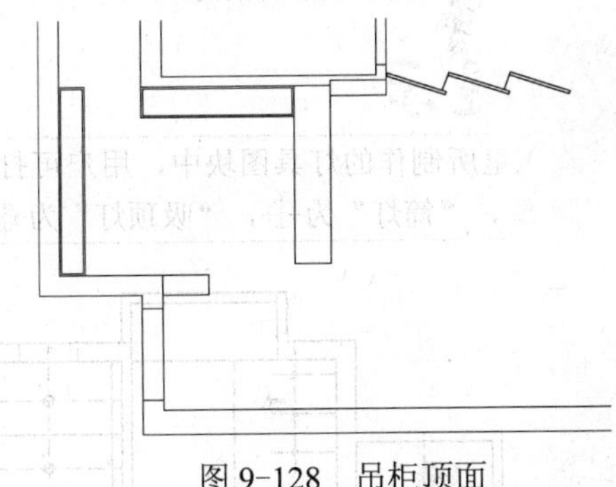

图 9-128 吊柜顶面

2）建立“顶棚”图层，参数如图 9-129 所示，并设置为当前层。

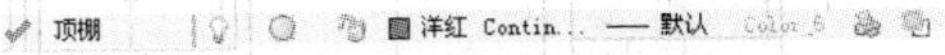

图 9-129 新建的“顶棚”图层

3）顶棚周边如需加线脚，可由墙线偏移而得，偏移量由设计尺寸而定。

4）厨房、卫生间的顶棚可以自己绘制或用图案填充完成。

提示

在进行顶棚造型时，其客厅、餐厅上方做局部吊顶，吊顶高度为 230；吊顶龙骨为木龙骨，吊顶板为 5 厚的夹板；主卧室、次卧室、书房不做吊顶处理，顶棚刷乳胶漆；厨房及卫生间采用铝复合板吊顶，吊顶高度为 230；其余部分不做吊顶处理，顶棚表面刷乳胶漆。将其设计思想表现在顶棚造型图上，结果如图 9-130 所示。

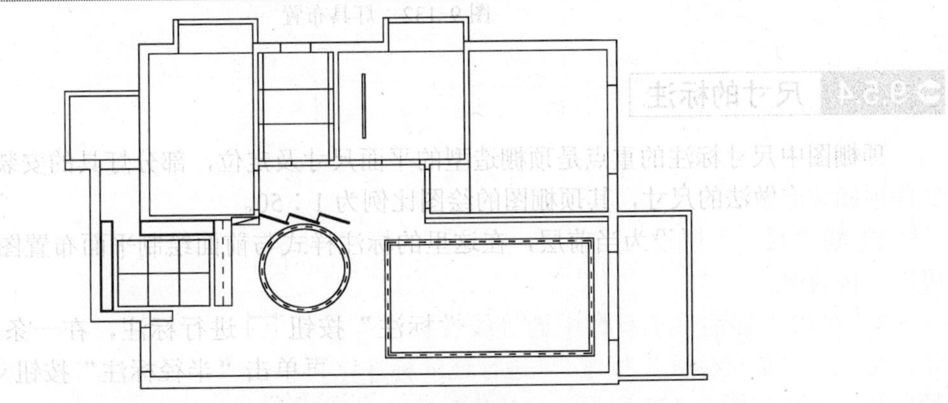

图 9-130 顶棚造型

9.5.3 灯具的布置

灯具的选择与布置需要综合考虑室内美学效果、室内光环境和绿色环保、节能等方面的因素。

1）建立一个“灯具”图层，如图 9-131 所示，并设置为当前层。

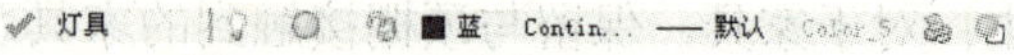

图 9-131 建立的“灯具”图层

2）建议事先把常用的灯具图例制作成图块，以供调用。在插入灯具图块之前，可以在顶棚图上绘制定位的辅助线，这样灯具能够准确定位，对后面的尺寸标注也是很有利的。

3）根据事先灯具布置的设计思想，将各种灯具图块插入到顶棚图上。

4）如图 9-132 所示的灯具布置图，其中灯具周围的虚线为辅助线，绘图过程中辅助定位，最后可关掉图层或删除。

提示

在这里所制作的灯具图块中，用户可打开“案例\09\图块\灯具.dwg”文件，其“吊灯”为，“射灯”为，“筒灯”为，“吸顶灯”为。

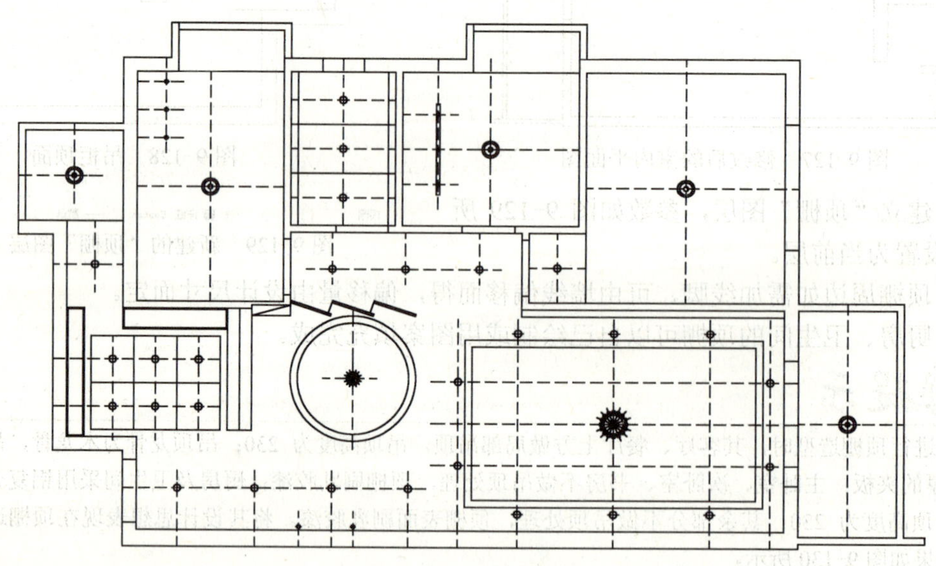

图 9-132 灯具布置

9.5.4 尺寸的标注

顶棚图中尺寸标注的重点是顶棚造型的平面尺寸及定位，部分灯具的安装定位以及其他一些顶棚装饰做法的尺寸，其顶棚图的绘图比例为 1∶50。

1）将“尺寸”层设为当前层，在这里的标注样式与前面绘制平面布置图的样式相同，可以直接利用。

2）单击“标注”工具栏中的“线性标注”按钮 进行标注，在一条延伸线上的尺寸，可单击“连续标注”按钮 进行连续标注，再单击“半径标注”按钮 进行圆形半径标注，结果如图 9-133 所示。

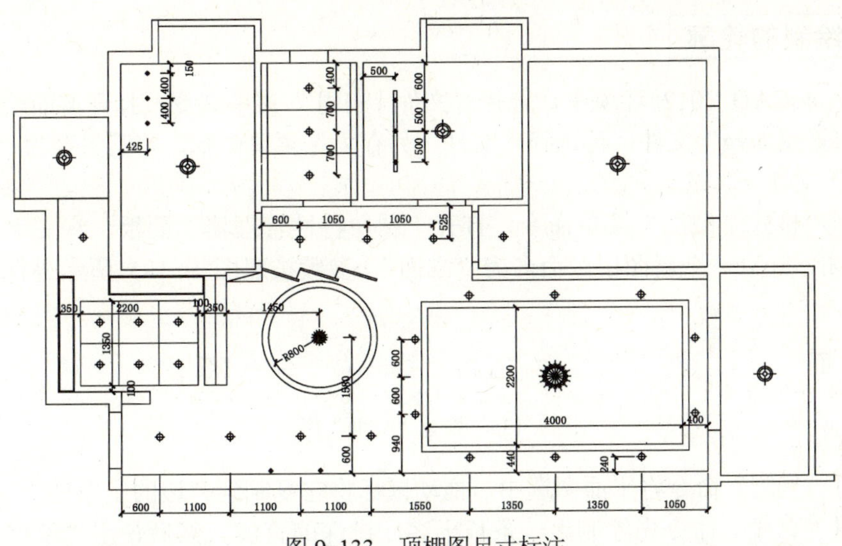

图 9-133 顶棚图尺寸标注

9.5.5 文字与符号的标注

在顶棚图内，需要说明各顶棚材料名称、顶棚做法的相关说明、灯具电器名称规格等；应注明顶棚标高，有大样图的还应注明索引符号等。

1）将“文字”图层设为当前层，单击“标注”下拉菜单中的“多重引线”命令，按照如图 9-126 所示完成文字说明。由于灯具较多，在图上一一标注显然烦琐，因此可以做一个图例表统一说明。

2）插入标高符号，注明各部分标高。

3）注明图名和比例，结果如图 9-126 所示。

9.6 实例精解——客厅 A 立面图的绘制

◎ 案例文件：案例\09\A 立面图.dwg

◎ 视频演示：视频\09\A 立面图.avi

A 立面图是客厅里主要表现的墙面之一，在其中需要表现的内容有：空间高度上的尺度及协调效果、客厅墙面做法、配套设施立面、与墙面交接处天花情况及立面装饰处理等。A 立面图绘制完成后的效果，如图 9-134 所示。

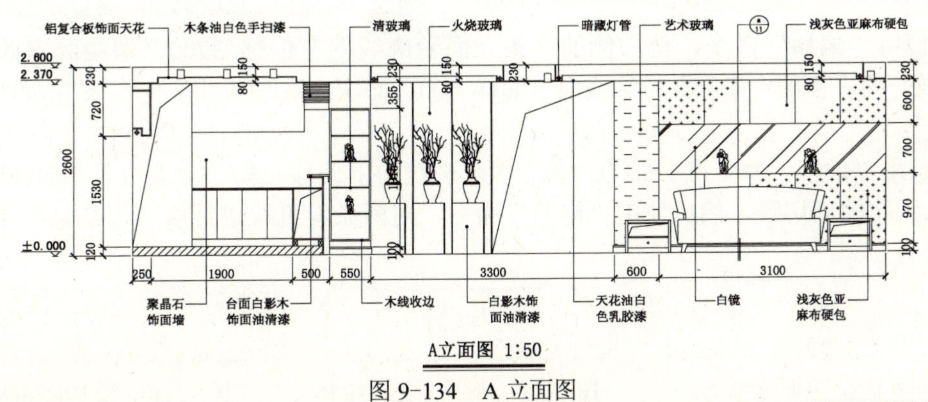

图 9-134 A 立面图

9.6.1 绘制的轮廓

1）在 AutoCAD 2012 环境中，选择“文件 | 打开”菜单命令，打开前面绘制好的“案例\09\平面布置图.dwg”文件；再选择“文件 | 另存为”菜单命令，将其另存为“案例\09\ A 立面图.dwg”文件。

2）选择“格式 | 图层”菜单命令，打开“图层特性管理器”面板，将文字、尺寸、地面材料层关闭，建立一个新图层，命名为“立面”，参数按照图 9-135 所示进行设置，并设置为当前层。

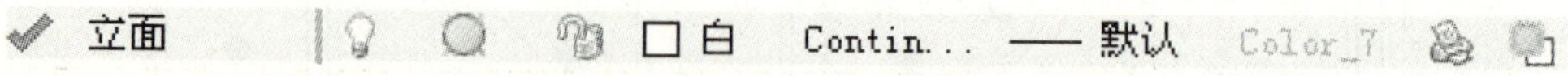

立面
白
Contin...
默认
Color_7

图 9-135　新建“立面”图层

3）使用“复制”命令将平面图选中，拖动鼠标将它复制到旁边的空白处。

4）使用“直线”命令先绘制出一条长于客厅进深的直线，然后使用“偏移”命令向下复制出另一条直线，偏移量为 2600（为客厅净高），结果如图 9-136 所示。

5）使用“直线”命令，分别以客厅的右上角点与厨房的左下角点向下画两条直线，如图 9-137 所示。

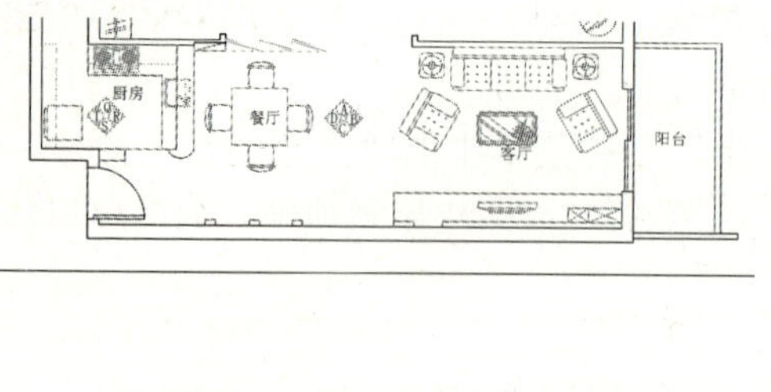

厨房
餐厅
客厅
阳台

图 9-136　立面上下轮廓线

厨房
餐厅
客厅
阳台

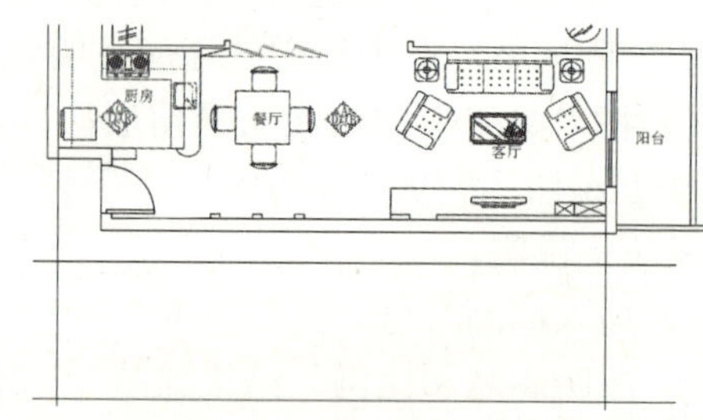

图 9-137　引出左右两条轮廓线

6）使用“修剪”命令，对刚绘制的直线进行修剪，这样北立面图的轮廓就画好了，结果如图 9-138 所示。

提示

其实直接用“矩形”命令绘制一个 10200 × 2600 的矩形作为客厅北立面轮廓线也是可以的，上面介绍的方法是想告诉读者一个由平面图引出立面图的思路。

7）使用“偏移”命令，将右侧的一条立面轮廓线向左偏移 3700（即主卧室西墙看见线），同样，将左侧的一条立面轮廓线向右偏移 800（即次卧室西墙看见线），结果如图 9-139 所示。

8）使用“偏移”命令将上面的一条立面轮廓线向下偏移 230（即墙边天花的高度），这条直线为天花的剖切线，然后使用“修剪”命令，对两条看见线进行修剪，结果如图 9-140 所示。

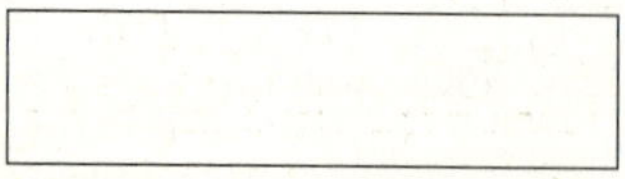

图 9-138　立面轮廓线

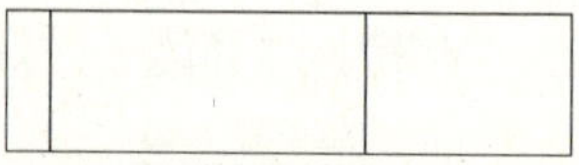

图 9-139　卧室看见线绘制

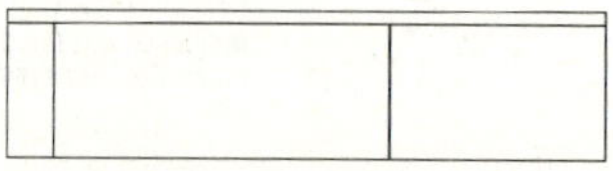

图 9-140　绘制天花剖切线

9.6.2 客厅墙面装饰立面

1）使用“偏移”命令将主卧室西墙立面看见线向右偏移 600（即艺术玻璃墙面），将下面一条立面轮廓线向上偏移复制出三条直线，偏移量分别为 100（即墙边踢脚高度）、970（即亚麻布装饰墙面）、700（即白镜装饰墙面），上面剩余的 600 为亚麻布装饰墙面，结果如图 9-141 所示。

2）使用“修剪”命令对直线进行修剪，结果如图 9-142 所示。

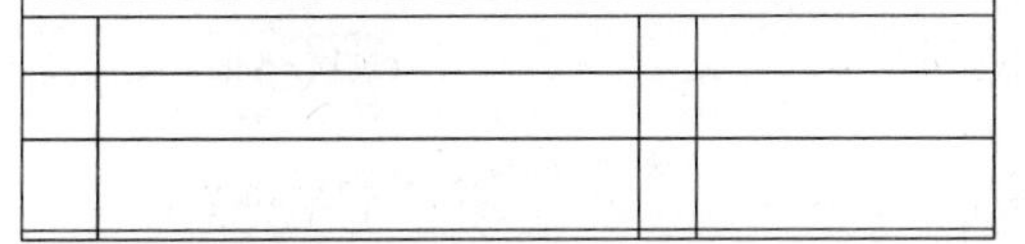

图 9-141 偏移的轮廓线

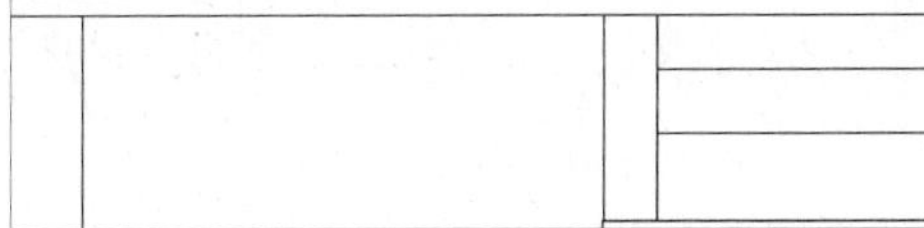

图 9-142 修剪的轮廓线

3）使用“偏移”命令将艺术玻璃墙面线向右偏移复制出四条直线，偏移量为 620（即把右侧的亚麻布装饰墙面均分为 5 份），结果如图 9-143 所示。

4）使用“修剪”命令对直线进行修剪，这样客厅北墙面的立面图就画好了，结果如图 9-144 所示。

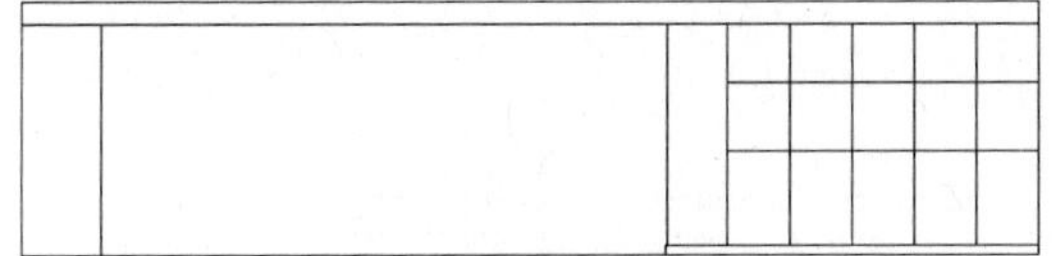

图 9-143 偏移的艺术玻璃墙面线

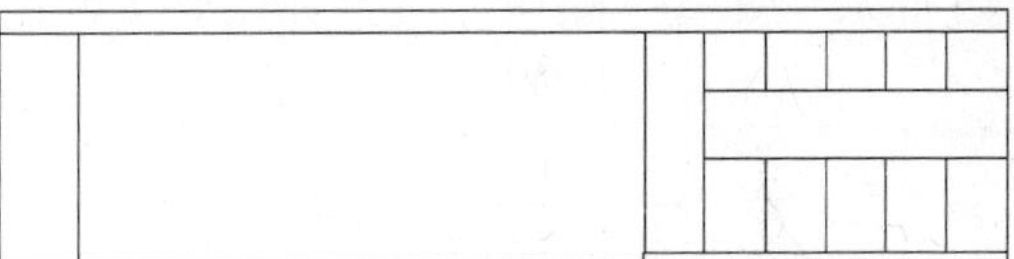

图 9-144 修剪的艺术玻璃墙面线

9.6.3 绘制家具立面

1）执行“插入块”命令（I），选择“案例\09\图块”文件夹下的“立面沙发.dwg”、“立面小柜.dwg”图块文件，分别插入到如图 9-145 所示的位置。

2）使用“修剪”命令对沙发、小柜后面的直线进行修剪，把没用的直线删掉。

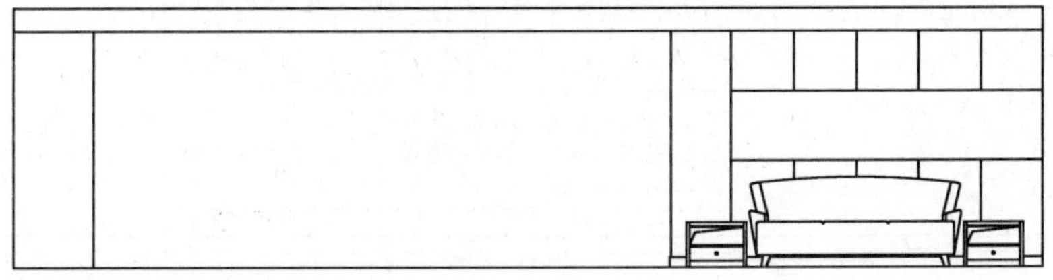

图 9-145 插入图块并进行修剪

9.6.4 细化天花及布置立面筒灯

在轮廓绘制中，吊顶只是绘出了高度位置，在这里需要进行细化处理。参照“顶棚平面图”中天花绘制位置，通过辅助线在立面上确定出天花细部。

1）在立面上绘制出天花细部，如图 9-146 所示。

2）把辅助线删掉，添加天花看见线，这样天花就绘制完成了，如图 9-147 所示。

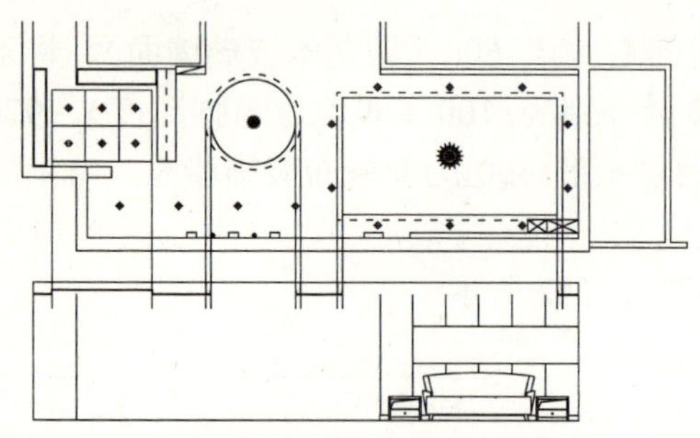

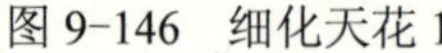

图 9-146　细化天花 1

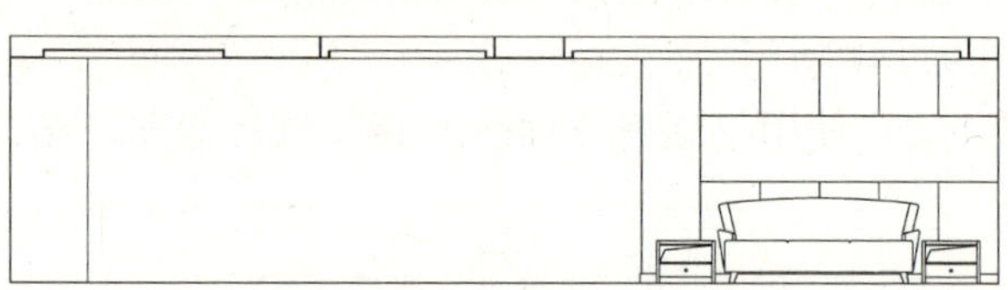

图 9-147　细化天花 2

提示

参照“顶棚平面图”中灯具的布置位置，通过辅助线在立面上确定出灯具位置。

3）执行“插入块”命令（I），选择“案例\09\图块\立面筒灯.dwg”图块文件，插入到如图 9-148 所示的位置。

4）把辅助线删掉，使用“修剪”命令对筒灯下面的天花进行修剪，在需要加入灯管的位置插入“灯管”图块，结果如图 9-149 所示。

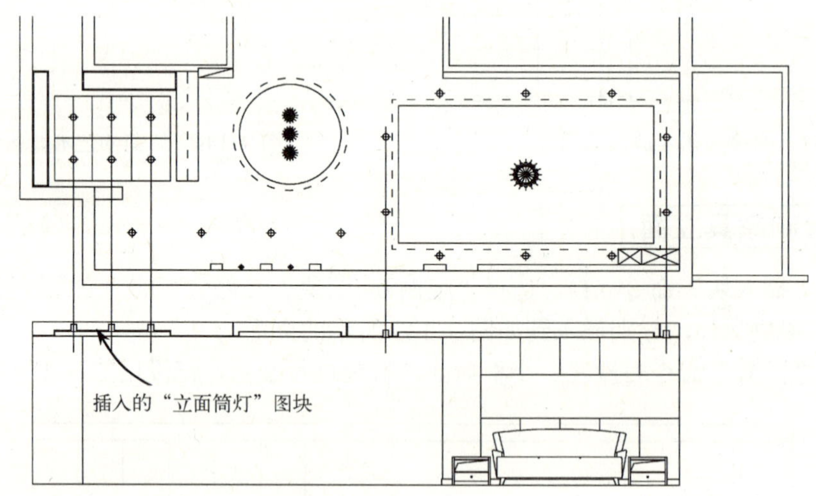

图 9-148　插入筒灯

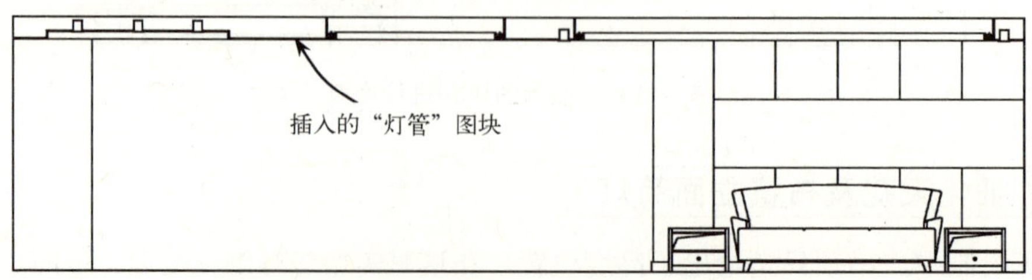

图 9-149　修剪并插入“灯管”

9.6.5 绘制餐厅博古架、玻璃隔断及厨房立面

由于整个客厅北墙立面与餐厅及厨房在一个立面上，所以接下来需要将餐厅及厨房立面绘制出来。

1）自餐厅博古架平面左右两侧向下引出两条直线作为辅助线，如图 9-150 所示。

2）执行“插入块”命令，选择“案例\09\图块\立面博古架.dwg”图块文件，插入到如图 9-151 所示博古架轮廓线位置，然后将辅助线删掉。

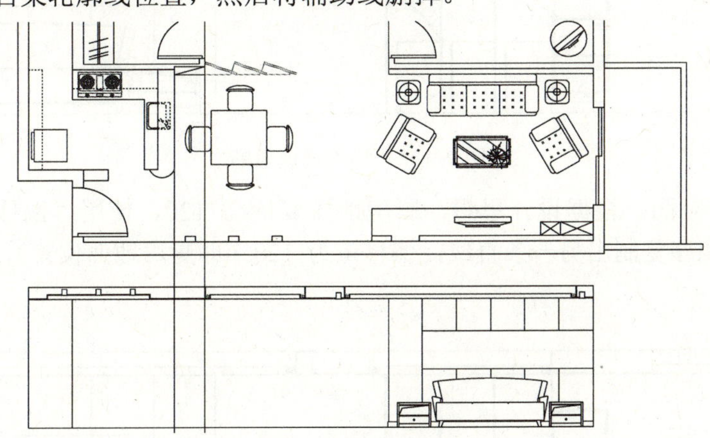

图 9-150 博古架定位辅助线

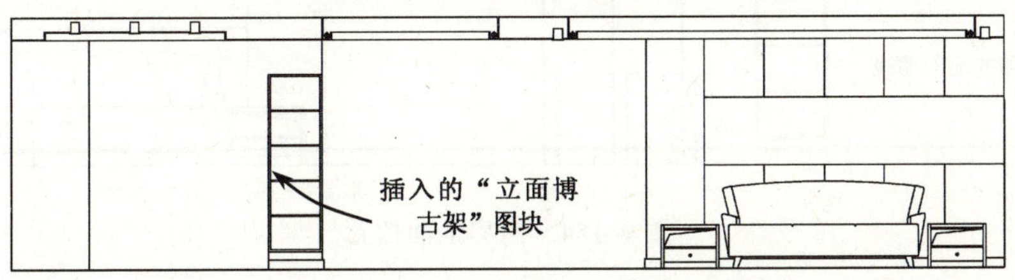

图 9-151 插入博古架

3）参照客厅绘制踢脚的方式，把博古架下面的踢脚画出来。

4）绘制餐厅玻璃隔断。自餐厅玻璃隔断平面左右两侧向下引出两条直线，如图 9-152 所示。

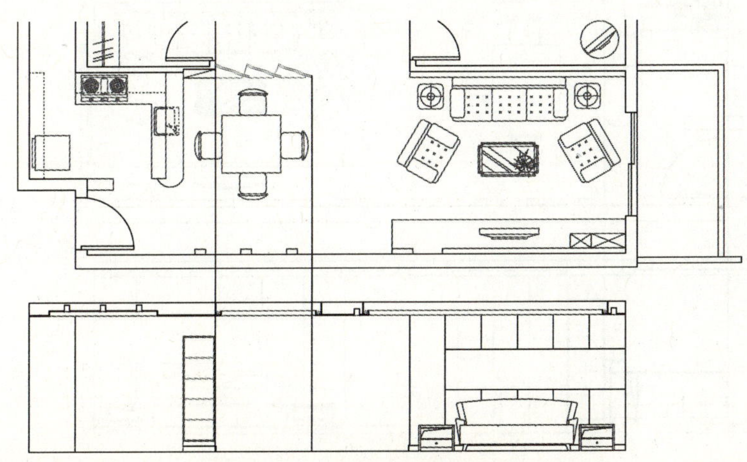

图 9-152 玻璃隔断定位辅助线

5）执行“插入块”命令，选择“案例\09\立面玻璃隔断.dwg”图块文件，插入到如图 9-153 所示的博古架轮廓线位置，然后将辅助线删掉。

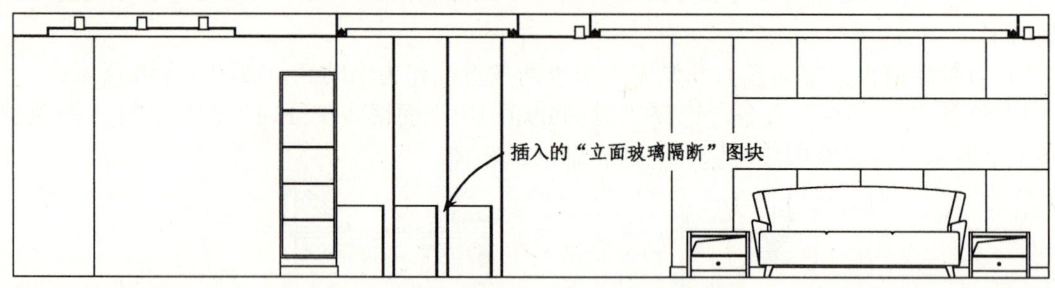

图 9-153　插入玻璃隔断

6）绘制厨房立面。根据设计思想，厨房地面要抬高 120，使用“偏移”命令，将下侧立面轮廓线向上偏移复制出另一条直线，偏移量为 120（即厨房地面位置），结果如图 9-154 所示。

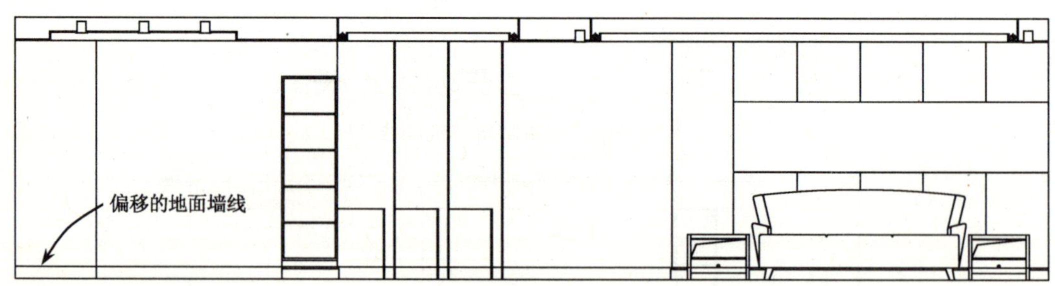

图 9-154　厨房地面位置

7）自厨房操作台平面向下引出两条直线，单击“绘图”工具栏中“插入块”按钮，将“案例\09\图块\立面操作台.dwg”图块文件插入并移动如图 9-155 所示的位置。

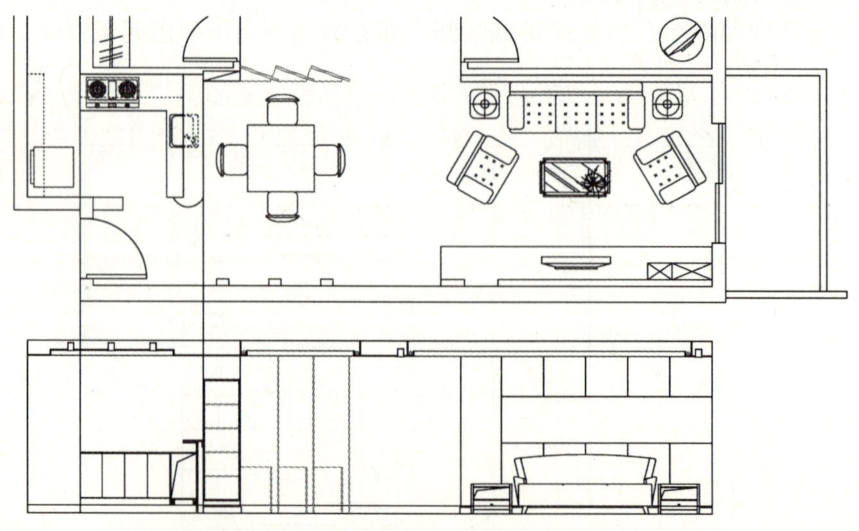

图 9-155　绘制辅助线并插入操作台

8）删掉辅助线，再使用“修剪”命令对操作台下的厨房地面直线进行修剪，结果如图 9-156 所示。

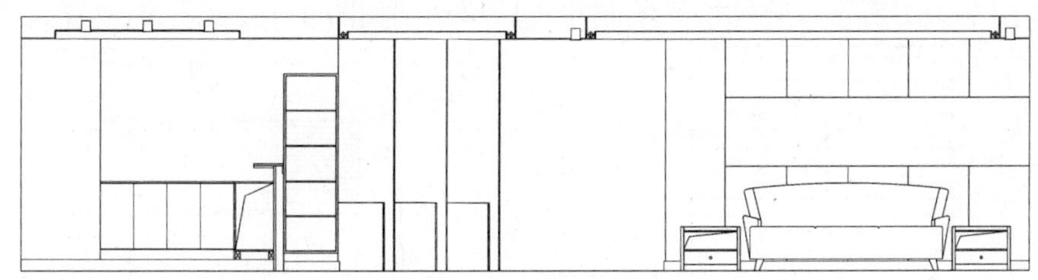

图 9-156 删除辅助线

9）绘制厨房吊柜。使用“偏移”命令将客厅左轮廓线向右偏移复制出另一条直线（即立面吊柜左轮廓线），偏移量为 250；再使用“偏移”命令，将厨房左侧天花轮廓线向下偏移复制出另一条直线（即立面吊柜下轮廓线），偏移量为 720，结果如图 9-157 所示。整个轮廓线绘制完成，结合设计思想，使用“修剪”命令还需对吊柜细部进行完善，结果如图 9-158 所示。

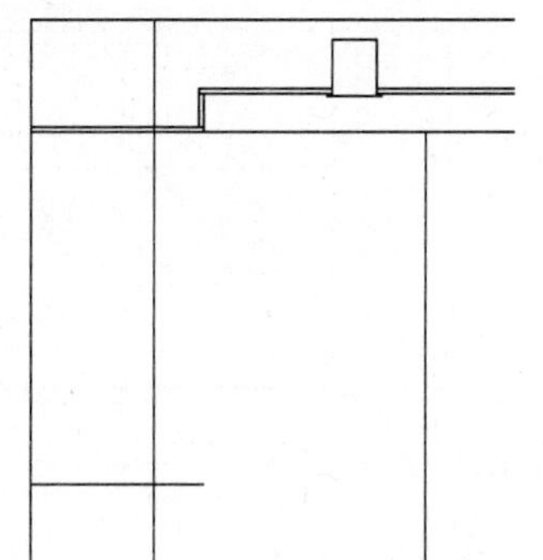

图 9-157 绘制厨房吊柜轮廓

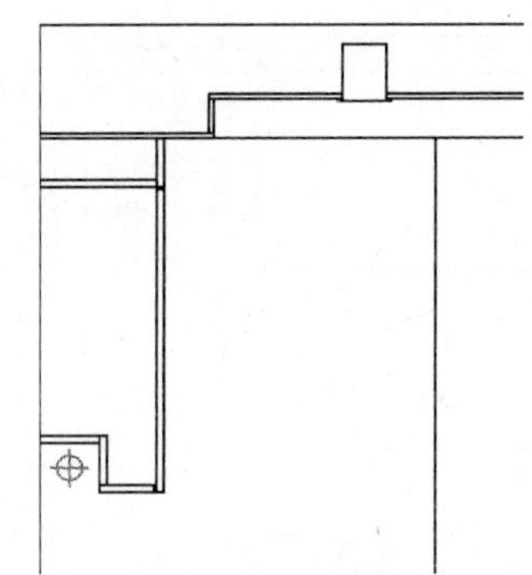

图 9-158 绘制厨房吊柜细部

10）绘制厨房操作台上方装饰造型。使用“矩形”命令，在厨房立面中点取一点作为矩形的第一个角点，在命令行输入（@330,-370）作为第二个角点，绘制一个 330×370 的矩形作为装饰造型外轮廓，如图 9-159 所示。

11）使用“矩形”命令在第一个矩形旁点取一点作为矩形的第一个角点，在命令行输入（@350,-25）作为第二个角点，绘制一个 350×25 的矩形作为装饰造型细部，并使用“复制”命令向下复制 5 个矩形，其间距为 45，如图 9-160 所示。

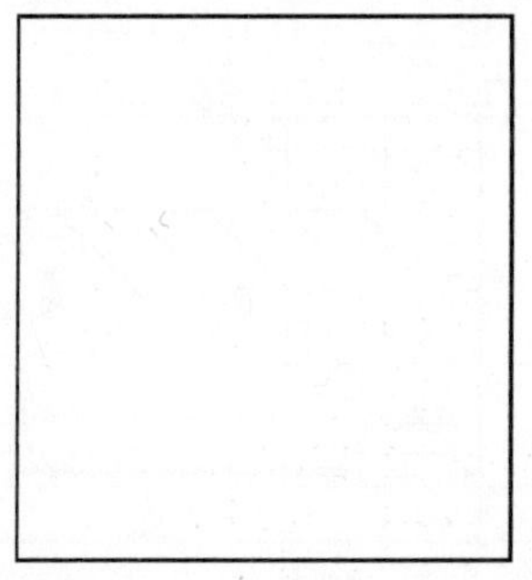

图 9-159 绘制厨房吊柜 1

图 9-160 绘制厨房吊柜 2

12）把 6 个矩形选中，移动到第一个大矩形上，左右各突出大矩形 10，上部距大矩形顶端 20，下部距大矩形底端 100，然后使用“修剪”命令对 6 个小矩形下的大矩形进行修剪，结果如图 9-161 所示。装饰造型绘制完成后移动到如图 9-162 所示的位置。

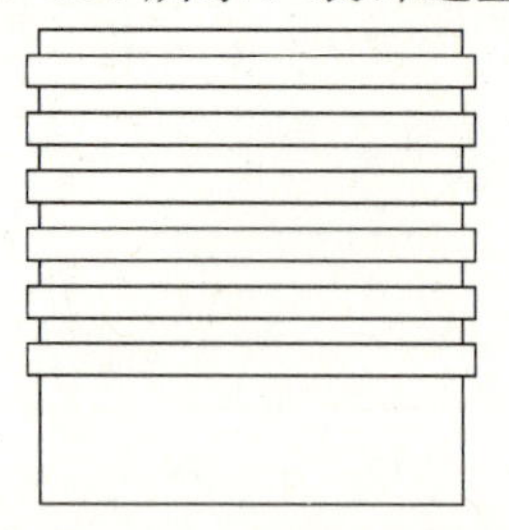

图 9-161　绘制厨房吊柜 3

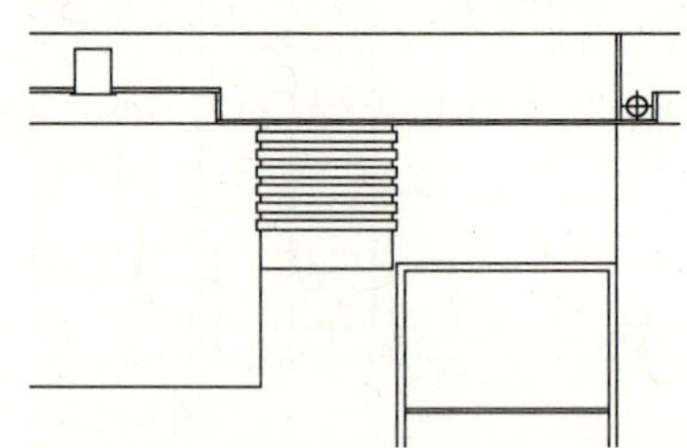

图 9-162　绘制厨房吊柜 4

9.6.6 图案填充

为了区分立面图中不同的装饰材料，所以需要用合适的图案对相同的装饰材料进行填充和区分，结果如图 9-163 所示。关于图案填充设置在前面已经讲过，这里不再赘述。

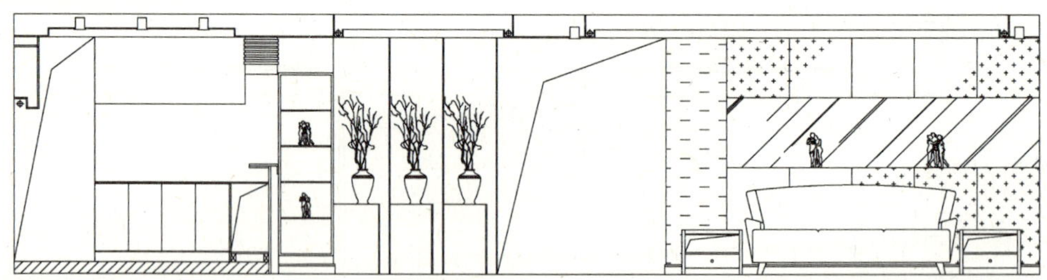

图 9-163　立面装饰填充

提示

在进行图案填充之前，可以在立面图中添加适当装饰品进行点缀。

9.6.7 尺寸标注

在该立面图中，应该标注出客厅净高、天花高度、博古架尺寸及各陈设相对位置尺寸等，具体操作如下。

1）将“尺寸”图层设为当前层，使用“线性标注”和“连续标注”命令进行标注，结果如图 9-164 所示。

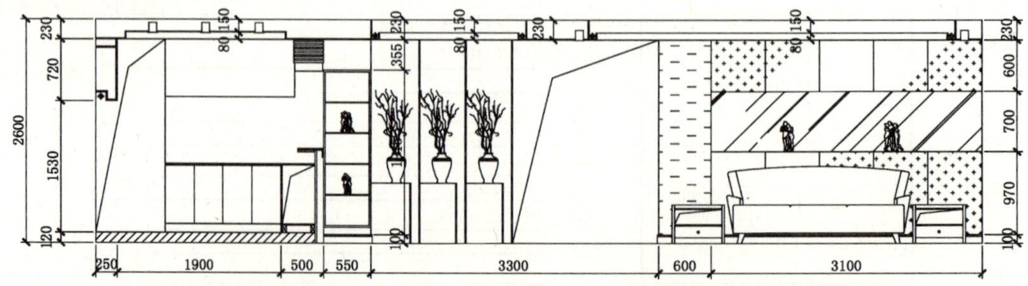

图 9-164　立面尺寸标注

提示

在进行尺寸标注之前要调整好绘图比例。

2）单击“绘图”工具栏中的“插入块”按钮，将“案例\09\图块\标高.dwg”图块文件插入并移动到如图 9-165 所示的位置，如果标高需要调整，可使用“分解”命令将插入的标高符号分解开，对标高值进行调整。

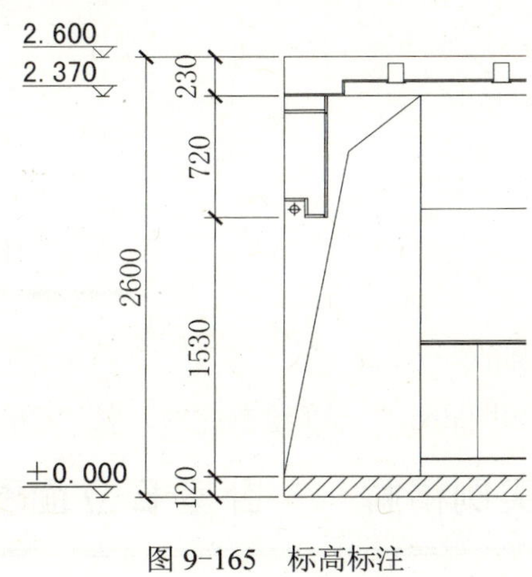

图 9-165　标高标注

提示

事先将标高符号及上面的标高值一起做成块，以便使用时调出插入。

9.6.8 文字及其他符号标注说明

在该立面图中，需要说明的是客厅墙、玻璃隔断、博古架、厨房墙面、天花材料颜色及名称等，具体操作如下。

1）将“文字”图层设置为当前层，并选择“多重引线”命令进行标注，结果如图 9-166 所示。

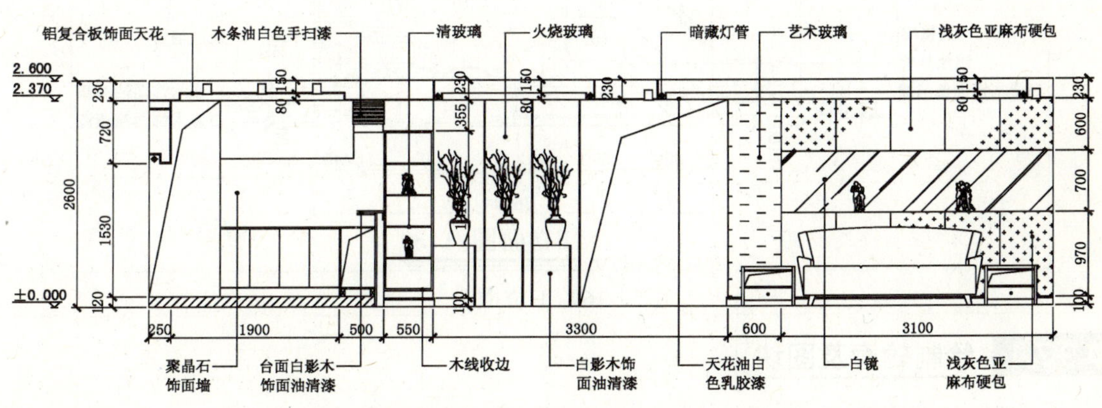

图 9-166　立面文字说明

2）单击“绘图”工具栏的“插入块”按钮，将“案例\09\图块\详图索引.dwg”图块文件插入并移动到如图 9-167 所示的位置，如果索引需要调整，可使用“分解”命令将插入的索引符号分解开，对索引号数值进行调整。

3）使用“多行文字”命令，在立面图的下方注明图名及比例，如图 9-168 所示。

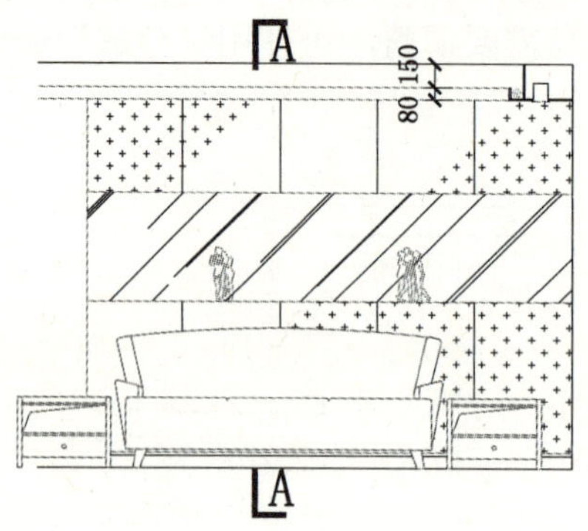

图 9-167 加剖切符号

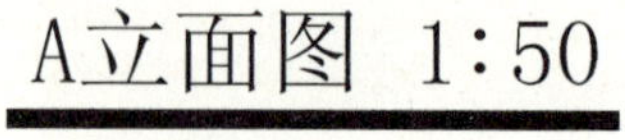

A立面图 1:50

图 9-168 立面图图名及比例

4）至此，该客厅“A 立面图.dwg”已经绘制完成，按“Ctrl+S”键对其进行保存。

9.7 实例精解——卧室 E 立面图的绘制

◎ 案例文件：案例\09\E 立面图.dwg
◎ 视频演示：视频\09\E 立面图.avi

E 立面图是主卧室里主要表现的一个墙面，其中需要表现的内容有：空间高度上的尺度及协调效果、墙面做法、双人床及配套设施立面、衣柜及其他立面装饰处理等。E 立面图的整体效果如图 9-169 所示。

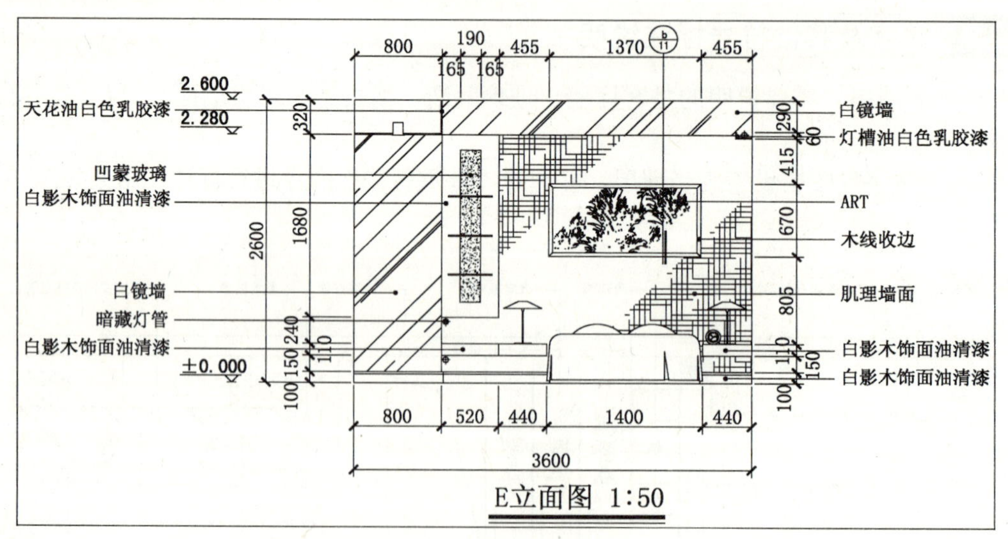

图 9-169 E 立面图

9.7.1 绘制轮廓及图块

1）选中绘制客厅 A 立面图时复制出来的平面，以复制出的平面图作为参照，在它的上方绘制 E 立面图，结果如图 9-170 所示。

2）参照绘制 A 立面图的方法，把 E 立面图的轮廓线绘制出来，再分别以双人床和床头柜的中点向上引出三条直线作为辅助线，再将“案例\09\图案\立面双人床.dwg”图块文件插入到视图中，并使用“移动”命令以立面床底边中点为第一点移动双人床到参考线与轮廓线相交位置，结果如图 9-171 所示。

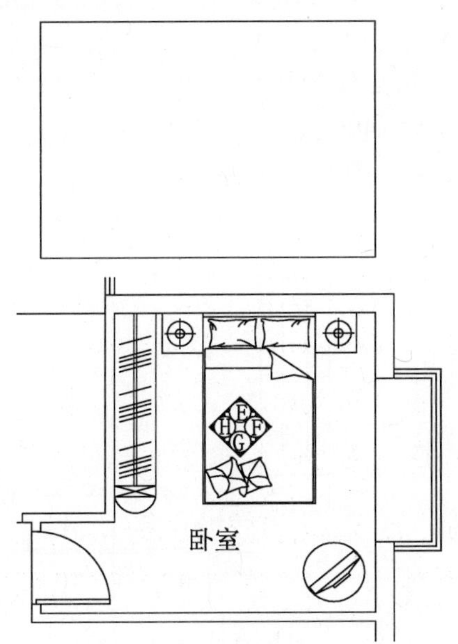

图 9-170 绘制 E 立面参考平面图

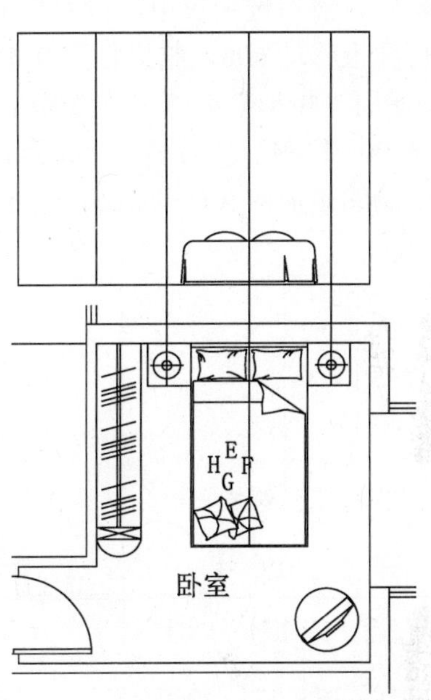

图 9-171 绘制参考及平插入图块

3）使用“矩形”命令，在 E 立面中点取一点作为矩形的第一个角点，在命令行输入“@440,-110”作为第二个角点，绘制一个 440×110 的矩形作为床头柜外轮廓，并使用“移动命令”以床头柜底边中点为第一点移动床头柜到参考线与轮廓线相交位置，再向上移动 250，然后使用“镜像”命令将绘制的“床头柜”以立面床参考线为对称轴，镜像复制一个床头柜，结果如图 9-172 所示。

4）单击“绘图”工具栏中的“插入块”按钮，将“案例\09\图块\立面台灯图块.dwg”图块文件插入在床头柜上，并且复制一个到另一个床头柜上。同样插入“闹钟.dwg”图块到右侧床头柜上，结果如图 9-173 所示。

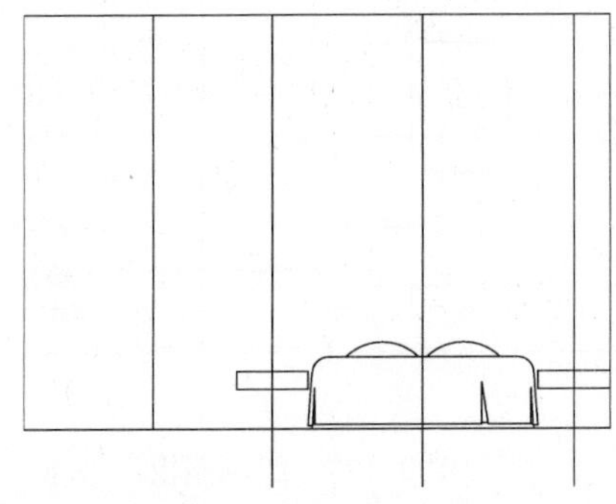

图 9-172 绘制床头柜

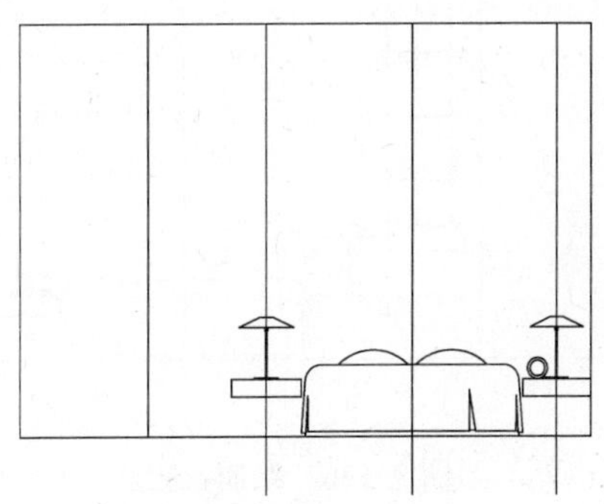

图 9-173 插入台灯及闹钟图块

9.7.2 绘制衣柜立面

1）把床头柜的两条参考线删掉，使用“矩形”命令在E立面中点取一点作为矩形的第一个角点，在命令行输入（@520,-1680）作为第二个角点，绘制一个520×1680的矩形作为衣柜外轮廓，然后选中衣柜，以衣柜左下角点为第一点移动衣柜到卧室看见线与轮廓线相交位置，再向上移动600，结果如图9-174所示。

2）使用“矩形”命令，在衣柜立面中点取左上角点作为矩形的第一个角点，在命令行输入（@190,-1400）作为第二个角点，绘制一个190×1400的矩形作为衣柜细部的一部分，选中刚绘制的矩形向右移动165，向下移动280，结果如图9-175所示。

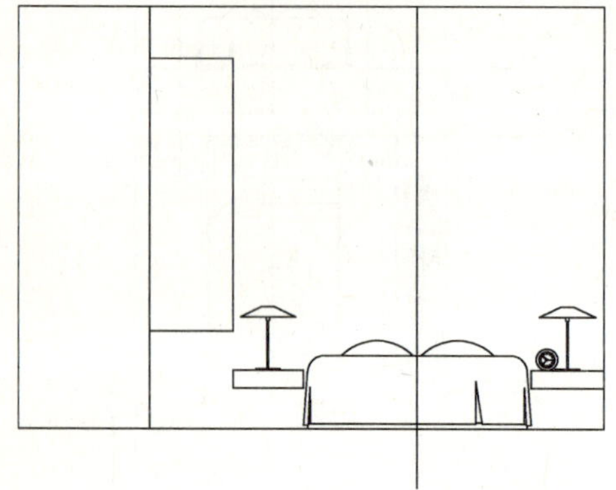

图9-174　绘制衣柜1

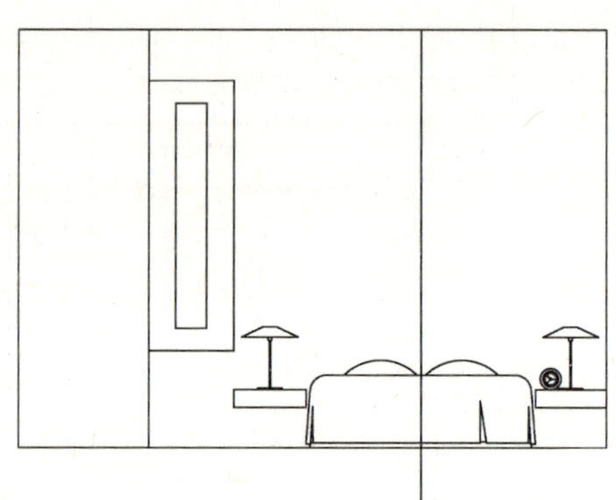

图9-175　绘制衣柜2

3）使用“矩形”命令，在衣柜立面中点取左上角点作为矩形的第一个角点，在命令行输入（@400,-10）作为第二个角点，绘制一个400×10的矩形作为衣柜细部的另一部分，选中刚绘制的矩形，向下复制两个，其间距为360，选中三个矩形向右移动60，向下移动560，结果如图9-176所示。

4）使用“矩形”命令，以左侧床头柜左上角点作为矩形的第一个角点，在命令行输入（@-520,-110）作为第二个角点，绘制一个520×110的矩形作为衣柜下方的搁物板，结果如图9-177所示。

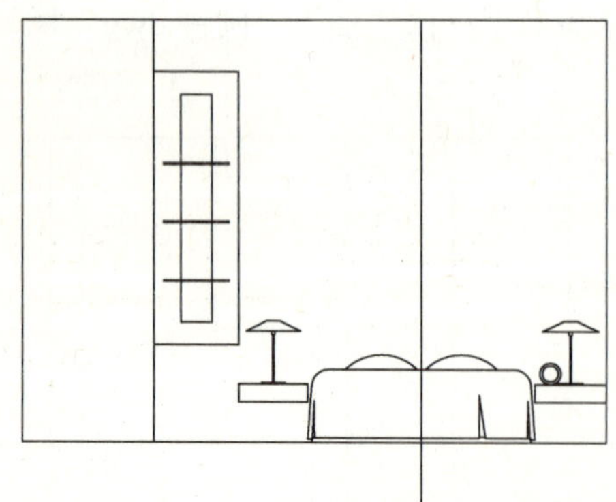

图9-176　绘制衣柜3

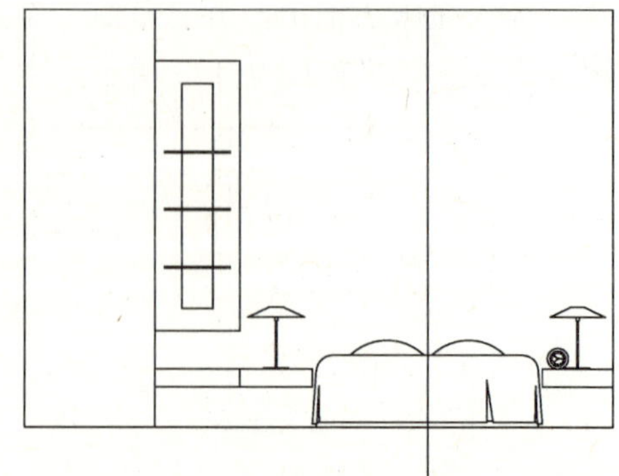

图9-177　绘制搁板

5）使用“偏移”命令，将卧室下轮廓线向上偏移复制出一根直线，偏移量为100作为踢脚线，再使用“修剪”命令对偏移复制出的直线进行修剪，结果如图9-178所示。

9.7.3 绘制天花及灯槽

按照业主要求需要在主卧室入口顶棚处布置一块天花，以及在窗户上方加一灯槽。

1）使用“偏移”命令，将卧室上轮廓线向下偏移 320，再将其偏移得到的轮廓线向上偏移 10（即天花板厚度）；再将卧室看见线向左偏移 10，然后使用“修剪”命令对偏移复制出的直线进行修剪，入口处天花结果如图 9-179 所示。

2）使用“偏移”命令，将卧室上轮廓线向下偏移 350，再将其偏移得到的轮廓线向上偏移 10（即灯槽板厚度）；同样将卧室右轮廓线向左偏移 150，再将其偏移得到的线段向右偏移 10（即灯槽板厚度）；同样将灯槽横向下轮廓线向上偏移 60（即灯槽高度为 290）；然后使用“修剪”命令对偏移复制出的直线进行修剪。灯槽结果如图 9-180 所示。

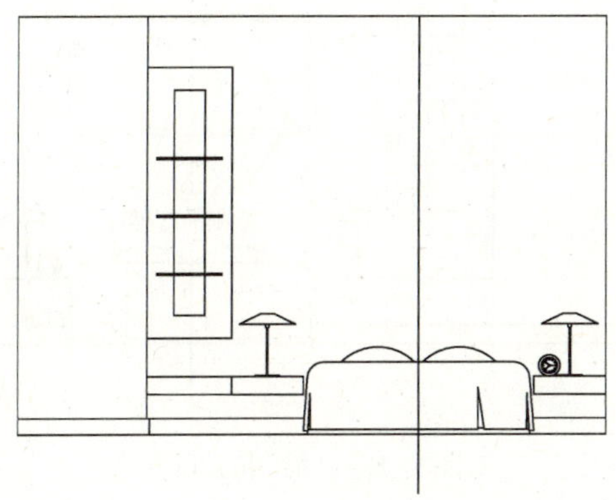

图 9-178 绘制踢脚线

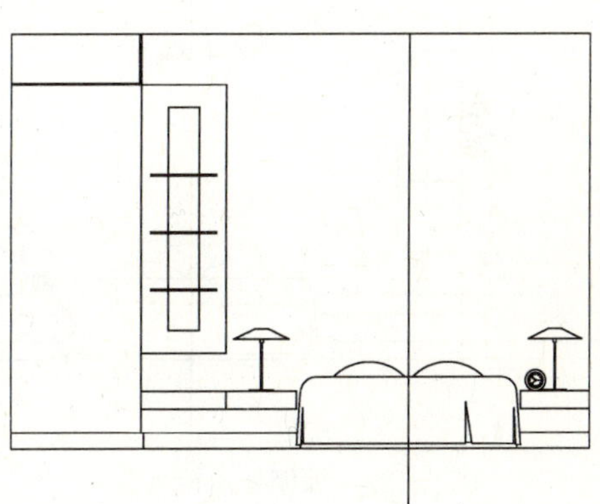

图 9-179 绘制入口天花

3）参照平面布置图中灯具布置位置，通过辅助线在立面上确定出灯具位置。单击“绘图”工具栏的“插入块”按钮，将“案例\09\图块”文件夹中的“立面筒灯.dwg”和“灯管.dwg”图块文件插入到如图 9-181 所示位置。

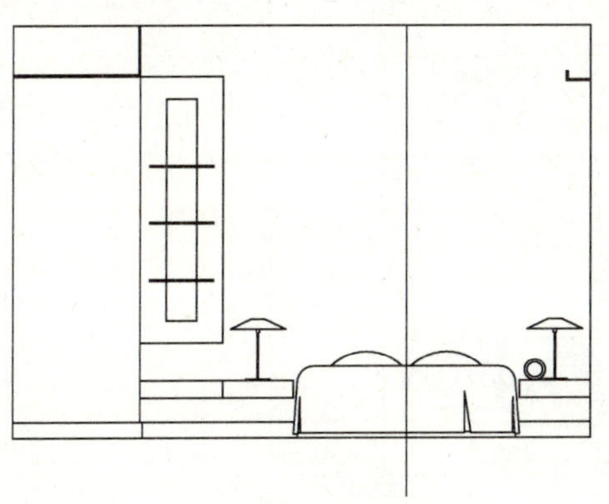

图 9-180 绘制灯槽

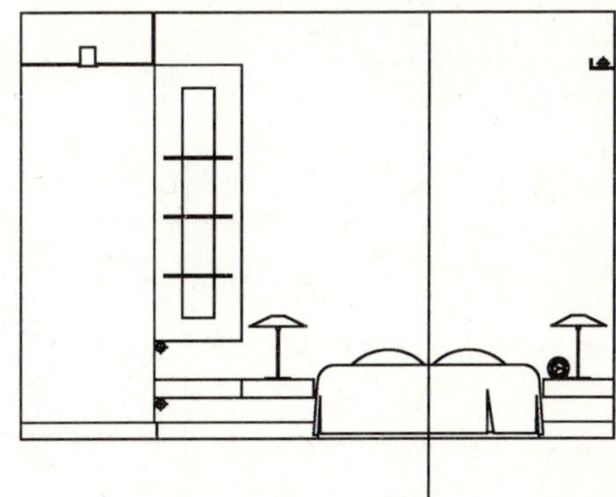

图 9-181 插入灯具

9.7.4 绘制装饰墙面

按照设计思想业主需要在床头顶棚处布置一块白镜，并在床头上方加一个装饰灯槽。这里一一绘出，具体操作如下。

1）使用“偏移”命令，将卧室上轮廓线向下偏移 320，再使用“修剪”命令对偏移复制出的直线进行修剪，从而形成顶棚处的白镜效果，如图 9-182 所示。

2）使用“矩形”命令，在双人床立面上方作为矩形的第一个角点，在命令行输入（@1300, 600）作为第二个角点，绘制一个 1300×600 的矩形作为装饰灯槽轮廓；再使用“偏移”命令将绘制的矩形装饰灯槽轮廓向外偏移 35；再使用“直线”命令对两个矩形的四个角点进行连接形成灯槽绘制；再选中灯槽造型，使用“移动”命令将灯槽移动到如图 9-183 所示的位置，灯槽距地面为 1165。

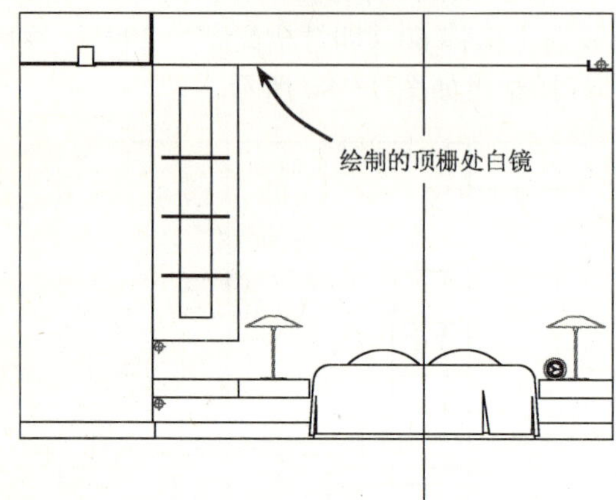

图 9-182　顶棚处白镜效果

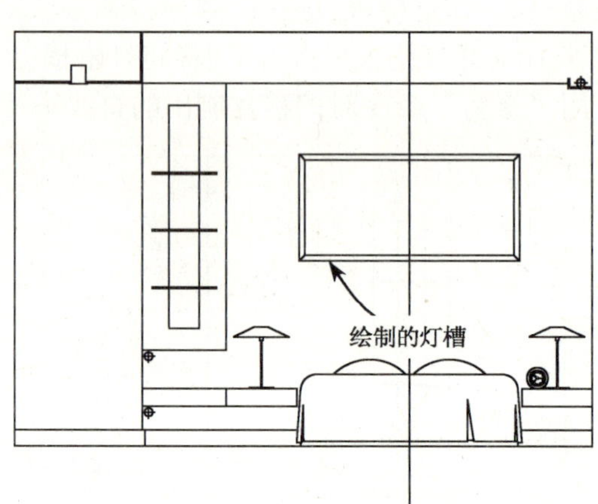

图 9-183　绘制的灯槽

9.7.5 图案填充

为了区分立面图中不同的装饰材料，需要用合适的图案对相同的装饰材料进行填充和区分，填充效果如图 9-184 所示。（图案填充设置前面已经讲过，这里不再赘述）

提示

在进行图案填充之前，可以在立面图中添加适当的装饰品进行点缀。

图 9-184　立面装饰填充

9.7.6 标注尺寸、标高及文字

在该立面图中，应该标注出卧室净高、天花高度、衣柜尺寸及各陈设的相对位置尺寸等。

1）将“尺寸”图层设置为当前层，使用“线性标注”和“连续标注”命令进行标注，结果如图 9-185 所示。

2）单击“绘图”工具栏中的“插入块”按钮，将“案例\09\图块\标高.dwg”图块符号插入到如图 9-186 所示的位置，如果标高需要调整，使用“分解”命令将插入的标高符号分解开，再对标高值进行调整。

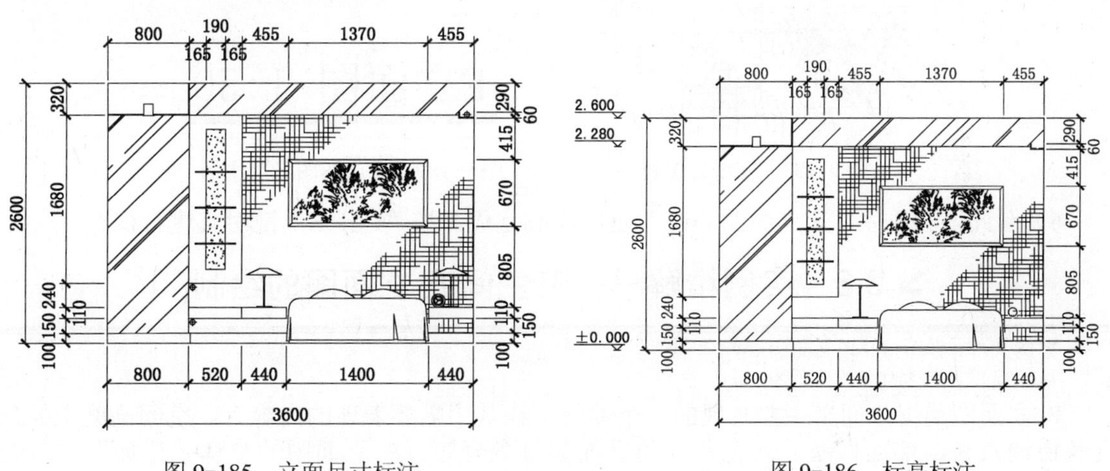

图 9-185 立面尺寸标注　　　　图 9-186 标高标注

3）在该立面图中，需要说明的是墙面、衣柜、天花材料颜色及名称等。将“文字”图层设为当前层，使用“多重引线”命令进行标注，结果如图 9-187 所示。

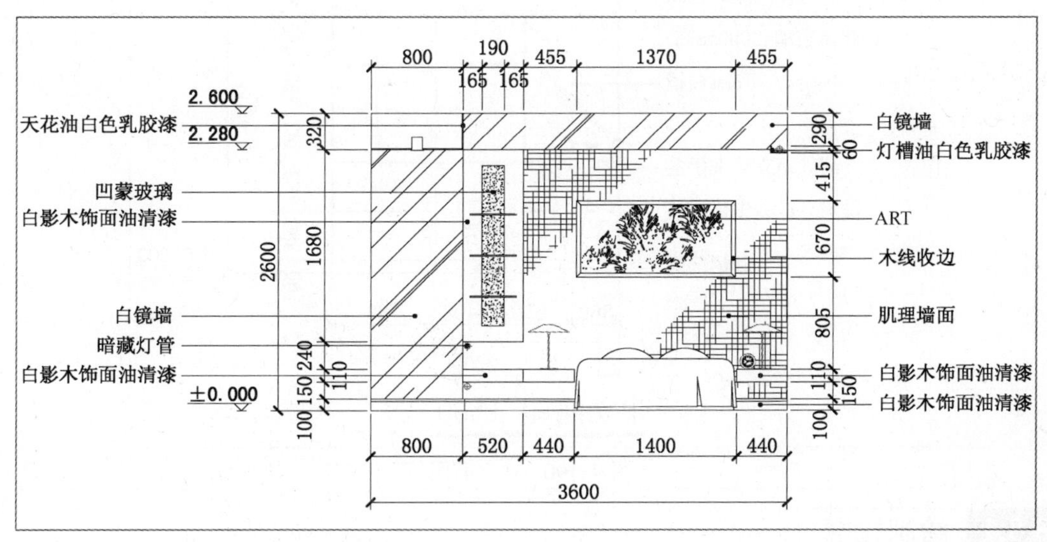

图 9-187 立面文字说明

4）单击“绘图”工具栏中的“插入块”按钮，将“案例\09\图块\索引符号.dwg”图块符号插入到如图 9-188 所示的位置，如果索引需要调整，可使用“分解”命令将插入的索引符号分解开，对索引号数值进行调整。

5）使用“多行文字”命令，在立面图的下方注明图名及比例，如图 9-189 所示。

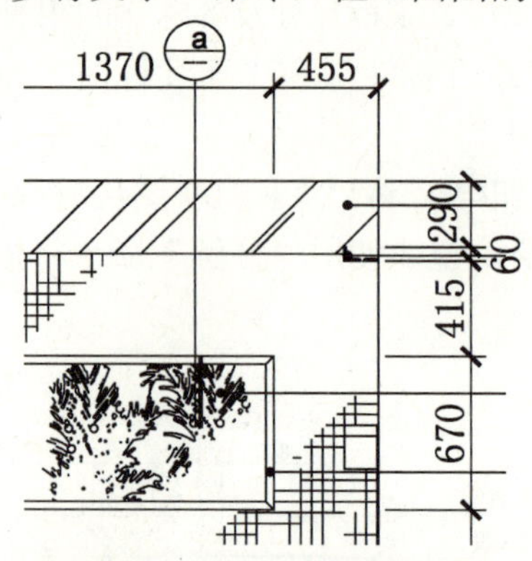

图 9-188　完成详图符号

E立面图　1:50

图 9-189　立面图图名及比例

6）至此，该卧室“E 立面图.dwg”已经绘制完成，按“Ctrl+S”键对其进行保存。

9.8　实例精解——卫生间 P 立面图的绘制

◎ 案例文件：案例\09\P 立面图.dwg
◎ 视频演示：视频\09\P 立面图.avi

P 立面图是卫生间里主要表现的一个墙面，在其中需要表现的内容有：空间高度上的尺度及协调效果、墙面做法、天花及其他立面装饰处理等。P 立面图的整体效果如图 9-190 所示。

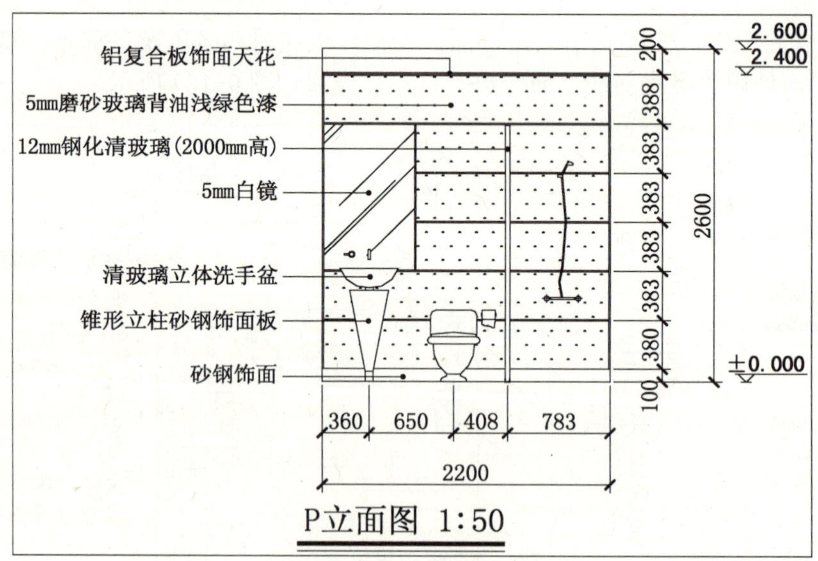

图 9-190　P 立面图

9.8.1　绘制轮廓

1）选中绘制客厅 A 立面图时复制出来的平面，使用“旋转”命令将其平面图旋转 90 度，从而以复制出的平面图作为参照，在它的上方绘制 P 立面图对象，结果如图 9-191 所示。

2）参照绘制客厅 A 立面图的方法，把 P 立面图的轮廓线绘制出来。将轮廓线编辑处理后的结果如图 9-192 所示（即 2200×2600 的矩形）。

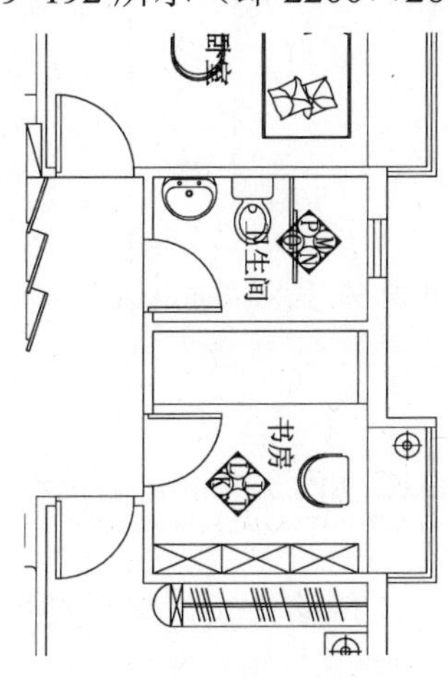

图 9-191 旋转后的平面

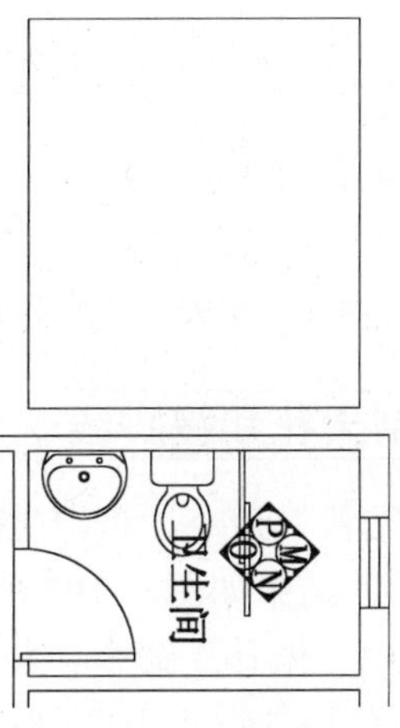

图 9-192 立面轮廓

9.8.2 绘制玻璃隔断和立面水盆

1）使用“矩形”命令，以轮廓线左下角点为矩形第一点，在命令行输入（@35,2000）作为第二个角点，绘制一个 35×2000 的矩形作为玻璃隔断轮廓，然后向右移动 1400，结果如图 9-193 所示。

2）单击“插入块”按钮，将“案例\09\图块\立面水盆.dwg”图块文件插入到如图 9-194 所示的位置。

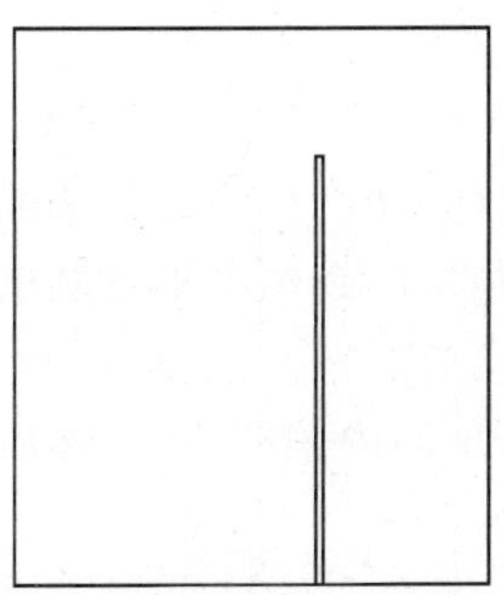

图 9-193 绘制玻璃隔断

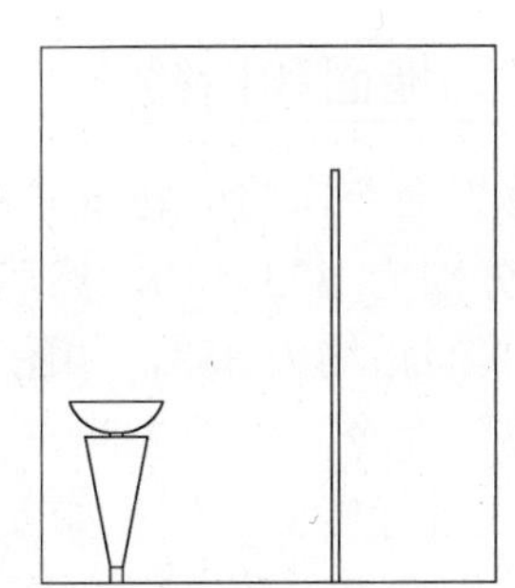

图 9-194 插入立面水盆

提示

参照平面布置图中水盆布置位置，通过辅助线在立面上确定出水盆中点位置。

9.8.3 插入立面马桶和淋浴

1）单击“插入块”按钮，将“案例\09\图块\立面马桶.dwg”图块文件插入到如图 9-195 所示的位置。

2）同样，单击“插入块”按钮，将“案例\09\图块\立面淋浴.dwg”图块文件插入到如图 9-196 所示的位置。

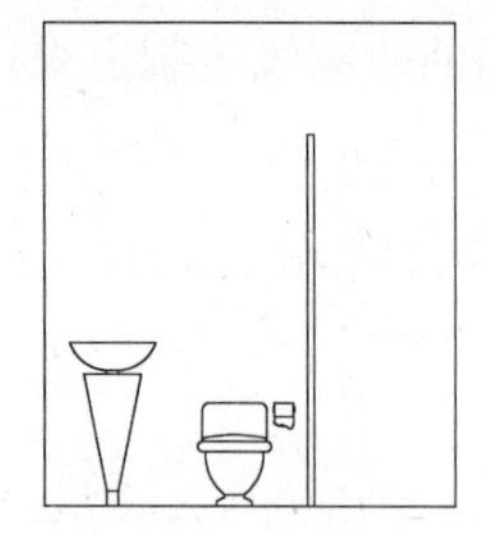

图 9-195 插入立面马桶

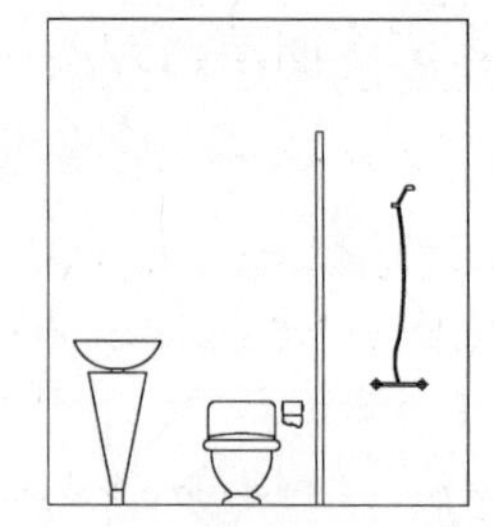

图 9-196 插入立面淋浴

9.8.4 绘制天花和踢脚线

1）使用“偏移”命令，将卫生间上轮廓线向下偏移 200，再将其偏移的线段上偏移 10（即天花板厚度），结果如图 9-197 所示。

2）同样使用“偏移”命令，将卫生间下轮廓线向上偏移 100，然后使用“修剪”命令对其踢脚线进行修剪如图 9-198 所示。

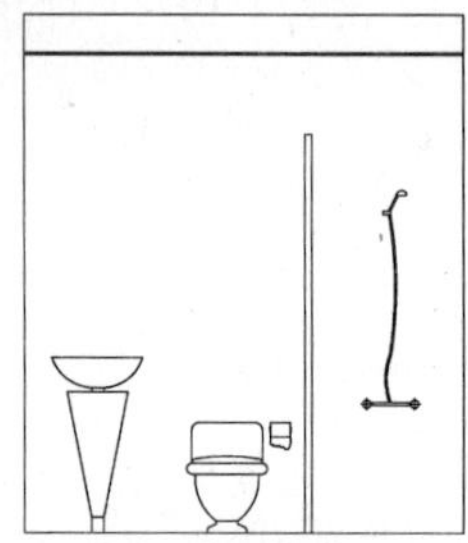

图 9-197 绘制天花

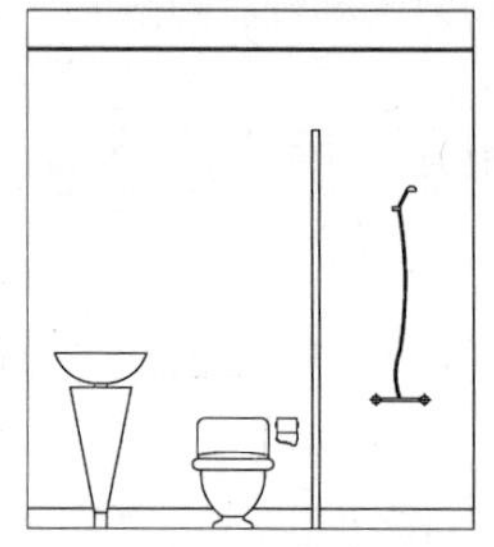

图 9-198 绘制踢脚线

9.8.5 绘制装饰墙面和白镜

1）使用“偏移”命令，将天花下轮廓线向下偏移 10，再将其偏移的线段向下偏移复制两根直线，偏移量分别为 373、10，然后使用“复制”命令选中刚复制出的两条直线，向下复制出 4 组直线，其间距均为 383，如图 9-199 所示。

2）使用“偏移”命令，将卫生间左右轮廓线分别向内偏移 10，然后使用“修剪”命令对偏移复制出的直线进行修剪，结果如图 9-199 所示。

3）使用“偏移”命令，将装饰墙面左侧竖向直线向右偏移复制出两根直线，偏移量分别为 700、10，然后使用“修剪”命令对偏移复制出的直线进行修剪，绘制白镜轮廓，结果如图 9-200 所示。

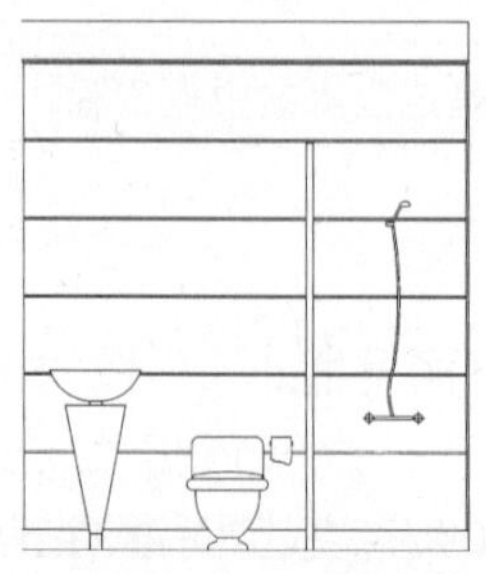

图 9-199 绘制装饰墙面

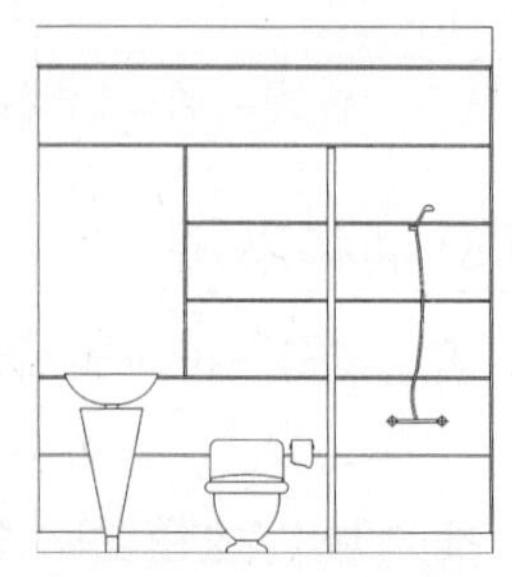

图 9-200 绘制白镜

9.8.6 图案填充及其他标注

关于图案填充、尺寸标注、标注标高、文字说明等，在前面的各个立面装饰图中已经有所介绍，在此不一一叙述。卫生间 P 立面图的图案填充、尺寸标注、标注标高、文字说明等效果如图 9-201～图 9-203 所示。

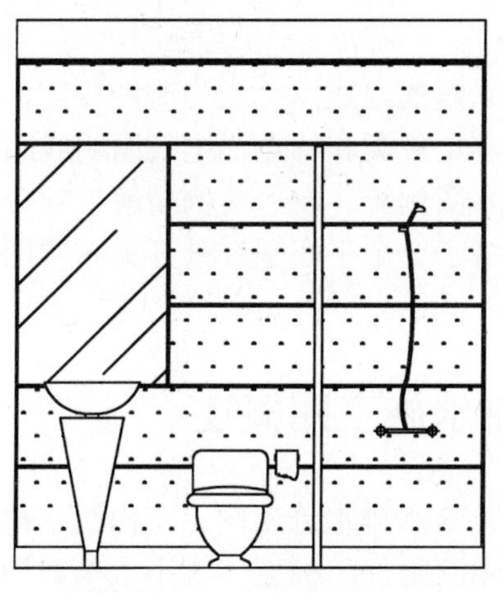

图 9-201　立面装饰填充

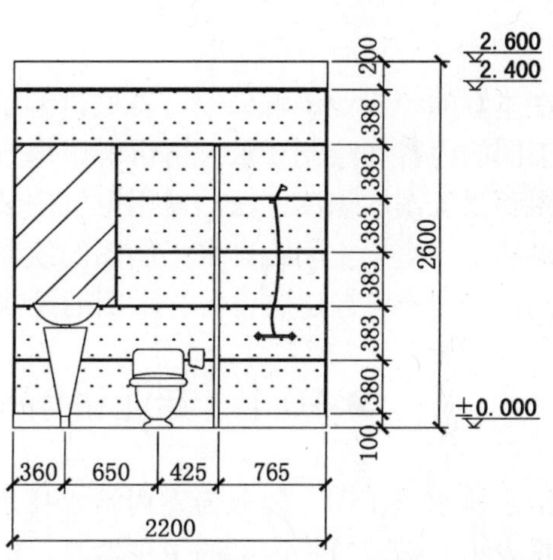

图 9-202　尺寸及标高标注

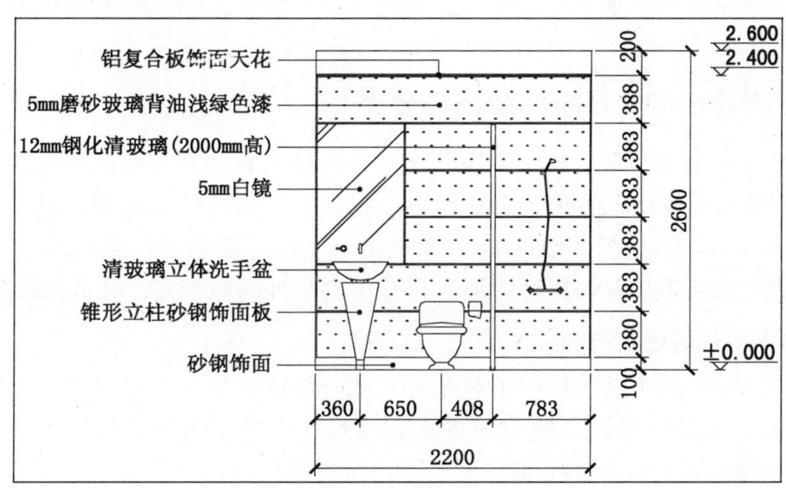

图 9-203　立面图文字说明

至此，卫生间“P 立面图.dwg”已经绘制完成，按〈Ctrl+S〉组合键对其进行保存。

第10章　绘制室内给水排水和电气图

在本章的“专业讲解”中，首先讲解了室内给排水系统的组成、分类与制图规定，给排水施工图的内容和绘制要求；再讲解了电气线路图的内容、种类和特点，电气照明线路图、平面图和系统图的识读方法，常用电气安装施工图的基本图例等。在“实例精解”部分中，首先讲解了一个卫生间给排水平面图的绘制实例，再讲解了一个平面图灯具开关布置图的绘制实例，让用户掌握建筑设备管道图的绘制方法和步骤。

10.1　专业讲解——给水排水施工图概述

给水排水施工图一般分为室内给水排水施工图和室外给水排水施工图。室内给水排水施工图是表示一幢建筑物内部的卫生器具、给水排水管道及其附件的类型、大小、与房屋的相对位置和安装方式的施工图。室外给水排水施工图表示的范围较广，可以表示一幢建筑物外部的给水排水工程，也可以表示一个厂区（建筑小区）或一个城市的给水排水工程。本节主要讲解室内给水排水施工图。

10.1.1　室内给水排水系统的组成与分类

室内给水排水施工图由室内给水系统安装和室内排水系统安装两部分组成，前者是指将水从室外自来水给水总管引入室内，并送至各个出水口（如各种水龙头、卫生洁具出水口、消防水栓等用水设备等）的管道施工；后者是指将生活污水从各污水收集点（如卫生间洁具、厨房盥洗槽的地漏等）引入排污管道，再排出到室外的检查井、化粪池段的安装施工。

1. 室内给水系统的组成与分类

一般情况下，室内给水系统由以下几个基本部分组成。

- 供水管：供水管采用地下敷设的方式，穿越住宅建筑的基础和墙体，由室外给水管将水引入室内给水管网的管段。
- 水表节点：在供水管上安装水表、阀门、出水口等计量及控制附件，构成水表节点，其作用是对管道的用水进行计量或控制。
- 给水管网：由水平干管（俗称横杠）、立管（俗称立杠）和供水支线管等组成的管道系统。
- 用水和配水设备：即建筑物中的各种供水出口点（如各种水龙头、洁具出水口和淋浴喷头等）。水通过给水系统送到这些用水和配水设备后，才能供人们使用，从而完成供水过程。
- 给水附件：给水管线上安装与连接的各种闸门、止回阀、储用水设备（包括水泵、水箱）等。

根据室内给水引入管和干管的布置方式的不同，给水管网的布置形式可以分为环形布置和枝形布置两种。环形布置是指给水干管首尾相连形成环状，有两根引入管。枝形布置是指给水干管首尾不相连，只有一个引入管，支管布置形状像树枝。

根据给水干管敷设位置的不同，常见的给水管网的布置形式可分为下行上给式、上行下给式和分区供给式等。

◎ 下行上给式：当给水管网水压、水量能满足使用一定层高的建筑用水要求，或者在底层设有增压设备时，可将给水干管穿越建筑底层地面、墙体，经给水立管、支管直接送至各室内用水设备和用水点，如图 10-1 所示。

◎ 上行下给式：当给水管网水压及水量在用水高峰时间不能满足使用要求时，可用水泵将水输送至建筑顶部设置的水箱储水，给水干管敷设在建筑顶层上面，在管网直接供水不足时，再将水从水箱向下输送至各用水设备、出水点，又称二次供水，如图 10-2 所示。

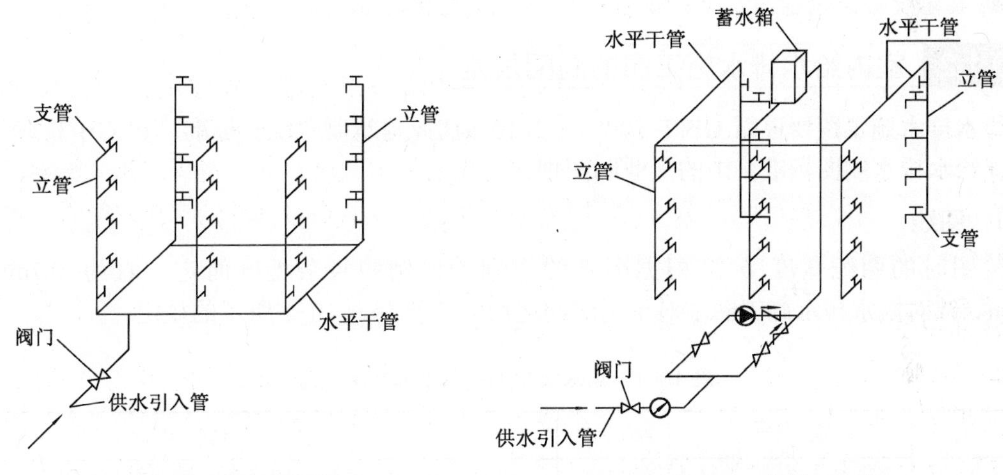

图 10-1　下行上给式　　图 10-2　上行下给式

◎ 分区供给式：是下行上给式与上行下给式两种的结合，即下层由室外给水管网直接供水，上层由水箱供给。

2. 消防给水系统

消防给水系统可以分为普通消防给水系统、自动喷洒消防给水系统、水幕消防给水系统三类。其中水幕消防给水系统是用于防止火灾蔓延的特殊消防给水系统，主要用于较大型的公共空间。普通的居民住宅或高级公寓采用普通消防给水系统或自动喷洒消防给水系统即可。

3. 室内排水系统的组成与分类

根据建筑的性质，排水系统分为生产污水管道、雨水管道和生活污水管道系统三类，住宅室内排水系统一般为生活污水管道系统。通常，住宅室内排水系统由以下几部分组成。

◎ 污水收集设备：是室内排水系统的起点，如各种盥洗池、浴盆、大便池、小便池等。卫生洁具带有的排水管一般设有水封（P 形可 S 形存水弯）或地漏等，这些污水收集器具接纳各种污水后排入管网系统。

◎ 横支管：连接污水收集器具排水管和排水立管之间水平方向的管段，能够将从各污水收集器具流来的污水送至排水立管。横支管应具有一定的坡度，与排水立管相接的一端应较低，以利于排水。

◎ 排水立管：是主要的排水管道，接受各横支管流来的污水，再排至建筑物底部的排出管。

◎ 排出管：将排水立管流来的污水排至室外的检查井、化粪池的水平管段。埋地敷设的排出管应具有较大的坡度，与室外的检查井、化粪池相接的一端较低，以利于排除污水。

◎ 通气管：与排水立管相连，上口一般伸出屋面或室外，作用是排放排水管网中的有害气体和平衡管道内气压。

◎ 清通设备：用于排水管道的清理疏通，如检查口、清扫口等。

◎ 其他设备：包括污水抽升设备、局部污水处理设备等。

10.1.2 室内给水排水施工图的制图规定

给水排水施工图要遵循 GB/T 50001—2010《房屋建筑制图统一标准》和 GB/T 50106—2010《给水排水制图标准》中的专业制图规定。

1. 图线

绘图时的图线宽度 b 应根据图纸的类别、比例和复杂程度而定，宜为 0.7mm 或 1.0mm。针对给水排水施工图中对于图线的运用，应符合表 10-1 所示的规定。

表 10-1　给水排水施工图中的常用线型

名　称	线　型	线　宽	用　途
粗实线	▬▬▬▬	b	新设计的各种排水和其他重力流管线
粗虚线	▬ ▬ ▬ ▬ ▬	b	新设计的各种排水和其他重力流管线的不可见轮廓线
中粗实线	────	$0.75b$	新设计的各种给水和其他压力流管线；原有的各种排水和其他重力流管线
中粗虚线	- - - - - - -	$0.75b$	新设计的各种给水和其他压力流管线及原有的各种排水和其他重力流管线的不可见轮廓线
细实线	────	$0.25b$	建筑的可见轮廓线；总图中原有的建筑物和构筑物的可见轮廓线；制图中的各种标准线
细虚线	- - - - - - - - -	$0.25b$	建筑的不可见轮廓线；总图中原有的建筑物和构筑物的不可见轮廓线
单点长画线	—·—·—·—	$0.25b$	中心线、定位轴线
打断线	──╱╲──	$0.25b$	断开界线
波浪线	∿∿∿	$0.25b$	平面图中的水面线；局部构造层次范围线；保温范围示意线等

2. 比例

住宅给水排水施工图中常用的比例较多，泵房平面图、剖面图、给水排水系统图等多采用 1∶50、1∶30 的比例绘制，管道纵断面图采用 1∶500 或 1∶100 的比例绘制，而部件、零件详图多采用 1∶2、1∶1 或 2∶1 的比例绘制。

3. 标高

给水排水施工图中的标高以米（m）为单位，一般注写到小数点后第三位。住宅室内管道应标注相对标高，而室外管道没有绝对标高资料时，可标注相对标高，但应与总图一致。其常见的标高标注方法如图 10-3 所示。

给水排水工程图中在下列部位应标注标高。

◎ 沟渠和重力流管道的起止点、转角点、连接点、变坡点、变尺寸（管径）点及交叉点。

◎ 压力流管道中的标高控制点。

◎ 管道穿外墙、剪力墙和构筑物的壁及底板等处。

◎ 不同水位线处。

◎ 构筑物和土建部分的相关标高。

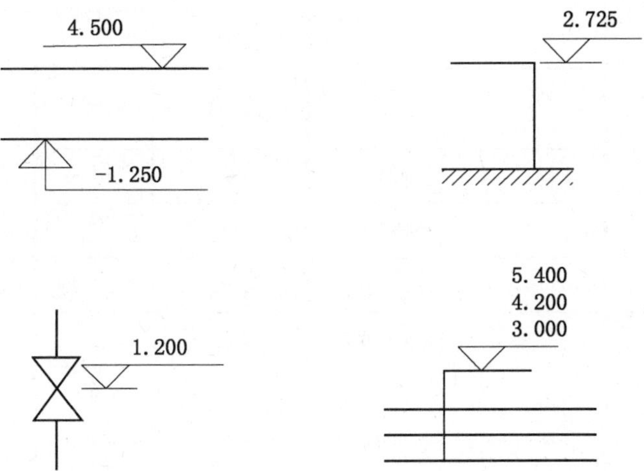

图 10-3　给水排水施工图的标高标注方法

4. 管径

给水排水施工图中的管径尺寸应以毫米（mm）为单位。镀锌钢管、铸铁管、PVC 管等应以公称直径"*DN*"表示，如 *DN*28 表示公称直径为 28mm；无缝钢管应以外径 *D* 和壁厚表示，如 *D*114×5 表示外径为 114mm、壁厚为 5mm；而陶瓷管、混凝土管等则采用内径"*d*"表示，如 *d*230 表示内径为 230mm。同一种管径的管道较多时，可在附注中统一说明管径尺寸，而不用在图上标注。

管径在图纸上一般标注在管径变径处；水平管道标注在管道上方；斜管道标注在管道的斜上方；立管道标注在管道的左侧。

5. 系统编号

给水排水施工图中某种设备或管道较多时，可用汉语拼音字头的类别代号+阿拉伯数字编号标注。例如，JL-1 表示编号为 1 的给水立管；PL-3 表示编号为 3 的排水立管。其他附属设施（如阀门井、检查井、水表井、化粪池等）也应按照顺序编号，供水设施可以按照从水源到用水设备、先干管后支管；排水设施则应按从上游到下游、先干管后支管的顺序编号。

6. 图例

室内给水排水安装图中用规定的图例符号表示各种设备、管道的类型及安装位置。这些图例符号只是示意性地表示相应的器具和设备，其大小可以适当地按比例放大和缩小。绘制给水排水施工图应按照 GB/T 50106—2001 中规定的图例符号执行。

给水排水常用图例如表 10-2 所示。

表 10-2 给水排水常用图例

图例	名称	图例	名称	图例	名称	图例	名称
	套管伸缩器	管件：			潜水泵	平面 系统	室内双口消火栓
	波纹伸缩器	平面 系统	偏心异径管		定量泵	平面 系统	闭式自动洒水头（下喷）
	可曲挠橡胶接头		异径管		立式热交换器	平面 系统	闭式自动洒水头（上喷）
	立管检查口		乙字管（弯曲管）	平面 系统	开水器	平面 系统	闭式自动洒水头（上下喷）
平面 系统	清扫口	平面 系统	吸水喇叭口		户用水表	平面 系统	侧喷闭式洒水头
	通气帽		承插弯头		紫外线消毒器	平面	水喷雾喷头
YD- 平面 YD- 系统	雨水斗		吸水喇叭口支座		家用洗衣机	平面	水幕喷头
平面 HY- 系统	虹吸雨水斗		S 形存水管	仪表设备：		平面 系统	湿式报警阀
平面 系统	圆形地漏		P 形存水管		温度计	平面 系统	预作用报警阀
平面 系统	排水漏斗		瓶形存水管		压力表	平面 系统	雨淋阀
	形过滤器		浴盆排水件		自动记录压力表	平面 系统	干湿报警阀
	刚性防水套管	卫生洁具：			压力控制器		信号阀
	柔性防水套管		浴盆		自动计录流量计		水流指示器
	固定支架		洗脸盆（立式，墙挂式）	平面 系统	转子流量计		水力警铃
平面 系统	方型地漏		洗脸盆（台式）		真空表		消防水泵接合器
	减压孔板		坐式大便器	T	温度传感器		水炮
平面 系统	毛发聚集器		立式小便器	T	压力传感器	1XHL- 平面 1XHL- 系统	低区消火栓立管
	金属软管		壁挂式小便器	T	pH 值传感器	2XHL- 平面 2XHL- 系统	高区消火栓立管
管道连接：			蹲式大便器	T	酸传感器	1ZPL- 平面 1ZPL- 系统	低区自动喷水灭火给水立管
	法兰连接		妇女卫生盆	T	碱传感器	2ZPL- 平面 2ZPL- 系统	高区自动喷水灭火给水立管
	承插连接	平面 系统	自动冲洗水箱	T	余氯传感器	XH	消火栓给水引入管

（续）

图　例	名　称	图　例	名　称	图　例	名　称	图　例	名　称
	活接头	平面　系统	淋浴喷头	消防设施:		ZP	自动喷水灭火给水引入管
	管堵		洗涤盆(池)	— XH —	低区消火栓给水管	▲	手提式灭火器
	法兰堵盖		洗涤槽	— XH —	高区消火栓给水管		推车式灭火器
	管道弯转		洗涤盆 化验盆	— ZP —	低区自动喷水灭火给水管		
	管道丁字上接		污水池	— ZP —	高区自动喷水灭火给水管	灭火器表示方法: ▲X-XX-X 灭火剂充装量 灭火器型号 灭火器数量 灭火器图例	
	管道丁字下接		盥洗槽	— YL —	雨淋灭火给水管		
	三通连接	给水排水设备:		— SM —	水幕灭火给水管		
	四通连接	平面　系统	立式水泵	— SP —	水炮灭火给水管		
	管道交叉	平面　系统	卧式水泵	平面　系统	室内单口消火栓		

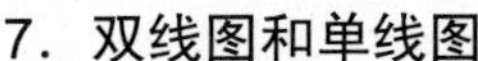

7．双线图和单线图

在给水排水管道施工图中，往往用两根线表示一根管道的形状而不表示其壁厚，用这种方法绘制管道图样就是双线图。但有时为了使绘图更加简化，也可以用一条粗实线表示管道形状、管道位置和走向，而不标注其壁厚和管径数值，这种图则是单线图。在工程施工图中单线图运用较多，而管线的其他技术细节可以通过详图或文字说明等表示。

8．管道图示方法

在给水排水施工图中，管道的积聚、重叠、交错是比较常见的现象，但是在投影表示方法上双线图和单线图有所不同。

10.1.3 室内给水施工图的绘制内容

在室内给水施工图中，主要包括给水平面图、给水系统图、节点详图和说明等几部分。

1．室内给水平面图

室内给水平面图是以建筑平面图为基础（建筑平面以细线画出）表明给水管道、用水设备、器材等平面位置的图样。其主要反映下列内容。

◎ 表明房屋的平面形状及尺寸，用水房间在建筑中的平面位置。

◎ 表明室外水源接口位置，底层引入管位置及管道直径等。

◎ 表明给水管道的主管位置、编号、管径，支管的平面走向、管径及有关平面尺寸等。

◎ 表明用水器材和设备的位置、型号及安装方式等。

为了能够清晰地表达室内给水施工图的内容，室内给水平面图可分层单独绘制，对内容较为简单的建筑，也可将给水与排水平面图绘制在一起。若多个楼层给水排水平面式样相同，也可用一个标准层平面代替。图 10-4 所示为某农贸市场首层给水排水及消防平面图。

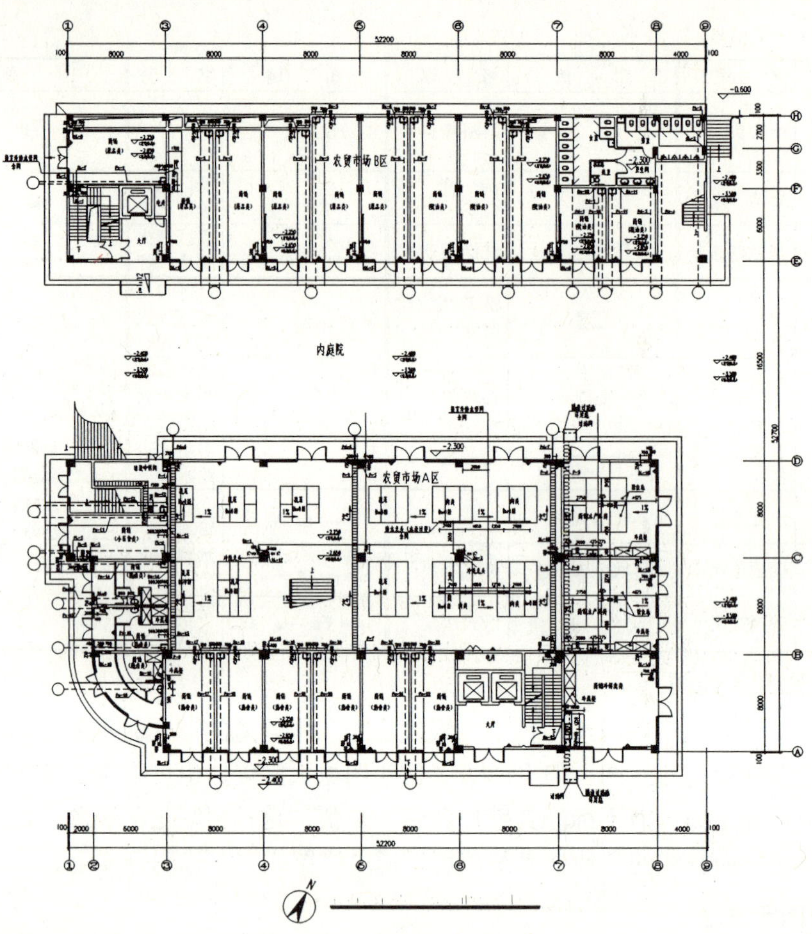

图 10-4　某农贸市场给水排水及消防平面图

2. 室内给水系统图

室内给水系统图是表明室内给水管网和用水设备的空间关系及管网、设备与房屋的相对位置、尺寸等情况的图样，一般采用 45° 三等正面斜轴测绘制。给水系统图具有较好的立体感，与给水平面图结合，能较好地反映给水系统的全貌，是对给水平面图的重要补充。图 10-5 所示为某公共厕所给水系统图。

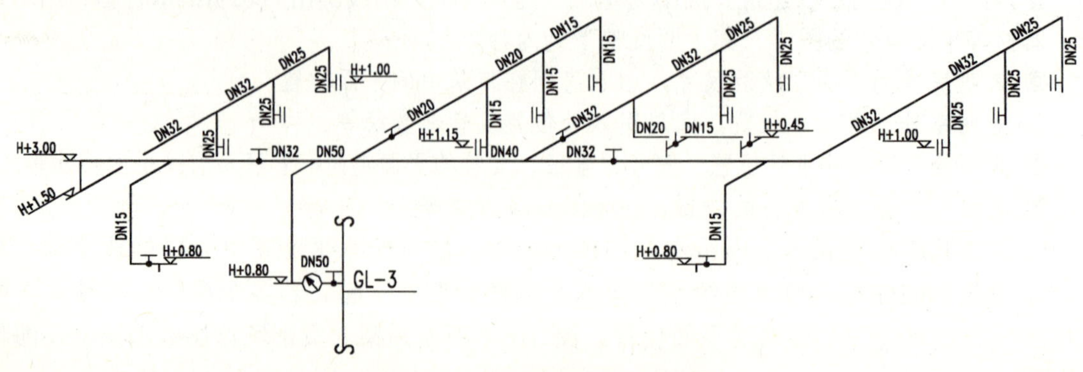

图 10-5　某公共厕所给水系统图

室内给水系统图主要反映以下内容：

◎ 表明建筑的层高、楼层位置（用水平线示意）、管道及管件与建筑层高的关系等，如设有屋面水箱或地下加压泵站，则还应表明水箱、泵站等内容。

◎ 表明给水管网及用水设备的空间关系（前后、左右、上下），以及管道的空间走向等。

◎ 表明控水器材、配水器材、水表、管道变径等位置及管道直径，以及安装方法等，通常用 *DN* 表示（公称直径）。

◎ 表明给水系统图的编号。

3. 给水施工详图

给水施工详图是详细表明给水施工图中某一部分管道、设备、器材的安装大样图。目前国家和各省市均有有关的安装手册或标准图，施工时应参见相关内容。图 10-6 所示为某卫生间大样详图。

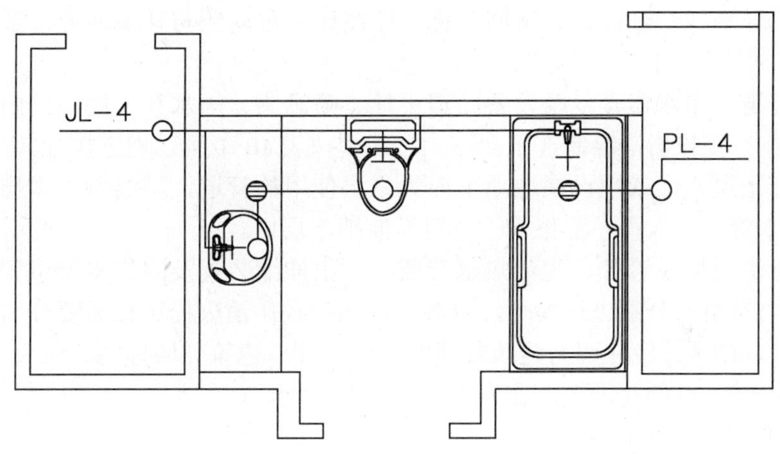

图 10-6 某卫生间大样详图

4. 目录、说明

目录表明室内给水施工图的编排顺序及每张图的图名。说明是对室内给排水施工图的施工安装要求、引用标准图、管材材质及连接方法、设备规格型号等内容，通过文字一一说明。

10.1.4 室内排水施工图的绘制内容

室内排水施工图的绘制包括以下内容。

1. 排水平面图

排水平面图是以建筑平面图为基础画出的，其主要反映卫生洁具、排水管材、器材的平面位置、管径及安装坡度要求等内容，图中应注明排水位置的编号。对于不太复杂的排水平面图，通常和给水平面图画在一起，组成建筑给水排水平面图，如图 10-4 所示。

2. 排水系统图

排水系统图采用 45° 三等正面斜轴测画出，表明排水管材的标高、管径大小、管件及用水设备下接管的位置、管道的空间相对关系、系统图的编号等内容。如图 10-7 所示为某卫生间的排水系统图。

3. 节点详图及说明

节点详图主要用于反映排水设备及管道的详细安装方式，可参照有关安装手册。说明可并入给水排水设计总说明中，用文字表明管道连接方式、坡度、防腐方法、施工配合等诸方面的要求。

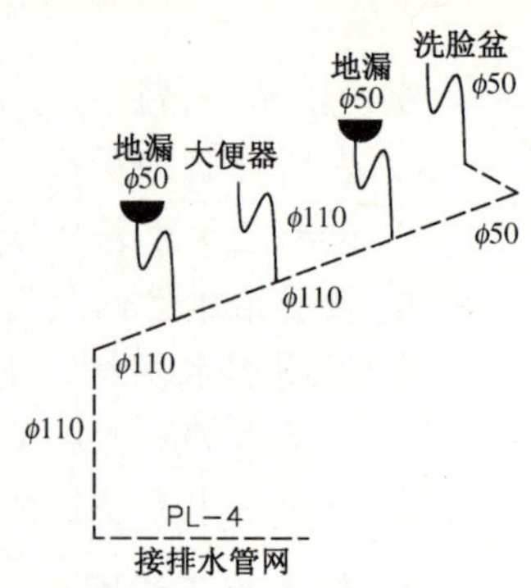

图 10-7 某卫生间排水系统图

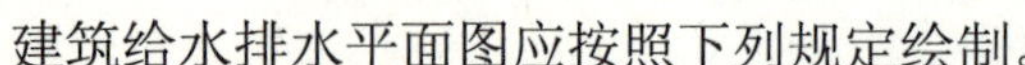

10.1.5 室内给水排水施工图的绘制要求

室内给水排水施工图主要包括建筑给水排水平面图和系统原理图。

建筑给水排水平面图应按照下列规定绘制。

1）建筑物轮廓线、轴线号、房间名称、绘图比例等均应与建筑专业一致，并用细实线绘制。

2）各类管道、用水器具以及设备、消火栓、喷洒头、雨水斗、阀门、附件、立管位置等，应按照图例以正投影法绘制在平面图上，线型按表 10-1 所示规定执行。

3）安装在下层空间或埋设在地面下而为本层使用的管道，可绘制于本层平面图上；如有地下层，排水管、引入管、汇集横干管可绘制地下层内。

4）各类管道应标注管径。生活热水管要标注出伸缩装置及固定支架位置；立管应按管道类别和代号自左至右分别进行编号，且各楼层相一致；消火栓可按需要分层按顺序编号。

5）引入管、排水管应注明与建筑轴线的定位尺寸、建筑外墙标高、防火套管形式。

6）标高为±0.000 的平面图应在右上方绘制指北针。

系统原理图按下列规定绘制。

1）多层建筑、中高层建筑和高层建筑的管道以立管为主要表示对象，按管道类别分别绘制立管系统原理图。如绘制立管在某层偏置（不含乙字管）设置，该层偏置立管宜另行编号。

2）以平面图左端立管为起点，顺时针自左向右按编号依次顺序均匀排列，不按比例绘制。

3）横管以首根立管为起点，按平面图的连接顺序，水平方向在所在层与立管相连接，如水平呈环状管网，绘两条平行线并于两端封闭。

4）立管上的引出管在该层水平绘制。如支管上的用水或排水器具另有详图时，其支管可在分户水表后断掉，并注明详见编号。

5）楼地面线、层高相同时应等距离绘制，夹层、跃层、同层升降部分应以楼层线反映，在图纸的左端注明楼层层数和建筑标高。

6）管道阀门及附件（过滤器、除垢器、水泵接合器、检查口、通气帽、波纹管、固定支架等）、各种设备及构筑物（水池、水箱、增压水泵、气压罐、消毒器、冷却塔、水加热器、仪表等）均应示意绘出。

7）系统的引入管、排水管绘制穿墙轴线号。

8）立管、横管均应标注管径，排水立管上检查口及通气帽注明距楼地面或屋面的高度。

10.2 实例精解——卫生间给水排水平面图的绘制

◎ 案例文件：案例\10\卫生间给水排水平面图.dwg
◎ 视频演示：视频\10\卫生间给水排水平面图. avi

在绘制卫生间给水排水平面图时，首先将准备好的卫生间平面布置图打开，并另存为新的文件，根据要求建立“给水”和“排水”图层，然后绘制给水的“出口设施”和给水立管线，再绘制排水孔和排水立管线，最后对其进行给水排水管线的文字标注和图名标注，绘制完成的效果如图 10-8 所示。

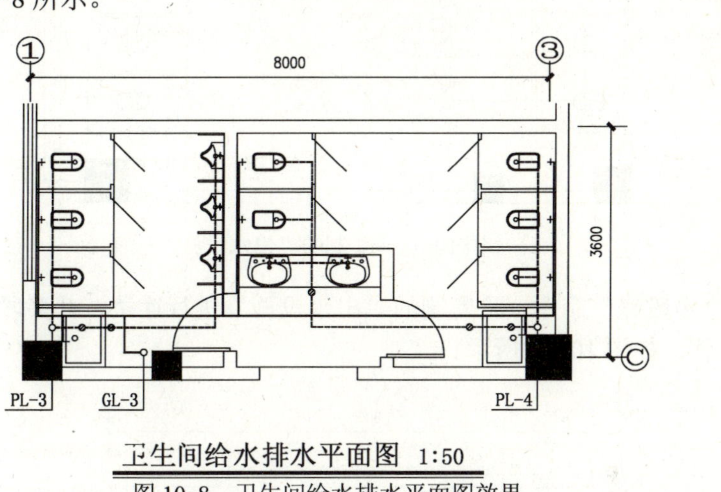

图 10-8 卫生间给水排水平面图效果

1）启动 AutoCAD 2012 软件，选择“文件 | 打开”菜单命令，将“案例\10\卫生间平面图.dwg”文件打开，如图 10-9 所示。

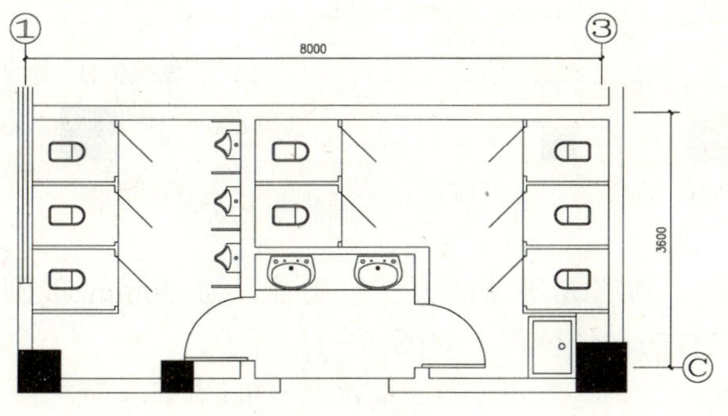

图 10-9 打开的“卫生间平面图.dwg”文件

2）选择“文件 | 另存为”菜单命令，将该文件另存为“案例\10\卫生间给水排水平面图.dwg”文件。

3）选择“格式 | 图层”菜单命令，新建“给水”、“排水”两个图层，如图 10-10 所示。

图 10-10 新建的图层

4）在“图层”工具栏的“图层控制”下拉列表框中将“给水”图层设置为当前图层。

5）使用“直线”命令绘制一个“＋”型图形对象，其线段的长度均为 100mm，并将其颜色设置为蓝色，使之成为出水设施。

6）使用“复制”命令，将绘制的“出水设施”复制到相应的位置，如图 10-11 所示。

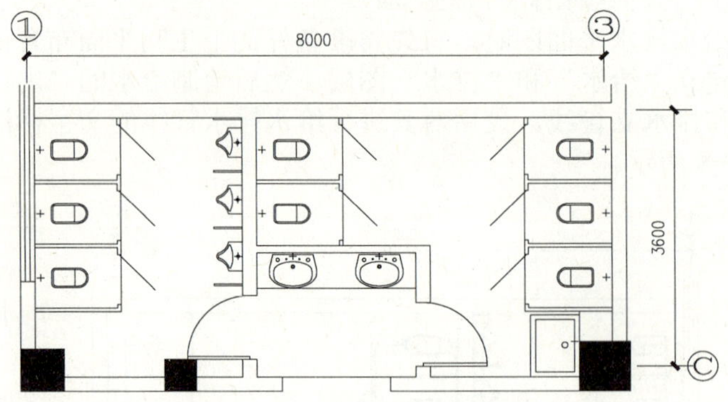

图 10-11　复制的“出水设施”

7）使用“多段线”命令，将复制的“出水设施”进行连接，其多段线的宽度为 10，从而完成给水立管，如图 10-12 所示。

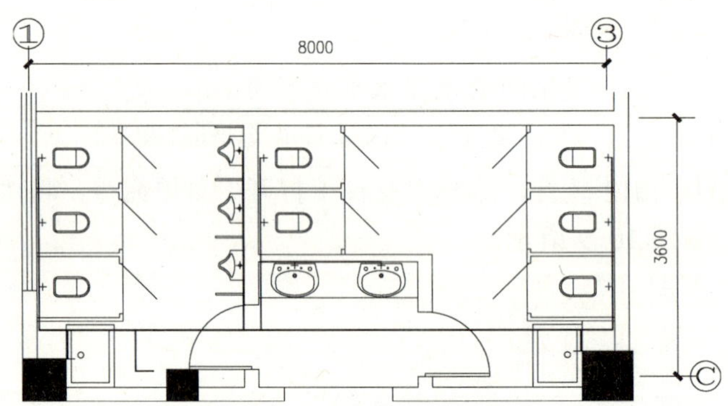

图 10-12　绘制的给水立管

8）使用“圆”命令，在图形下侧的位置绘制半径为 50mm 的圆，并将其颜色设置为蓝色，再将圆移至给水立管的设计位置，如图 10-13 所示。

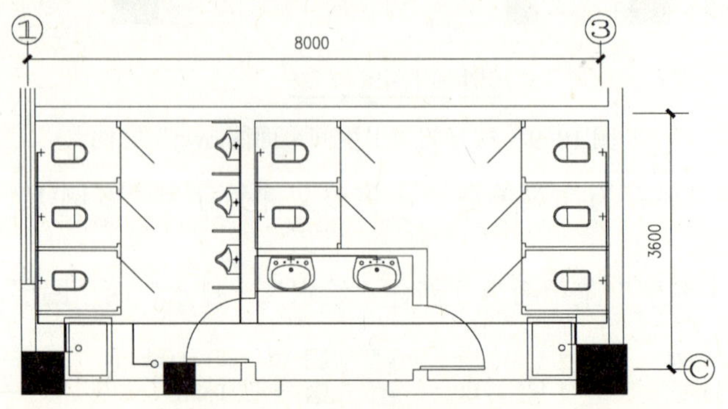

图 10-13　绘制好的给水立管

9）在“图层”工具栏的“图层控制”下拉列表框中将“排水”图层设置为当前图层。

10）使用“圆”命令绘制半径为 30mm 的小圆，再使用“复制”命令将其复制到便器和洗脸盆的相应位置，从而完成排水孔的绘制，如图 10-14 所示。

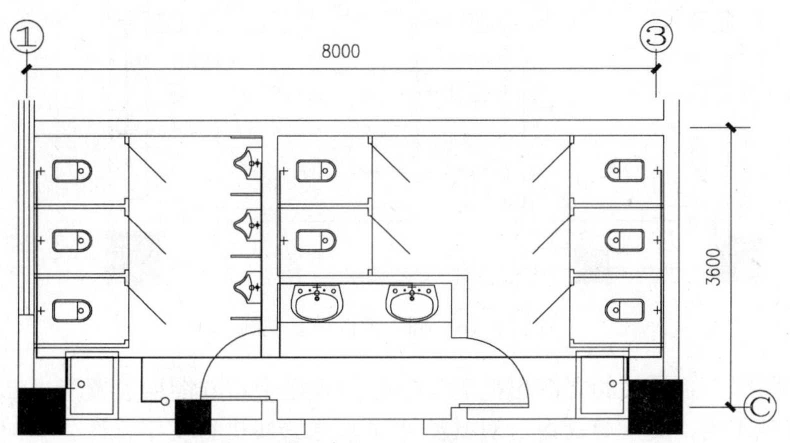

图 10-14 绘制并复制的圆

提示

用户在此处绘制的小圆，可将其线型设置为实线。

11）使用“多段线”命令，将复制的圆进行连接，其多段线的宽度为 10，从而完成排水立管，如图 10-15 所示。

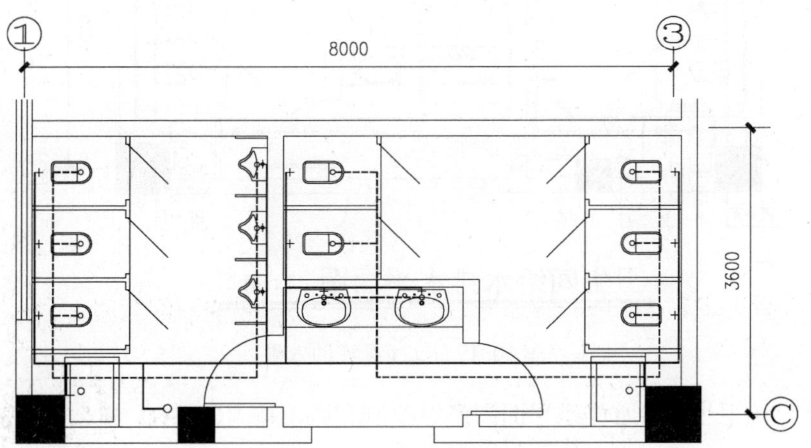

图 10-15 绘制好的排水立管

提示

由于绘制的排水立管线型为粗虚线，所以用户可在 AutoCAD 环境中执行“格式 | 线型”菜单命令，设置线型的全局比例为 300。

12）使用“插入块”命令，将“案例\10\地漏.dwg”图块文件插入到相应的排水立管位置，使用“复制”命令将半径为 50mm 的圆复制到排水立管的设计位置，如图 10-16 所示。

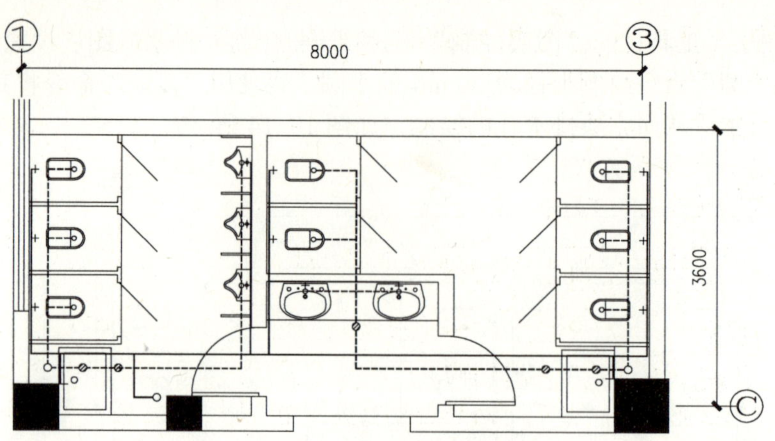

图 10-16　插入地漏并复制圆

13）在“图层”工具栏的“图层控制”下拉列表框中将 0 图层设置为当前图层。

14）使用多段线、文字等命令，对其给水排水立管线进行文字标注，再对其图名及比例进行标注，如图 10-17 所示。

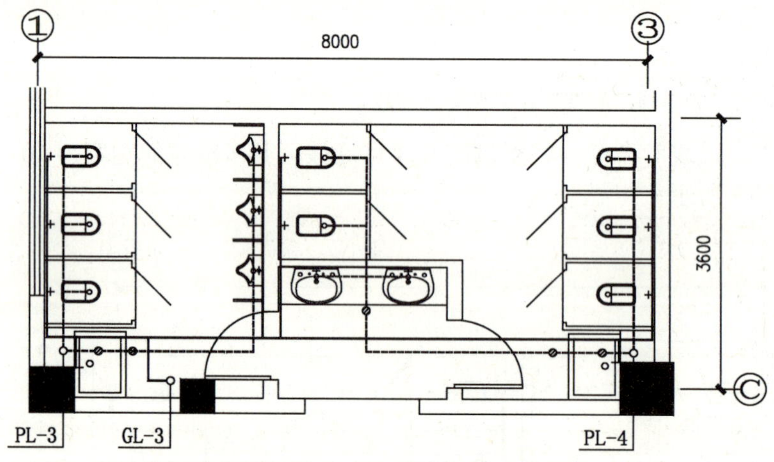

图 10-17　文字标注的效果

15）至此，该卫生间给水排水平面图已经绘制完成，按〈Ctrl+S〉组合键对其进行保存。

10.3　专业讲解——室内电气施工图概述

住宅室内装饰装修的电气安装施工工程大致有电气设施安装、电子电器设备安装和综合布线系统施工三类。

◎ 电气设施安装包括照明工程和室内配线工程。照明工程是指各种类型的照明灯具、开关、插座和照明配电箱等设备安装，其中最主要的是照明线路的敷设与电气零配件的安装。

◎ 电子电器设备安装包括各种家用电器和家用电子设备的安装，如电热水器、空调器、煤气报警器、电子门铃等。

◎ 综合布线系统施工图是建筑工程的一种建筑集成化的配线安装方式，如智能化建筑各种设备、线路系统的综合敷设安装，包括通信、有线电视、监控系统、远程检测作业信号的传送等。

10.3.1 电子电气安装施工图的种类

住宅装修工程中电子电气系统施工图既有建筑的电气安装图、各种电子装置的电子线路图，还有专用于表达电气设施与建筑结构关系的灯位图，以及照明电气、通信、有线电视的综合布线图等。从目前来看，与建筑装修工程有关的电气安装施工图样资料主要有电气平面图、系统图、电路图、设备布置图、综合布线图和图例、设备材料明细表等几种。

各种电子设备与装置的电路安装图主要有电路原理图、元器件安装图和框图等三种。

设计说明主要表达电气工程设计的依据、施工原则和要求、建筑特点、电气安装标准、安装方法、工程等级、工艺要求等，以及有关设计的补充说明。图例一般只列出本套图纸中所涉及的一些图形符号。而设备材料明细表则是在图样中列出该项电气工程所需要的设备和材料的名称、型号、规格和数量，供设计概算和施工预算时参考。

10.3.2 电气线路的组成

住宅装饰装修工程中的电气线路主要由下面几部分组成。

1）进户线：进户线通常是由市电的架空线路引进建筑物的室内，如果是楼房，线路一般是进入楼房的二级配电箱前的一段导线。

2）配电箱：进户线首先是接入总配电箱（盘），然后再根据需要分别接入各个分配电箱（盘）。配电箱是住宅电气照明工程中的主要设备之一，城市住宅多数用明装（嵌入式）的方式进行安装，只绘出电气系统图即可。

3）室内照明电气线路：分为明敷设和暗敷设两种施工方式。暗敷设是指在建筑墙体内和吊顶棚内采用线管配线的敷设方法进行线路安装。线管配线就是将绝缘导线穿在线管内的一种配线方式，常用的线管有薄壁钢管、硬塑料管、金属软管、塑料软管等。在有易燃材料的线路敷设部位必须标注焊接要求，以避免产生打火点。

4）熔断器：为了保证用电安全，应根据负荷选定额定的电压和额定电流的熔断器。

5）灯具：建筑住宅常用的有吊灯、吸顶灯、壁灯、荧光灯、射灯等。在图样上以图形符号或旁标文字表示，进一步说明灯具的名称、功能。

6）电子电气元件和用电器：主要是各种开关、插座和电子装置。插座主要用来插接各种移动电器和家用电器设备，应明确开关、插座是明装还是暗装，以及它们的型号；而各种电子装置和元器件则要注意它们的耐压和极性。其他用电器有电风扇、空调器等。

10.3.3 电气安装图的特点

建筑电气安装图能够表达建筑中电气工程的组成、功能和电气装置的工作原理，提供安装、使用维护数据。电气安装图种类比较多，如平面图和接线图可表明安装位置和接线方法，电气系统图可表示供电关系，电气原理图可说明电气设备的工作原理。住宅装饰装修工程中常用的电气安装图有照明电气平面图、电气系统图、电路图、灯位图和设备元件表等几种。

1. 照明电气平面图

照明电气平面图是表示各种家用照明灯具、配电设备（配电箱、开关）、电气装置的种类、型号、安装位置和高度，以及相关线路的敷设方式、导线型号、截面、根数及线管的种类、管径等安装所应掌握的技术要求，如图 10-18 所示。

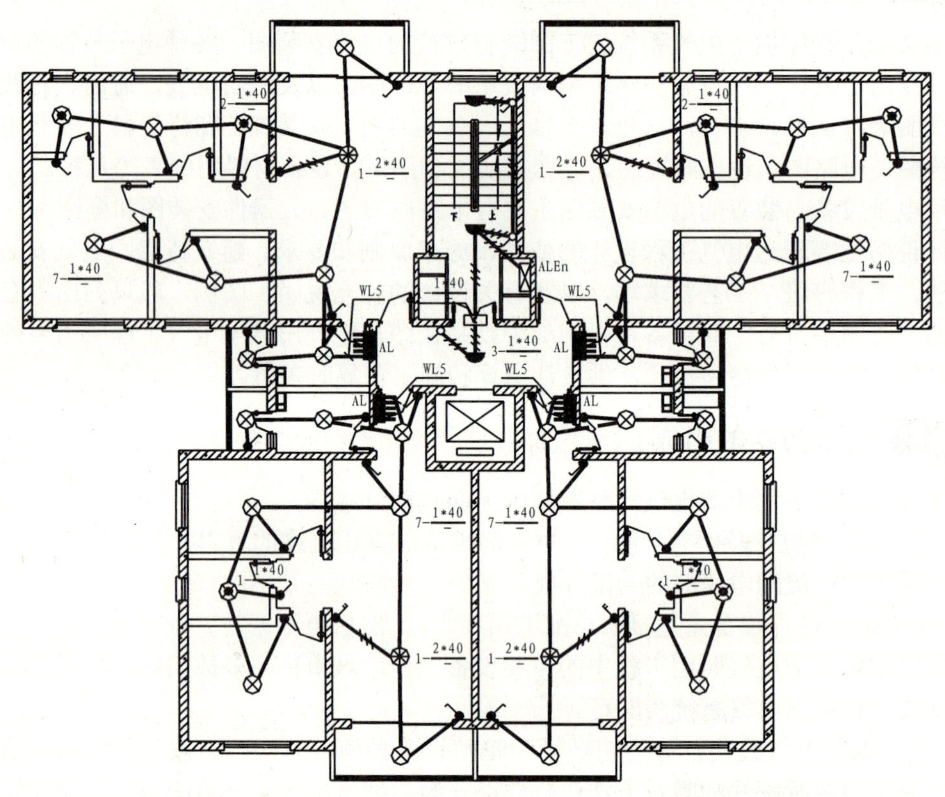

图 10-18　照明电气平面图

为了突出电气设备和线路的安装位置、安装方式，电气设备和线路，一般在简化的建筑平面图上绘出，照明平面图上的建筑的墙体、门窗、楼梯、房间等平面轮廓是用细实线严格按比例绘制的，但电气设备和灯具、开关、插座、配电箱和导线并不按比例画出它们的形状和外形尺寸，而是用中粗实线绘制的图形符号表示。导线和设置的空间位置、垂直距离应按建筑不同标高的楼层地面分别画出，并标注安装标高或用文字符号和安装代号表达，如 BLV 代表聚氯乙烯绝缘导线、BLX 代表铝芯橡胶绝缘导线等。

2. 电气系统图

电气系统图是表现建筑室内外电力、照明及其他日用电器的供电与配电的图样。在家居的装饰装修中，电气系统图不经常使用。它主要是采用图形符号表达电源的引进位置，配电箱（盘）、干线的分布，各相线的分配，电能表和熔断器的安装位置、相互关系和敷设方法等。住宅电气系统图常见的有照明系统图、弱电系统图等，如图 10-19 所示。

黑点的双箭头符号，表明进入分户配电箱前的电源主干线可以垂直向上下接入其他分配电箱。而这户的电源从分户配电箱引入后，分别向图样的左、中、右三个方向引出①、②、③、④总共四条供电线路。从图中可以看出，这四条主要供电线路上都标有数字“3”，说明这四个方向的导线都是由三根导线所组成，当然根据行业默认的条件说明这三根导线分别是相线、零线和保护线。

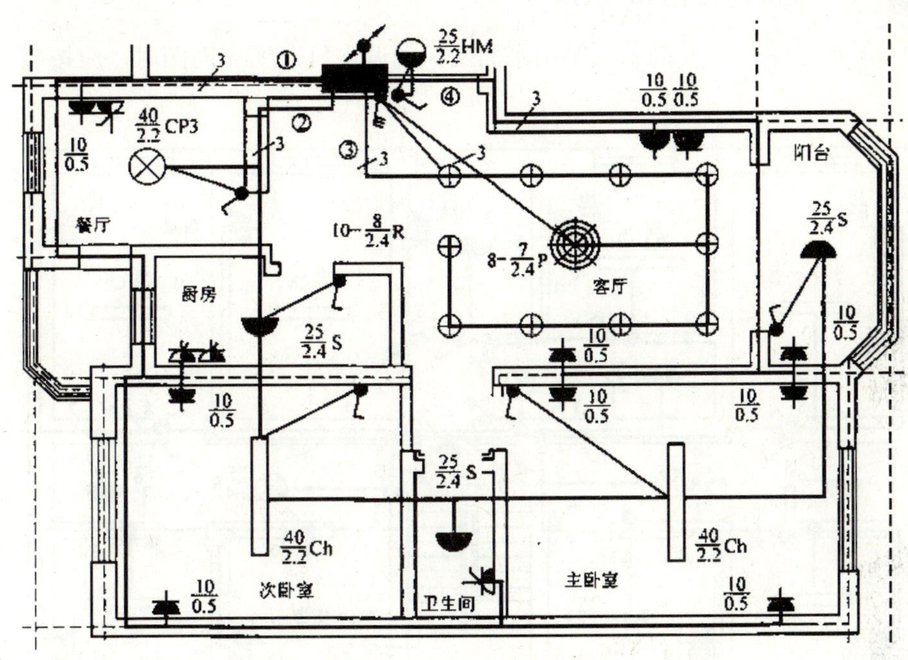

图 10-23　电气照明线路图

1）①号供电线路。①号供电线路是由位于入户门旁边的照明配电箱左侧引出，负责向餐厅、厨房、次卧室、卫生间和主卧室外侧的 4 只暗装保护接点插座和 4 只密闭专用插座供电的专用线路，共有各种暗装插座 8 个，每个暗装插座旁分式的分子数表示电流强度（A）。

2）②号供电线路。②号供电线路由照明配电箱的中部左侧引出，分别向餐厅、厨房、次卧室、卫生间、主卧室和客厅阳台的各种灯具供电。根据相关图例、数字和字母符号可以看出，餐厅安装的是悬挂高度距地面 2.2m 的 40W 吊线器式的普通灯，室内安装暗装插座和密闭专用插座各一个；厨房安装的是高度为 2.4m 的 25W 的吸顶灯，室内安装密闭专用插座两个；次卧室和主卧室安装的是悬挂高度为 2.2m 的 40W 的链吊式荧光灯，室内分别安装普通暗装插座两个和三个；引入卫生间的是一盏吸顶安装高度为 2.4m 的 25W 防水灯，室内安装密闭专用插座一个；而阳台安装的是高度为 2.4m 的 25W 吸顶灯和一个普通暗装插座。上述灯具均由单极暗装开关控制。②号供电线路总计有各种灯具 6 盏和相关配套的控制开关。

3）③号供电线路。③号供电线路由照明配电箱的中部右侧引出，主要负责向客厅照明灯和门灯提供电源。这条供电线路包括 10 盏 8W 内嵌式安装灯具（筒灯）、一盏 8 头 7W 管吊式安装吊灯和一盏 25W 座式安装的门灯，灯具的悬挂高度分别是距地面 2.4m 和 2.2m。它们由一个三级开关、一个单级开关分三路控制。客厅有不同暗装插座三个。

4）④号供电线路。这条供电线路比较简单，主要是为右侧客厅、阳台及主卧室内侧所有的 6 个暗装保护接点插座提供专用电源。

10.3.5 电气照明平面图的识读

图 10-24 所示是一个较简单的照明平面图。阅读电气照明平面图时，应按照下述步骤进行。

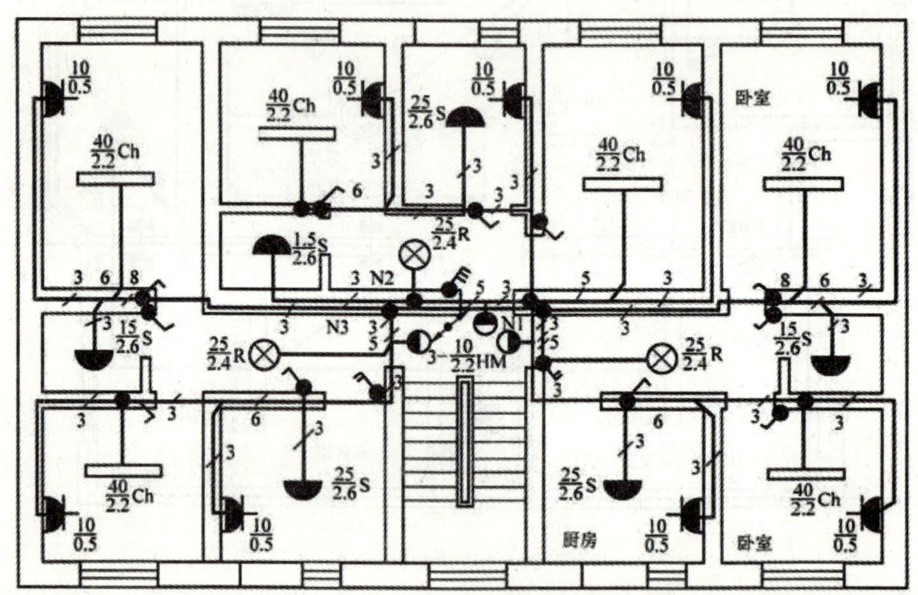

图 10-24　电气照明平面图

1）从建筑平面图来看，这是一梯三户的单元式住宅类型。

2）在楼梯间设有照明配电箱（盘），旁边的带有圆黑点的双向箭头，表示该电源线是向上向下引通的干线。

3）在每层的照明配电箱（盘）上，需要引出 3 家送电的 3 条线路，右户为 N1、中户为 N2、左户为 N3。

4）该层楼梯间的进户门处各有一门灯。它们的数字和文字符号的意义是："3" 为三盏灯；分母 "2.2" 为灯具安装距离楼层地面的高度；分子 "10" 为每盏灯的功率；"HM" 按照文字符号所表达的含义为座装；根据图形符号的表示可以看出门灯为壁灯。

5）该层左右两户的建筑和照明布局是对称布置的，因此只要了解其中的一户即可。以右侧住宅照明布局为例，该户是两室、一厅、一厨和一厕，共 5 盏灯。

10.3.6 电气照明系统图的识读

图 10-25 所示为一栋三层三个单元的居民住宅楼的电气照明系统图，阅读电气照明系统图时，应按照下述步骤进行。

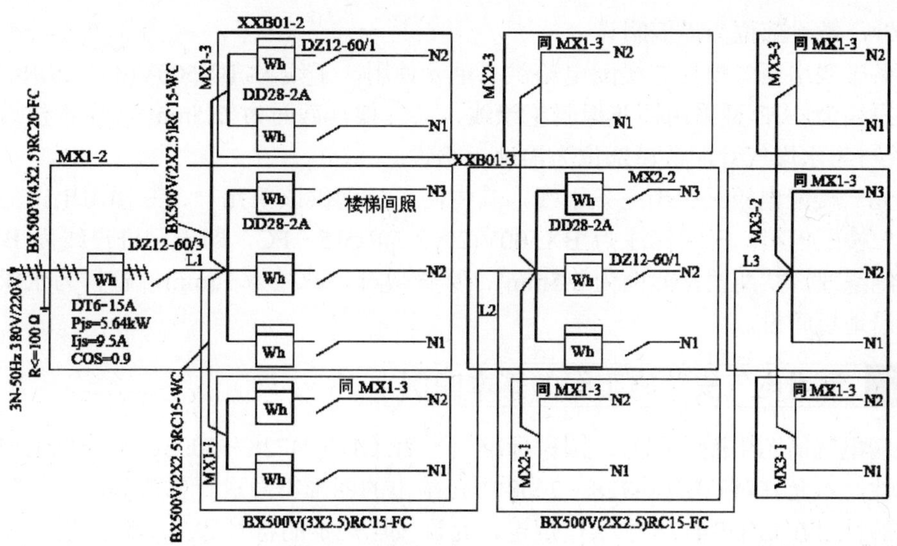

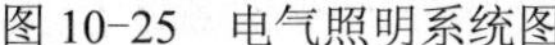
图 10-25 电气照明系统图

1. 供电系统和电源种类

在进线旁的标注为 3N～50Hz(380/220V)，即表示三相四线制（N 代表零线）电源供电，电源频率为 50 Hz，电源电压为 380/220V。

进户线的规格型号、敷设方式和部位、导线根数：从进户线标注为 BX500V(4×2.5)RC20－FC，即表示进户线为 BX 型采用铜芯橡胶绝缘线，共 4 根，截面为 2.5mm^2。穿管敷设，管径为 20mm，管材为水煤气管。敷设部位为沿地面暗设。

2. 总配电箱，总配电箱的型号和内部组成

进户线首先进入总配电箱。总配电箱在二楼，型号为 XXB01-3。总配电箱内装有：DT6-15A 型三相四线制电表一块；三相空气开关一个，型号为 DZ12-60/3。

二楼配电在总配电箱内，有单相电表三块，型号为 DD28-2A；单相空气开关三个，型号为 DZ12-60/1 供电负荷。供电线路的照明供电电路的计算功率为 5.6kW(符号为 Pjs)，计算电流为 9.5A(符号为 Ijs)，功率因数为 $\cos\varphi=0.9$。

3. 分配电箱

分配电箱的设置：整个系统共有 9 个配电箱，每个单元每个楼层配置一个配电箱。一单元二楼的配电在总配电箱内。

分配电箱规格型号和构成：二、三单元二楼分配电箱型号均为 XXB01-3，每个箱内有三个回路，每个回路装有一个 DD28-2A 型单相电度表，共三块；每个回路装有一个 DZ12-60/1 型断路器，共三个；三个回路一个供楼梯照明，其余两个各供一户用电。

各单元一、三楼分配电箱型号均为 XXB01-2，每个箱内有两个回路，每个回路有 DZ12-60/1 型断路器和 DD28-2A 型单相电度表各一个。

4. 供电干线、支线从总配电箱引出三条干线

两条供一单元一、三楼用电，这两条干线为 BX500V(2×2.5)RC15－WC，即表示进户线为 BX 型采用铜芯橡胶绝缘线，共两根，截面为 2.5mm^2，穿管敷设，管径为 15mm，管材

为水煤气管，敷设部位为沿墙暗设。

另一条干线引至二单元二楼配电箱供二单元使用，干线为 BX500V(3×2.5)RC15－FC，即表示进户线为 BX 型采用铜芯橡胶绝缘线，共三根，截面为 $2.5mm^2$，穿管敷设，管径为15mm，管材为水煤气管，敷设部位为沿地板暗设。

二单元二楼配电箱又引出三条干线，其中两条分别供该单元一、三楼用电，另一干线引至三单元二楼配电箱。干线标注为 BX500V(2×2.5)RC15－FC，即表示进户线为 BX 型采用铜芯橡胶绝缘线，共两根，截面为 $2.5mm^2$，穿管敷设，管径为 15mm，管材为水煤气管，敷设部位为沿地板暗设。

10.3.7 常用电气安装施工图的基本图例

新的《电气简图用图形符号》国家标准代号为 GB/T 4728—2008。为了保证电气图用符号的通用性，不允许对 GB/T 4728—2008 中已给出的图形符号进行修改和派生，但如果某些特定装置的符号在 GB/T 4728 中未作规定，允许按已规定的符号适当组合派生。

电气图应用的图形符号引线一般不能改变位置，但某些符号的引线变动不会影响符号的含义，则引线允许画在其他位置。电气安装施工基本图例见表 10-3～表 10-6 所示。

表 10-3 线路走向方式代号

序 号	名 称	图形符号	说 明	序 号	名 称	图形符号	说 明
1	向上配线		方向不得随意旋转	5	由上引来		
2	向下配线		宜注明箱、线编号及来龙去脉	6	由上引来向下配线		
3	垂直通过			7	由下引来向上配线		
4	由下引来						

表 10-4 灯具类型型号代号

序 号	名 称	图形符号	说 明	序 号	名 称	图形符号	说 明
1	灯		灯或信号灯一般符号	7	吸顶灯		
2	投光灯			8	壁灯		
3	荧光灯	3	示例为 3 管荧光灯	9	花灯		
4	应急灯		自带电源的事故照明灯装置	10	弯灯		
5	气体放电灯辅助设施		仅用于与光源不在一起的辅助设施	11	安全灯		
6	球形灯			12	防爆灯		

表 10-5 照明开关在平面布置图上的图形符号

序 号	名 称	图形符号	说 明	序 号	名 称	图形符号	说 明
1	开关		开关一般符号	5	单级拉线开关		
2	单级开关		分别表示明装、暗装、密闭(防水)、防爆	6	单级双控拉线开关		
				7	双控开关		
3	双级开关		分别表示明装、暗装、密闭(防水)、防爆	8	带指示灯开关		
				9	定时开关		
4	三级开关		分别表示明装、暗装、密闭(防水)、防爆	10	多拉开关		

表 10-6 插座在平面布置图上的图形符号

序 号	名 称	图形符号	说 明	序 号	名 称	图形符号	说 明
1	插座		插座的一般符号，表示一个级	4	多孔插座		示出三个
2	单相插座		分别表示明装、暗装、密闭(防水)、防爆	5	三相四孔插座		分别表示明装、暗装、密闭(防水)、防爆
3	单相三孔插座		分别表示明装、暗装、密闭(防水)、防爆	6	带开关插座		带一单级开关

10.4 实例精解——灯具开关布置图的绘制实例

◎ 案例文件：案例\10\灯具开关布置图.dwg
◎ 视频演示：视频\10\灯具开关布置图.avi

灯具开关布置图的绘制主要包括灯具、开关和连接线路，通常的绘制过程是：先布置配电箱和灯具，再布置开关，最后用线路连接各电气设备。在本实例中，已经将事先准备好的各种灯具直接调来使用，而直接将这些灯具元件布置在相应的位置，然后使用不同的线宽将这些灯具元件连接起来，其绘制完成后的效果如图 10-26 所示。

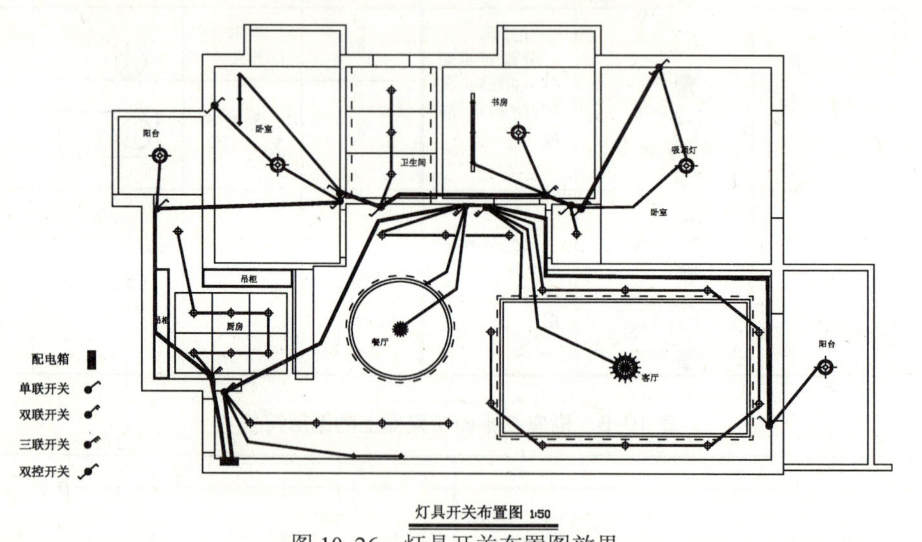

图 10-26 灯具开关布置图效果

1）启动 AutoCAD 2012 软件，选择“文件 | 打开”菜单命令，将“案例\10\顶棚平面图.dwg”文件打开，再选择“文件 | 另存为”菜单命令，将其另存为“案例\10\灯具开关布置图.dwg”。

2）在“图层”工具栏的“图层控制”下拉列表框中，将“标高”、“尺寸”和“文字”图层关闭，再将不需要的图形对象删除，从而保留墙体、顶棚造型及灯具对象，如图 10-27 所示。

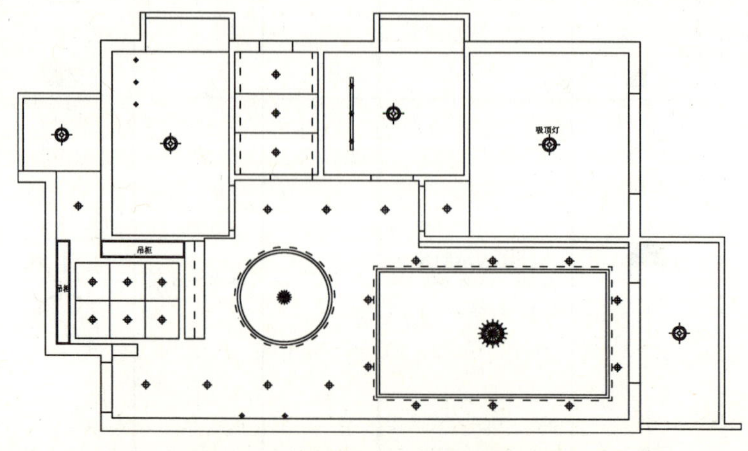

图 10-27 编辑整理后的顶棚平面图

3）选择“文件 | 打开”菜单命令，将“案例\10\灯具开关图例.dwg”文件打开，如图 10-28 所示。

4）在键盘上按〈Ctrl+A〉组合键将当前视图中的所有对象全部选中，再按〈Ctrl+C〉组合键将其全部复制到内存中，再在“窗口”菜单下切换到“灯具开关布置图.dwg”文件，然后按〈Ctrl+V〉组合键将内存中的对象粘贴到当前“灯具开关布置图.dwg”文件的左下侧，如图 10-29 所示。

图 10-28 打开的“灯具开关图例”文件

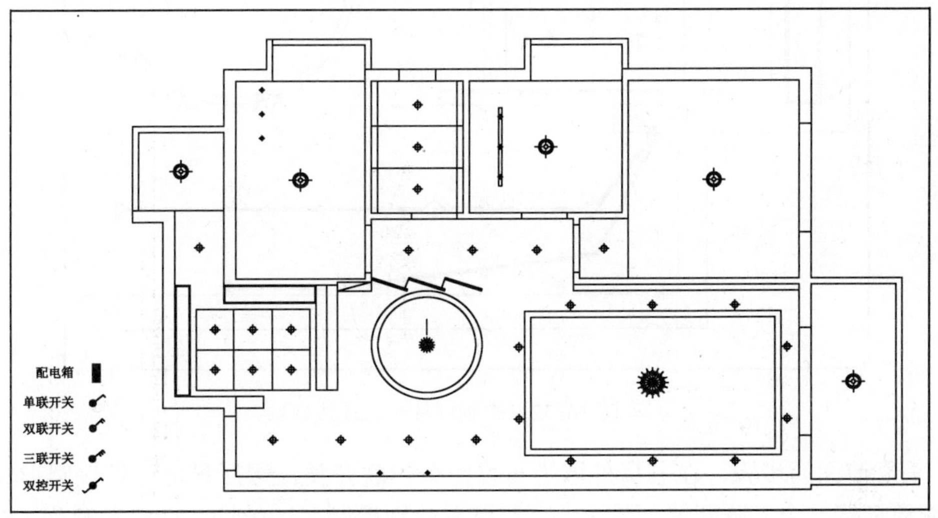

图 10-29 复制的灯具开关图例

5）开始布置客厅灯具开关，将常用的电气图块调入图中。首先复制一个双联开关至入口左侧墙上，分别用来控制入口右侧的两个射灯和入口顶棚上的四盏筒灯，如图 10-30 所示。

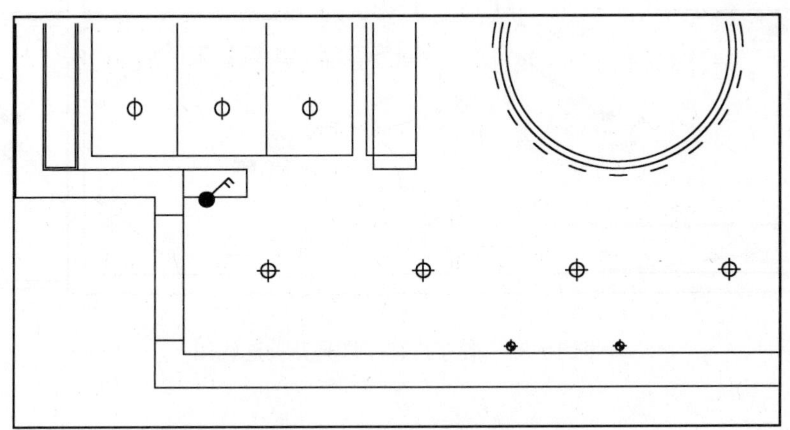

图 10-30 插入的电气图块及名称

6）单击“图层”工具栏中的“图层特性”按钮，打开“图层特性管理器”面板，单击“新建图层”按钮，创建新“照明线”图层，设定图层颜色为红色，并单击“置为当前”

按钮✓，如图 10-31 所示。

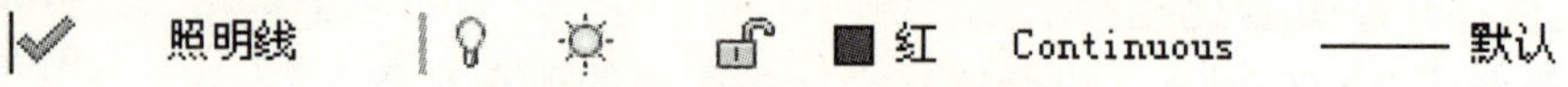

照明线
红
Continuous
默认

图 10-31　创建“照明线”图层

7）使用“多段线”命令，将线宽设为 20，将灯具与开关连接起来，如图 10-32 所示。

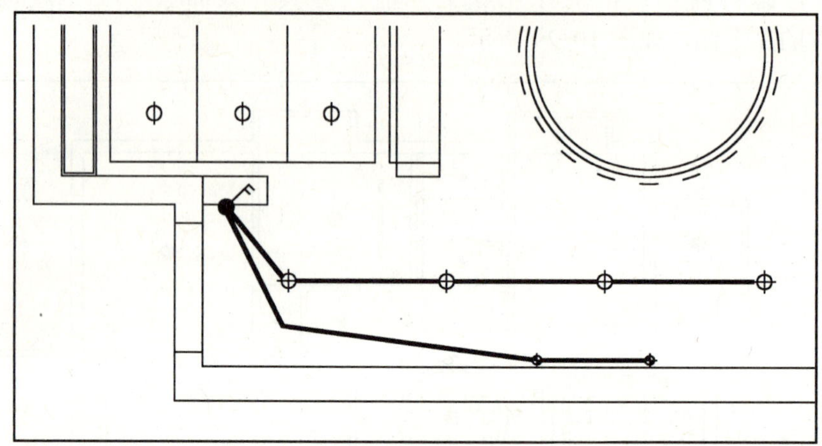

图 10-32　绘制灯具开关连线

8）重复前面的步骤，在书房外墙上布置两个三联开关，餐厅吊灯、顶棚圆形光檐及书房外走廊筒灯接一个三联开关，另一个三联开关分别控制客厅吊灯、矩形光檐及光檐周边一圈筒灯，再绘制一单联开关控制阳台吸顶灯，如图 10-33 所示。

卧室
吊柜
厨房
餐厅
客厅
阳台

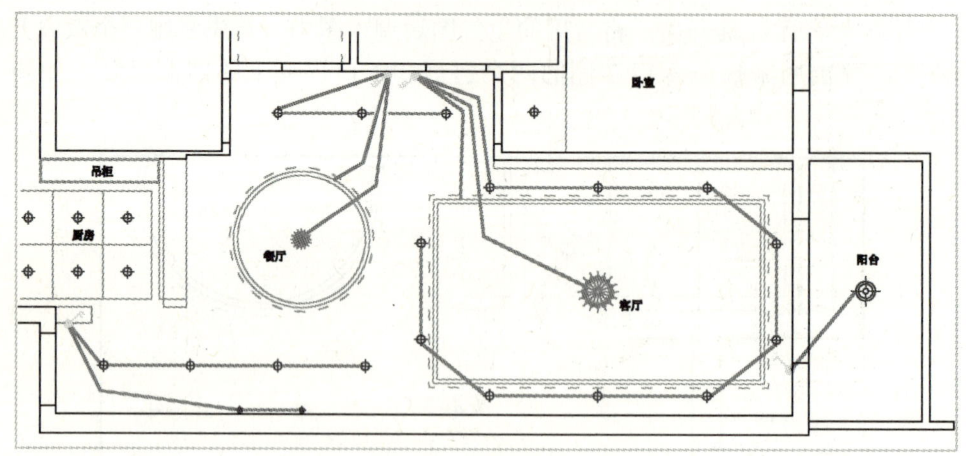

图 10-33　餐厅与客厅灯具开关连线图

提示

两条线路发生交叉时，一般采用断开其中一条线路的方法，即利用“打断”命令对有关线路进行操作，需要断开的线路是比较次要的线路，断开的位置选择交叉部位，如筒灯线路与吊灯线路的交叉处，可以断开筒灯线。若线路无主次，断开一条即可。

9）布置主卧室灯具开关。将一个单联开关和两个双控开关复制到主卧室入口左侧墙上和床头柜墙上，单联开关连接控制入口筒灯，两个双控开关连接控制吸顶灯，如图 10-34 所示。

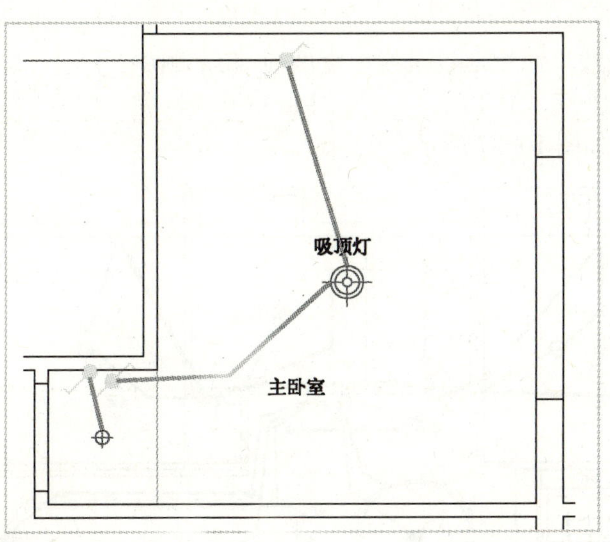

图 10-34 主卧室灯具开关连线图

10）重复前面的步骤，分别绘制出书房、卫生间、次卧室、阳台、厨房的灯具开关连线布置图，如图 10-35 所示。

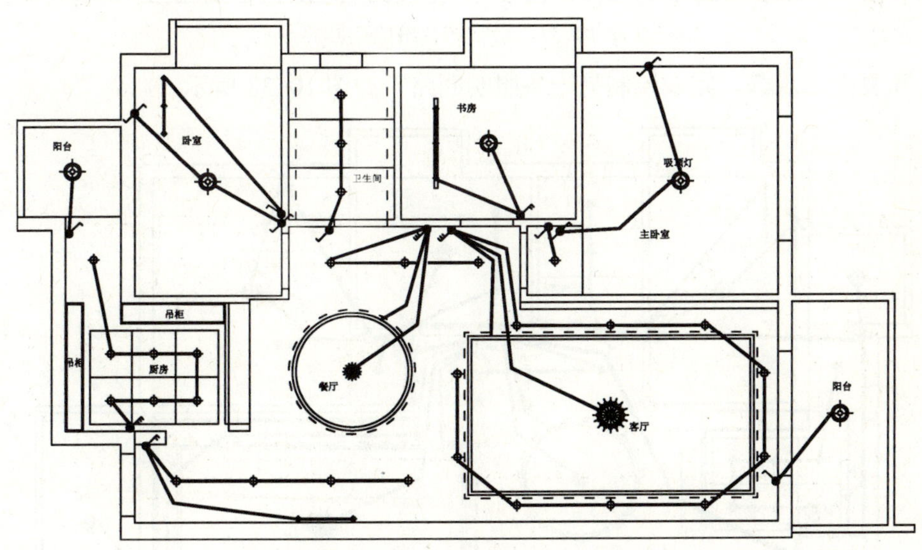

图 10-35 各房间灯具开关连线图

提示

照明供电线路就是从配电箱向各照明灯具供电，一般情况是引到各开关位置即可。本图中将照明分成两支回路，一支连接餐厅、客厅照明；另一支连接其余房间照明。

11）将“配电箱”图块复制到图中入户门右侧墙上，如图 10-36 所示。

12）新建“回路线”图层，图层颜色设为蓝色，并置为当前层。

13）使用“多段线”命令，设定线型宽度为 40，顺序连接配电箱、厨房、卧室、卫生间、书房、主卧室开关，完成第一条照明回路，如图 10-37 所示。

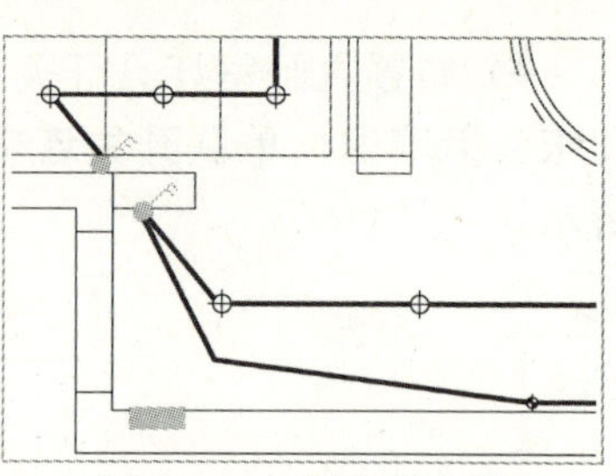

图 10-36　插入配电箱

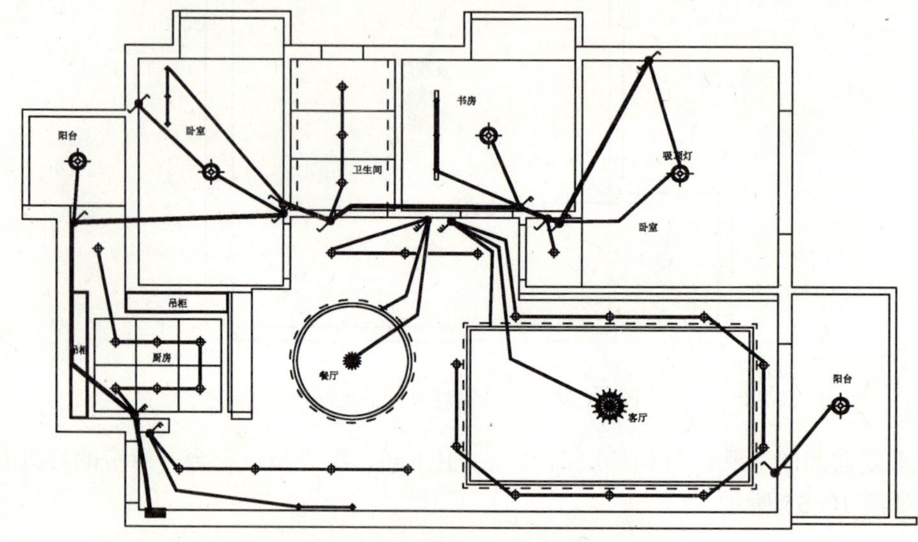

图 10-37　绘制第一条照明回路

14）重复上一步骤，完成绘制另一条照明回路，如图 10-38 所示。

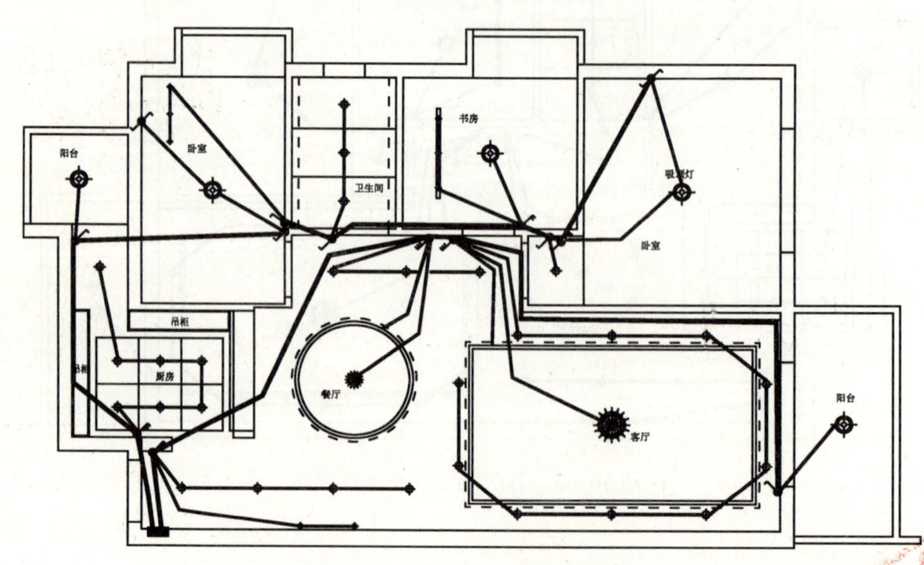

图 10-38　绘制第二条照明回路

15）将“文字”图层置为当前图层，使用“单行文字”命令对其进行图名及比例标注。

16）至此，该灯具开关布置图已经绘制完毕，按〈Ctrl+S〉组合键对其文件进行保存。